艺匠

建筑与园林创作图解

罗梦潇　刘永德　著

U0248994

中国建筑工业出版社

图书在版编目（CIP）数据

艺匠：建筑与园林创作图解 / 罗梦潇，刘永德著
. —北京：中国建筑工业出版社，2024.4
ISBN 978-7-112-29659-0

Ⅰ.①艺… Ⅱ.①罗… ②刘… Ⅲ.①园林建筑—建筑艺术—图解 Ⅳ.①TU986.4-64

中国国家版本馆CIP数据核字（2024）第055374号

责任编辑：刘　静
书籍设计：锋尚设计
责任校对：王　烨

艺匠　建筑与园林创作图解
罗梦潇　刘永德　著
*
中国建筑工业出版社出版、发行（北京海淀三里河路9号）
各地新华书店、建筑书店经销
北京锋尚制版有限公司制版
北京市密东印刷有限公司印刷
*
开本：850毫米×1168毫米　1/16　印张：23¼　字数：476千字
2024年7月第一版　2024年7月第一次印刷
定价：**98.00**元
ISBN 978-7-112-29659-0
（42759）

前言

一、编写的始末

人的行为通常都是有目标、受动机支配的，通俗来讲，就是有“初心”“出发点”“动机”。

2019年，笔者合编的《建筑和环境的艺术设计与创作构思》出版，时隔五年，为什么又开始编撰这本书呢？原因是表达内容、社会发展形势、历史使命都发生了巨大变化。

随着座谈、讨论、专题调研以及本书笔者之一罗梦潇博士论文研究的深入，我们进一步认识到当前社会已开始正式进入转型期，城市更新改造已进入常态化，社会发展已向建筑学、风景园林、环境艺术提出了发展与适应、需求与满足、培养与就业的严重挑战，而且问题日益突出，矛盾越发激化。所以，有待重新审视社会需要与学校教育、专业方向与能力发挥之间的相互协调等问题。在陕西省土木建筑学会的鼓励和支持下，本书开始编写。

在着手编写时，笔者集中思考了以下几个问题：

1. 教育所强调的是“传道、授业、解惑”

当下的教育是以传授知识为主，还是启发智能、开发智慧？单纯的知识，只是一种量的积聚；健全整体知识结构，才有利于潜力发挥和智力成长。

2. 建筑、风景园林、环境艺术自古以来就是人们生产生活的行为场所，是安家立业之本

在没有建筑师、园艺师的年代，建筑与环境由民间的匠人和群众的集体智慧建造，一直不间断地发展；及至当代，随着科技的发展，仍在不断地提高与改善，只是需求的层次和适应能力不同而已。“高、大、上”与“精、新、专”，只是表现程度和适应人群不同，并非兴废和有无的问题。解决的途径是使人才的培养适应社会的发展，而不是反其道而行之。

3. 借鉴历史的经验

中国建筑教育的发展，最早始于20世纪之初由梁思成、刘敦桢、杨廷宝

所创办的建筑学科，开始时均属综合性的大学科，涵纳了建筑美术、建筑设计、风景园林、城市规划等多种分支。直至20世纪80年代，随着城镇化进程的推进，为适应大规模城市建设的需要，才有了化整为零、分枝散叶的专业划分。但从类型学角度观察，建筑学、风景园林、环境艺术，其本质都是人居环境不可分割的有机组成的整体，都服务于人的生活和精神需求，诸如：

① 同属由多种元素组成的复合刺激，作为一种客观存在使人产生综合反应；

② 同属以形态构成进行艺术表达，并以相应的内涵促进体验中的感觉和知觉，进入人的情感世界；

③ 多学科的相互交叉，具有广延性与复合性；

④ 在创作方法上，都强调整体观、结构化、有机性，法无定法、形无定式、园无定格，以变化求统一、统一中求变化，形神兼备……

鉴于以上原因，本书特以跨界、包容的形式，将建筑、风景园林、环境艺术视为同一体系，合编成一本书，以适应社会对人才的需要。

二、本书的核心内容

鉴于以上思考，经过对当下教学的调研、举办沙龙，以及面向社会开展问卷调研，在编写过程中，有目的、有针对性地对以下方面作了较为大胆的尝试。

1. 对营造智慧进行总结，填补空白

中国建筑教育中，有意无意地偏重“史”和“营造方式”两个方面，对传统建筑中所涵纳的哲理、智慧、精髓缺少系统而深入的研究，只重视其表，忽视其内涵。从问答调研中即可发现，传统建筑所蕴含的智慧并非现代建筑教育家所关注的重点，很少有人作出系统、深入的回答，这不能不说是建筑教育的短板。智慧的传承，才是文化意义上的精髓所在。所以，本书将此专题独立成章，试图引起学科研究的重视。

2. 文化传承，是提振民族自信、走向伟大复兴的必由之路

在一般情况下，人们对于园林的认识大多是对整体面貌的直观反映，对组成的元素及文化内涵很少有深入的研究，尤其是在如何创新方面，是大多数人容易忽视的短板，因此本书对传统文化元素的现代重构给予了重点表达。所谓传承，并不是全盘肯定，在形式上翻版复制，而是取其精华、去其糟粕，在继承中创新和有效利用，才能生生不息、源远流传。形式上的相似只是一种记号式的再现，而非创造性的符号展示。诚然，创造性地弘扬传统文化，需要一定的文化造诣与艺术修养，并非易事，但是，首先要有意识地重点关注和践行，书中作了一些尝试，但限于水平，未能达到理想的程度。

3. 自觉地应用相生相克、相辅相成的“辩证法”

中国人拥有独特的自然生态哲学，可以按天人合一的观念保持人与自然相和谐。由自然哲学观和特有的文化心态衍生的辩证法是开启智慧之门的金钥匙。在建筑与园林创作中如能灵活、有效地运用，完全可以取得事半功倍的效应。特别是以形态表达为主的建筑与风景园林，随坡就势、得景随形、精在得体、有机生成，有效地应用辩证法是唯一的可选择途径。

4. 紧扣转型期内城市的更新改造新使命

本书的理论构架、研究的方法与策略、表达的内容与形式，都围绕着城市意象的建构、公共空间再开发这一核心主题。这是当前的城市建设的新动向，也是本书笔者的科研方向和博士论文的方向。城市更新与改造并非权宜之计，而是今后常态化的研究课题，也是建筑与艺术教育的新导向。大规模、普适性的城市发展已经成为历史的过去，智能化、精细化、多效益、有韧性的弹性发展已成为可持续发展的一部分。本书正是基于这种新使命，探讨应对的策略。

5. 坚持手脑合一，构思与表达

全书文字部分只作概念表述，图例部分则是以形象语言对内容进行诠释。笔者认为，一切理念、方法、构思都是源自于心，赋形授意，以意领形；一切目标的实现，都常以形象来展示。鉴于以上认识，故本书利用手绘创意草图，用形象诠释了建筑与园林创作中的理念、方法、技巧。但由于水平有限，有欠精美和准确，敬请读者见谅与指正。

目录

第一篇 综合素养

第二篇 建筑创作的思路启迪

第三篇 城市园林创作的新历程

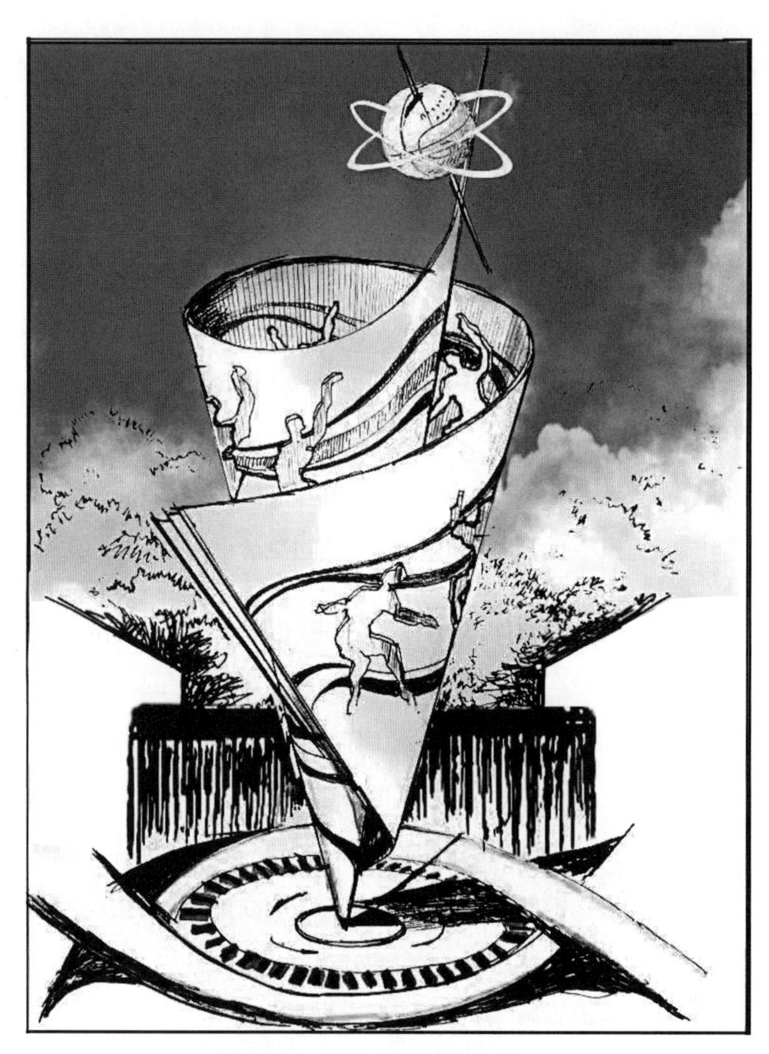

半亩方塘一鉴开，天光云影共徘徊。
问渠那得清如许？为有源头活水来。

第一篇　综合素养

基础，是承载上部荷载的底座，是参天大树的根基，是隐含在山水下部的母体。“九层之台，起于累土”（老子），“问渠那得清如许？为有源头活水来”（朱熹），水有源、树有根。做学问也要打好坚实的基础，才能厚积薄发，触类旁通。否则，“墙上芦苇，头重脚轻根底浅；山间竹笋，嘴尖皮厚腹中空”（解缙），徒有其表，毫无内涵。

建筑与园林，均属于由多学科交叉渗透组成的环境艺术，是由多元素、多系统、多形态构成的综合体，二者具有共性。特别是在时间与空间、场所与行为、美学与情感、理念与方法、构思与创意等方面，共性大于个性。建筑与园林完全可以相互借鉴和融合。

在中国，自古至今都把“家”与“园”联系在一起，相互结合、共生共荣，营造的智慧、思维的方法、创作的技巧都有共同的基因。所以，本篇特以求同存异的原则，以二者的共性理论为启。建筑界的老前辈，梁思成、刘敦桢、杨廷宝、童寯等第一代建筑师，都十分强调培养综合素养的重要性，强调学习建筑学科要具有哲学家的头脑、社会学家的眼光以及工程师的实践。在日常生活中，“处处留心皆学问”，应该坚持心手相连，手脑合一。有鉴于此，本篇共涵括智慧的传承、思维的开发、设计的宗旨、艺术心理的共性、形态构成的方法几部分，汇集成篇，作为建筑与园林研究的基础。

第一章 传统营造智慧的挖掘与传承

世间的一切智慧，都来源于认识世界和改造世界过程中的劳动结晶。所谓“不经一事，不长一智”，聪明才智都是在劳作中积淀的。自人文初祖黄帝时代开始，中国在衣、食、住、行、医、乐、礼等方面已有将近五千年的文明发展史。这些艰苦奋斗、自力更生的创业史俯拾皆是，单就建筑与园林的学科发展而言也是无穷无尽的。所谓博大精深，即可概括智慧所具有的深度与广度，因此智慧的传承，必先明确在学科领域内具有哪些放之四海而皆准的智慧结晶，才能继往开来、传承创新。

就其本质而言，建筑与园林，都是亿万人民安居乐业的行为场所，都为满足日常生活之所需，也是备受人们关注和亲力亲为的劳动对象。因此，正确地认识并虔诚地传承其中的营造智慧是非常必要的。

传统建筑的结构美、形体美、雄壮美、和谐美、自然美、装饰美

一、中国的营造智慧

鉴于传统营造智慧所涉及的领域比较宽泛，涵盖了科学、哲学、艺术的各个领域，上接于天、下载于地、中有人和。因此按其内在的逻辑关系，将传统智慧大致归纳如下：

（一）象天法地，以增扩自然为主的营造智慧

中国传统民居，是以宇宙、天地为参照构架建造的，是一种生态哲学观。院是家的领地，家是生命的原点和归属，也是灵魂的栖息地。传统民居是以间为生活单元，以院为活动中心的。院又称庭院，是家族的公共活动领地，故称为家庭。庭中和四周设园，统称为家园。院的四周建房，正房为堂、侧房为厢、倒座为厦，前檐后厦、四面围合。中空的部分称作天井，坐井以观天，可谓一家头顶一片天。院内呈现的上下四方可称作宇，子承父业、古往今来世代传承是为宙，所以天地是大宇宙，家庭是小宇宙。

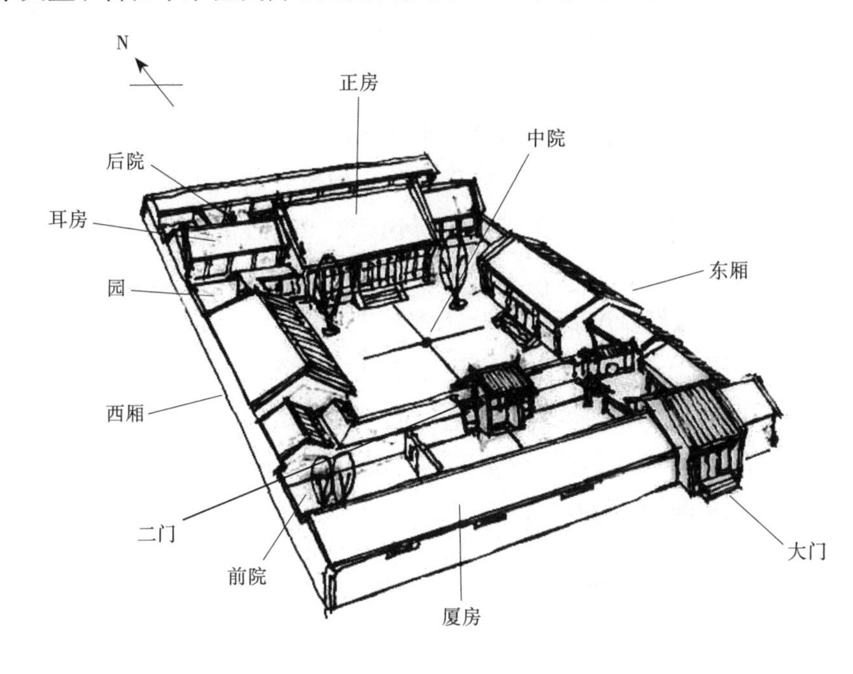
N
正房
中院
后院
耳房
东厢
园
西厢
二门
大门
前院
厦房

家是人生的宇宙，园是宇宙的缩影

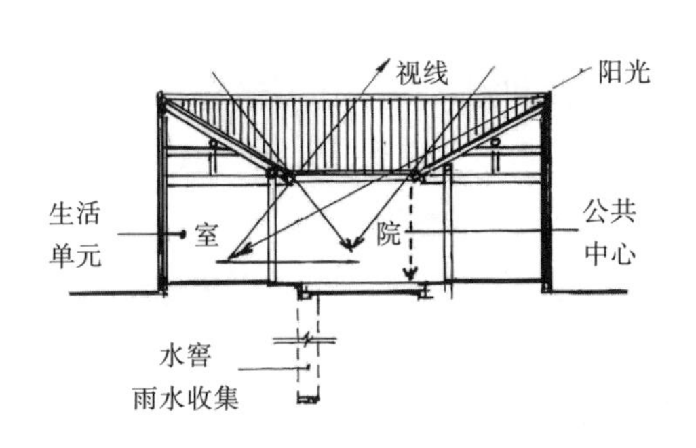
视线
阳光
生活
单元
室
院
公共
中心
水窖
雨水收集

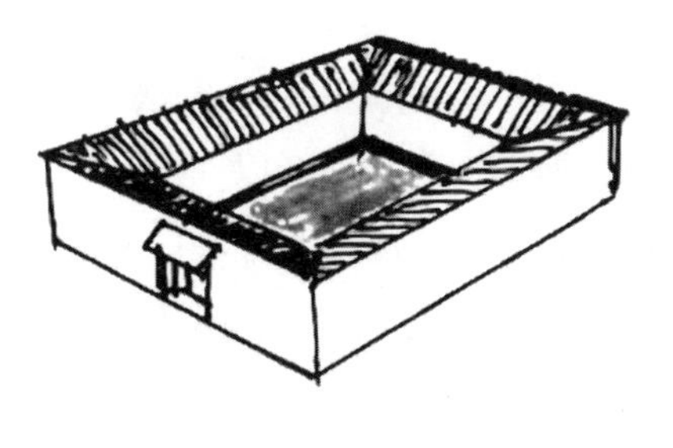

四水归堂

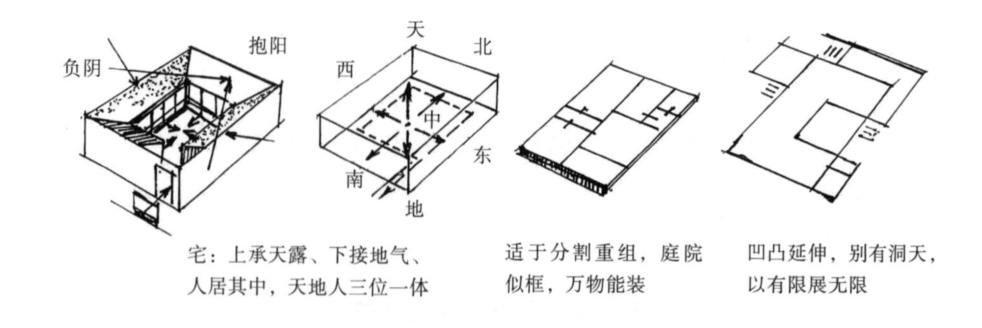
负阴
抱阳
天
西
北
中
东
南
地

宅：上承天露、下接地气、人居其中，天地人三位一体

适于分割重组，庭院似框，万物能装

凹凸延伸，别有洞天，以有限展无限

“宅者，人之本，人以宅为家，居若安即家代昌吉。”“人因宅而立，宅因人得存，人宅相扶，感通天地，故不可独信命也。”“夫宅者，乃是阴阳之枢纽，人伦之轨模。非夫博物明贤，未能悟斯道也。”（《黄帝宅经》）宅以院为生活舞台和活动天地，结穴、聚气、聚财（水），财不外溢，居之必安。至于宅本身，上承天露、下接地气、人居其中，天地人三位一体。

（二）传统的“家”“园”一统观念

中国人自古尊祖敬宗，且具有极强的环境适应能力。悠久的农耕文明，使中国人养成了自给自足的生活夙愿，衣食住行都在自己的宅基地内解决，虽然家与园的空间组合形式不同，但家与园表现出了紧密的联系。园不拘大小，傍宅而设，如在庭中置井、种树、架设棚架，抑或在房前屋后另辟园地，园地亦是一种情感的寄托。如“宁可食无肉，不可居无竹”（苏轼）、“十笏茅斋，一方天井，修竹数竿，石笋数尺”（郑燮）、“春色满园关不住，一枝红杏出墙来”（叶绍翁）、“红杏枝头春意闹”（宋祁）和“去年今日此门中，人面桃花相映红”（崔护）等雅篇佳句不胜枚举，这些都说明在中国人的心目中，家是顺意随性的，园是陶冶情操的，正所谓“此心安处是吾乡”（苏轼）。因此，家和园兼具生活与情感的双重意义，也体现了人与自然相和谐的价值观念。

（三）传统建筑，贴满了人生意义的标签

建筑不仅是人们安身立命的行为场所，也是使用者作为社会角色的符号道具。在中国，不论是平民的茅屋，还是富贵人家的豪宅，都通过形声、形意的象征和符号手法，将人生的价值和意义附着在了建筑的各个部位。所谓形声，即指以“猴”代“侯”、以“鹊”代“喜”、以“蝠”代“福”、以“莲”代“廉”等做法；所谓形意，即指将实体物象通过赋形授意转化为一种象外之意，是以物形传达事物所具有的内在品格，诸如以玫瑰代表爱情，以“卍”代表万寿无疆，以龙、凤、麒麟、貔貅等神兽作为图腾代表不同的精神象征，以太极代表周而复始、循环不已、阴阳合德，以松竹梅代表岁寒三友、梅兰竹菊代表四君子、桃李杏象征春天等，赋予外物实形，作为某种人性化品格的象征。凡此种种，经过数千年的文化熏陶，已经成

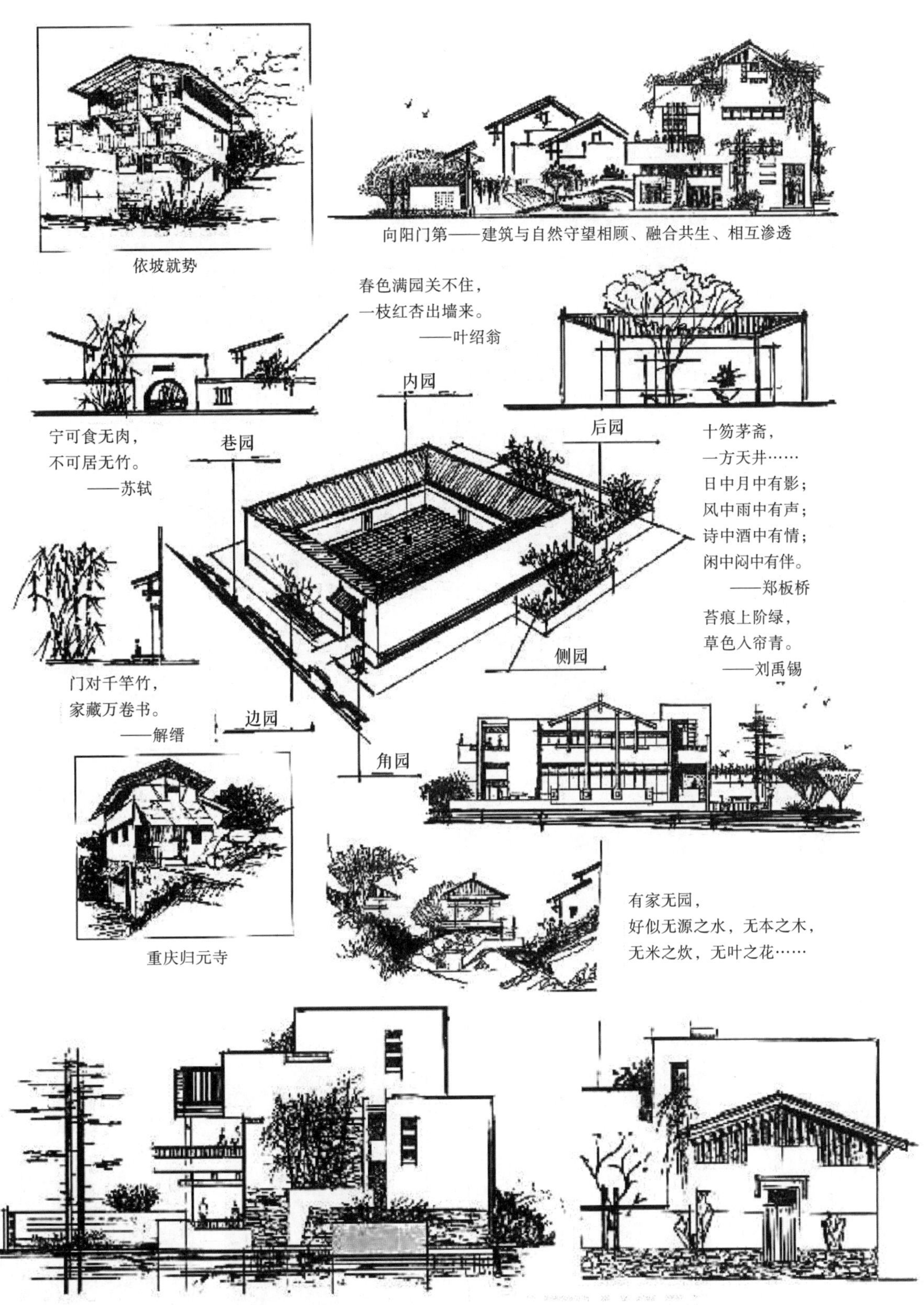
春色满园关不住，
一枝红杏出墙来。
——叶绍翁
内园
后园
巷园
宁可食无肉，
不可居无竹。
——苏轼
十笏茅斋，
一方天井……
日中月中有影；
风中雨中有声；
诗中酒中有情；
闲中闷中有伴。
——郑板桥
苔痕上阶绿，
草色入帘青。
——刘禹锡
侧园
门对千竿竹，
家藏万卷书。
——解缙
边园
角园
有家无园，
好似无源之水，无本之木，
无米之炊，无叶之花……

依坡就势

向阳门第——建筑与自然守望相顾、融合共生、相互渗透

重庆归元寺

无宅不成家，无园少温馨

民居之美

为一种约定俗成的文化认同。在建筑的山花、门楣、楹联、漏窗、影壁、窗格、家具线脚、屏风、瓦当、滴水、封火山墙、墙体砌筑等部位，都巧妙地贴上了人生意义的标签。因此，传统的中式建筑常被视作极具象征意味的实体，而文化也正是由符号与象征编织而成的意义网络。

多维式景门空间
以有限展空间，乃建筑之智慧

墀头

檐角风铃，传达天籁之音，通达宇宙

瓦当、滴水

狮衔环
大门装饰，彰显威武

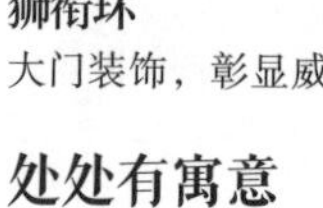

处处有寓意

由多种图案组成的窗格木雕，承载多种文化内涵

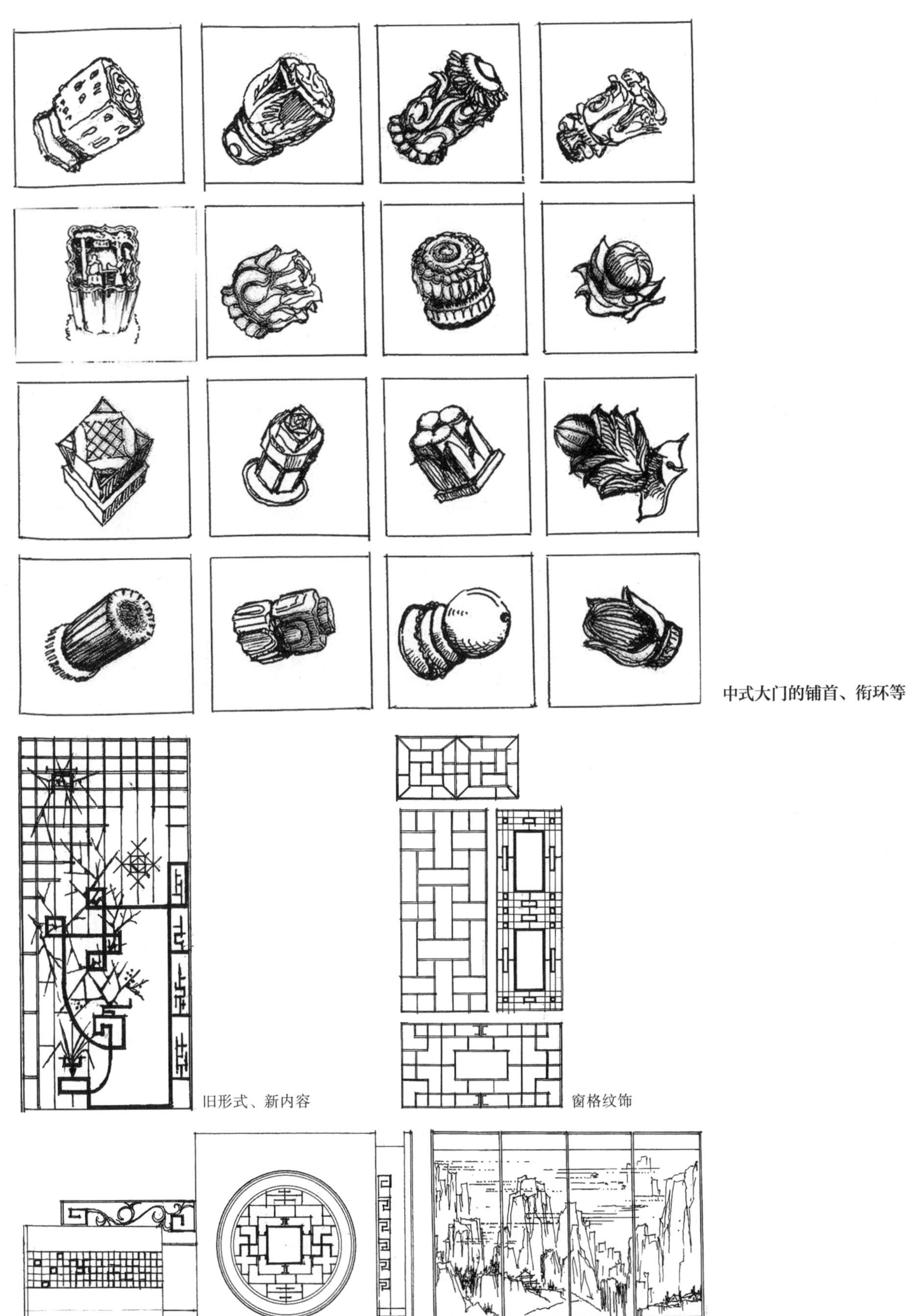
春
夏
秋
冬

中式大门的铺首、衔环等

旧形式、新内容

窗格纹饰

传统建筑常用的窗格、屏风及其纹饰

头戴牡丹富贵
大耳下垂慈祥
长命锁长寿
怀抱青狮辟邪
脚穿朝靴登科

无锡惠山泥人

400余年民俗艺术，圆满、丰实、艳丽、吉祥、喜庆

四兽瓦当青龙

东方神

聚天地之灵气，纳宇宙之精华

单纯、质朴、循环、律动、连续、抽象，具有热烈的生命活力，线条流畅，结构严谨

马家窑型彩陶

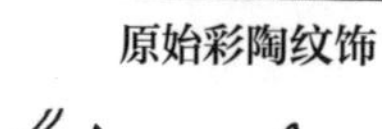

原始彩陶纹饰

中国汉字作为文化符号，历经五千年的历史演化，不仅发展出书法艺术、活字印刷术，还赋予人以智慧

取材于自然，是自然精华之浓缩和升华

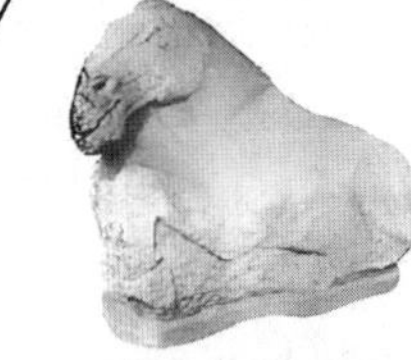

霍去病墓石雕《跃马》

分层减地法雕出肌块
保持石材原有肌理，体态浑厚
刚要跳跃的瞬间
线刻

是使人叹服之石雕艺术，形简神足，整体上浑厚雄圆，马前身将欲跳跃，蓄势待发动感突出，精义入神，以静写动

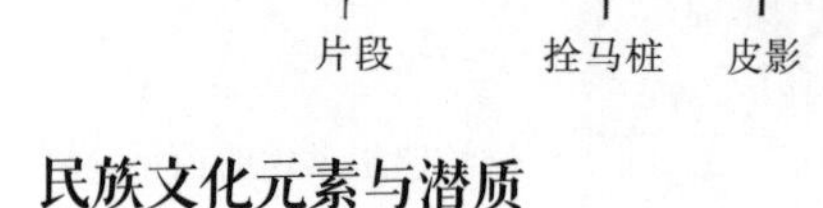

片段
拴马桩
皮影
纹饰

民族文化元素与潜质

（四）“托体同山”巧妙利用自然地势，烘托建筑气质

托体同山，是由陶渊明的《拟挽歌辞三首》中“死去何所道，托体同山阿”转义而来的。中国传统建筑，特别是山地建筑，多借助山体之势，彰显建筑之胜，将建筑置于山体之上，与山同体，以山势为承托。古有俗语“天下名山僧占多”，但除大量名刹古寺常修建于山上外，帝王将相的陵墓祠堂也常建于山体之上，如黄帝陵、阳陵、乾陵，还有司马迁祠。此外如蓬莱阁、承德避暑山庄、湖南石鼓书院等建筑及建筑群也都以山体作为载体建造。山有起伏，犹如龙体舒展，具有较深远的意义承载，故乾隆帝曾在《塔山四面记》中写道“山无曲折不致灵”。为了极目远眺，人们择高处修建了半山亭、望天阁等供登临眺望的场所和建筑。自然景观讲究“法天地”“师造化”，常强调随坡就势、起伏错落、高下相倾，形成大地景观艺术。因此，高台榭不仅可以美宫室，亦可用于风景园林建筑。事实证明，即使在以木构架为主的建筑时期，也并非只有低层建筑，许多多层建筑也留存至今，尤其是高耸的楼阁宝塔。九层之台、高耸之塔，都反映了人们在垂直向度上的追求。

湖南石鼓书院

司马迁祠

以山势托起建筑，巧借山形地势，创造雄奇之境，使人产生敬仰之情

亭台楼阁水榭

相同尺度的建筑，由于基底之不同，而有不同的气势

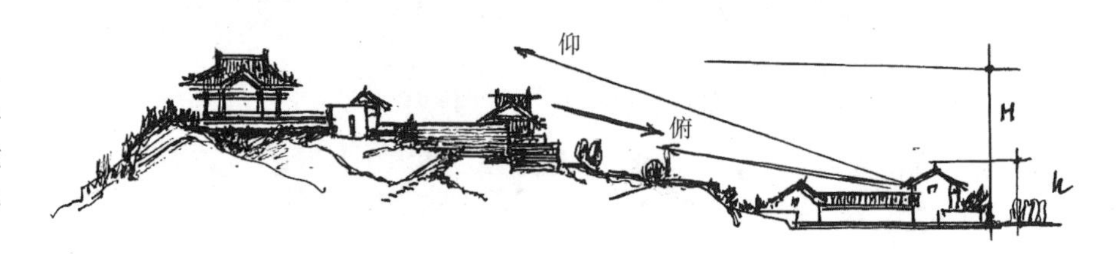
仰
俯
H
h

托体同山，同类建筑，由于基底不同，而其势各异，该图既表现高低尺度之异，也表现形与势的关系

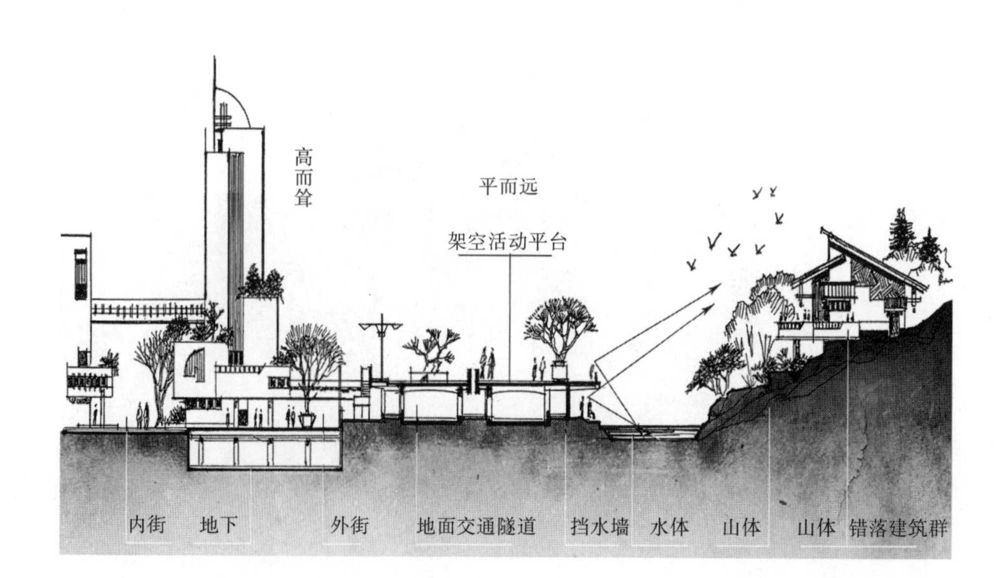
高而耸
平而远
架空活动平台
内街
地下
外街
地面交通隧道
挡水墙
水体
山体
山体
错落建筑群

造势构形
借鉴绵阳市铁牛广场

托体同山

桑珠孜宗堡复原及改造（常青）

H
h

山之有起伏，犹水之有波澜。水无波澜不致清，山无起伏不致灵

从心理学角度看，人与景的相位关系有三种，即仰视的崇高感、平视的平和感、俯视的轻蔑感。

例如，中国第一代建筑师吕彦直在设计中山陵时考虑到利用山体地势，由392级台阶拾级而上，一步步增添建筑的庄重和民众的崇敬之情。

（五）天·地·人·神四位一体

综上所述，中国先哲从来都不只是将建筑与园林看作为一种纯物质空间，还将它们看作是人生的副本，如“天地与我并生，而万物与我为一”（庄子）、“清风明月本无价，近水远山皆有情[1]”“一草一木栖神明”（顾况）、“斯是陋室，惟吾德馨”（刘禹锡）、“沉舟侧畔千帆过，病树前头万木春”（刘禹锡）等。

建筑与园林之美，美在空间、美在与自然相和谐、美在空间结构之有机性、美在气韵之生动、美在内涵之丰实。《易经》中曰：“夫大人者，与天地合其德，与日月合其明，与四时合其序，与鬼神合其吉凶。”天地人和谐共生才是安居乐业之本。中国无统一的宗教信仰，中国人多为无神论者，同时也是泛神论者，将神看作是对变化莫测时运的庇佑，以及对幸福生活的精神寄托和美好夙愿。

当前，我们所提倡的生态优先也是传统哲学的立论之本，是将人与自然相和谐作为可持续发展的基因。建筑与园林皆属于与自然相和谐，并按自然法则营造的人居环境，是先哲们的智慧结晶，应当永世传承。

[1] 梁章钜编辑《沧浪亭志》而获得的集句联，上句出自北宋欧阳修的《沧浪亭》，下句出自北宋苏舜钦的《过苏州》。

清风明月本无价
近水远山皆有情

二、充分利用科学的方法论

（一）以一行万，大道至简

当社会进入以知识经济为主的信息社会之后，人类的知识结构和认知水平一方面体现着其精准度，另一方面体现出其简约性。在知识大爆炸的时代，知识越庞杂，认知越要简化，否则将陷于迷茫，一无所得。正如《易经》所说："易则易知，简则易从；易知则有亲，易从则有功；有亲则可久，有功则可大；可久则贤人之德，可大则贤人之业。易简而天下之理得矣。天下之理得，而成位乎其中矣。"无论是从认知还是创作的角度，都需要具有删繁就简、透过现象看本质的能力。

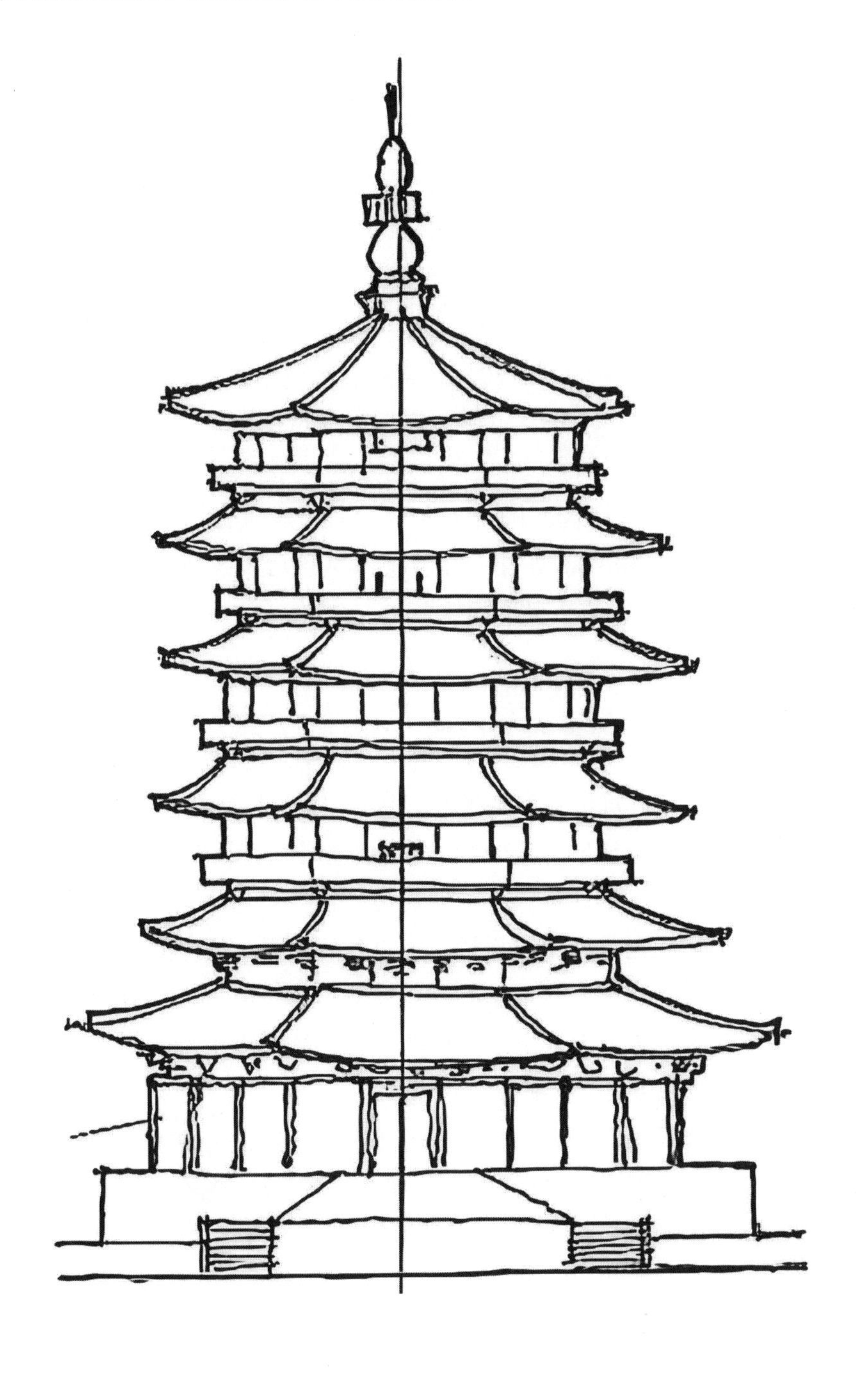

应县木塔

虽有倾斜，却千年不倒，乃国之珍宝。梁思成先生将此塔誉为中国的比萨斜塔

中式建筑的形象

中国以木构为主的楼阁，外观雄伟宏大、气势磅礴，大有冲破云霄、俯瞰大地之“气韵生动”。这些建筑看似繁杂，但其实可以系统地分解为梁架、柱、斗栱、瓦片、滴水、瓦当等标准构件。正如《荀子》中所说的“以一行万”，符合大道至简的原则，也充分显示了古人的营造智慧。现代建筑大师路德维希·密斯·凡德罗（Ludwig Mies Van der Rohe）提出的“Less is more”（少即是多）也是此理。中国传统建筑之所以能多次迁建复建，也与简而易从、易亲、易功、易久有关。以极少元素创造复杂的造型，正是智慧之体现。

纵观中国的传统建筑，从庙堂之高的官式建筑到江湖之远的民居建筑，都是以少数的标准定型构件所组成。少量元素进行复合式的有机组构，取得了以一当十、以少胜多的效果。

（二）千尺为势，百尺为形

东晋郭璞的《葬书》中提出了“千尺为势，百尺为形”的风水理论，按晋代古尺的形制，每尺约为24厘米，百尺和千尺即约指24米和240米的距离。根据现代的视觉感知，在24米内可以看清马赛克纹理，240米则只能看出较大的轮廓。所以形和势，可以理解为一种特写与全景、局部与外廓、内与外、近与远、先与后、细与粗、分与合的关系与视觉感知，因此，在环境组景时要区别对待。从视觉心理角度看，为了取得雄、奇、险、秀的效果，需要注意远观、纵观之下外廓的气势；欲观看细部的精、韵、美、巧，要在细部上下功夫，于细微处见精神。

山有三远之说，即平远、高远、深远；景有三无之说，即远山无脚、远舟无身、远树无根，呈现出三种不同的境界。故在造景中，可以利用其特征，即在利用形、势、体、远、近的关系上，因势利导，显示出若马奔驰、若水兴波、若山起伏之势。

古代陵墓外司马道上的石像生，基本是按24米间距排列，人在前进中，按已见、正见、即见三种时态移步换景，正好符合视觉后像、当下感知、未来期待的视觉感知规律，形成一种节奏化的秩序。城市中电线杆的排列基本也符合这一尺度，过密则稠、过稀则疏。日本建筑师芦原义信在《外部空间设计》一书中提到的“空间模数”（20～25米）亦与形势理论相类似，皆出自视觉感知。同样，在视觉艺术中，常以全景展示环境氛围，以特写（如一个眼神）进行传神写照，入木三分。老子将形与势归之于道：“道生之，德畜之，物形之，势成之”。形俱势成，内涵居于其中。具体应用参见以下图示。

势乃形之崇，形乃势之积，有势无形则空，有形无势则俗，得势在先，观形于后，形与势兼备则羽翼丰满。

近察其质，观赏细部、纹理、质地、特写。总体显示风貌，细部决定品质。既要轮廓清晰，显示图从底中来，又要显示图之精美

远山无脚、远树无根、远船无身；远观其势，看到的是大轮廓、包孕形态之“象”、全景和概貌

中观层次，突出体型和表面的轮廓

微观层面细部纹饰

（三）和而不同的群体组合

简约的另一种形式就是以片段代替整体。根据格式塔心理学中的"完形压强"[1]理论，当人们在观赏非完形时，会产生将已知图像进行"视觉归位"的心理趋势，把所见之物理解成已知的形象，借以增强信息的含义。对于解构主义来说，即是用片段、裂变来表达这种形象。这种构成手法，在中国的雕刻和绘画中也早有应用。在传统的乡镇，每座民居都以间为单元、院为中心、四边围合，家与家紧密相邻，以窄巷为纽带，形成密集的联排式，以单层为主进行群体组合。户与户之间为了防火，都用封火山墙相分隔，从空中鸟瞰只见高低起伏，但总体上和谐统一。每家每户又由于建筑的高低、院落的大小、封火山墙，以及院门的装修处理，各具特色，所以在总体上既和谐统一，又互有差异。只有重要节点被突出，如乡镇中心修建的骑楼和戏台等高耸建筑，总体上显示的仍是高低错落的立面。

[1] 完形压强（gestalt pressure）是格式塔心理学关于学习理论的四个组成部分之一，它是德国心理学派代表人物苛勒提出的一种学习理论。完形心理学认为，人的知觉有完形和建构的功能。当人们在观看一个有"缺陷"或"空白"的形状时，会情不自禁地产生一种紧张的"内驱力"，促使大脑紧张兴奋地活动，并按照需要去填补和完善那些"缺陷"和"空白"，从而达到内心平衡，得到满足。

高低起伏

乡镇中心修建的高耸建筑

和而不同，群体和谐

和而不同，群体和谐

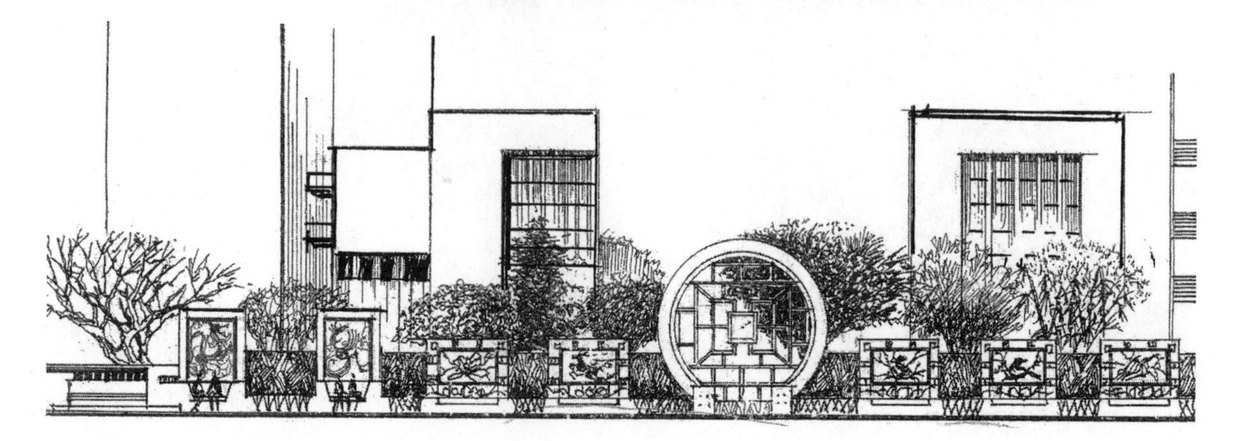

（四）充分利用力学原理——承重结构与围护结构分离

以木构为主的中式建筑，主要结构支撑是屋架与柱，山墙和窗台以下的墙体均为可与骨架脱离的围护结构。因此，在外力作用下，墙体如果发生坍塌，屋架结构仍能保持对屋顶的支撑，故有“房倒屋不塌”的效果。

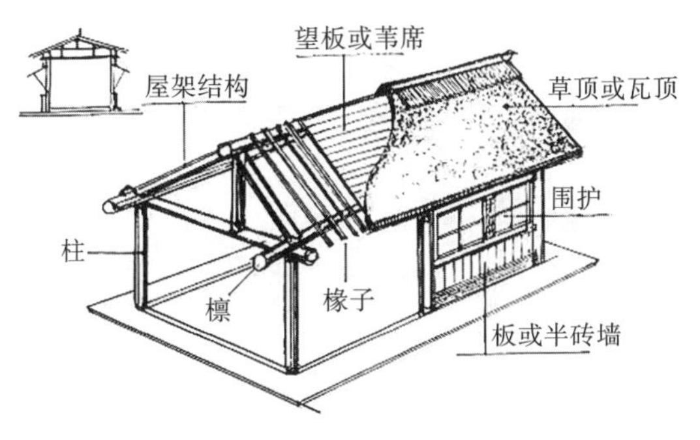
望板或苇席
屋架结构
草顶或瓦顶
围护
柱
檩
椽子
板或半砖墙

围护结构与承重结构分离体系

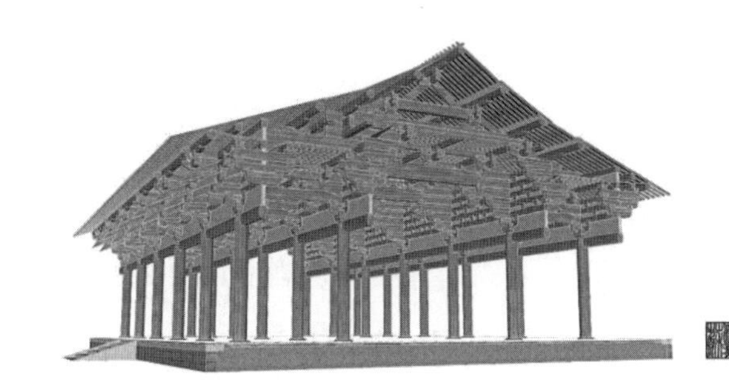

五台山佛光真容禅寺大殿构造研究

仅有屋顶的房子

西安昌仁里东岳庙大殿（苏海龙）

三、寓情于景，有机生成

（一）寄物咏志，传神写照

中国人常以“法天地，师造化，道法自然”“物我同格”“赋形意”“以意领形”“寄物咏志”“畅神抒怀”“物以文胜，文以物兴”“爱屋及乌”的文化心态作为创作的价值观。并且将物质世界与人的精神世界相联系，认为“形乃生之舍”“神乃形之君”“形神兼备”“形俱而神生”才是创作的要领。因此，在建筑与艺术创作中，常以“吸天地之灵气，纳四时之精华”作为一种手法。如在中华民族的精神图腾“龙”与“凤”的创造上，就用简化的符号性语言代表了民族的气质。

寄物咏志的特点在古今闻名的江南三大名楼中也体现得淋漓尽致。“秋水共长天一色，落霞与孤鹜齐飞”江西滕王阁因王勃冠绝中华的名篇《滕王阁序》成为千古的绝唱；“黄鹤一去不复返，白云千载空悠悠”湖北黄鹤楼因唐代诗人崔颢登楼所题《黄鹤楼》而名扬四海；“先天下之忧而忧，后天下之乐而乐”湖南岳阳楼则以戍边豪杰范仲淹的《岳阳楼记》而闻名，表达了为多数人谋福利的幸福观和理念。这些楼不只具有实用价值，更因这些经典名句而提高了知名度，建筑与文章同格同构，永远铭记在人们心中。尽管建筑在历史上常毁常建，但至今仍旧吸引无数游客登临远眺。

山西后土祠中的秋风楼，是清光绪年间为纪念汉武帝刘彻祭后土祠时所咏的《秋风辞》而建，楼因辞建、辞因楼兴，将原本感怀生死与爱情的文作，以古意斑斓的建筑雄姿加以诠释。

由此可见，大家将建筑与它所承载的意义完全联系在一起，并非单指建筑之美和文章风采，而是以爱屋及乌的心态，物以文兴、文以物胜。

秋风楼

秋风起兮白云飞，
草木黄落兮雁南归。
兰有秀兮菊有芳，
怀佳人兮不能忘。
泛楼船兮济汾河，
横中流兮扬素波。
箫鼓鸣兮发棹歌，
欢乐极兮哀情多。
少壮几时兮奈老何！
——刘彻

通过以上的案例得出，当进行一些案例设计时，可以以意领形、赋形授意，避免单纯地追求形式，应将形与义相联系，心手合一、物我同构。

（二）传统建筑表现的有机生长性

有机建筑是一种活着的传统，它根植于对生活、自然和自然形态的情感中，从自然世界及其多种多样生物形式与过程的生命力中汲取营养。“中国建筑的美就是合于这个原则，其轮廓的和谐，权衡的俊秀伟丽，大部分是有机的，有用的，结构所直接产生的结果。”[1]中国能够流传至今的古代建筑都有一个相同点：依据各自的外在因素来思考，力求合情合理。无论是陕北黄土高原上的窑洞，或是北京的四合院，还是湘西的吊脚楼，又或是河北的赵州桥，都是根据当地独特的气候、环境、人文等因素所建的。

[1] 摘自林徽因《清式营造则例》序。

建筑本身就是一个有机体，一个不可分割的整体，而人类也是大自然的一部分，不可能超越。因此所以在处理建筑、环境和人类的关系中，有机的理念对未来发展相当重要。

赵州桥

（三）中国建筑之美

中国先哲以中国传统自然生态哲学，如与天地合德、重自然、重人文、重礼仪、重亲情、尊祖、崇祖等观念，将建筑视作社会角色和人生副本。即通过物化的手段将文化、艺术、民俗、礼仪、理想、夙愿予以精神上的升华。因此，建筑的智慧，是以象征手法将形式语言注入建筑的空间与形体之上。致使建筑表现为诸如结构的、空间的、形体的、环境的、自然的、灵动的、韵味的多种审美意境，多效共生于建筑综合艺术的整体之中，有机结合、相互包容、相互依存。

传统建筑之美，美在轮廓、比例、尺度、象征意味、稳定、庄重、高雅、挺拔、整体氛围等，特别是整体造型端庄、大方，结构匀称。

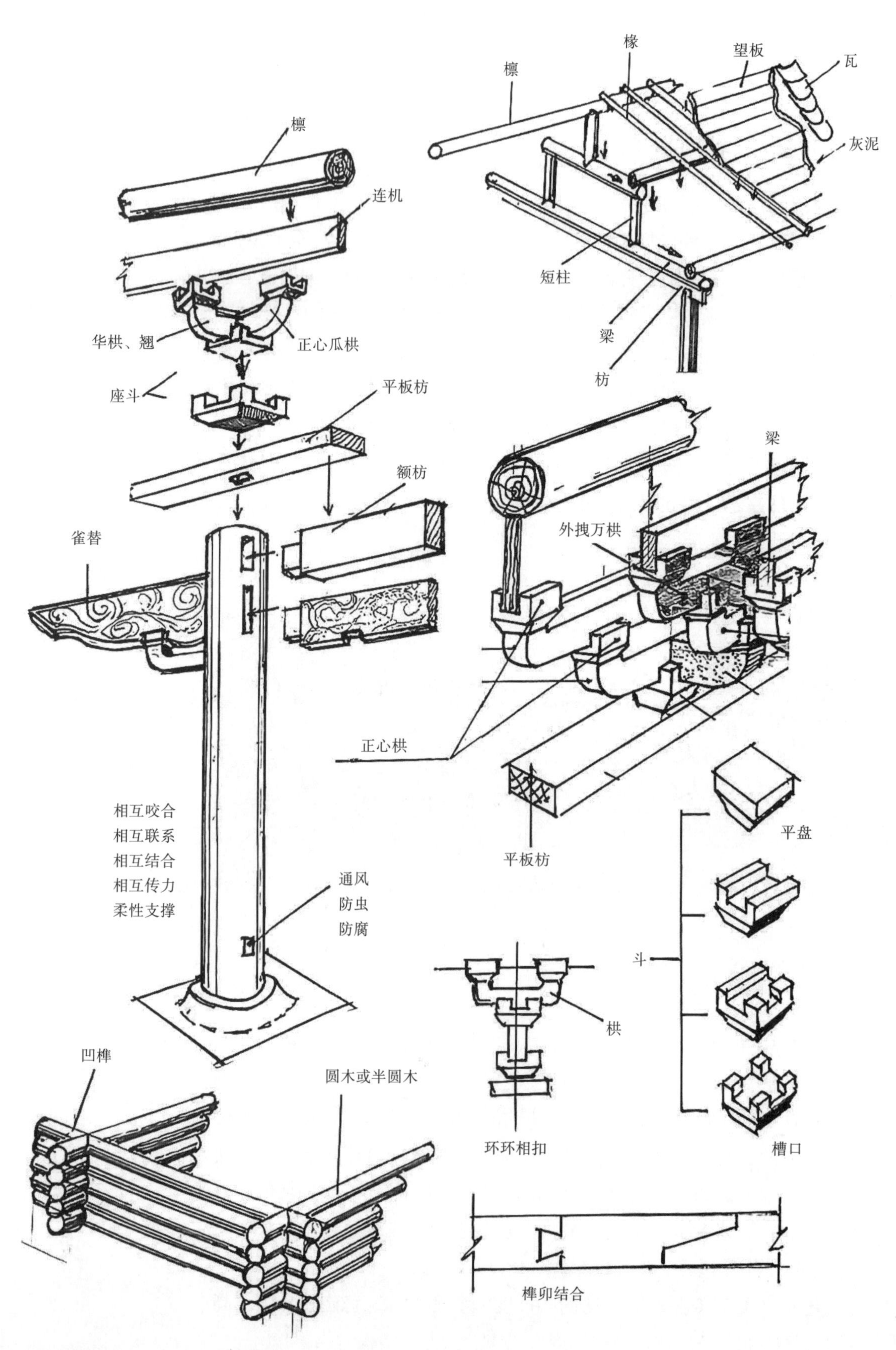
檩
连机
华栱、翘
正心瓜栱
座斗
平板枋
额枋
雀替
相互咬合
相互联系
相互结合
相互传力
柔性支撑
通风
防虫
防腐
椽
望板
瓦
檩
灰泥
短柱
梁
枋
梁
外拽万栱
正心栱
平板枋
平盘
斗
栱
环环相扣
槽口
凹榫
圆木或半圆木
榫卯结合

中国木构建筑结构的有机性图式

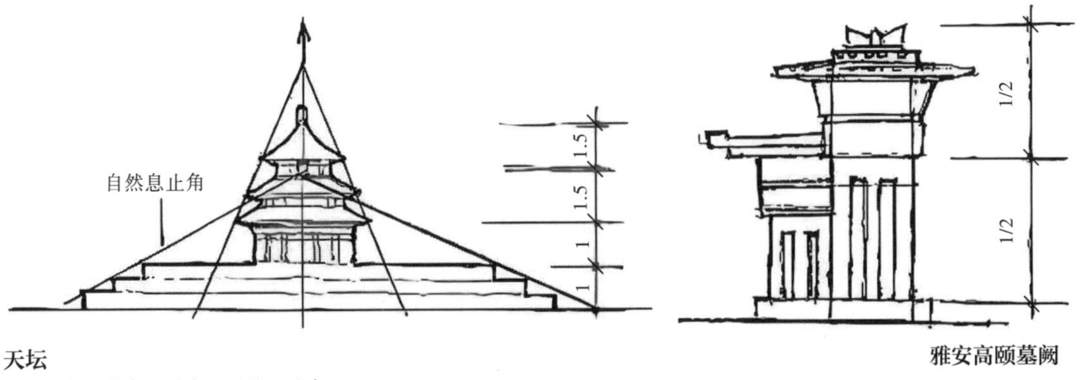

自然息止角
1.5
1.5
1
1
1/2
1/2

天坛

天圆地方，崇高、稳定、天蓝、地广

雅安高颐墓阙

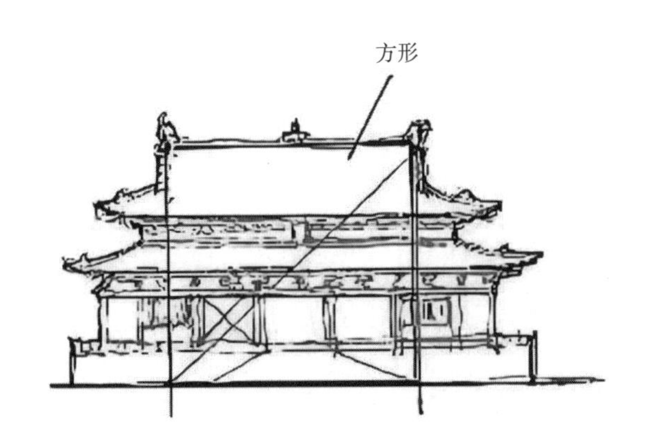

方形

山西太原晋祠圣母殿

方整公正

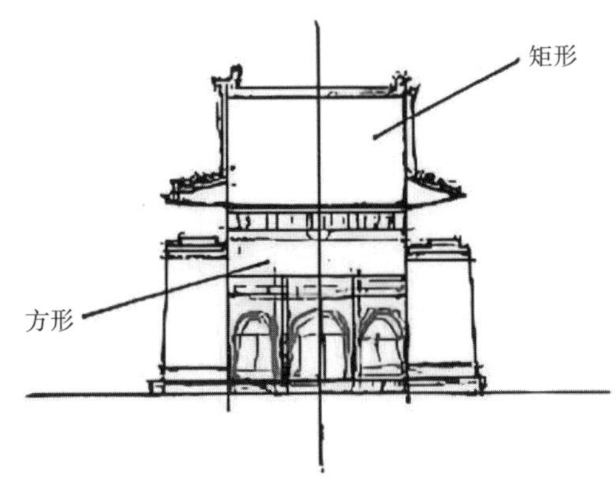

矩形
方形

南京中山陵

由大台阶拾级而上，高山仰止

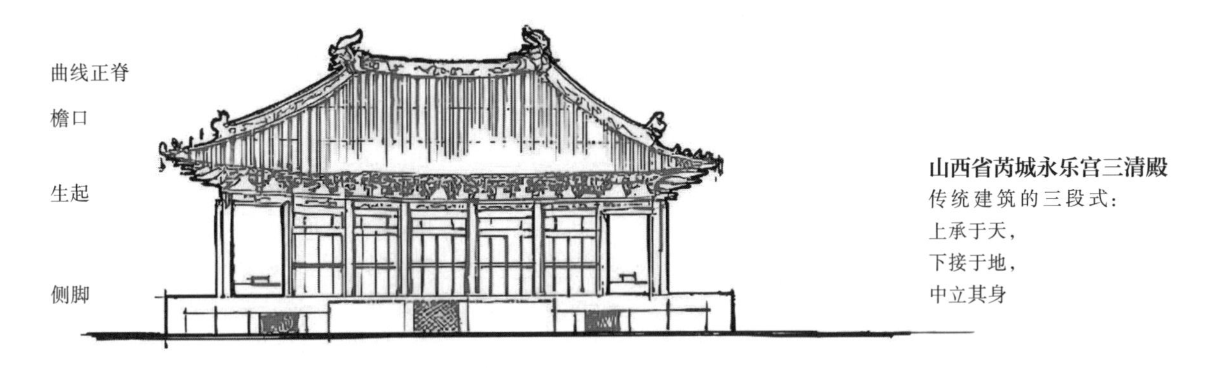

曲线正脊
檐口
生起
侧脚

山西省芮城永乐宫三清殿

传统建筑的三段式：
上承于天，
下接于地，
中立其身

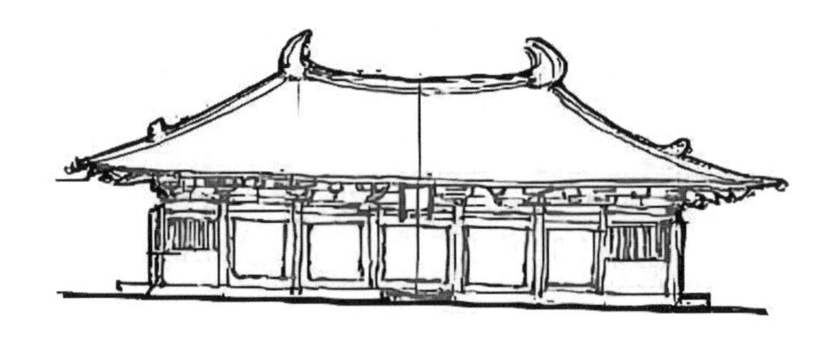

山西五台山佛光寺大殿

翘脊无仙人走兽，柱间距近于方形，无高大台基，更显平和端庄

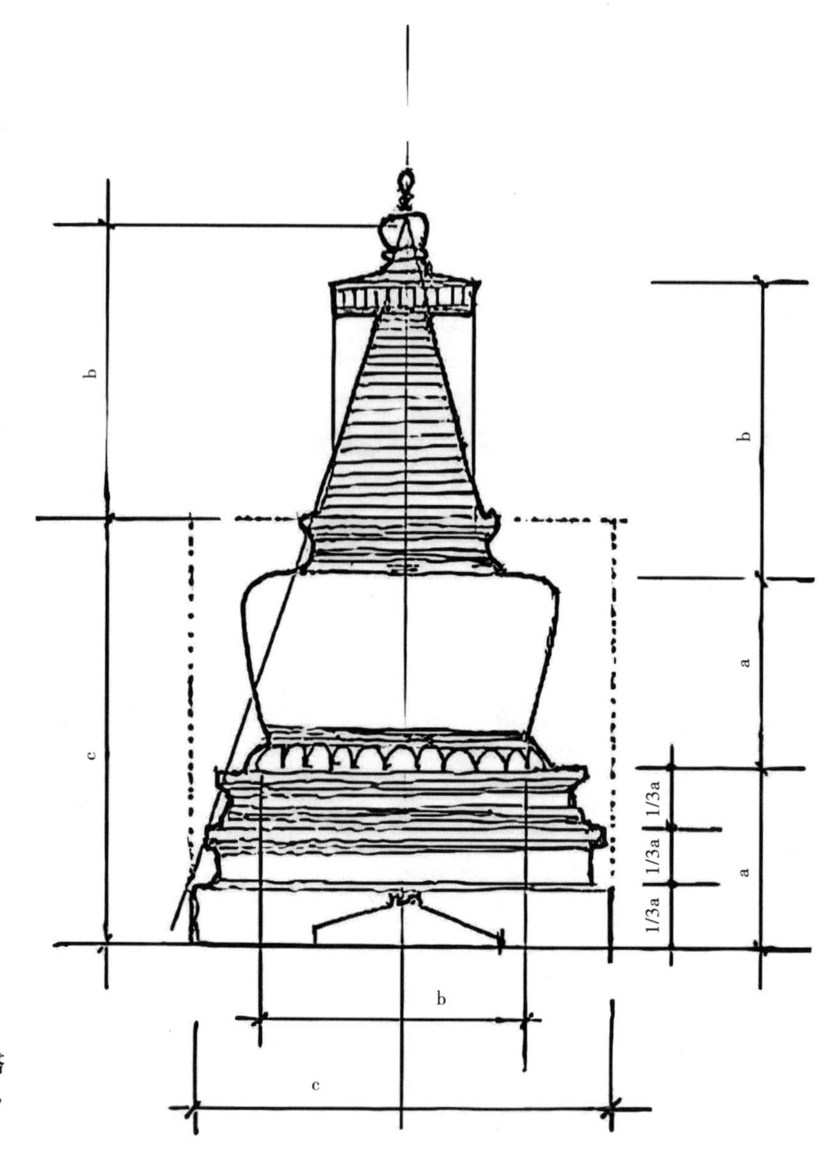

b
b
a
c
1/3a
1/3a
a
1/3a
b
c

北京北海公园妙应寺白塔

在整个环境中，绿山相衬，独占鳌头，英姿飒爽

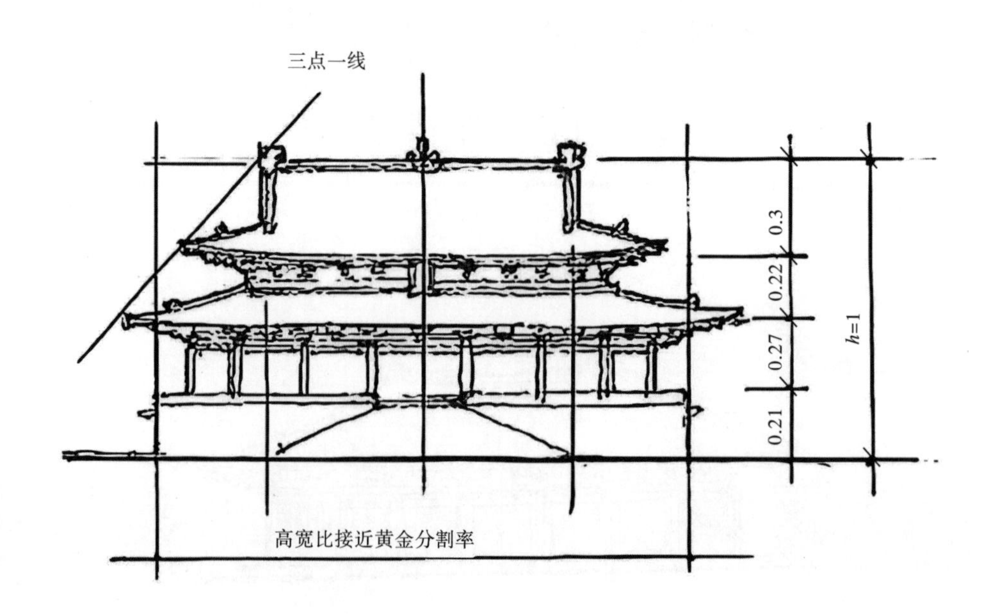

三点一线
0.3
0.22
0.27
0.21
h=1
高宽比接近黄金分割率

山西太原晋祠圣母殿

北宋天圣年间建造

结构美

榫卯结合，环环相扣，层层传力，有机生长，无一虚设，珠联璧合

形体美

“如跂斯翼，如矢斯棘，如鸟斯革，如翚斯飞。”（《诗经》），龙飞凤舞气宇轩昂

韵味美

雨巷幽帘，小桥流水；婉约含蓄，藏而不露；袅娜多姿，娇而不媚

艺术美

写意抒情，浓妆淡抹；景自心成，境由心生；气韵生动，大气流行

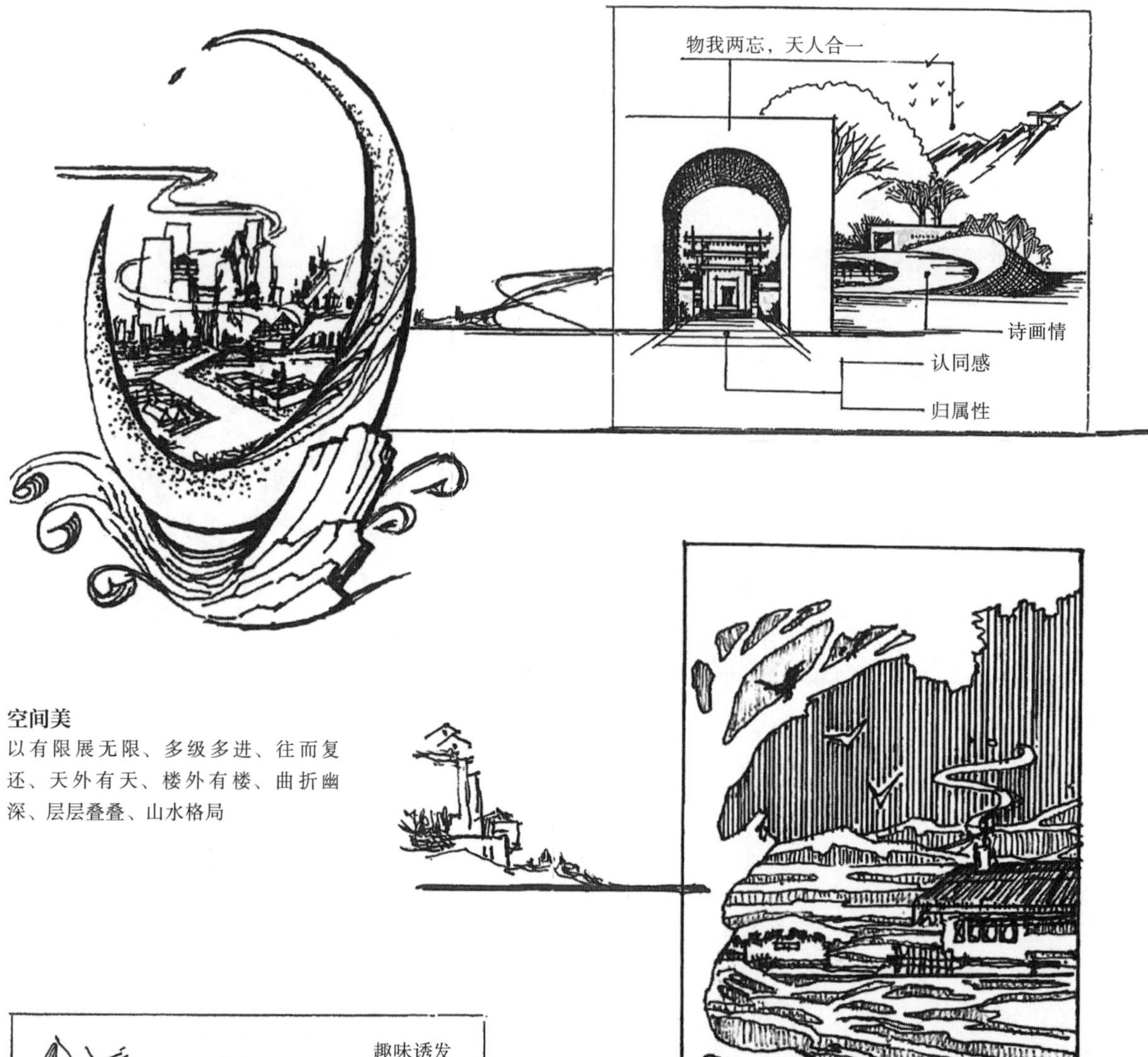
物我两忘，天人合一
诗画情
认同感
归属性

空间美

以有限展无限、多级多进、往而复还、天外有天、楼外有楼、曲折幽深、层层叠叠、山水格局

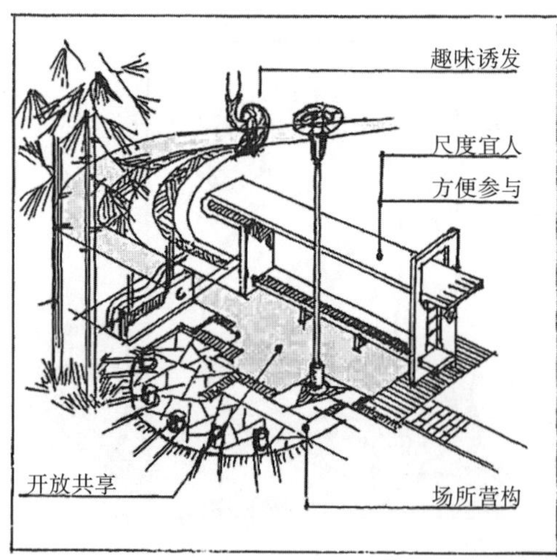
趣味诱发
尺度宜人
方便参与
开放共享
场所营构

自然美

法天地，师造化，道法自然；虽为人造，宛自天成；返璞归真，融入自然。美在和谐，美在得体。花鸟鱼虫，飞禽走兽，取自自然，用于自然，自然之美乃为大美

四、植根于母体环境之中

（一）时间与空间的经纬交织

时间反映的是与时俱进的时代性、时代精神和时代科技等；空间则反映的是民族性、地域性等。中国地域广阔，包含不同的气候分区和物产资源，五十六个民族分布各地，各有不同习俗。建筑有如其人其事，也呈现出不同的建筑风格和空间结构布局，可以说一方水土成就一方的建筑特征。因此，建筑便是以时代性、地域性、民族性相统一的原则，表现出就地取材、地尽其利、材尽其用，一方水土养一方人，一方人拥有适应地理、气候条件的建筑，呈现出结构各异、取材不同、风格迥异的多彩民居。由此可见，中国建筑的发展也不应定格定式在某一种形制和时代，而应是异彩纷呈、多型多姿的。

（二）植根于母体环境的生态建筑——大同悬空寺

建在百米悬崖上的山西大同悬空寺，虽已历经千年之久，仍保持完好无损。主要是因为上有悬岩遮挡，太阳晒不到（最长不超过四小时）、雨水淋不着、湿气浸不到。而建筑材料也经过精心处理，如木横梁被桐油浸过，并且在早期已用楔子加固了端部（犹如现在的膨胀螺栓），且有三分之二埋入山体。正因如此，才保证了建筑的长寿，可见古代劳动人民的聪明智慧。

时代性 · 空间性 · 地域性

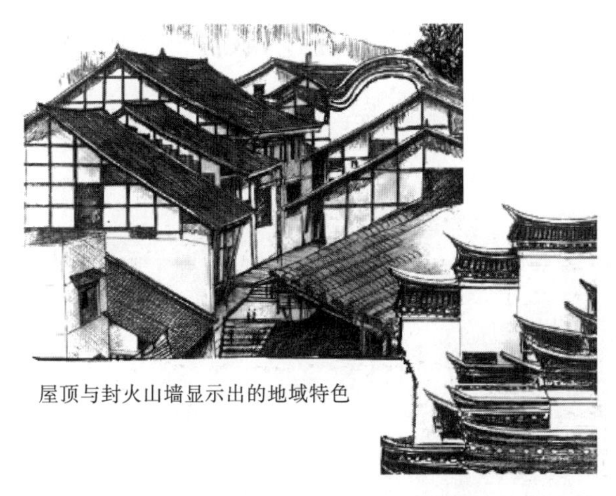

屋顶与封火山墙显示出的地域特色

建筑与环境的交织、共生、融合

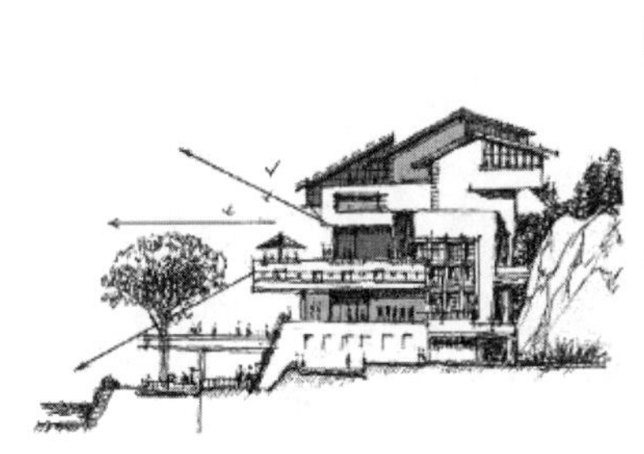

依山傍水，负阴抱阳，古韵新释

湘西民居

湘西民居

一方水土养一方建筑，传统建筑之形神兼备

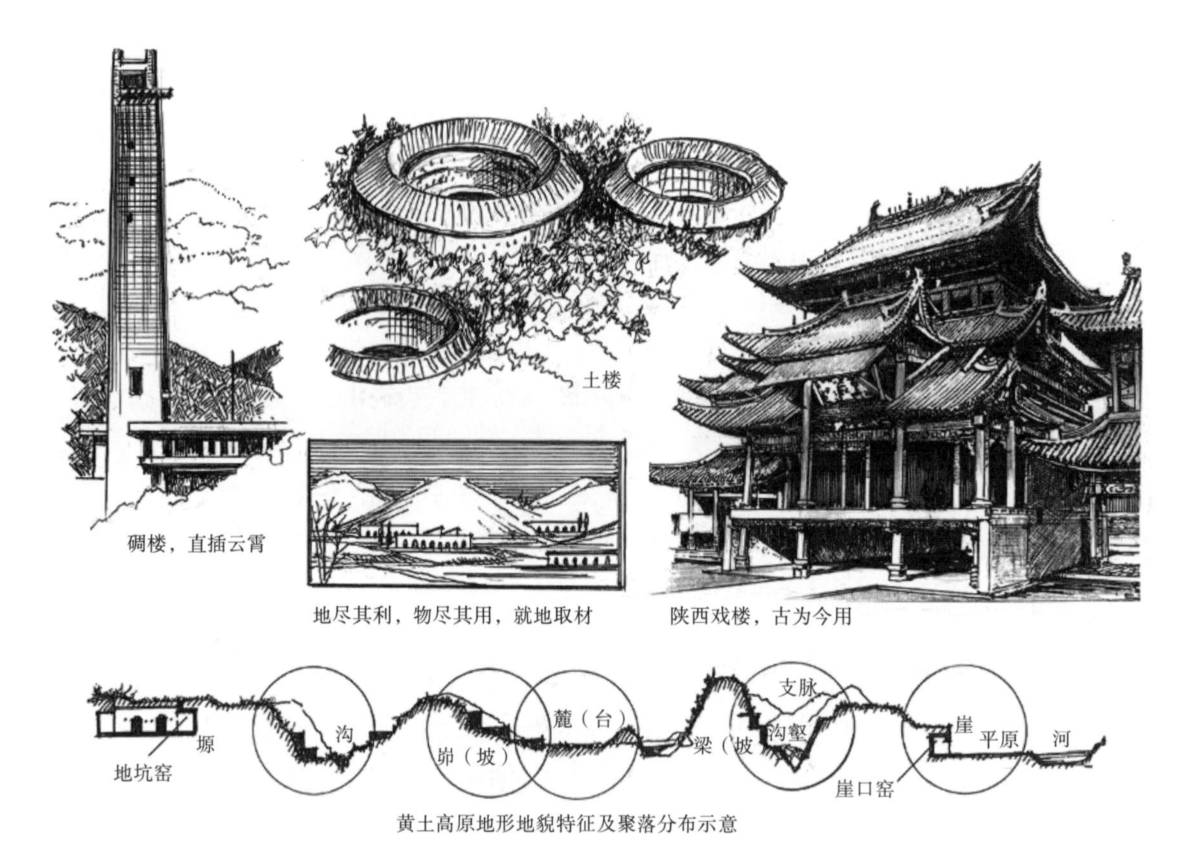
土楼
塬
地坑窑
沟
峁（坡）
麓（台）
梁（坡
支脉
沟壑
崖
平原
河
崖口窑

碉楼，直插云霄

地尽其利，物尽其用，就地取材

陕西戏楼，古为今用

黄土高原地形地貌特征及聚落分布示意

根植于母体环境中的中国建筑

山西大同悬空寺

建筑生态学之典范千年不朽，长盛不衰之奇迹

（三）植根于母体环境的建造技术

在修筑长城、城墙、石坝、挡土墙等构筑设施时，为了坚固持久，往往采用砂、石、土和黏性材料等制成的三合土材料砌筑，并对松散性材料进行加固处理。正是因为在夯土工程中加入了这样的特殊材料和技术，所以厚重的城墙和万里长城才能固若金汤，经历千年永不倒。福建土楼亦是古人建筑智慧的集中体现，土墙的原料以当地黏质红土为主，掺入适量的小石子和石灰，一些关键部位还要掺入适量糯米饭、红糖，以增加其黏性。因此，才形成了经久不衰土楼建筑群。

五、匠人营国，万民造家

纵观中国的建筑发展史，可将营造智慧表现为“一干双枝”。所谓的“干”是指长期的农业和手工业经济基础造就了中华民族具有高度的概括性、抽象性、内省性、尚文精神、家国情怀等文化心态以及“儒·道·释”相互融合的文化基因，这些共同构成了民族智慧得以滋生的母体、主干、本原、宗旨。而双枝中的一枝体现在城市建设中，以防御为主的“筑城以卫君，造郭以守民”[1]，“匠人营国，方九里，旁三门……”[2]，并以一套完整的营造方式，规制各种等级的官衙建筑；另一枝则体现在顺天时、就地利、求吉祥的民居建筑之中。

❶ 语出《吴越春秋》卷二吴王寿梦传第二。

❷ 出自战国周公旦《周礼·考工记·匠人》。

二者主要呈现出以下特征：

城市不论大小，形状都较为规整，以方形和圆形为主，以利防卫，街巷布局亦中规中矩；而村镇的民居则受生产方式、聚落的扩展演变和地形地势等影响，而偏于自然生长，如图所示。

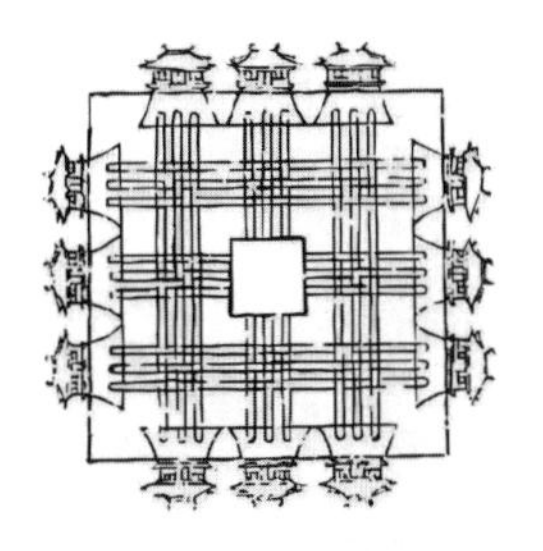

匠人营国

官式建筑一般都表现出等级森严、尊卑有序、内外有别，天子以九五为尊，不华丽无以重威，所以，宫殿都由匠人打造得富丽堂皇。因为古时没有专业的建筑师队伍，所表现的技艺和水平，也都来自民间的艺人，其理念则出于诸侯、士大夫等。而百姓的民居，则是就地取材，由民间工匠和邻里互助营造而成，院落大小有别，形成炊烟袅袅、依山傍水、景象各异的特色。但在群体组合中，民居却充分体现了和而不同的特点，在统一中求变化、以变化求统一，从而形成不同的地域风情，却在同一地域中又有统一的文化识别性与认同感。门窗的格构、窗花剪纸、花墙漏窗、门枋墙垣、粮仓畜舍、封火山墙、廊檐偏厦等无不各具一格。尤其是在房屋的建构上，充分体现了因地制宜、就地取材、随坡就势、适应气候、融入自然、天地人合为一体等方面，充分展现了劳动人民的无穷智慧。中国幅员辽阔，气候差异悬殊，造就了不同的地域风格，甚至找不到完全相同的村落和民宅，但却表现得大同而小异、和谐而共生。

建筑的文化也是以空间作为载体，以百姓的宜居、乐居、安居、群居、诗居为目的。处于转型期的城市在提升城市品质方面，理应吸取传统民居的建造智慧。要吸纳传统的营造智慧，与自然和谐，与环境和谐，与群体和谐，与人的精神和谐，舍弃对个体建筑标新立异的追求，真正体现以人为中心，由物质家园向生态家园、精神家园和诗意的栖居复归。我们应向北宋思想家张载学习，以“为天地立心，为生民立命，为往圣继绝学，为万世开太平”的博大胸怀，并以向传统营造智慧学习的精神开创未来，使中国建筑走向伟大的复兴。

传承，不是重复历史。但是，历史的经验是可以借鉴的，特别是在文化精神层面上，在不违根本的前提下，注入时代和生活的新元素，使思想更加茂盛地成长。而且，有些精神是永恒的，中国传统的智慧是人生意义的凝结，是从实践中总结出来的经验，继承传统智慧就是在经过认知过滤后对传统思想扬长避短、进行再创造的过程，即通过移植、嫁接、更新、重组重构、改造等手段，使之更富活力。

山峦层叠，古韵悠悠

绿树村边合，青山郭外斜

院门

深藏意蕴的洞门

为往圣继绝学，应是本书义不容辞的义务。但是，五千年的中华文明，先哲们留给我们的精神财富和聪明智慧，实在难以用简单的笔墨所表述，加上本书作者的知识浅薄，只能在表皮略述一二，难免挂一漏万。

除上述各项，就日常所接触的诸如天人合一观、主客体存在的异质同构观、采用各种语汇（如形声、形意、数字）表达的象征观、利用宇宙图式表达的空间观、循环不已周而复始的宇宙观、遵从伦理道德的人性观等，都是先哲留给我们智慧。登高望远，许多行之有效的营造智慧亟待我们不断地挖掘与借鉴，继往以开来，温故以创新，为万世开太平。

综上所述，中国的营造智慧绝不是一种个人的天赋，而是源自广大的人民，藏纳于普天之下的百姓人家，渗透在千家万户和祖国河山之间。更多的智慧有待继续发掘，本章所列只是一己之见。

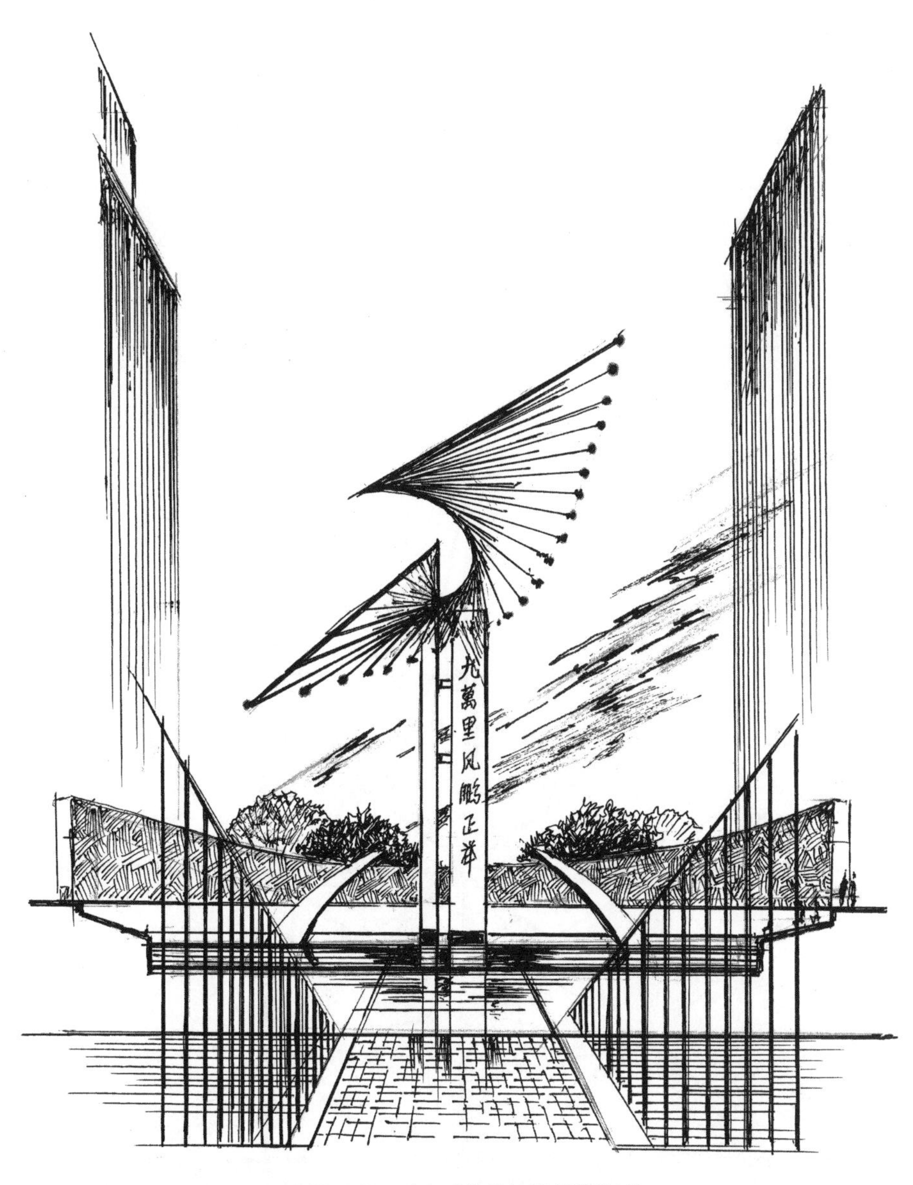
九萬里风鹏正举

流光异彩，反应时代精神的现代造型

第二章 思维的发散与聚合

思维是散开的枝、流动的水，越长越茂盛、越流越通畅，《吕氏春秋》有云，“流水不腐，户枢不蠹”，大脑越用越灵，不用则滞。

思维是展开的翅、盛开的花，可以“思接千载，视通万里”，兰薰桂馥，芳香四溢。多思长才干，多思生智慧。

思维是动态的。可以纵横扩展，深入延绵，触摸各个角落，探其究竟。然而，思维不是脱缰的马、飘浮的云，而是要沿着事物发展的轨迹，运行在情与理的双轨上，建立正常的思维秩序。

思维是一种非言语表达。作为一名行舟者和耕耘者，应以忘我的精神，敞开心扉，纵横在天地间，航行在茫茫的大海中，乘长风破万里浪，永远保持开放的心态，进行思考与践行。思路有多宽，创作潜能就有多大。所以，创作的思维应是没有止境的。

思维的发散与聚合是分析与综合的体现。分析——具体识别矛盾的各个方面，认识问题的存在性质；综合——寻求矛盾的主要方面，寻求准确的切入点，意在解决矛盾。

思维可以是多视角、多学科、多领域的交叉渗透。以相似、仿生、仿真、联想、想象、触发灵感等“以类行杂”的方法，有序展开。

这些理论证明，要有序利用科学的思维，收放自如。一味地放开而收不住，则易造成天马行空、漫无边际。

思维的发散与聚合意向图

一、多视角横向扩展

（一）中国哲学

中国哲学，很大程度上是建立在重自然、重直觉、重情感基础上的自然生态哲学。在人与自然的关系方面，根据异质同构理论主张“天大，地大，人亦大”（老子），中国哲学强调人与自然相和谐，人是自然之子，“天、地、人、神”四位一体。

在心理世界与物理世界的关系方面，根据刺激与反应的关系，强调物我同格、心物不二；“物色之动，心亦摇焉”（刘勰）。

在情与景的关系中，认为其是情境与物境的统一；“景者情之景，情者景之情也”（王夫之）。

在认识与实践的关系方面，强调“精准践行”“知行合一”。正如北宋理学家、教育家张载所说：“为天地立心，为生民立命，为往圣继绝学，为万世开太平”（被冯友兰称为“横渠四句”）。

（二）类型学

“以类行杂，以一行万”（荀子），即是按类推、类比、类聚、类归的方法探讨事物的本原，认清事物的本质。

古希腊哲学家亚里士多德说过：“人们来到城市是为了生活，人们居住在城市是为了生活得更好。”城市正是因人们的聚集而产生的。美国简·雅各布斯认为，“城市的本质不是建筑，而是人，是公共空间，是街道，是人和人之间的互动，社区与社区，需要相互连接，需要大家都能轻而易举地进入公共空间”[1]。城市因人而活，无人则死。20世纪中叶美国建筑师埃利尔·沙里宁曾说过：“城市是一本打开的书，从中可以看到它的抱负。”不仅如此，城市还应是开放的博物馆，“让我看看你的城市，我就能说出这个城市居民在文化上追求的是什么”[2]。

建筑是人们安身立命的行为场所，梁思成认为建筑是人类文化的综合体，他曾说：“建筑是历史的载体，建筑文化是历史文化的重要组成部分，它寄托着人类对自身历史的追忆和感情。”“真正的建筑艺术和智慧，其实在民间匠人中间，而不是那些吟诗作画的士大夫们。”可以说，建筑是生活的舞台、行为的导演、角色的道具、意义的载体以及人生的副本；园林是大众休憩的场所，可驻、可留、可观、可赏，令人赏心悦目、畅神愉悦。

（三）人类文化学

人类生活在“由象征和符号编织的意义网络世界之中”。

意义来自于历史。德国哲学家恩斯特·卡西尔也在著作《人论》中谈到，祖先崇拜是中国人心中最重要和最早的宗教信仰形态之一。华夏民族具

[1] 出自简·雅各布斯1961年出版的《美国大城市的死与生》。

[2] 出自埃利尔·沙里宁在1934年出版的《城市，它的生长、衰退和将来》。

有强烈的寻根历史意识，“忘记历史，就意味着背叛”，尊祖、崇祖、寻根觅祖是刻在中华儿女骨髓里的天性，不论身在何处，都有着浓浓的乡愁，并保持着自己的历史传统。

意义也来自于现实。有形的物质承载着无形的生命、价值和意义，在人类社会中，处处体现着以人为中心的文化承载。所谓文化，主要是指人化、教化、人性化，在潜移默化中被社会文化所塑造，故可称作“驯化”。如同动物被人类驯化一般，人也在社会中被社会文明所驯化，由“自然自我”进入“社会自我”和“精神自我”。

（四）整体观

系统论、结构主义、格式塔心理学，都是以整体观作为理论根据的。首先，世间一切复杂事物都是由多个元素或多个系统组合而成的。虽然各元素都有自己的特性，但构成总系统时，形成的是一个不可分割的整体。各分系统之间不是简单的数字叠加，而是一种有机综合。各系统之间，体现一种树形结构，具有多元共生、相互依存、融合渗透的关系。其次，在一个整体中，主要元素和矛盾的主要方面起主导作用，决定了事物的性质。

不论是建筑还是园林，都属复杂事物，皆是由多元素、多学科构成的综合艺术，需要本着整体观，以“多元”和“多效”共生的理念，达到有机结合的目的。

（五）动态发展观

任何事物都处于螺旋式和动态的可持续发展，而不是一蹴而就的。静止是相对的，发展是永恒的，既不能毕其功于一役，也不能因循守旧。城市、建筑、园林概莫能外，都须随时代发展在更新、改造中，不断地、可持续地创新。因此，更新、改造永无休止符，永远行进在路上。既要摒弃模式化、翻版复制、处处统一，也不能好大喜功，消耗过多的财力与物力，而要在精、巧、妙、能，一场多效、多元共生等方面下功夫，于细微处见精神。

（六）以人为中心的价值观

以上论点均不同程度表现出人的行为、意志、理想、价值、情感等方面以人为中心的倾向。真正地体现以人为中心，必须时时明确人所具有的价值以及人性的本质。

对于“向人性复归”不外乎以下几种认识：

① 德国哲学家马克思（Karl Heinrich Marx）认为人的本质在于自由自觉地创造，并能在他创造的世界中直视自身，人创造了环境，也在被环境所影响。人在创造中是有预见目标的，而不像蜜蜂筑巢出于本能。

② 西方人类文化学家恩斯特·卡西尔（Ernst Cassirer）、L. A. 怀特（Leslie

Alvin White）等认为只有人才能生活在象征和符号编织的意义网络世界之中。强调人是追求意义的动物，意义既来自于生活，也来自于现实社会。因此人们要记住乡愁，不忘根本。

③ 古希腊哲学家亚里士多德（Aristotle）认为人是社会性动物，不能脱离社会而独立生活。社会是由血缘、情缘、亲缘、族缘、地缘、业缘、机缘、友缘等关系相互关联而成的，人的行为受社会规范与秩序所限定，人创造了适宜自身生活的社会，同时也被社会所约束。

④ 人本主义心理学家马斯洛（Abraham H. Maslow）则认为人的动机和需求是由低层次逐级向更高层次提升，最终达到自我实现。即人是有目标追求的，而动物只能终乐于食。刘向在《说苑·反质》中就说过，"食必常饱，然后求美；衣必常暖，然后求丽；居必常安，然后求乐"，其中也阐明了安、居、乐、业的相互关系。

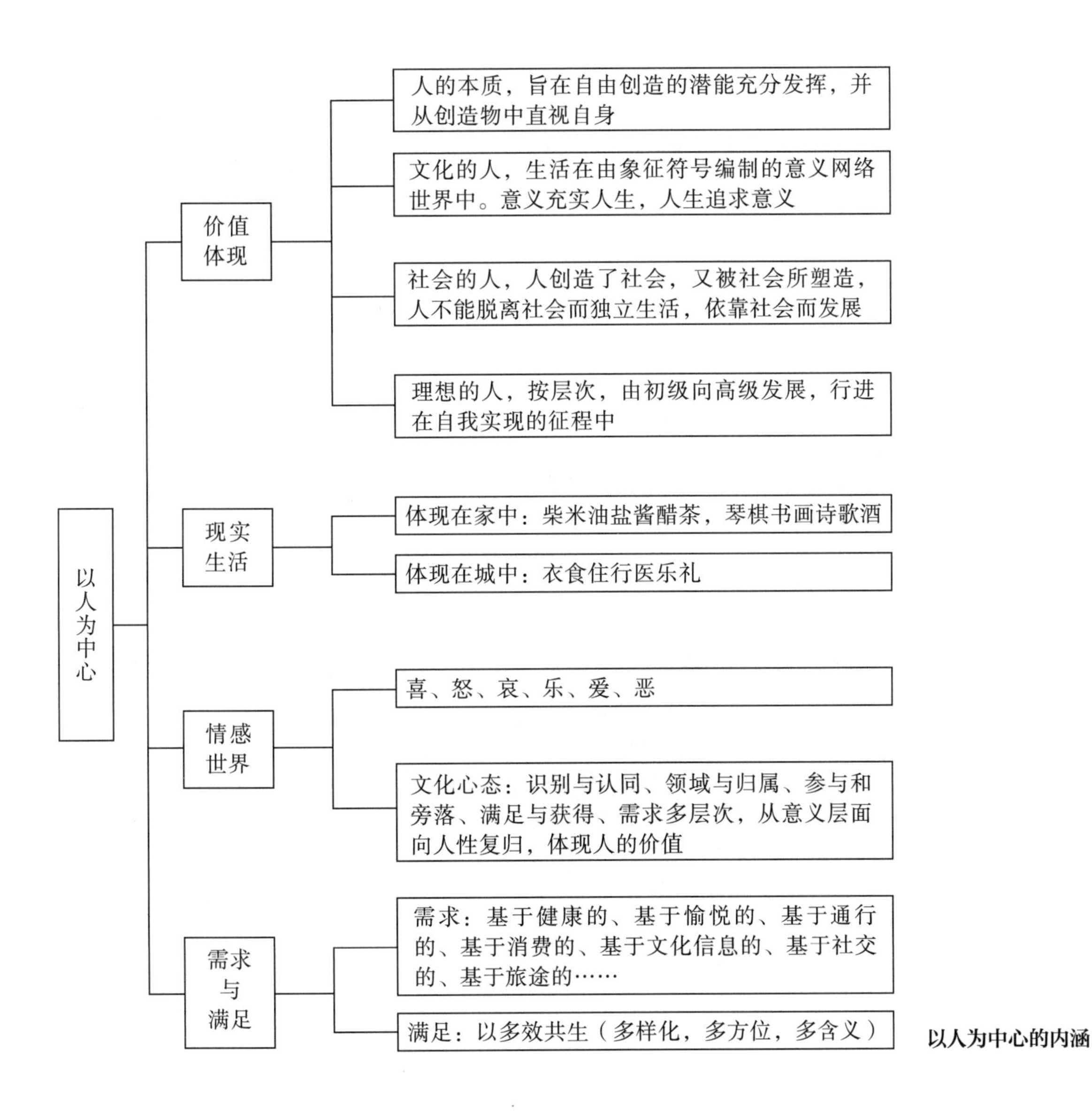
以人为中心
价值体现
人的本质，旨在自由创造的潜能充分发挥，并从创造物中直视自身
文化的人，生活在由象征符号编制的意义网络世界中。意义充实人生，人生追求意义
社会的人，人创造了社会，又被社会所塑造，人不能脱离社会而独立生活，依靠社会而发展
理想的人，按层次，由初级向高级发展，行进在自我实现的征程中
现实生活
体现在家中：柴米油盐酱醋茶，琴棋书画诗歌酒
体现在城中：衣食住行医乐礼
情感世界
喜、怒、哀、乐、爱、恶
文化心态：识别与认同、领域与归属、参与和旁落、满足与获得、需求多层次，从意义层面向人性复归，体现人的价值
需求与满足
需求：基于健康的、基于愉悦的、基于通行的、基于消费的、基于文化信息的、基于社交的、基于旅途的……
满足：以多效共生（多样化，多方位，多含义）

以人为中心的内涵

二、思维的开发

（一）相似性思维

世间一切事物“都是相似的”，相似性思维可以打破门户之见，超越学科的界限，集思广益。所谓“隔行不隔理”“一法精，百法通”，心理世界与物理世界是“异质同构”的，不同形状的物体也可以利用“异质同构”原理，如几何形可以通过拓扑变形加以转换，借助仿生学、仿真学、相似性促成形变。

正是因为事物之间存在广泛的相似性，在生活中才会有较多的比喻和象征。如诗歌中的对仗和比兴，绘画中的“岁寒三友”——松、竹、梅，以及“春风一家”——桃、李、杏。还有平（瓶）安是福、如意是珍（真）、残阳如血、夕阳晚照、岁月如歌、龙骨梅魂等情意的抒发，开创了极大的创作空间。因此，在建筑与园林创作中可以广泛利用相似性思维进行思维发散。

中国传统建筑具有结构美、组合形式美、内涵美、雕塑美、自然美、空间美和环境美，很有韵味。现代建筑应传承其道，改变其形，按“异形同构”之理传承之。

形状如陶器
2015. 4

景观相似性

建筑相似性
陕西羌寨四合院

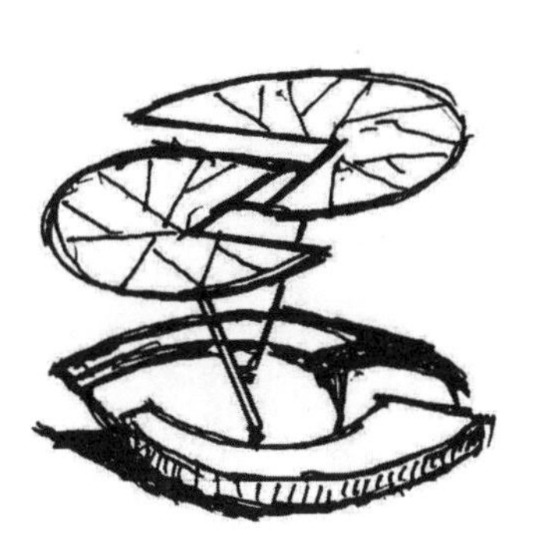

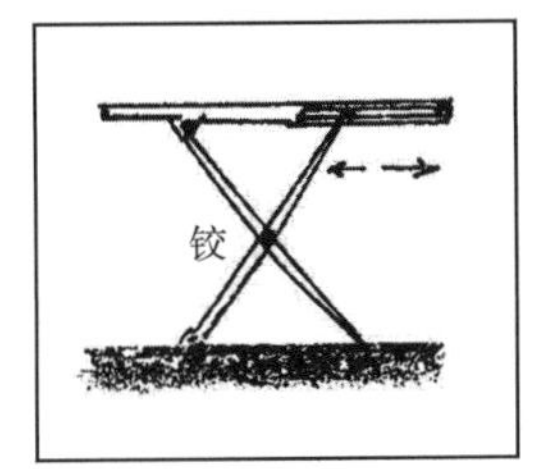
铰

环

由日常生活用具联想之形

陀螺渡
2012.

装置相似性
无动力自助型渡船设计

利用相似性思维进行建筑创作

巴西议会大厦

墨西哥霍奇米洛克餐厅

马鞍形结构

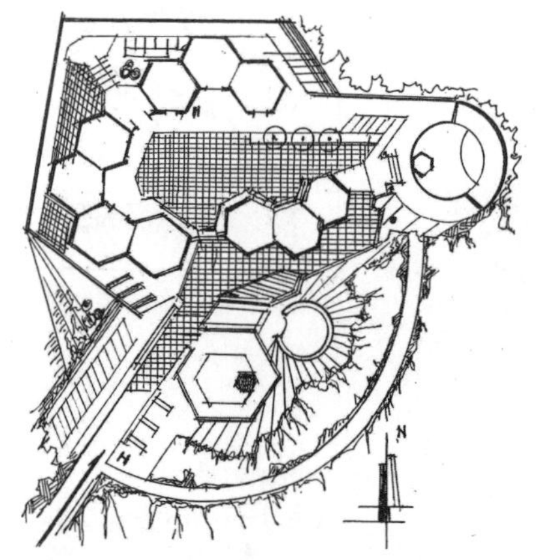

蜂巢母题

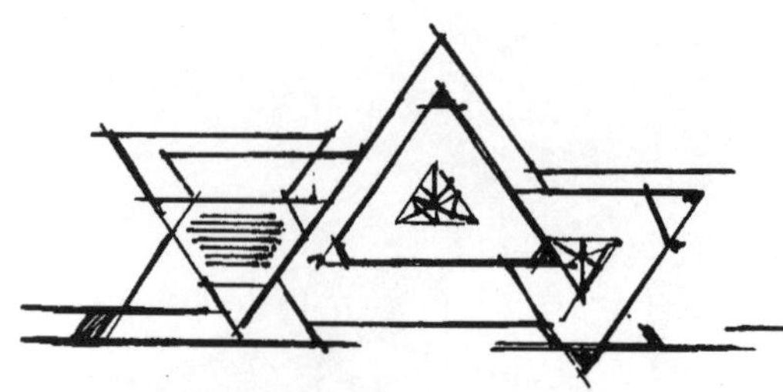

三角形母题

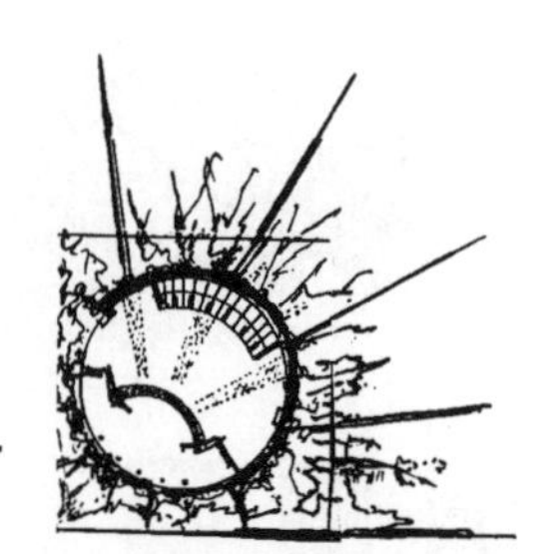

放射形母题

利用相似性思维进行建筑创作

根深始能叶茂——上下同体

植根于母体之中

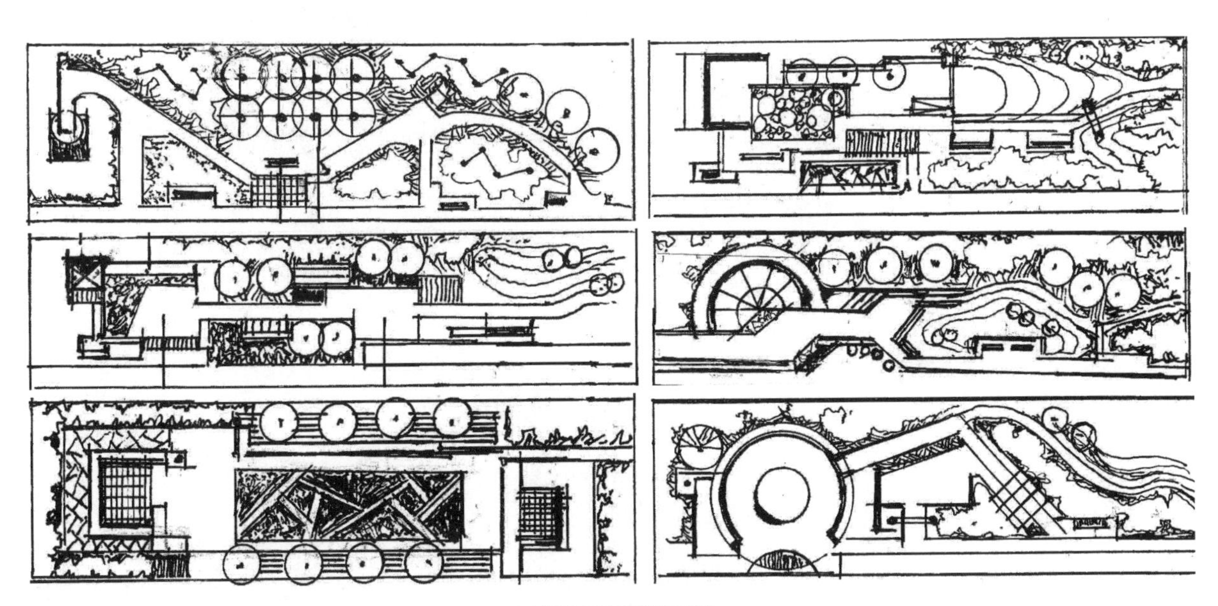

口袋公园的异形同构

自然生态的有机生长性

开封山、陕、甘会馆鸡爪式牌楼

采用石、砖、木三雕

社旗山陕会馆

清嘉庆年间建，中原三大会馆之一

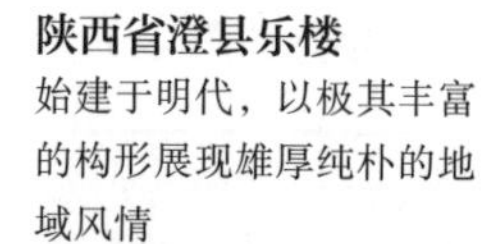

陕西省澄县乐楼

始建于明代，以极其丰富的构形展现雄厚纯朴的地域风情

古建筑屋顶的异形同构

（二）联想与想象

人们在日常生活中运用联想是一种常态，遇事时总会从今昔、利弊、得失、长短、大小等方面进行比较；或者用像什么、是什么、差什么与其他事物联系在一起。所以，联想有对比性、相似性、差异性、时空性等多种特征，属于一种由已知到已知的求解。联想是一种再造性思维。

想象则是一种更高层次的思维，只青睐那些勤奋者、遇事善于用脑的人、有丰富的想象力的人。可以按许多假设条件由此及彼、浮想联翩，如哲人、诗人、画家、科学家、民间艺人，他们可以凭借事物发展的一般规律，提出设想并不断探索、修改，从而推陈出新，不断诞生新的方案，实现从一般到特别、从类型到实例的新发现。因此，想象是一种创造性思维。

联想与想象虽有质的差别，但两者都需要表象的参与，表象是一种已有经验的贮存，是由过去反复实践获得的抽象概念，是由一个人的长期实践和工作阅历形成的。若不以史为鉴，任何联想和想象都难以发生。所以，要养成联想与想象的习惯，遇事多用心去思考，要借助联想和想象去发挥艺术创造的威力。

（三）触发词启迪

顾名思义，触发词主要是利用一字多义、象形、形声与形义所具有的差异，利用词组形成的类聚、类比、类推，从而形成举一反三的发散思维。

在由形式心理构成的“雄、奇、险、秀、幽、旷、奥”的七种境界中，可以通过单独使用，引出不同的形态特征，如“雄”“雄壮”“雄伟”“雄浑”“雄险”等。也可组合相互对比使用。例如，唐柳宗元在《愚溪诗序》中用“漱涤万物，牢笼百态”八个字形容“旷如也，奥如也”（《永州龙兴寺东丘记》），旷、奥的强烈对比使景观产生极大反差，从而引起心理上的强烈震撼。因此，风景构成中非常强调旷奥对比。由奥入旷，豁然开朗；由旷入奥，曲折幽深，别有一番神秘感。

中国绘画和造园也非常强调“气韵生动”“大气流行”。如用飘动、飞动、舞动、跃动、跳动等动势来造景，可使人激情澎湃、心情奔放。相反，需要营造静谧氛围时，可以采用宁静、平静、清净、雅静、纯净等进行造型组景。

触发词是中国文字所具有的特殊魅力。所以，许多景点常用楹联、匾额点题入境，发散创作思维。

以文字构成艺术

中国文字是国之瑰宝，艺术的源泉，既可利用触发词扩展思维，也可以作为艺术构成

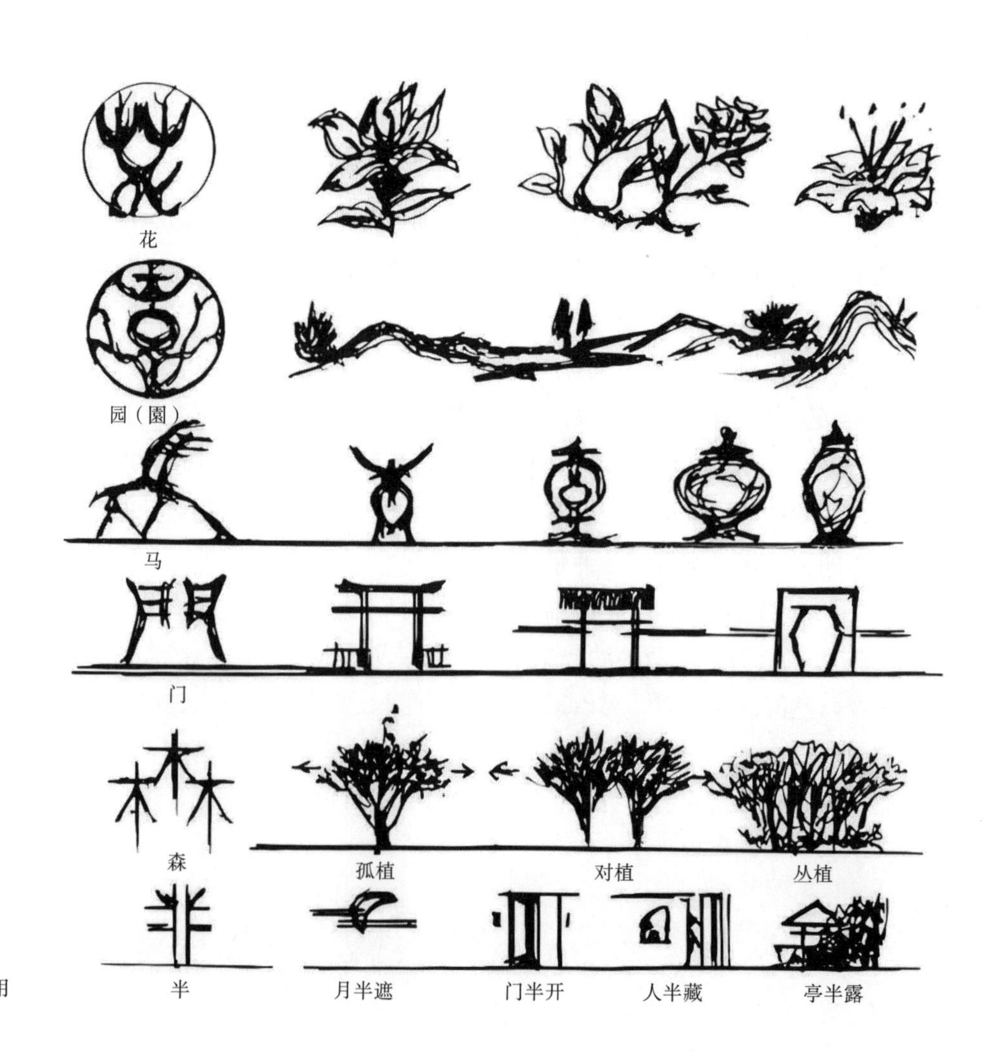

花
园（園）
马
门
森
孤植
对植
丛植
半
月半遮
门半开
人半藏
亭半露

触发词启迪

中国文化元素的符号应用

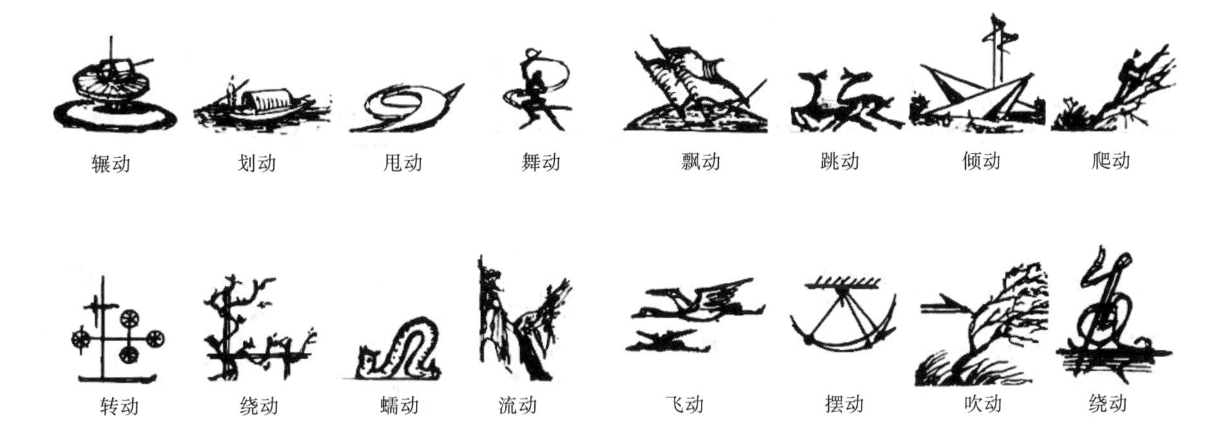
辗动
划动
甩动
舞动
飘动
跳动
倾动
爬动
转动
绕动
蠕动
流动
飞动
摆动
吹动
绕动
用动势造景

动：在力的作用下产生位移是“真动”，只是倾向性则为“似动”。动，重在刚发生时。同样是“动”，如翘动、飘动……虽然形态不一样，但类属都是一样的。对于具体造型来讲，都是可以发散和扩展的。借助风力、气压、水流创造动态景观，具有动感、变化，增加了景与场所的魅力。

（四）头脑风暴法

头脑风暴法以创造性想法为手段促发集体思考，使大家发挥最大的想象力。一个灵感可以激发另一个灵感，产生创造性思想，并从中选择解决问题的最佳途径。切不可打消他人的积极性，以免妨碍他人创造性之思想。在一个创作团队中或者是一个学习小组中，如能开展专题性自由讨论，或组织第二课堂的沙龙活动，完全可以集思广益。越是在轻松环境中大家越可以敞开心扉自由发言或争论，容易激活灵感，产生预料之外的效果。正如刘勰在《文心雕龙·物色》中所说，“或率尔造极，或精思愈疏”❶，因为在轻松的环境中显意识也可受到潜意识的启发，即所谓“踏破铁鞋无觅处，得来全不费功夫”。所以，创造一种轻松自由的争论氛围很有益处。而这种沙龙活动早在汉代就已形成，有着悠久的历史。

❶ 释义：事物各有固定的样子，而作者构思却没有一定的法则；有的好像满不在乎就能塑造得很完美，有的仔细思索还和所描写的景物相差很远。

在建筑设计中还可借助功能序列表和列特性表等方法启发思维，本部分不加详述。

三、设计的宗旨

设计是各行各业都无法绕开的创造过程，不论是从已知到已知的再造，还是从已知到未知的创造，都要经过设计这一环节。

设计，不是简单的重复、翻版、模仿、抄袭，更不是形式上的更新、改造与修补。设计应是一种合目的、合规律、有条件、有预期的分析与综合。

按照现有的客观条件，需要朝向设想的目标，借助已有的表象（经验储存），将理想、意志、性格、智慧物化为一种新的形象。因此，设计是由思维、逻辑、实践、情感组成的一种树形结构，是多元共生的产物。

设计，是以具体的目标为导向，以相关条件为依据，以创作智慧为矢，以表象参与为条件，强调平时的意象积累。“处处留心皆学问”，没有一定的经验储备，即是先天不足。构思需要知识，也需要灵感。灵感不会光顾懒惰的人，而是来自勤奋和思维的开发与聚合，从而形成正确的理念和价值观，同时也要具备一定的方法和技巧。要善于利用相似性思维、联想与想象、触发词启迪。然而，这些思维方法都要有表象的参与。所以，多思、多实践、多总结是产生思想的前提。

对于建筑师和园林景观创作者，正如梁思成先生所说，“建筑师的知识要广博，要有哲学家的头脑、社会学家的眼光、工程师的精确与实践、心理学家的敏感、文学家的洞察力……但最本质的他应当是一个有文化修养的综合艺术家”。应在平时多重视“心手相连、手脑合一”的练习，方能做到“以意领形”“赋形授意”“意到笔随”，将理念、意志、智慧物化为一种理想的形象，妙笔生花。

设计是一种创造性活动，要根植于母体，不追风、不流俗、不抄袭，不断推陈出新。设计尽管是一种创造性活动，但并非一项神秘莫测、遥不可及的工作。因为事物总是处在由低级向高级、渐进的动态发展过程中，更新、改造是一种常态化现象。从相似性角度看，行业和不同门类之间是可以相互借鉴的，俗话说“隔行不隔理”，设计是一种综合，可以将哲学、科学、艺术相互结合。先哲们还教导我们要法天地、师造化，“道法自然”，参照自然法则和运行规律，缩小或扩大自然的存在，也可借助一切已有的原则进行再开发。只要不是刻意模仿、原样抄袭，总会推进事物的发展演变。

四、建筑与园林设计构思应考虑的综合问题

建筑与园林设计构思是对多学科的科学、哲学、艺术的综合，理想、意志、情感的物化（综合）。是对各分系统，设计诸条件、政策、法规、内容组成、流线关系的认知与组构（分析）。还包括以下条件：

① 自然条件：地形、地貌、水文、地质、气象。

② 环境条件：四邻、交通、主要人流走向；能源供应；红线控制。

③ 内容、规模：内向、外向；相互关联、功能序列；允许弹性目标要求、投资控制；容积率、平面系数；防火、防灾、疏散。

④ 人文条件：民俗民风、历史文脉、服务条件、人员结构、教育。

⑤ 应有观念：建筑都是城市的组成部分，应与城市和谐；建筑也是环境的建筑，应与环境共生。

五、分析和综合

设计过程中要运用从分析到综合的思考方法。

世间万物，皆有其形，可以由视觉直接感知，如生态环境中的动物、植物、矿物，生活中的家具、器物，生产中的机器设备。但它们只具有实用价值，难以进入艺术的殿堂，建筑、园林与其他艺术门类（如文学、诗歌、书法、雕刻等）相结合，则可以作为情感的符号，走进人们的内心和情感世界。尤其是建筑艺术，更是处于艺术之塔的基层，它和园林皆以具体的艺术形态，对人们进行视觉传达，表现出自然美、结构美、形态美、空间美和环境美，呈现明显的表意性、表情性和多义性。因此，研究建筑与园林的形态学，将形态作为艺术创作的母题，具有重大的意义。

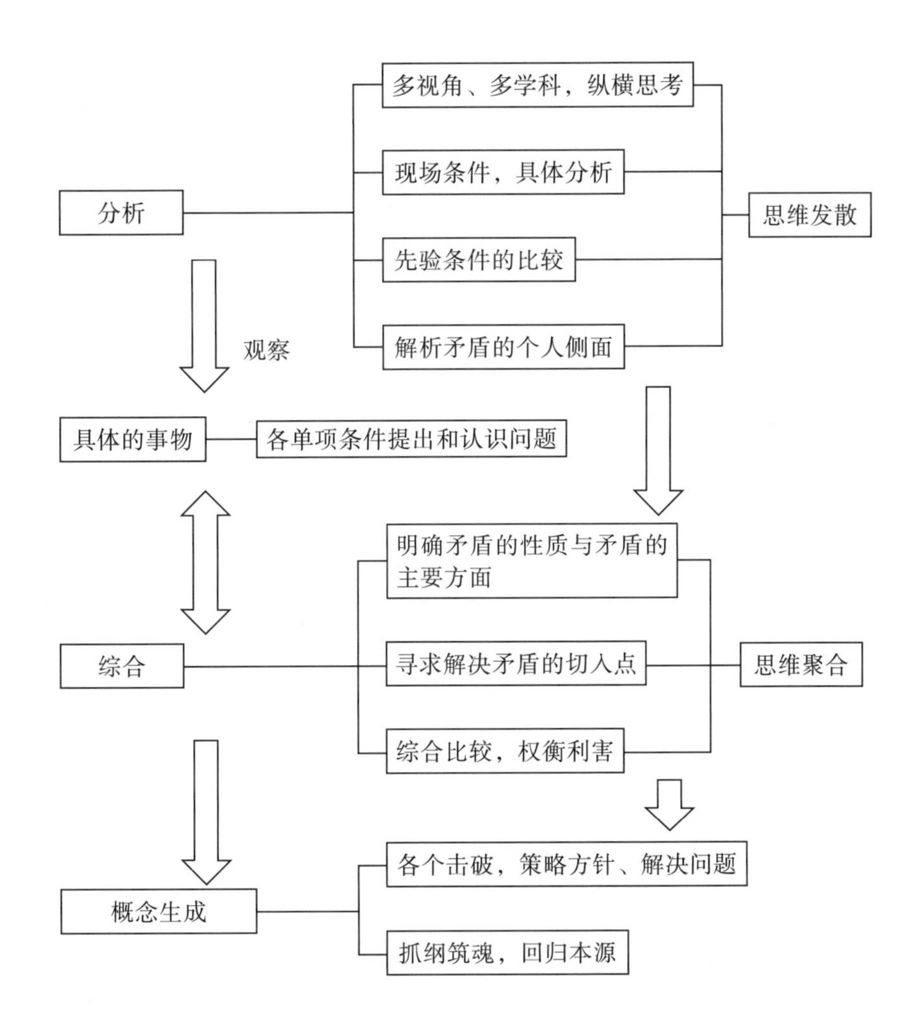
分析
多视角、多学科，纵横思考
现场条件，具体分析
先验条件的比较
解析矛盾的个人侧面
思维发散
观察
具体的事物
各单项条件提出和认识问题
明确矛盾的性质与矛盾的主要方面
寻求解决矛盾的切入点
综合比较，权衡利害
综合
思维聚合
各个击破，策略方针、解决问题
抓纲筑魂，回归本源
概念生成

从分析到综合

第三章 以意领形，以形载道

世间万物，皆有其形，可以由视觉直接感知，如生态环境中的动物、植物、矿物，生活中的家具、器物，生产中的机器设备。但它们只具有实用价值，难以进入艺术的殿堂，建筑、园林与其他艺术门类（如文学、诗歌、书法、雕刻等）相结合，则可以作为情感的符号，走进人们的内心和情感世界。尤其是建筑艺术，更是处于艺术之塔的基层，它和园林皆以具体的艺术形态，对人们进行视觉传达，表现出自然美、结构美、形态美、空间美和环境美，呈现明显的表意性、表情性和多义性。因此，研究建筑与园林的形态学，将形态作为艺术创作的母题，具有重大的意义。

一、形论

（一）广义之形

在人类社会生活中有自然形、抽象而成的几何形，以及介于二者之间的拓扑变形。另外，由艺术创作而成的形，源自生活和自然，但又有别于原型，不能简单用语言加以概括与形容。因为生活中的形存在于大气和重力场中，且形是自然而然的表现，在力与形、形与意、形与景、形与情、形与形的组配之外，还有形与气候、形与所处的地形、地势等发生关联，所以生活中常见的形是千姿百态、仪态万千的，如何取其神、情、理、趣、韵，就是形态学关注的问题。物理世界中的一切形与象都是艺术创作的源泉，而艺术的创作也不能离开自然存在的原型而生造出来，所以艺术创作游离于似与不似之间。例如，中华民族的精神图腾“龙”与“凤”也是吸纳了天上飞的、地上跑的、水里游的……吸天地之灵气，纳四时之精华。

形既然来自万物，便与万物相关。如力、象、意、器、纹理、结构、花饰等艺术的造型正是对世间万物形式的巧妙应用，因势利导、巧于运筹，也反映出艺术创作不是创造物质本身，只是改变了事物的存在形式。

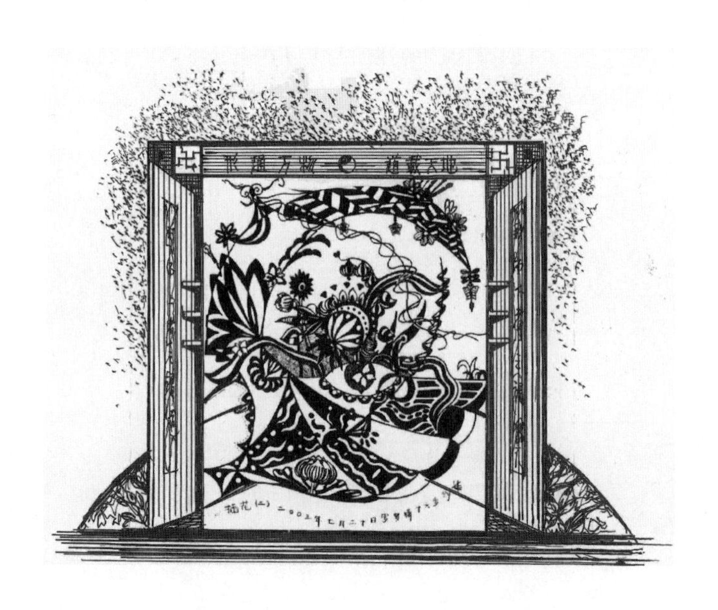

化而裁之谓之变

人工仿自然之形

自然形：动·植·矿

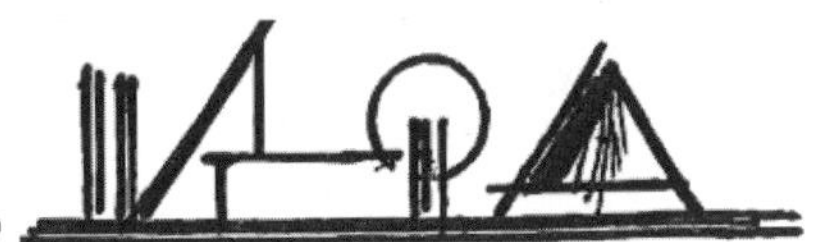

几何形：方·圆·条·锥

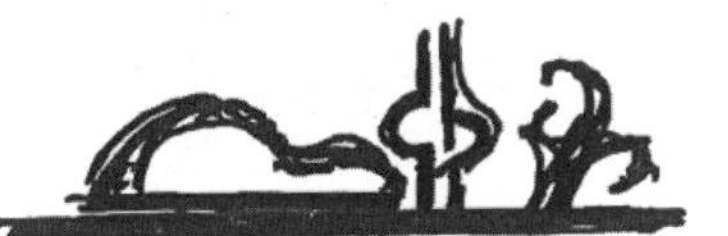

拓扑形：周相变化

建筑服从空间、结构之形

经加工而成
艺术之形

生物按自身生长秩序成形

形论

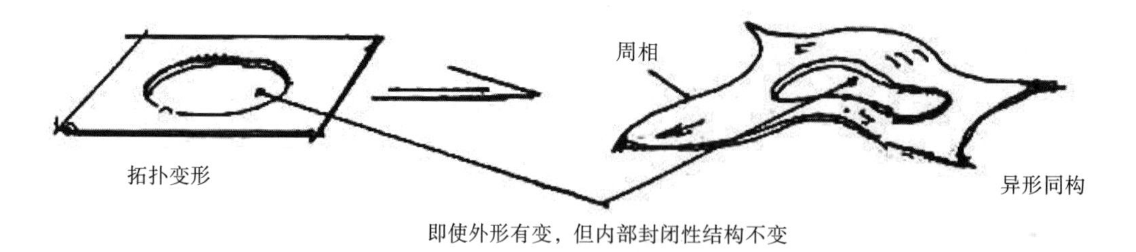
周相
拓扑变形
异形同构

即使外形有变，但内部封闭性结构不变

拓扑关系——形的不定性

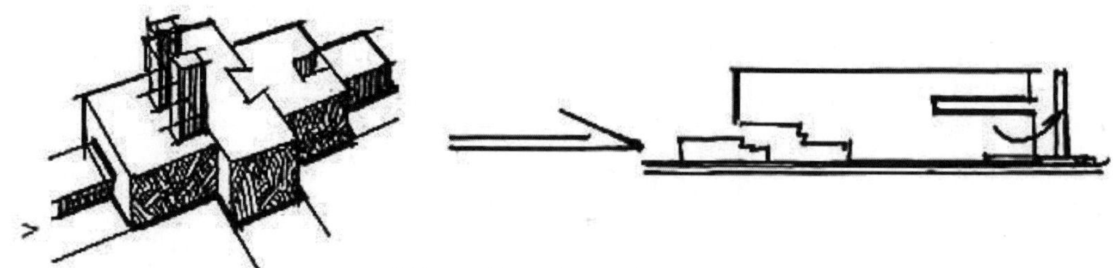

结构——局部与整体的结合关系

解构：化整体为保留基本特征之局部、拆解、分离，同样表现事物的本质，因事物的主要矛盾决定事物的性质

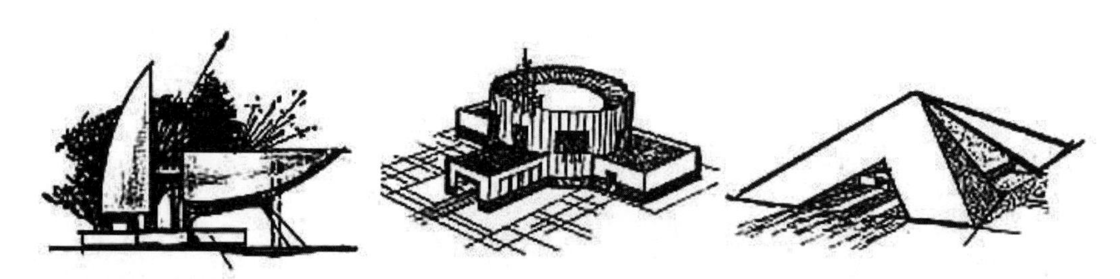

化分与化合，加法与减法，旋转与辐射，发散与聚合，皆形变之常态

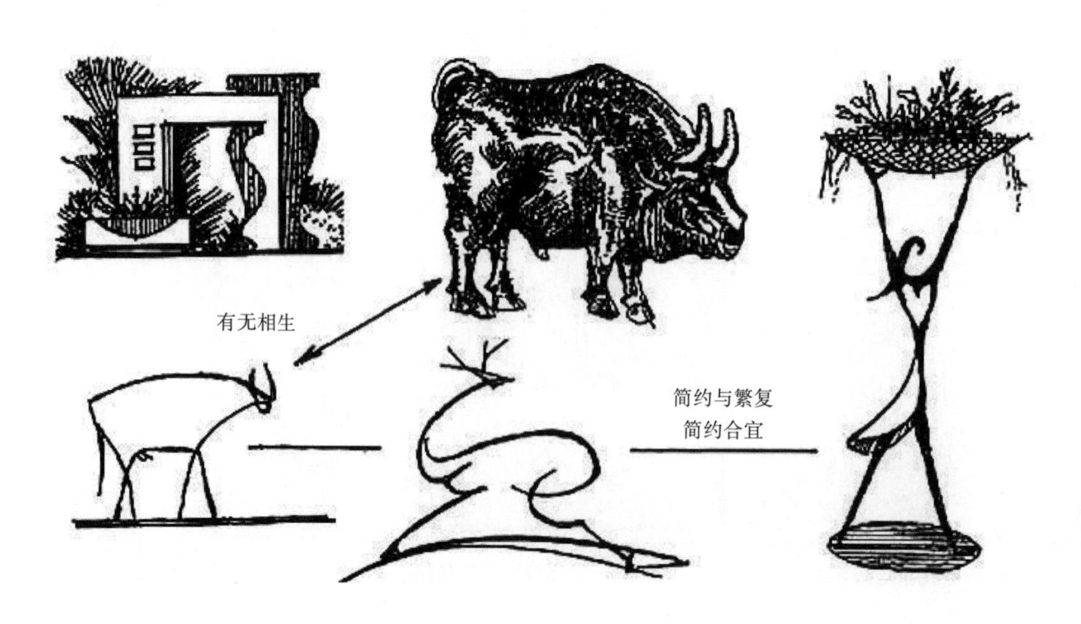
有无相生
简约与繁复
简约合宜

形论

（二）格式塔之形

从以上论述中可以得出结论：造型的目的旨在造境、生情，才能发挥“形”的最大效用，方可达到事半功倍的目的。为了形象地说明造型的重要意义，可以借鉴格式塔心理学的研究成果。

格式塔（Gestalt）是引自德文的一个名词，其含义是当外界的形在具有一种结构关系时，人在观察时视觉会自动进行整合，将一个视觉单元从环境中分离而出成为一种图示，并进入人的感觉世界，这种具有结构化的图形即格式塔。格式塔学派有一系列主张值得关注，例如将物理场直接引入空间场、心理场、脑力场。

其关于似动的研究也具有借鉴价值，似动是指静止的物象以静止状态展现的力的趋向性和通过视觉的闪光融合（亦称视觉后像）将其连接为整体，如电影、霓虹灯、LED等是以静止画面按1/24～1/17的速度通过视觉的闪光融合衔接成的连续图像。格式塔也强调主客体之间存在异质同构关系，并推崇利用完形压强（视觉归位），主张简约合宜，反对繁琐累赘。

在场论方面强调诱发作用，认为场既可以产生正诱发（吸力），又可产生负诱发（排斥），这对我们研究场所效应很有借鉴价值。在构形方面，该学派提出相似法则、相近法则、对称法则、连续法则、封闭法则和重复法则这几大法则，这对实现图底分离、化零为整均有帮助，尤其是力的趋向性运动，对于进行似动非动、以静显动的构园组景很有参考价值。

动态与动势向来是环境构景中备受关注的命题，所谓蓄势待发、瞬间永恒可以理解为箭在弦上、引而不发的状态，与大开大阖相比更富有力的积聚性，如罗丹主张的动是指刚动未动之“势”；苏珊·朗格所说的节奏性也并非指已经展现的曲律；更典型的当属陕西茂陵博物馆的“跃马”石雕，其动势之妙曾令一群英国雕塑家折服，因此展现动态与动势的关键就在于如何表现出势态的变化。

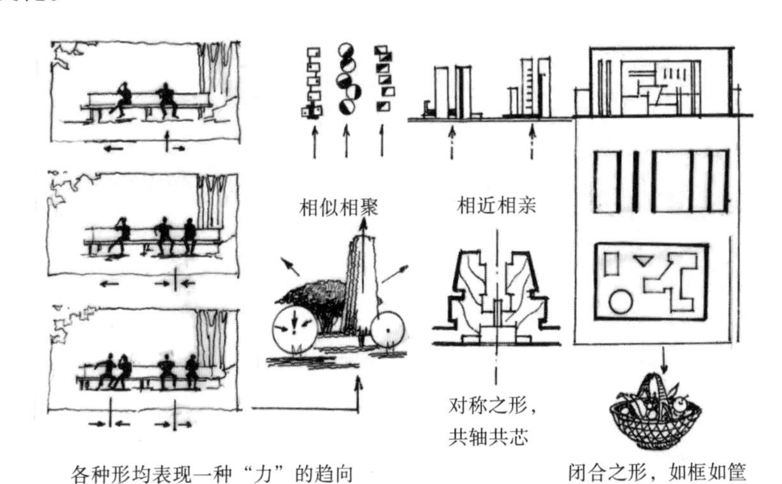
相似相聚
相近相亲
对称之形，
共轴共芯
各种形均表现一种“力”的趋向
闭合之形，如框如筐

相近、相似、对称、连续之形

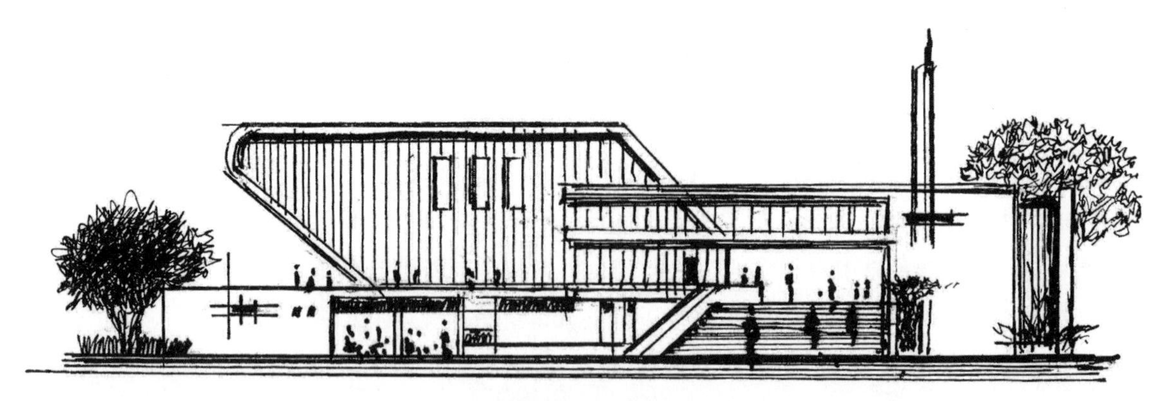

势于形外，形于势内

2018.2.5

利用形与势理论组织诗情画意空间
从远近、大小、高低、前后等方面构成画面感

形与势的构成

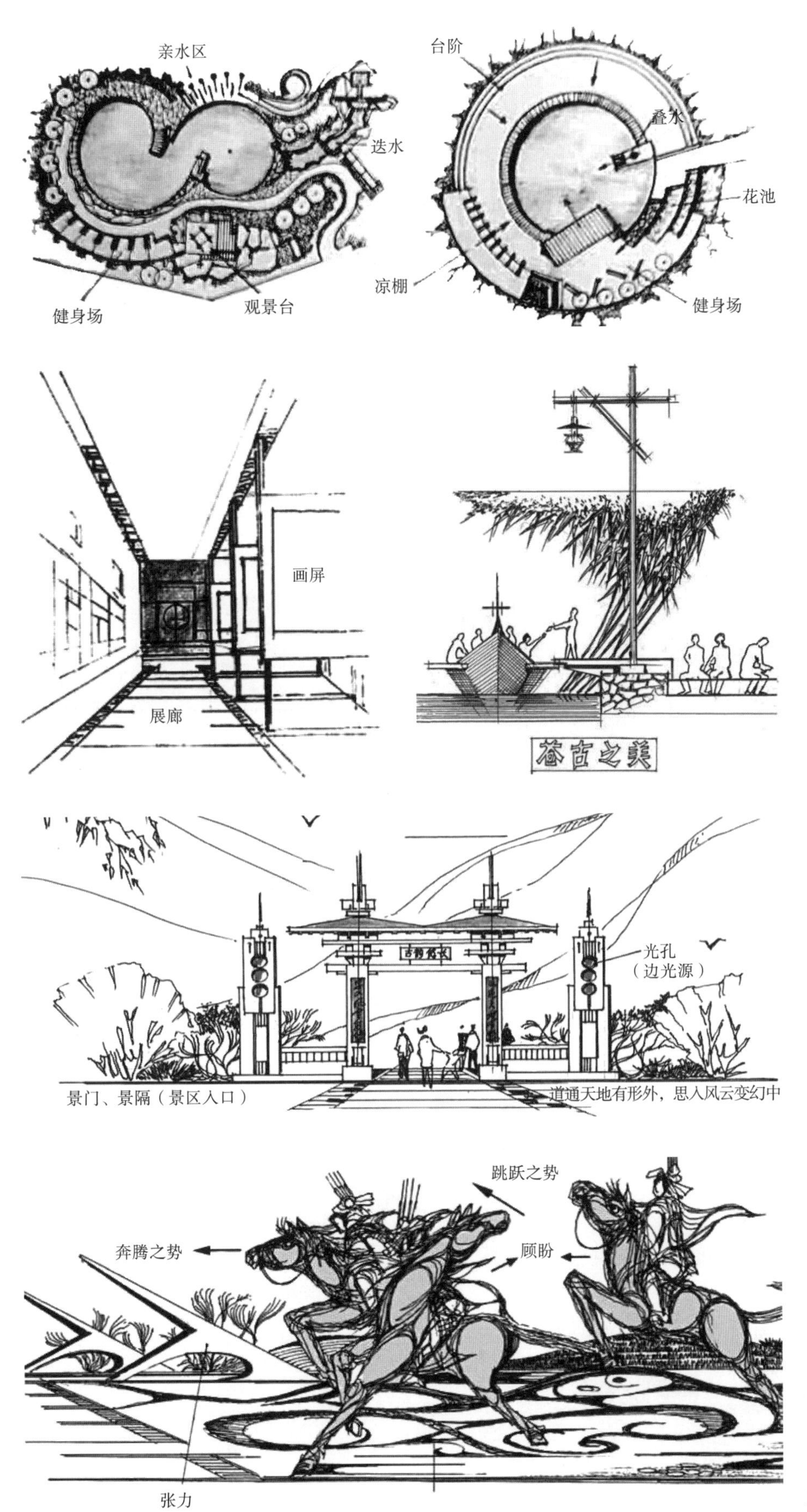
亲水区
台阶
迭水
叠水
花池
健身场
观景台
凉棚
健身场
画屏
展廊
苍古之美
光孔
（边光源）
景门、景隔（景区入口）
道通天地有形外，思入风云变幻中
跳跃之势
奔腾之势
顾盼
张力

形的各种表现

1．格式塔之形的构成法则

格式塔最重要的贡献就是解释了知觉的规律，即主客体的存在与认知。

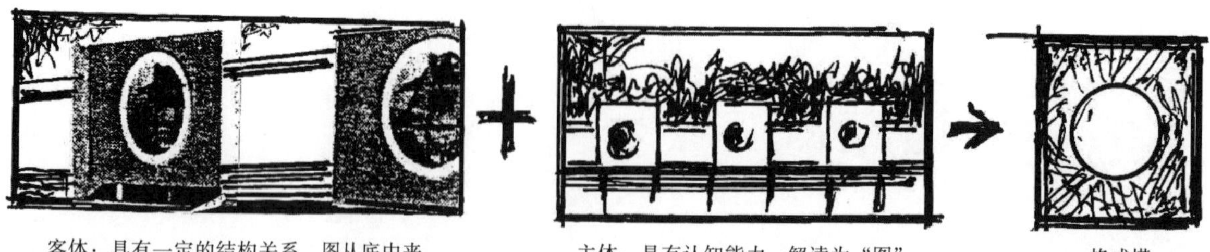

客体：具有一定的结构关系，图从底中来　　主体：具有认知能力，解读为“图”　　格式塔

构形法则

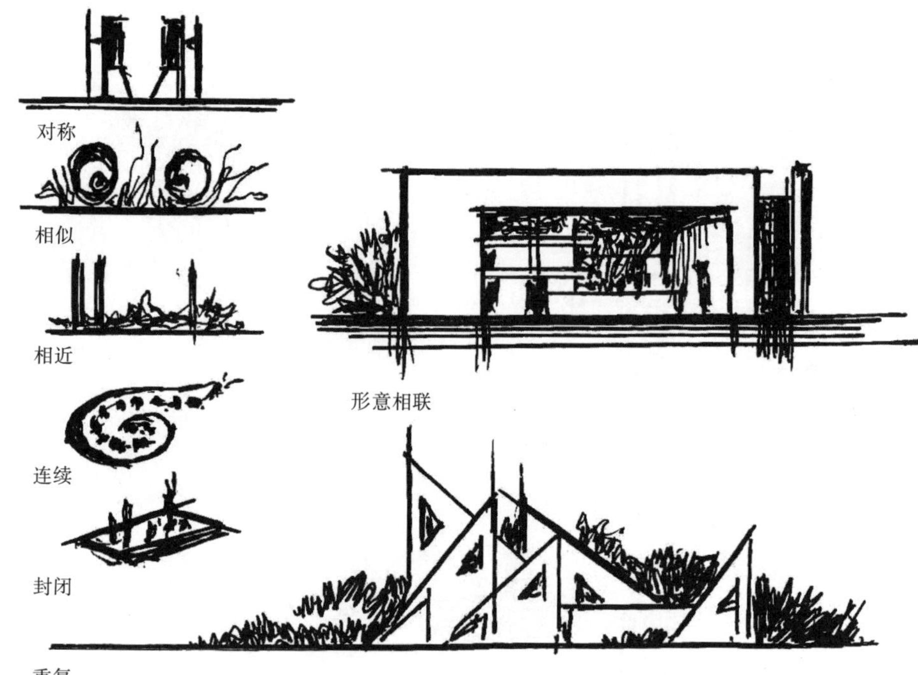

对称

相似

相近

连续

封闭

形意相联

格式塔形若干特征　　重复

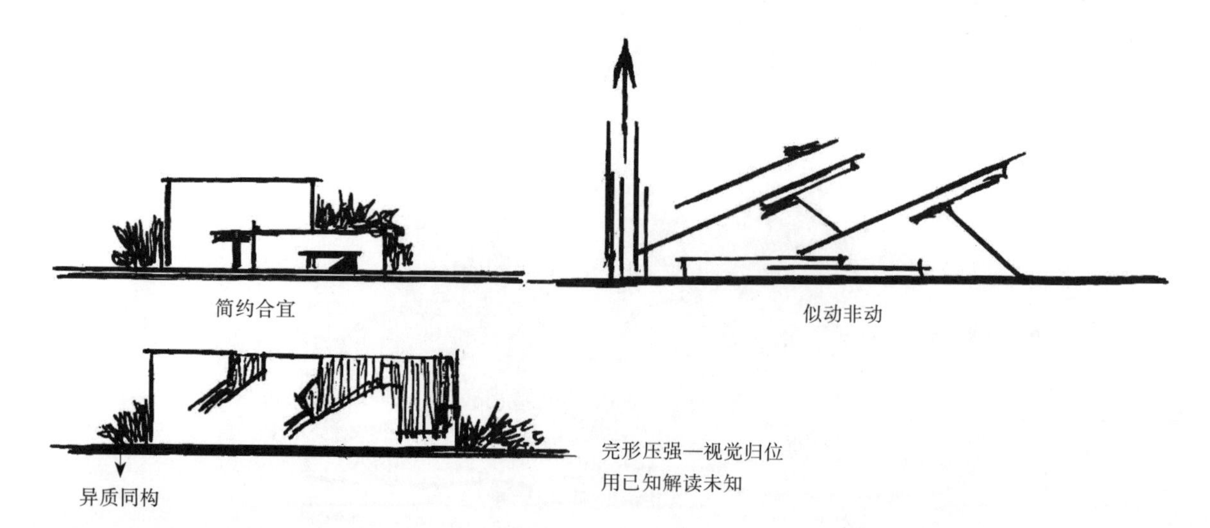

简约合宜

似动非动

完形压强—视觉归位

用已知解读未知

异质同构

场论——物理场、心理场

2．拓扑变形

老子曰：“返璞归真”“见素抱朴”。

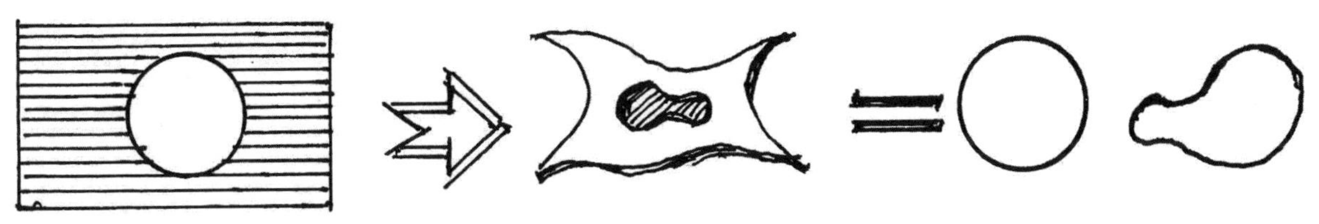

画在弹性底板上的图　　拉伸、挤压、扭曲后圆形改变　　异形同构，封闭性质未改变

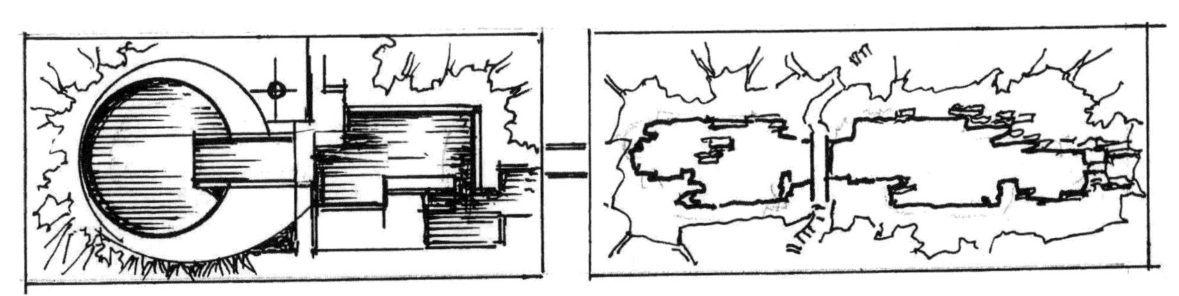

用于园林：水本无形，随遇而安，但皆为封闭之形

自然界中任何物体皆具有结构性

3．不完形

不完形会引起好奇驱力，调动视觉和意义的想象参与，构成视觉归位。

不完形早已应用于水墨丹青

骏马图写意水墨肆意挥洒

不完形：人有从不完形向已有表象进行视觉归位的能力，将其弥补成完形，这主要是由于不完形可以产生完形压强

虎
绵羊
马
狐
人
犬
骑
企鹅
鱼
鸡
掷
琴
羊
村
牛
奏
赛
跃

不完形的应用

4. 不确定之形

形与象，外周与内孕，用心设计都可以构成多形合一（一形多解）的形态。

人头鸟
狮・向日葵
人・吹奏
熊与瓶
牛仔女人
蟹・叶
猴・桃
藤叶・人头
海马・人
竹叶・女人・桃・古装女
鱼

不确定之形

弹奏·鱼　惠安女·瓶

任意涂抹，都可以找出与某物相似之形　八兽图

不确定之形

（三）城市之形

美国规划学家凯文·林奇通过问卷调研，将城市的意象归纳为道路、边界、节点、标识、领域五类。随着社会经济发展，城市也出现了硬质化、封闭化、几何化等问题，以及车本位的拥堵问题。人们的视野中充满了人造的几何形、硬质的封闭形、整齐划一的装饰形，而仅有的自然要素如行道树等绿植往往也呈现出人工修剪的几何形。城市中所显现的形，大多都失去了自然性及生态多样性。因此，有必要采用消解、活化、彩化、柔化、开放等方式，适当地运用拓扑变形的策略，以调节当前形的僵硬和呆板。具体来说，可以充分利用城市的边角地带和高架廊桥，高、低差断层处以及街区边界空间，体现形的多彩多姿。

从生态学的视角看，自然界的形应是多姿多态且富有生命活力的。人本是自然之子，应幸福地生活在与自然相融合的世界里，所以在未来的城市空间构建中也理应促进形的多变。

综上所述，形的重塑势在必行，改变形的单一化、促成形的多样性，也是改善城市现状空间和面貌的一个必要手段。

二、建筑形态构成

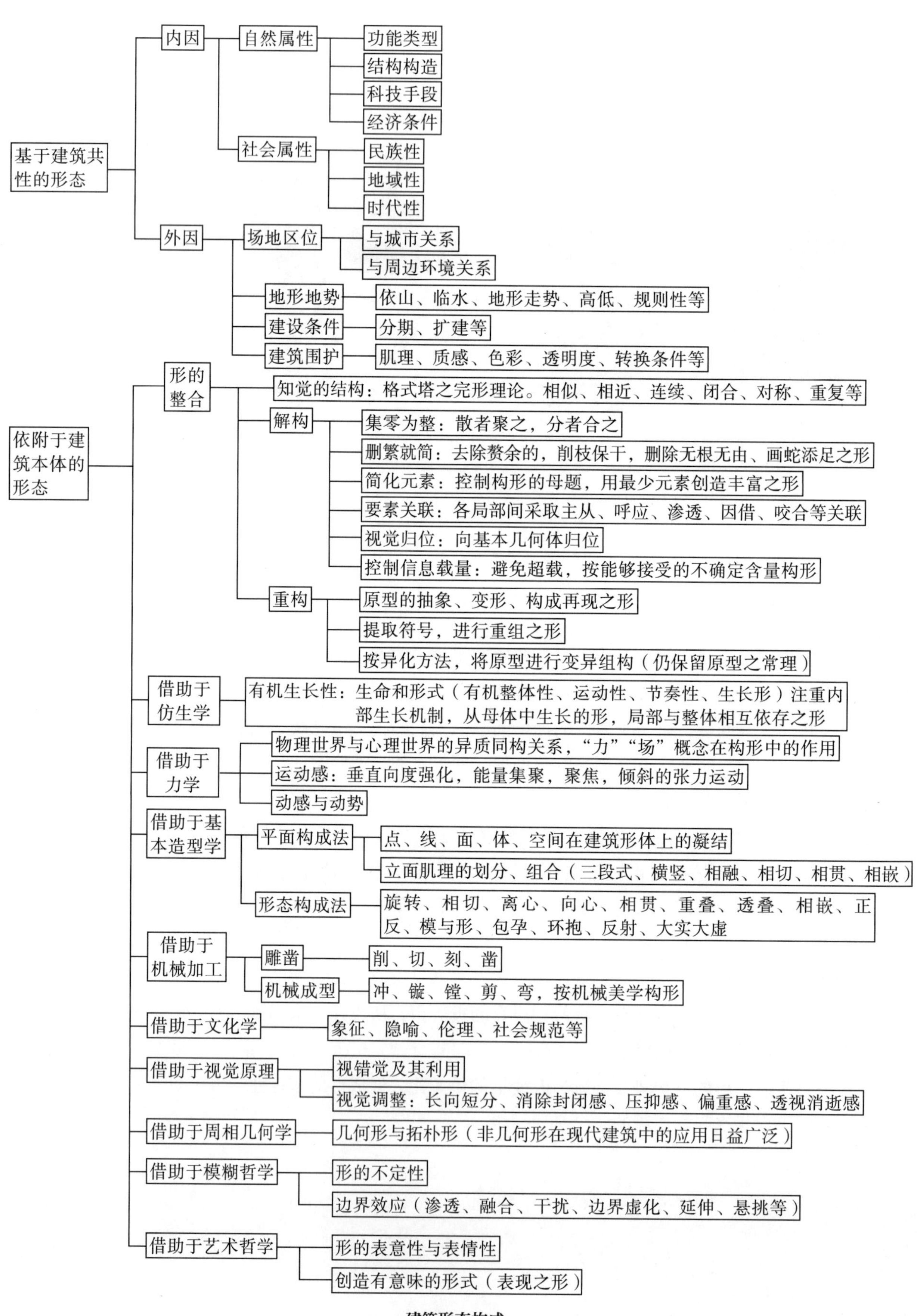

基于建筑共性的形态
内因
自然属性
功能类型
结构构造
科技手段
经济条件
社会属性
民族性
地域性
时代性
外因
场地区位
与城市关系
与周边环境关系
地形地势
依山、临水、地形走势、高低、规则性等
建设条件
分期、扩建等
建筑围护
肌理、质感、色彩、透明度、转换条件等
依附于建筑本体的形态
形的整合
知觉的结构：格式塔之完形理论。相似、相近、连续、闭合、对称、重复等
解构
集零为整：散者聚之，分者合之
删繁就简：去除赘余的，削枝保干，删除无根无由、画蛇添足之形
简化元素：控制构形的母题，用最少元素创造丰富之形
要素关联：各局部间采取主从、呼应、渗透、因借、咬合等关联
视觉归位：向基本几何体归位
控制信息载量：避免超载，按能够接受的不确定含量构形
重构
原型的抽象、变形、构成再现之形
提取符号，进行重组之形
按异化方法，将原型进行变异组构（仍保留原型之常理）
借助于仿生学
有机生长性：生命和形式（有机整体性、运动性、节奏性、生长形）注重内部生长机制，从母体中生长的形，局部与整体相互依存之形
借助于力学
物理世界与心理世界的异质同构关系，“力”“场”概念在构形中的作用
运动感：垂直向度强化，能量集聚，聚焦，倾斜的张力运动
动感与动势
借助于基本造型学
平面构成法
点、线、面、体、空间在建筑形体上的凝结
立面肌理的划分、组合（三段式、横竖、相融、相切、相贯、相嵌）
形态构成法
旋转、相切、离心、向心、相贯、重叠、透叠、相嵌、正反、模与形、包孕、环抱、反射、大实大虚
借助于机械加工
雕凿
削、切、刻、凿
机械成型
冲、镟、镗、剪、弯，按机械美学构形
借助于文化学
象征、隐喻、伦理、社会规范等
借助于视觉原理
视错觉及其利用
视觉调整：长向短分、消除封闭感、压抑感、偏重感、透视消逝感
借助于周相几何学
几何形与拓朴形（非几何形在现代建筑中的应用日益广泛）
借助于模糊哲学
形的不定性
边界效应（渗透、融合、干扰、边界虚化、延伸、悬挑等）
借助于艺术哲学
形的表意性与表情性
创造有意味的形式（表现之形）

建筑形态构成

形态是建筑创作的母题。建筑创作并非直接作用于物质的构成，而是旨在改变物质的存在形式。

形态的构成应遵循以下几个原则：

1．处理好“道”与“器”的关系

《易经·系辞》云：“形而上者谓之道，形而下者谓之器。”其中之“道”，即指内涵、本原、品格；而“器”则指躯壳、使用的器皿和物件，主要是满足实用要求。老子有所言“故有之以为利，无之以为用”，“道”属于无，“器”属于有。故空间造型也要遵循“道”与“器”、有与无的原则，力求以形载道。

2．处理好形与神的关系

《淮南子·原道训》中说：“夫形者，乃生之舍也。”形是神的载体，二者互有主次，又不可分离，故应力求形神兼备。何谓“神”呢？变幻莫测谓之神，也可理解为精神、神韵。

3．处理好形的结构关系

结构，即指组合元素间的相互联系。没有结构关系，事物就只是松散的、碎片化的、机械化的拼凑，只是元素的数学相加或物理的堆砌。

形构因具有结构关系方能形成整体，也才能体现有机结合。形的结构组成，一是依靠概念性元素（抽象的点、线、面），对松散的元素起到控制、串联、统筹、导向、借对等相互制约作用。同时，也依靠一些关系元素，进行附着、陪衬、粘贴、聚合。

4．处理好美与艺术的关系

古今中外有不少学者都在研究美的学问，中世纪重要的美学家托马斯·阿奎那（Thomas Aquinas）曾说：“凡是一眼见到就使人愉悦的东西才是美的。”人们为了创造美，从现实中抽象、概括并总结出了形式美法则。然而实际生活中，人们在认识外物时通常凭借瞬间的直觉判断，而不会根据形式美法则一一进行仔细观察与推敲。所以“美自心成”“心仪为美”“境由心生”全凭内心的感应。

人不可能无缘无故地爱，美因人而异，并且因时、因地而变。因此，在形态构成中，必须全面考虑神、情、理、趣、尺度、结构等关系，创造出令人愉悦的美。

5．促进直接体验

对于造景而言，只研究形态构成本身是不够的，明代书法家祝允明曾提出：“身与事接而境生，境与身接而情生。”没有身心的直接接触，再好的景色也是虚无，必须促进情景的直接互动，方可产生景观效益，而且接触时间越久效益越好。

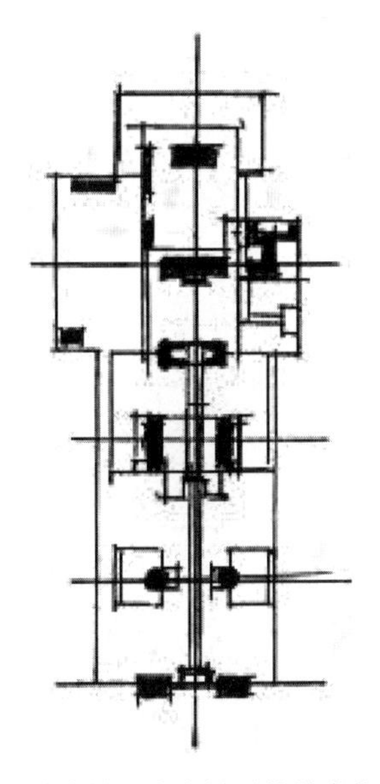

秩序性元素点线面的秩序化

相嵌

编织

旋转

反扣

形的结构

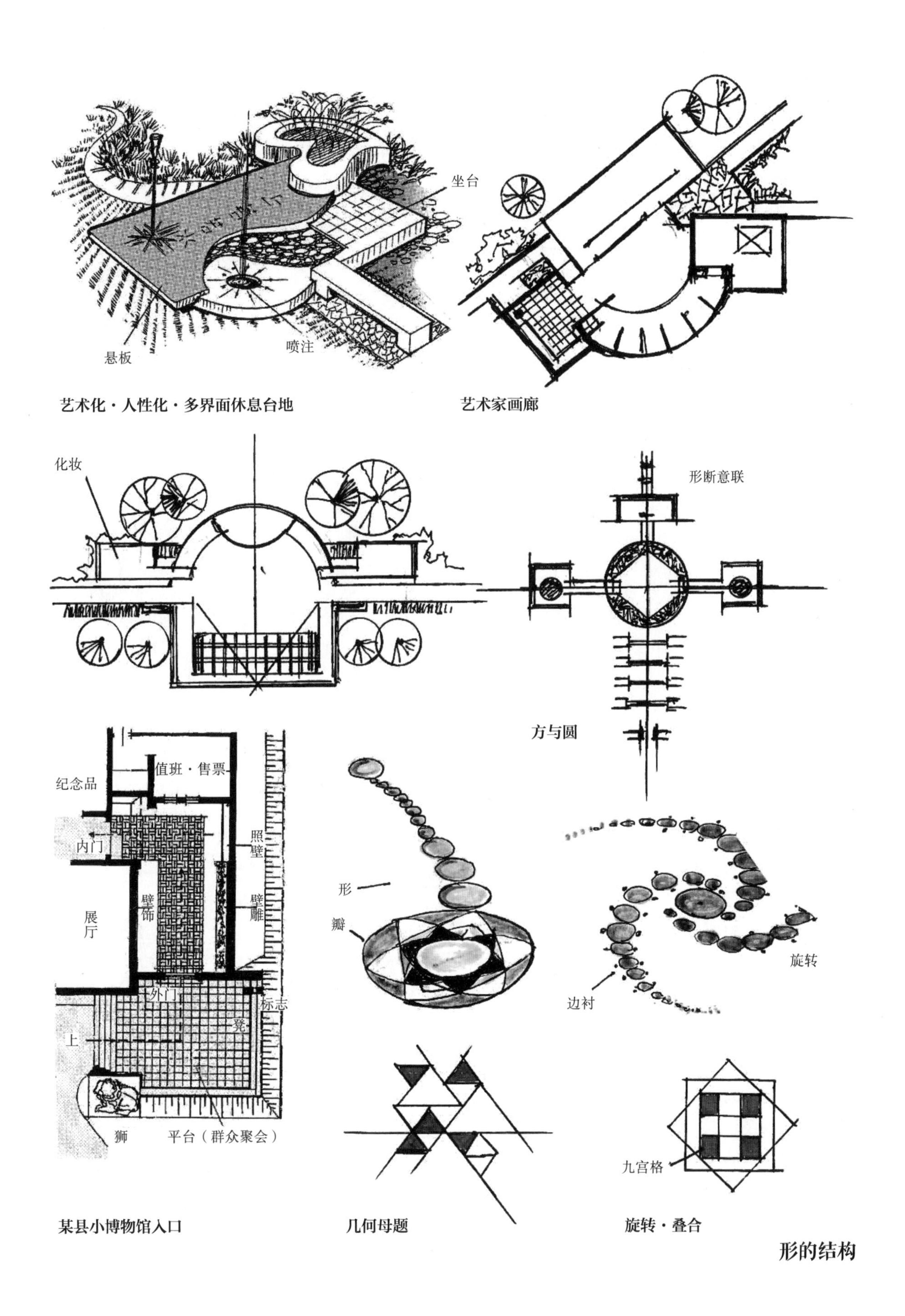
坐台
悬板
喷注
艺术化·人性化·多界面休息台地
艺术家画廊
化妆
形断意联
方与圆
值班·售票
纪念品
内门
照壁
壁饰
壁雕
展厅
外门
标志
凳
上
狮
平台（群众聚会）
某县小博物馆入口
形
瓣
旋转
边衬
几何母题
九宫格
旋转·叠合

形的结构

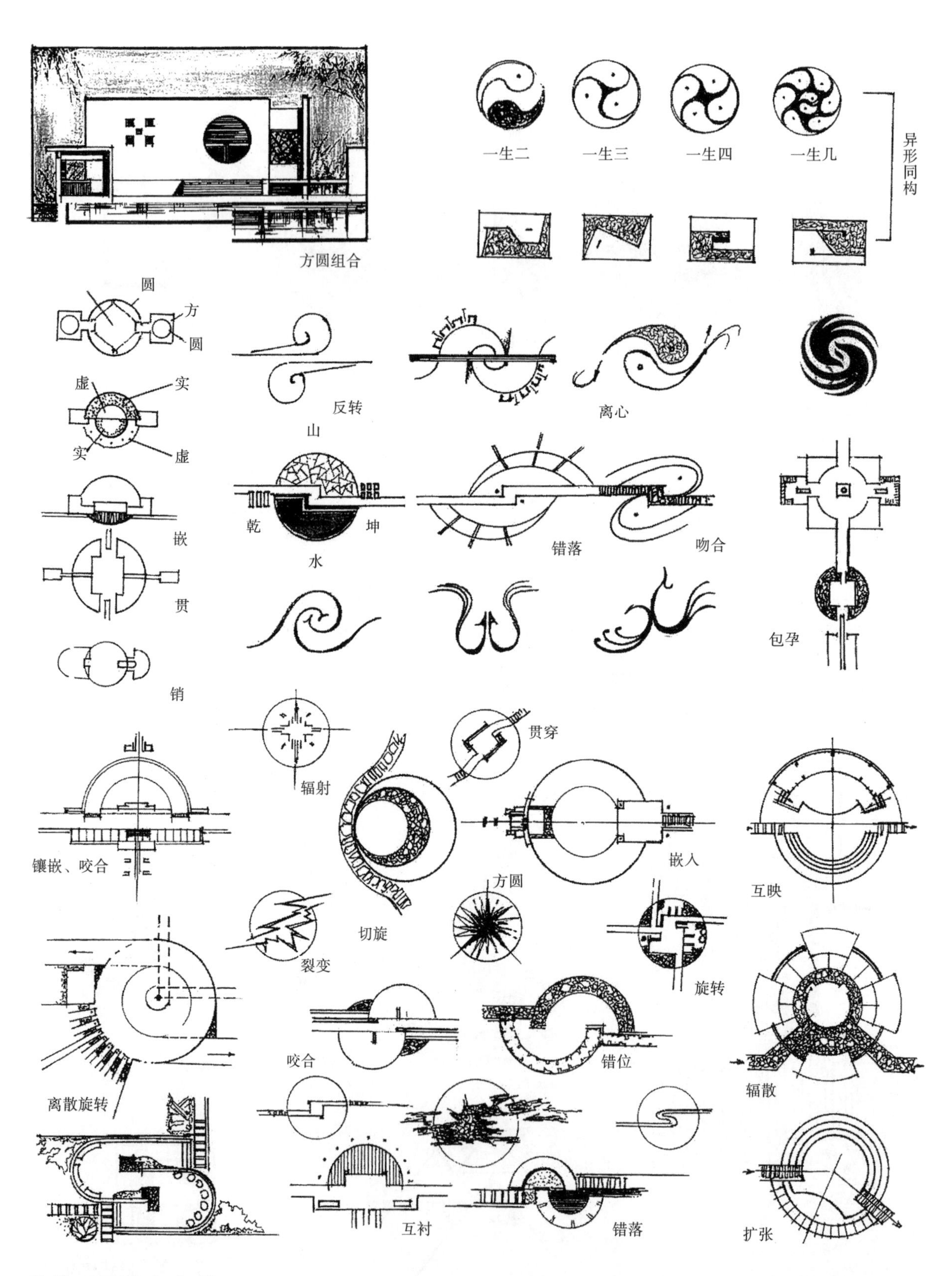
一生二
一生三
一生四
一生几
异形同构
方圆组合
圆
方
圆
虚
实
实
虚
嵌
贯
销
反转
山
乾
坤
水
错落
吻合
离心
包孕
辐射
贯穿
镶嵌、咬合
嵌入
互映
方圆
切旋
裂变
旋转
离散旋转
咬合
错位
辐散
互衬
错落
扩张

以单一元素为主题
进行的衍化

元
分
变异（异形同构）
相似
变异
相交
互逆
正反
平移
环抱
抱月
渐变

太极图的衍生、变异、同构

相似结构

有形之物都须以力作为支撑，动物、植物、矿物概莫能外，否则难以生存。建筑也不例外，如自身结构（内力），以及外部作用，包括风力、地震作用力、基础沉降力、意外撞击力等。

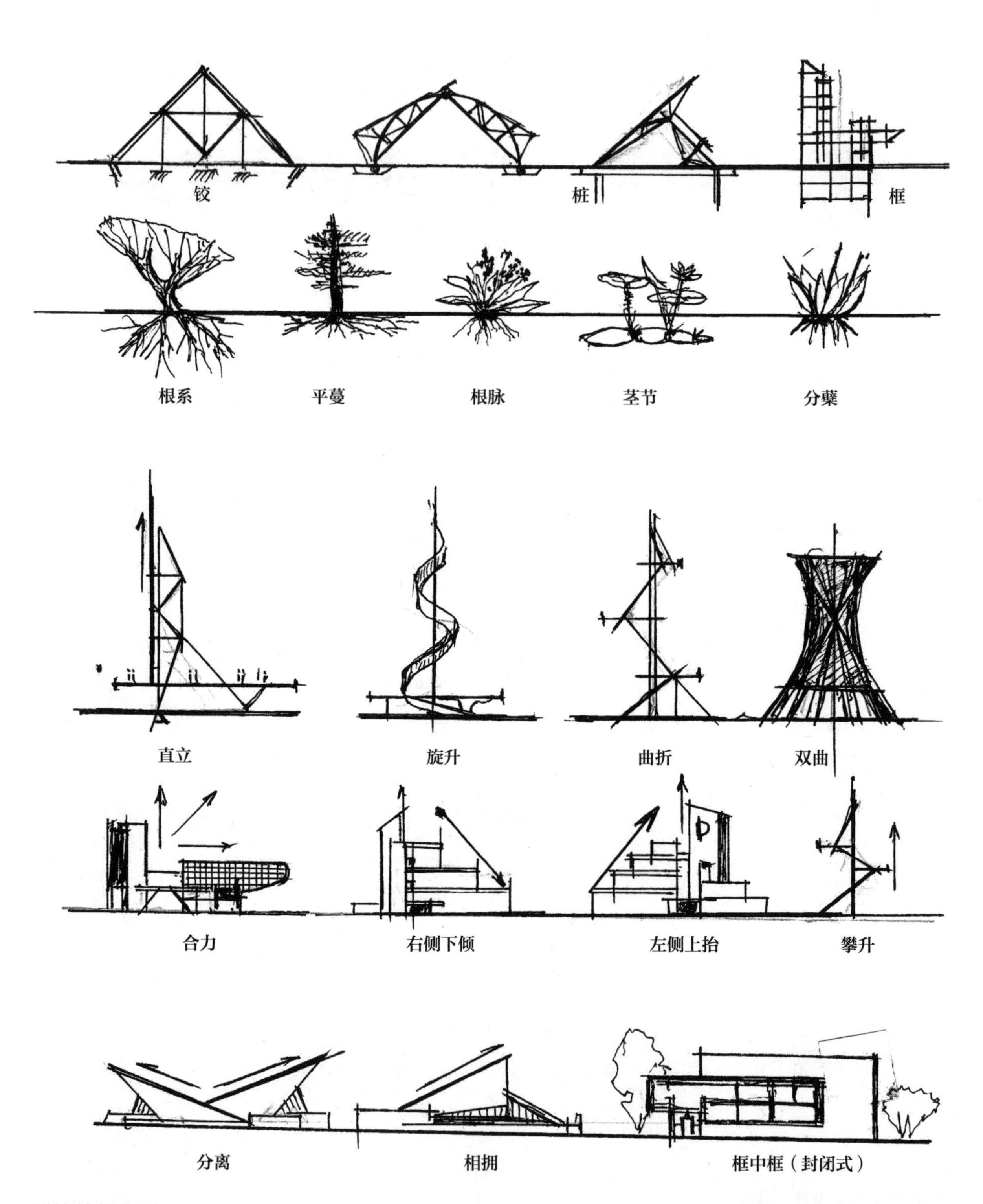
铰
桩
框
根系
平蔓
根脉
茎节
分蘖
直立
旋升
曲折
双曲
合力
右侧下倾
左侧上抬
攀升
分离
相拥
框中框（封闭式）

形的外部作用

形之间的关系元素，一是形式上的关联，如主与从、模与形、虚与实、首与尾、疏与密、断与续、榫与卯、正与反、刚与柔、链与环的关系等；二是意义上的关联，如形与义、形与情、形与势、形与象、确定与不定的关系。

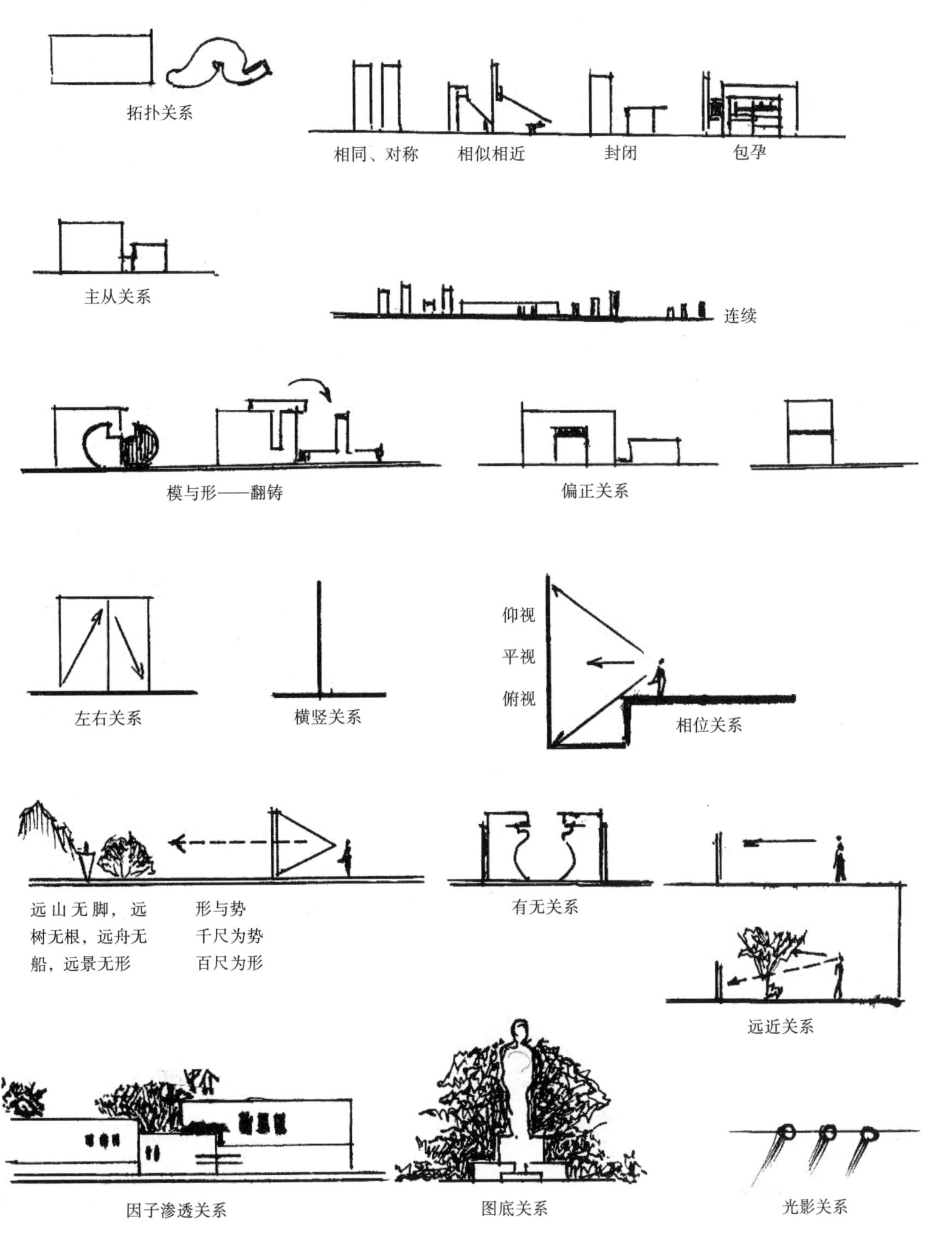
拓扑关系
相同、对称
相似相近
封闭
包孕
主从关系
连续
模与形——翻铸
偏正关系
左右关系
横竖关系
仰视
平视
俯视
相位关系
远山无脚，远树无根，远舟无船，远景无形
形与势
千尺为势
百尺为形
有无关系
远近关系
因子渗透关系
图底关系
光影关系

形与形的内部关系

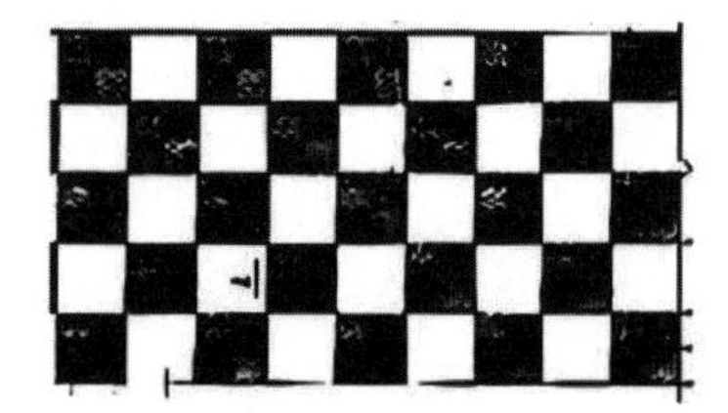

一般、平庸、等量、均衡

形构

高低近退、仰俯皆是、参差错落

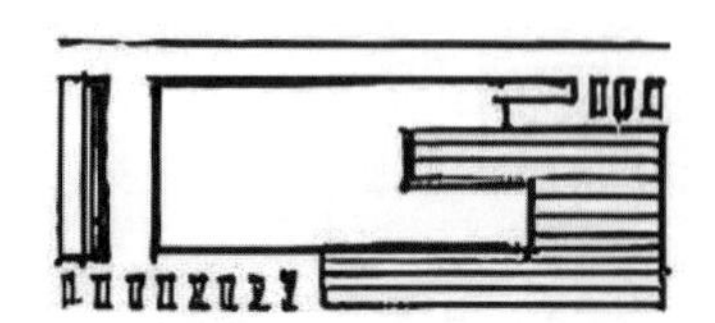

穿插、呼应、咬合、交错

零乱、混杂、无序、分立

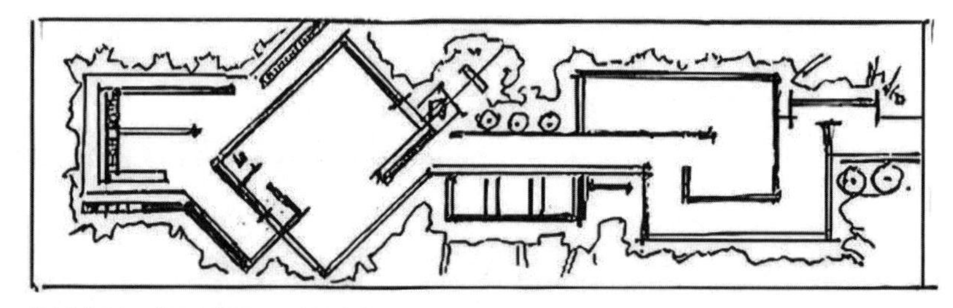

曲折出深、峰回路转、开阖启闭

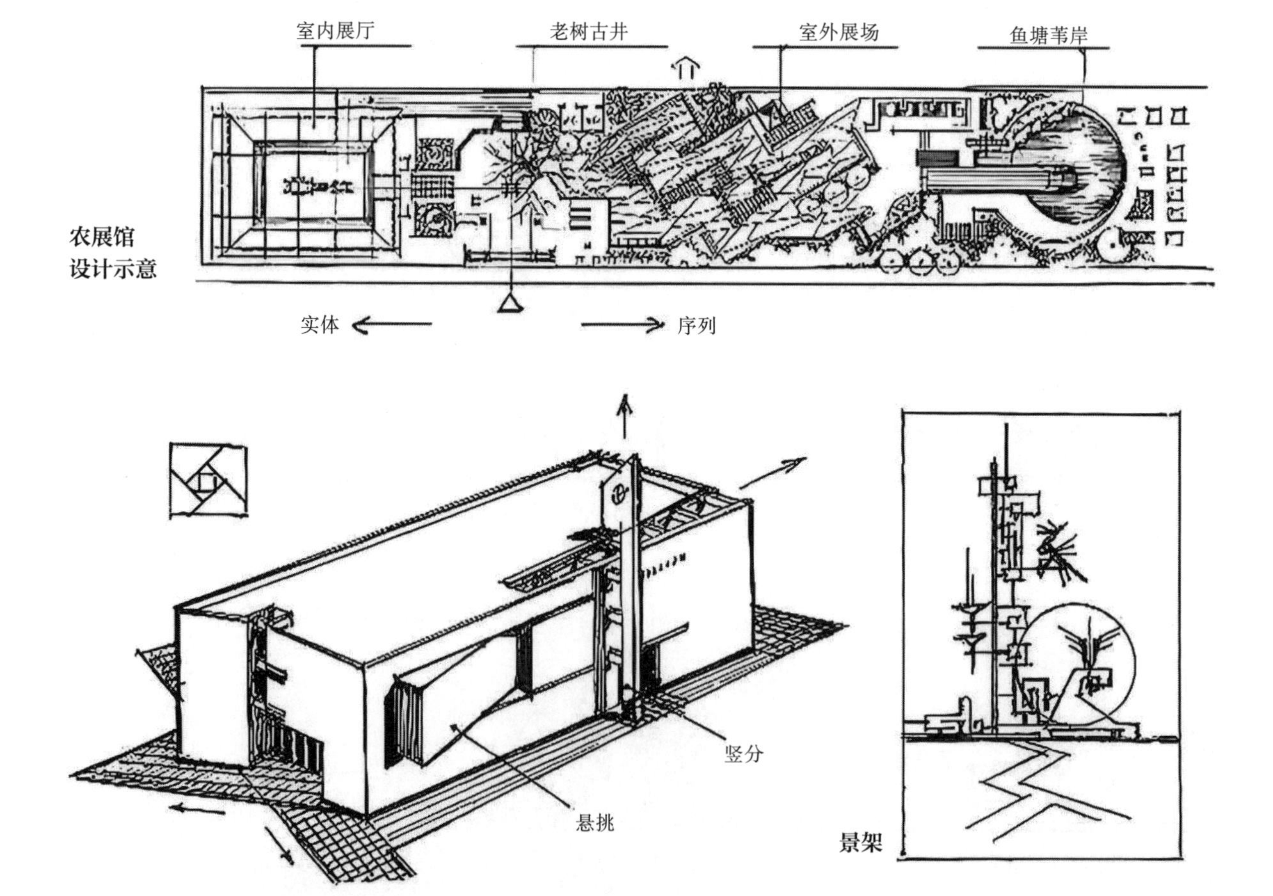
室内展厅
老树古井
室外展场
鱼塘苇岸
农展馆
设计示意
实体
序列
竖分
悬挑
景架

空间、形体、线条的肌理结构图式

三、形变的理论与方法

（一）形变的理论

《易经》中有许多关于形变的理论，如“化而裁之谓之变”“穷则变，变则通，通则久”“同归而殊途”。而“尺蠖之屈，以求信也；龙蛇之蛰，以存身也。精义入神，以致用也”，则指明了变只是手段，不是目的，要使之越变越活，而不是越变越乱。形变要围绕一种主题，万变不离其宗，而不是破碎肢解。在西方流行一种“解构”的手法，其意义也旨在通过剥离的方法，保存和突显主要特征。

那么如何“化裁”？笔者认为，这应是一种精准对位、量体裁衣、画龙点睛、辨证施治、嫁接移植、重组再造的方法。扬长避短，择其所优，并在“变化求统一，统一中求变化”，多类型、多层次地满足多需求的变化，属于一种动态的构思。唯有合理地变化，才能通达四方，走向多元。针对当前存在的雷同化、形式化、片面装饰化、碎片化的时弊，合理地变化是适应求新、求异、求好、求变需求的最佳途径。

形的衍化一般遵循“自然形—简易构架—几何形—结构构架—拓扑变形”的规律进行。

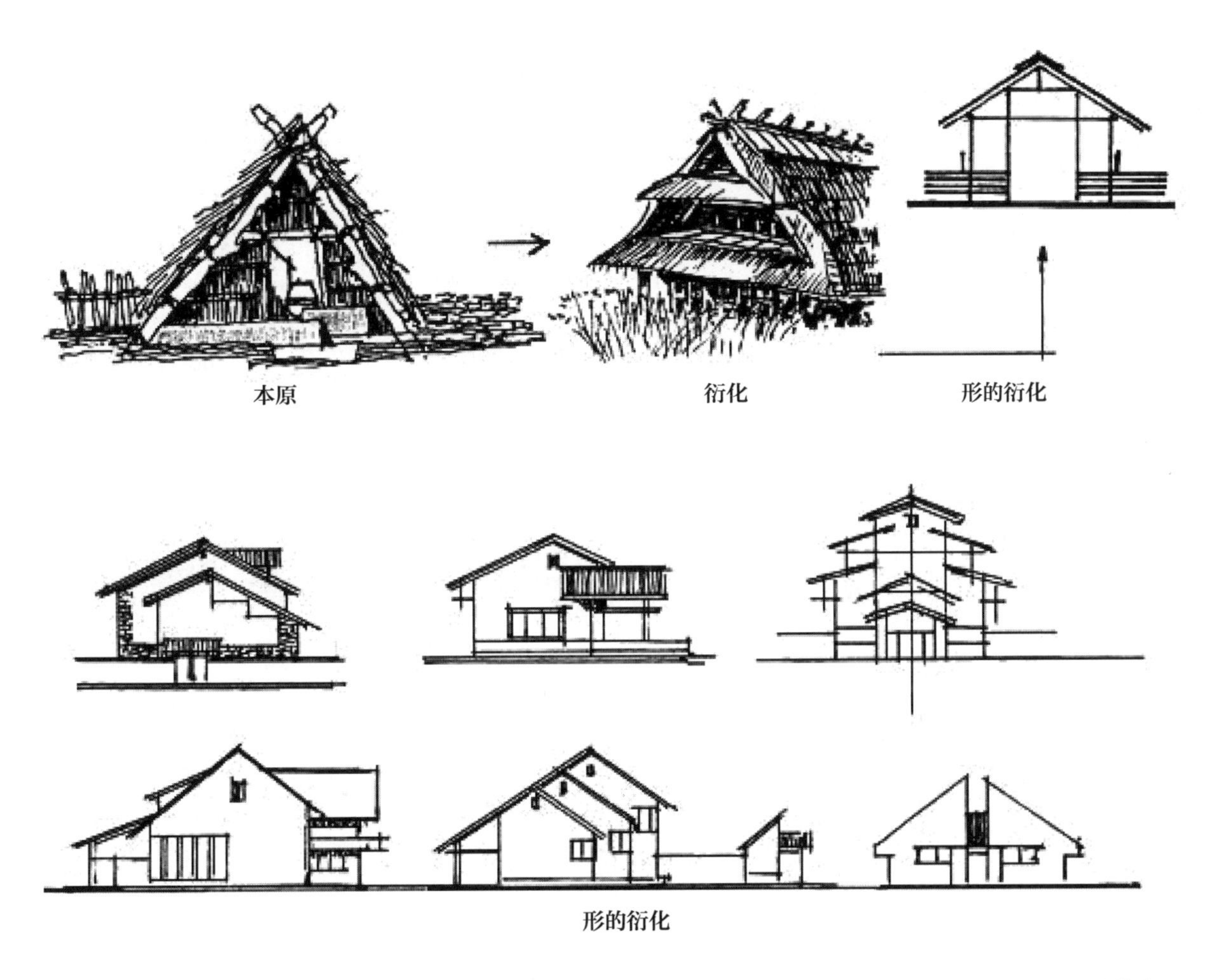
本原
衍化
形的衍化

形的衍化

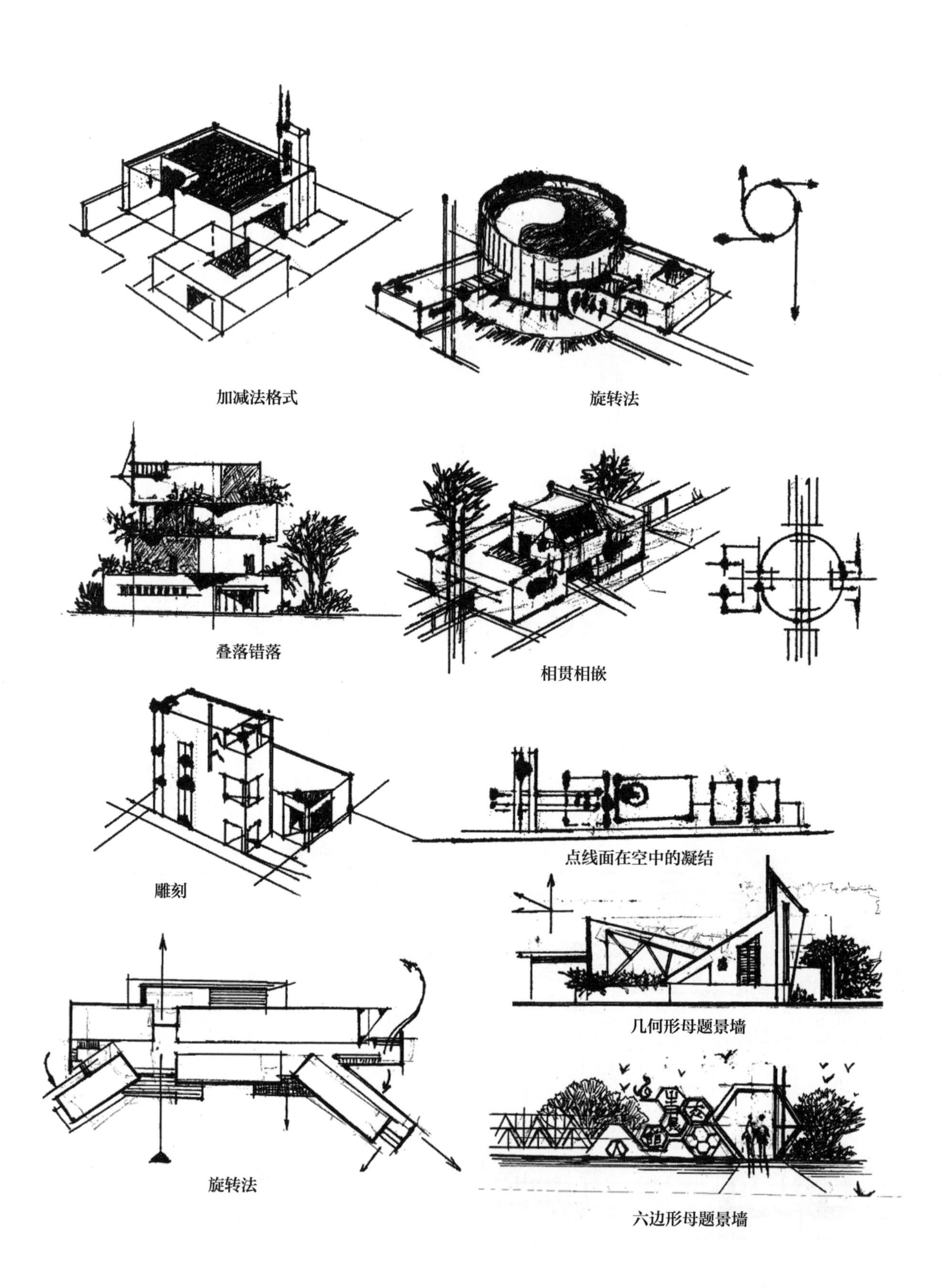
加减法格式
旋转法
叠落错落
相贯相嵌
雕刻
点线面在空中的凝结
几何形母题景墙
旋转法
六边形母题景墙

形变的方法

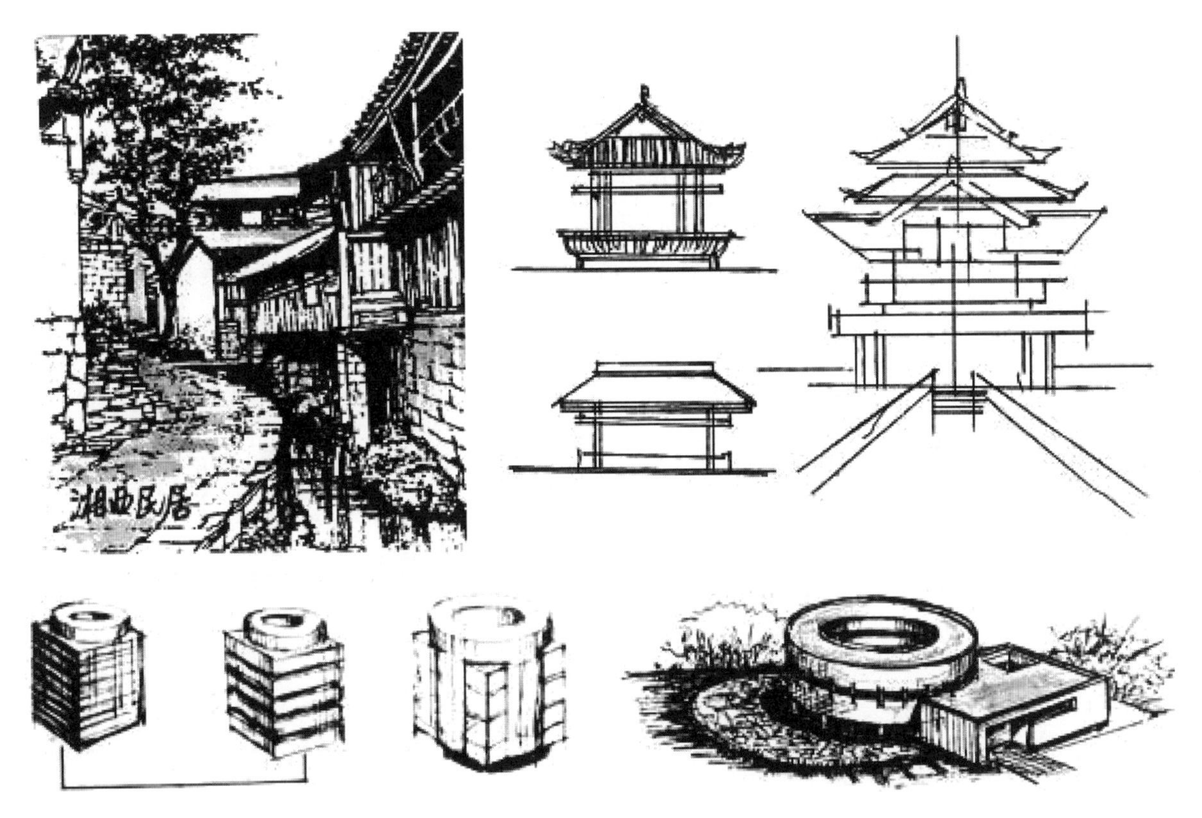
湘西民居

自然形—简易构架—几何形—结构构架—拓扑变形

形的衍化规律

（二）形变的方法

形有自然形、几何形、艺术构成的拓扑形几大类。

① 自然形：自然万物之形，山、石、土、木、花、草、动物、矿物、人类等。另有随时间变化的气象、季象。种类繁多，数量庞大。在艺术创作中，这些既是组成元素，也是再创作的原型。

② 几何形：经自然形抽象后，人力加工或绘制而成。

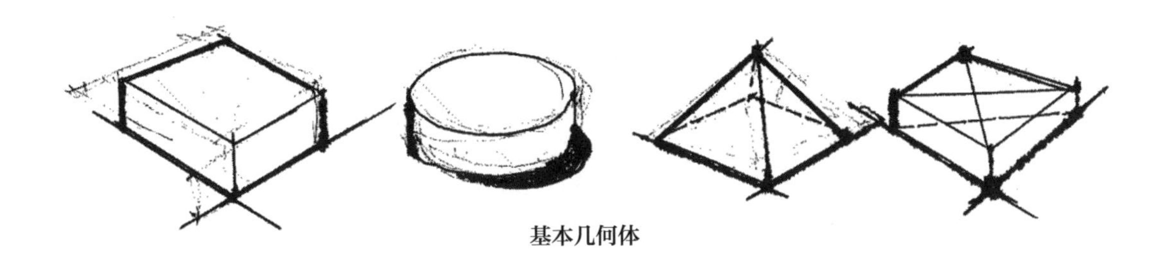

基本几何体

③ 拓扑形：由几何形演变而来，是介于几何形和纯自然形之间的异形同构。按周相几何学原理，凡是闭合图形，外形不论如何变化，内在的封闭性都不变。

形的加工方法有切割、劈凿、埏埴、编织、镂刻、卷曲，都可以组合成具有实用和观赏价值的艺术品。

形的艺术境界，是心性与物性的结合，兼有实用与美观双重品格，体现力与形完美结合。如早在五千年前良渚文化时期就已具有高超技艺的中国陶艺、玉雕等。

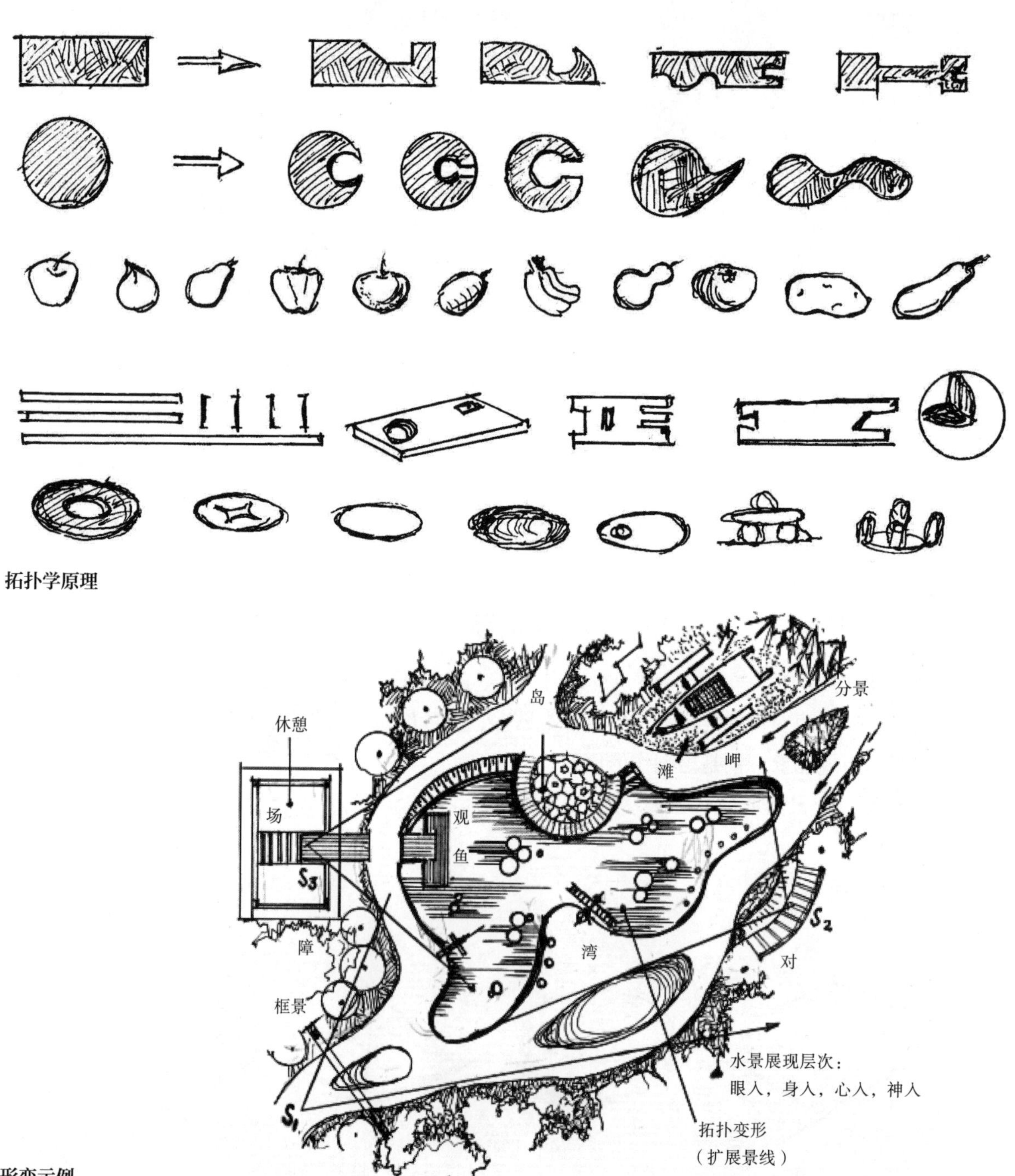
休憩
场
S_3
观
鱼
岛
分景
滩
岬
障
框景
湾
对
S_2
S_1
水景展现层次：
眼入，身入，心入，神入
拓扑变形
（扩展景线）

拓扑学原理

形变示例

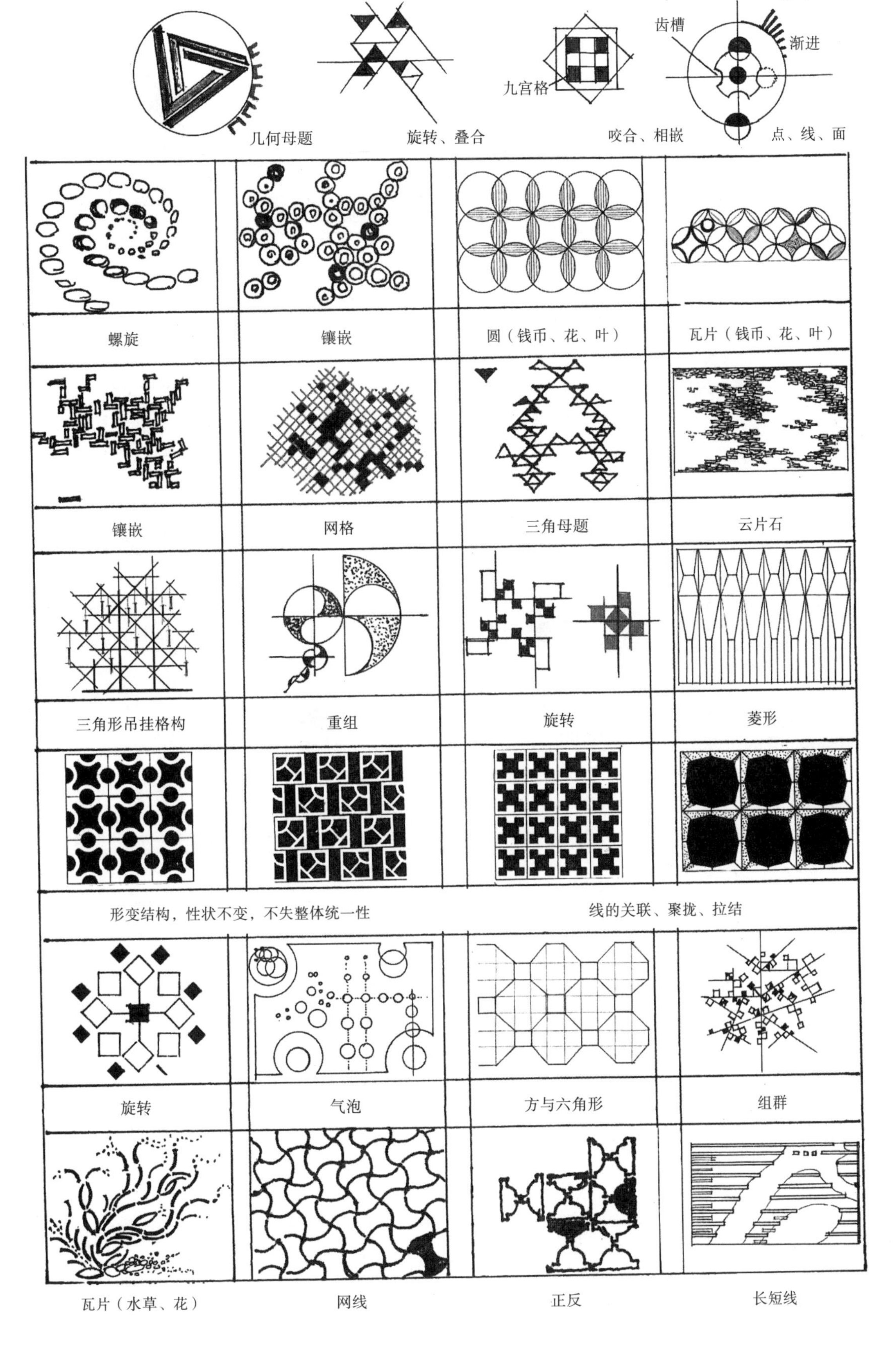
几何母题
旋转、叠合
九宫格
咬合、相嵌
齿槽
渐进
点、线、面
螺旋
镶嵌
圆（钱币、花、叶）
瓦片（钱币、花、叶）
镶嵌
网格
三角母题
云片石
三角形吊挂格构
重组
旋转
菱形
形变结构，性状不变，不失整体统一性
线的关联、聚拢、拉结
旋转
气泡
方与六角形
组群
瓦片（水草、花）
网线
正反
长短线

形构与形变

四、形的信息涵纳与延伸

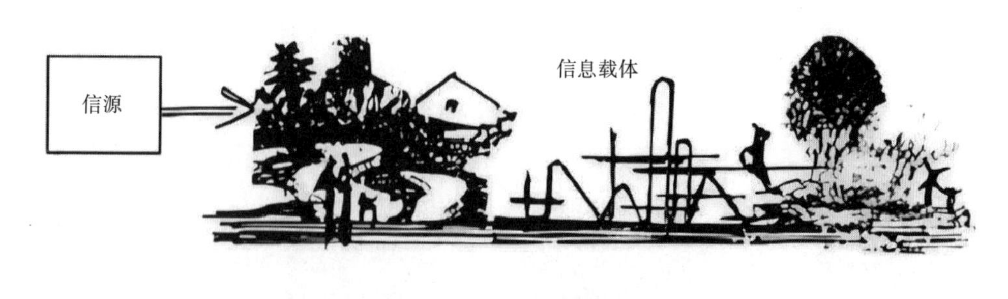

信源
信息载体

是什么？像什么？发现了什么？看到了什么？注意到什么？图与底什么关系？——来自一种复合刺激

接受刺激，向大脑进行脉冲传递的生理器官——视、听、触、味、嗅［眼、耳、鼻、舌、身（信息传输者）］

信
道

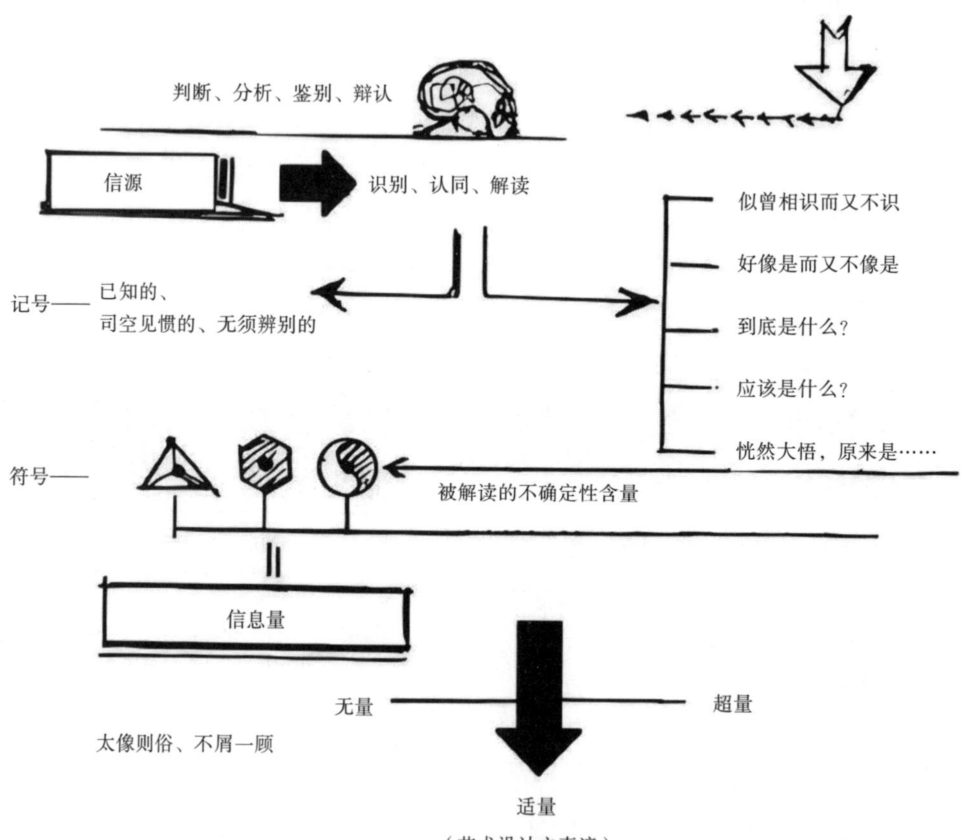

判断、分析、鉴别、辩认
信源
识别、认同、解读
似曾相识而又不识
好像是而又不像是
到底是什么？
应该是什么？
恍然大悟，原来是……
记号——已知的、
司空见惯的、无须辨别的
符号——
被解读的不确定性含量
信息量
无量
超量
太像则俗、不屑一顾
适量
（艺术设计之真谛）

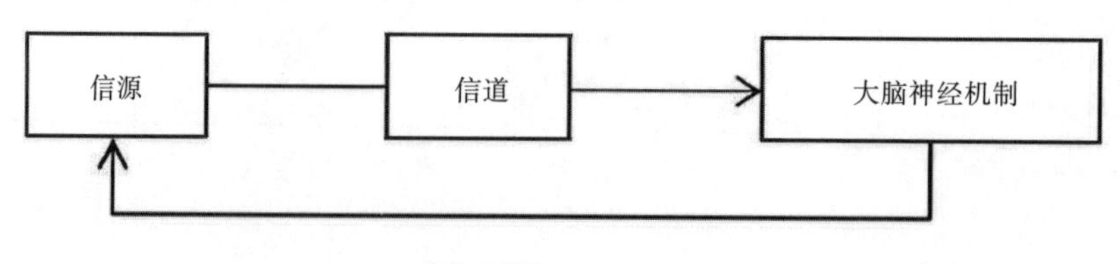

信源
信道
大脑神经机制

信息论图解

灯具
画屏
步道廊
座椅

时空隔离，旁无他涉

利用形态的不定增添信息涵纳

从图解中可以看出，如果信源体都是日常司空见惯的形象，无须大脑辨认和判别，人们也就熟视无睹，一眼瞟过，无法产生任何新奇感。但是，如果信源体含有似与不似的不确定性、不完整性以及超越一般的特异性，大脑就会产生疑问，从而借助已知的图像作导向去思索和观察，弄清差异，获得清晰的感知印象，也就有了向本原回归的认知效应。所以，信息来源于物象所具有的不定性，被接受和理解的不确定因素的多少，就是信息量的多少。由此可见，艺术的创造应注重不定性的量，边界的不定性、形体的不定性、含义的不定性及组合的不定性都是我们要考量的问题。

人接受外物传达的信息，是靠以视觉为主的直觉来感受的，往往以是什么、像什么为第一印象。如果是生活中常见的，只是司空见惯，无任何新的信息；但如果它具有超常品质，如真、善、美，则具有欣赏与赞美价值；如果能产生情理之中、意料之外的感觉，则有新奇之意。相似、相同皆属于记号范畴，属于一种单纯的条件反射型的视觉上的完全归位——对号入座、贴标签则属于记号，在达到“超常”“大善大美”“巧妙”“别致”“不一般”等时才有可能引起注意。

齐白石曾说：“作画妙在似与不似之间，太似为媚俗，不似为欺世。”老子曰：“五色令人目盲，五音令人耳聋，五味令人口爽”，故凡事须适量。因此，在构形时，可以适度采取不确定手法，使人在观赏时有所思考、玩味、想象、捉摸，与观赏者形成互动，引起兴趣。

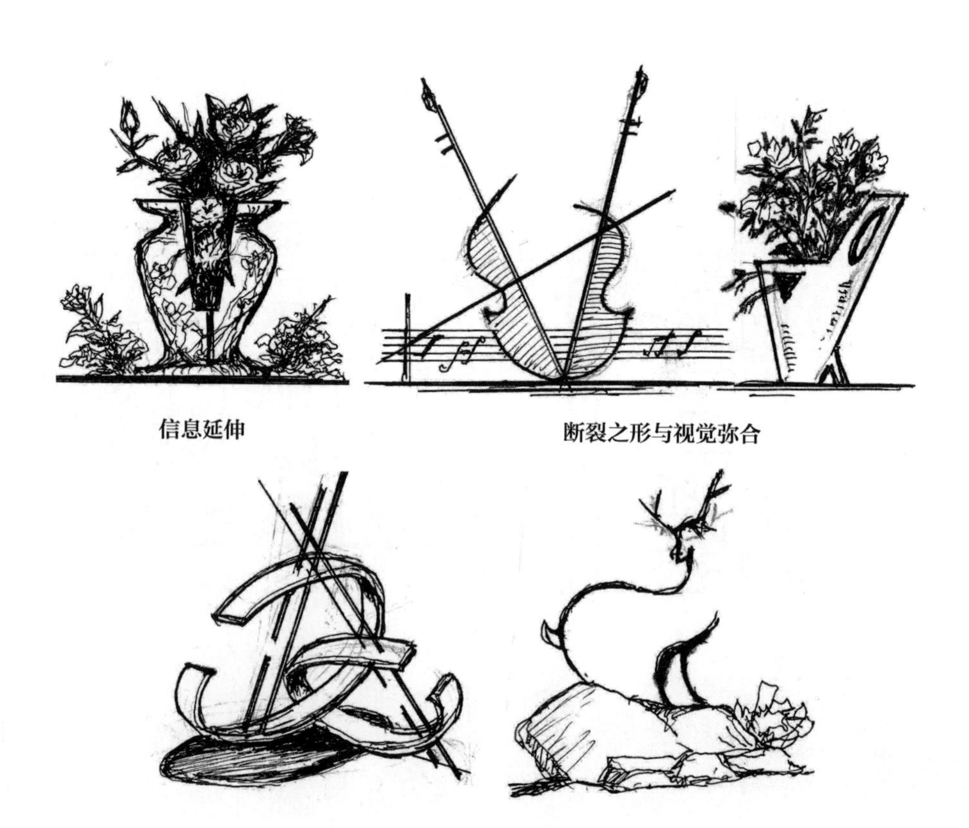

信息延伸

断裂之形与视觉弥合

信息的不确定性

符号，是指在内蕴上已脱离事物之常态，具有言外之意、画外之音，需要捉摸、揣测、判断，思而得之，类似细细品味的茶之味、酒之醇香，是通过转译生成的。如玫瑰既是花，又代表“爱情”，进入人的意义世界。

镶金
福
寿

残缺之美　　叶脉　　苍劲古朴

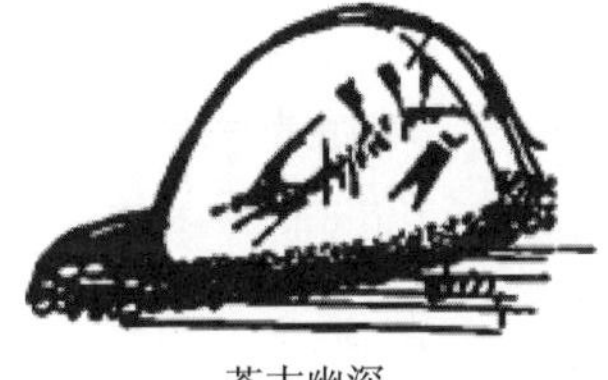

苍古幽深

超常变异

盘根错节

以局部代替整体

留白、片段、突出主要特征

片段、解构产生不定性效应，引发人们视觉与意义的追踪，导致信息含量的增加，并产生趣味性

特写、夸张

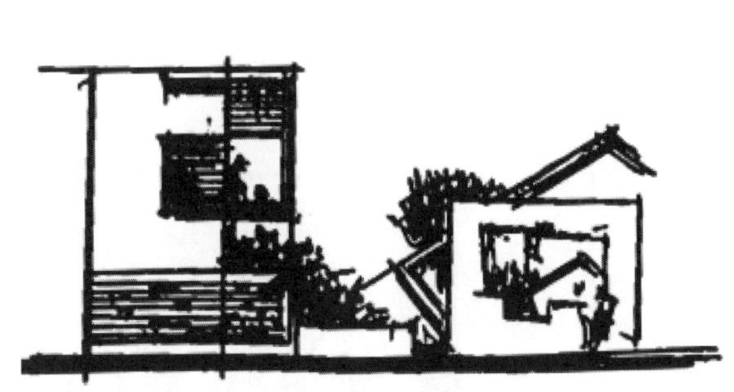

模糊不定

不确定形处理的各种途径

异形同构

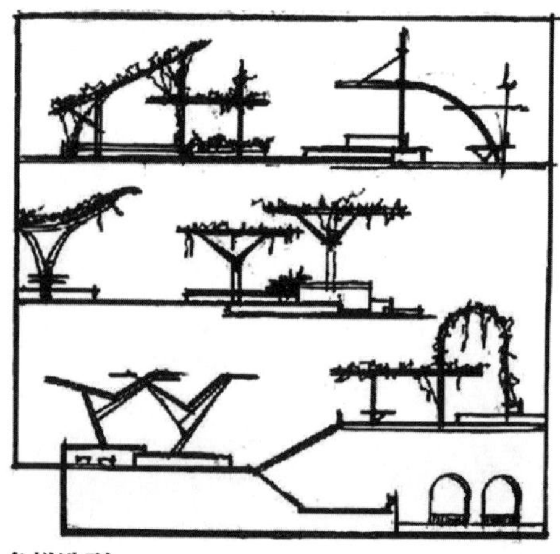

多样造型

寓教于形

诗碑
趣味性桃园洞诗碑

顶针螺旋诗

牛郎织女会佳期，月下弹琴又赋诗。寺静惟闻钟鼓响，音停始觉星斗移。多少黄冠归道观，见机而作尽忘机。几时得到桃园洞，同彼仙人下象棋

碑文：

机时得到桃园洞
忘钟鼓響停始彼
尽闻会佳期觉仙
作唯女牛下星人
而静织郎弹斗下
几诗赋又琴移象
观道归冠黄少棋

声影光形

情景互动

增加信息量的若干方法

本篇结语

本篇从三个视角讲了如何培养综合素养：

一是如何传承智慧。人的一生通过各种途径，会学到各种知识。但如何巧妙而机敏地运用已有的知识去发明与创造未知，还要依靠对知识的驾驭能力。要使知识转化为发明创造的能力，则必须对知识进行整体性内涵的深刻理解和掌控。正如《易经》所说，“生生之谓易”，由原有知识上升为可以变易的新知。所以，智慧是源于知识的灵活应用。至于传承，更不是单纯地效仿，而是从精神层面领会要领，举一隅而三隅反。知而有效、有功、持久。

二是多思、会思、巧思。正如孟子所说的“心之官则思”，思维既要发散，又能聚合，即要学会分析与综合的本领。分析是为了认识问题，综合是为了正确地解决问题。思不是空想，要以学习为基础，所谓“读万卷书、行万里路”“为往圣继绝学”。同时，运用一定的方法，方能像刘勰在《文心雕龙》中“神思”一章所说，“思接千载、视通万里”“或率而造极，或精思愈疏”，即要能思、会思、善思。

三是明确形态是艺术创作的母题。艺术的创造旨在创造它的存在形式。所以，第三章主要以形式语言，讲述了形构与形变的一般方法。

总之，综合素养是梁思成、杨廷宝、刘敦桢等建筑老前辈都共同强调的。只有筑牢基础，才能有发展的后劲。所谓“台上一分钟，台下十年功”，厚积，才能薄发。“九尺之台，起于累土”“环抱之木，始于毫末”“不积细流，无以成江海”。古训之告诫，不可违也。

空间·结构·形体·共生

第二篇　建筑创作的思路启迪

建筑创作，既遵循目的性（平衡律）原则，又遵循规律性（协调律）原则。以适用为导向、以经济为基础、以生态为保证、以科技为手段，形成时空的交织，多学科的交叉与渗透，是科学、哲学、艺术的综合；沿着理性与浪漫，情与理的双轨运行；经过精准践行方能落地生根，方能实现。建筑创作必须经过规划、方案、施工、使用检验一条龙，方能完成。

建筑是以空间、结构、形体、环境四位一体，共同构筑而成的。按整体论观点，四个分系应是相互依存、相互联系的集合体，而不是各自突出、简单叠加。老子说："凿户牖以为室，当其无，有室之为用。故有之以为利，无之以为用。"可见空间是以功能适用为目的的。结构和形体则是支撑与围合的手段，与环境共生则是一种生态的依托，四位一体，有机综合。

建筑，常被简称为"房子""建造房子"，以及研究如何建造房子的一门学问——"建筑学"。建筑是我们每天生活、学习、工作劳作的场所，是最熟悉不过的地方。但从设计创作的角度，真正按"适用、经济、绿色、美观"八字方针，超越一般，又不显得"鹤立鸡群"，成为一座真正受到历史检验的佳作，却是难上加难。所以，建筑学是一门需要研究的"大学问"，本书只能为初字者提供一些体现其目的性、规律性的入门常识，还谈不上真正地传道与解惑，只是入门的向导。

第四章 建筑的空间

建筑的空间，是根据适用的需要，在具有广延性、无限性的自然空间中，通过一定的人工手段围合而成的、有限的、具有一定领域和范畴的几何性物理空间。但是人们在观察和体验时，却是以直觉感知、感官特性产生的认知反应，所以在物理空间外还存在一种虚拟的多维空间，并具有形断意联的延展性。

人类的生存空间，是从以谋生为主的行动空间、几何学和天文学空间、生活空间，进入以人为中心的人性化空间，并朝向智能化空间迈进。因此，空间组合的造型语汇，也是随着时代发展而不断变化的，是由确定性向不确定性、由硬性向弹性、由室内向外环境扩展的。空间设计与其他事物一样，都应以动态发展观为指导，与时俱进。

一、建筑空间的研究与践行范畴

建筑空间根植于具有无限性、广延性的自然天地之中。下有广袤大地的地形、地貌、地质、水文、山、林、湖、草；上有气象、季象之变换；而建筑，正立于其中。

建筑空间，作为人类安身立命的行为场所，主要承载宜业、宜居、宜游、宜养、宜学等功能，因此，设计者需要具备开阔的视野以及综合的素养。

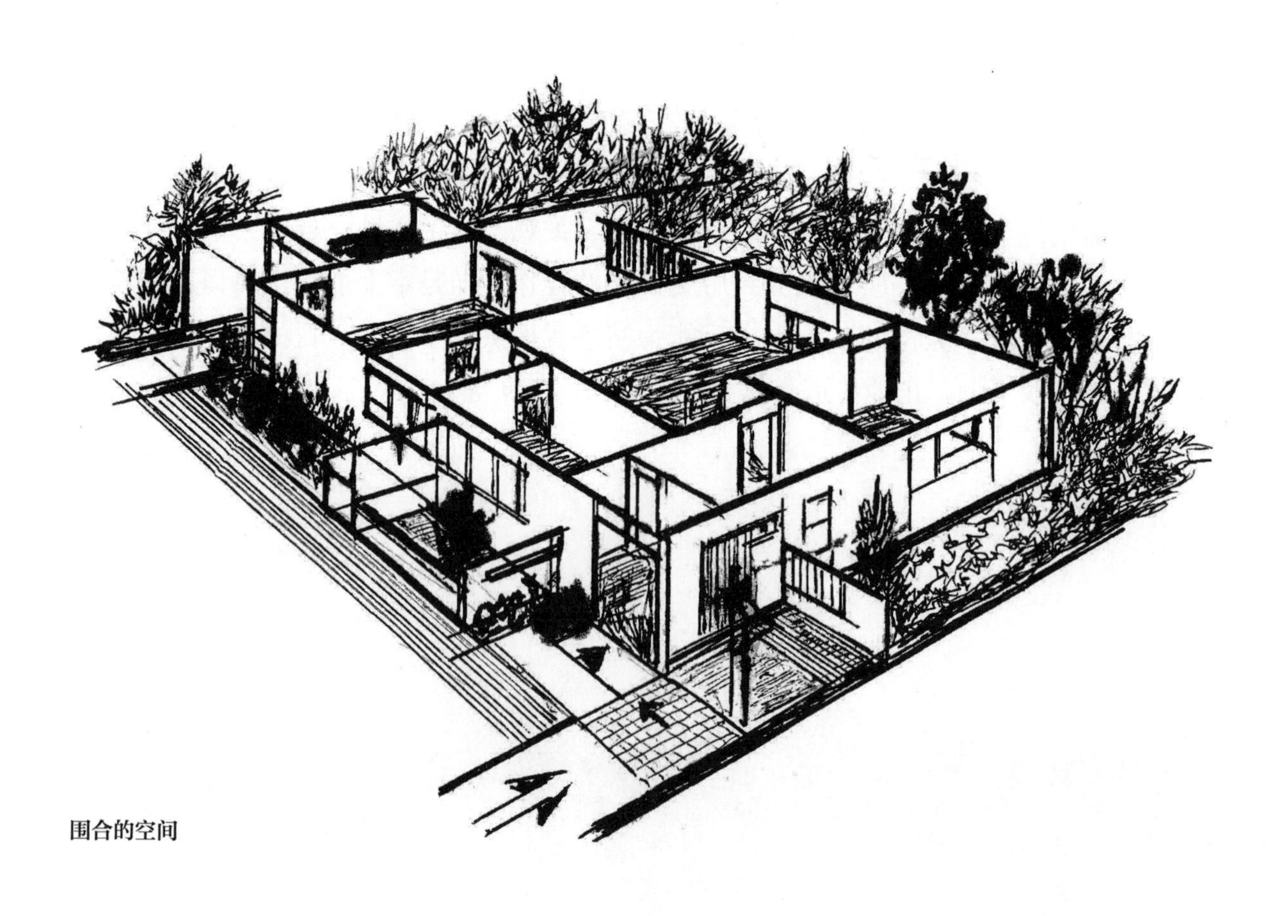

围合的空间

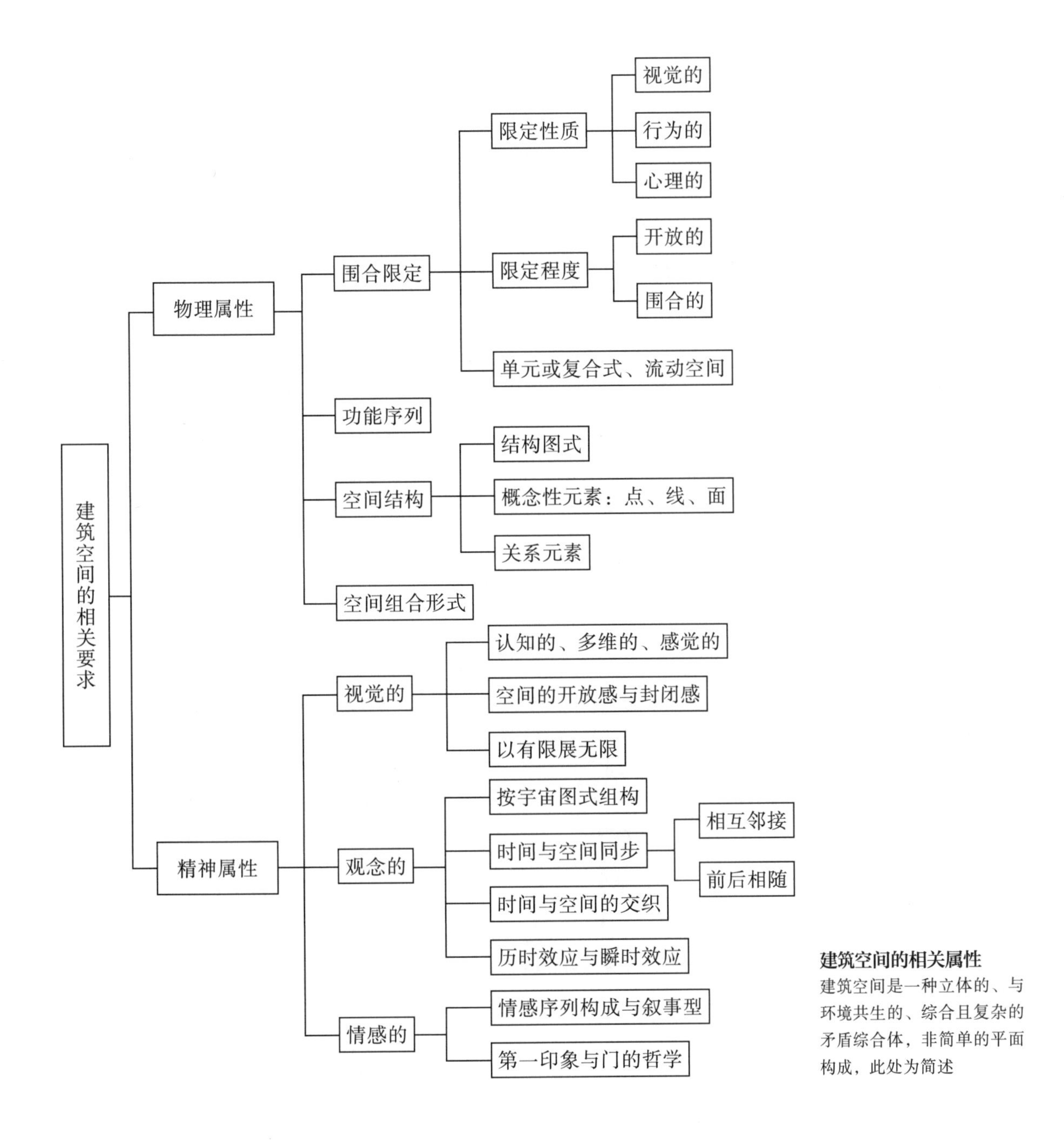
建筑空间的相关要求
物理属性
围合限定
限定性质
视觉的
行为的
心理的
限定程度
开放的
围合的
单元或复合式、流动空间
功能序列
空间结构
结构图式
概念性元素：点、线、面
关系元素
空间组合形式
精神属性
视觉的
认知的、多维的、感觉的
空间的开放感与封闭感
以有限展无限
观念的
按宇宙图式组构
时间与空间同步
相互邻接
前后相随
时间与空间的交织
历时效应与瞬时效应
情感的
情感序列构成与叙事型
第一印象与门的哲学

建筑空间的相关属性
建筑空间是一种立体的、与环境共生的、综合且复杂的矛盾综合体，非简单的平面构成，此处为简述

（一）空间的限定

空间是承载各种功能的载体。从最早的穴居而野处，到后来遮风挡雨的“庇护所”，再到几何的、物理的、功能的有限空间，以及“阴阳之枢纽，人伦之轨模”（《黄帝宅经》），人类已将生活的空间转化为时间与空间的交织，礼仪与体制的楷模，民族的气度、文明的表征、“天地人神”四位一体的哲学理念。

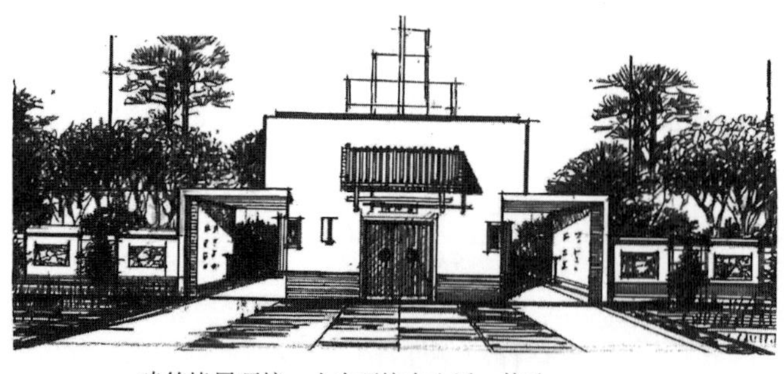

建筑皆属环境，人在环境中生活、体验

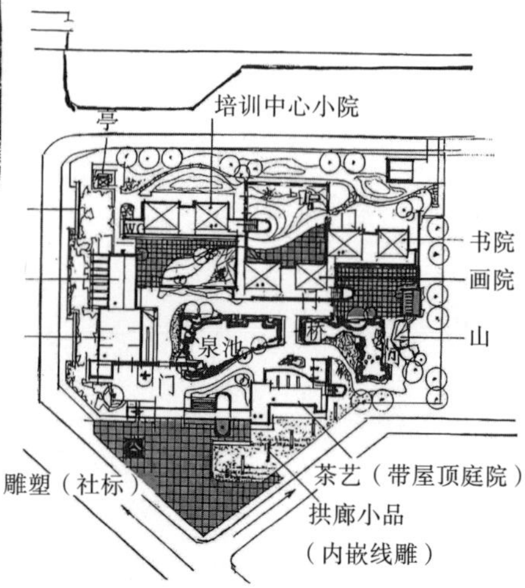
亭
培训中心小院
书院
画院
山
泉池
桥
雕塑（社标）
茶艺（带屋顶庭院）
拱廊小品
（内嵌线雕）

空间限定路径、场所、领域、氛围及文化气质

空间组合形式（某丹青画院总平面图）

时间性

与时俱进的时代性。建筑科技、艺术、生活、文化

时间

前后相随、顺次展开。历时性或共时性体验。建筑皆在传承中发展变化

空间性

根植于母体环境中的民族性、地域性。一方水土养一方建筑，与气候、地势、形态、习俗相适应

空间

相互邻接，呈现三种形态：物理性实在空间；心理性视觉空间（认知空间）；表象的意向空间（遐想性，表象参与，思接千载，礼通万里，心飞天外）

环境包围着建筑空间，并结合为一体，衬托空间，服务空间，并从有限向无限转换，融入自然

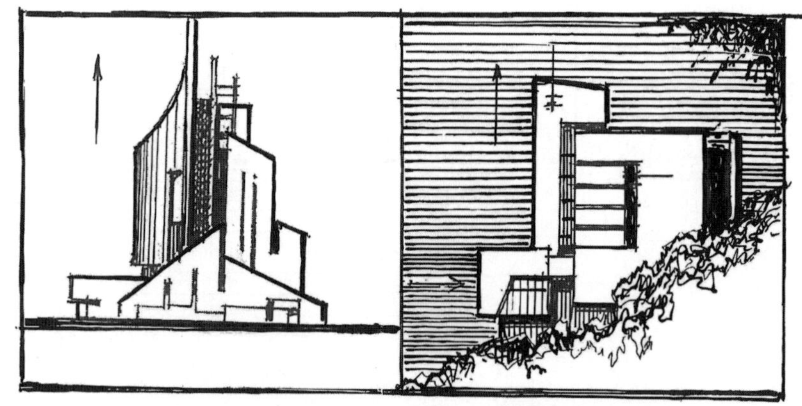

空间推演出形体　　形体连接着环境

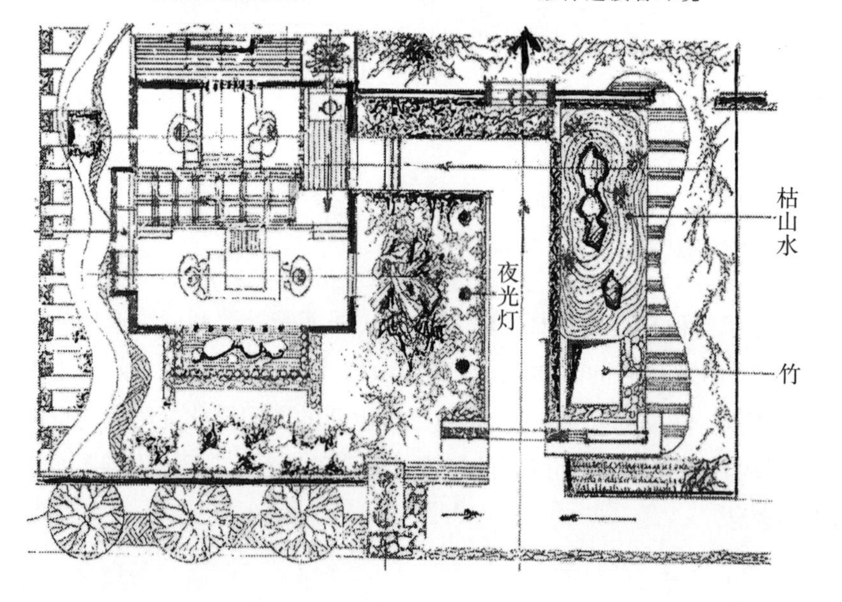
枯山水
夜光灯
竹

空间的限定

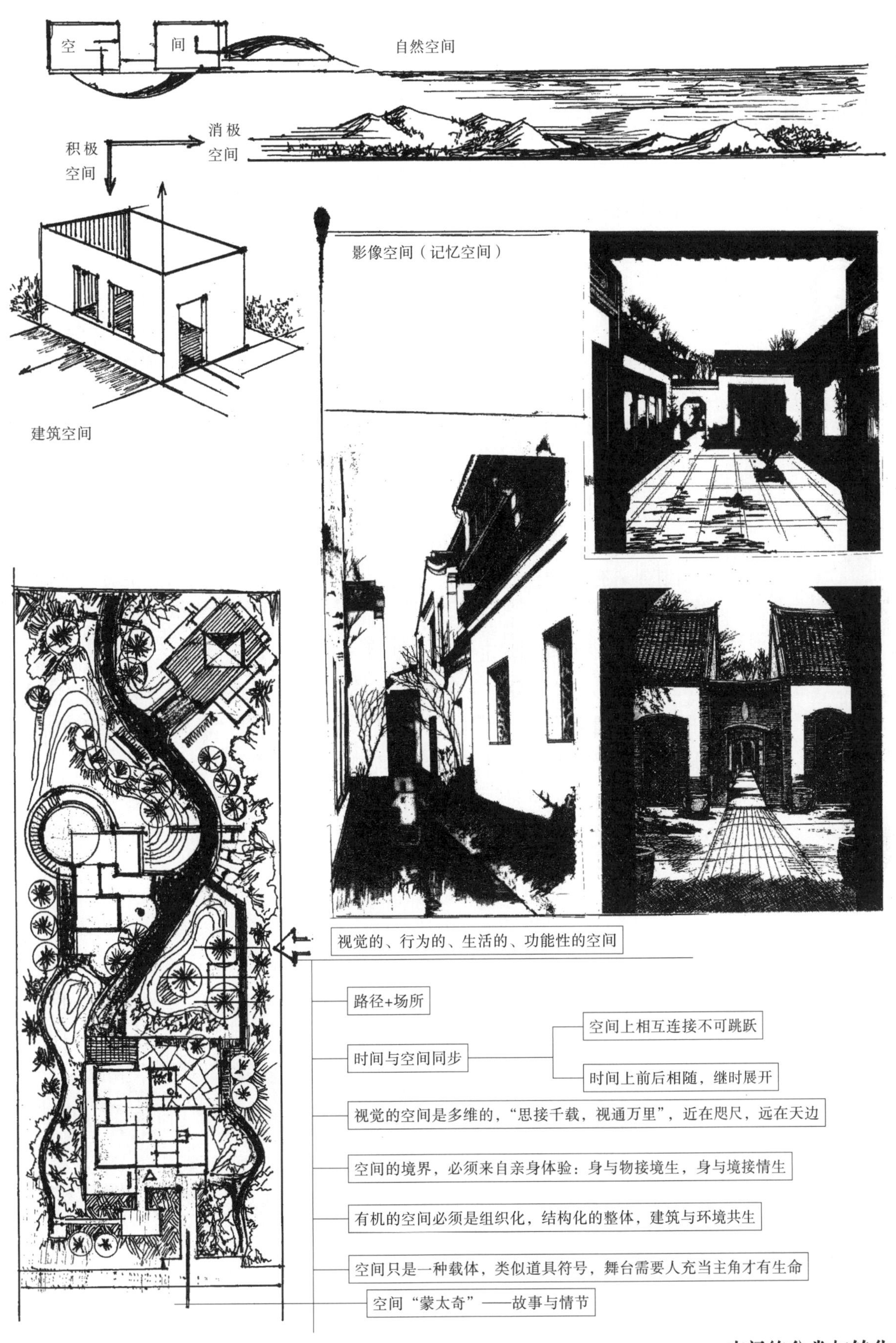
空
间
自然空间
积极
空间
消极
空间
建筑空间
影像空间（记忆空间）
视觉的、行为的、生活的、功能性的空间
路径+场所
时间与空间同步
空间上相互连接不可跳跃
时间上前后相随，继时展开
视觉的空间是多维的，“思接千载，视通万里”，近在咫尺，远在天边
空间的境界，必须来自亲身体验：身与物接境生，身与境接情生
有机的空间必须是组织化，结构化的整体，建筑与环境共生
空间只是一种载体，类似道具符号，舞台需要人充当主角才有生命
空间“蒙太奇”——故事与情节

空间的分类与转化

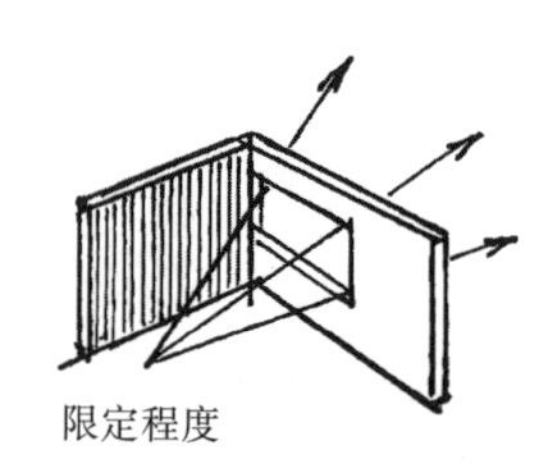

限定程度

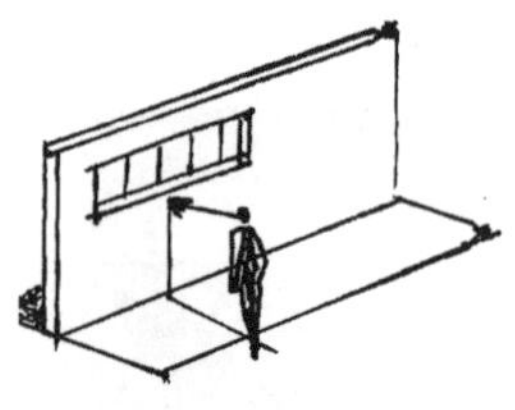

视觉限定

物理性限定

对于空间的限定，已进入到结构化、秩序化、序列化、智能化、人性化、人与环境共生的新里程，非简单的有限单元和心理、视觉、行动的限定，而是以有限展无限，以理想、意志、智慧、品格来转化为空间的形态，有无相生、虚实相成、开放共享、首尾相顾、形断意联，以轴线对位、视觉限定等方法构成城市整体格局，展现空间的一体化。最典型的实例就是北京中轴线、广州新地标。

（二）空间限定的方法

从本质上说，所有的人造空间，都是通过限定而生成的。所以，限定既是手段，也是目的。作为手段，它是利用点、线、面、体的可视形象进行界域的划分，形成一定的领域；作为目的，则通过相应的空间组合形式，创造一定的行为秩序（视觉的、行为的、心理的、情感的），起到不塞不流、不止不行、抑扬顿挫、张弛有度、序列展开等导向性作用。

1. 实体空间的限定

采用围合的方法，从无限的自然空间中，按活动的性质和活动的需要划分出有限的建筑空间。不同的活动内容要求不同的限定方法和限定程度。

2. 隐逸空间的限定

高强度、快节奏、亢奋进取的从业环境，导致许多人长期处于自律性丧失和亚健康的状态。因此，所谓“大隐隐于市”“世外桃源”“诗意地栖居”“禅空间”骤然兴起。该类空间在限定方面应以“静”“虚”“深”“远”的方法，体现明心见性、气定神闲、淡泊明志、宁静致远品格。

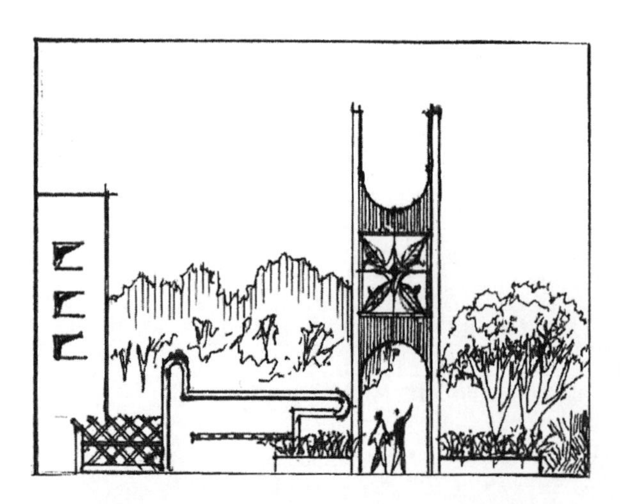

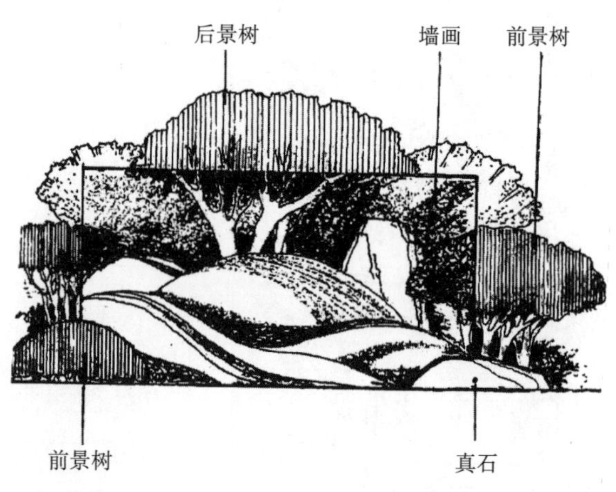
后景树
墙画
前景树
前景树
真石

心理性限定（虚拟感知）

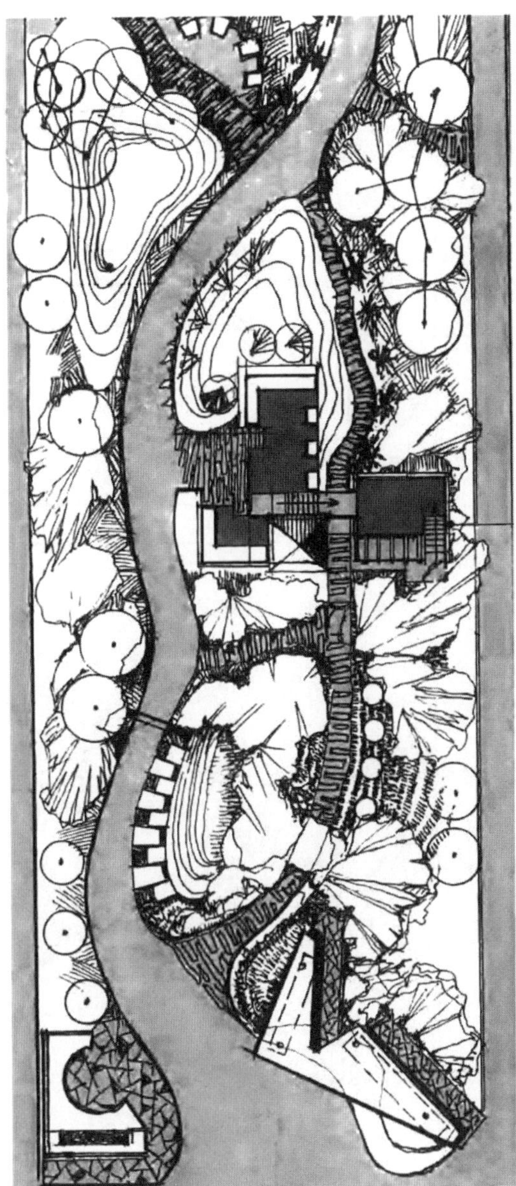

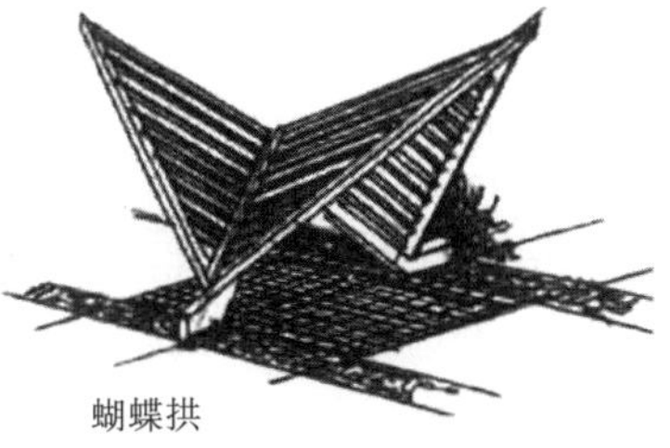

蝴蝶拱

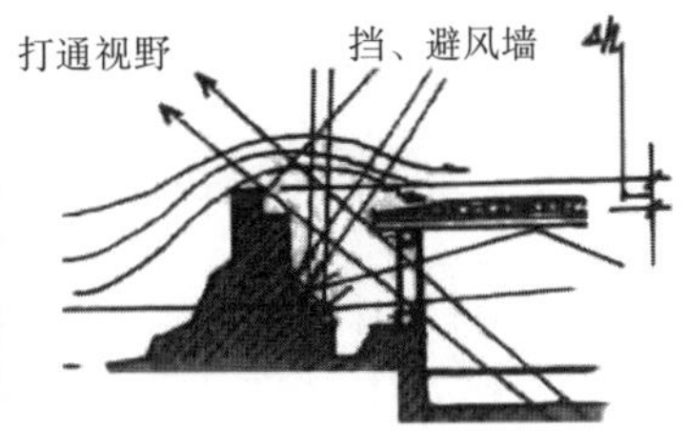
打通视野
挡、避风墙

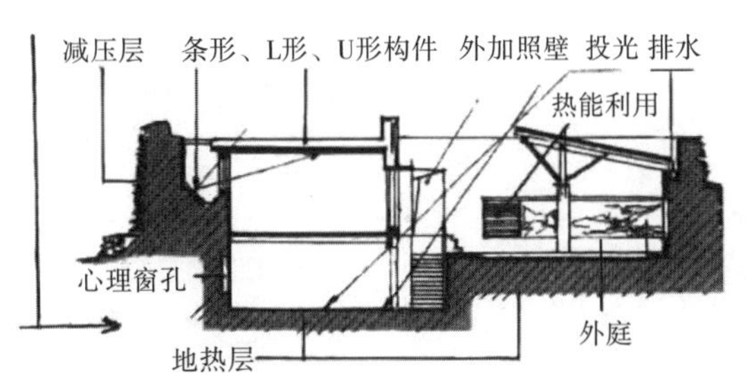
减压层
条形、L形、U形构件
外加照壁
投光
排水
热能利用
心理窗孔
外庭
地热层

防护型限定：防寒、防风沙、防盗、外实内虚、封闭型

建筑空间，是以创造人在空间的行为、思维、情感的秩序而存在的，所以一切物质技术、组合方式，都是一种有无相生，以有限展无限，将人的行为融入自然与环境之中。限定就是组织、运筹

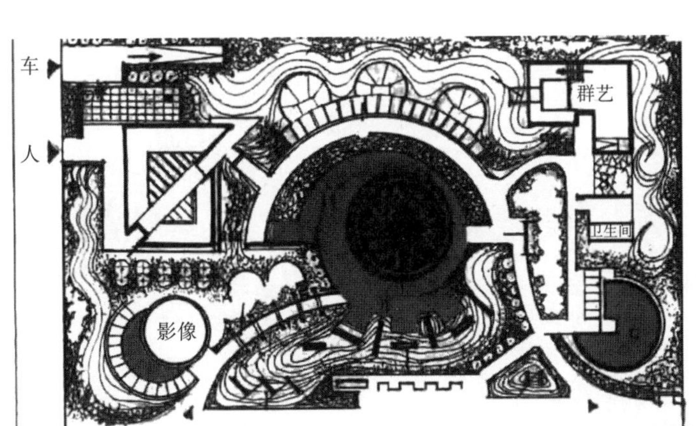
车
人
群艺
卫生间
影像

区位划分、动静互补、开放与封闭

视觉的、行为的、界域的、场所的

空间的限定

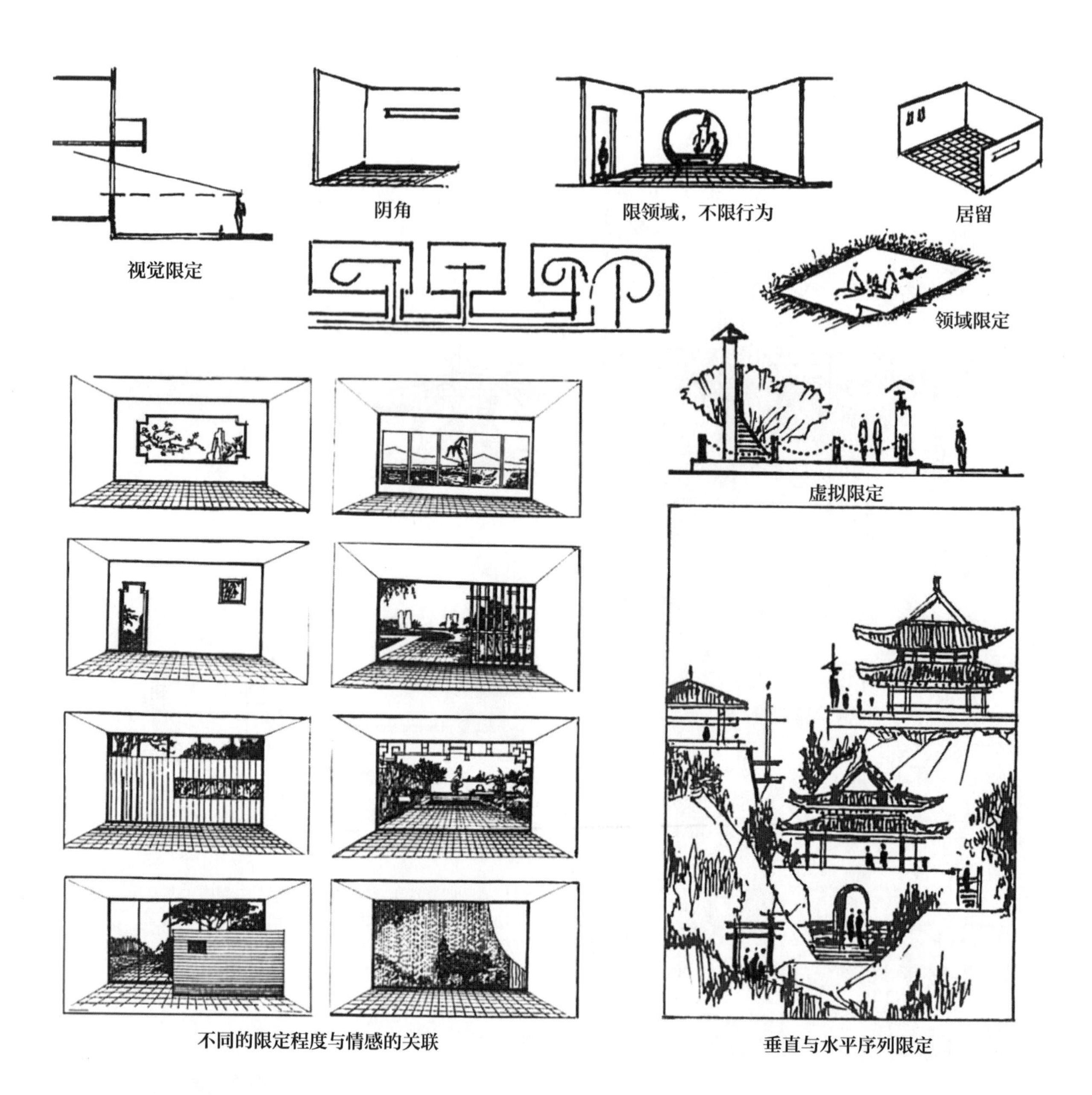
视觉限定
阴角
限领域，不限行为
居留
领域限定
虚拟限定
不同的限定程度与情感的关联
垂直与水平序列限定

对景

实体空间的限定

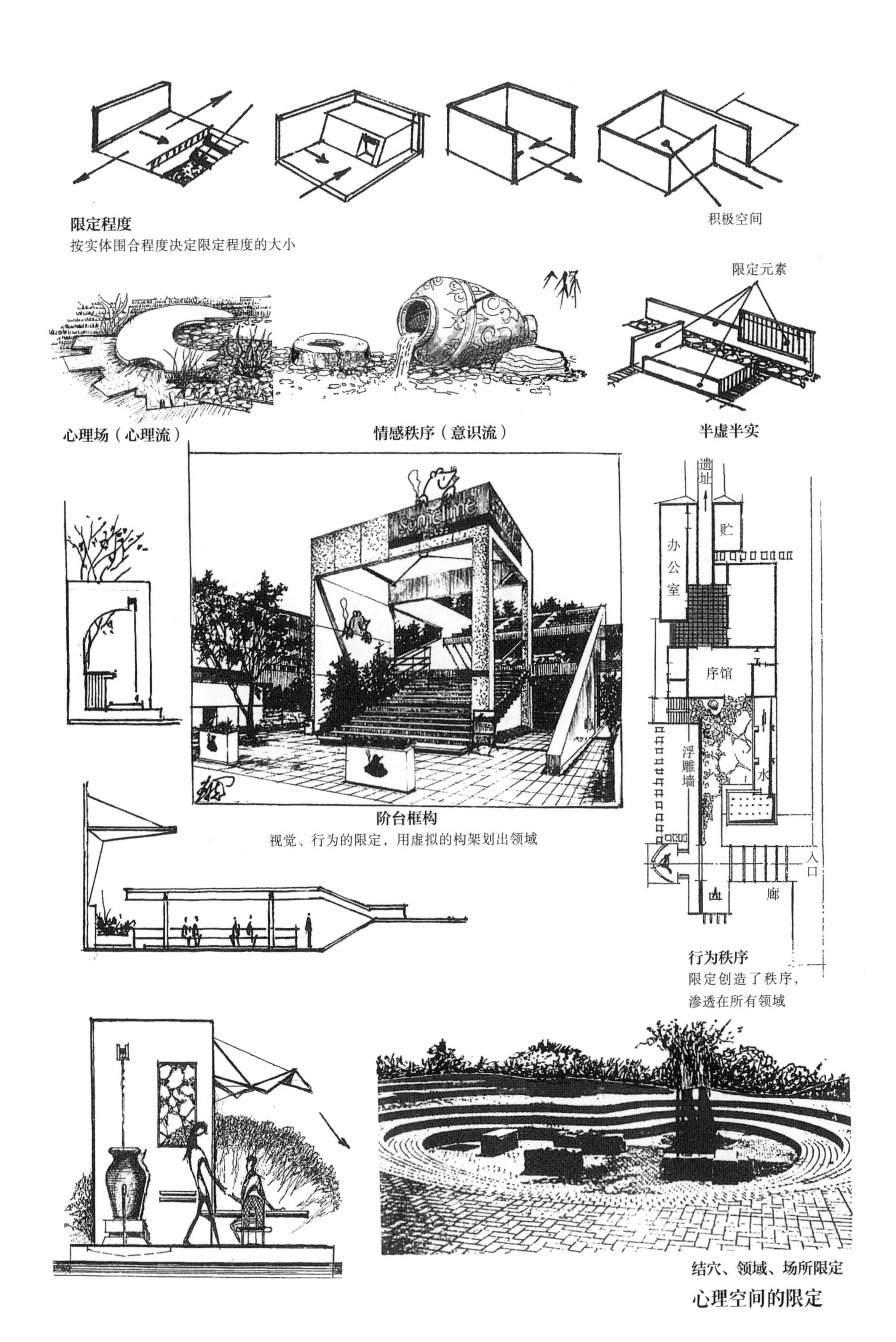
积极空间
限定元素
遗址
贮
办公室
序馆
浮雕墙
水
入口
廊

限定程度

按实体围合程度决定限定程度的大小

心理场（心理流）

情感秩序（意识流）

半虚半实

阶台框构

视觉、行为的限定，用虚拟的构架划出领域

行为秩序

限定创造了秩序，渗透在所有领域

结穴、领域、场所限定

心理空间的限定

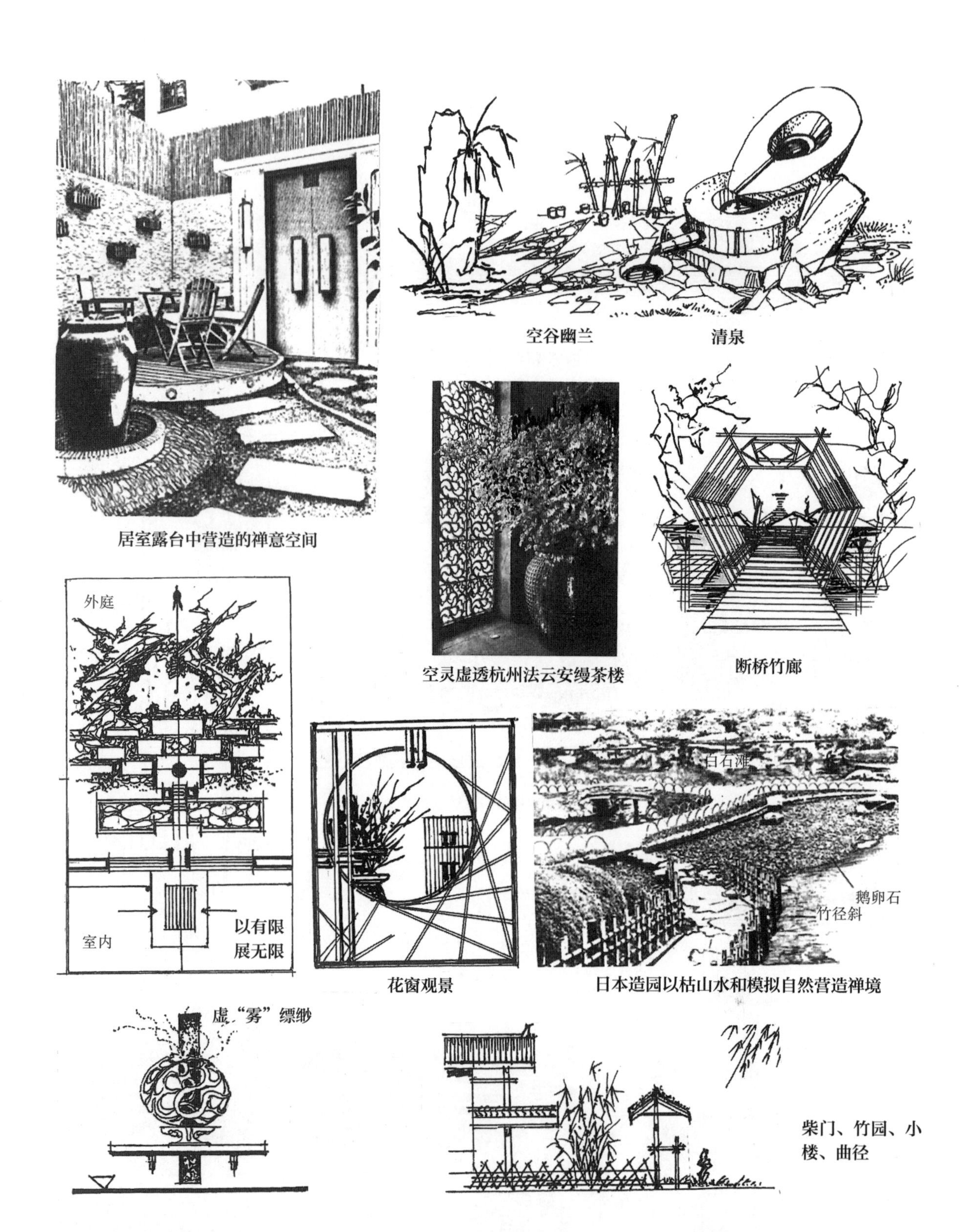
外庭
室内
以有限
展无限
白石滩
鹅卵石
竹径斜
虚"雾"缥缈
柴门、竹园、小
楼、曲径
空谷幽兰　清泉

居室露台中营造的禅意空间

空灵虚透杭州法云安缦茶楼

断桥竹廊

花窗观景

日本造园以枯山水和模拟自然营造禅境

隐逸空间的限定

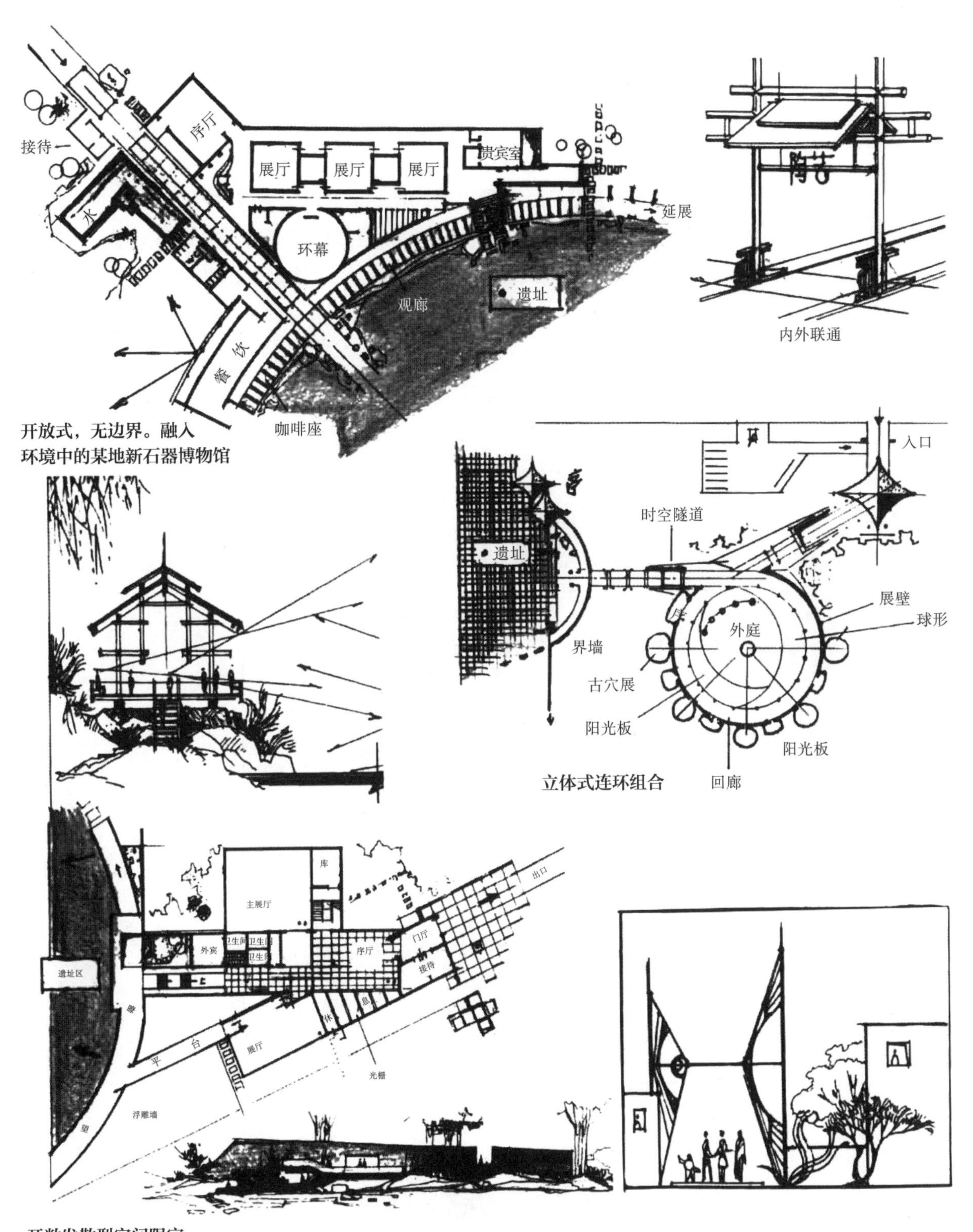
接待
水
序厅
展厅
展厅
展厅
贵宾室
延展
环幕
观廊
遗址
餐饮
咖啡座
内外联通
入口
时空隧道
遗址
展壁
球形
外庭
界墙
古穴展
阳光板
阳光板
回廊
库
主展厅
外宾
卫生间
序厅
门厅
接待
出口
遗址区
平台
展厅
光栅
浮雕墙

开放式，无边界。融入环境中的某地新石器博物馆

立体式连环组合

开敞发散型空间限定

开放空间的限定

3. 精神空间的限定

发散式、弥散型，更符合开放共享的时代特征，体现人与自然的和谐、场所的多效共生和以人为本。进行建筑空间的构建，需以有限展无限，吸天地之灵气，纳四时之精华，打破平、整、实的旧观念，将空间置入无限的自然环境之中，建立多维的时空一体思维。

空间是人的精神家园，家与园共生，人与天地同在，与自然相和谐，自然是广阔无边的。

人在空间中，其行为既有空间性，又有时间性，时空并存。空间，以相互邻接的形式存在；时间，以前后相随的形式存在。建筑空间也是由时间（时代）的纬线和空间（地域、民族）的经线编织而成，即时代性、民族性、地域性的统一。不同的时空条件决定了不同的空间，因而表现出建筑的特殊性。

5

望眼欲穿人何在？
只把铜椅来坐穿

1

经古道，过流庄；蒿草掩路，通何方？

2

遇溪流，暂憩断桥边，细思量

3

见拱门，生悬念，门外必定有去处

悬念的拱
美国雕塑公园剪影

4

遥见树林在前方，密林定有村落藏

精神空间的限定

二、空间的体验——继时效应与瞬时效应

空间按照功能序列展开，相互邻接、衔接过渡、起承转合；时间按前后序列展开，前后相随、跌宕起伏、潮起潮落。故有继时性，即功能与情感的历时性体验；也有瞬时性，即暂时性、共时性景观体验。

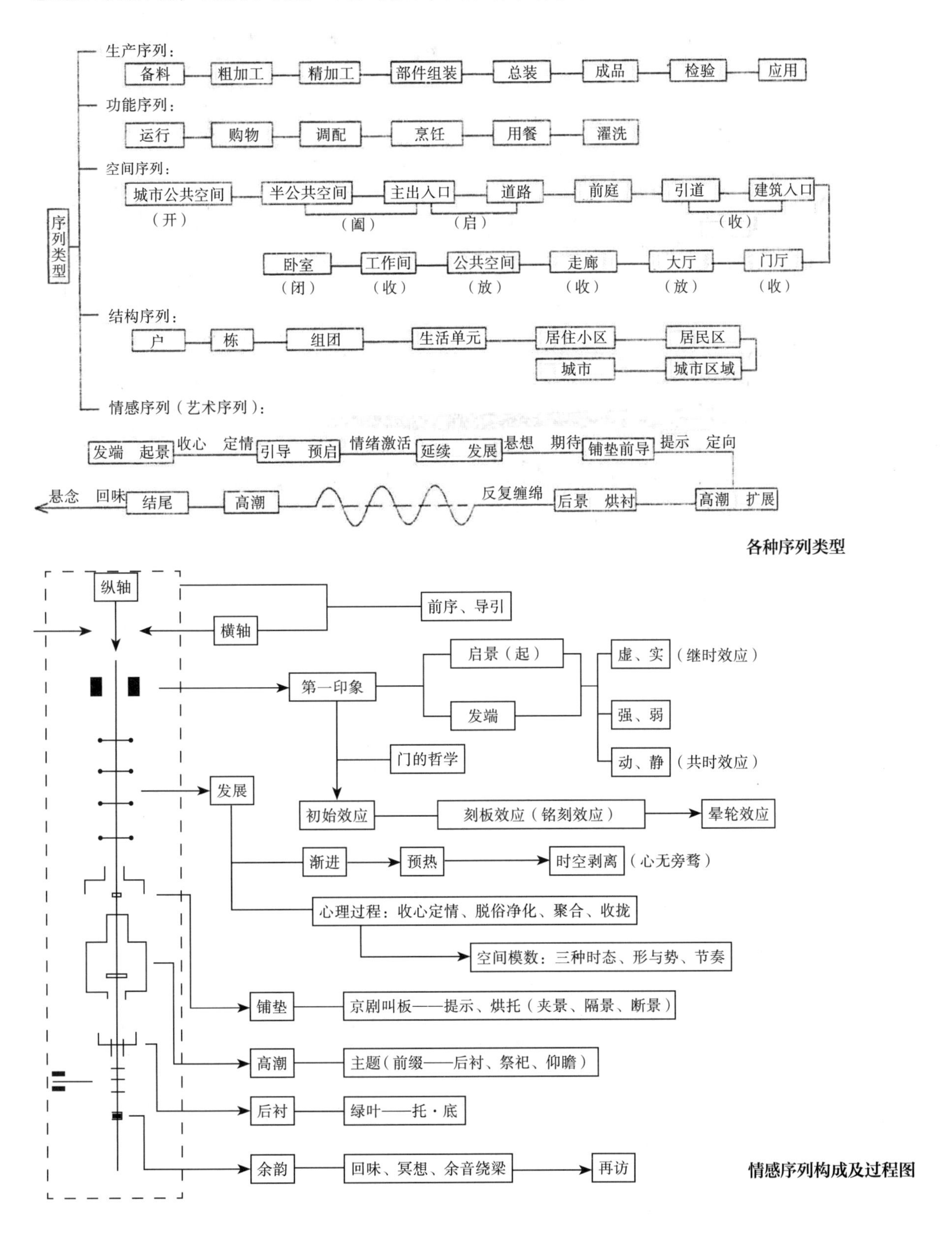
序列类型
生产序列：
备料
粗加工
精加工
部件组装
总装
成品
检验
应用
功能序列：
运行
购物
调配
烹饪
用餐
濯洗
空间序列：
城市公共空间
（开）
半公共空间
（阖）
主出入口
（启）
道路
前庭
引道
建筑入口
（收）
卧室
（闭）
工作间
（收）
公共空间
（放）
走廊
（收）
大厅
（放）
门厅
（收）
结构序列：
户
栋
组团
生活单元
居住小区
居民区
城市
城市区域
情感序列（艺术序列）：
发端　起景
收心　定情
引导　预启
情绪激活
延续　发展
悬想　期待
铺垫前导
提示　定向
高潮　扩展
后景　烘衬
反复缠绵
高潮
结尾
悬念　回味
纵轴
横轴
前序、导引
第一印象
启景（起）
发端
虚、实
（继时效应）
强、弱
动、静
（共时效应）
门的哲学
发展
初始效应
刻板效应（铭刻效应）
晕轮效应
渐进
预热
时空剥离
（心无旁骛）
心理过程：收心定情、脱俗净化、聚合、收拢
空间模数：三种时态、形与势、节奏
铺垫
京剧叫板——提示、烘托（夹景、隔景、断景）
高潮
主题（前缀——后衬、祭祀、仰瞻）
后衬
绿叶——托・底
余韵
回味、冥想、余音绕梁
再访

各种序列类型

情感序列构成及过程图

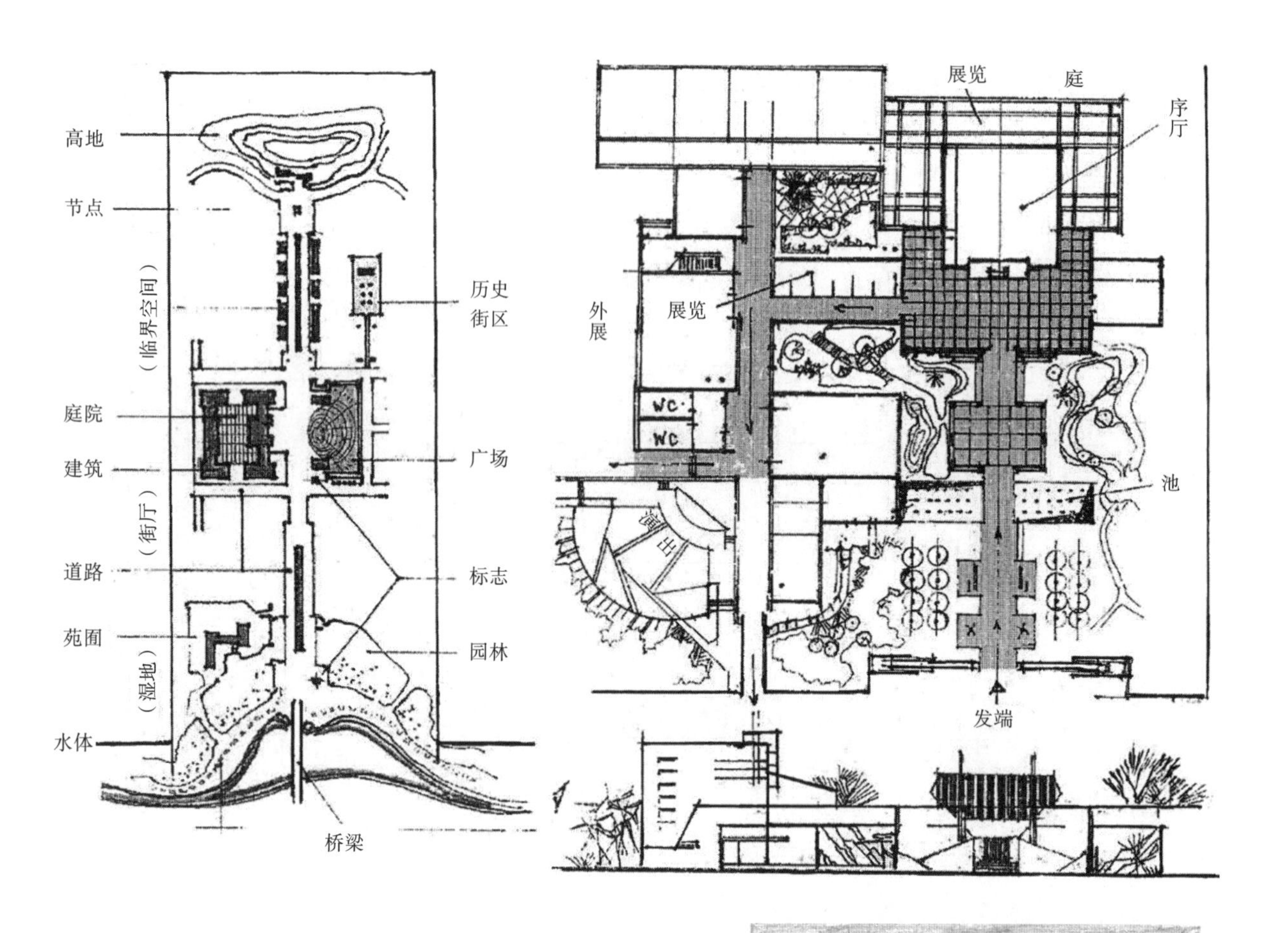
高地
节点
（临界空间）
历史
街区
庭院
建筑
广场
（街厅）
道路
标志
苑囿
园林
（湿地）
水体
桥梁
展览
庭
序
厅
外
展
展览
WC
WC
演
出
池
发端

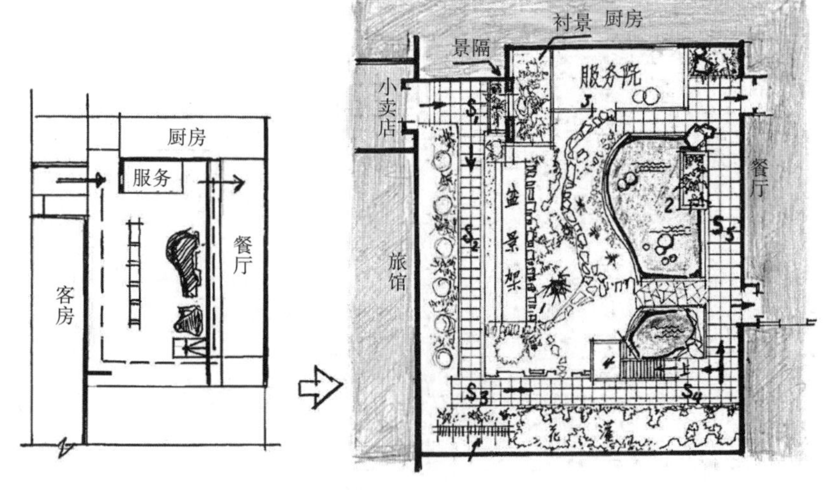
厨房
服务
餐
厅
客
房
衬景
厨房
景隔
服务院
小
卖
店
盆
景
架
餐
厅
旅
馆

将直达序列改为曲折序列，
营造内庭院

长沙某饭店内庭

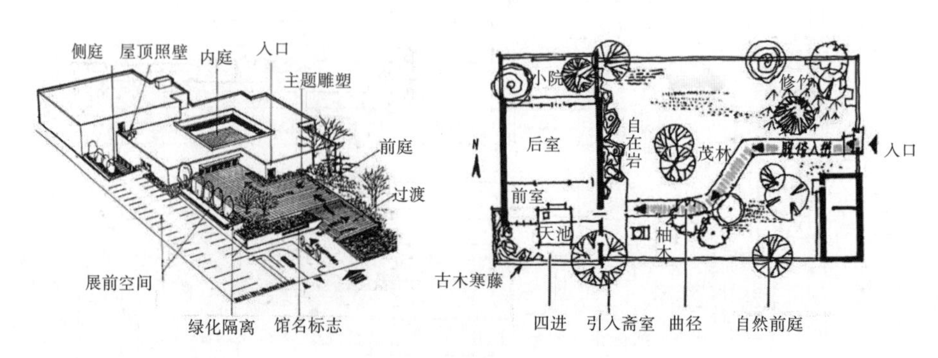
侧庭
屋顶照壁
内庭
入口
主题雕塑
前庭
过渡
展前空间
绿化隔离
馆名标志
小院
修竹
后室
自
在
岩
茂林
入口
前室
天池
柚
木
古木寒藤
四进
引入斋室
曲径
自然前庭

空间的继时效应

日本宫城县博物馆

徐渭故居

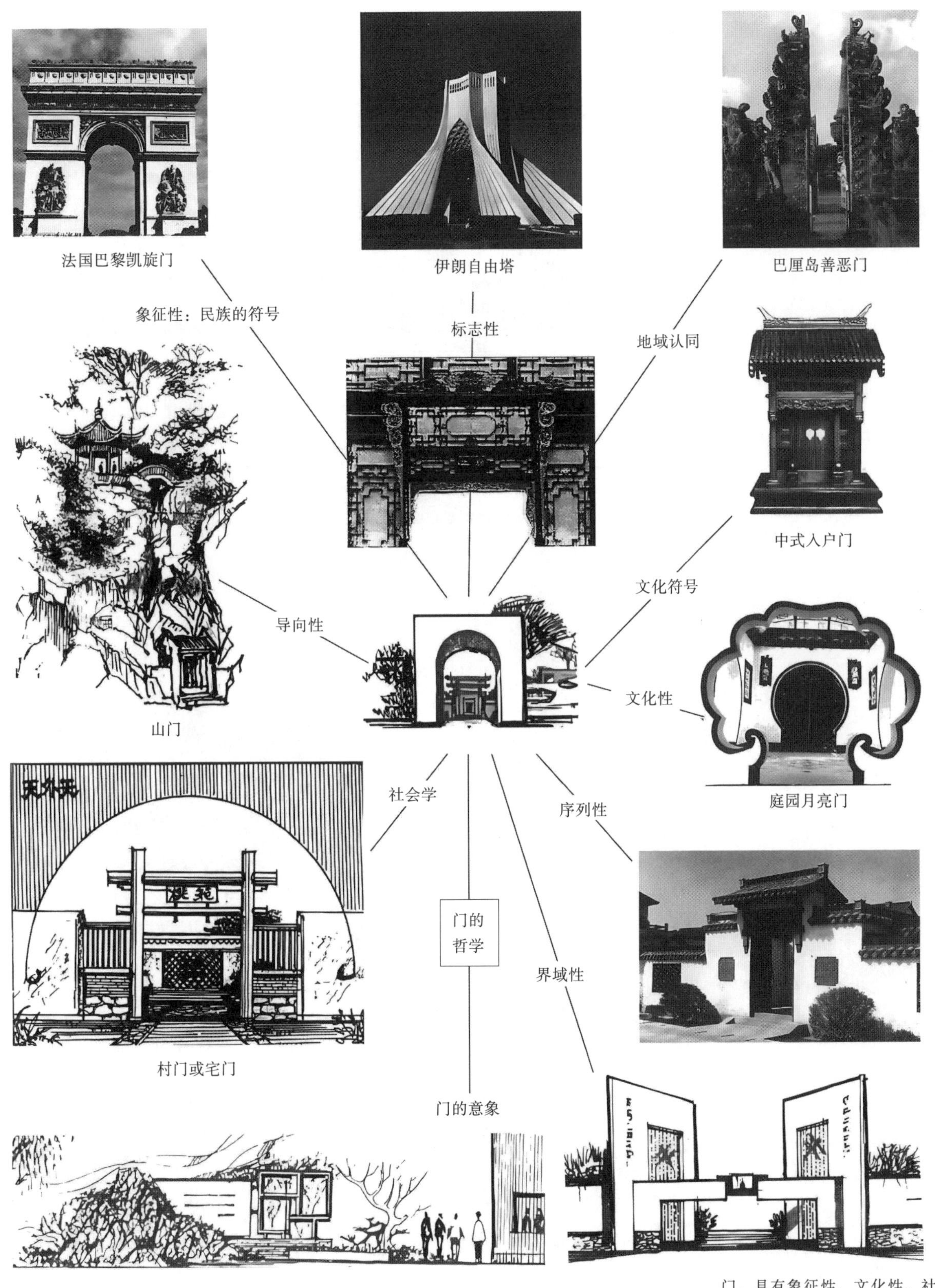
法国巴黎凯旋门
伊朗自由塔
巴厘岛善恶门
象征性：民族的符号
标志性
地域认同
中式入户门
文化符号
导向性
文化性
山门
庭园月亮门
社会学
序列性
门的
哲学
界域性
村门或宅门
门的意象

门，具有象征性、文化性、社会学、界域性、序列性、导向性和标志性

门的哲学

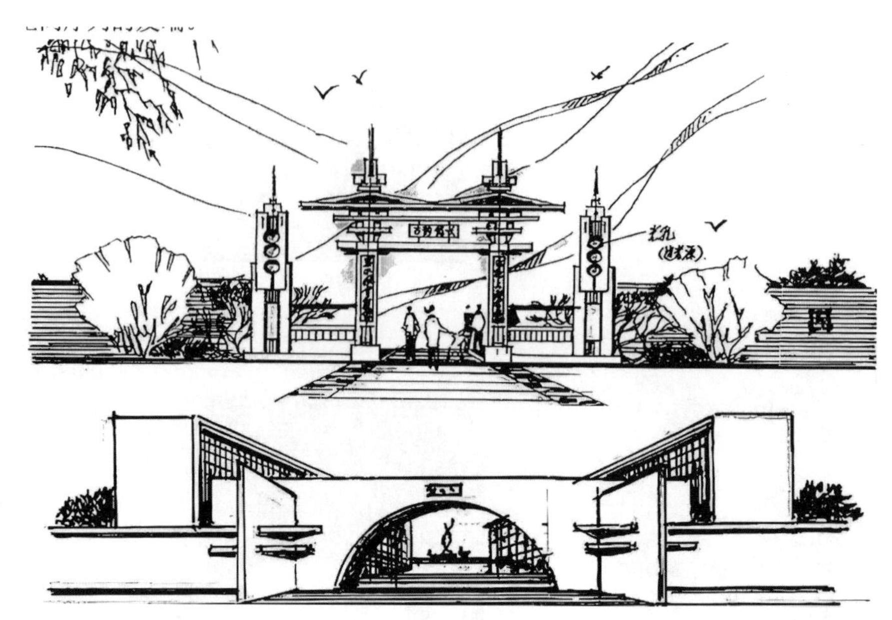

迎宾景屏（宝石花）设想方案

门是空间的启景、第一印象，可以活化空间

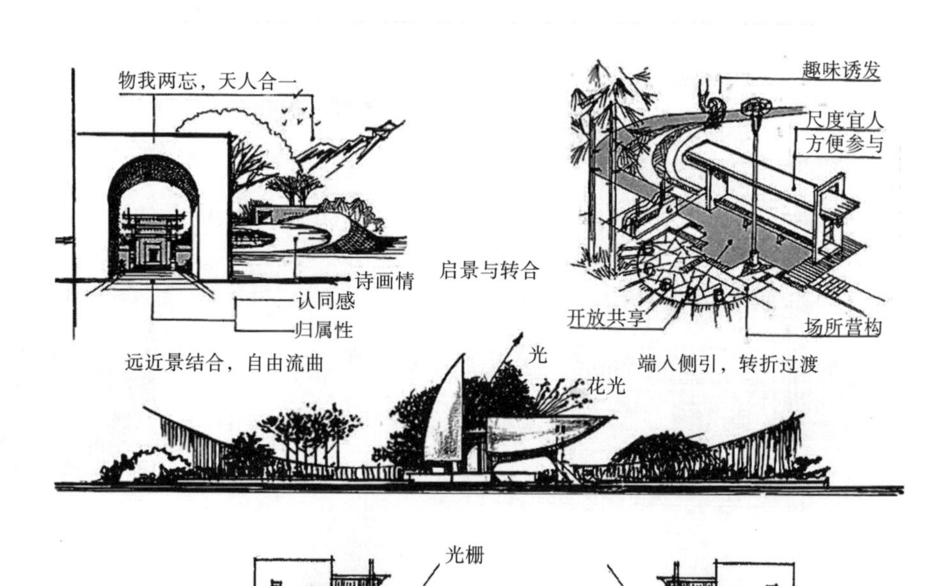
物我两忘，天人合一
诗画情
认同感
归属性
远近景结合，自由流曲
启景与转合
趣味诱发
尺度宜人
方便参与
开放共享
场所营构
端入侧引，转折过渡
光
花光

光栅
街口大门

既是一种通行路径，也是一种象征符号：通达四方，天地为家

门在建筑中，既是启景，又是第一印象景点，故常在设计中加以强化，作为空间序列的发端

门在空间中的作用

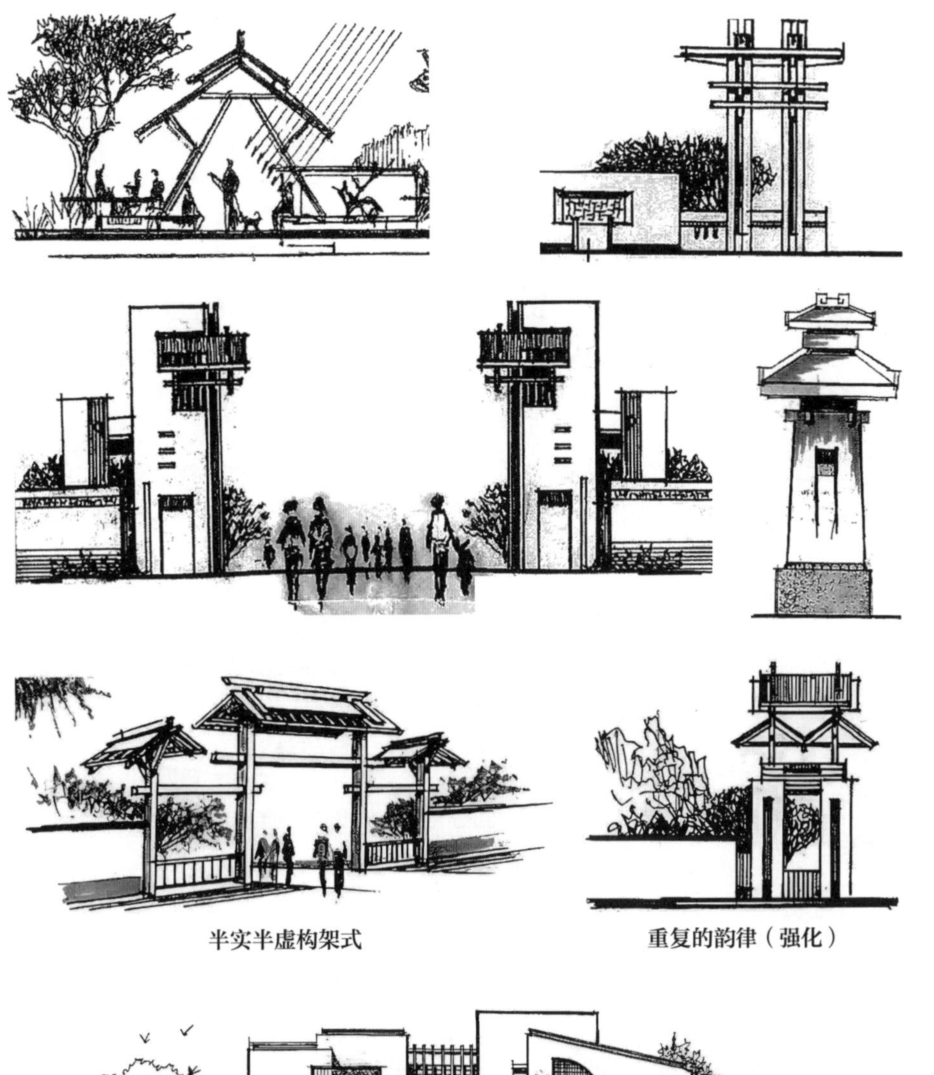

半实半虚构架式　　　　重复的韵律（强化）

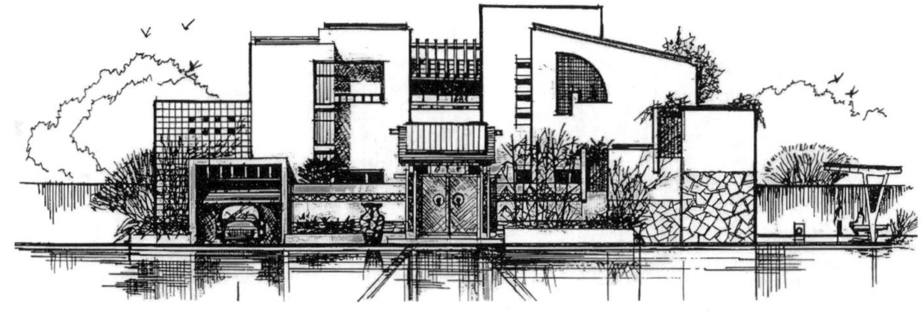

绿树阴浓夏日长，
楼台倒影入池塘。
水晶帘动微风起，
满架蔷薇一院香。
——高骈

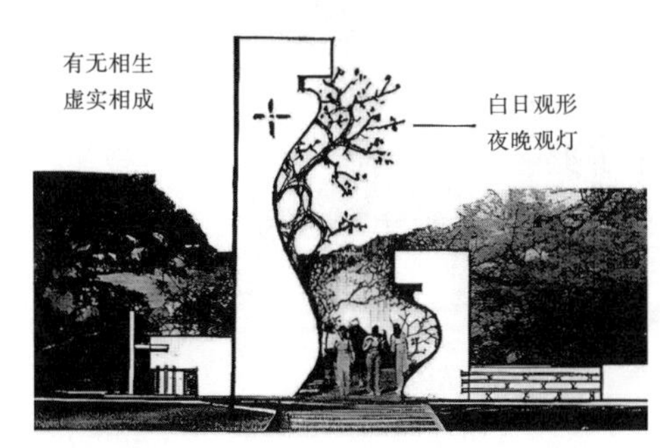

有无相生
虚实相成
白日观形
夜晚观灯

“光耀门庭”

龙骨梅魂中国韵，有无相生平安门

高下相盈、虚实相成：片段生联想，谐趣诱真情

门的哲学

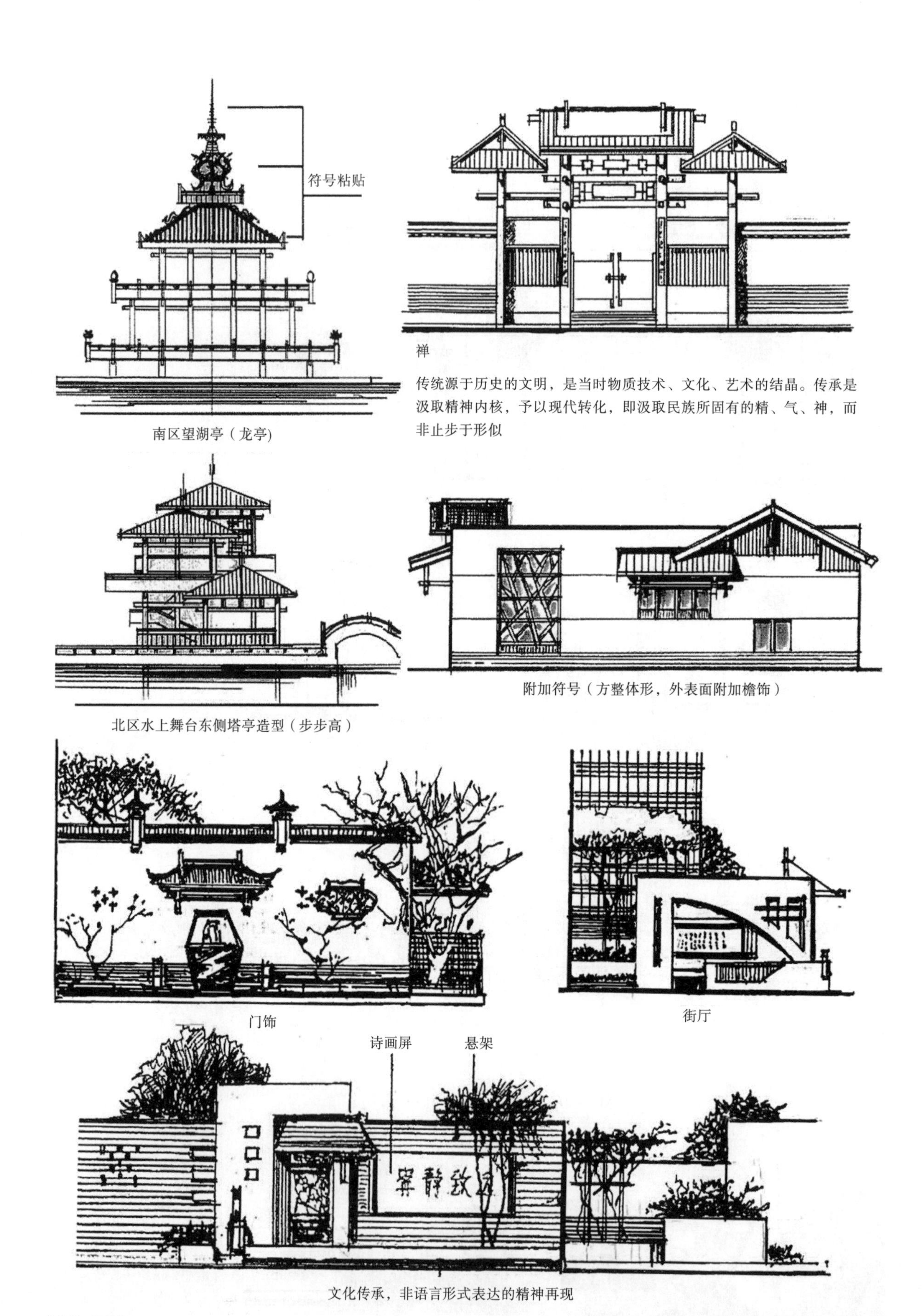
符号粘贴
诗画屏
悬架

南区望湖亭（龙亭）

禅

传统源于历史的文明，是当时物质技术、文化、艺术的结晶。传承是汲取精神内核，予以现代转化，即汲取民族所固有的精、气、神，而非止步于形似

北区水上舞台东侧塔亭造型（步步高）

附加符号（方整体形，外表面附加檐饰）

门饰

街厅

文化传承，非语言形式表达的精神再现

门的实例

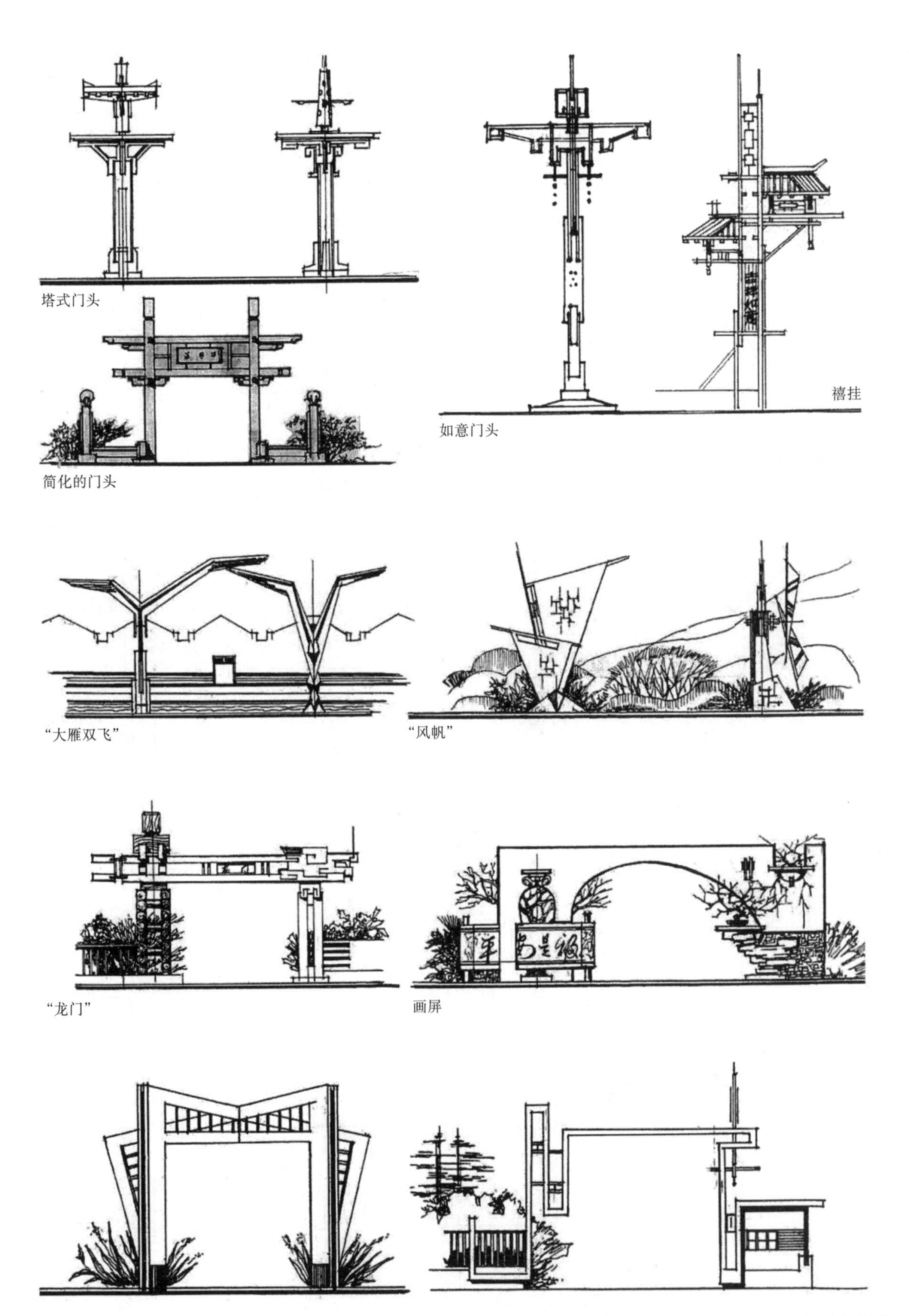

塔式门头

简化的门头

如意门头

禧挂

“大雁双飞”

“风帆”

“龙门”

画屏

牌楼与界标——从传统走向现代的形变创意

三、空间的路径与场所

在空间的行为模式上，有场所与路径的区别。场所是不同功能的载体，行为与事件的发生地，不同功能要求不同场所。路径是通往各种场所的联系纽带、桥梁、廊道、梯台，是空间中流动的血脉。场所与路径的有机结合，决定了空间的序列与结构，同时，也构成了城市的肌理与文脉。

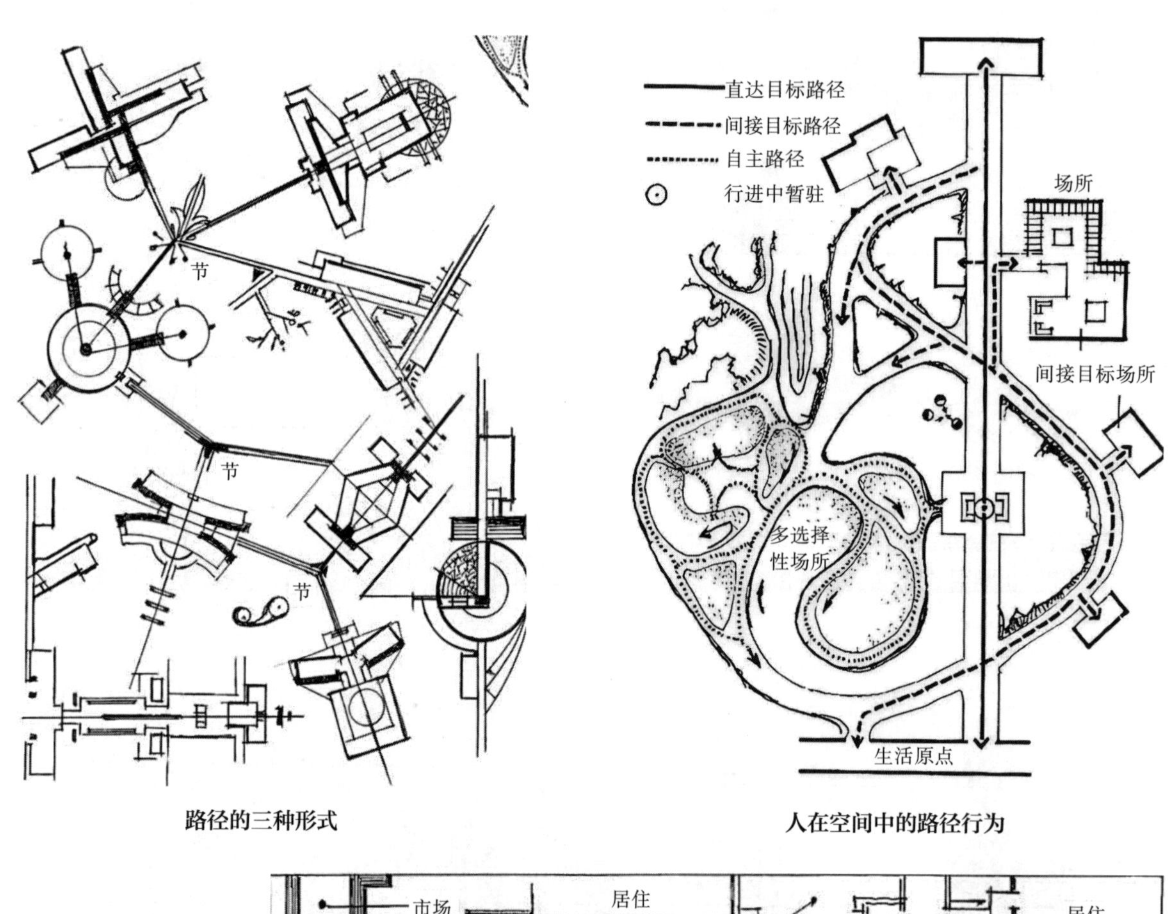

节
节
节
直达目标路径
间接目标路径
自主路径
行进中暂驻
场所
间接目标场所
多选择性场所
生活原点

路径的三种形式　　　　人在空间中的路径行为

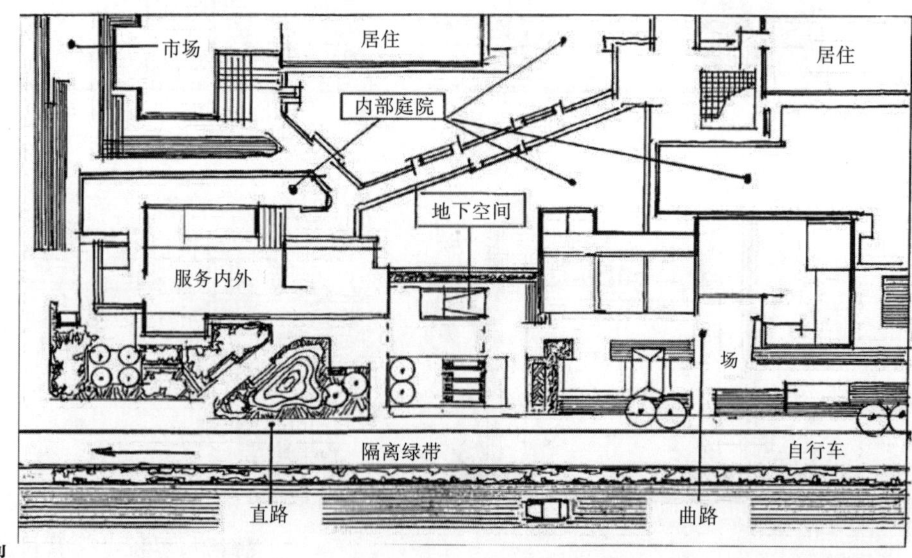

市场
居住
居住
内部庭院
地下空间
服务内外
场
隔离绿带
自行车
直路
曲路

路径与场所——内外渗透型

- 道路的哲学
  - 交往网络：人际间存在姻缘、亲缘、地缘、情缘、血缘、业缘、族缘、趣缘、机缘等关系，构成人类社会，俗话说："有缘千里来相会，无缘对面不相逢。"
  - 意义纽带：人生活在意义网络世界之中，意义来自于事件的关联，其爱恨情仇都发生社会交往之中。意义是人际关系的中介
  - 三种路径：①必要性路径，如通勤、上学、就医等，必须在两点间呈直线到达；②选择性路径，可以在A、B、C之间折返；③业余路径，可以按自主性随机、随性、随意选择某种活动，不受时间和程序的限制，如游公园、逛大街、选餐厅等
  - 道路形式：专用绿化步道、漫步道、人行道；自行车专用道路；连接地铁出站口——商业、公共中心、旅游点的枢纽；城市主、次道路，含平面式、高架式、平直式等
  - 人的行为："路走三熟"（原路折返、走旧路、走近路）；"吾从众"，选人多的地方，凑热闹；宁走十里下坡，不爬五里（上）坡（怯走心理）。另外，"物以类聚，人以群分"，人难以与性情不同、年龄结构不同、爱好不同的人交际
  - 道路是城市规划的重要组成，是城市的肌理、城市的血脉

街道风景

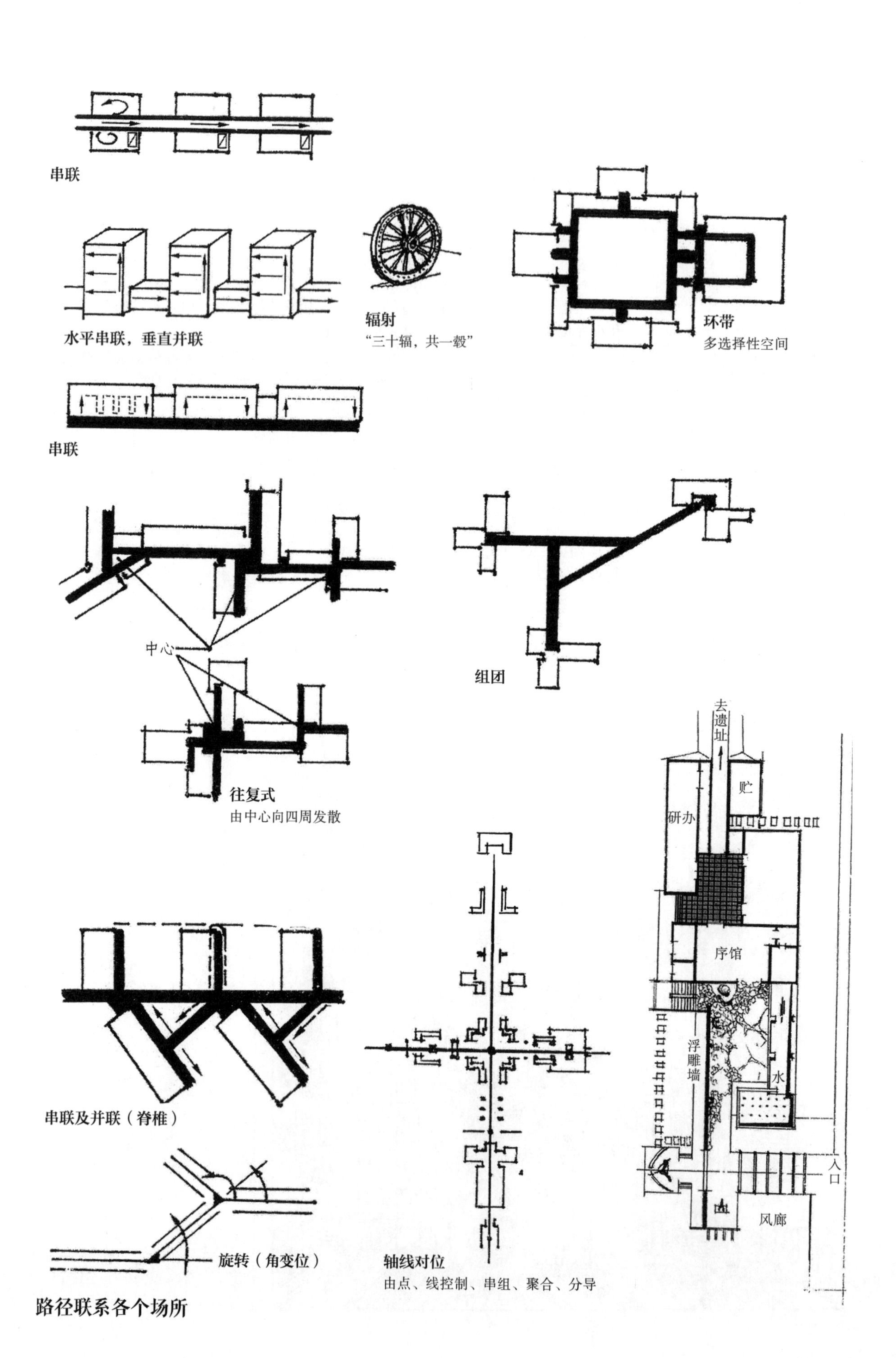
串联
水平串联，垂直并联
辐射
“三十辐，共一毂”
环带
多选择性空间
串联
中心
组团
往复式
由中心向四周发散
去遗址
贮
研办
序馆
浮雕墙
水
入口
风廊
串联及并联（脊椎）
旋转（角变位）
轴线对位
由点、线控制、串组、聚合、分导

路径联系各个场所

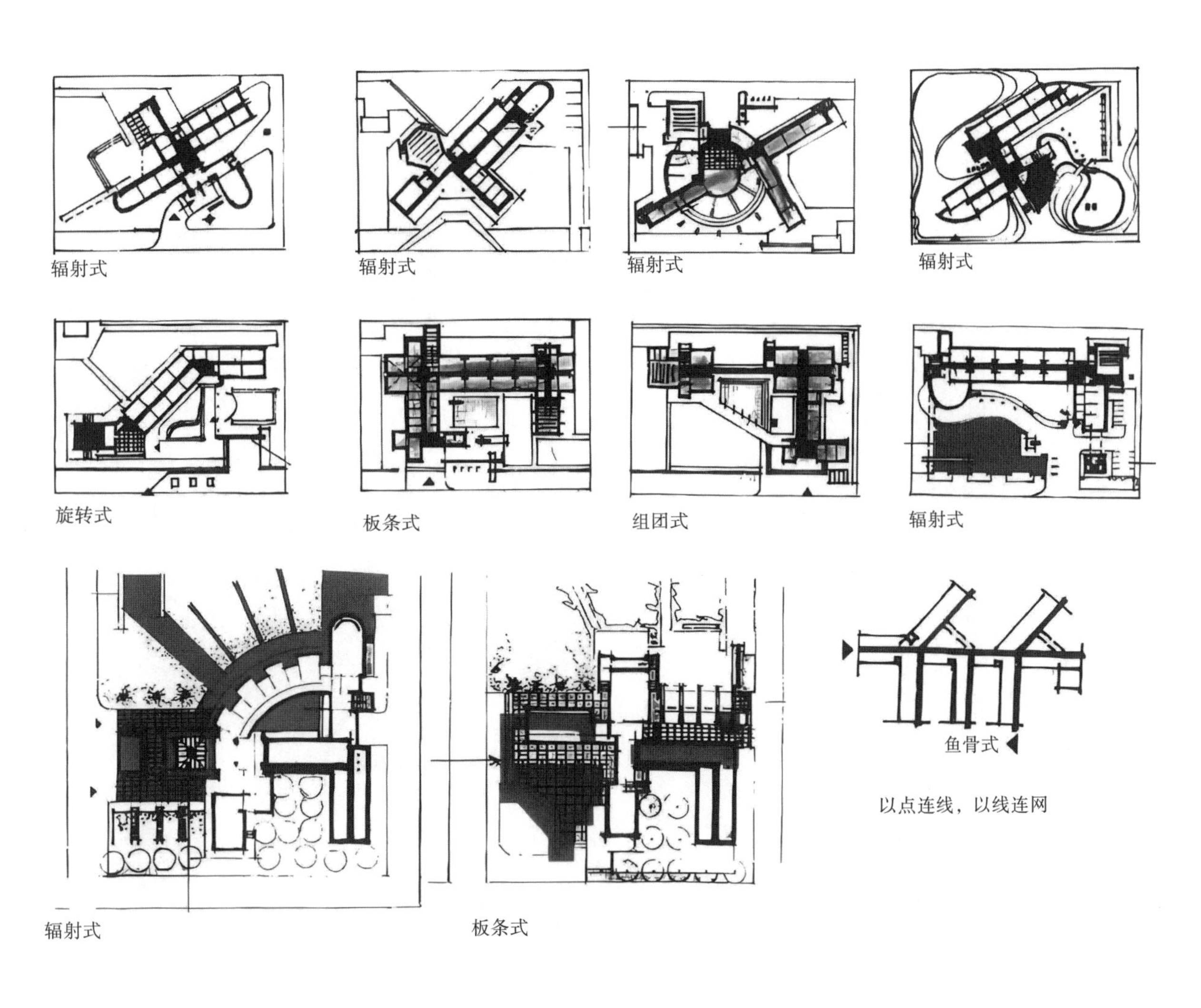

辐射式
辐射式
辐射式
辐射式
旋转式
板条式
组团式
辐射式
辐射式
板条式
鱼骨式

以点连线，以线连网

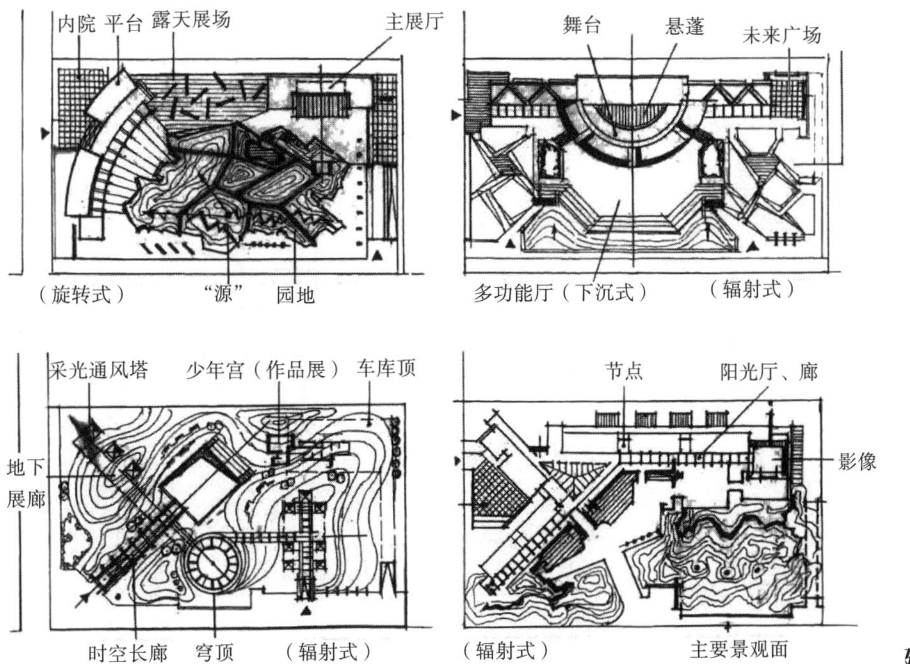

内院
平台
露天展场
主展厅
（旋转式）
“源”
园地
舞台
悬蓬
未来广场
多功能厅（下沉式）
（辐射式）
采光通风塔
少年宫（作品展）
车库顶
地下展廊
时空长廊
穹顶
（辐射式）
节点
阳光厅、廊
影像
（辐射式）
主要景观面

建筑空间的路径与场所

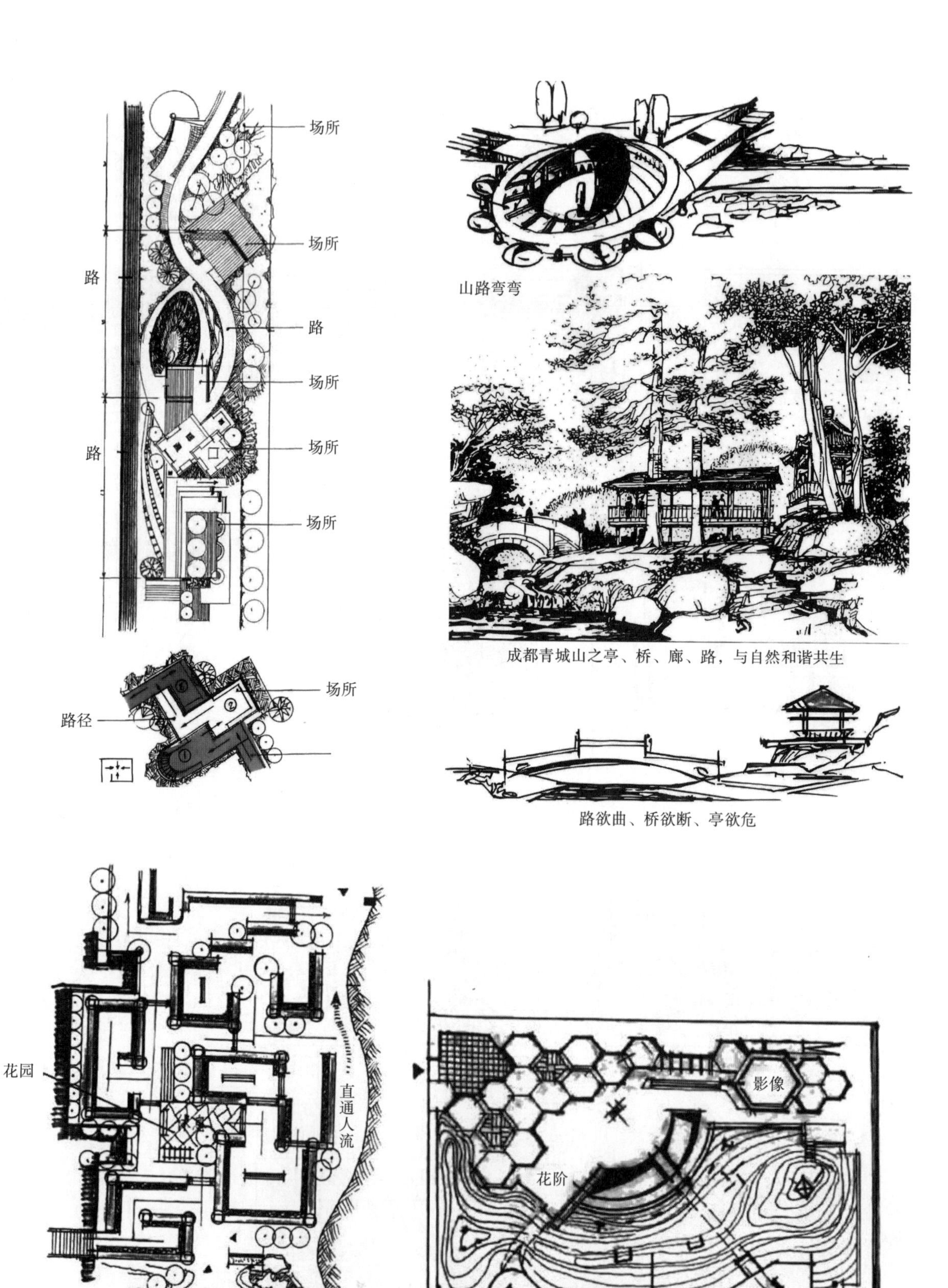
场所
场所
路
路
场所
场所
路
场所
场所
场所
路径
花园
直通人流
影像
花阶
山路弯弯

成都青城山之亭、桥、廊、路，与自然和谐共生

路欲曲、桥欲断、亭欲危

园林空间的路径与场所

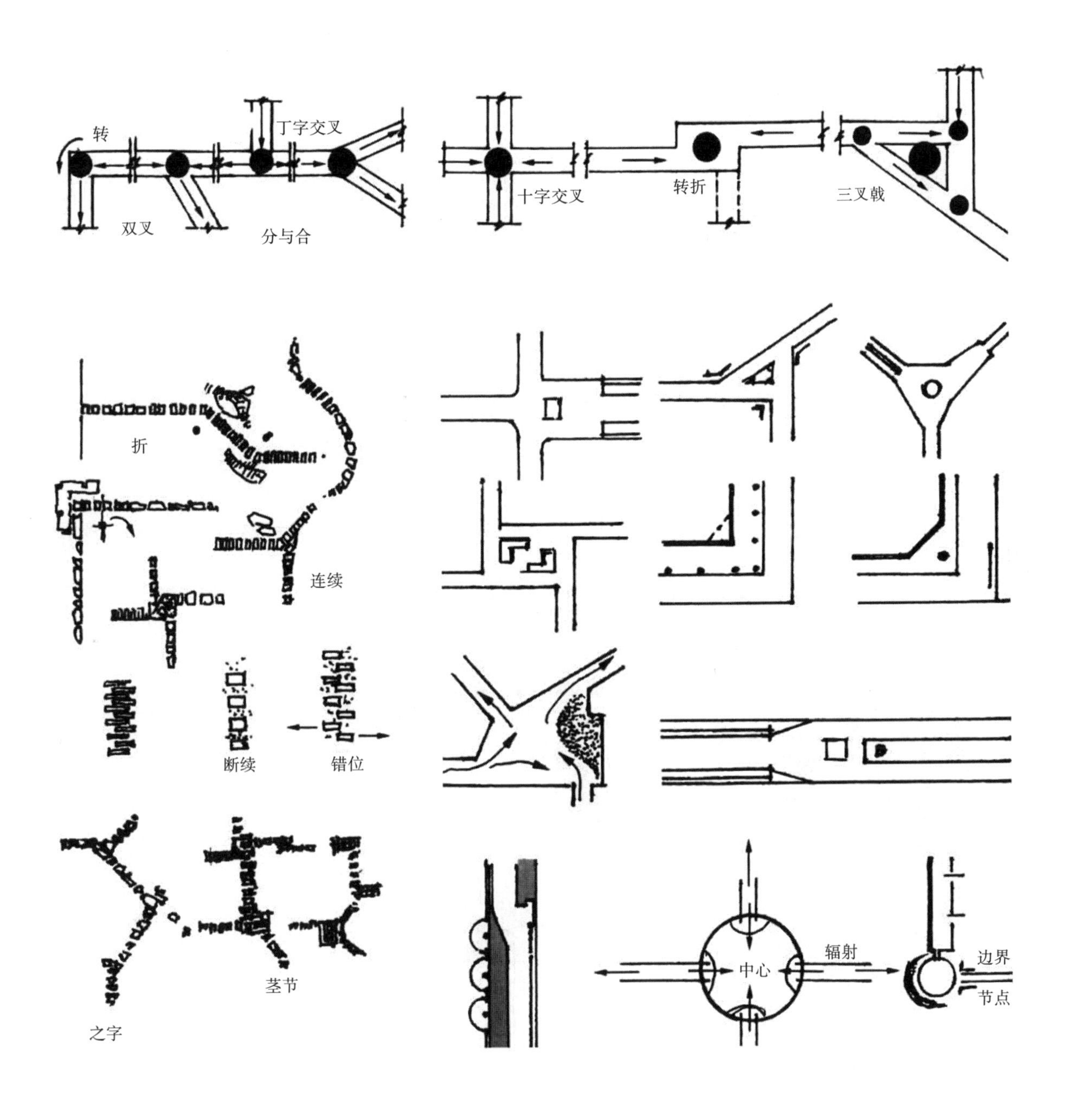
转
丁字交叉
双叉
分与合
十字交叉
转折
三叉戟
折
连续
断续
错位
茎节
之字
中心
辐射
边界
节点

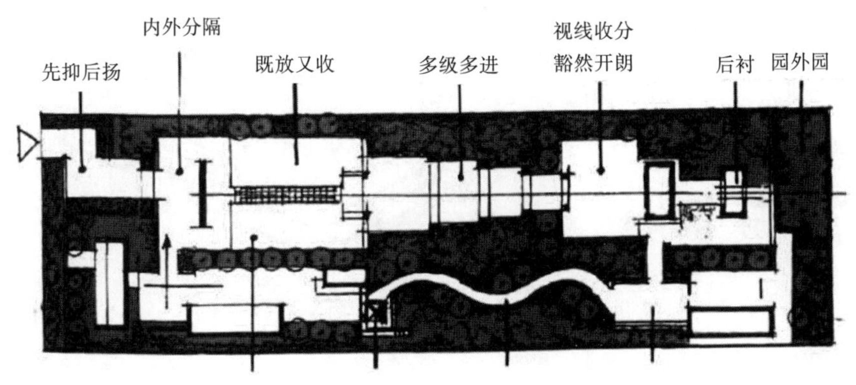
内外分隔
视线收分
先抑后扬
既放又收
多级多进
豁然开朗
后衬
园外园

自然界的生命体，多以分节为秩序，体现其生长运动。空间构成中的衔接过渡与方向转换，都需要有空间节点相连

路径与节点

四、空间的结构

空间的结构，指的是空间系统之间相互组合的关系。空间系统是由概念性元素：点、线、面、体，以及关系元素一起将各功能单元相互连接而成的有机整体。

点，起到聚合、转折、发散的作用；线，起到串联、导向、汇集、连续、控制的功能；面，具有包容、领域、归属、涵纳的特点；体，形成重叠、错落、贯穿等立体构成的层次。

关系元素，指在空间的结构构成中，起到关联、咬合、呼应、嫁接等作用的部分。

广义的结构，指各种事物之间的相互联系和组合关系，如家庭、社会、经济等。用于建筑的有平面的、力学的、形体的、环境的、景观的、纹饰的等不同的结构形式，具有广泛的应用价值。无规矩则不成方圆，无结构则失去秩序（包括思维的、行为的、情感的）。如何能使零散的、碎片化的、无序的各种元素组合成一个统一的结构化有机整体，是值得思考的问题。

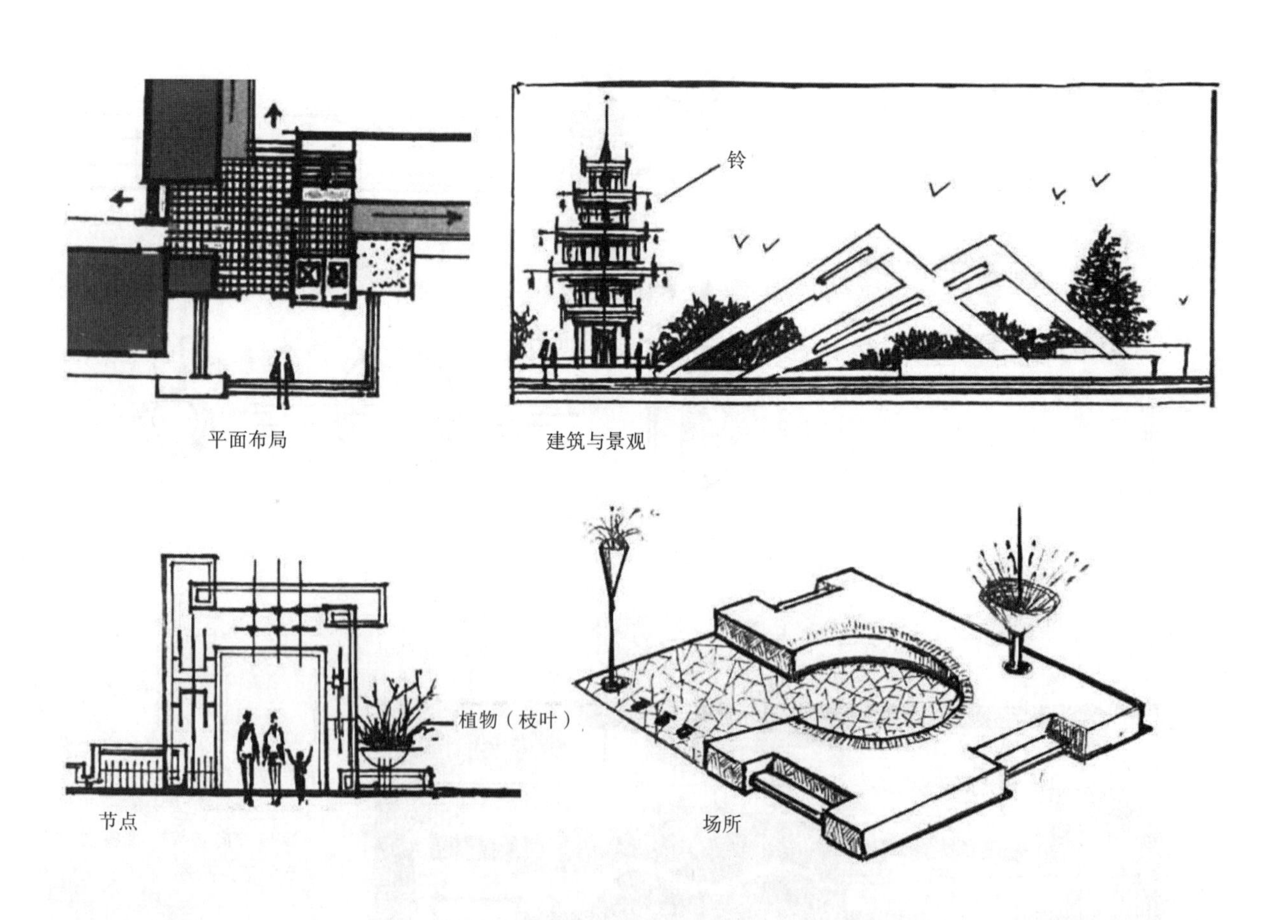
铃
植物（枝叶）

平面布局　建筑与景观

节点　场所

空间结构图示

荷兰“旋”片状流曲结构

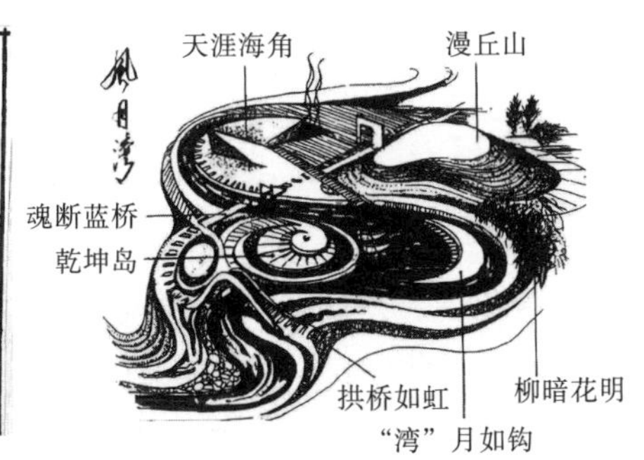

天涯海角
漫丘山
魂断蓝桥
乾坤岛
拱桥如虹
柳暗花明
“湾”月如钩

“江流天地外，山色有无中。”

空间结构示例

（一）概念性元素

视觉中的无形、无状、无尺度的元素，是设计与规划用以形成空间秩序的抽象元素，存在于设计者头脑之中，属于虚拟性的概念。

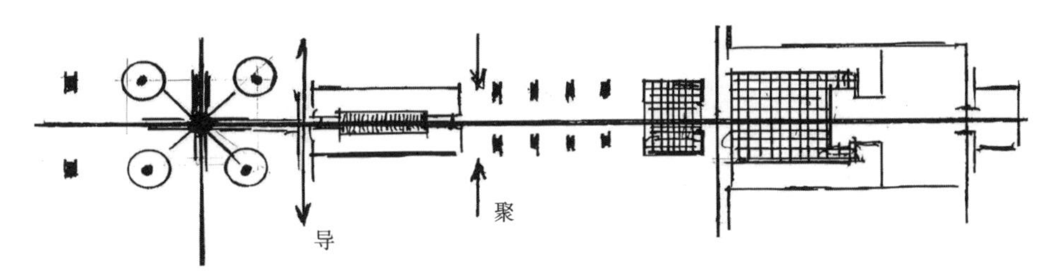

导
聚

点、线、面关系示意

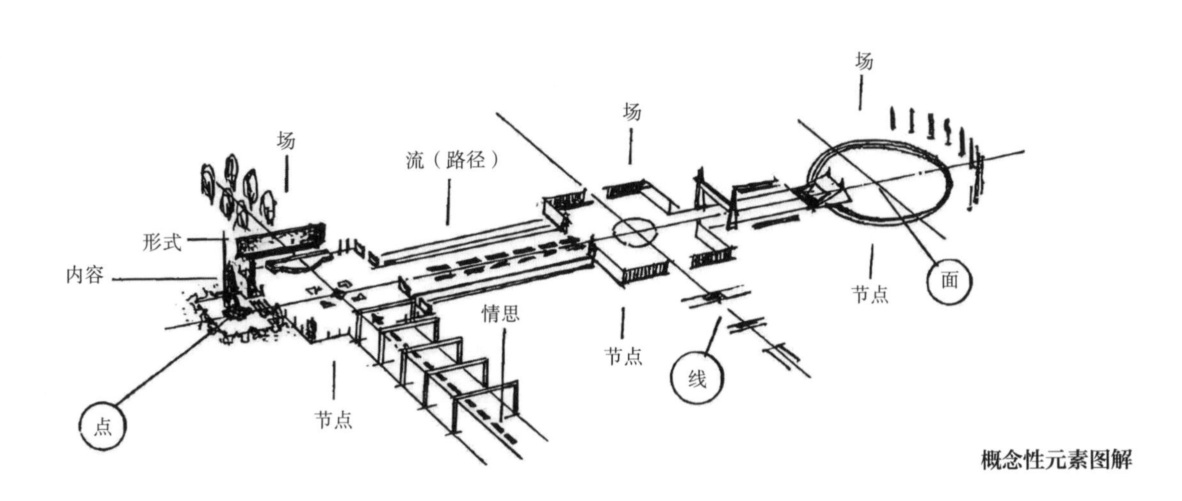

场
场
场
流（路径）
形式
内容
情思
节点
节点
节点
点
线
面

概念性元素图解

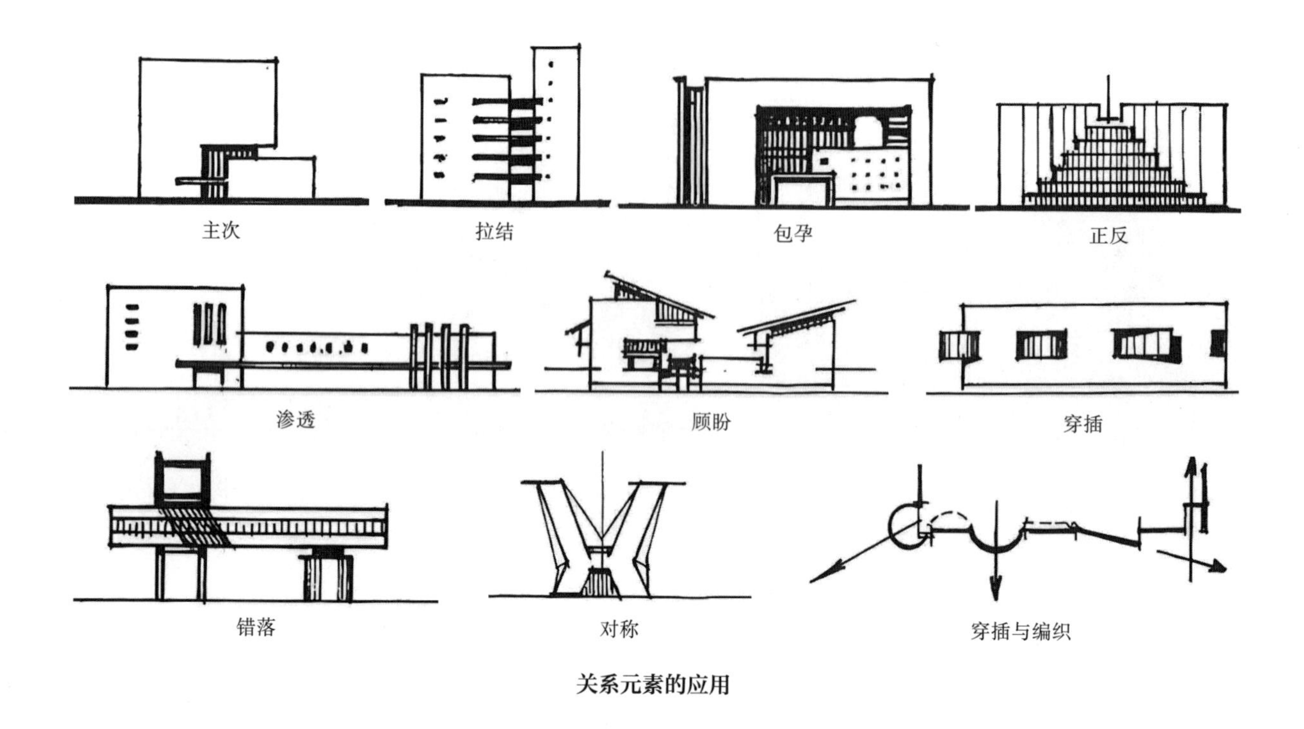
主次
拉结
包孕
正反
渗透
顾盼
穿插
错落
对称
穿插与编织

关系元素的应用

（二）关系元素

形之间存在相互结合、相互辅助、相互反衬等关系，在关系构成中，起到相互关联的作用。

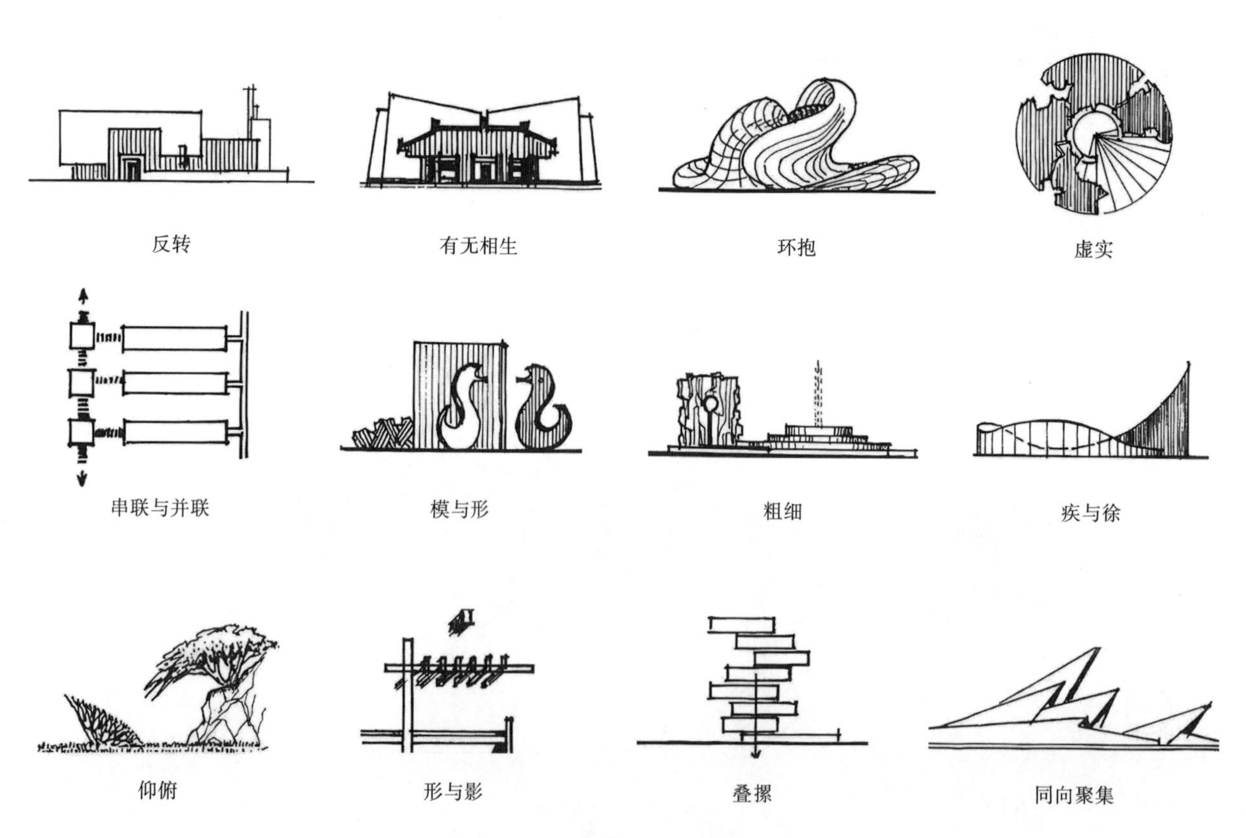
反转
有无相生
环抱
虚实
串联与并联
模与形
粗细
疾与徐
仰俯
形与影
叠摞
同向聚集

关系元素在形态构成中所起的作用

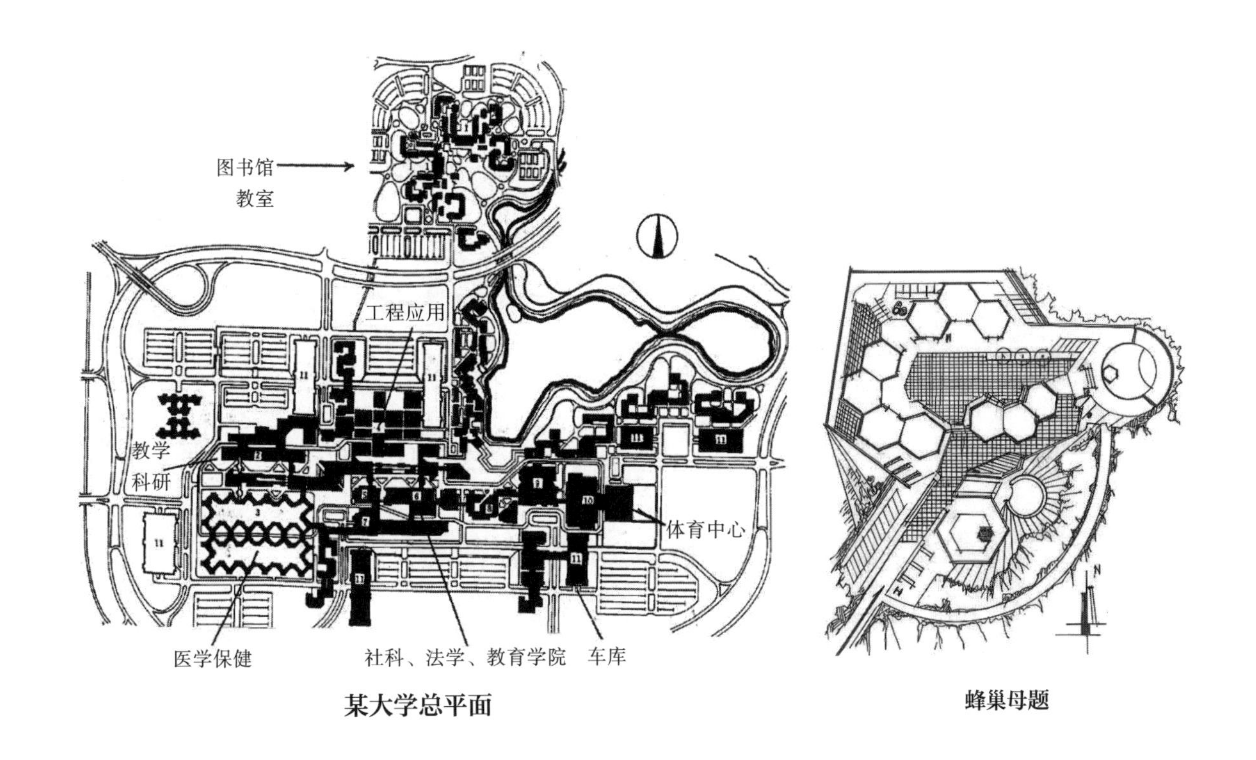

图书馆
教室
工程应用
教学
科研
体育中心
医学保健
社科、法学、教育学院
车库

某大学总平面　　　　蜂巢母题

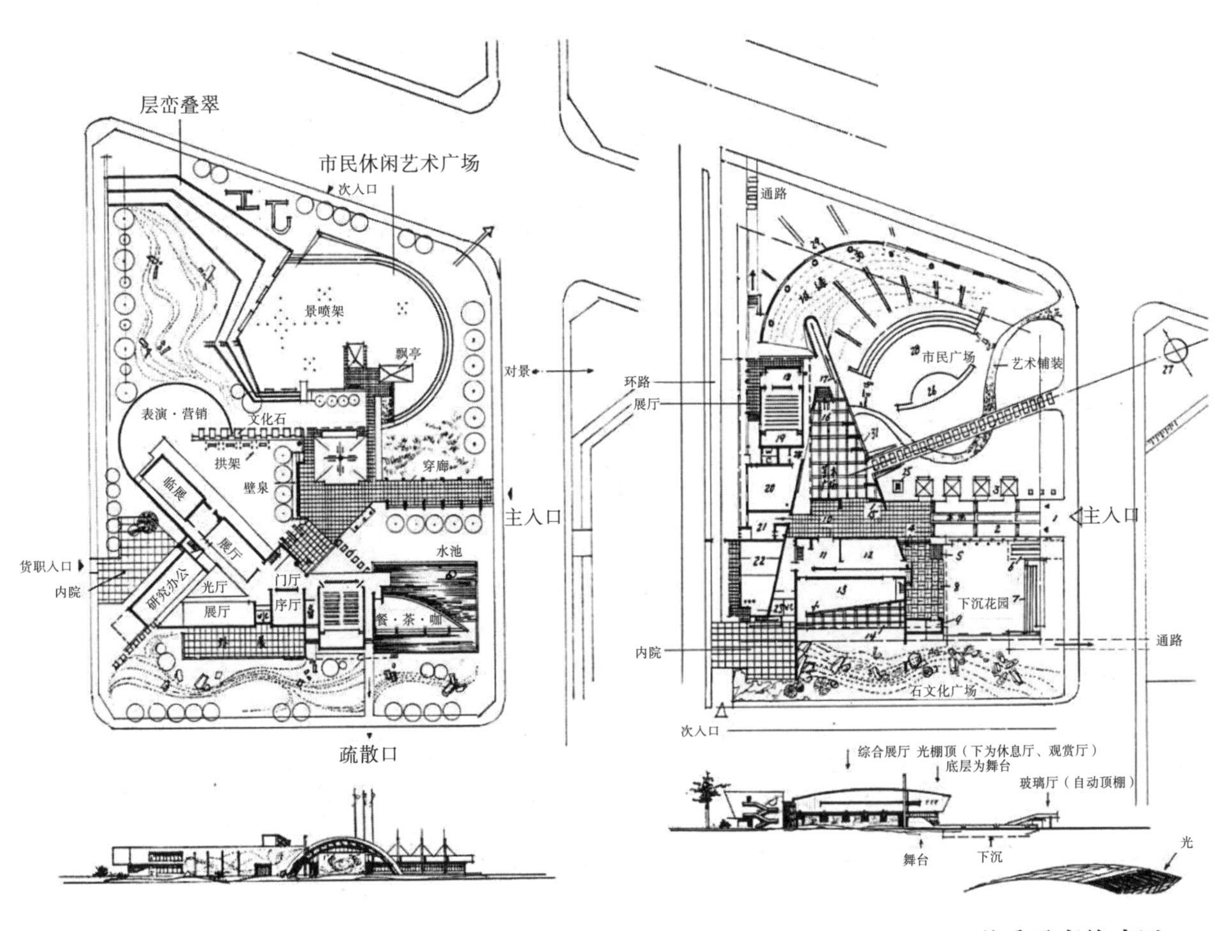

层峦叠翠
市民休闲艺术广场
次入口
景喷架
飘亭
对景
表演·营销
文化石
拱架
穿廊
壁泉
临展
主入口
展厅
货职入口
内院
水池
研究办公
光厅
门厅
序厅
展厅
餐·茶·咖
疏散口
通路
环路
展厅
市民广场
艺术铺装
主入口
下沉花园
通路
内院
石文化广场
次入口
综合展厅
光棚顶（下为休息厅、观赏厅）
底层为舞台
玻璃厅（自动顶棚）
舞台
下沉
光

关系元素的应用

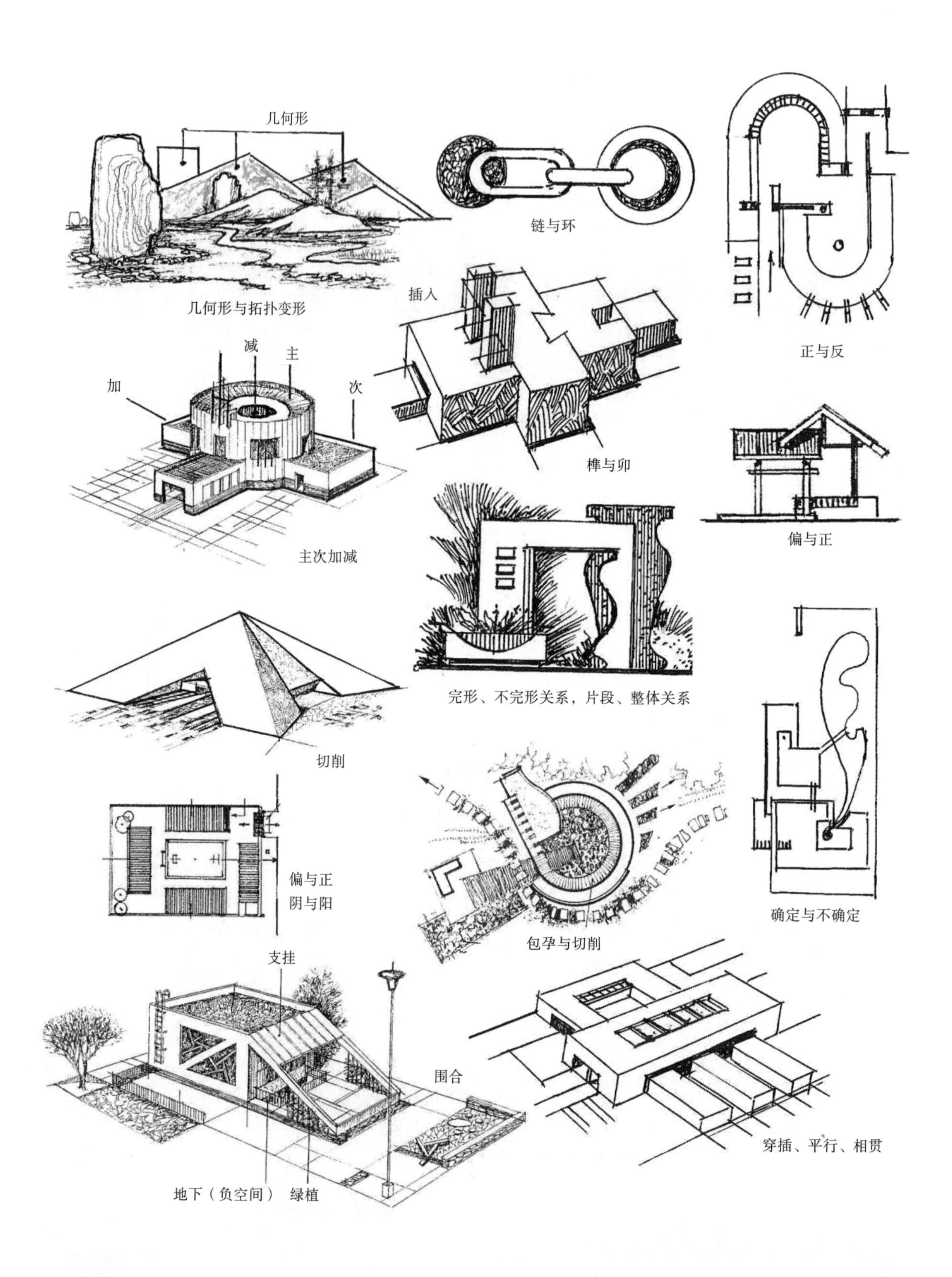
几何形
几何形与拓扑变形
链与环
正与反
插入
榫与卯
减
主
加
次
主次加减
偏与正
完形、不完形关系，片段、整体关系
切削
偏与正
阴与阳
包孕与切削
确定与不确定
支挂
围合
穿插、平行、相贯
地下（负空间）
绿植

空间结构关系

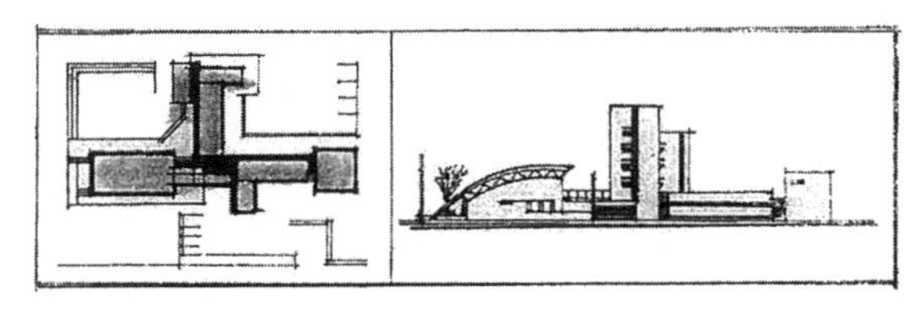

有机生长

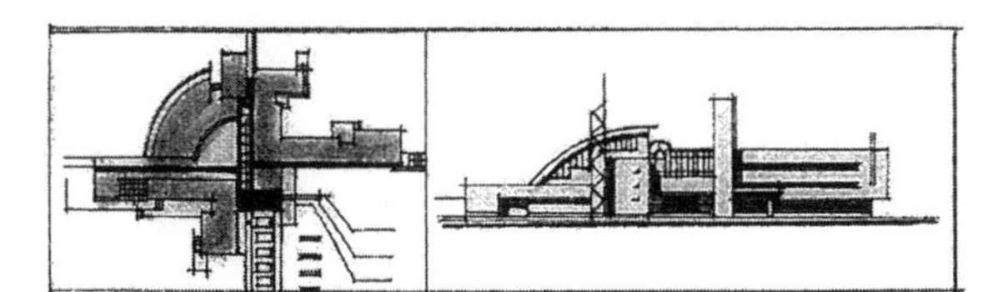

相映成趣

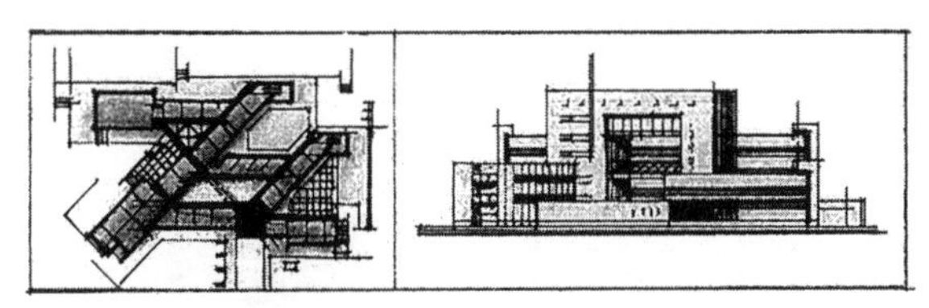

交叉层叠

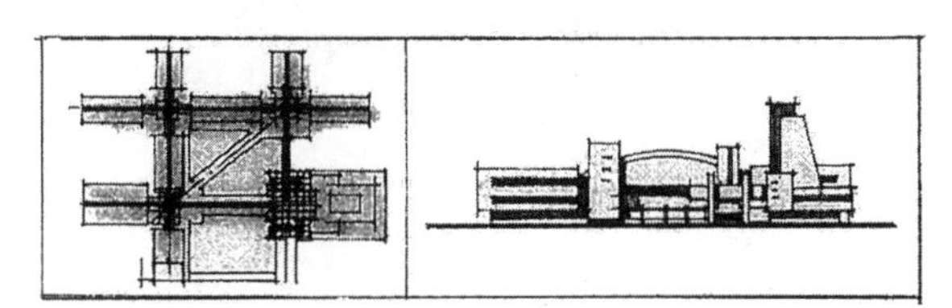

网络关联

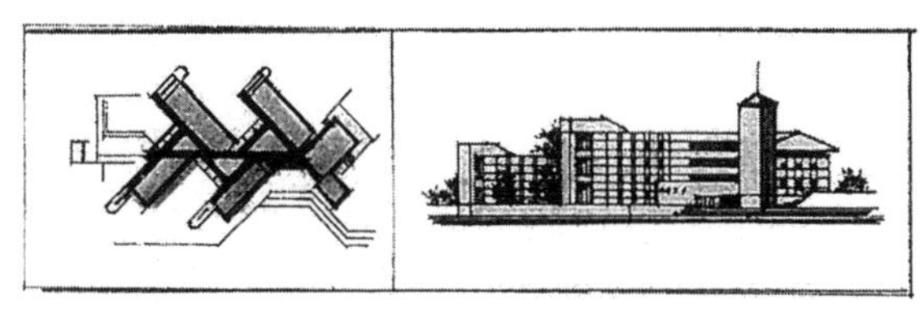

枢纽控制

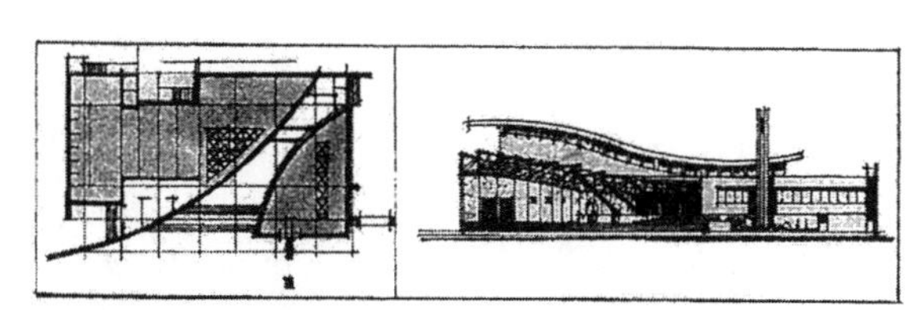

简中求变

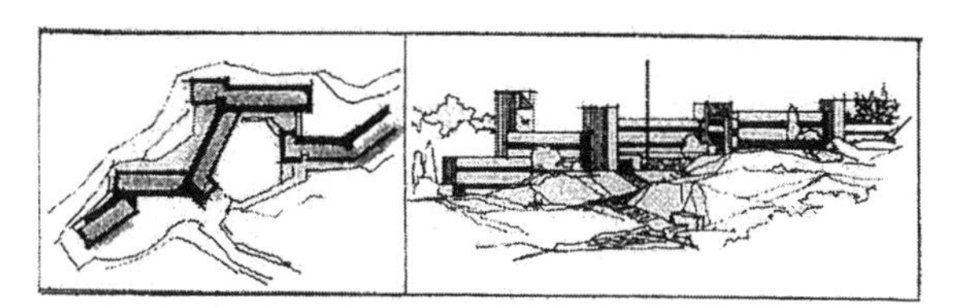

随坡就势

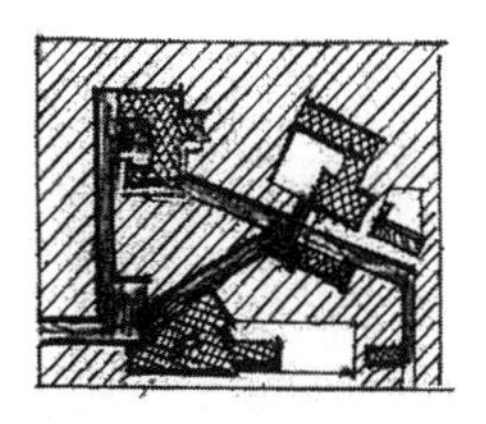

组团式

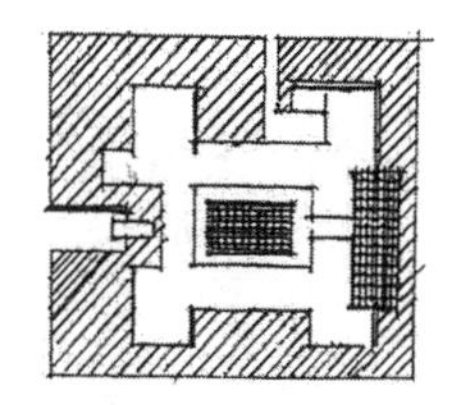

廊院式

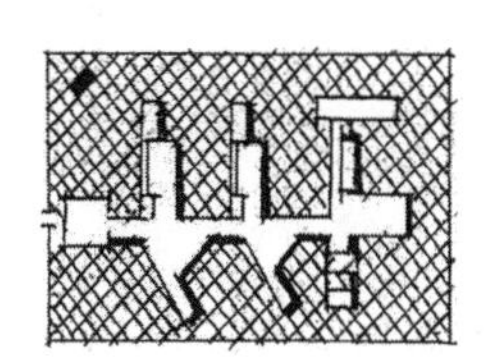

鱼骨式

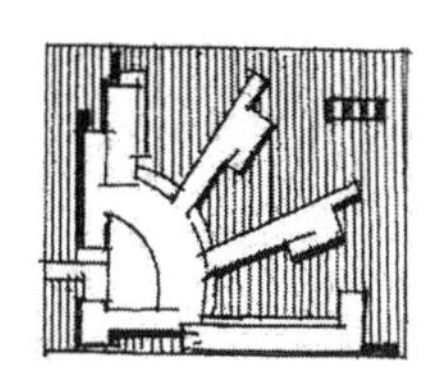

辐射式

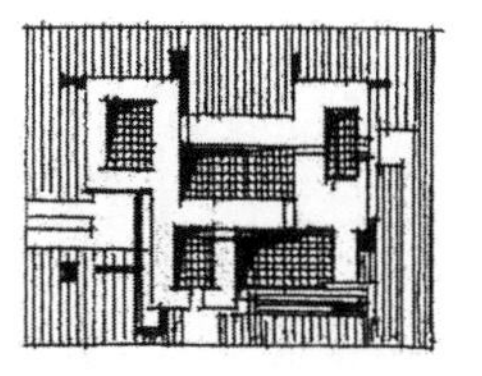

重院式

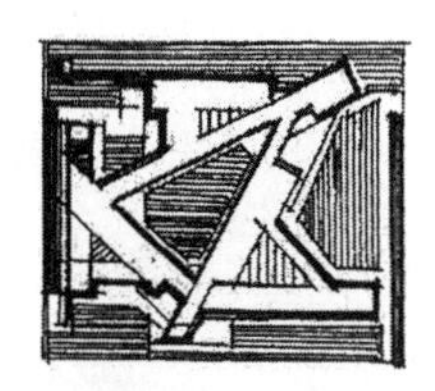

三叉戟式

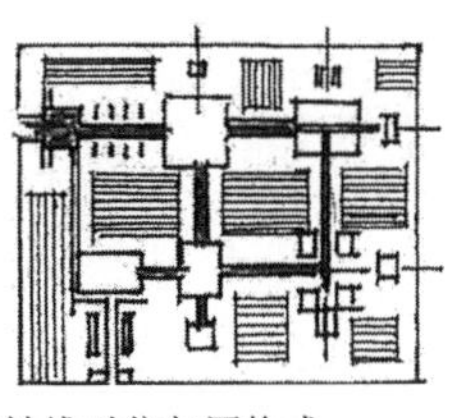

轴线对位与网格式

几何母题法一

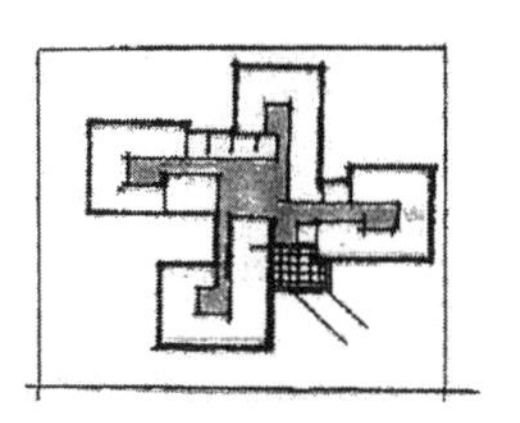

辐射旋转

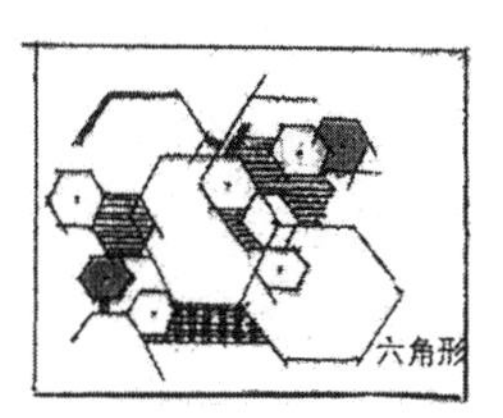
六角形

几何母题法二

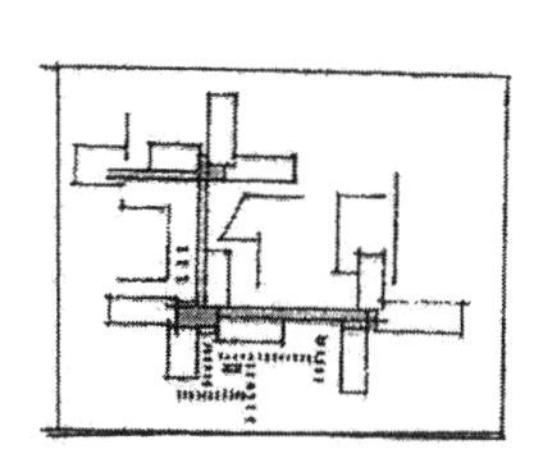

辐射式

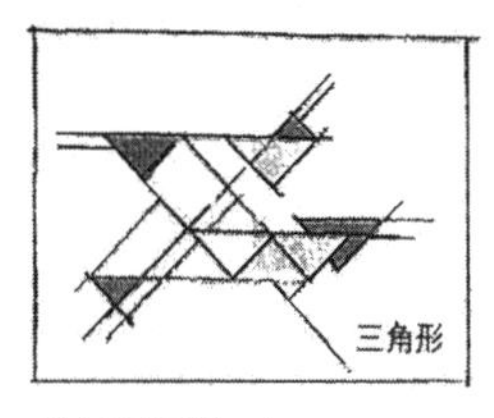
三角形

几何母题法三

空间结构肌理

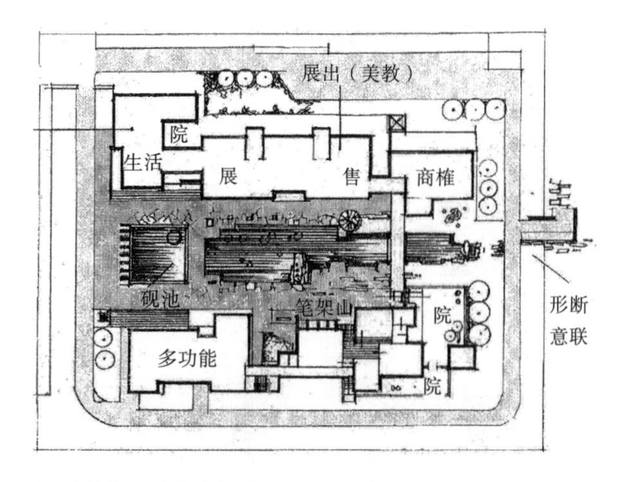

展出（美教）
院
生活
展
售
商榷
砚池
笔架山
院
形断
意联
多功能
院

组团式布局（内外有别，双向互动）

虚实结合、疏密相间、富有张力、连续贯通、简洁疏朗

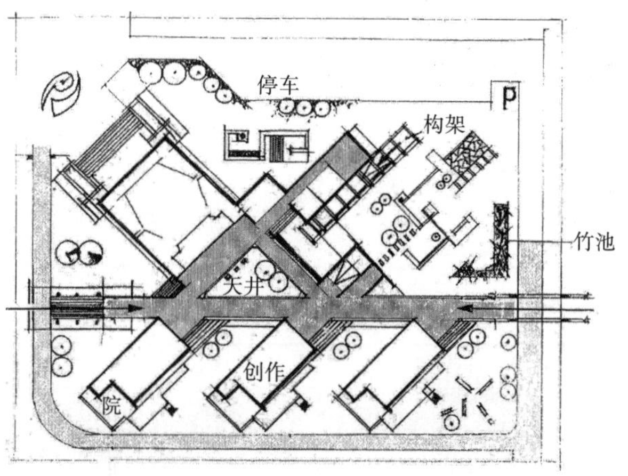

停车
P
构架
竹池
天井
创作
院

鱼骨式布局

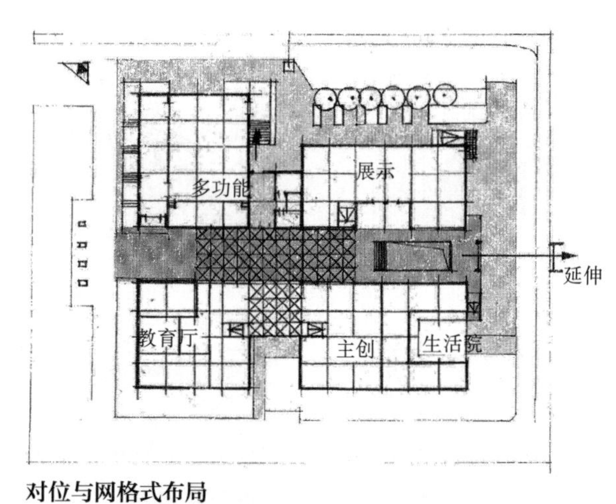

多功能
展示
延伸
教育厅
主创
生活院

对位与网格式布局

建筑与环境融合共生；结构布局规则与灵活结合；趣味性、创新性、文化性统一

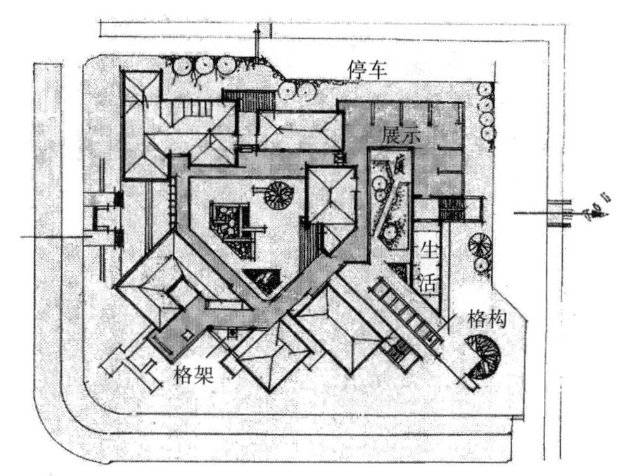

停车
展示
生
活
格构
格架

廊院式布局

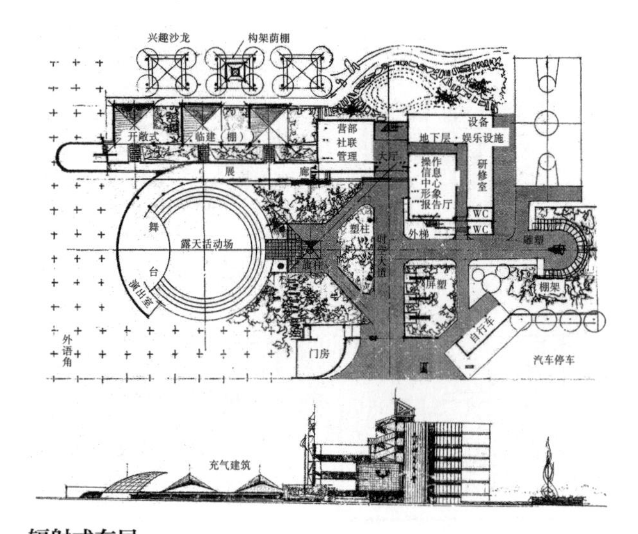

兴趣沙龙
构架荫棚
开敞式
临建（棚）
展
廊
营部
社联
管理
设备
地下层·娱乐设施
研修室
WC
外梯
露天活动场
舞
台
门房
自行车
汽车停车
棚架
充气建筑

辐射式布局

行在规矩外，恰在规矩中

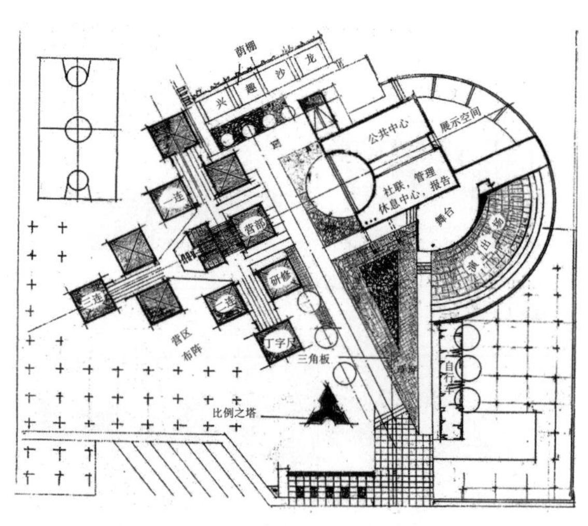

荫棚
兴
趣
沙
龙
公共中心
展示空间
社联，管理
休息中心，报告
舞台
营部
研修
一连
三连
营区
布阵
丁字尺
三角板
比例之塔

组团式布局

空间构成形式

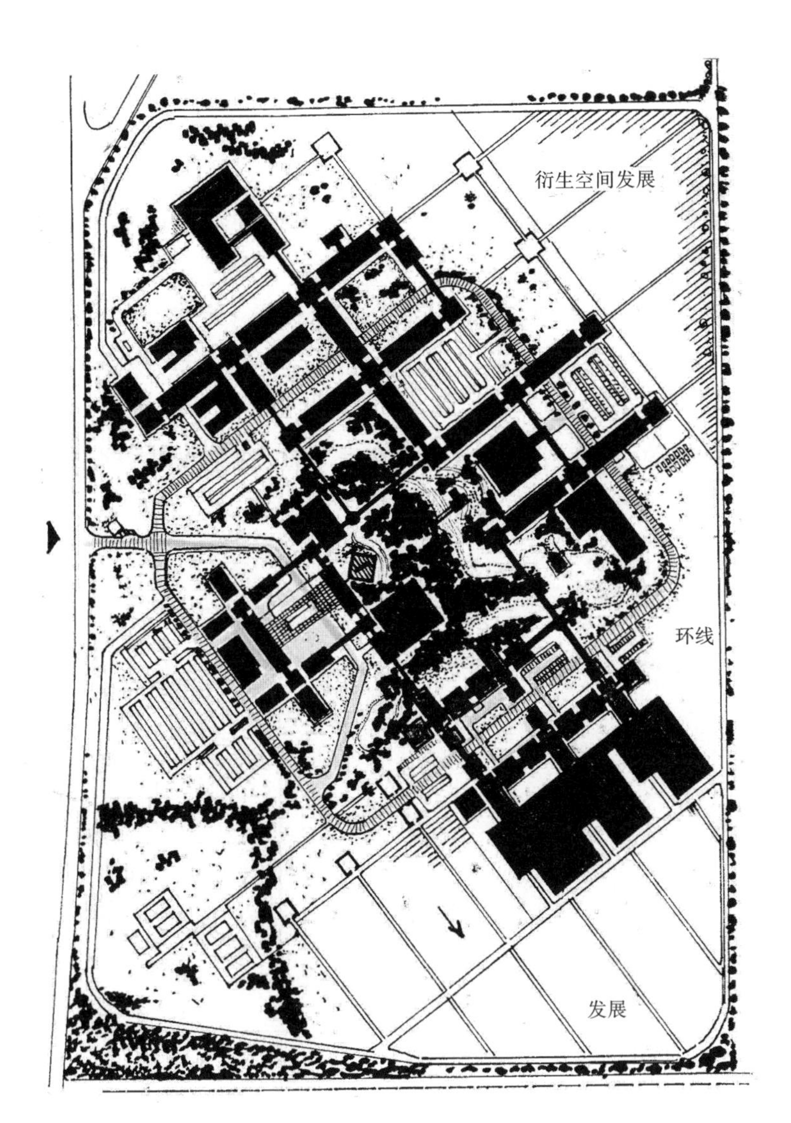
衍生空间发展
环线
发展

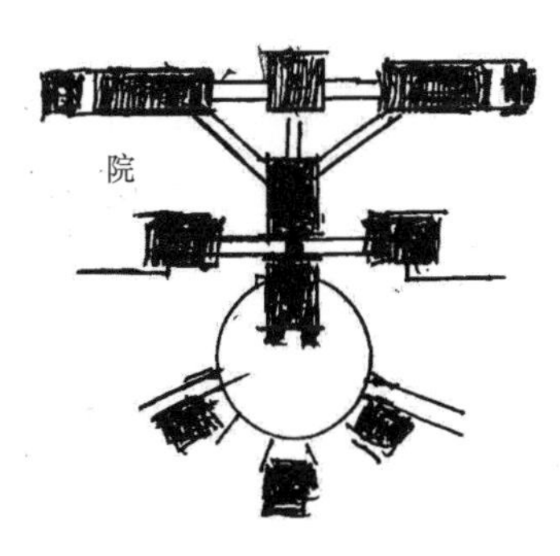
院

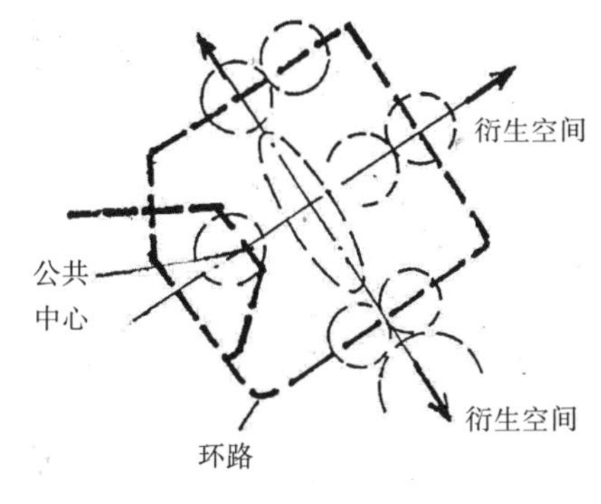
衍生空间
公共
中心
环路
衍生空间

德国农药研究所总平面及布局分析

兼具规则式与辐射式的优点，可形成空中院落

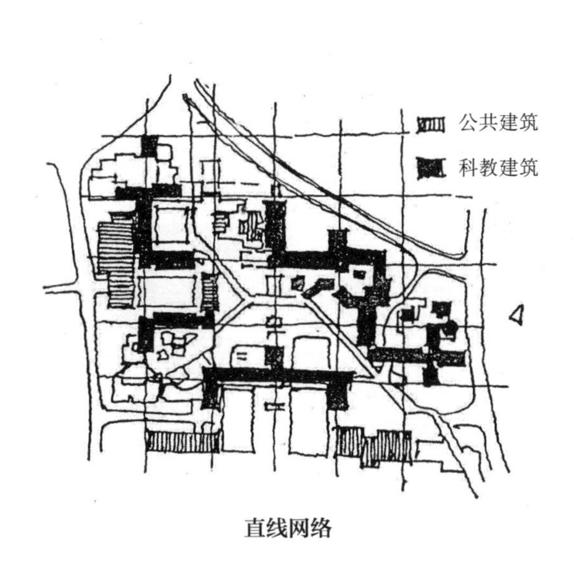
公共建筑
科教建筑

直线网络

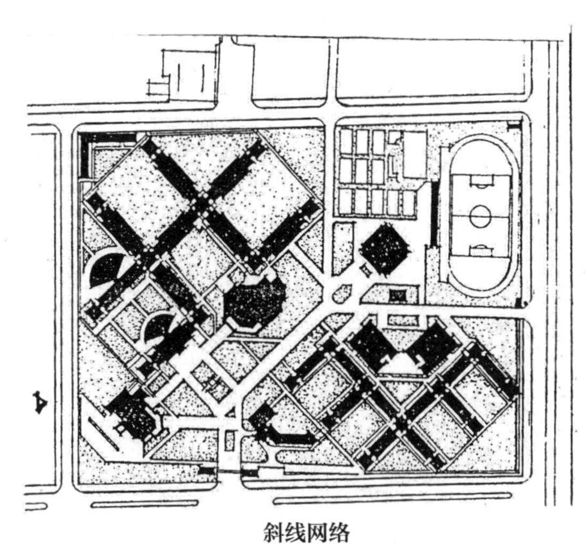

斜线网络

网格空间构成实例

五、空间的认知

我们的视觉感知虽然是源于物理性空间的，但由于受到环境、注视范围和已有阅历的干扰，以及距离衰减和生理局限，我们所感知到的空间包括视觉的、行为的和心理的空间。

在视觉上，常常会形成一种视错觉，既可以缩小图像（聚焦），也可以放大图像（经验参与和对比渗透）；所以，在设计中，应该充分考虑视觉感受的多维性。

在心理上，人在流动的空间中走，犹在街中游，空间起着行为导演的作用，心理感受随着空间的透视自然地流动，如果以“似动”理论构形，会增强方向的诱导作用。

启景、前导	指向	提示、引导	若隐若现	借景、促成期待
多级多进	连续衍生	转向	暗示主题	开阖启闭
随弯就势	峰回路转	一张一弛	半藏半露	以塞引流

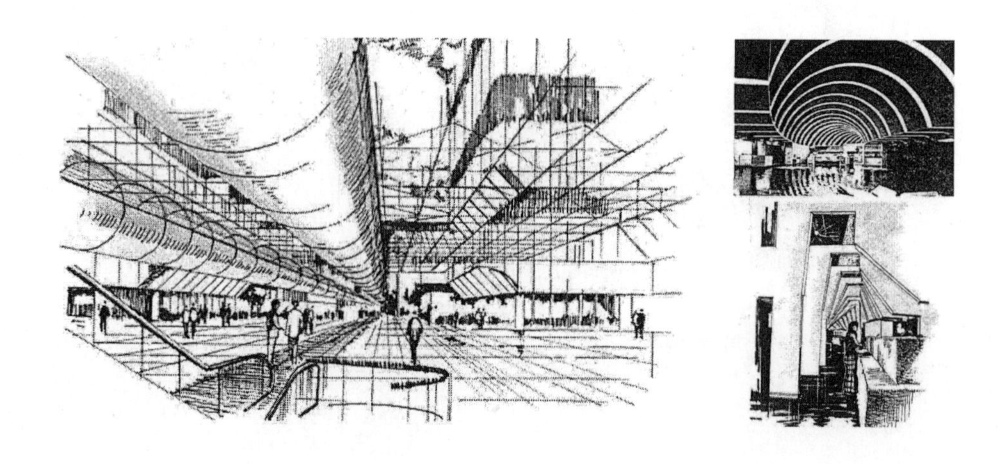

视觉引导

（一）视知觉与视错觉

视力，受生理所限，在距离上有衰减，在看静物的时候还会受到环境诸要素的干扰。因此，视知觉能力受内因和外因的共同作用，既表现为有限性，又具有可利用性。

视错觉，有时表现在空间上，有时也表现在时间上。单调、平直的空间，会让人产生冗长感；移步换景的序列空间，会让人感受到趣味性，流连忘返。

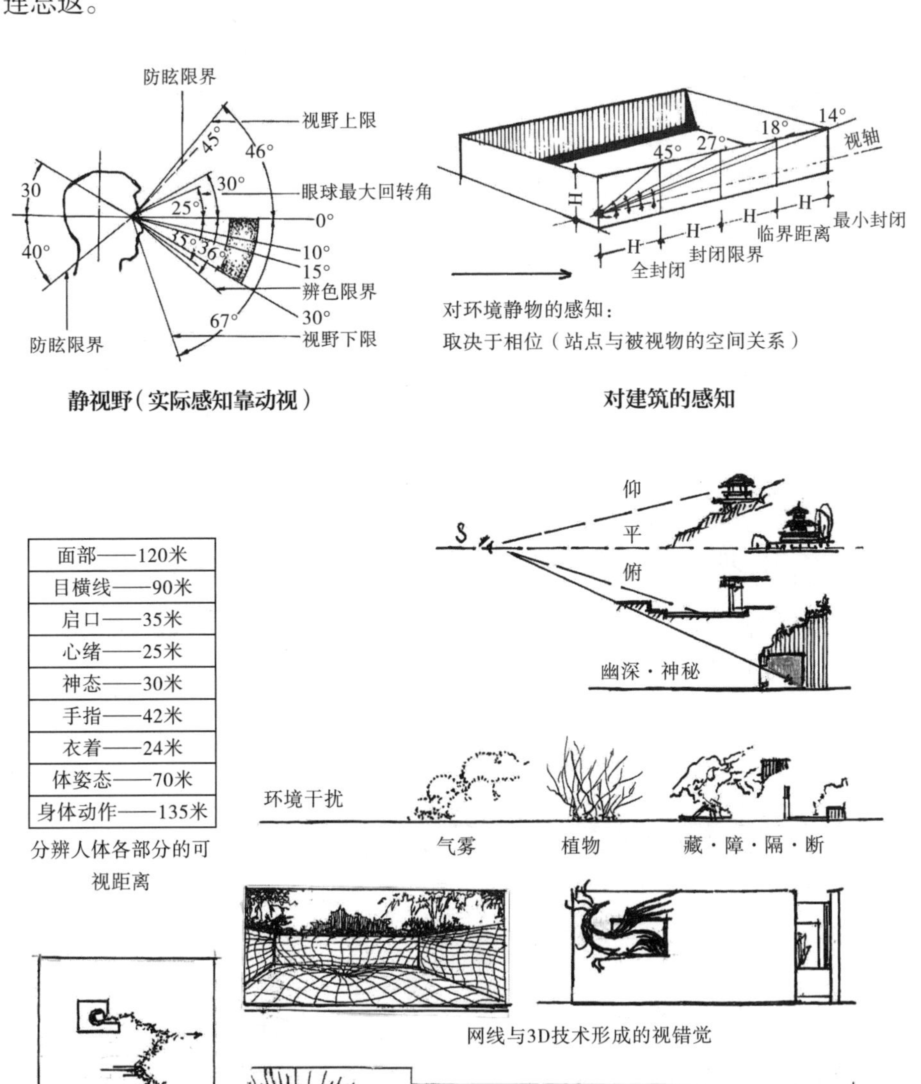

防眩限界
视野上限
45°
46°
30
30°
眼球最大回转角
25°
0°
40°
15°
36°
10°
15°
辨色限界
30°
67°
视野下限
防眩限界
14°
18°
27°
45°
视轴
H
H
H
H
H
最小封闭
临界距离
封闭限界
全封闭
对环境静物的感知：
取决于相位（站点与被视物的空间关系）
仰
S
平
俯
幽深・神秘
环境干扰
气雾
植物
藏・障・隔・断
继续
留白

静视野（实际感知靠动视）

对建筑的感知

面部——120米
目横线——90米
启口——35米
心绪——25米
神态——30米
手指——42米
衣着——24米
体姿态——70米
身体动作——135米

分辨人体各部分的可视距离

网线与3D技术形成的视错觉

视知觉与视错觉

在行为上，平路与坡地不同，“宁走十里坪，不走五里坡”，在向下与向上的关系上，习惯于先下后上；在生与熟的关系上，习惯于“路走三熟”；在往与还的关系上，感觉去程更慢、回程更快。鉴于感知空间与物理空间存在维度的不同，所以应以动态时空观组织空间的形态。

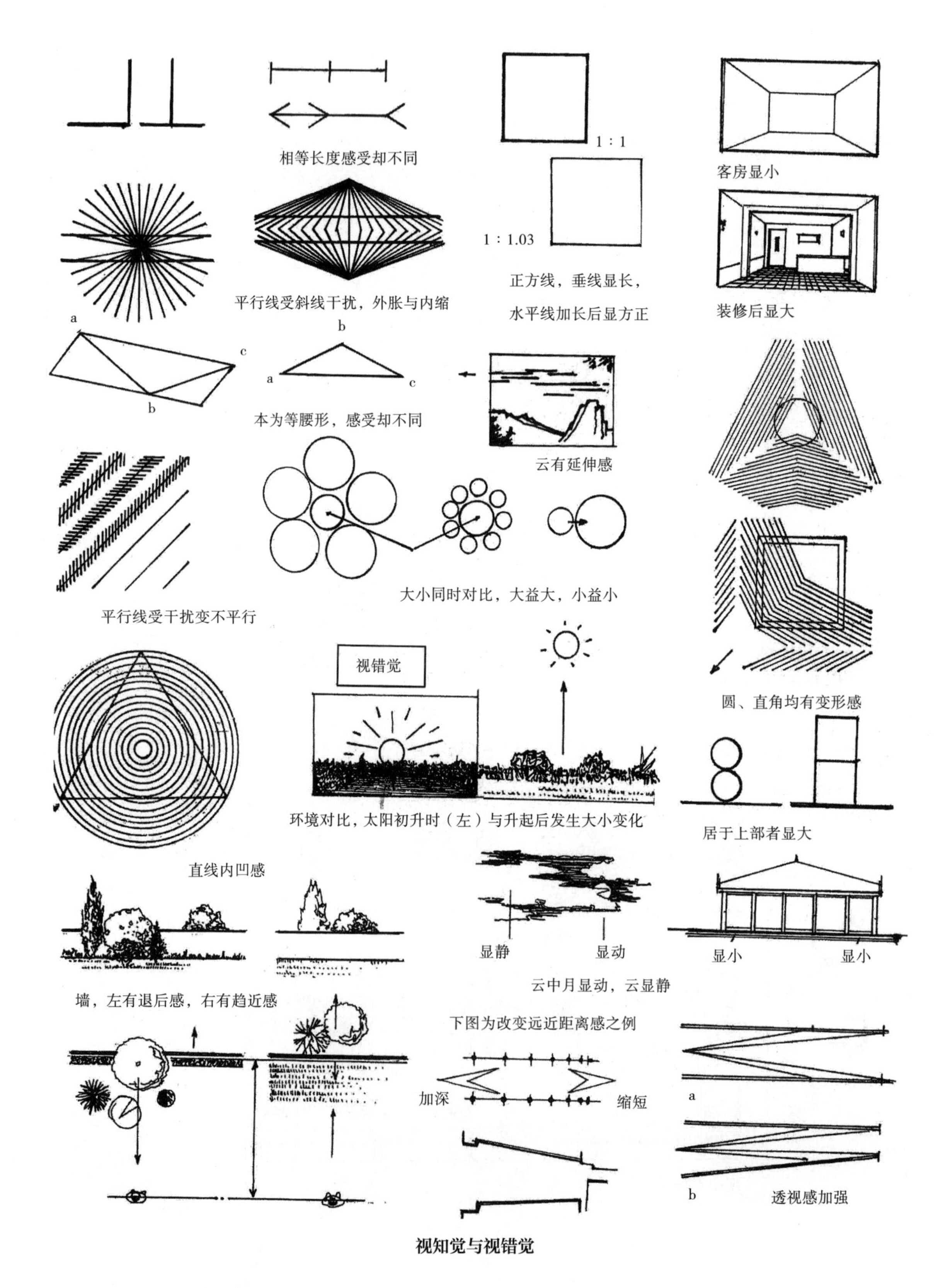
相等长度感受却不同
1：1
1：1.03
正方线，垂线显长，
水平线加长后显方正
客房显小
装修后显大
平行线受斜线干扰，外胀与内缩
a
b
c
本为等腰形，感受却不同
云有延伸感
平行线受干扰变不平行
大小同时对比，大益大，小益小
圆、直角均有变形感
视错觉
环境对比，太阳初升时（左）与升起后发生大小变化
居于上部者显大
直线内凹感
显静
显动
显小
显小
云中月显动，云显静
墙，左有退后感，右有趋近感
下图为改变远近距离感之例
加深
缩短
透视感加强

视知觉与视错觉

（二）开放与封闭

人与空间的关系，始终处于刺激与应激、诱因与动机的关系。按格塔式心理学的观点，外部世界的空间场，其封闭与开放程度，直接影响心电波、脑电波的张弛运动。所以建筑空间的设计要尽量做到围而不堵、敞而不散，以满足静态的劳作与动态的舒展。空间要突破水泥丛林的围堵，增强人与人、人与自然的广泛交流，适当处理空间的开放与封闭程度。开放与封闭，取决于自然的光照、人的视张角与视野、空间的流动感与透明性等几种因素。

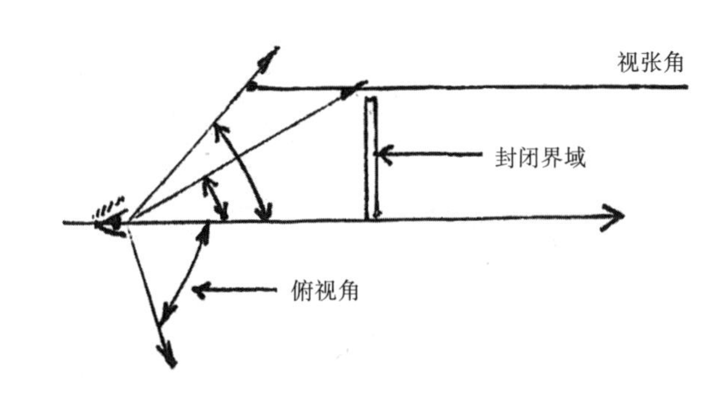
视张角
封闭界域
俯视角

平视的视野（视张角以外为无尺度空间）

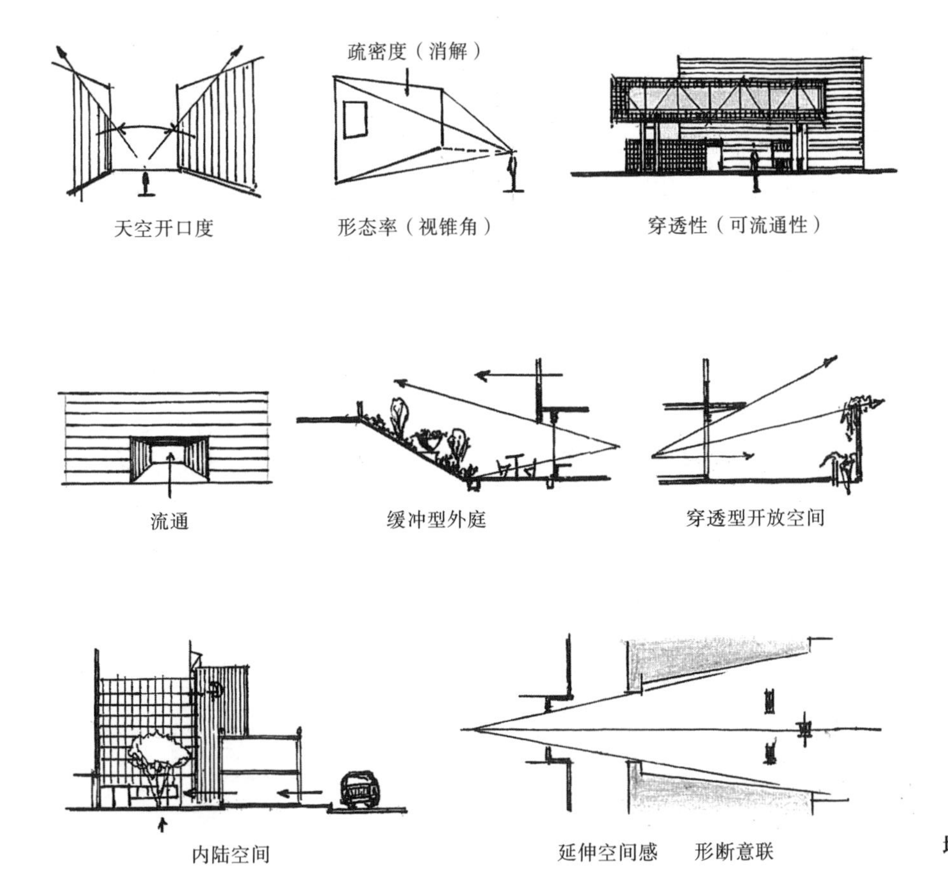
疏密度（消解）
天空开口度
形态率（视锥角）
穿透性（可流通性）
流通
缓冲型外庭
穿透型开放空间
内陆空间
延伸空间感
形断意联

增加开放度的相关措施

六、空间的组合形式

按照功能不同与环境条件，可以有不同的组合方式。在构成方式上，大致分为：独立单元构成、串联式构成、并联式构成、混合构成等组合形式。

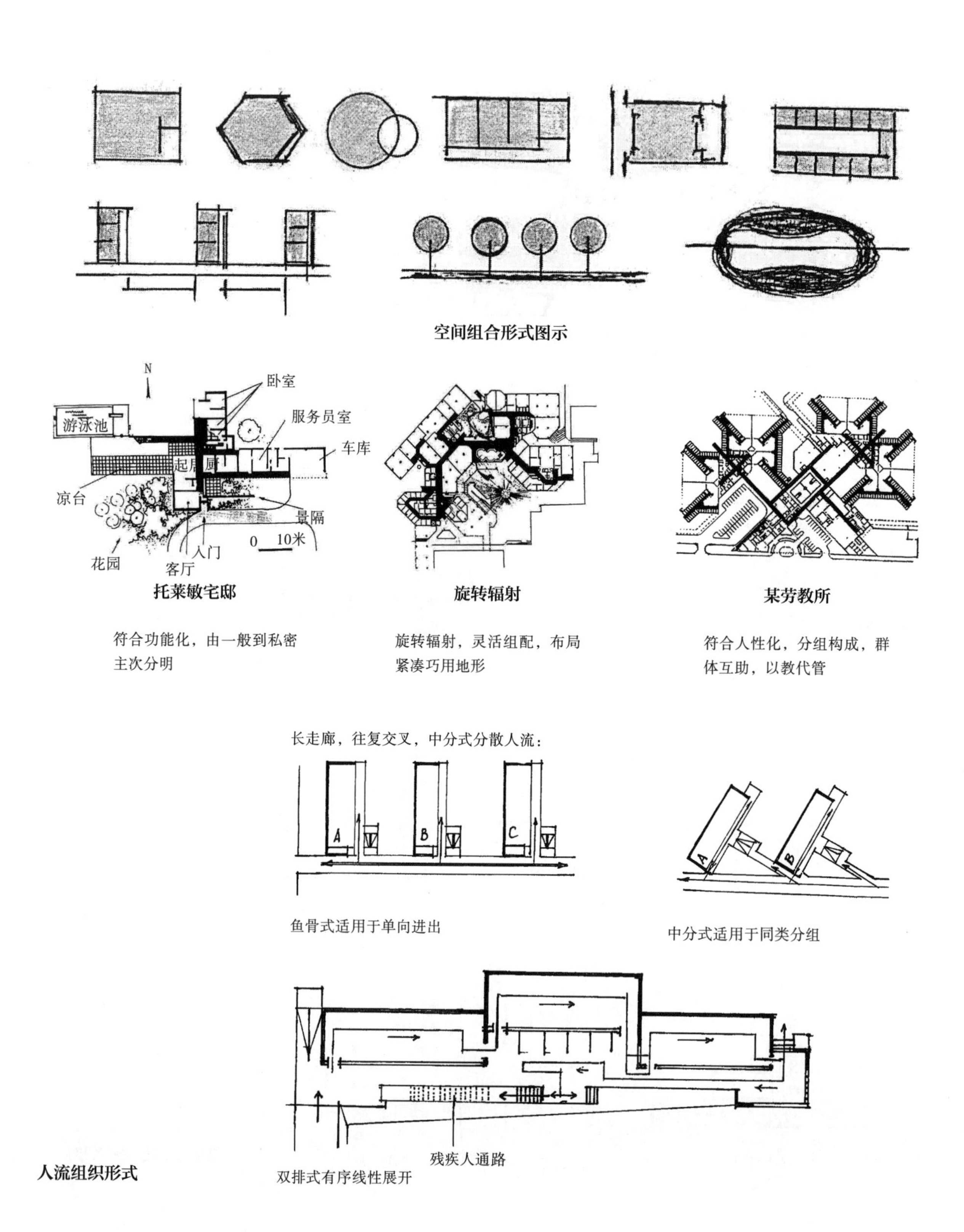

N
卧室
游泳池
服务员室
车库
起居
厨
凉台
景隔
0 10米
入门
花园
客厅
A
B
C
A
B
残疾人通路

空间组合形式图示

托莱敏宅邸

符合功能化，由一般到私密主次分明

旋转辐射

旋转辐射，灵活组配，布局紧凑巧用地形

某劳教所

符合人性化，分组构成，群体互助，以教代管

长走廊，往复交叉，中分式分散人流：

鱼骨式适用于单向进出

中分式适用于同类分组

双排式有序线性展开

人流组织形式

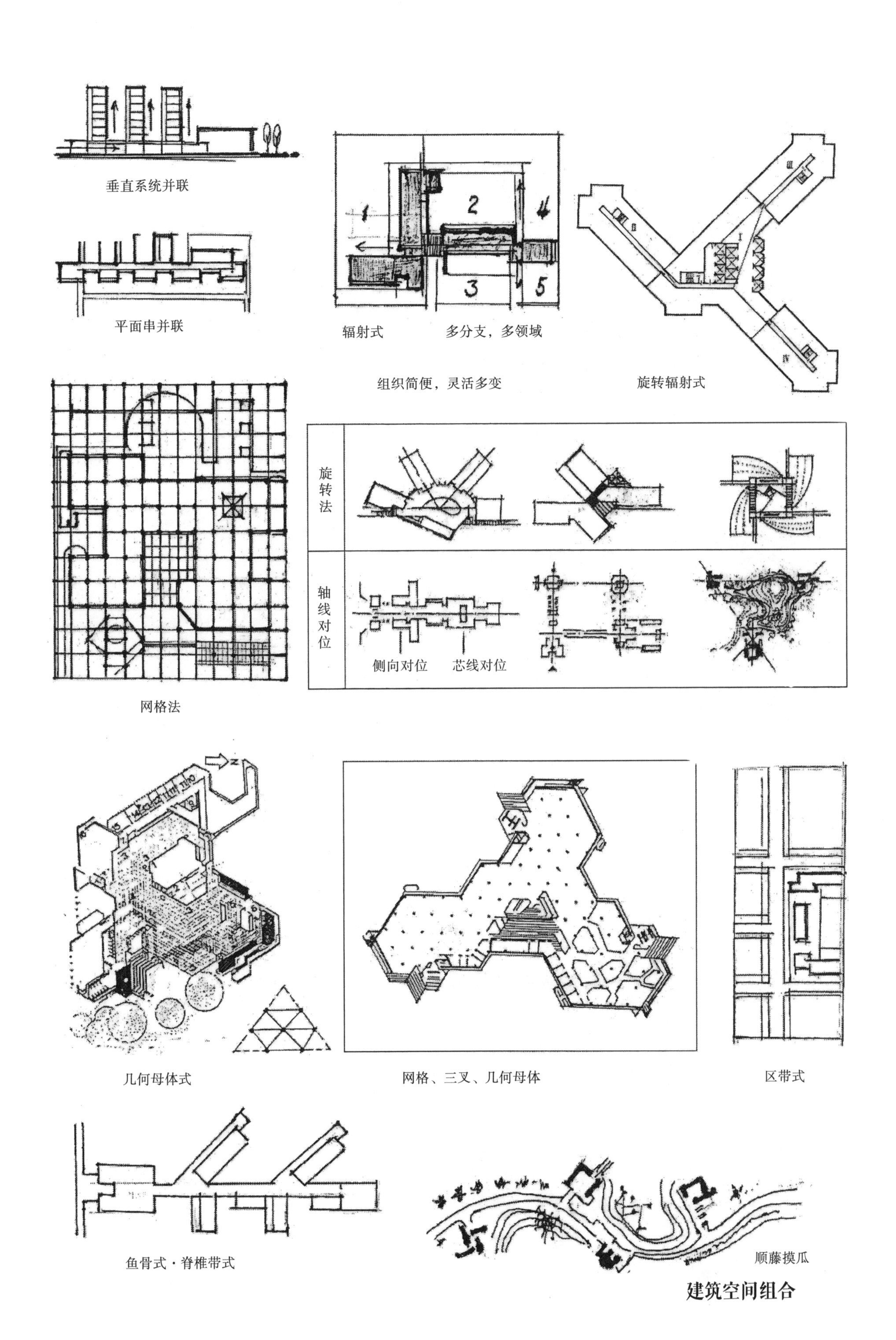
垂直系统并联
平面串并联
辐射式
多分支，多领域
组织简便，灵活多变
旋转辐射式
网格法
旋转法
轴线对位
侧向对位
芯线对位
几何母体式
网格、三叉、几何母体
区带式
鱼骨式·脊椎带式
顺藤摸瓜
2
1
3
4
5

建筑空间组合

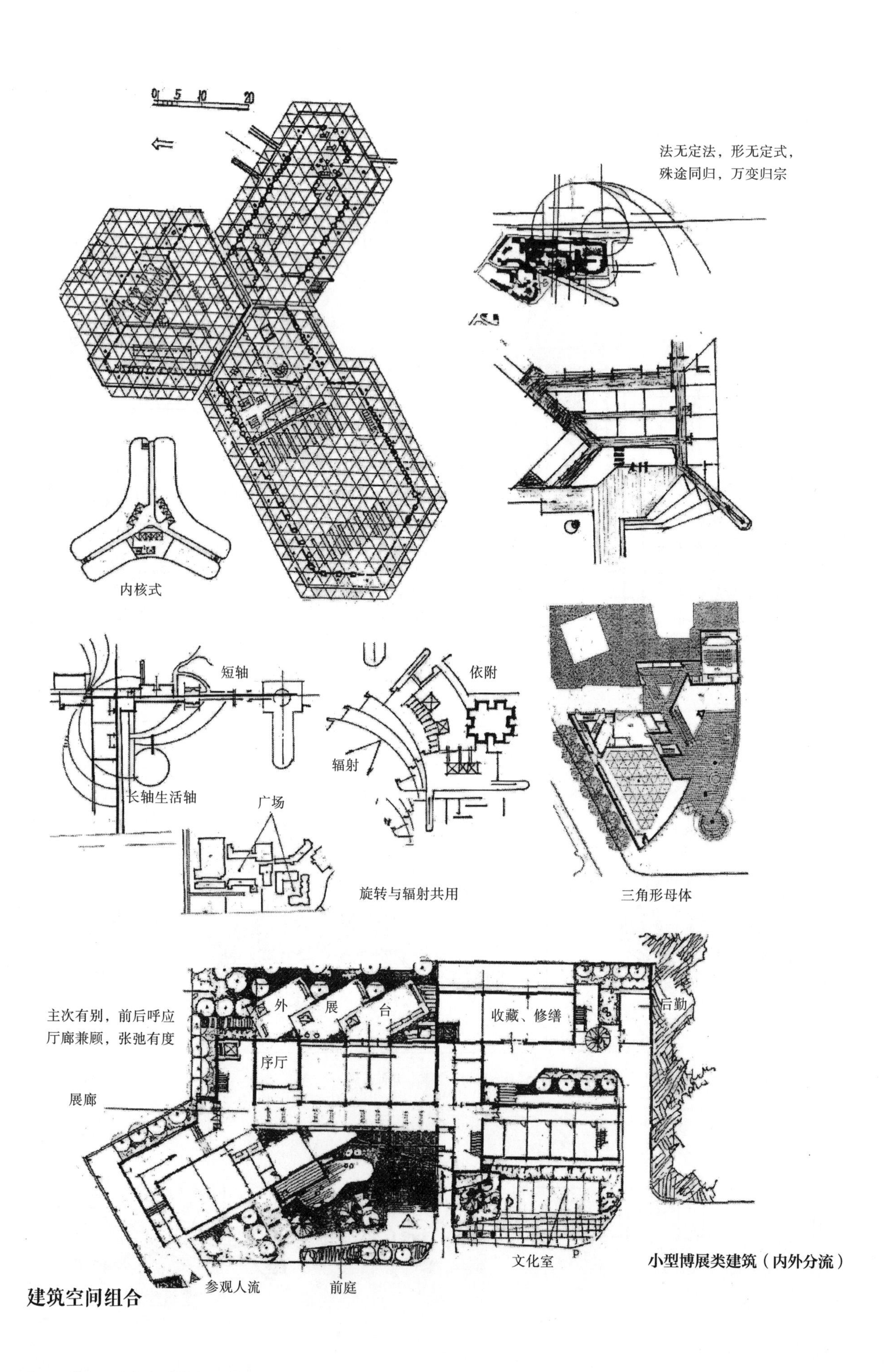
0 5 10 20
法无定法，形无定式，
殊途同归，万变归宗
内核式
短轴
长轴生活轴
广场
依附
辐射
旋转与辐射共用
三角形母体
主次有别，前后呼应
厅廊兼顾，张弛有度
外 展 台
收藏、修缮
后勤
序厅
展廊
文化室
参观人流
前庭
小型博展类建筑（内外分流）

建筑空间组合

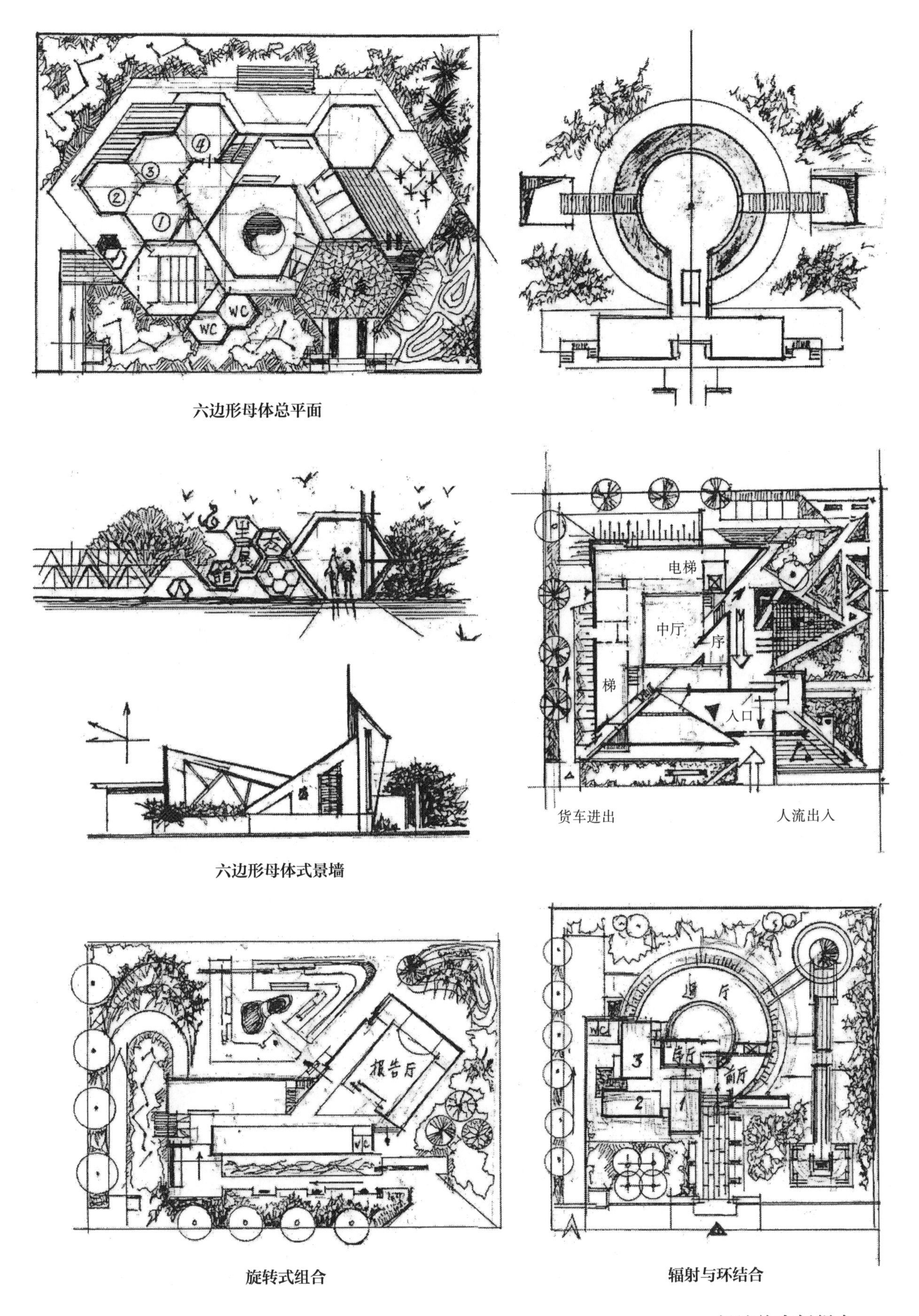
WC
WC
电梯
中厅
序
梯
入口
货车进出
人流出入
报告厅

六边形母体总平面

六边形母体式景墙

旋转式组合

辐射与环结合

场地的空间组合

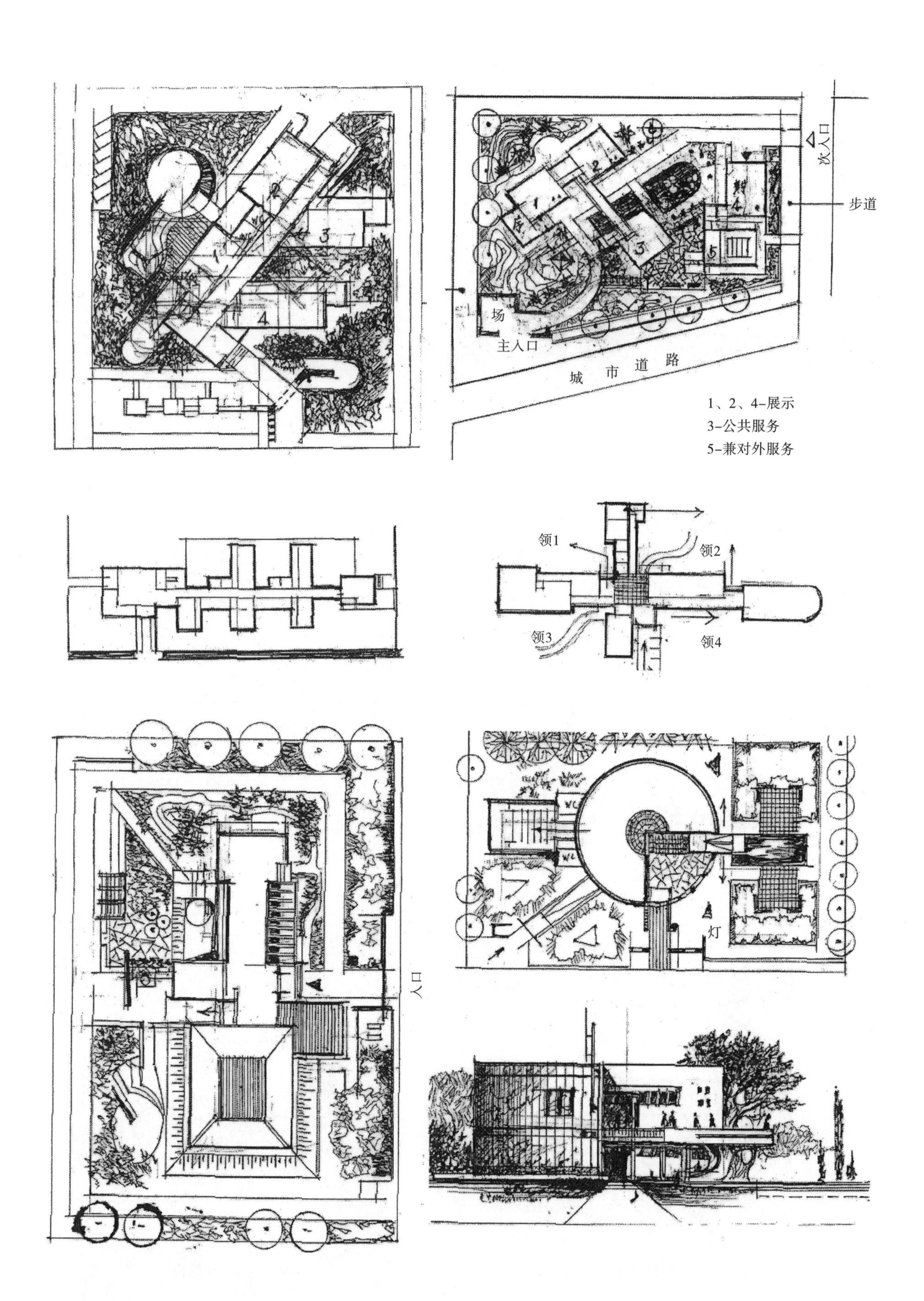
次入口
步道
场
主入口
城 市 道 路
1、2、4-展示
3-公共服务
5-兼对外服务
领1
领2
领3
领4
灯
入口

场地的空间组合

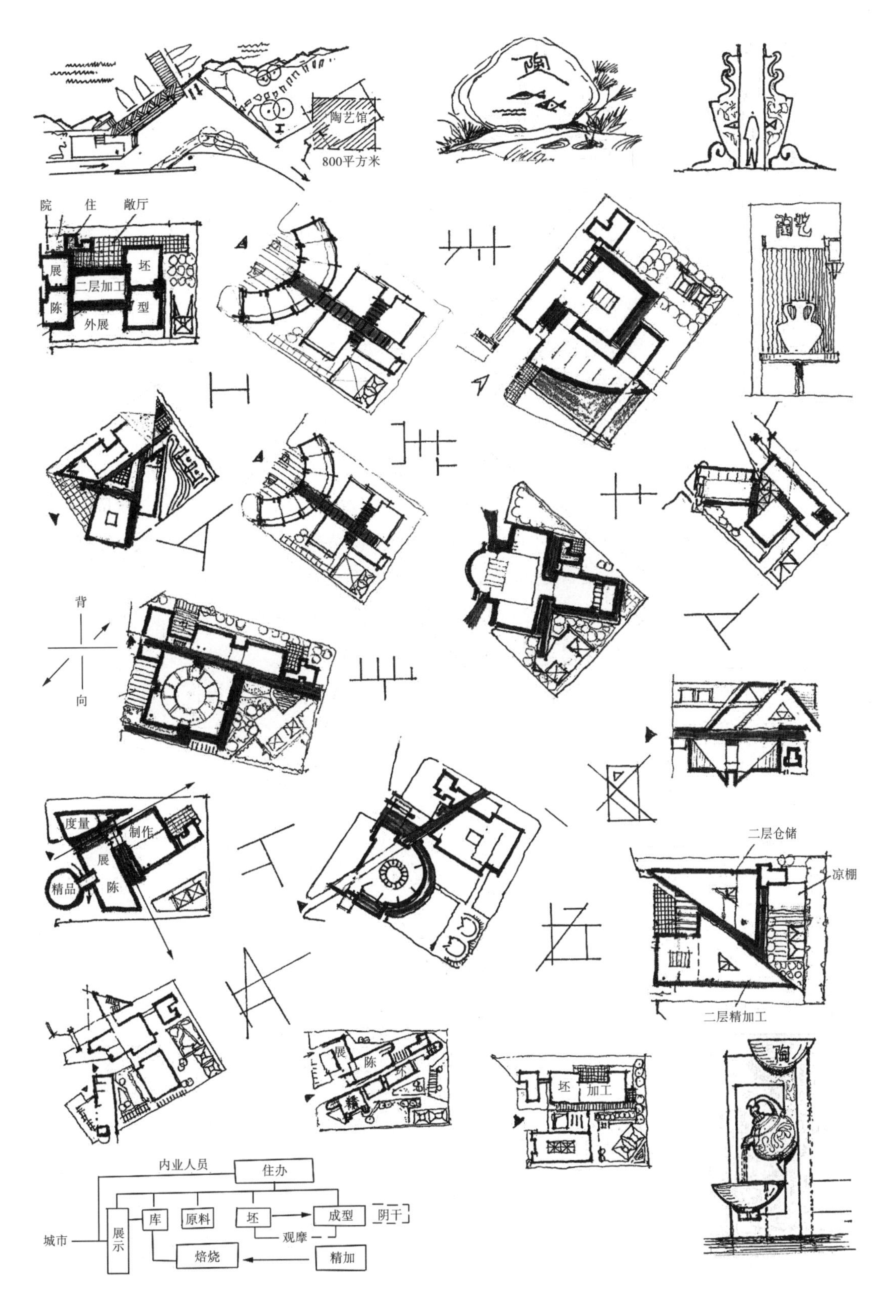
陶艺馆
800平方米
院
住
敞厅
展
陈
二层加工
坯
型
外展
背
向
度量
制作
展
陈
精品
二层仓储
凉棚
二层精加工
展
陈
坯
加工
内业人员
住办
城市
展示
库
原料
坯
成型
阴干
观摩
焙烧
精加

某陶艺馆设计

工艺流程相同，但组合形式却有多种变化，万变不离其宗

设计无定法

第五章 建筑的结构与体造型

纵观自然界中的一切物质存在形式，无不存在着“形与质”“力与形”“内在的结构肌理与外在的表面形态”相统一的关系，都具有结构性（元素间的相互联系和依存）、有机和谐性等普遍性规律。作为由人主动创造的人居建筑与环境，要想取得坚固、耐久、适用、美观、防灾、舒适、经济的多效合一，就必须遵从力的法则、形构与形变的规律，建立科学的整体观，通过多要素的综合运作，方能“地尽其用，物尽其用”“形合其道”，充分体现形的表意性、表情性、道具性，以及象征和符号的意义表达。

建筑的结构与建筑的体造型，是一种既有区别，又有联系的两种不同的逻辑关系。前者属于内在的变化根据，后者属于外部的变化形式。按通俗的语言来形容，就是“龙生龙、凤生凤”“播什么种子，生什么苗”“皮之不存，毛将焉附”……是一种辩证统一的关系。

以培养建筑综合素养的目的来看，对于结构知识的掌握，建筑学专业学生应当从定性分析的视角，了解结构选型、受力特征、承重结构与围护结构的组合关系、荷载传递途径、幕墙结构的构造及效益改善等基本知识，作为方案设计的理论依据与创作切入点，而非片面聚焦于定量的计算。这同时也为建筑造型变化的多样性、灵活性、有机性提供了理论的支撑和开阔的视野。初学者常将建筑的结构，误认为是土木专业的定量计算，将建筑造型看成可以自由变化、不受约束的意念发挥，从而形成了不少“盲点”和“误区”。故本章将建筑的结构独立成节，以补充当前的不足。

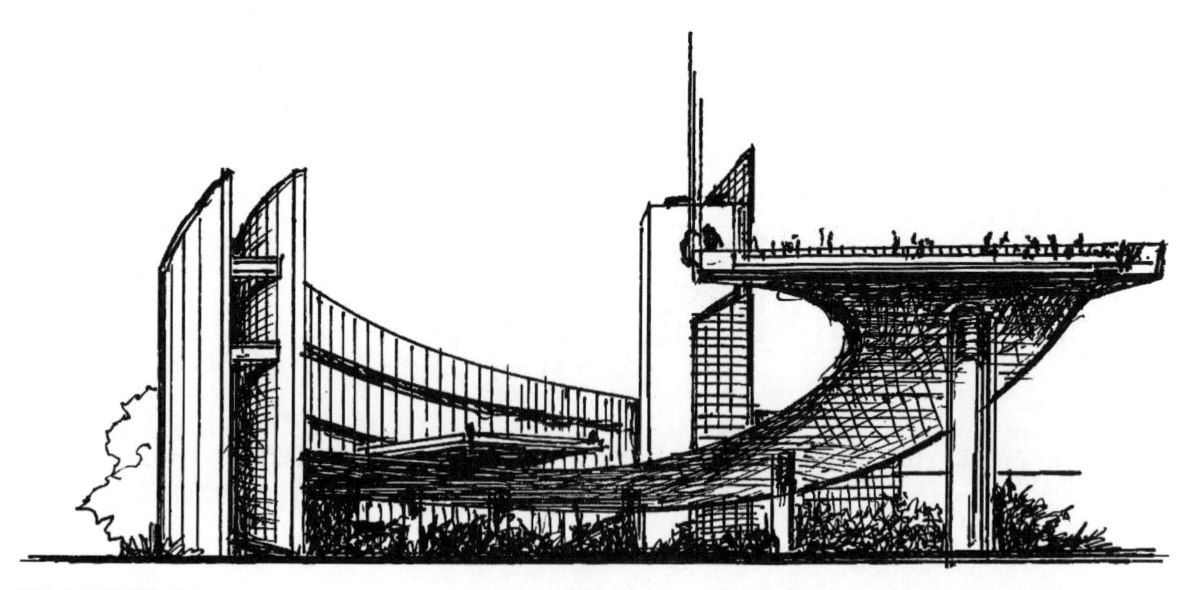

结构与体造型的旋律

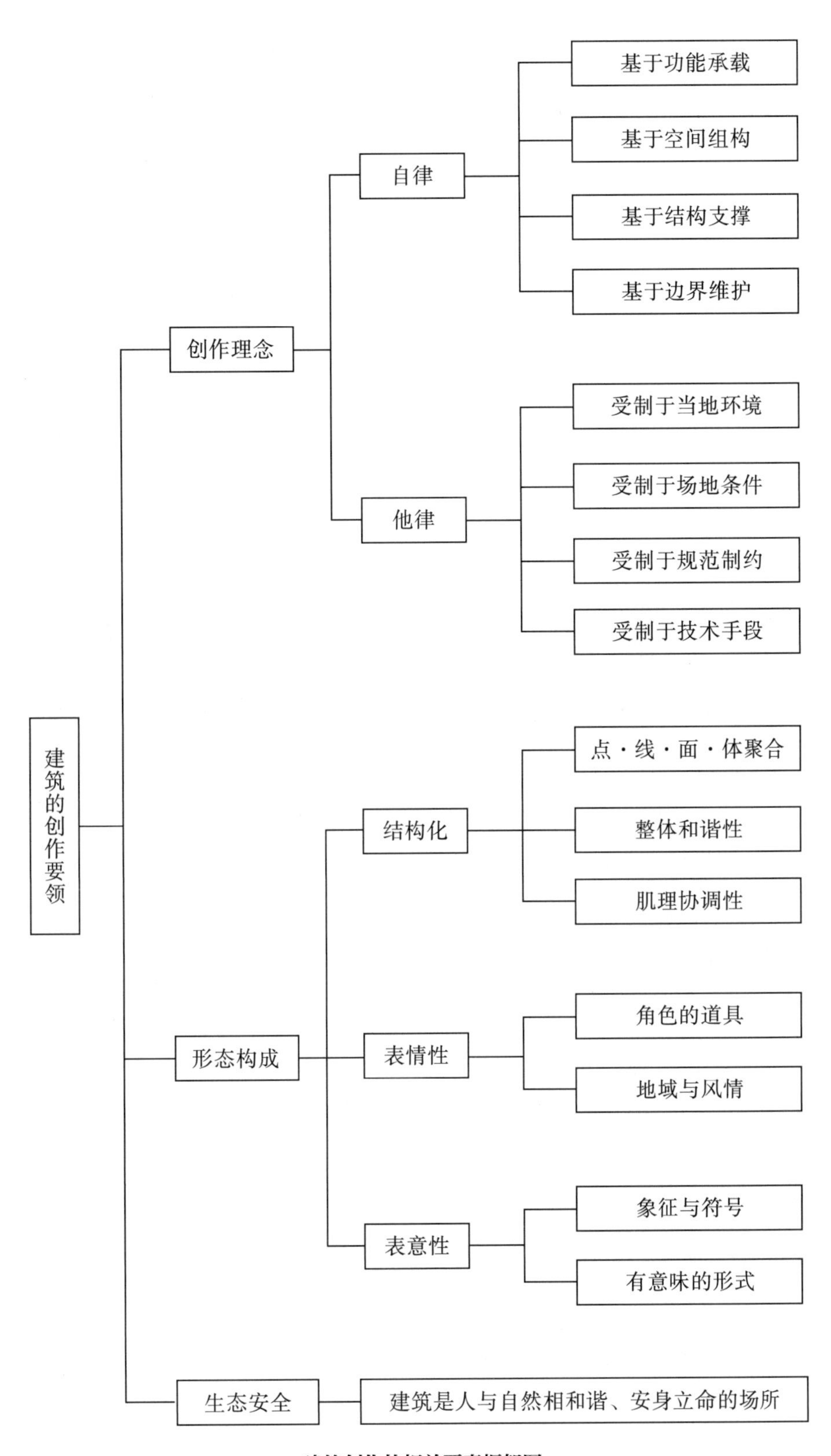

建筑的创作要领
创作理念
自律
基于功能承载
基于空间组构
基于结构支撑
基于边界维护
他律
受制于当地环境
受制于场地条件
受制于规范制约
受制于技术手段
形态构成
结构化
点·线·面·体聚合
整体和谐性
肌理协调性
表情性
角色的道具
地域与风情
表意性
象征与符号
有意味的形式
生态安全
建筑是人与自然相和谐、安身立命的场所

建筑创作的相关要素框架图

一、建筑的结构

建筑的结构，是荷载的直接传承，是由力支撑的形体骨骼。空间的架构，既作为建筑的骨架，又作为艺术的视觉传达，如幕墙既是围护结构，又赋予墙体造型以灵活性。

结构知识是建筑创作的物质技术基础，与时代同步发展，材料、结构、技术的发展进一步推动了建筑空间与形体变化的自由度。若西方仍以石材为主，中国仍以木材为主，那么就不可能产生现代建筑造型灵活多变的可能性。

（一）平面结构体系

平面结构体系，是指荷载传力体系，主要是由弯矩控制的钢筋混凝土框架结构，广泛适用于以自然通风和采光为主的民用与工业建筑。

建筑结构体系的效果图示

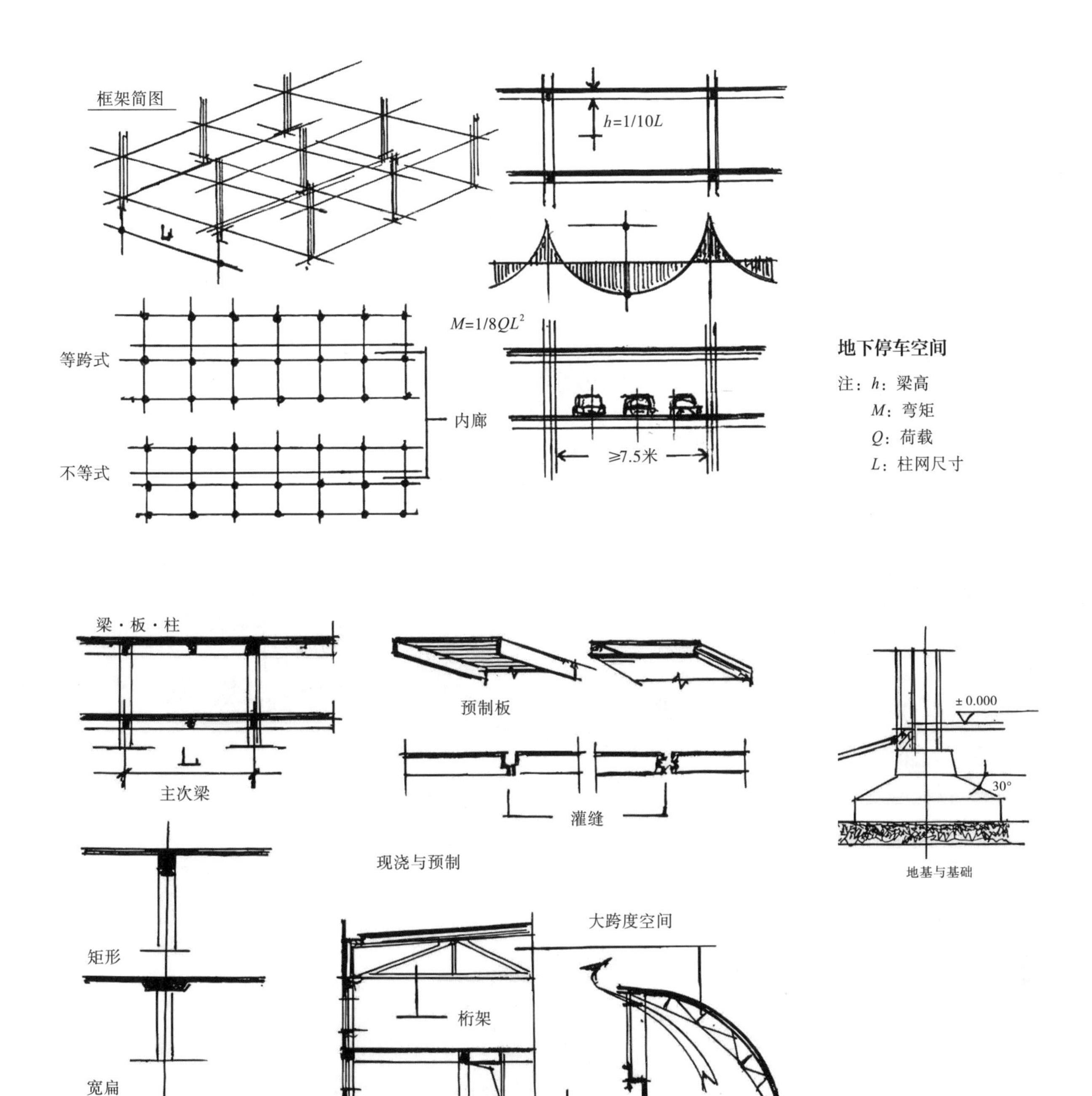
框架简图
h=1/10L
M=1/8QL²
等跨式
内廊
不等式
≥7.5米
梁·板·柱
主次梁
预制板
灌缝
现浇与预制
±0.000
30°
地基与基础
大跨度空间
矩形
桁架
宽扁
无梁式

地下停车空间

注：h：梁高
M：弯矩
Q：荷载
L：柱网尺寸

平面结构框架体系

注：在抗震区采用框架体系，端部常采用现浇剪力墙进行加固，剪力墙内限制开口尺寸

建筑师在进行方案设计时，为全面贯彻“适用、经济、绿色、美观”，必须熟悉和掌握相应的结构造型、结构布置和主要节点构造知识，例如柱网、层高、承重与围护、结构断面尺寸等。

从图示中可见，如果梁高h为$1/10L$，那么弯矩$M=1/8QL^2$，柱网尺寸L考虑到经济性不宜过大。但若存在地下车库则须考虑到车距问题，柱网尺寸不宜小于8米。

（二）空间结构体系

空间结构体系，是一种依靠轴向和面状的传力，应力不完全受弯矩控制，而通过构件在节点处进行内力分配的结构体系，例如网架、悬索、壳体、膜等结构形式。它可以用于超大空间的大跨度、大体量屋盖的支撑。

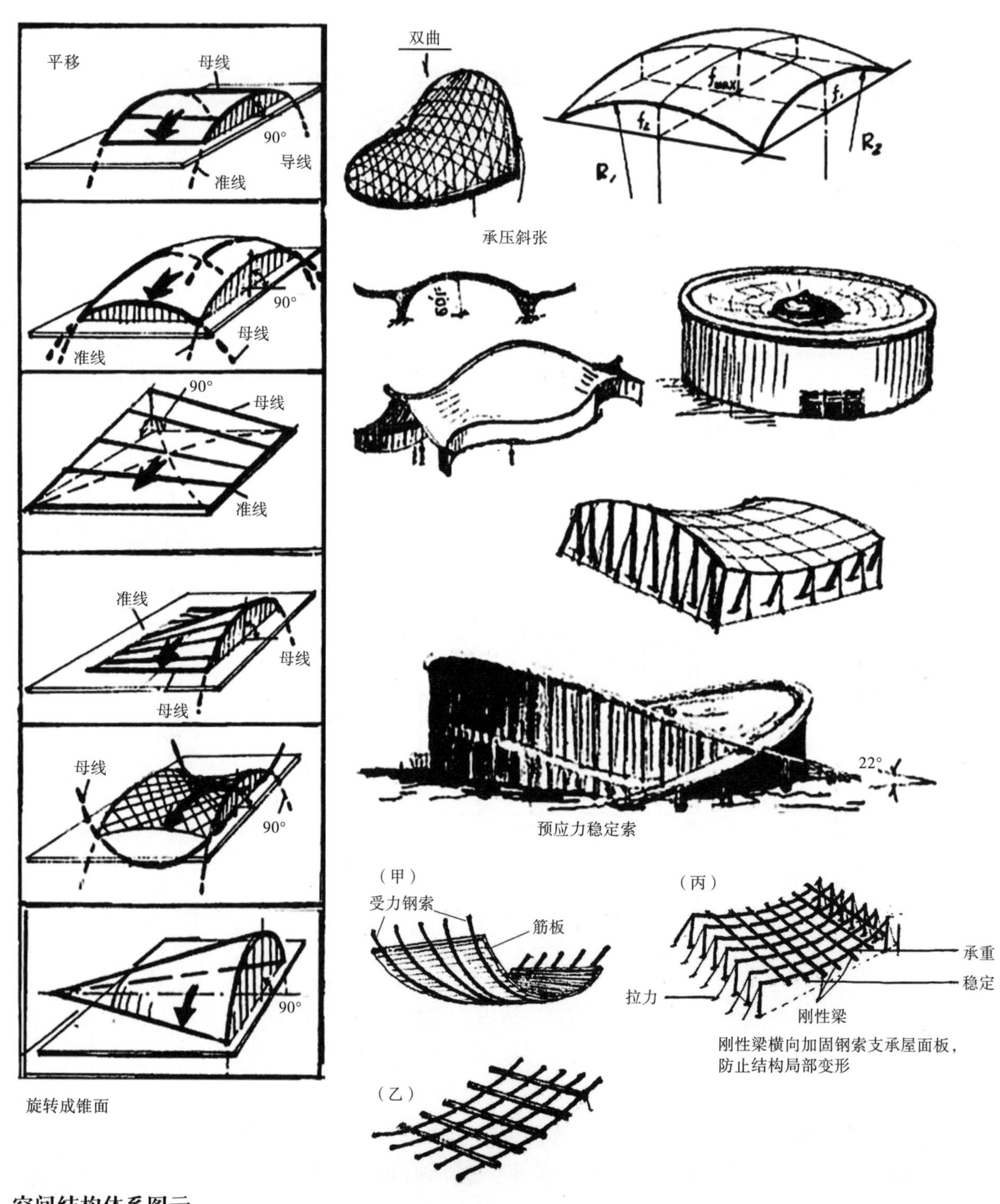

平移
母线
90°
导线
准线
90°
母线
准线
90°
母线
准线
准线
母线
母线
母线
90°
90°
旋转成锥面
双曲
f_{max}
f_1
f_2
R_1
R_2
承压斜张
60f
22°
预应力稳定索
（甲）
受力钢索
筋板
（乙）
（丙）
承重
稳定
拉力
刚性梁
刚性梁横向加固钢索支承屋面板，
防止结构局部变形

空间结构体系图示

无直角的拓扑变形、流曲的表面，意料之外、情理之中、生活所见

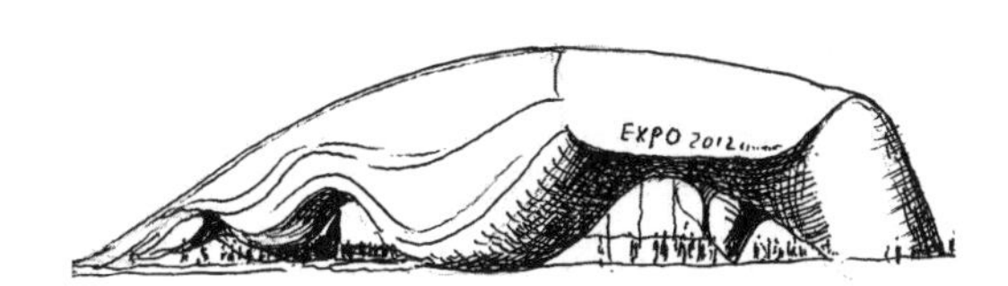
EXPO 2012

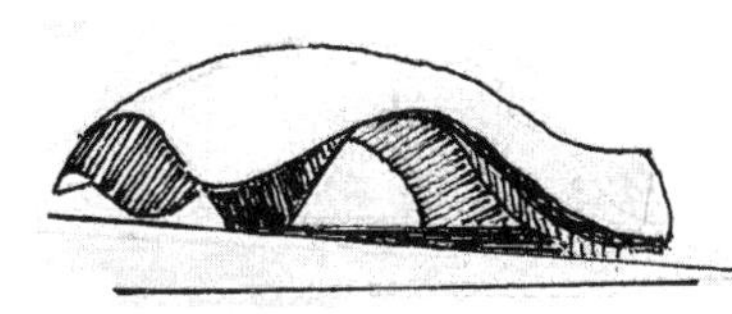

膜结构的各种组合形式，非几何化的构形，赋予建筑流变、多彩的个性

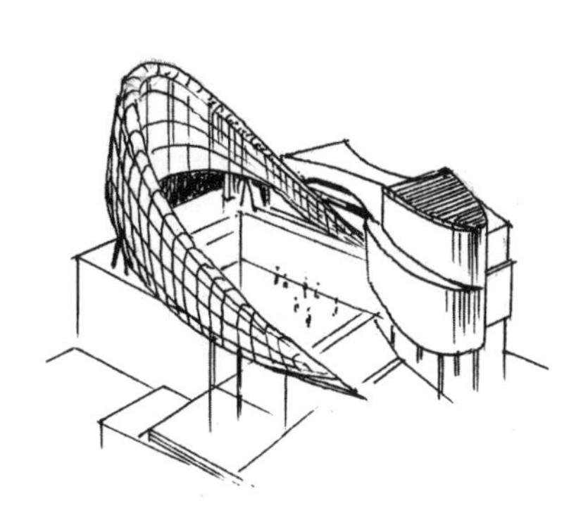

韩国丽水世博会建筑

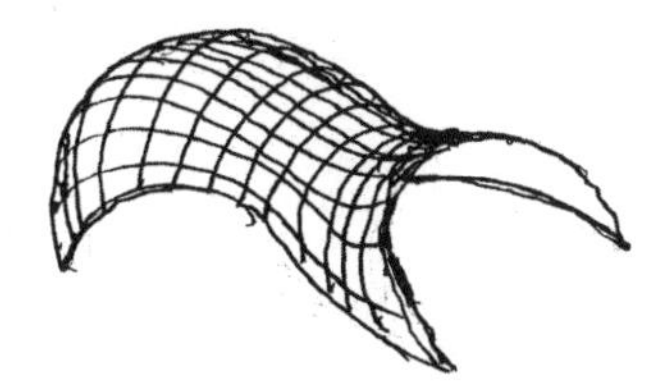

常州世园会

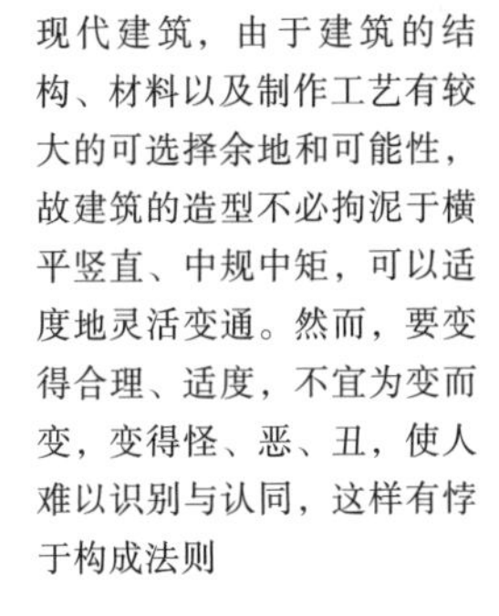

现代建筑，由于建筑的结构、材料以及制作工艺有较大的可选择余地和可能性，故建筑的造型不必拘泥于横平竖直、中规中矩，可以适度地灵活变通。然而，要变得合理、适度，不宜为变而变，变得怪、恶、丑，使人难以识别与认同，这样有悖于构成法则

世园会航空楼

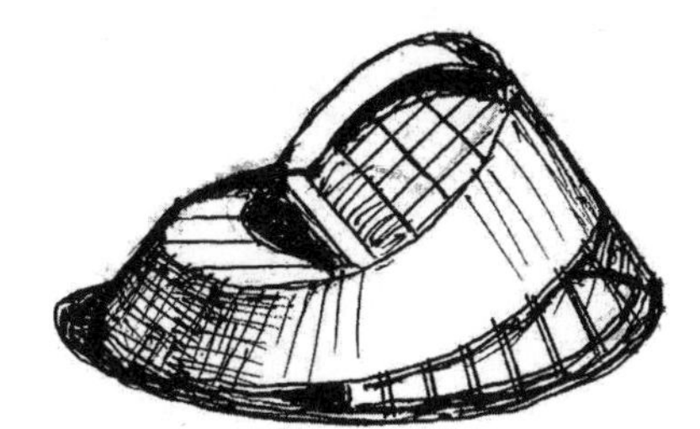

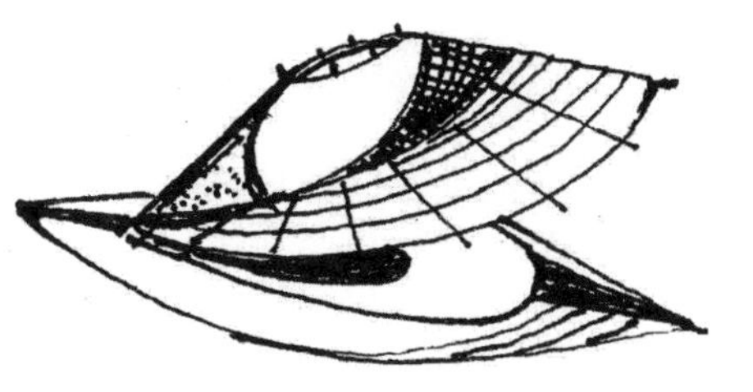

造型各异的空间结构

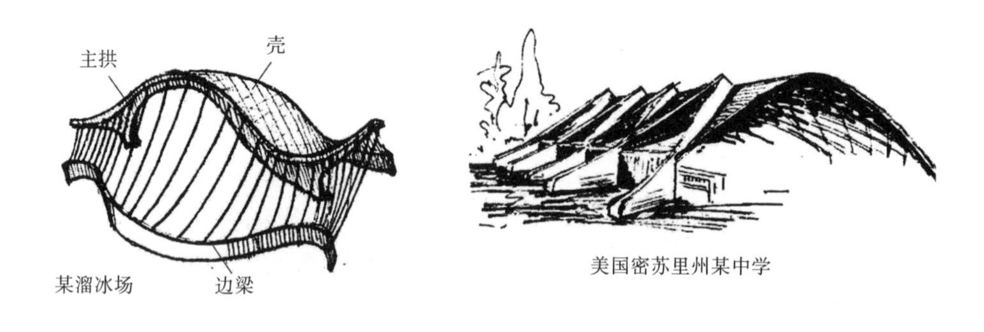
主拱
壳
某溜冰场
边梁
美国密苏里州某中学

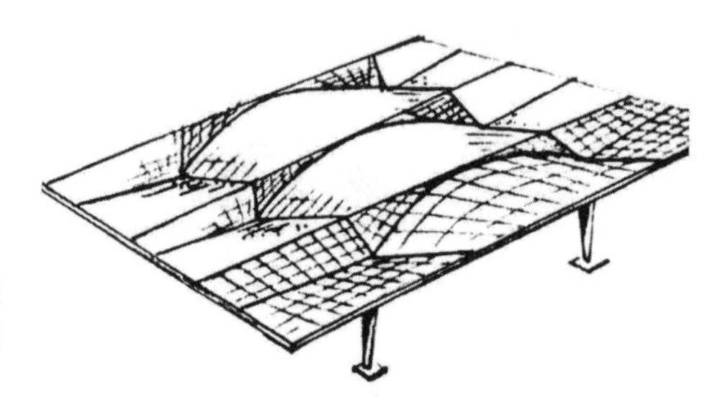

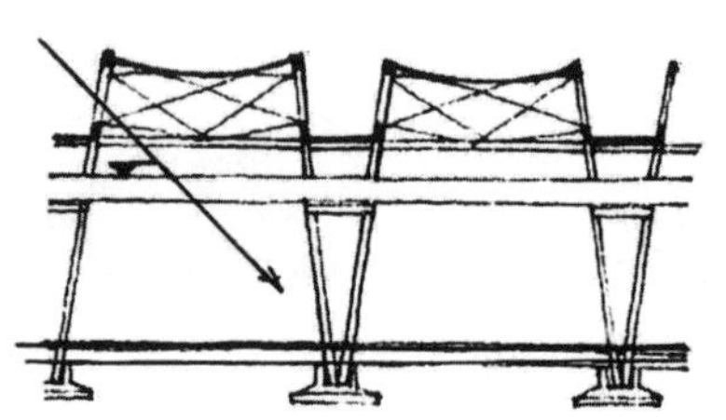

壳主要由边梁、横隔与壳面组成。壳体有扁壳、双曲抛物面等众多样式

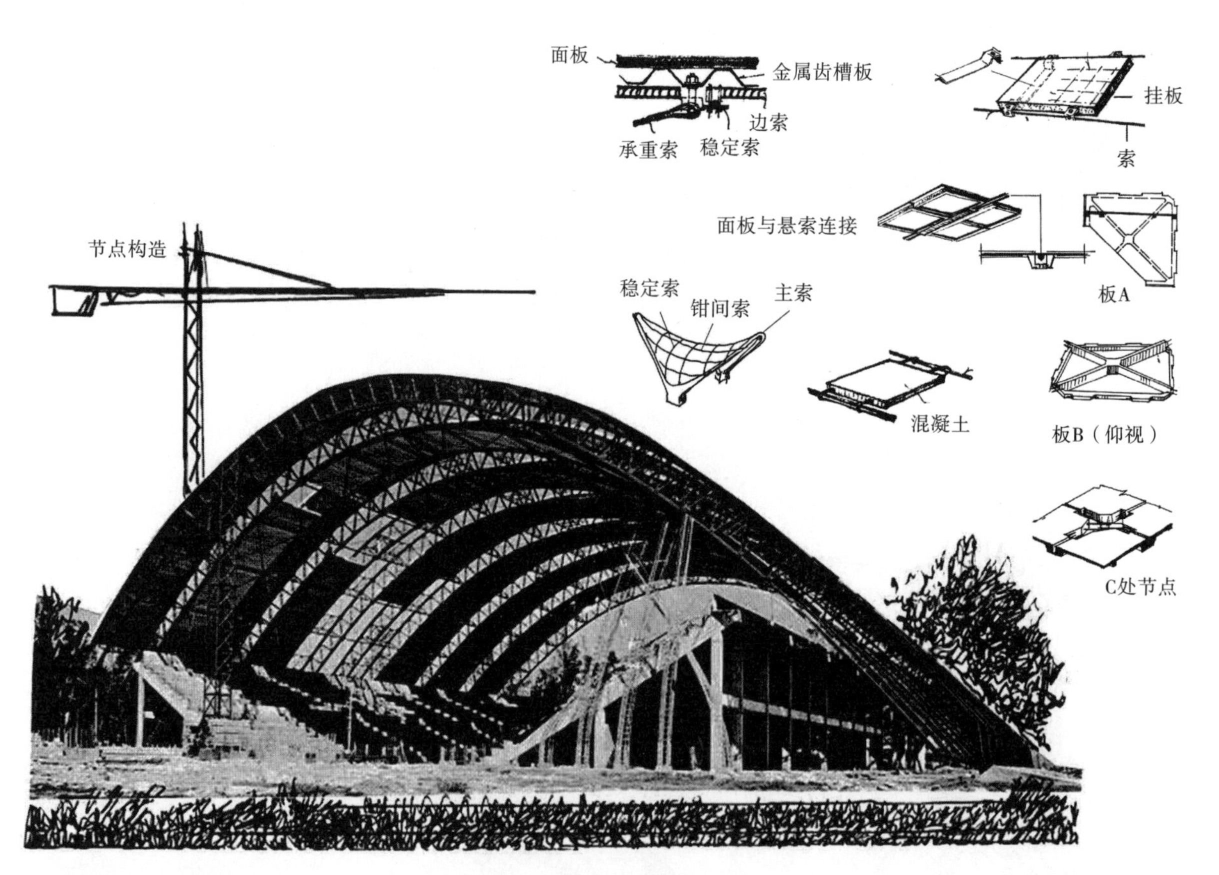
面板
金属齿槽板
边索
承重索
稳定索
挂板
索
面板与悬索连接
板A
节点构造
稳定索
钳间索
主索
混凝土
板B（仰视）
C处节点

卷棚式墙连顶幕墙结构

力是结构的基础，形是力的表现，都在地心引力下保持平衡

索与壳的挂板构造节点

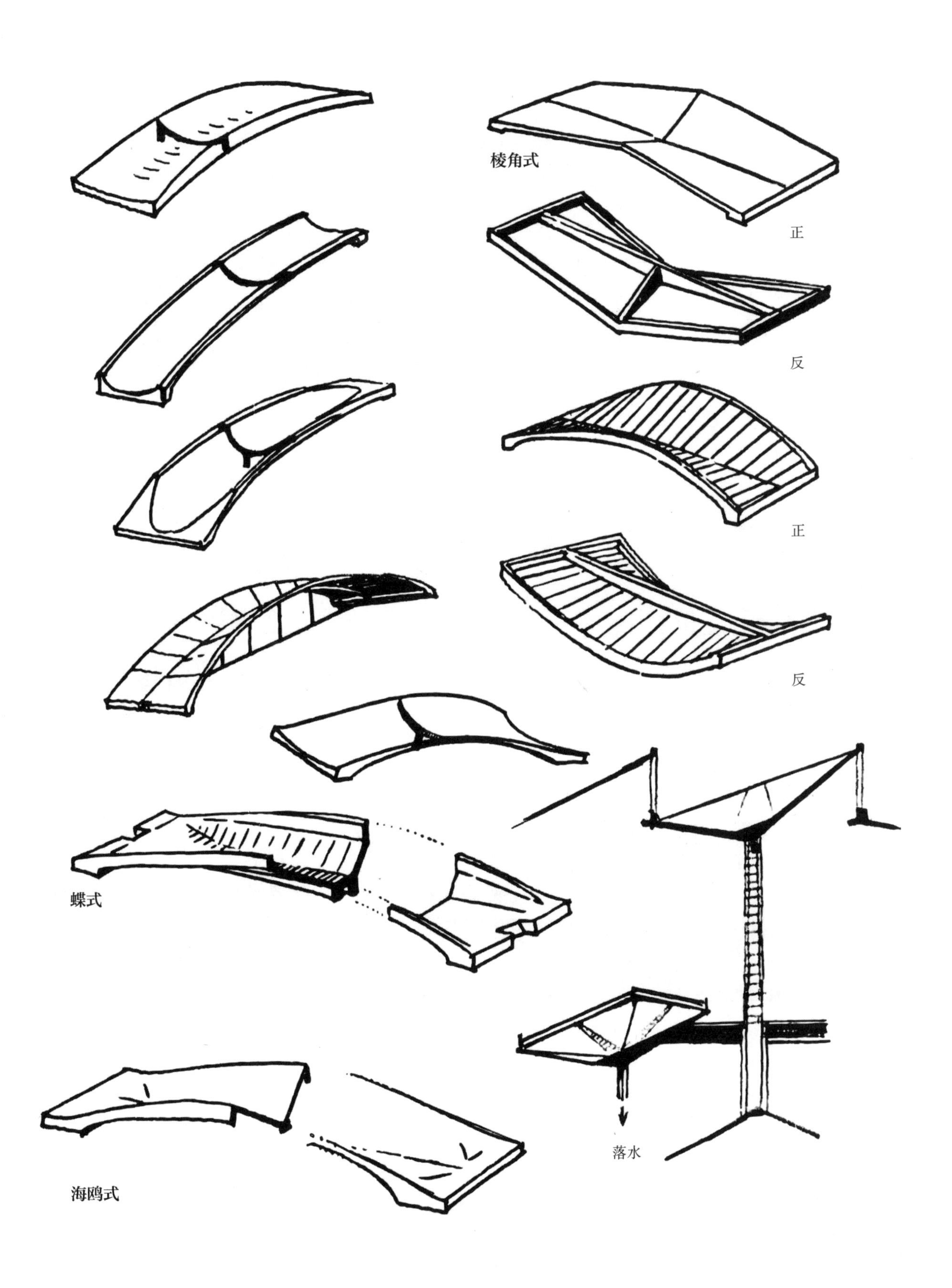
棱角式
正
反
正
反
蝶式
海鸥式
落水

小型构件的灵活造型

（三）空间结构的多样化屋顶造型及功能

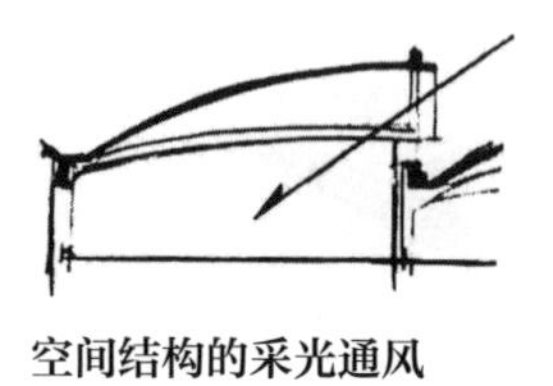

空间结构的采光通风

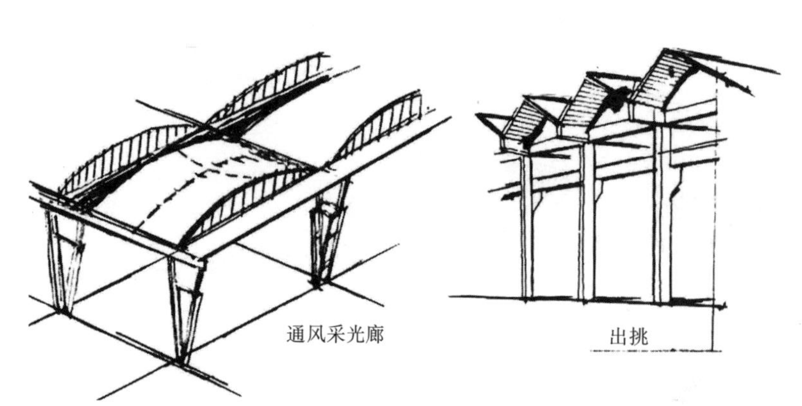

通风采光廊

出挑

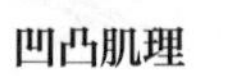

凹凸肌理

兼有采光与通风功能的空间结构

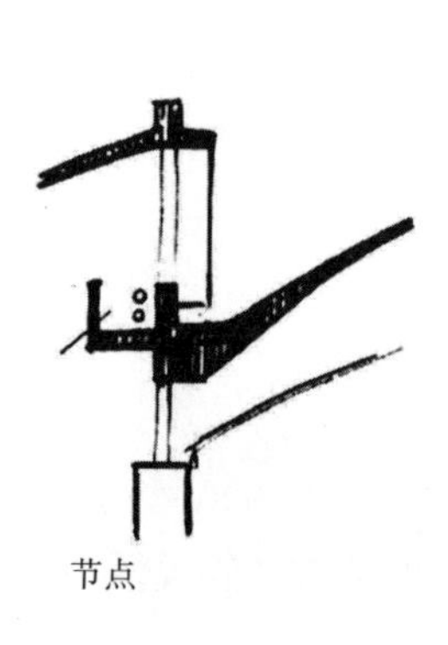

节点

展翼放飞

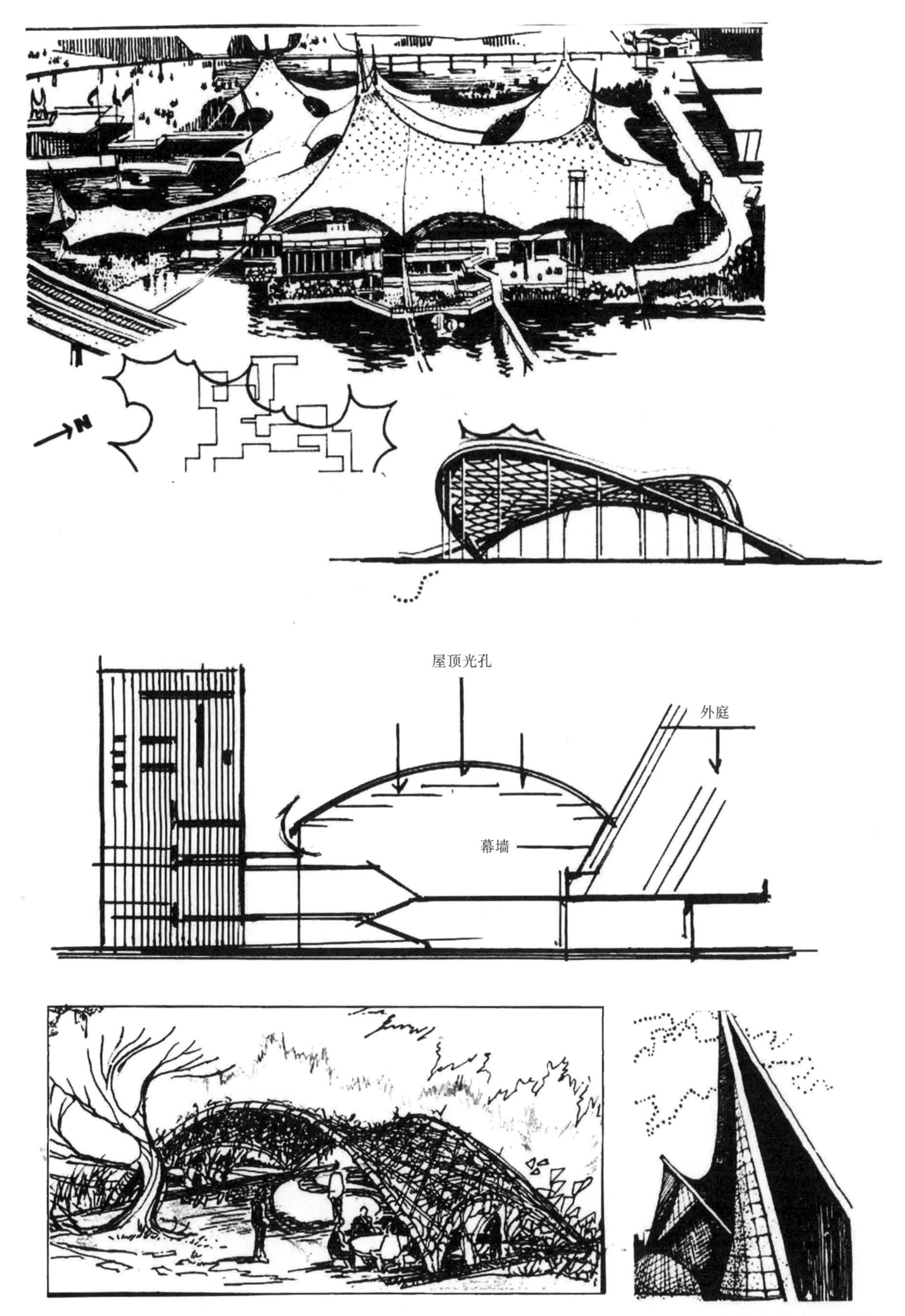
屋顶光孔
外庭
幕墙

多样化的空间结构

（四）结构的美

气韵生动的美，凸显自然之灵动，与常见的水泥丛林形成鲜明的对比。

代代木体育馆

悬挂之塔直冲云霄

花园中的正反亭

自然灵动的结构美

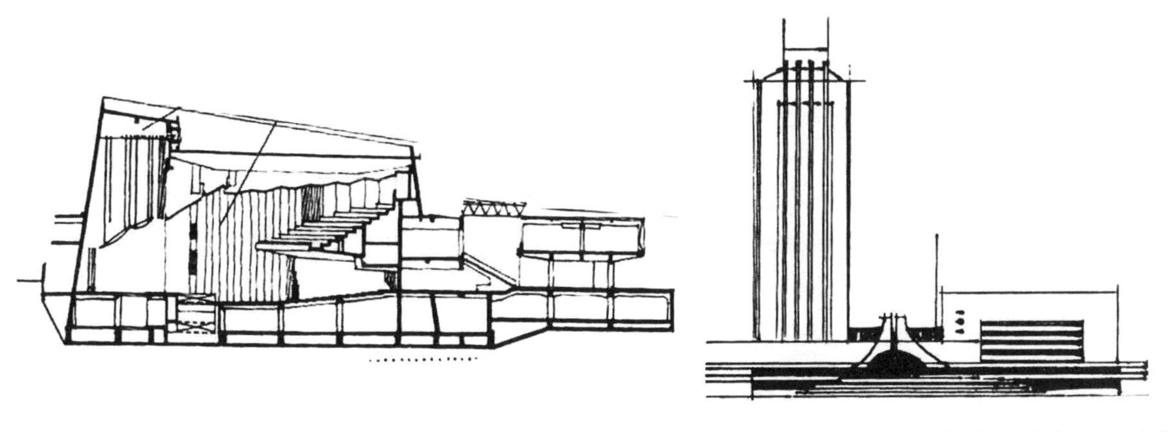

大阪国际展览澳大利亚会馆

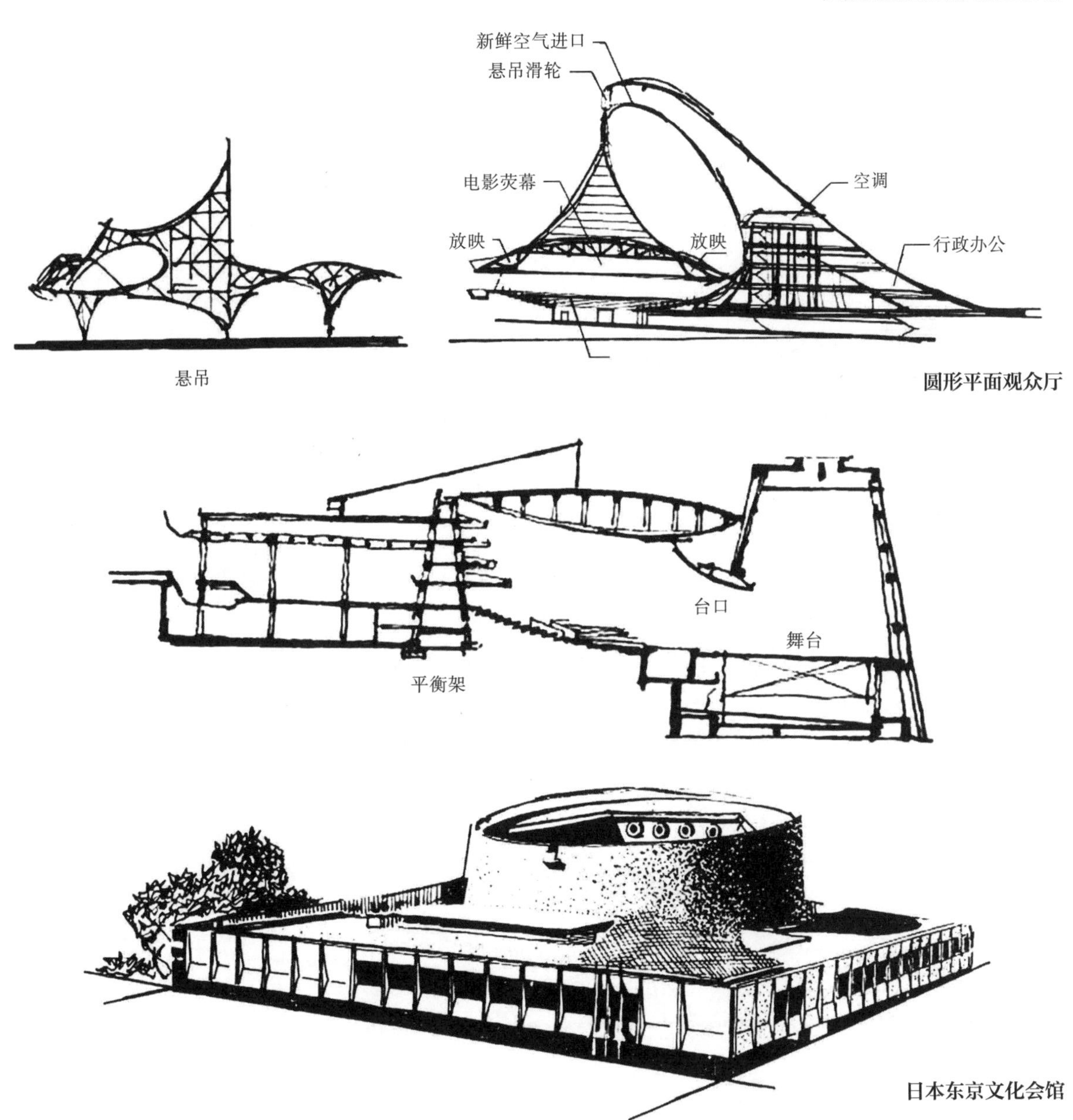
新鲜空气进口
悬吊滑轮
电影荧幕
空调
放映
放映
行政办公
台口
舞台
平衡架

悬吊

圆形平面观众厅

日本东京文化会馆

空间结构造型选例

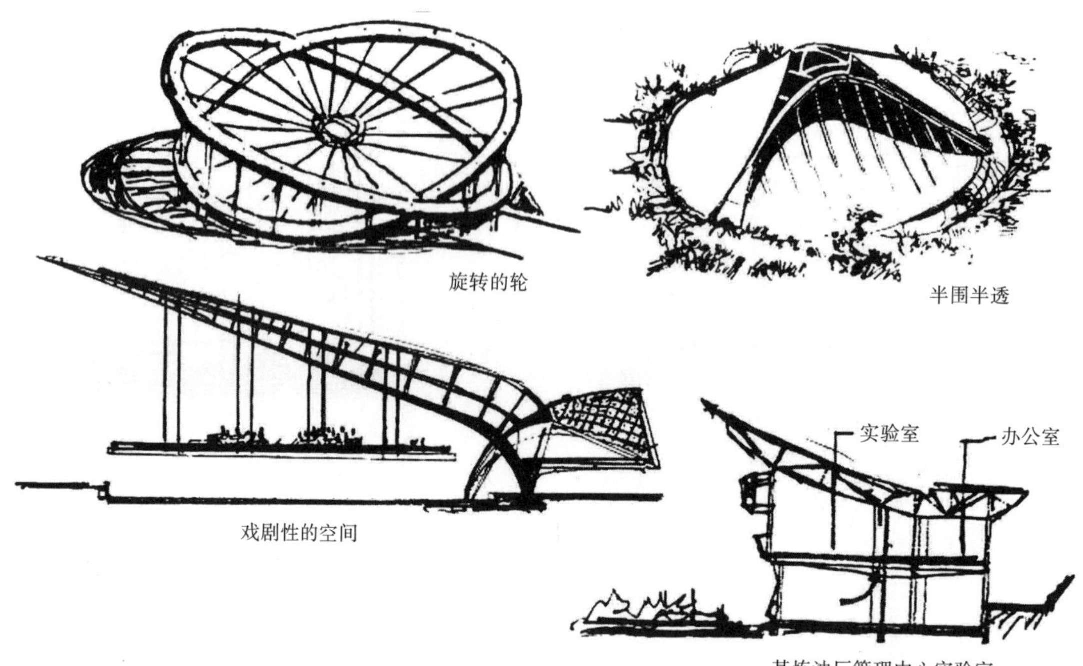
实验室
办公室

旋转的轮

半围半透

戏剧性的空间

某炼油厂管理中心实验室

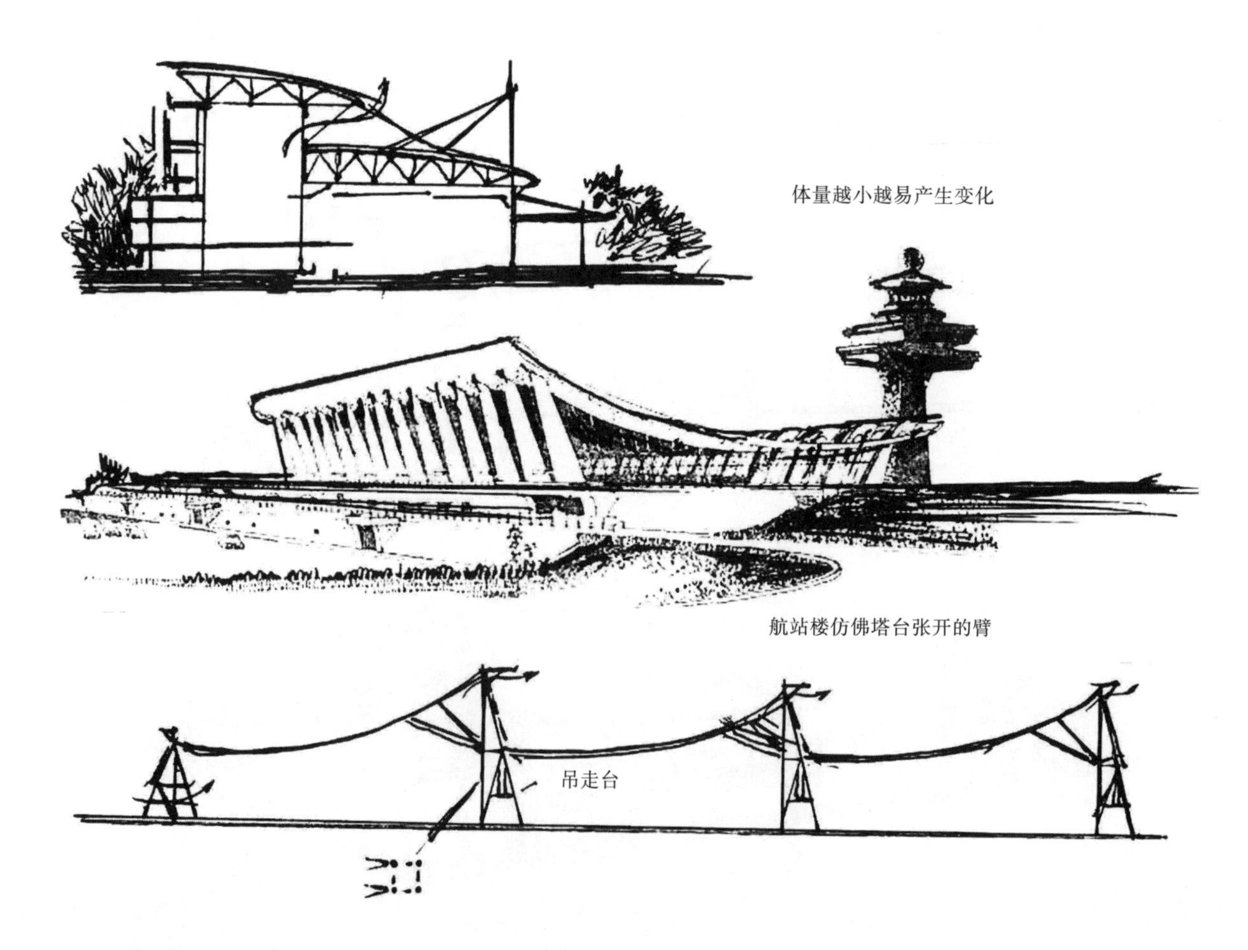
吊走台

体量越小越易产生变化

航站楼仿佛塔台张开的臂

千姿百态的空间结构造型

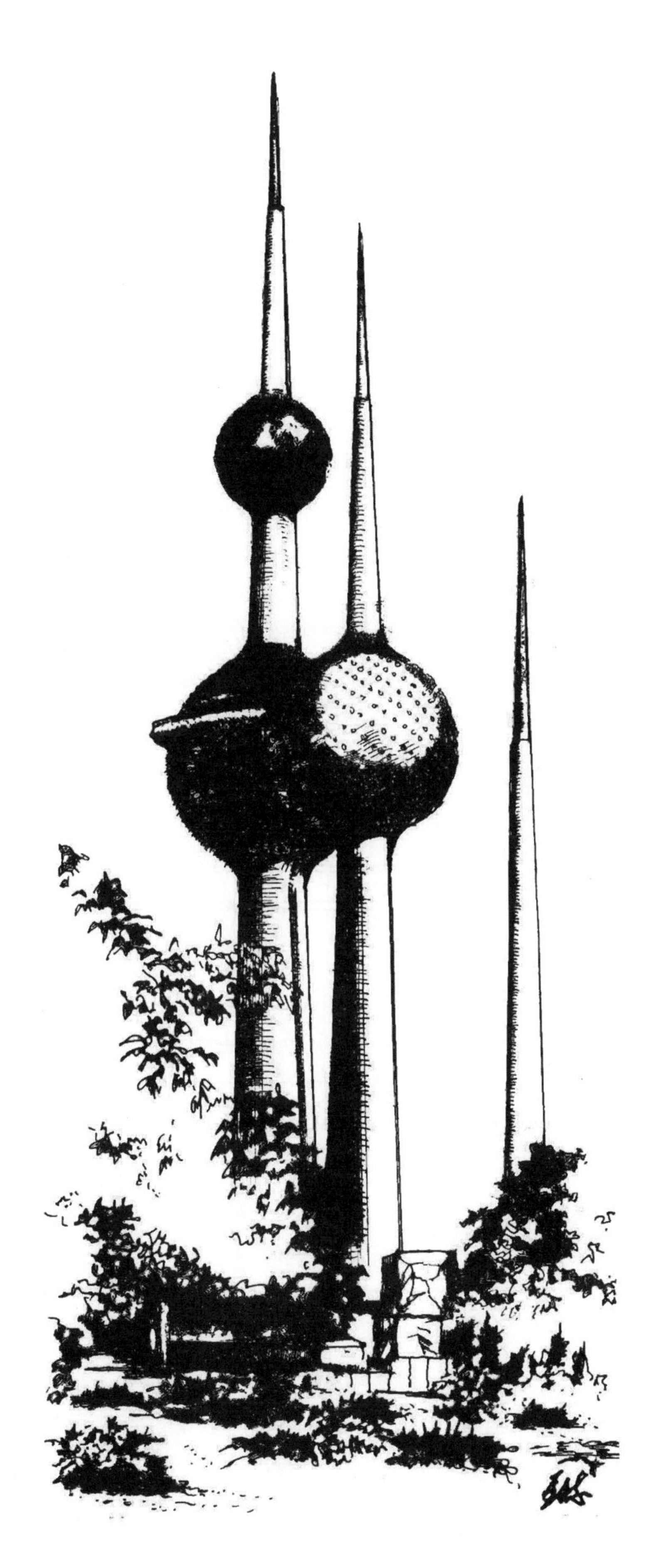

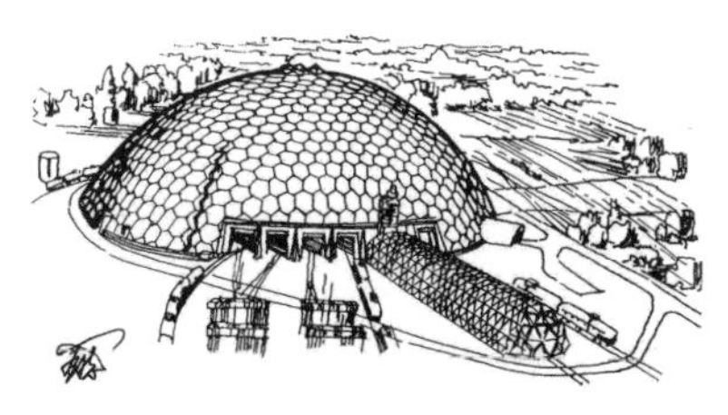

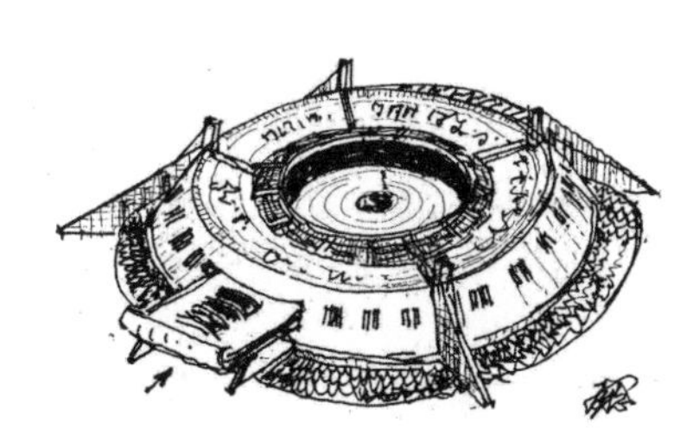

空间结构形成鼓状外观，用以表达鼓文化。鼓文化的表述:厚重、敦实、古朴、雄健。文武盛地，声闻于天

千姿百态的空间结构造型

（五）建筑围护结构及幕墙

围护，具有围与护的双重含义与作用。围指围合限定，用来区分内外；护意指保护，含有防止外来不利因素以及吐故纳新、兴利弊害之意。

21世纪以来，建筑材料日益丰富，施工工艺和科学技术不断创新，砖、瓷板等传统建筑围护材料的应用相对减少。同时，为了满足人与自然结合和眺望观景的需要，围护结构越来越灵活通透了。

从生态学视角来说，建筑的围护结构肩负着采光、通风、保温、隔热的重任。在朝向、风向、开口面积、体积系数、内外隔热处理方面需要统筹兼顾，合理安排。凡事有利也有弊，比如开窗开口面积过大，虽然利于采光但同时会造成热工方面的问题；内保温易于施工，但隔热效果却不及外保温的十分之一。因此，建筑围护结构设计时需要权衡利弊。

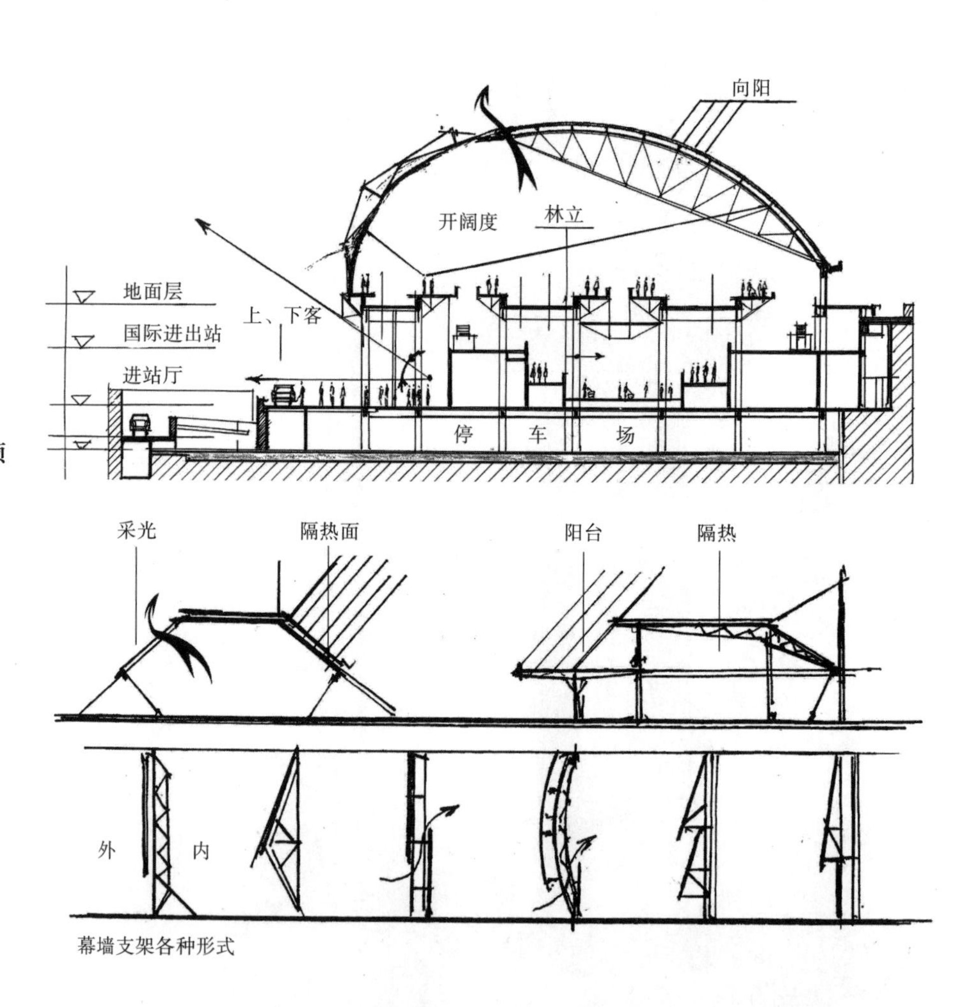

向阳
开阔度
林立
地面层
国际进出站
上、下客
进站厅
停 车 场
采光
隔热面
阳台
隔热
外
内

利用全反射原理组织屋顶形式

幕墙支架各种形式

幕墙的结构及连接

板铰柔性连接

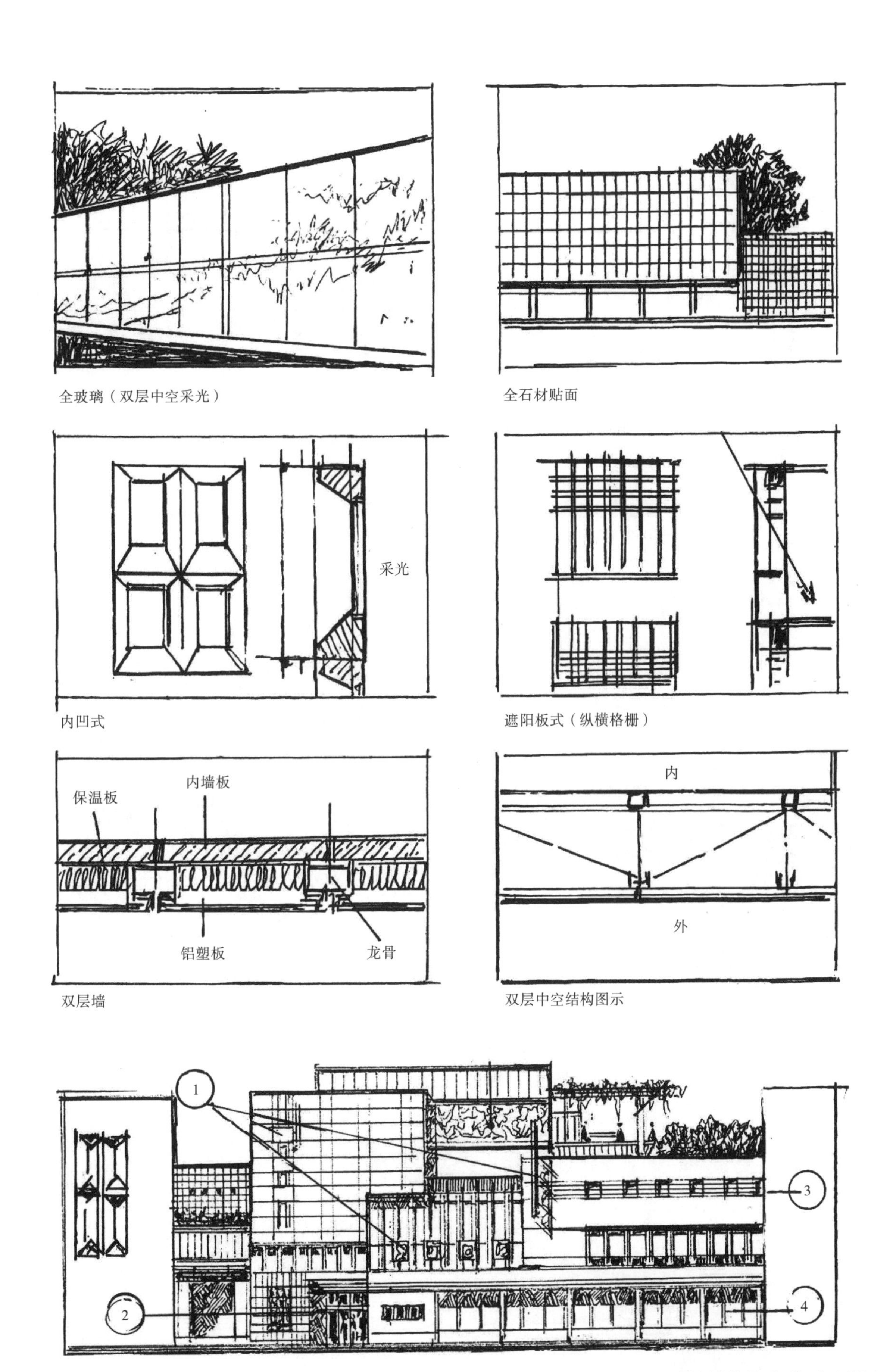
全玻璃（双层中空采光）
全石材贴面
采光
内凹式
遮阳板式（纵横格栅）
内墙板
保温板
铝塑板
龙骨
双层墙
内
外
双层中空结构图示
1
2
3
4

围护结构的多种形式组合

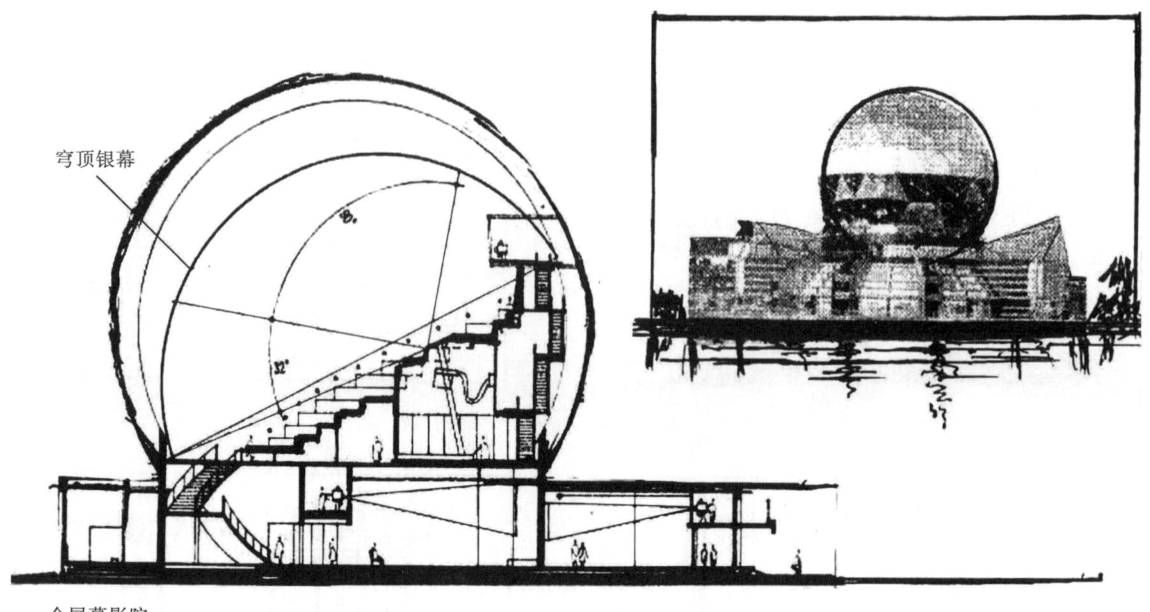
穹顶银幕

全屏幕影院

球形幕墙：全幕墙结构

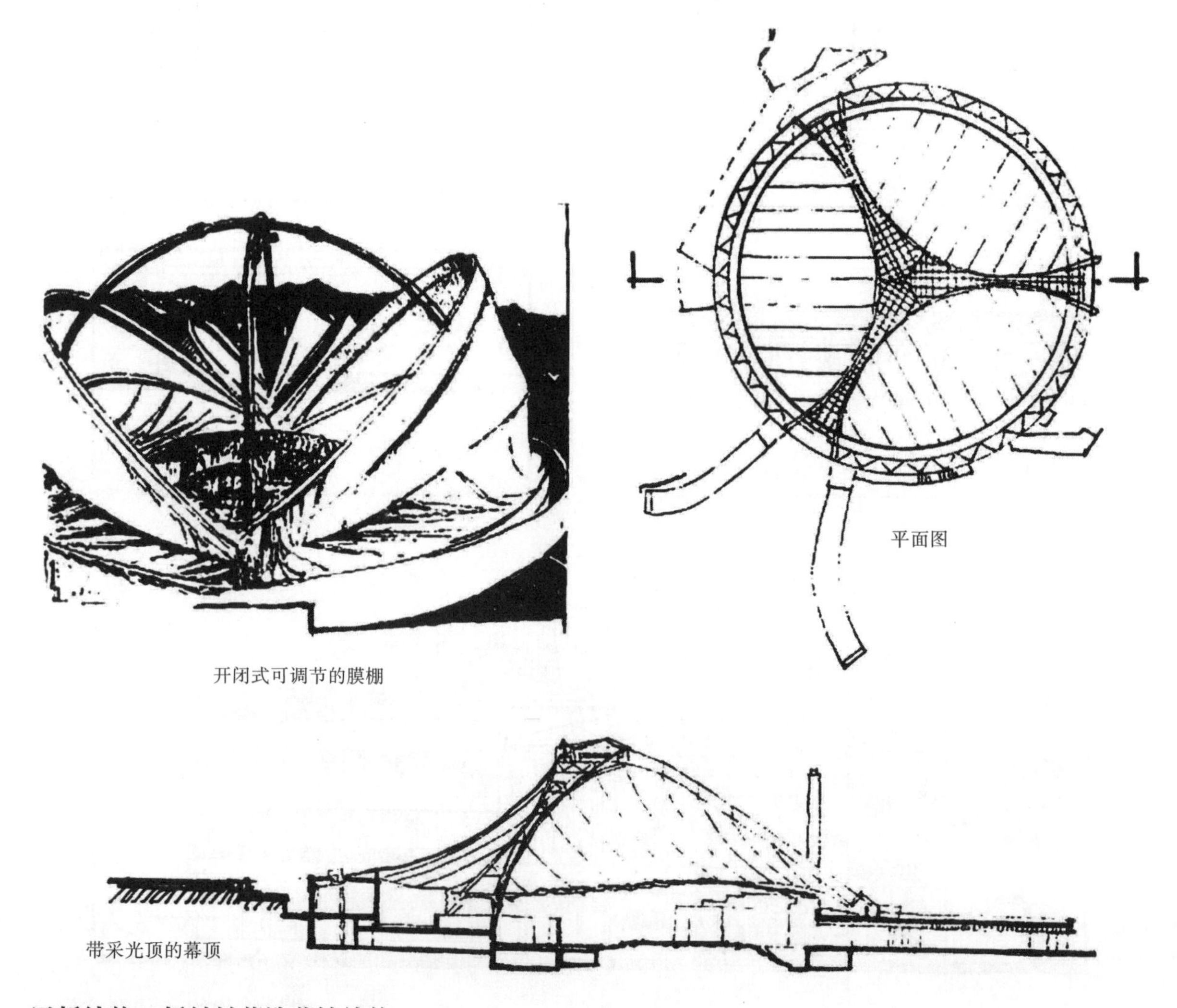

平面图

开闭式可调节的膜棚

带采光顶的幕顶

用新结构、新材料营造幕墙结构

（六）城市的构筑设施

在现代城市中，曾经以高大的烟囱、水塔、冷却塔、电视塔作为先进、繁荣的象征，这些建筑与构筑物一度成为城市形象的标志性符号。而进入高度发达的信息社会之后，部分设施已经完成了历史使命，成为城市的记忆和博物馆。从保护与利用相结合的观点出发，这些高大的构筑设施既可作为生活的遗痕和记忆的承载，也可进行充分利用，成为登高瞭望的平台之用，与所在环境共同组建成某种工业公园或生态公园。

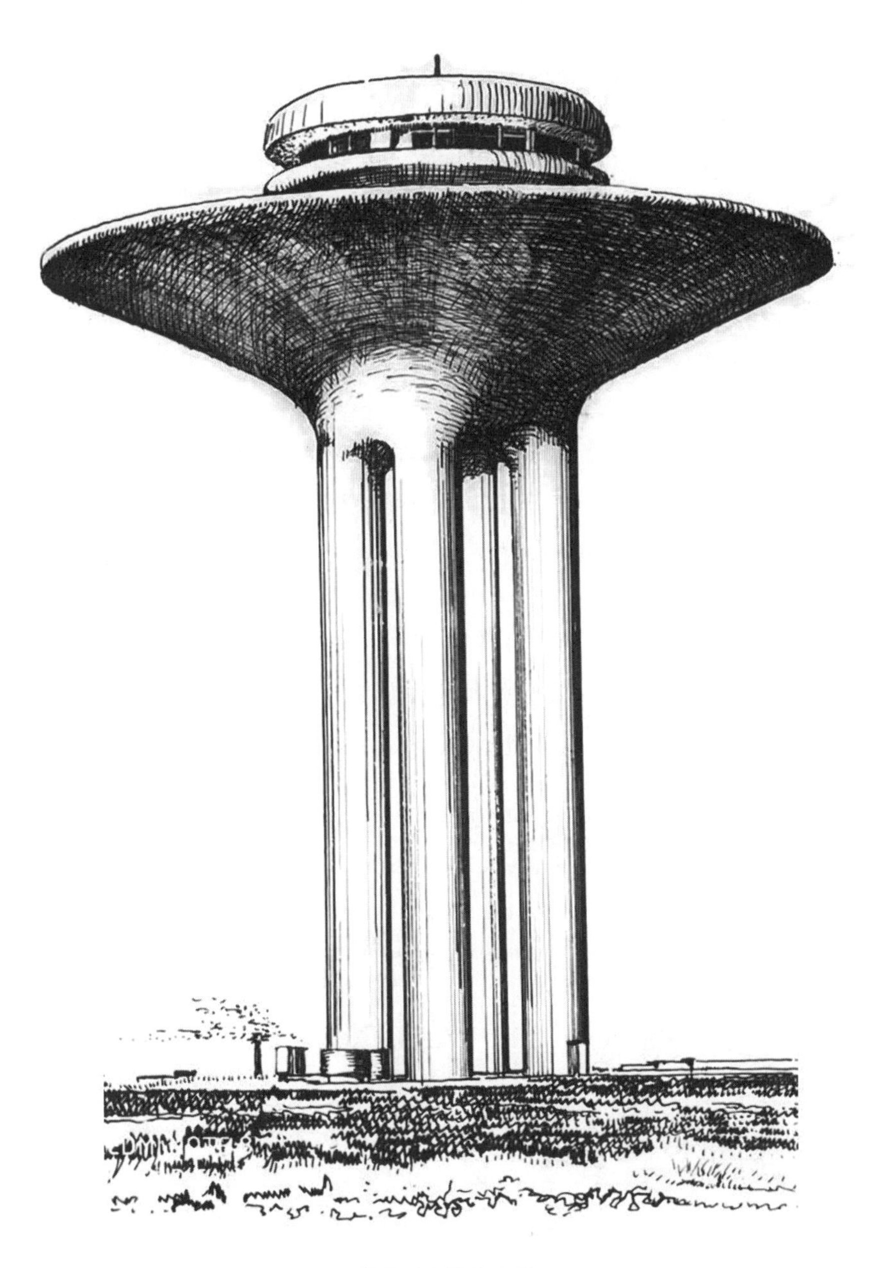

瑞典马尔默市水塔

二、建筑的体造型

建筑体造型作为一种物质存在形式，遍布城市的各个角落，举目可见。它备受全社会普遍关注，影响着城市的面貌、承载着城市的文化，是向人们传达建筑的表意性与表情性的实体形象，更是设计者表达理想、意志、品格、艺术造诣的物化形态。从建筑教育角度来说，建筑体造型更是师生们共同关注的“建筑立面”创作内容。因此，正确地解析与传承建筑造型的营造智慧，掌握建筑体造型的形成规律，是一个值得深入探讨的课题，也是本节有义务传达的重要信息。

（一）建筑体造型的规律

就一般规律而言，建筑体造型具有自律性与他律性两种制约因素。

1．自律性

建筑体造型是一种以结构为支撑、以一定的空间容量为载体、按照一定的形态表达传递信息的信源体，故应以适用、经济、绿色、美观为原则，以科学、哲学、艺术的综合为条件，以理念、方法、技巧的统一为手段，并借助于设计者的意象积累共同构成内在因素的制约。自律性即所谓“内因”，是建筑体造型变化的内在根据。

2．他律性

任何建筑都不是独立存在的个体，而是存在于环境中的，是根植于母体环境之中的，上承于天、下载于地，受地形、地势、气象条件的影响。所以，每座建筑既具有单独的个性，又具有类型的共性，个体与群体保持有机生长、和而不同的关系，避免“鹤立鸡群”成为“不和谐的音符”。一些建筑正是因为过于突出个体、异质而呈现出“孤岛式”“碎片化”的扭曲现象。他律性即属于“外因”，是对建筑体造型产生影响的外部因素。

综合以上因素，建筑体造型的创作必须兼顾自律性与他律性，不能偏颇于一方。

（二）建筑体造型的创作

根据作者多年的观察、解析、实践，如欲设计出优秀的建筑作品，一要强调设计者的经验（意象）积累；二要对建设现场进行认真考察（包括历史的、人文的、物理的、形态的）；三要进行精细的创作构思（从被动的到主动的）。要避免快餐式设计、速成式设计、单纯地模仿和套用经验，以及毫无依据地凭空遐想。

世间的一切事物都是相互影响和制约，并按一定的规律发展的，建筑造型也不例外。因此，在建筑体造型的创作上，一要多思出智慧、二要多练长才干、三要善于借鉴原型。一切智慧和才能都是在“为往圣继绝学”中获得的，继往方能开来、推陈方能出新。为方便大家的创作，特归纳以下要点，仅供参考。

① 建筑的体造型，基本是以几何形为主，按一定的拓扑关系演化而成的，诸如加、减、旋、叠、镶嵌、贯穿、咬合、滑移等；

② 以机械加工方法，如雕凿、镂刻、穿孔、车削、剪切、扭转等，促使建筑造型发生形变；

③ 采用符号化的象征手法，诸如天圆、地方、吉祥、如意、节节高升（如香港中银大厦）、阴阳互补等；

④ 内容与形式相统一，以及二者相剥离的“有意味的形式”。前者偏向于形式，后者则强调借用线条、色彩、抽象的几何形态，以及表皮的纹理加工等，传递一定的意义与情感（参见相关图例）；

⑤ 以点、线、面、体相结合的形式，组织立面的变化。把建筑的立体造型看作是点、线、面在空间上聚合成体；

⑥ 通过不同纹理的组合，将建筑造型化实为虚、刚柔相济，进行体量的消解与造型的变化；

⑦ 相近的造型进行不同的变化时，采用因子渗透的方法，使之相互呼应，连成一体；

⑧ 按闭合法则（框架与格构）进行包容、聚合、统一与变化；

⑨ 复合式，即采用多种形态构成，加强视觉刺激，突显造型特性；

⑩ 按生态效应，组织建筑造型。

（三）形变的策略

易经有言“穷则变，变则通，通则久”。求新、求异、求变，乃人之常情。建筑造型亦然如此。但要有利、有节、有度。跨越节律，便成谬误！变，应遵循“意料之外，情理之中”“从这一类，到这一个”，在追求创新的同时，务必要避免成为丑、怪、恶。

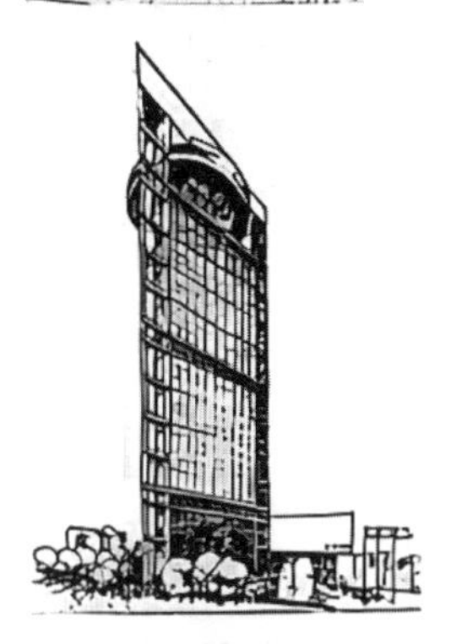

群体和谐与天际线的起伏

由于设计与自然相结合以及美观的需求，当需要发生变化时，应当具有相应的策略和方法，知道如何去改变呆板的建筑体造型，使之更具活力。特别是一些小型公共建筑，更具可变的灵活性。但对于住宅而言，由于建筑热工要求较严，有严格的容积率控制，过度变化会使外墙面积增大，继而使能源消耗增高，不符合节能要求。故只能在增加露台方面和改变角空间的环境性能方面作选择。所以任何情况下都不应为变而变，把“变”当成是一种必须追求的目的。当然，鉴于不同建筑所处的场所条件不同，设计者应有一定的应变能力，使建筑走出千篇一律的陷阱。须变则变，越变越好。

滑移成形

以平直的直线为轨迹线，以任一形状的线条为母线，滑动成形

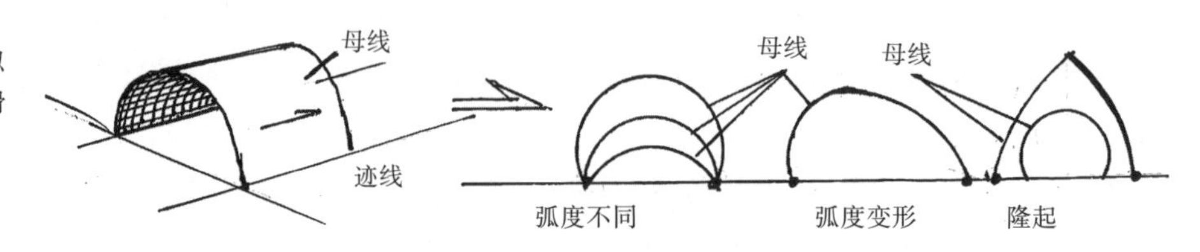
母线
迹线
母线
母线
弧度不同
弧度变形
隆起

抬升成形

将方整的平面，由一角抬升，形成双曲、直线构成的抛物线体

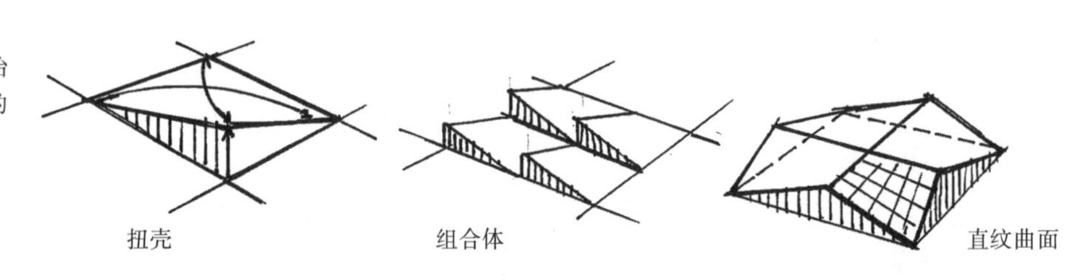
扭壳
组合体
直纹曲面

旋转成形

以点线面为原点，一端固定，另一侧旋转

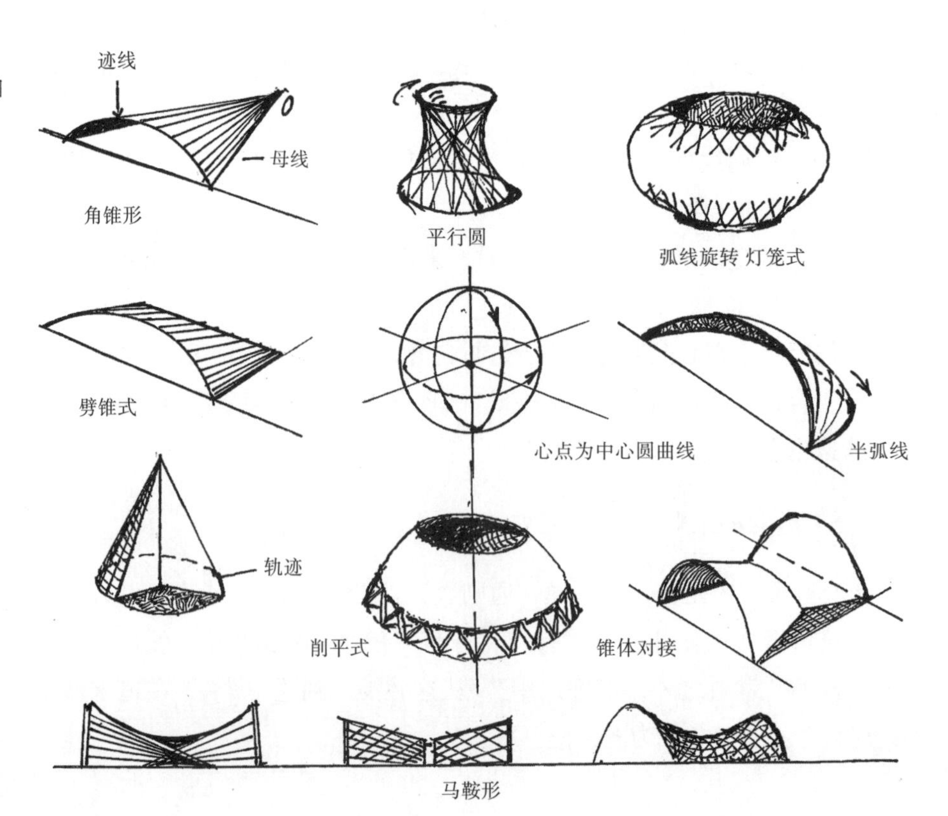
迹线
母线
角锥形
平行圆
弧线旋转 灯笼式
劈锥式
心点为中心圆曲线
半弧线
轨迹
削平式
锥体对接
马鞍形

（四）基本几何体为母题的形变

常见的几何体，有柱体、椎体、球体、台体等，也是常见的建筑造型元素。以某种基本几何体为母题，采用加法、减法、镶嵌、叠合、相贯、相切、错落等组合方法，可以衍生诸多的变化。老子曰：“朴散则为器”“凿户牖以为室”，即指原木需经刀、斧、锯、凿之加工方能构成有用的器具。房子不仅要有骨架，还必须安上门窗才能居住。

建筑体造型，光有一个几何立方体还不能达到“适用、经济、绿色、美观”的要求，还要采用人工加工的手段，使之具有一定的品质，“机械加工”也是必要的。

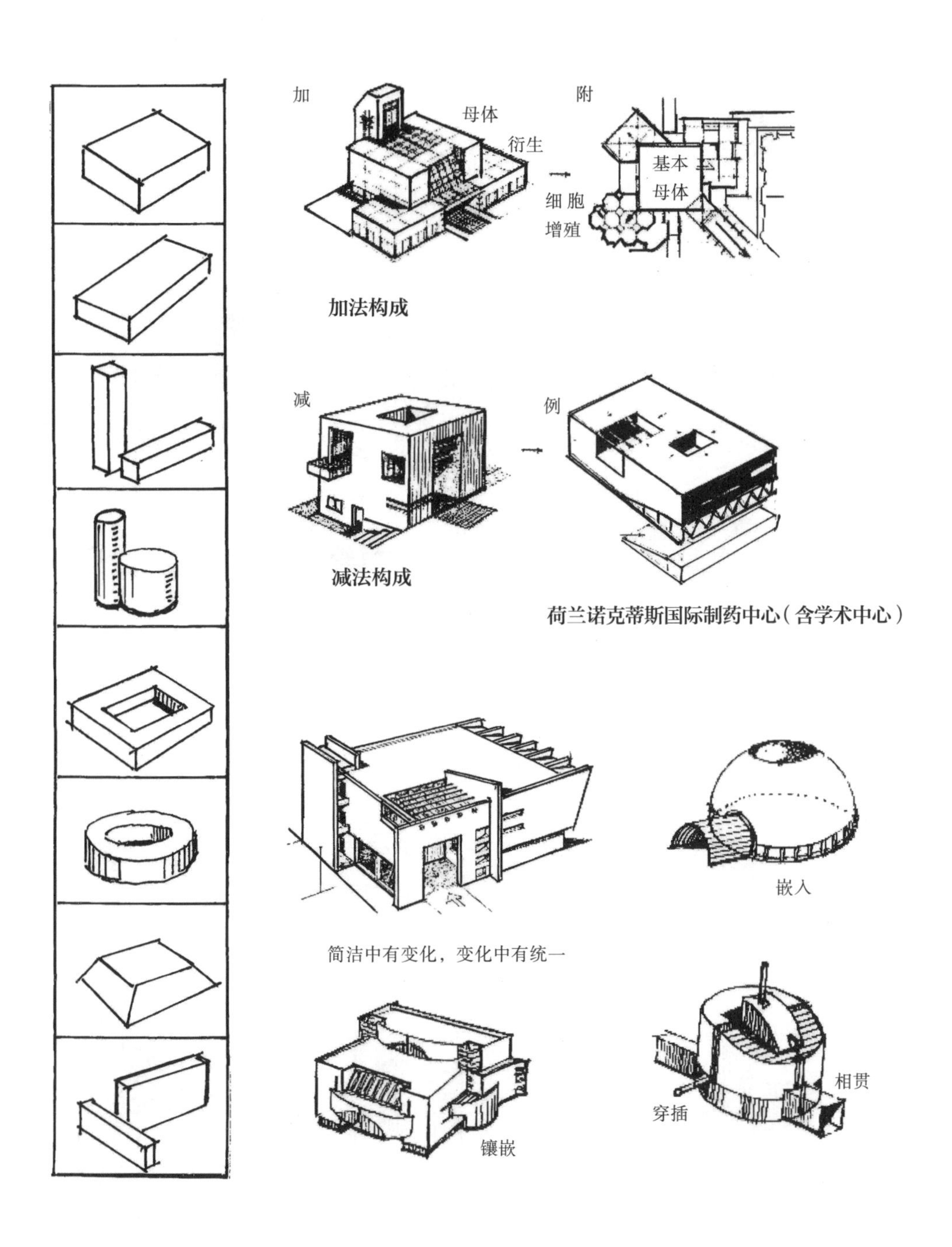
加
母体
衍生
附
基本
母体
细胞
增殖
加法构成
减
例
减法构成
荷兰诺克蒂斯国际制药中心（含学术中心）
嵌入
简洁中有变化，变化中有统一
相贯
穿插
镶嵌

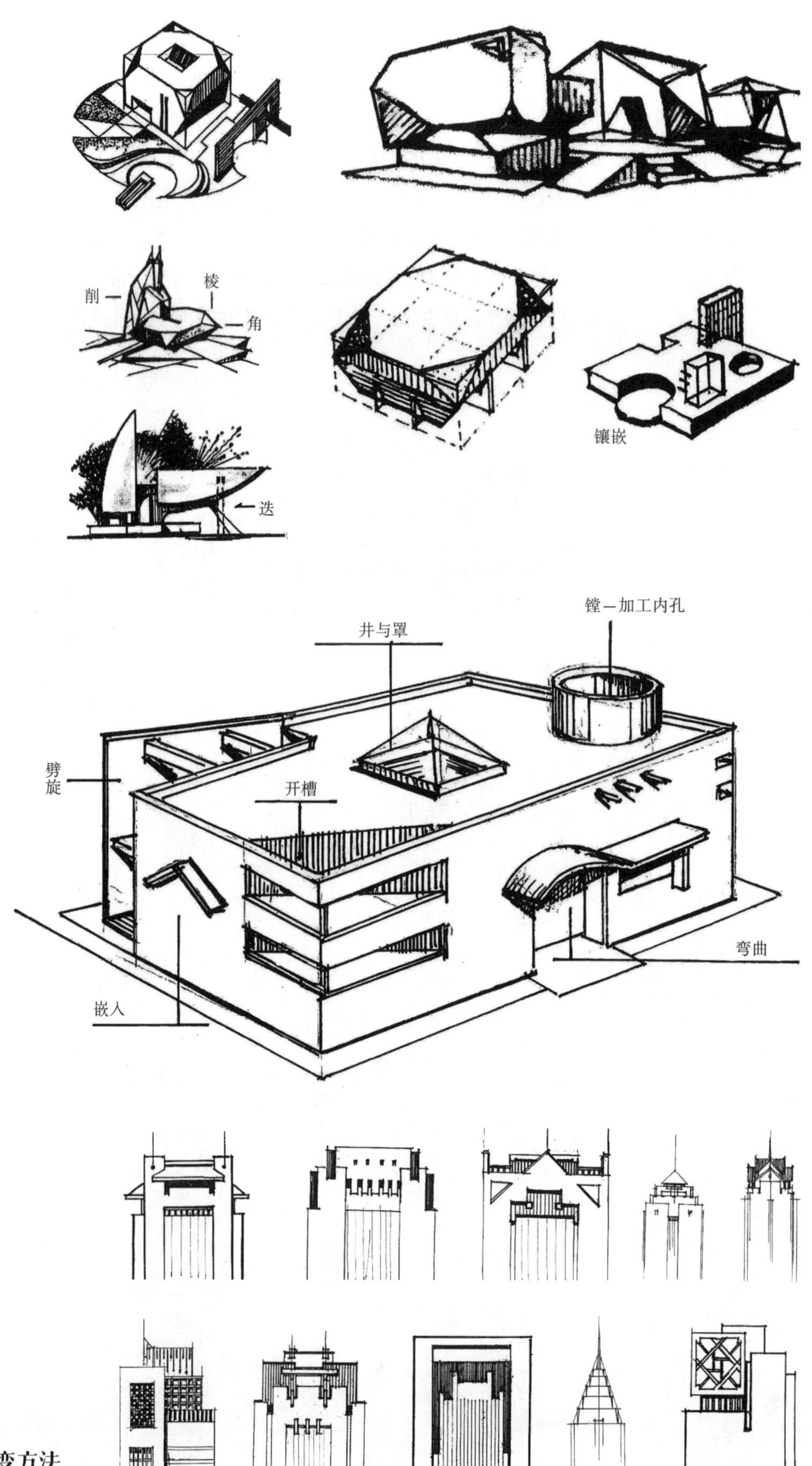
削
棱
角
迭
镶嵌
镗—加工内孔
井与罩
劈旋
开槽
弯曲
嵌入

建筑体造型的形变方法

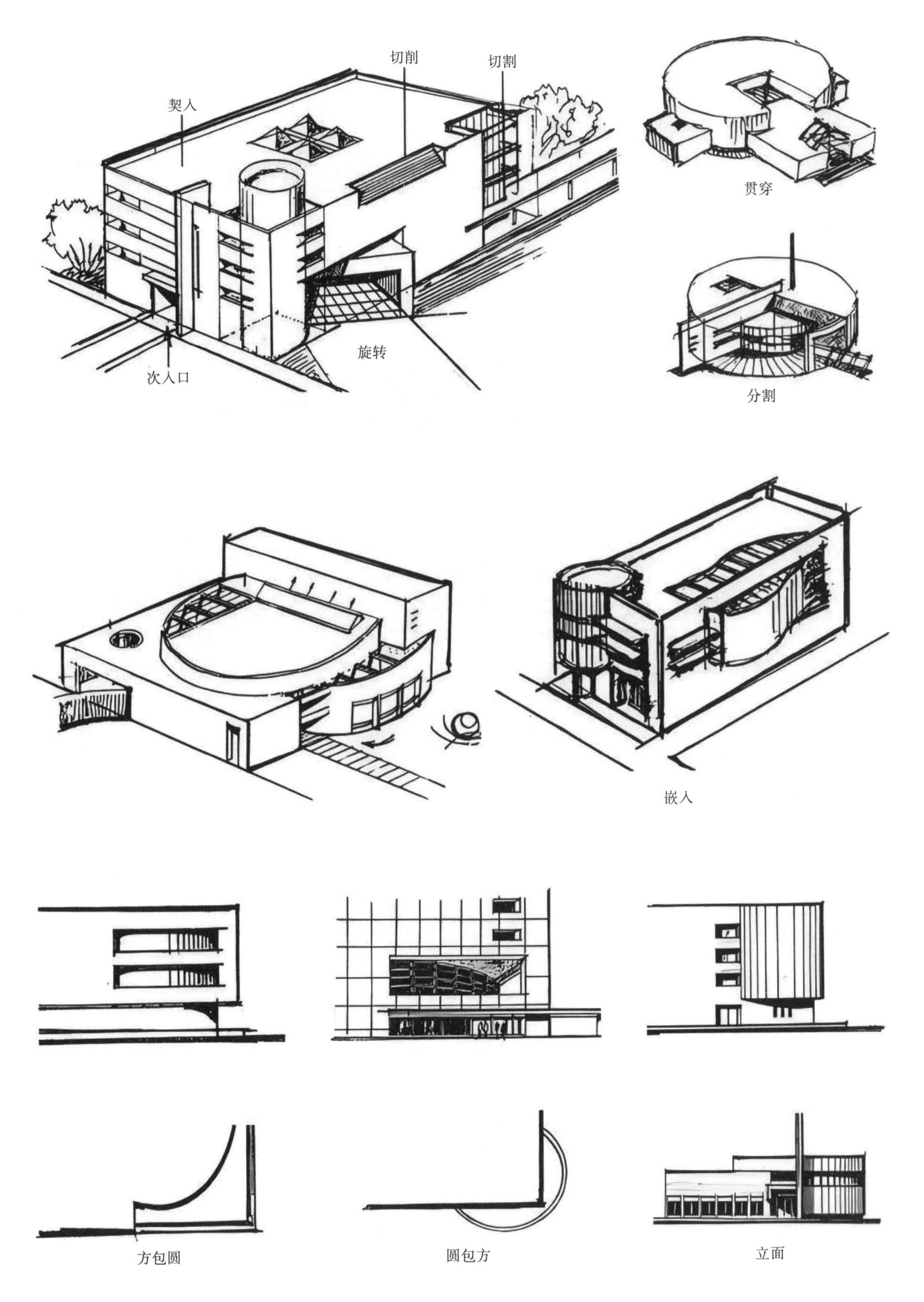
切削
切割
契入
次入口
旋转
贯穿
分割
嵌入
方包圆
圆包方
立面

建筑体造型的形变方法

（五）点、线、面、体聚合

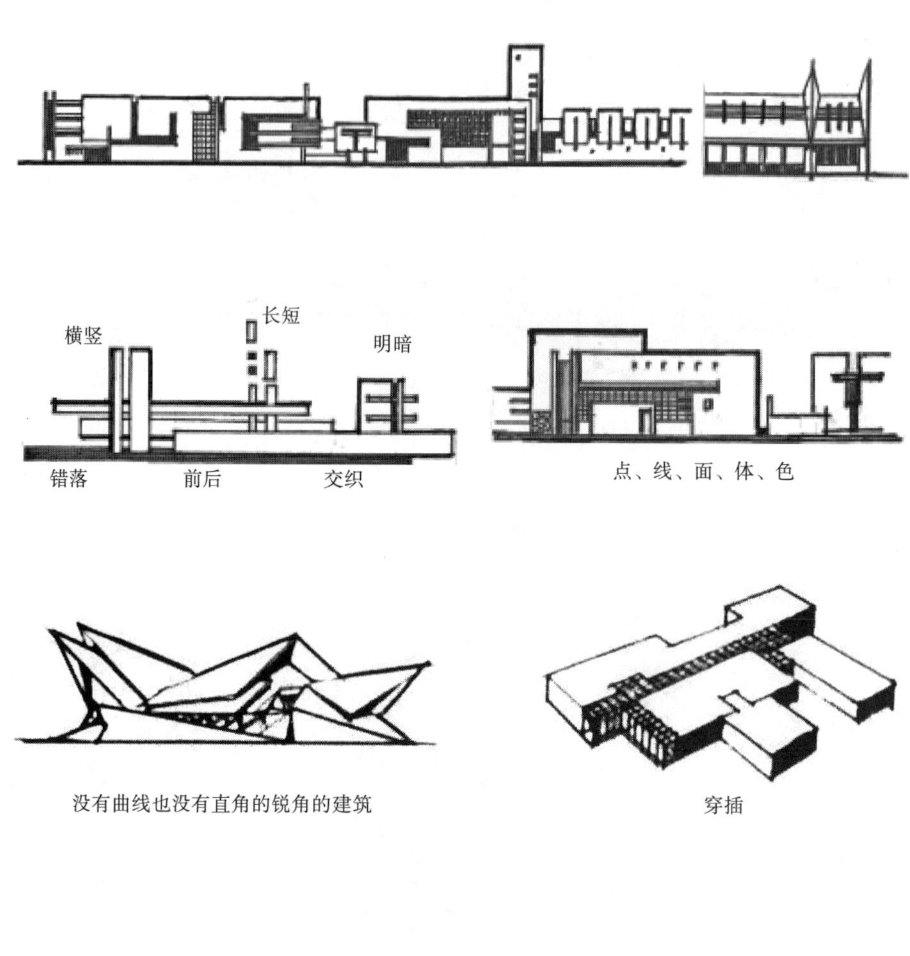
横竖
长短
明暗
错落
前后
交织

点、线、面、体、色

没有曲线也没有直角的锐角的建筑

穿插

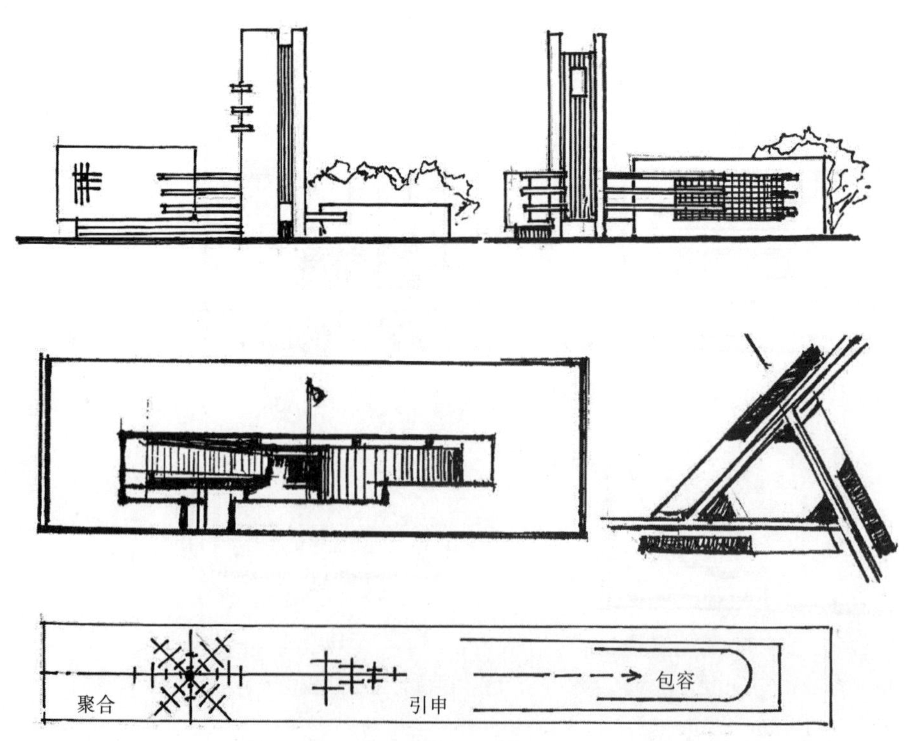
聚合
引申
包容

建筑本体的组合关系
加、减、叠、旋、嵌、相贯、相切、穿插、咬合……

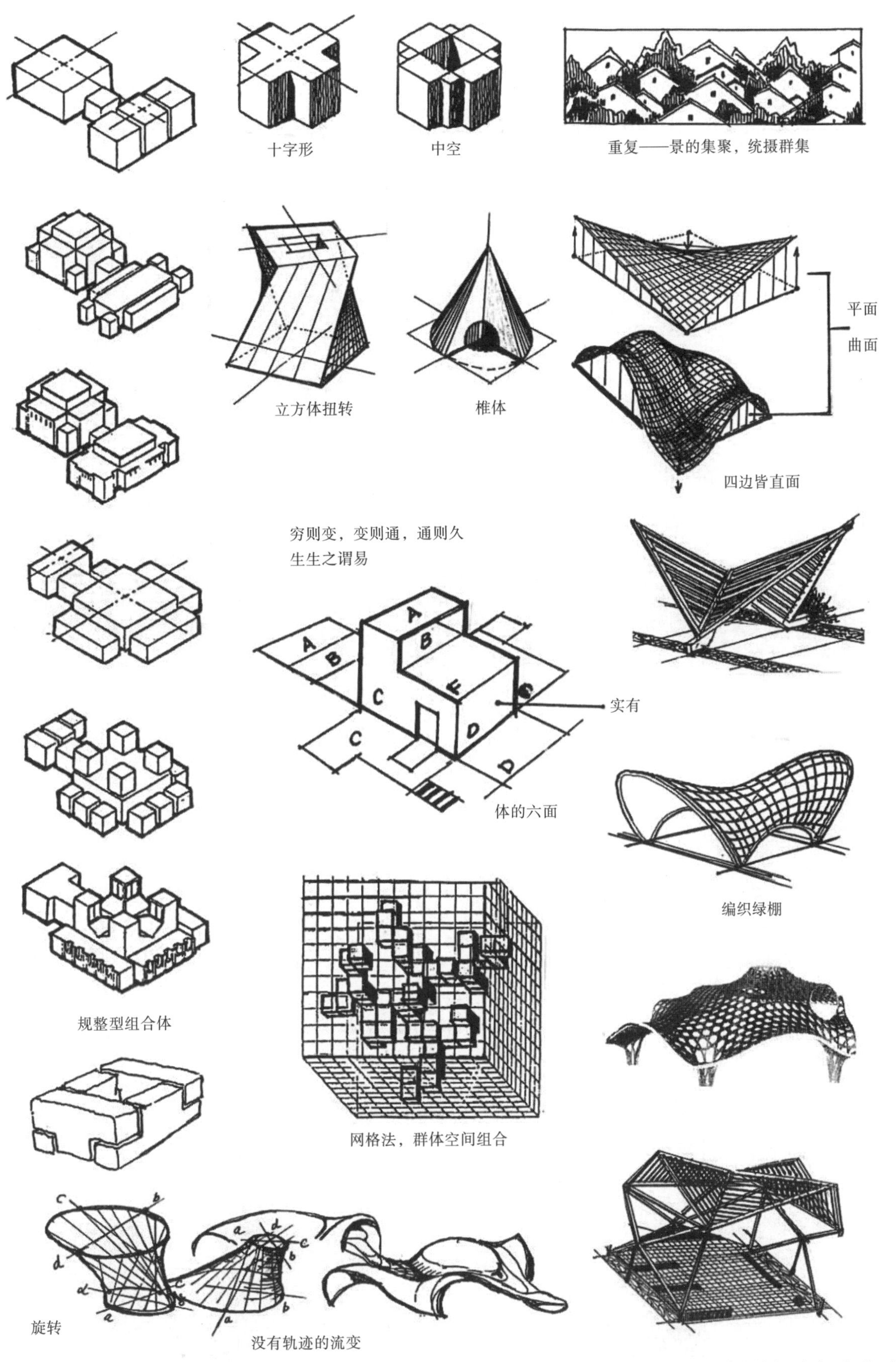
十字形
中空
重复——景的集聚，统摄群集
平面
曲面
立方体扭转
椎体
四边皆直面
穷则变，变则通，通则久
生生之谓易
A
B
C
D
E
实有
体的六面
编织绿棚
规整型组合体
网格法，群体空间组合
旋转
没有轨迹的流变

形体的组合与变化示例

（六）建筑的形态构成肌理——边界的形式

1．不定性

不定性，是获得信息量的主要信息源，也是活化空间的重要手段。但是，“变”并非目的，而是一种手段，要适时适度。

环绕之势

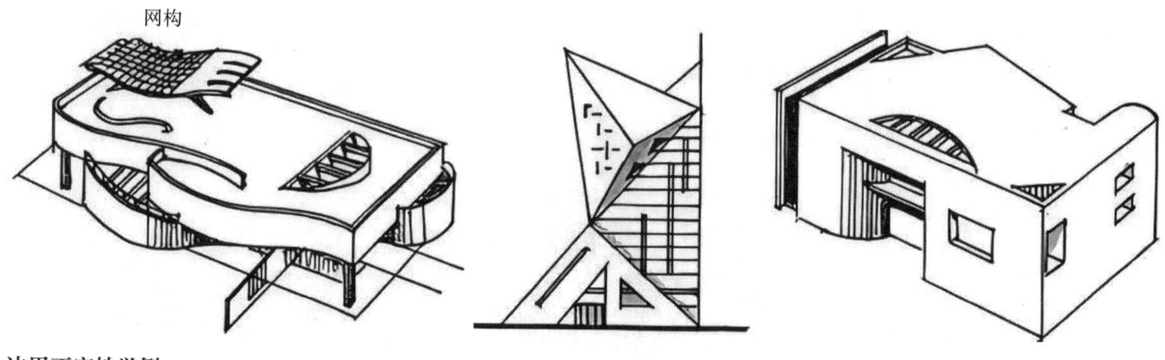
网构

边界不定性举例

方圆组合，残缺之美

2．格构

格构，是以封闭式法则，采用半框或全框，将立面划分成若干个单元，在单元内可以灵活组配，类似于家具中的博古架类型。封闭式法则，犹如一只筐，可以装载不同的物件。

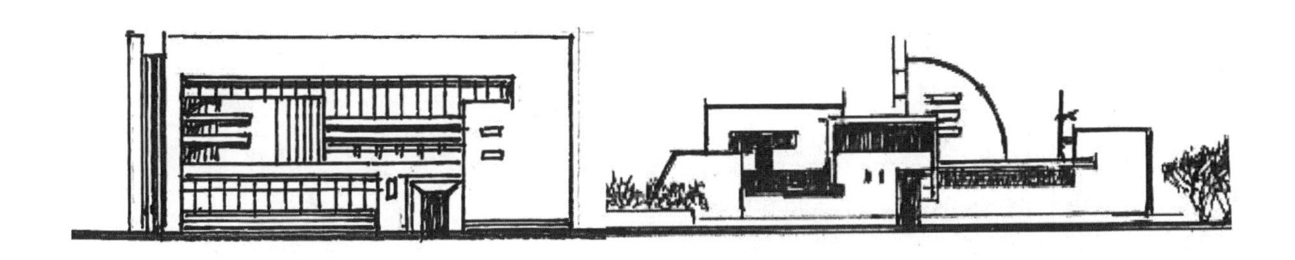

框——划分领域的限定元素
框内为图，框外为底、为衬

3. 动势

动势，是以力的趋向性运动展示“似动”，即以静显动，从而调动人的审美情绪。力与形，是任何建筑都有的特性。有的寓静于动，有的以形显动。作为体育场馆，本属动态活动场所，若能以动态构成形式，选择建筑造型的立意，使形式与内容统一，则“形有所归”。

日本东京体育馆

洛杉矶航空塔中心塔台

代代木体育馆局部

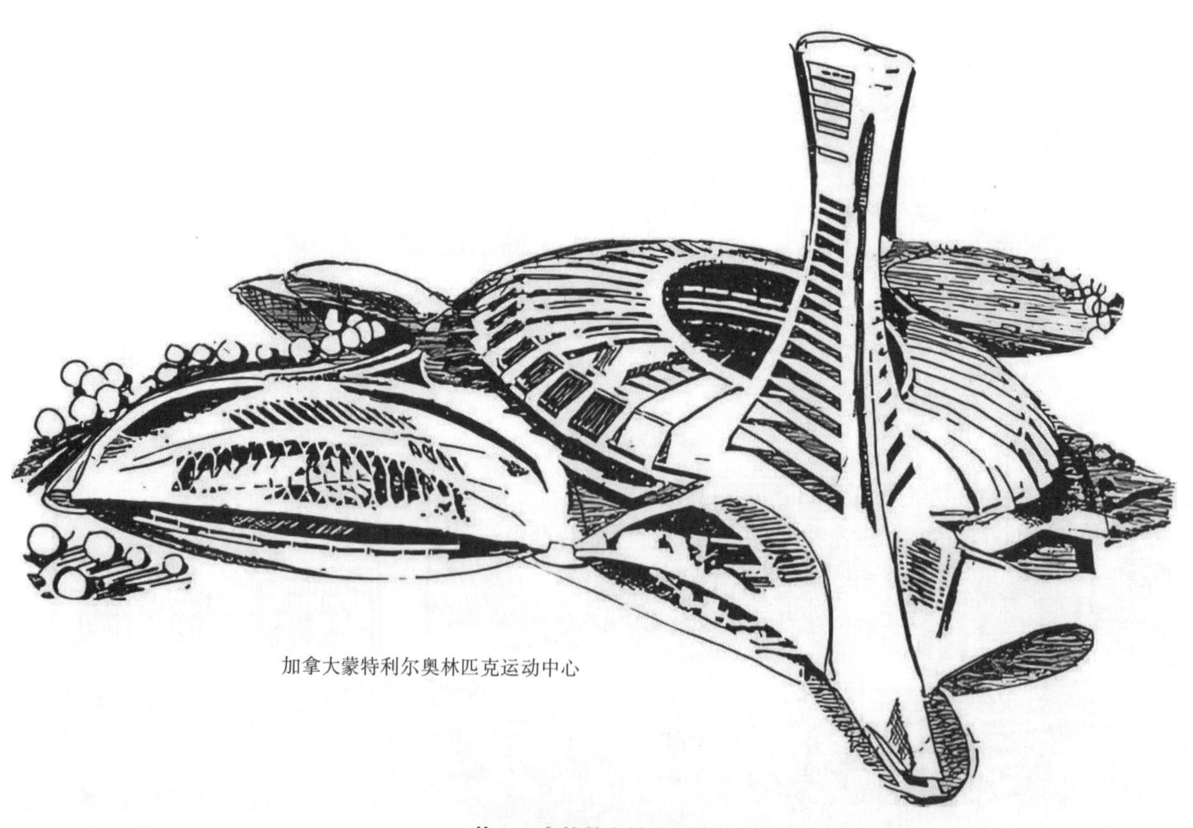

加拿大蒙特利尔奥林匹克运动中心

势——力的趋向性直观表达

（七）表面肌理

自从进入20世纪以后，“建筑必须坚持内容与形式相统一”原则逐渐被淡化，取而代之的则是“有意味的形式”，即指建筑表面的形式可以用线条、色彩、肌理构成的有机性等因素，进行意义的表达。特别是以水泥丛林为主的现代建筑，刚性、生冷有余，柔性、活力不足。如何改变现状，减少坚硬的体量感就显得特别重要。通过化实为虚，变刚性为柔性、变坚硬为消解、变粗糙为细腻。

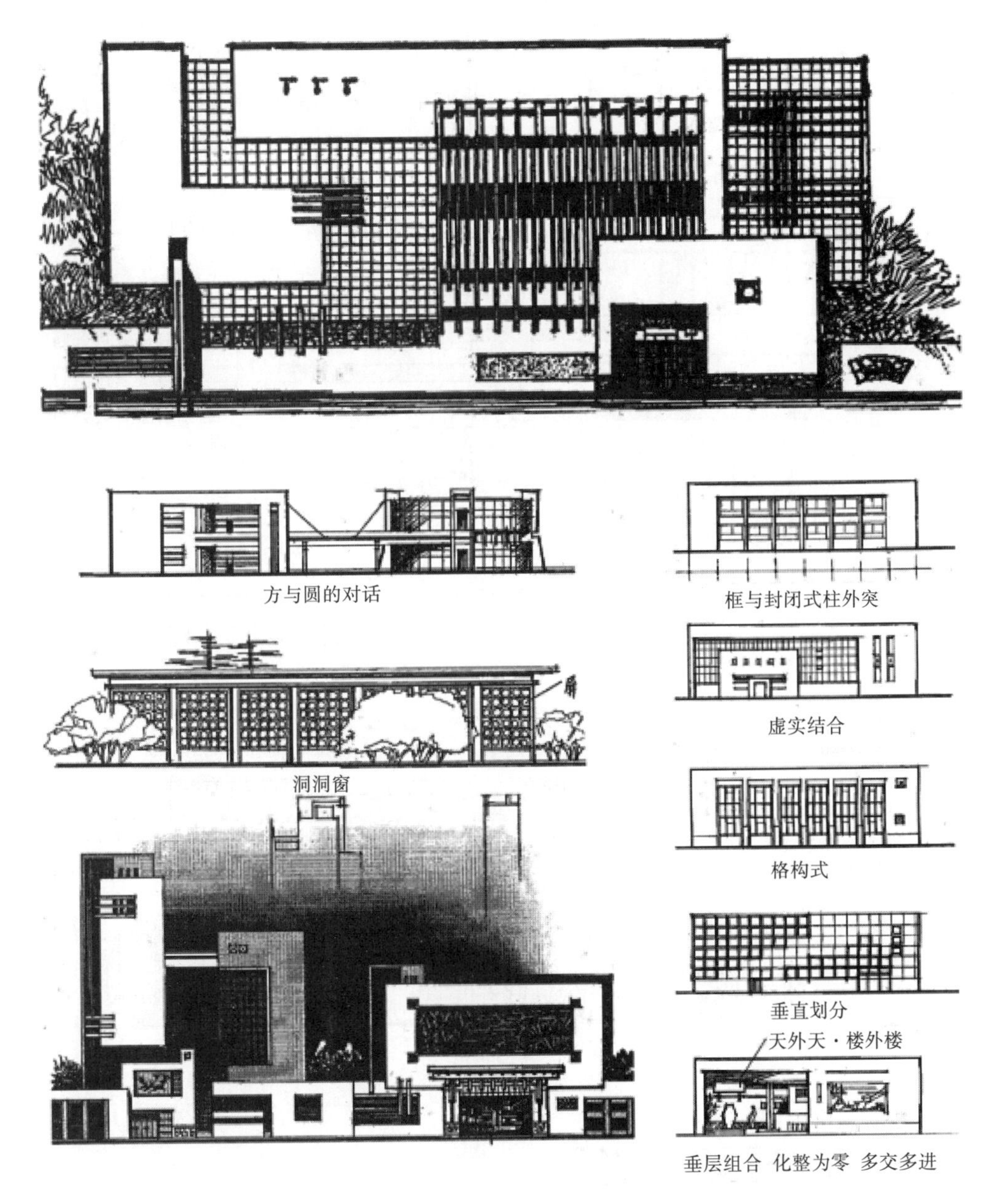
方与圆的对话
框与封闭式柱外突
虚实结合
洞洞窗
格构式
垂直划分
天外天·楼外楼
垂层组合 化整为零 多交多进

形的纹理变化

虚实共生、刚柔相济、纹理清晰、消解、柔化

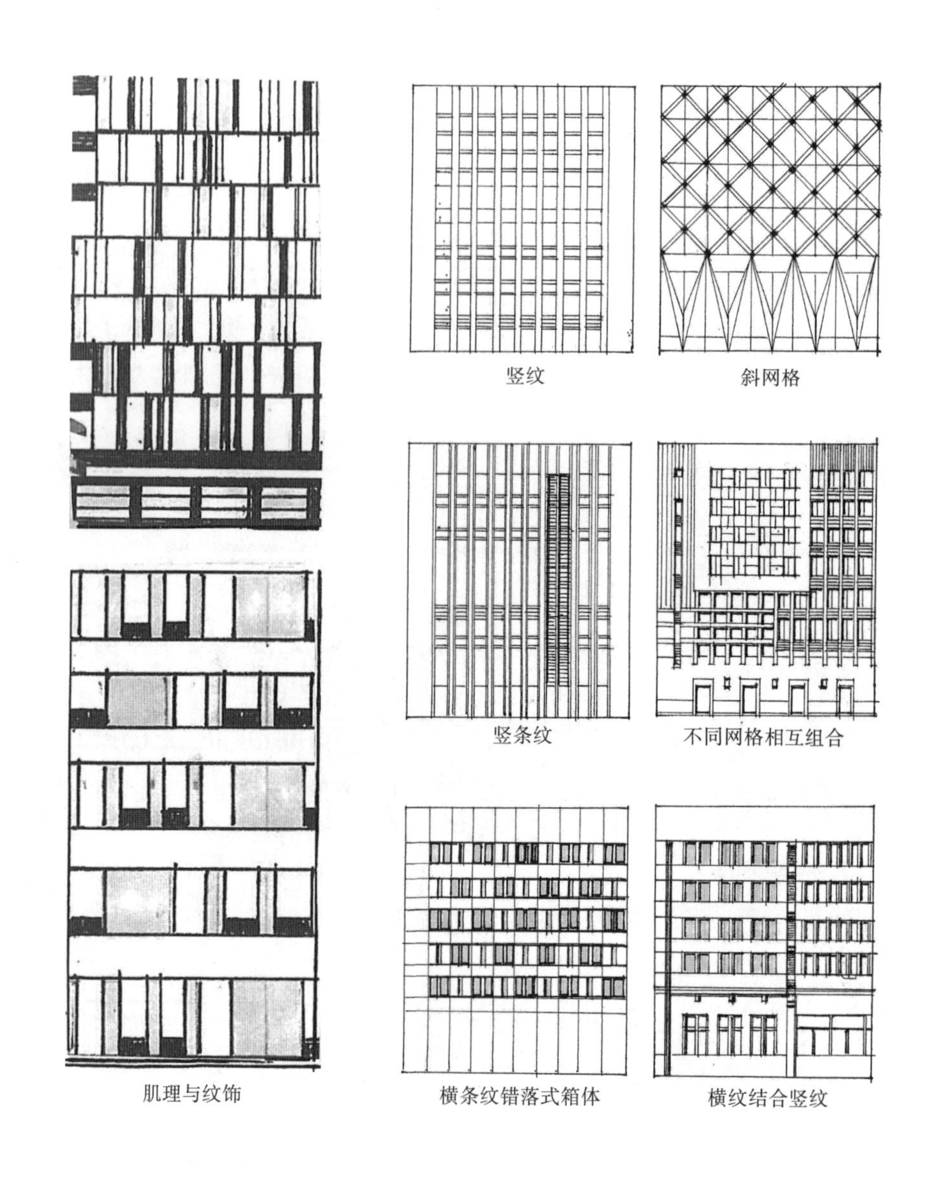

竖纹　斜网格

竖条纹　不同网格相互组合

肌理与纹饰　横条纹错落式箱体　横纹结合竖纹

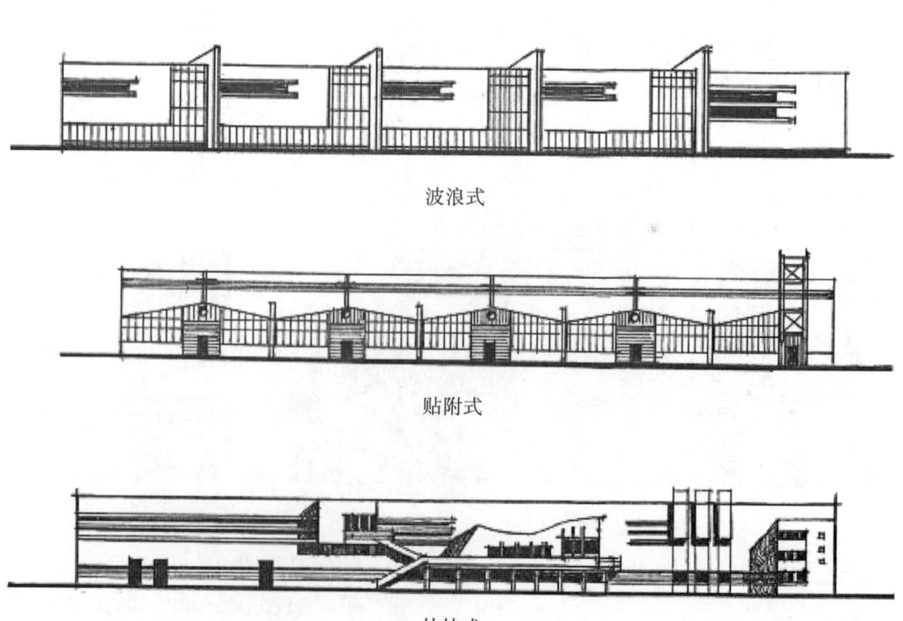

波浪式

贴附式

外挂式

表面肌理

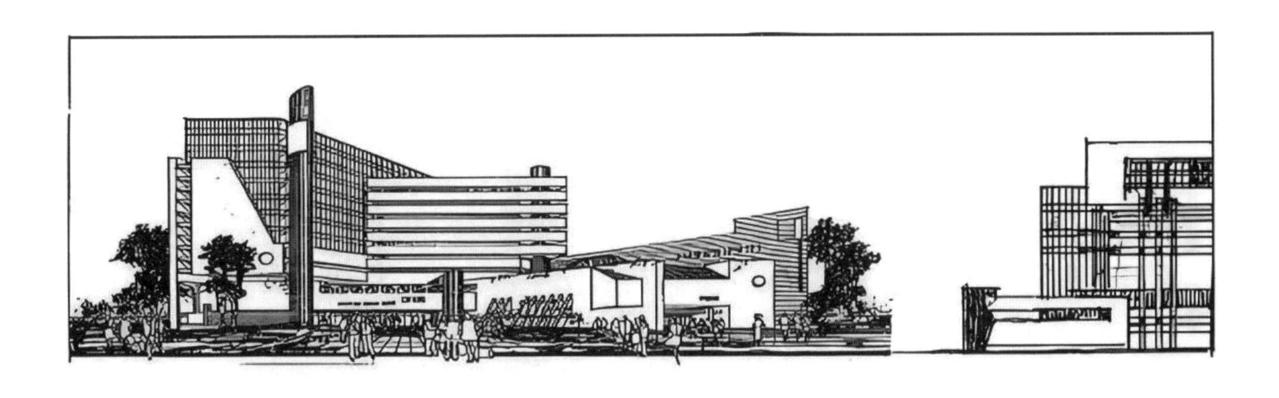

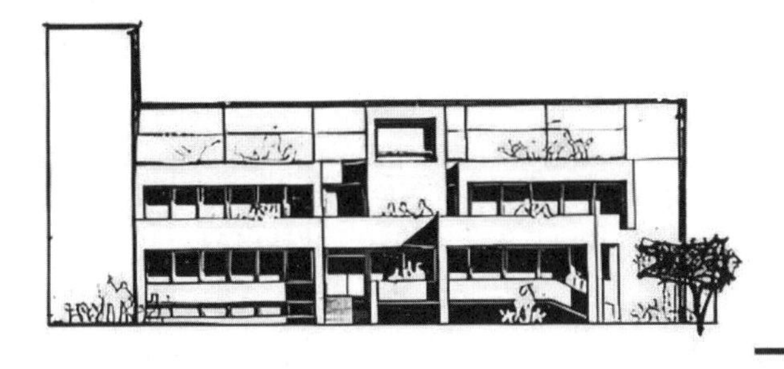

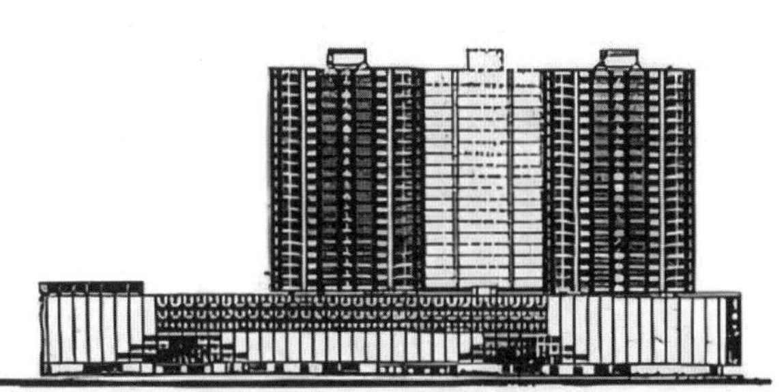

内在秩序的外在表象

源于内而显于外，以线条、体块的有机组合体现对比、和谐、均衡，在统一中寻求变化。表面纹理犹如禽之羽毛、鱼之鳞片

a

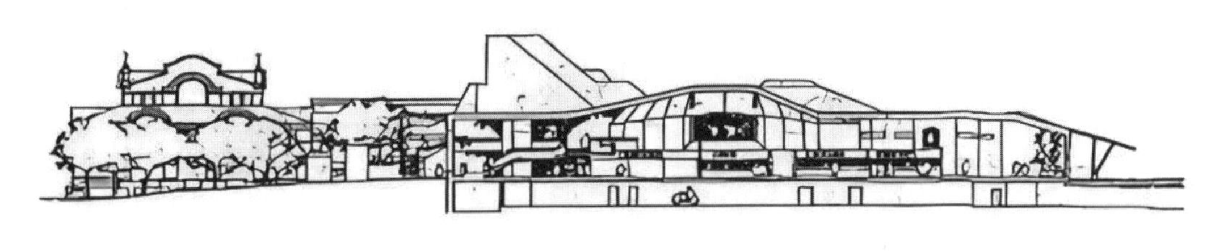

b

c

斯德哥尔大学学生之家

变而有序、活而不乱、张弛有度、内外关联

注：广义的生态，既指绿色，也指建筑形体的有机活力、富有生机

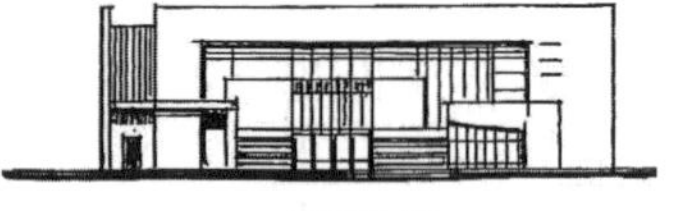

封闭法则

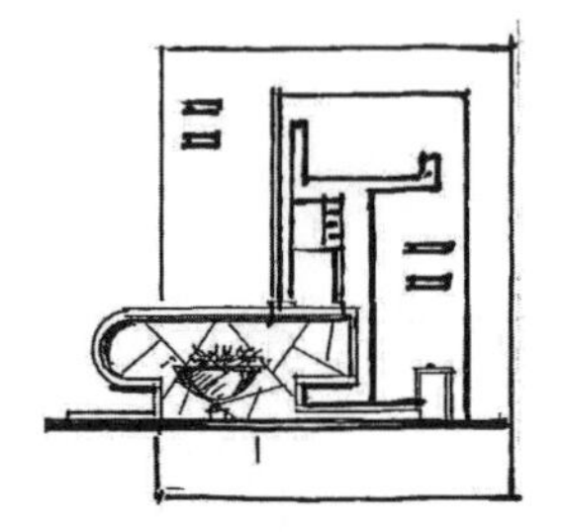

大框套小框

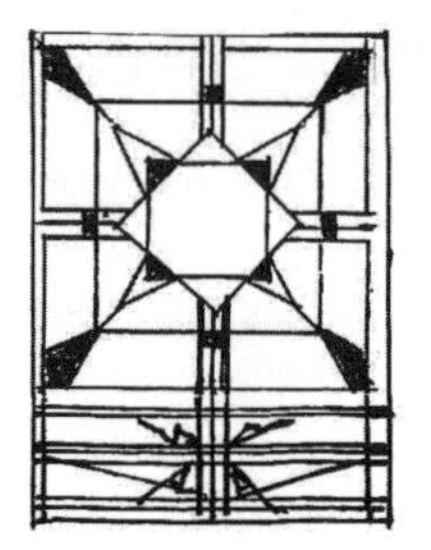

几何形重组

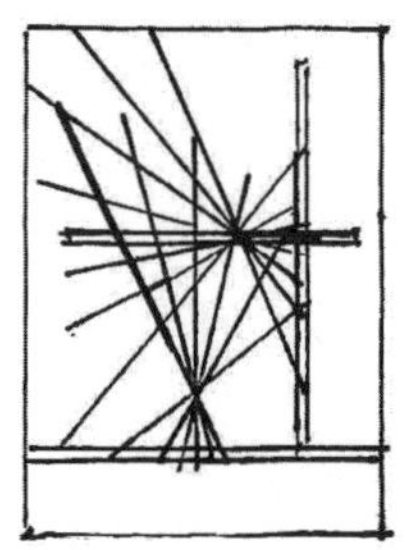

纵横皆是

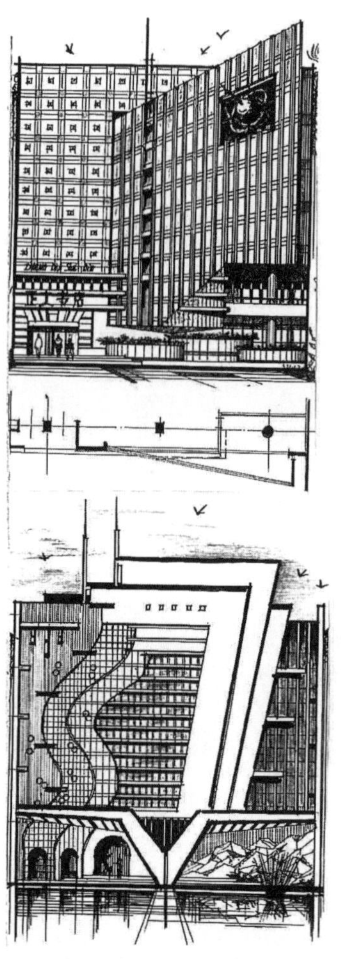

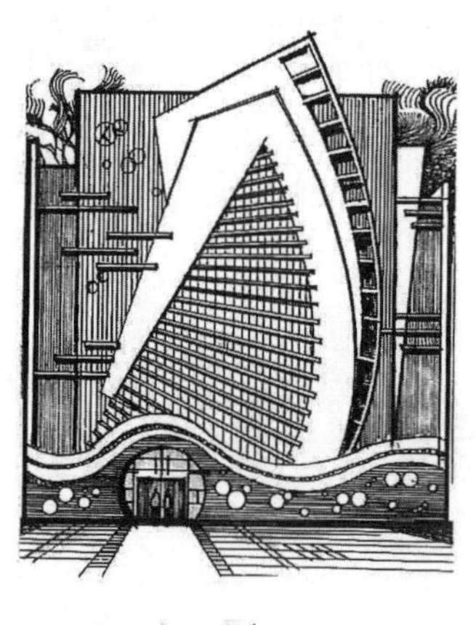

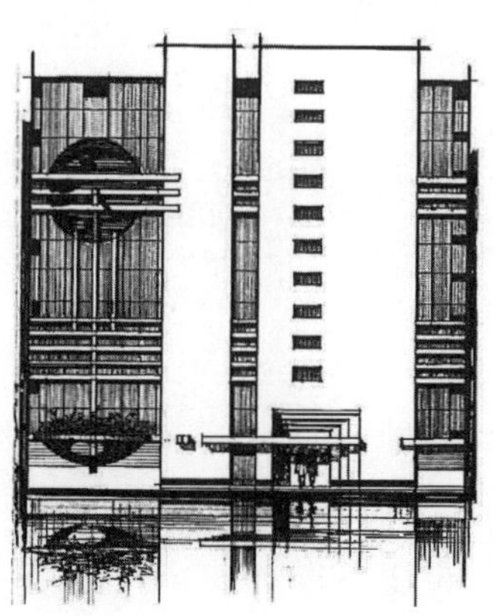

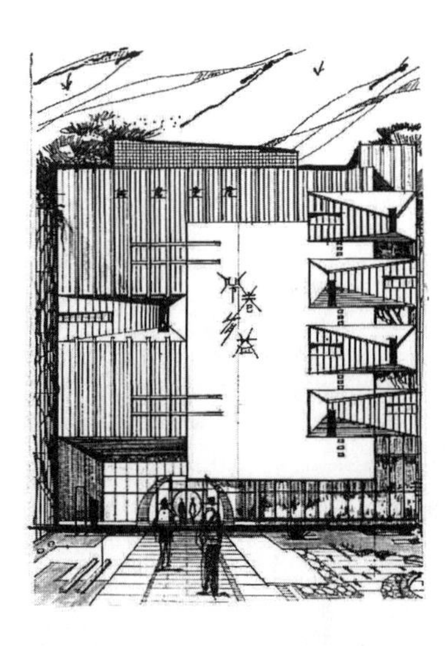

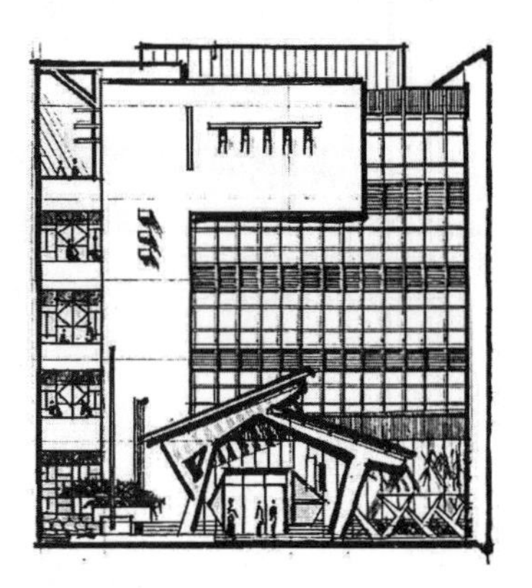

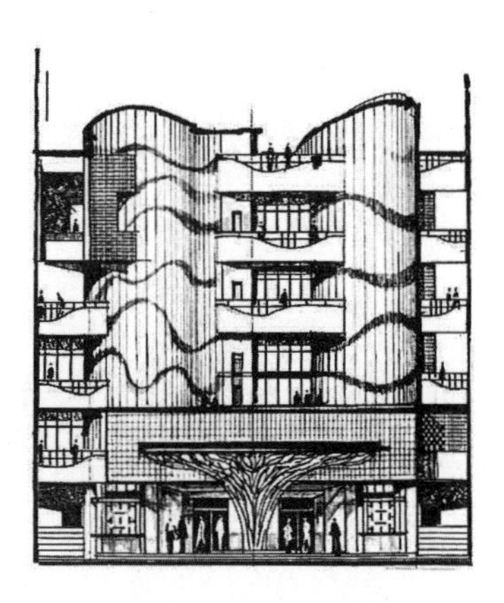

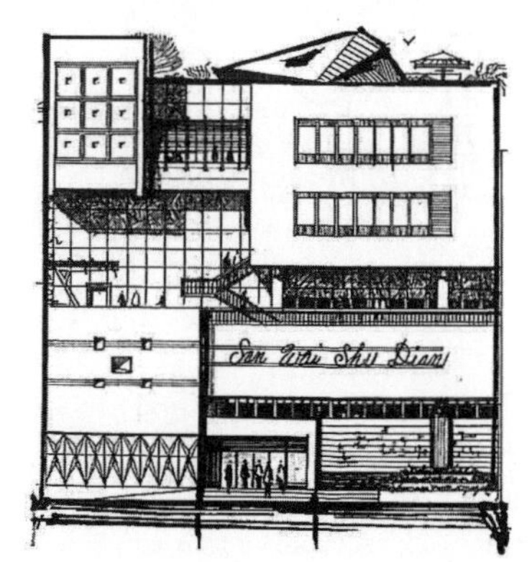

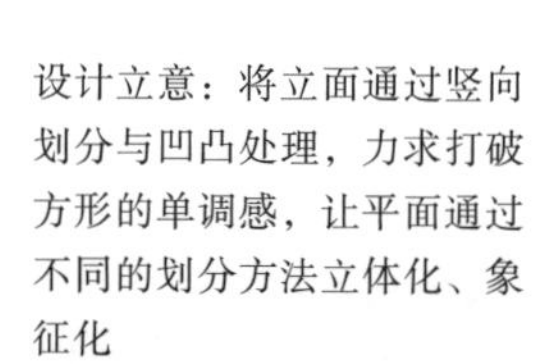

设计立意：将立面通过竖向划分与凹凸处理，力求打破方形的单调感，让平面通过不同的划分方法立体化、象征化

表面肌理

（八）界面的视感知

高楼林立的街景立面中，不可能形成明显的视焦点，使所有的建筑立面都处于行人视线之中。人一般平视观察街景，仰角一般不超过60°。故近地面街景易被注视，高于此限的空间一般被认为是无尺度空间。故立面设计可按上、下分层级处理。

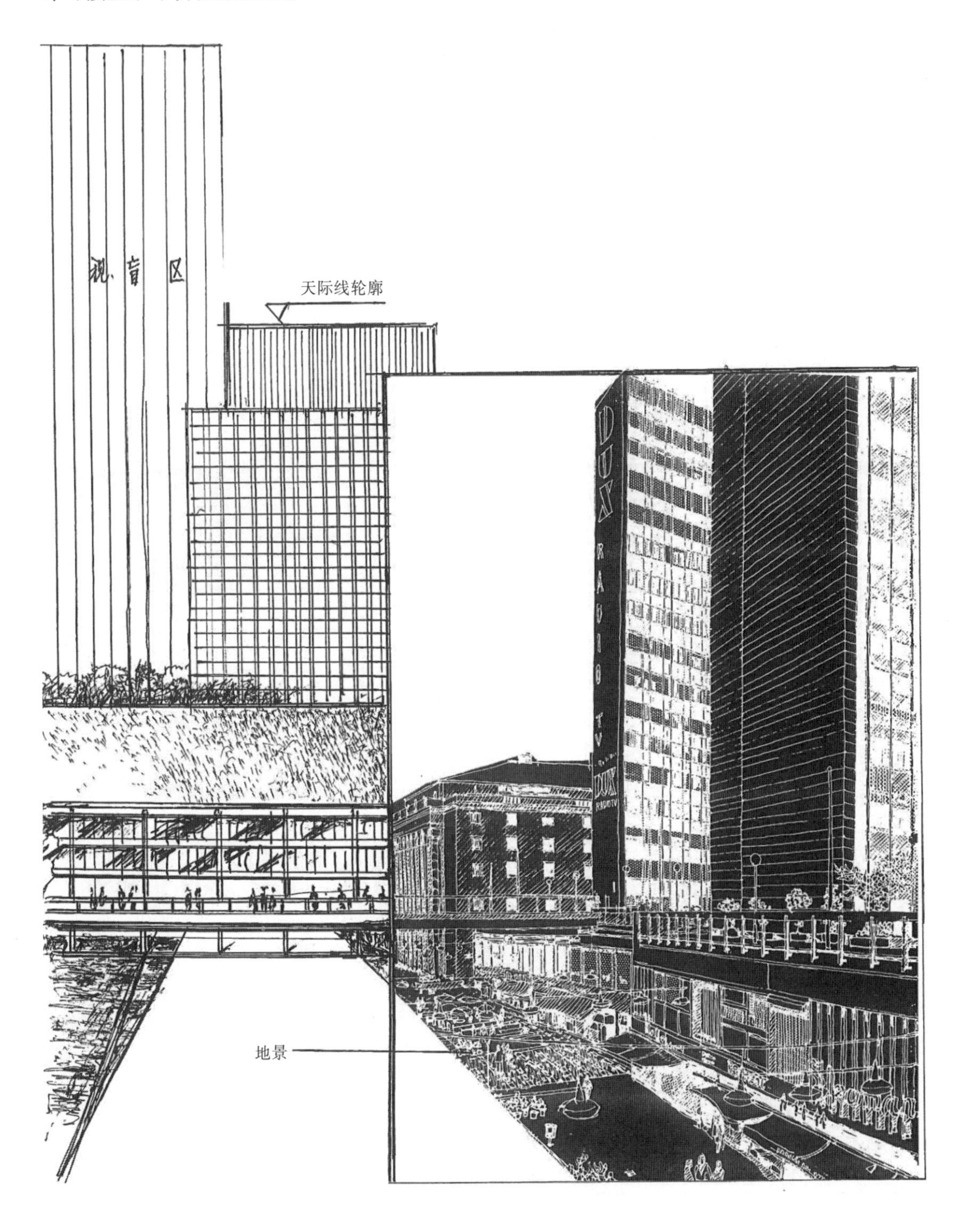
视盲区
天际线轮廓
地景

行人视线中的街景

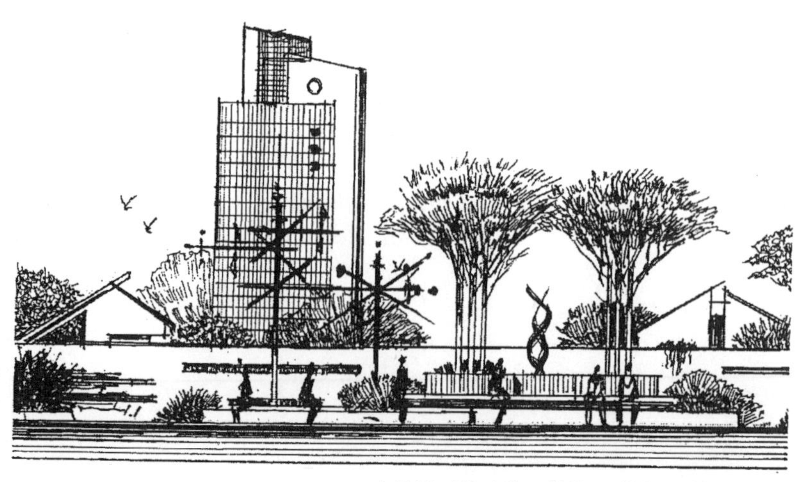

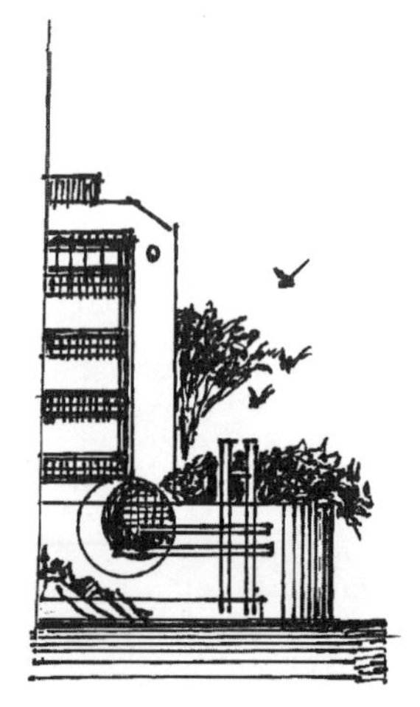

实体界面的柔化、美化、彩化、活化

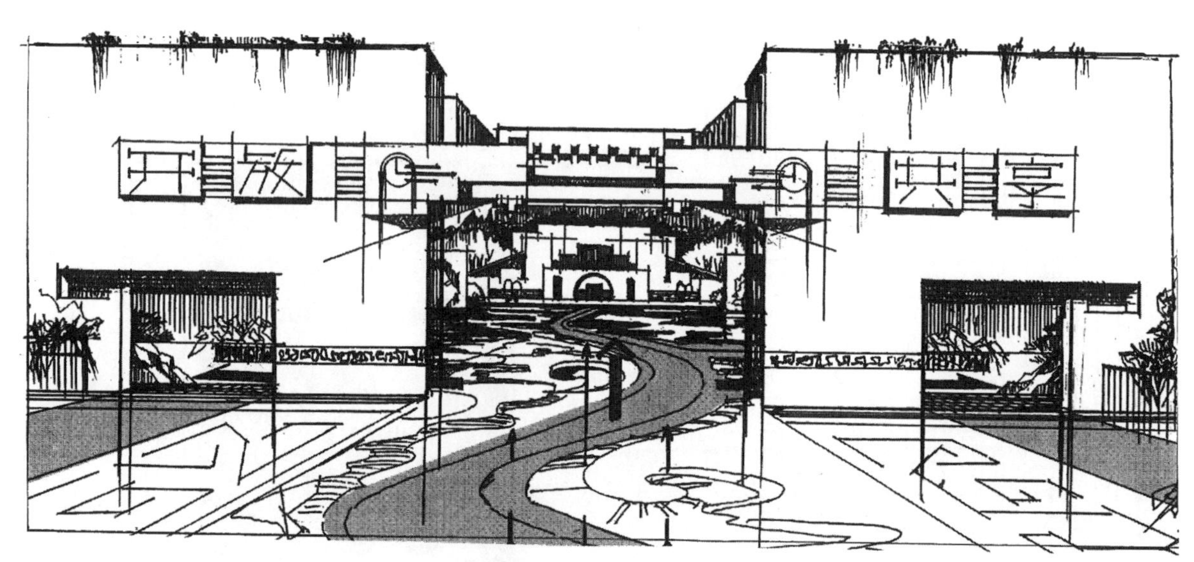
开
放
共
享

街巷入口前广场空间的界面优化

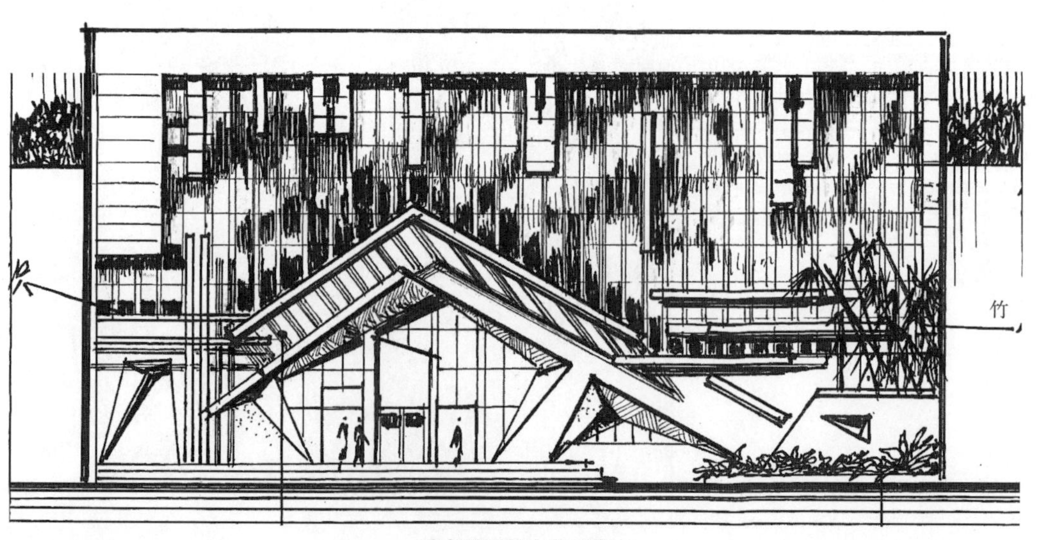
竹

垂直界面的文化承载

空间界面的视感知

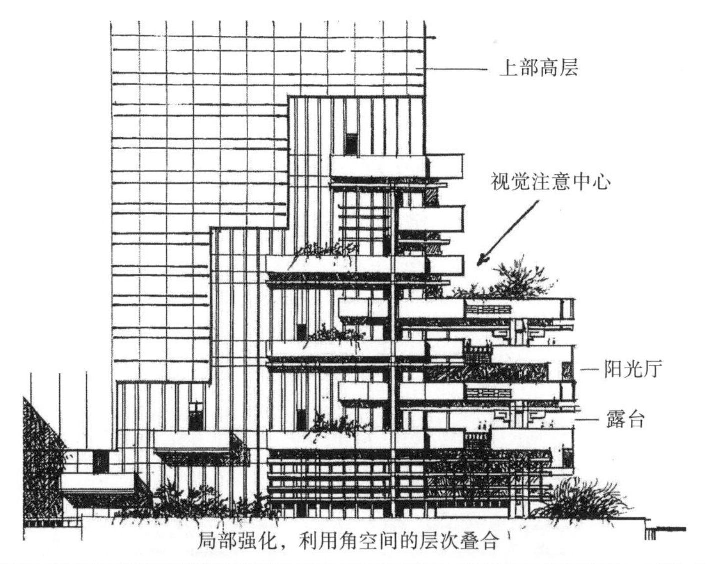
上部高层
视觉注意中心
阳光厅
露台
局部强化，利用角空间的层次叠合

社会交往：底层为通透（含流面）层，二层为看视层，三层为俯视层，四、五为听觉层，以上为视觉盲区，亦称无尺度空间

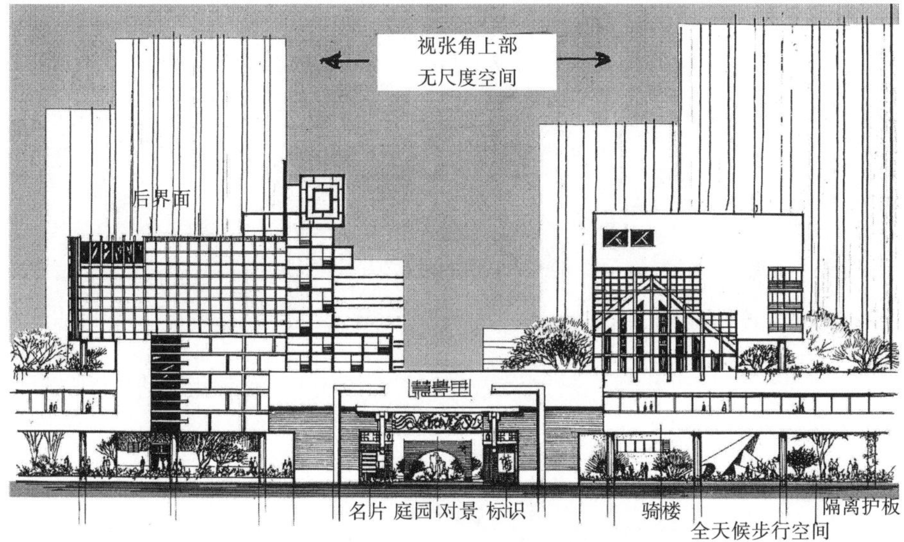
视张角上部
无尺度空间
后界面
名片 庭园 对景 标识
骑楼
全天候步行空间
隔离护板

视觉垂心下移

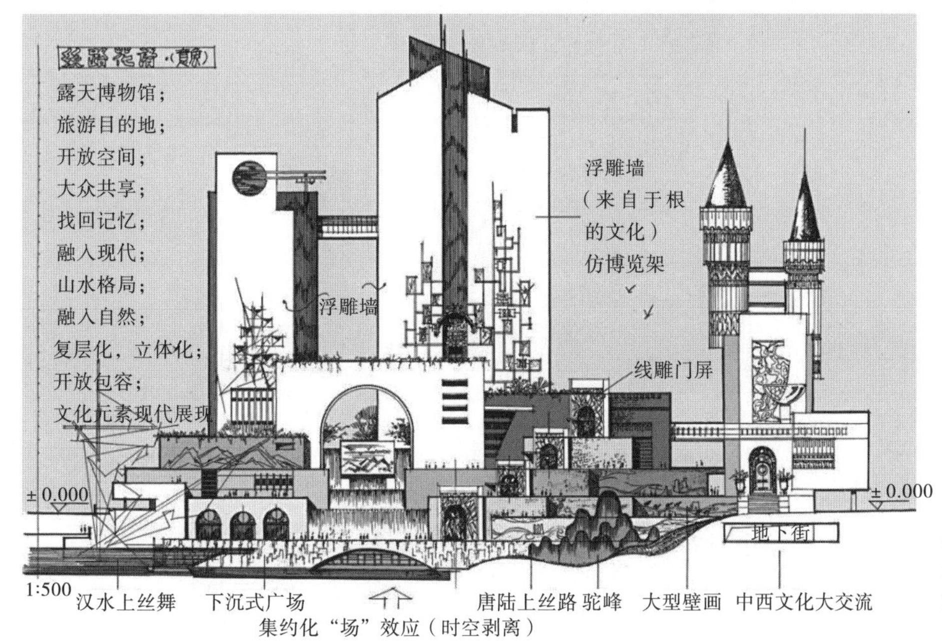
露天博物馆；
旅游目的地；
开放空间；
大众共享；
找回记忆；
融入现代；
山水格局；
融入自然；
复层化，立体化；
开放包容；
文化元素现代展现
浮雕墙
（来自于根
的文化）
仿博览架
浮雕墙
线雕门屏
±0.000
±0.000
地下街
1:500
汉水上丝舞
下沉式广场
唐陆上丝路 驼峰
大型壁画
中西文化大交流
集约化“场”效应（时空剥离）

层叠式立体构成，造成山重水复、层林尽染的意象（聚焦下沉式广场）

高层空间视感知

（九）建筑表皮的多样性

任何形态构成均具有多义性的特点，即指任何由多元素组成的复杂形态所传递的意象，都可以从不同角度进行不同的解读。建筑的造型更是包含了多种元素，如表意性、表情性等，且具有多种表象重叠性特点。因此，作者在本节中绘制了多幅图例供读者参考，而不再具体分类。

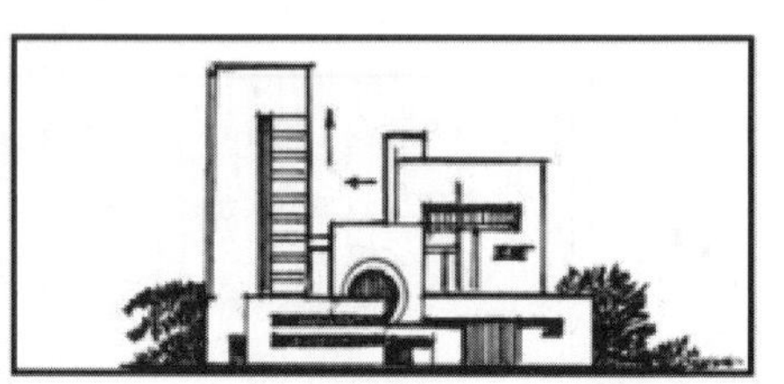

鸳鸯楼透视图

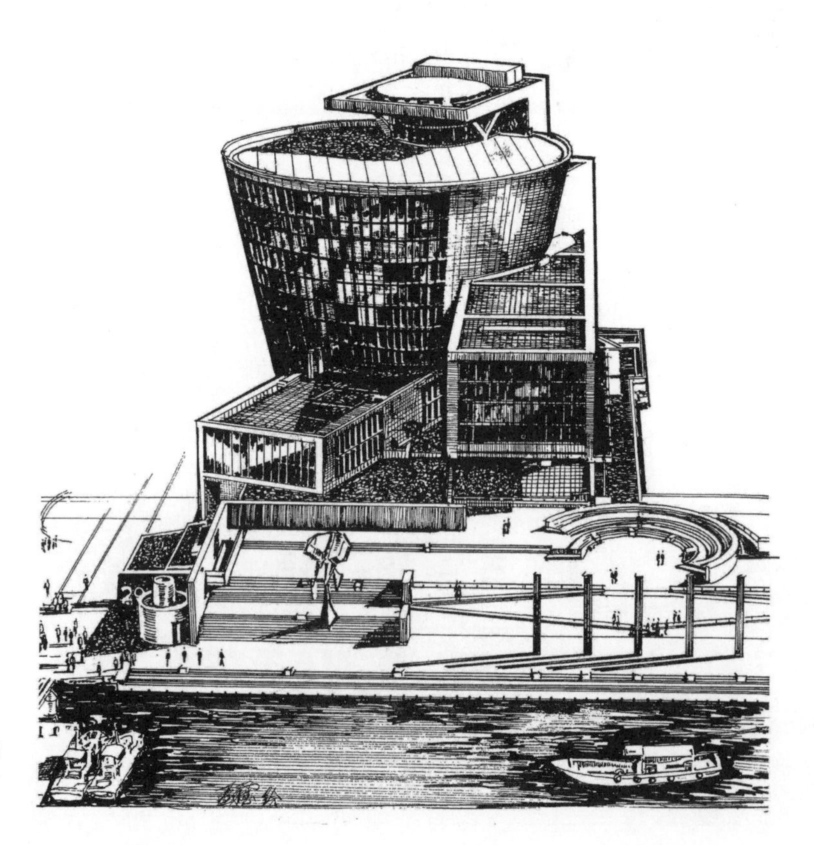

大阪文化馆·天保山

与环境对话的建筑，用造型语法，即以非语言的形式，进行意义的表达

1．生态效应

生态效应是影响建筑造型的重要因素之一。例如建筑外层结构应具有新陈代谢、适应气候的应变能力，特别在严寒和酷暑地区，更需要减少暴露的表面积，注意建筑的朝向与环境的风向。

人是自然之子，人的生活空间从自然中开辟，来自自然、回归自然。自然是有机的、富有生命活力的。和而不同是个体之变、群体之和的整体思维，是平衡律与协调律的统一，也是自然生态之本原。

绿色映衬下的加拿大最高法院建筑

凹凸的墙檐、下垂的绿植、凹进的底廊，辟出一方庭园

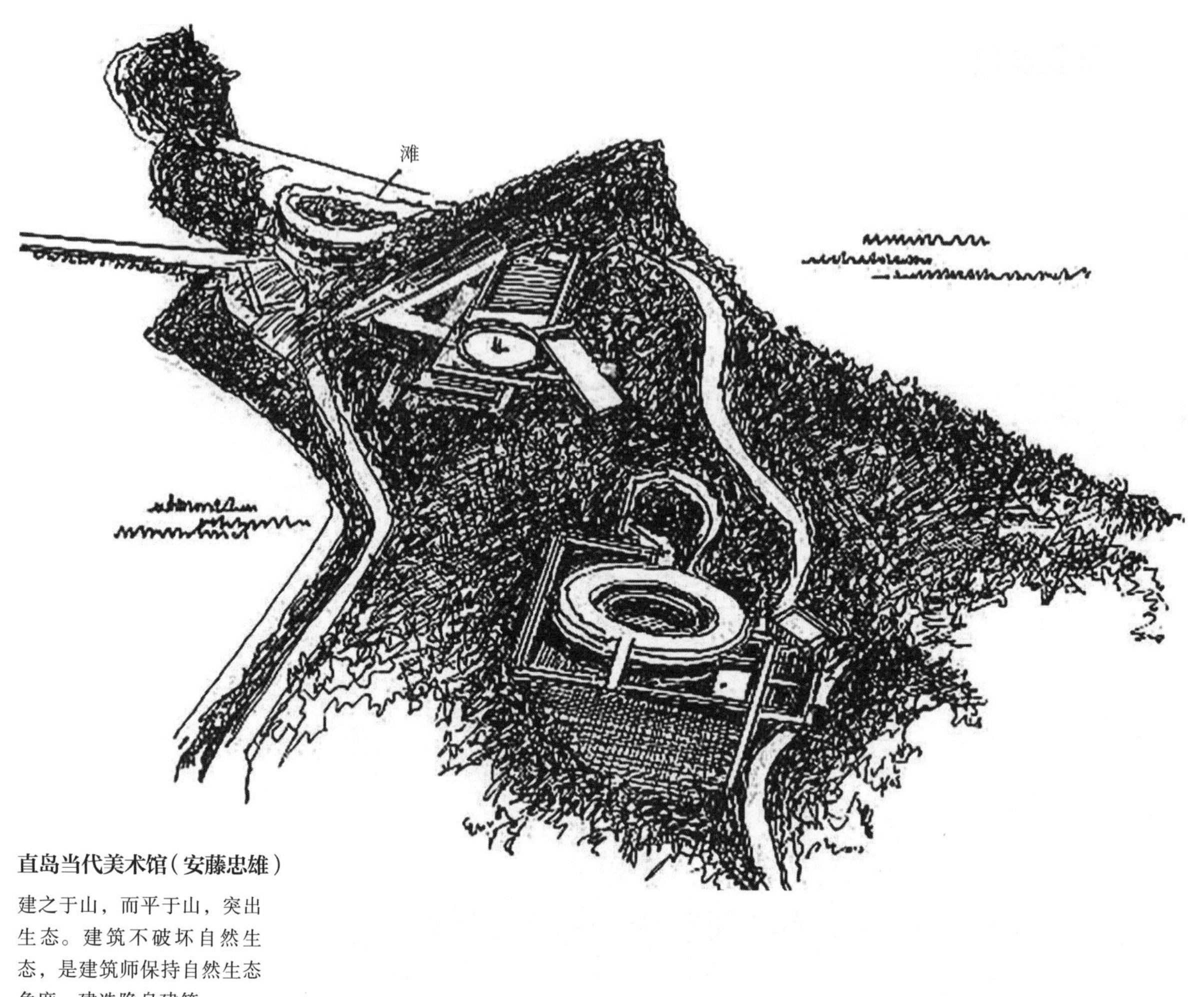
滩

直岛当代美术馆（安藤忠雄）

建之于山，而平于山，突出生态。建筑不破坏自然生态，是建筑师保持自然生态角度，建造隐身建筑

塑石拟水

叠落式组合、有机生成

格鲁吉亚公路部大楼

生态建设及其景观

2. 群体组合

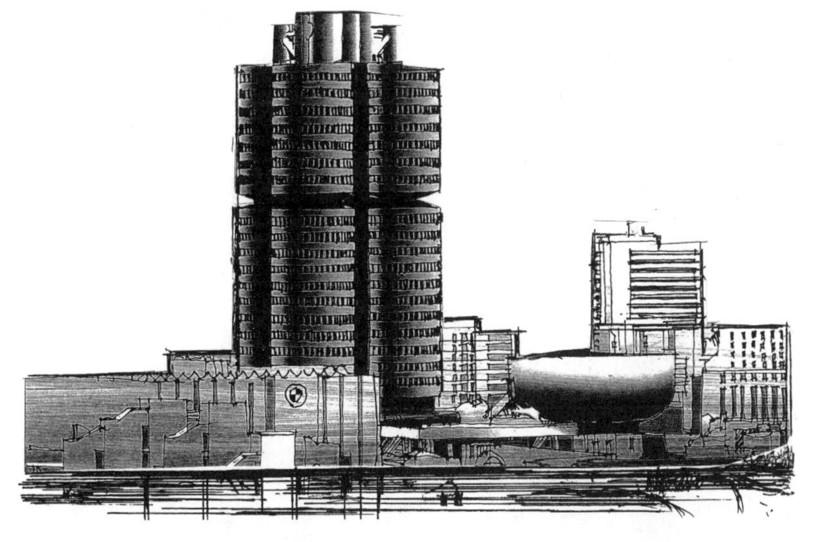

组团式造型

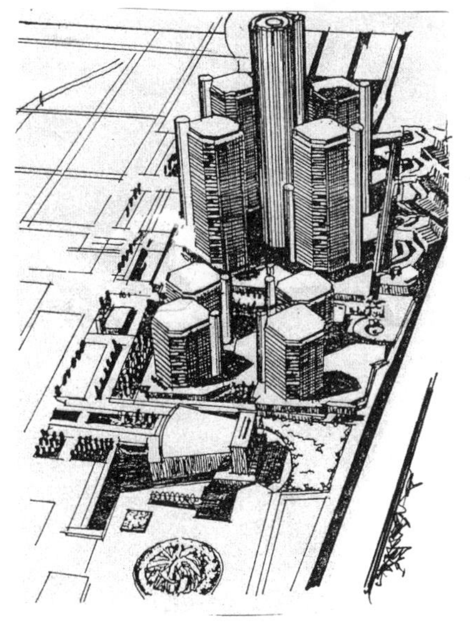

组团式空间组合，以整体形象展现城市风貌

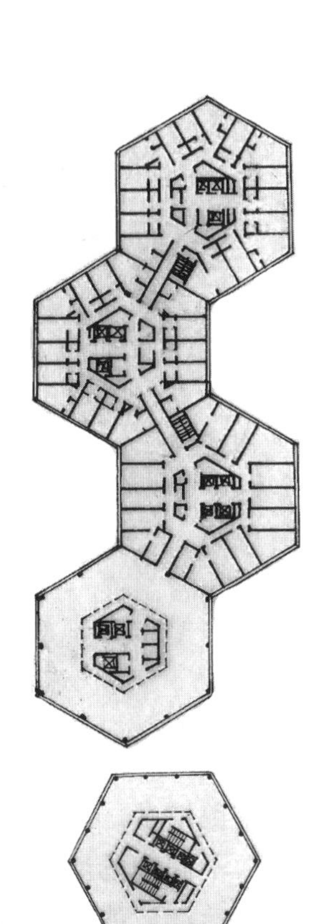

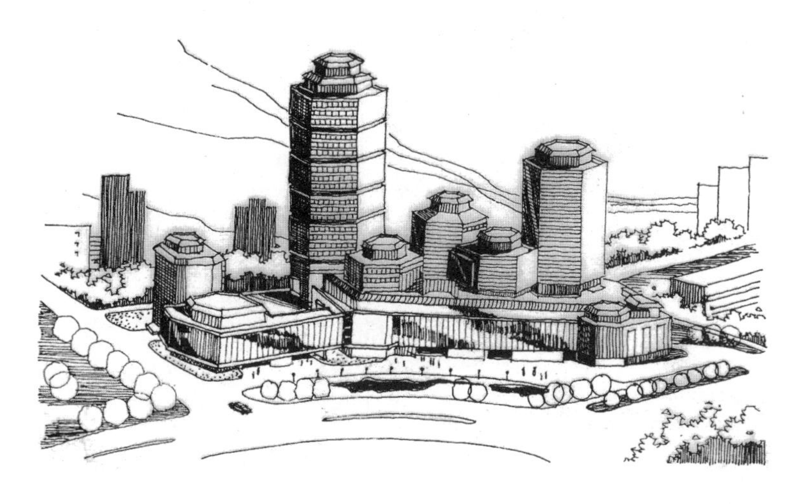

组团式高低起伏疏密相间

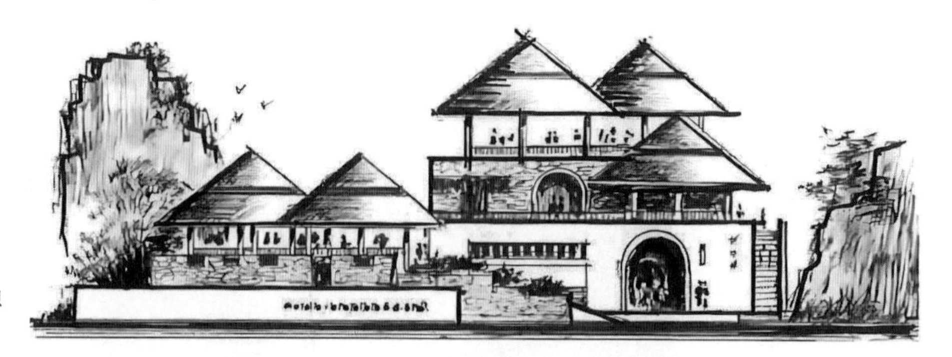

作者为贵阳特色美食街构想的方案，适应当地环境

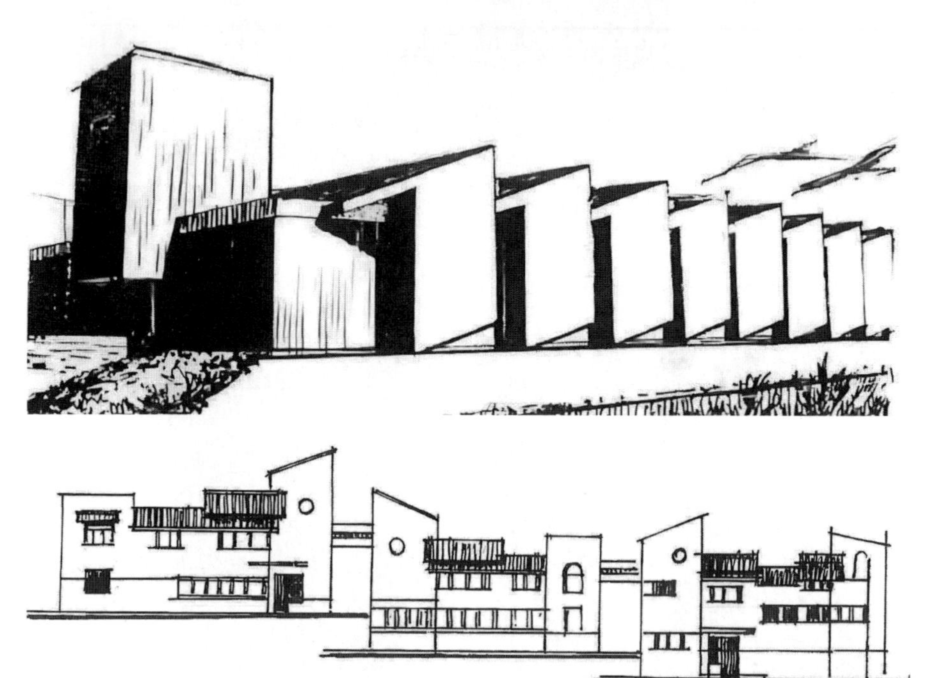

由不同高差组成的错落式

相似法则，重复相同母体

群体组合

集群式展示构筑之美

疏枝横斜，小径弯弯

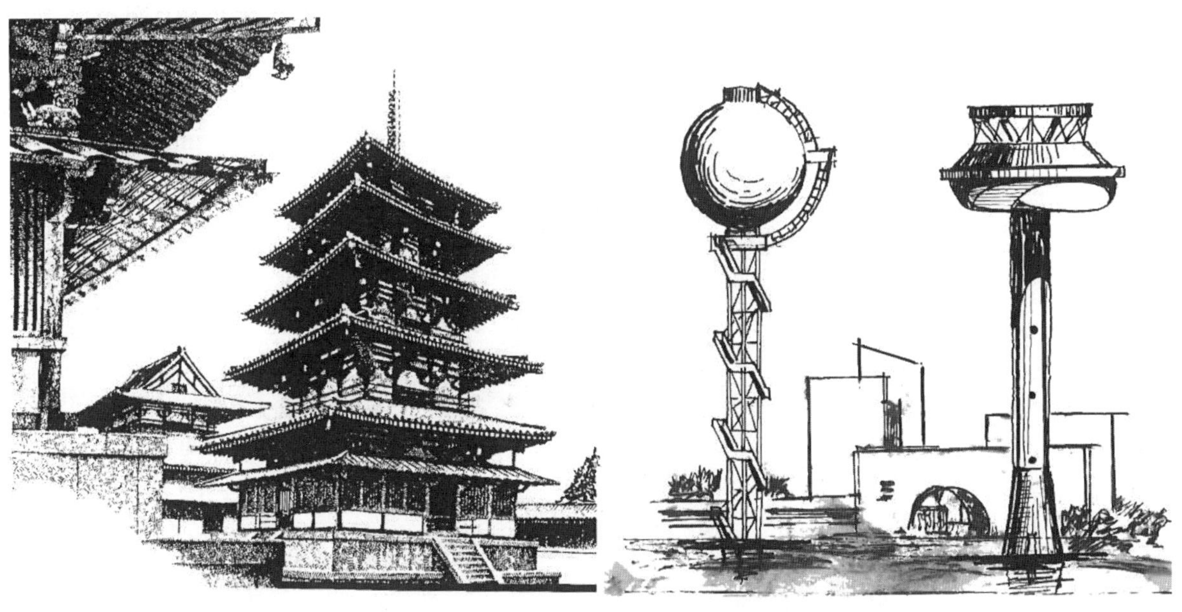

法隆寺塔

构筑物兼有挺拔、秀丽之美，清秀、典雅、端庄

不同造型，不同境界

群体簇拥

3．单体立面划分

格构式

化整为零，积零为整。方圆结合，动静相依。划（化）整为零与集零为整，底层改为生态活动空间，增强人际交往，向人性和生态复归。空间通透，富有活力

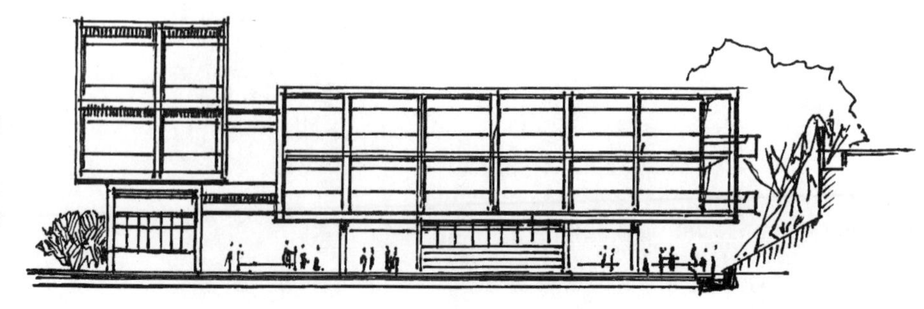

力的动态平衡

既有向心的合力，又有向环境延伸的张力。构图简而不繁，虚实对比明显，简单中有变化

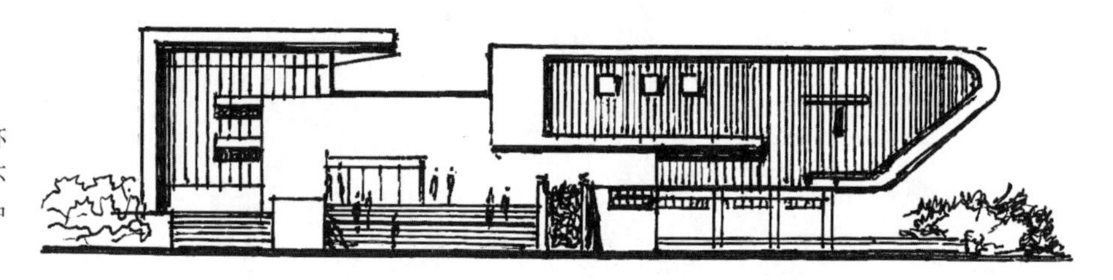

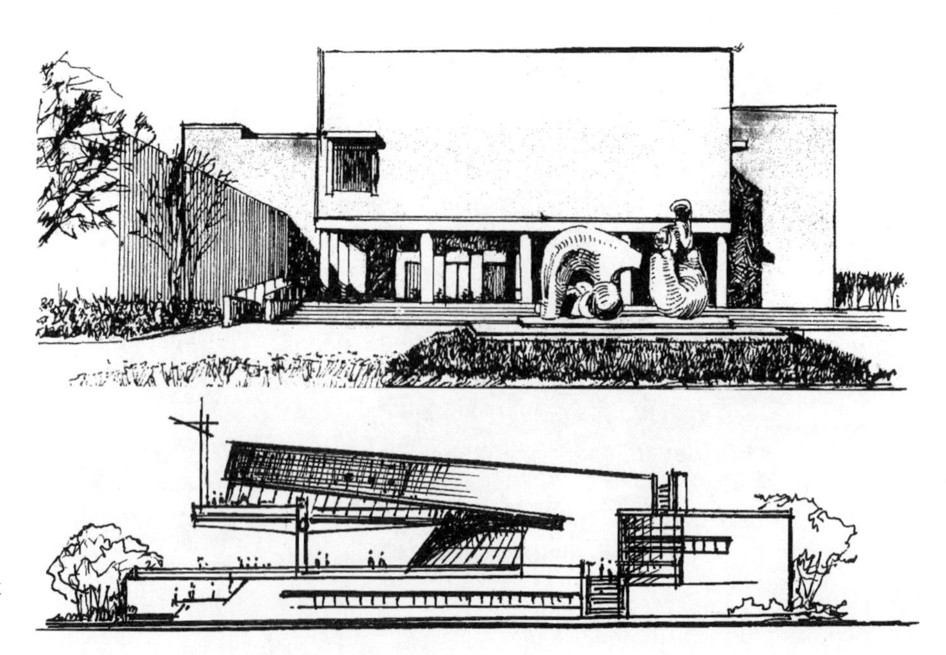

科技广场方案构想（天圆地方）

简而不单，景深不减，装置艺术，增添活力

西班牙贝尼多姆市政厅上部三层为整体框架，下部两层架空，跨度达到65米，广场与公园有机结合

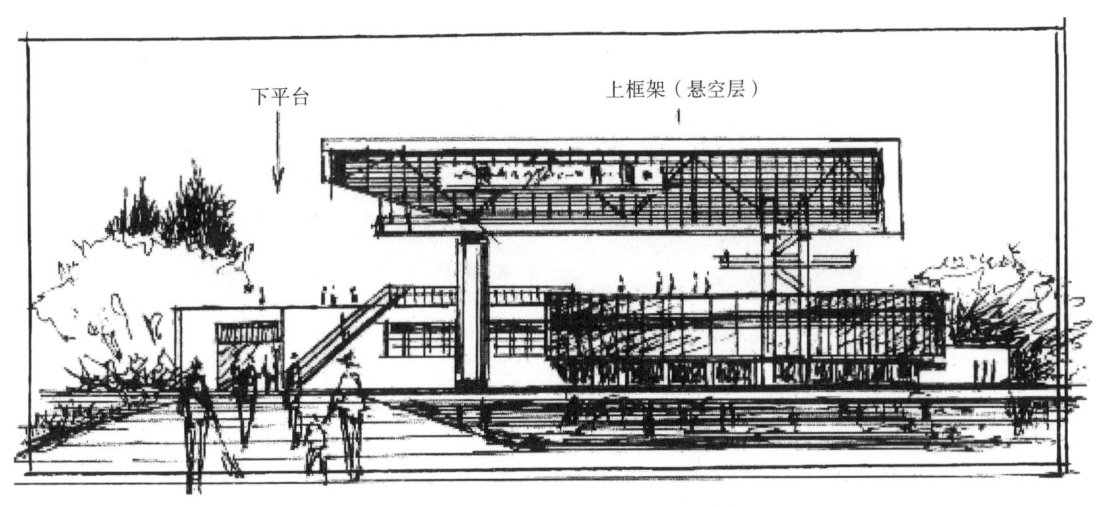
下平台
上框架（悬空层）

悬挑式空间结构结合环形活动广场构想

穿插、反衬、镂空、错落、流变、
透视、进退有度、丰富而不凌乱
镶嵌、穿插、
流曲、虚实、
横竖、凹凸

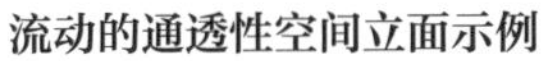

流动的通透性空间立面示例

立面处理示例

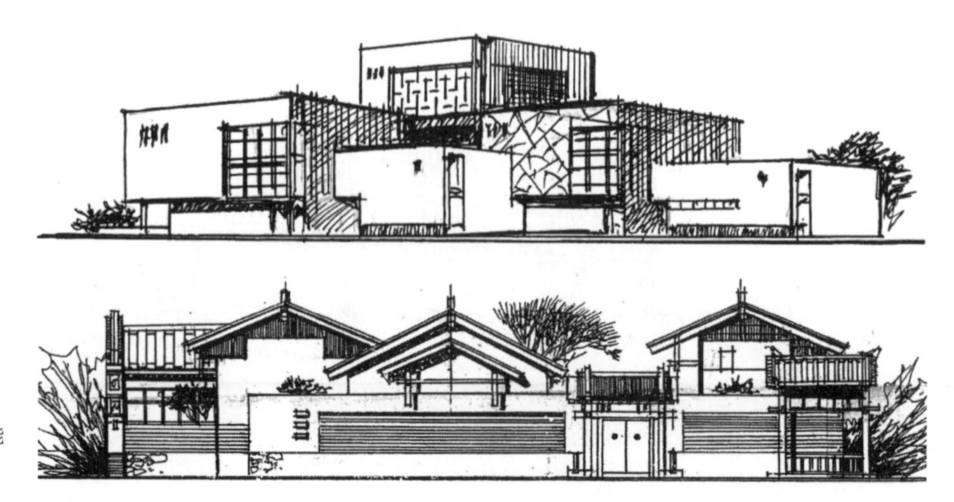

以两维展示三维的街景
起遮蔽、美化、辅助功能作用

富有层次的公共广场小型公建透视图

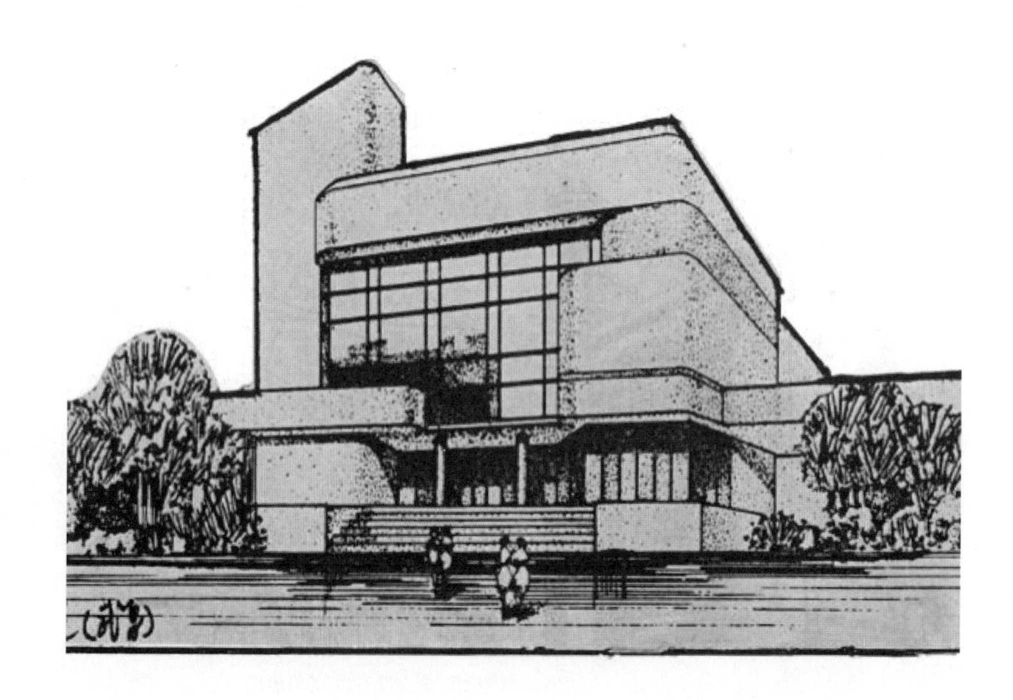

武昌某电影院

空间透视示例

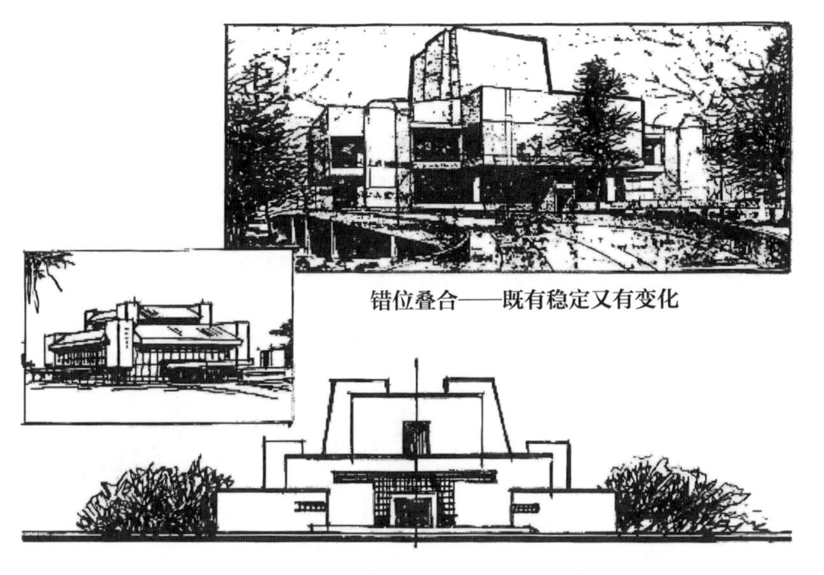

错位叠合——既有稳定又有变化

叠落式——稳定感·安定·静谧·纪念性

叠落式组合，富有稳重感，层层叠叠、庄严肃穆，既统一又有变化，适合于纪念性公共建筑采用，与环境相配合

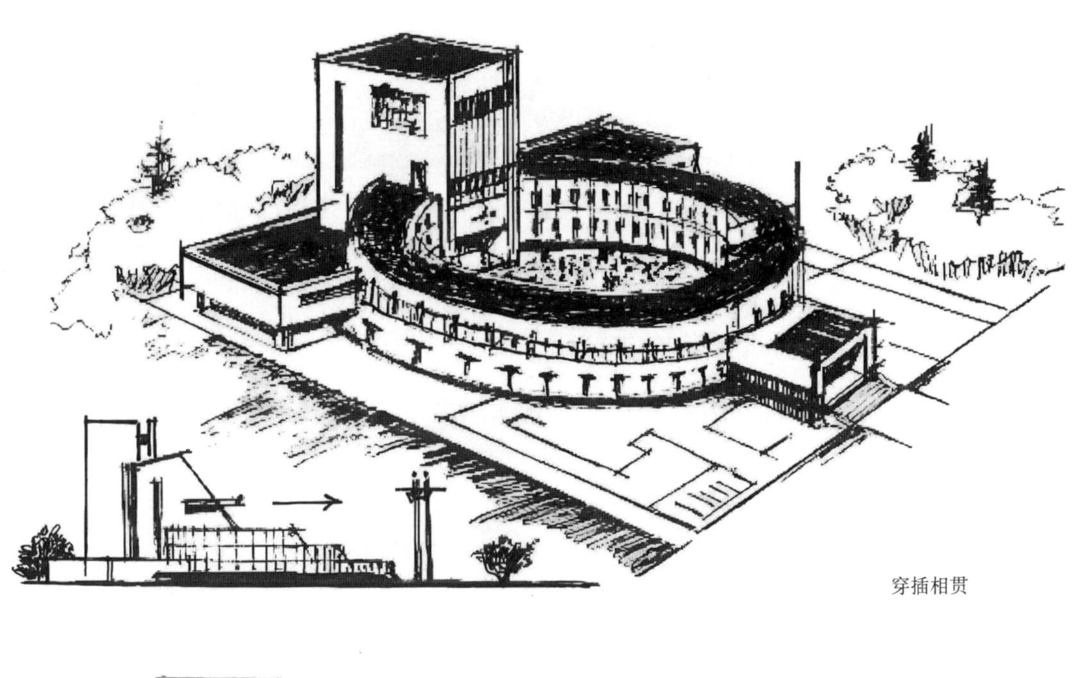

穿插相贯

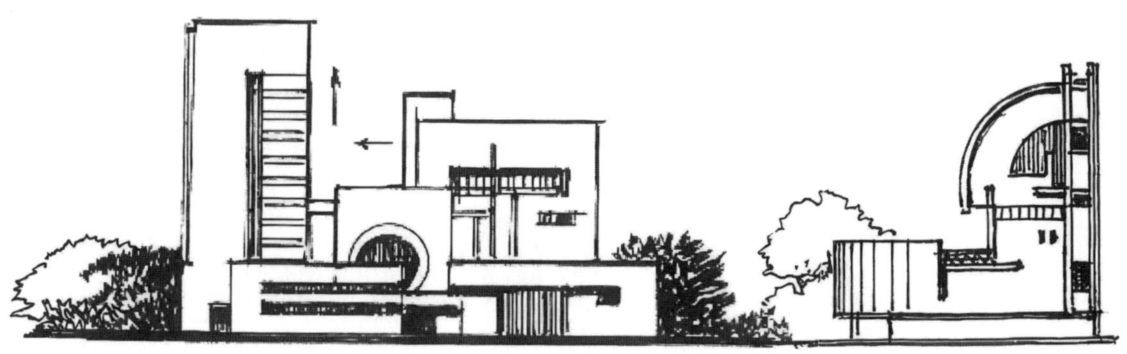

相拥环抱方圆结合

体量组合示例

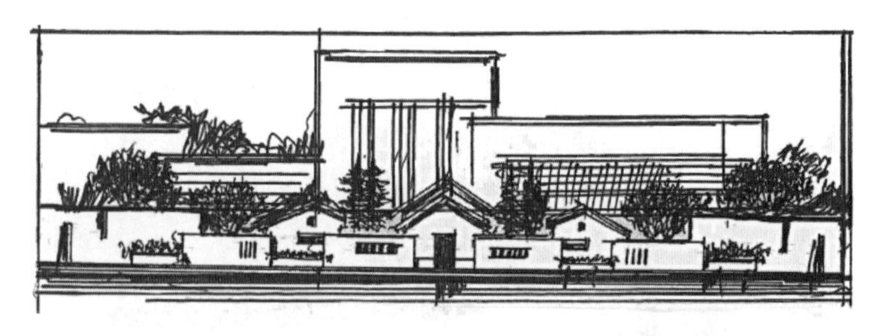

平面呈现透视感（同一地平线，形成立体式画面的特技）
变化中求统一，统一中求变化

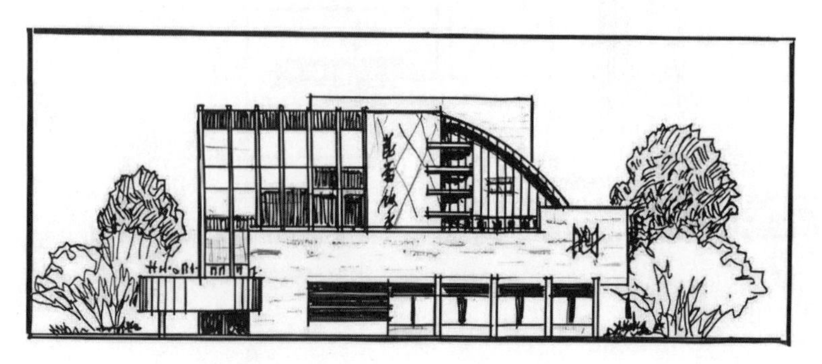

虚实结合，进退分层

（十）按生态效应改变造型

建筑的围护相当人的第二肌肤，有新陈代谢、沟通自然、采光通风、保温隔热、防灾减震的性能 。

水平面光通量是最高的，其次为东、西向，北向无直射辐射，全依赖工人采光。按反射光原理，当入射角等于60°时，则为全辐射。光是热的陷阱，有进无出，不得不防。

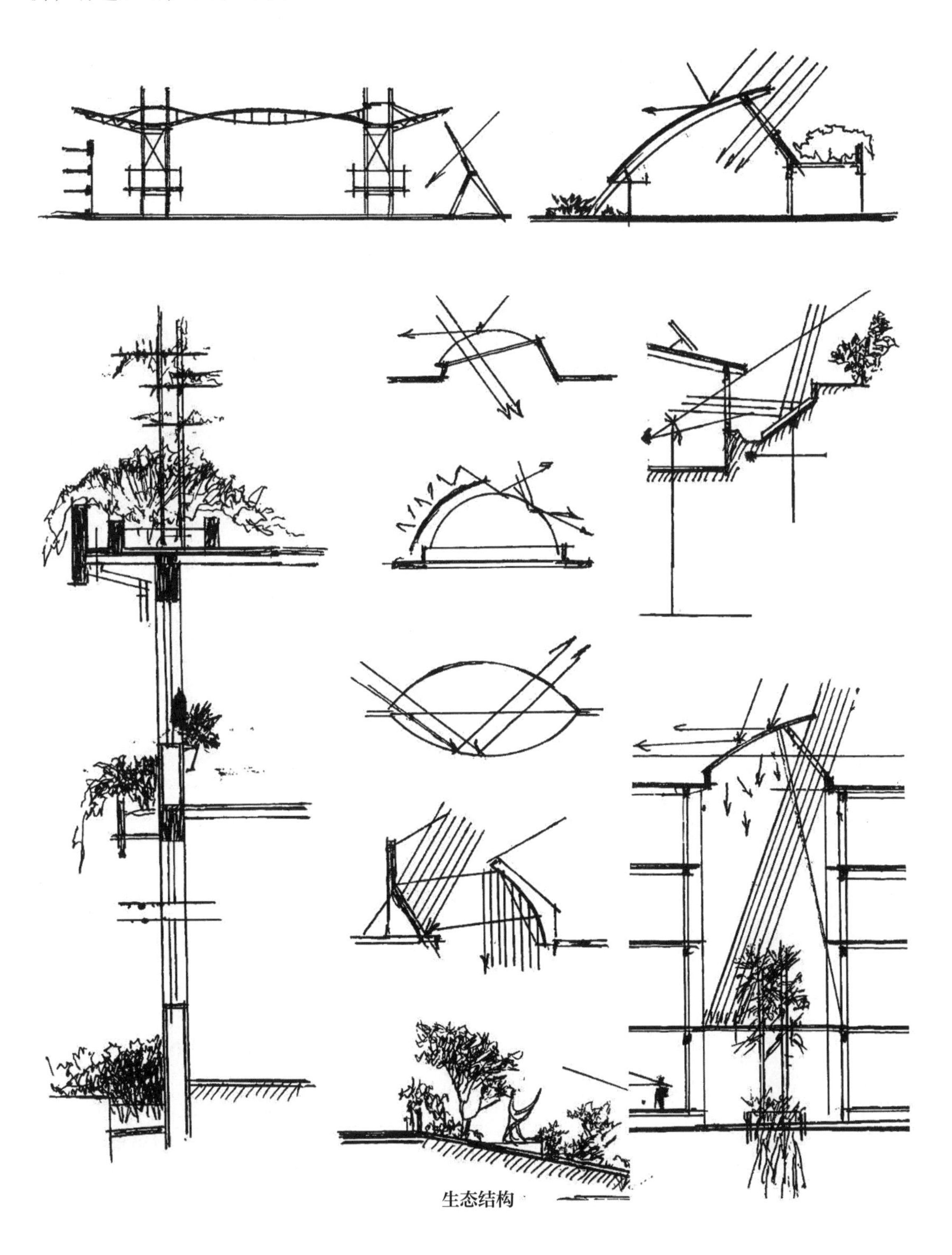

生态结构

空气流动，主要因温差导致。气温高的区域空气分子稀薄，则空气密度低；反之，气温低的区域，空气密度高。空气由低密度空间向高密度空间流动。据测定，当垂直温差超过0.8° 就会形成垂直循环；另据测定，当有长向通道时，则会产生巷道风，例如屋顶上部的天窗走廊。气流运动还与地形、地势、植被等外部因素有关，故可巧用在建筑的生态设计之中。

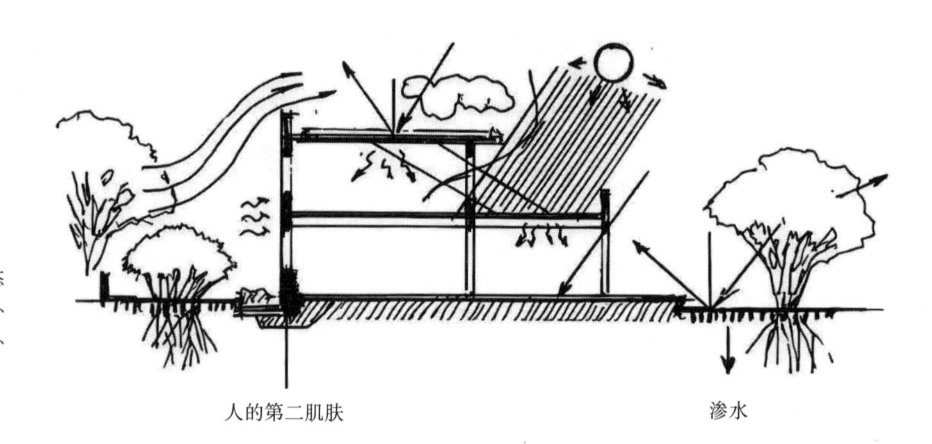
人的第二肌肤
渗水

建筑的生态

即建筑的生长态，以及其态势所呈现的活力：一是由外及内的防护，二是由内及外的自然融合

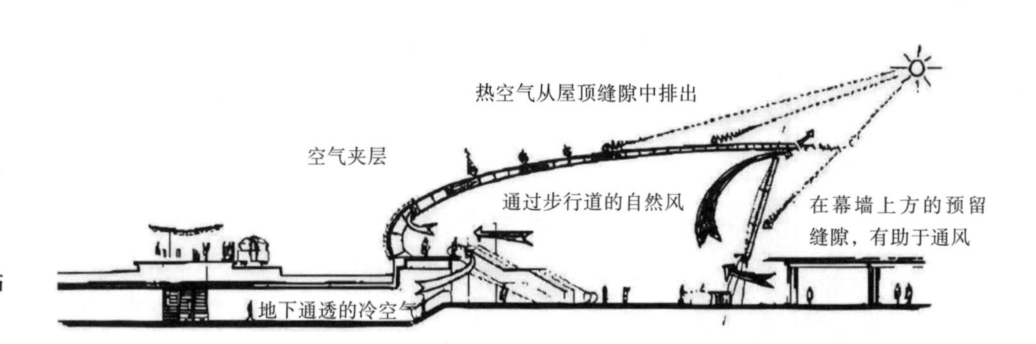
热空气从屋顶缝隙中排出
空气夹层
通过步行道的自然风
在幕墙上方的预留缝隙，有助于通风
地下通透的冷空气

英国斯特拉特福德车站剖面

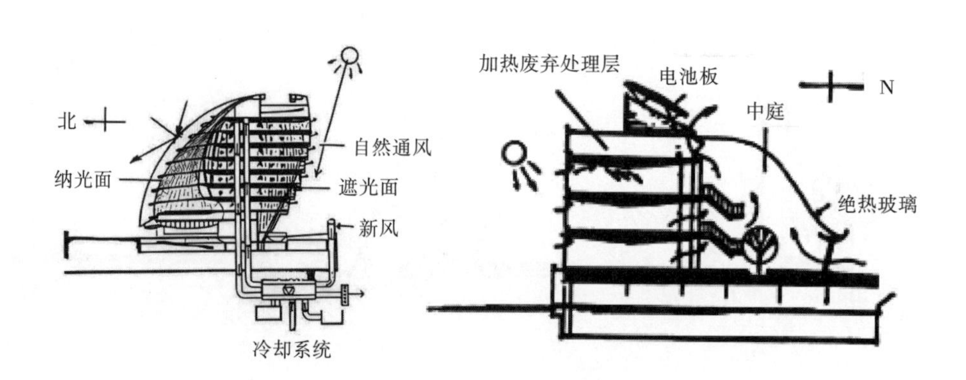
北
纳光面
自然通风
遮光面
新风
冷却系统
加热废弃处理层
电池板
中庭
N
绝热玻璃

英国伦敦市政厅

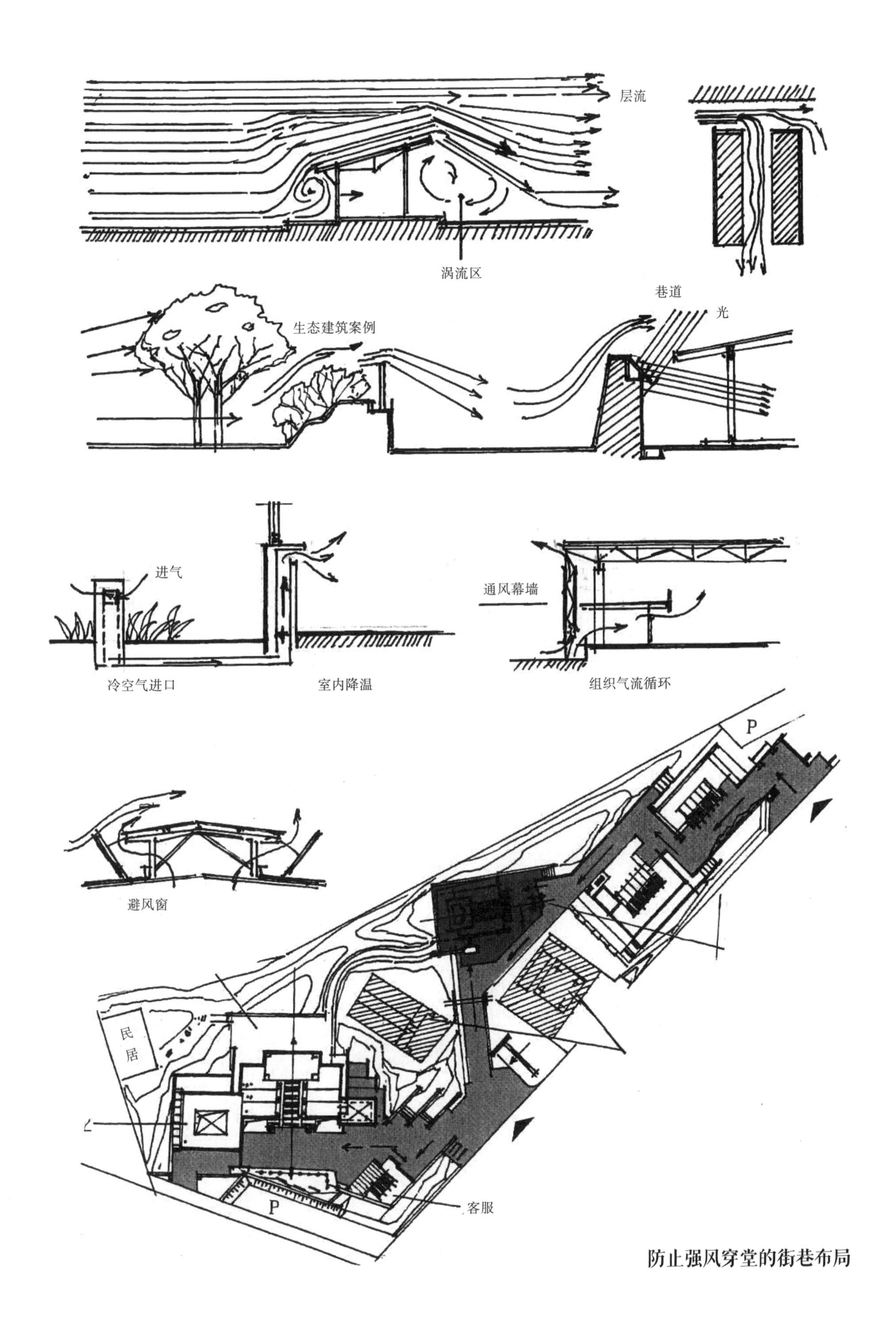
层流
涡流区
巷道
光
生态建筑案例
进气
冷空气进口
室内降温
通风幕墙
组织气流循环
避风窗
P
民居
客服
P

防止强风穿堂的街巷布局

第六章 建筑与环境共生

从早期的穴居野处，到后来的建宅修园；从选址的依山傍水，到村落的街巷组合,无不是从无限的自然环境中，按适用所需划定有限的空间。“窗含西岭千秋雪，门泊东吴万里船”“庭院深深深几许”“小院回廊春寂寂”“密林深处是我家”……无数的诗词都描述着建筑与环境共生，寸步不可分离。

基于建筑教育发展视角，从以功能为主的单体建筑，到注重空间序列的群体组合，再到广义建筑学的多维扩展，建筑更是走向与环境融为一体的共生关系。

所谓共生,就是一干多支，建筑不仅要以适用为主，更要增添绿色生态要素，即是灵活多变、内外相通、虚实相成、相互穿插、包容共享。

艺术和景观构成更是打破了简单的空间几何化，而与环境发生了交融互通，并进入建筑创作的前沿，倡导生态优先。

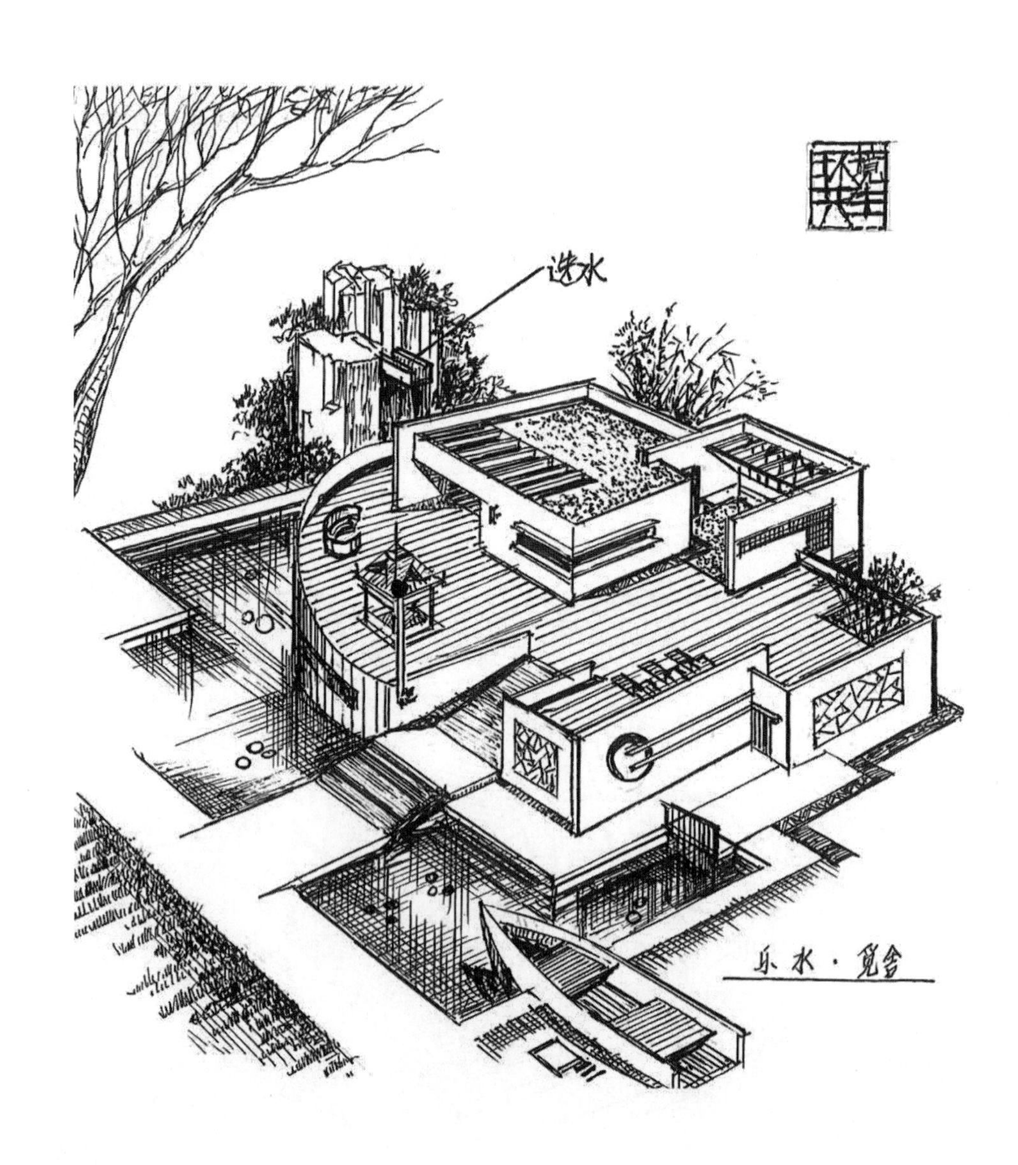
环境共生
迭水
乐水·觅舍

云想衣裳花想容，
春风拂槛露华浓。
若非群玉山头见，
会向瑶台月下逢。
——李白

环境共生

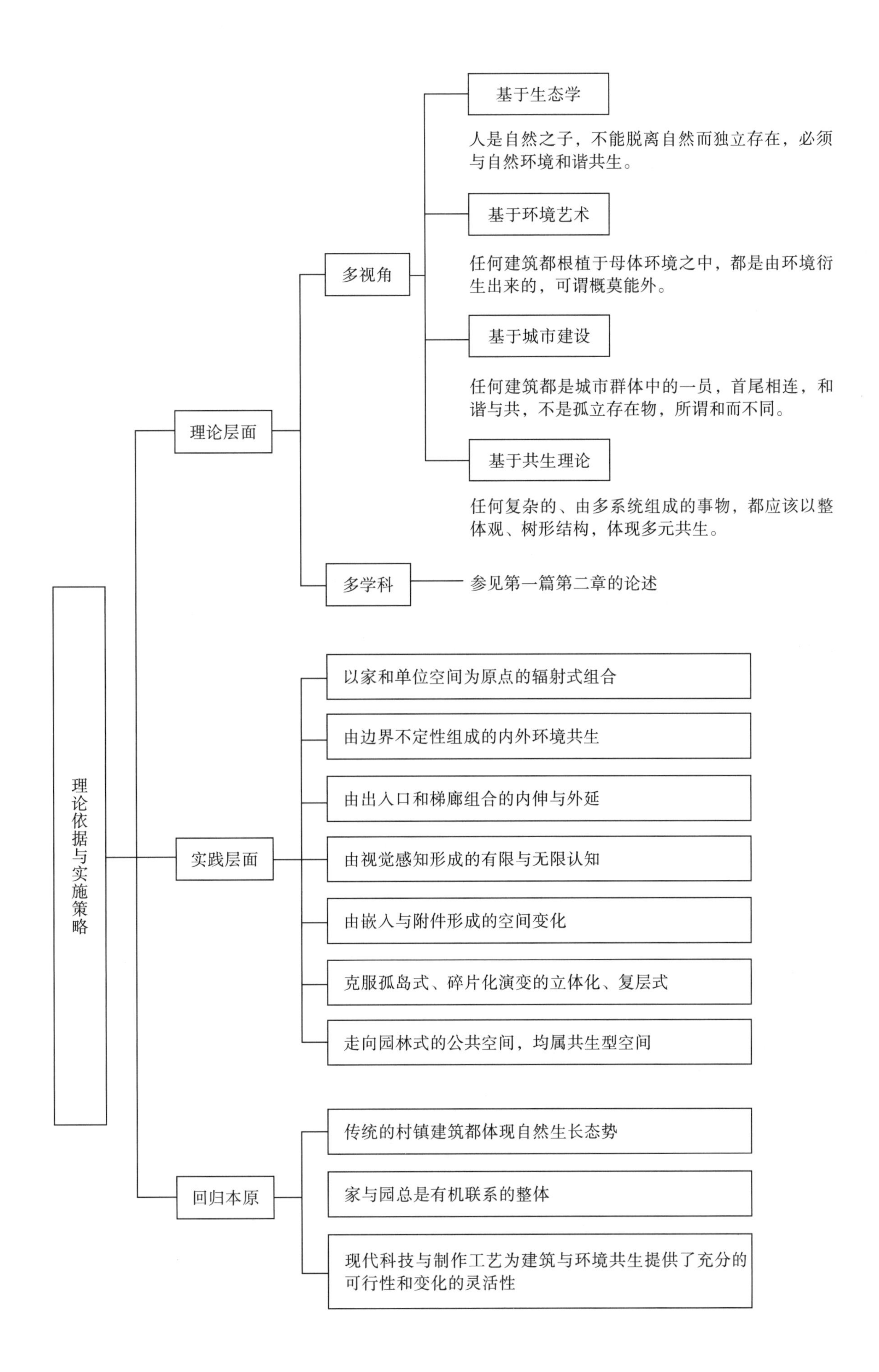

理论依据与实施策略
理论层面
多视角
基于生态学
人是自然之子，不能脱离自然而独立存在，必须与自然环境和谐共生。
基于环境艺术
任何建筑都根植于母体环境之中，都是由环境衍生出来的，可谓概莫能外。
基于城市建设
任何建筑都是城市群体中的一员，首尾相连，和谐与共，不是孤立存在物，所谓和而不同。
基于共生理论
任何复杂的、由多系统组成的事物，都应该以整体观、树形结构，体现多元共生。
多学科
参见第一篇第二章的论述
实践层面
以家和单位空间为原点的辐射式组合
由边界不定性组成的内外环境共生
由出入口和梯廊组合的内伸与外延
由视觉感知形成的有限与无限认知
由嵌入与附件形成的空间变化
克服孤岛式、碎片化演变的立体化、复层式
走向园林式的公共空间，均属共生型空间
回归本原
传统的村镇建筑都体现自然生长态势
家与园总是有机联系的整体
现代科技与制作工艺为建筑与环境共生提供了充分的可行性和变化的灵活性

一、理论依据

（一）建筑包容环境

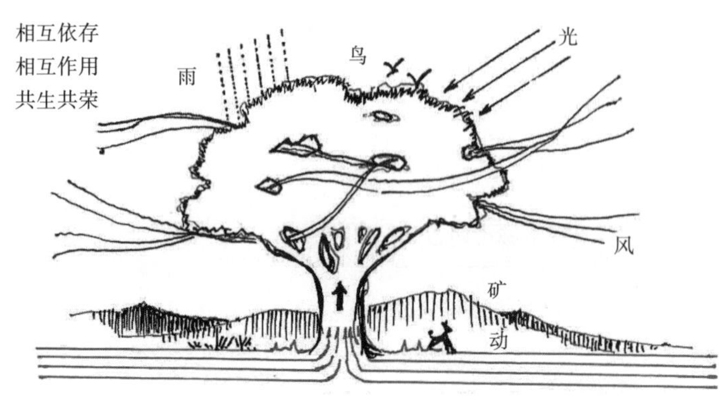
相互依存
相互作用
共生共荣
雨
鸟
光
风
矿
动

生长性（从环境土壤中生长的）

建筑——植根于环境沃土中的生命之树，赋予人以生命、意义与情感。与环境和谐共生的建筑，才富有生命的活力

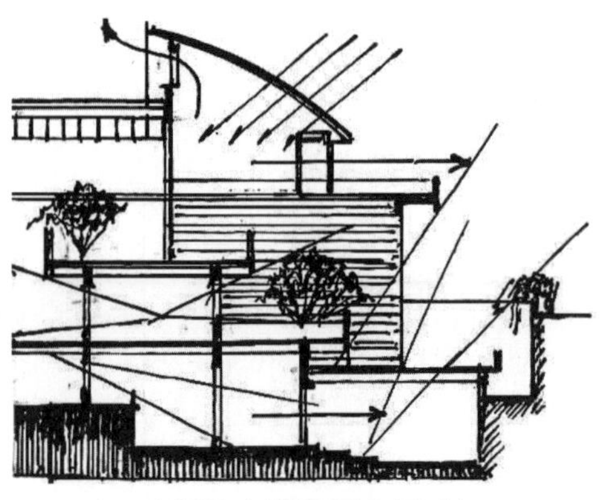

有机性（自然采光与通风）

自然拥抱建筑，建筑生于自然

建筑融入自然，被自然所拥抱，生机盎然

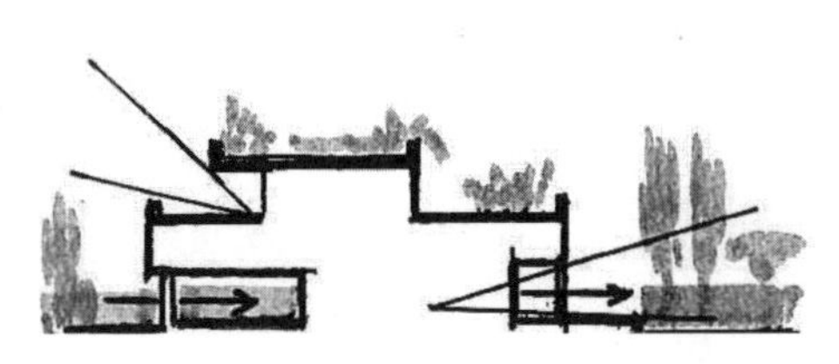

建筑与自然融合渗透，相拥相望

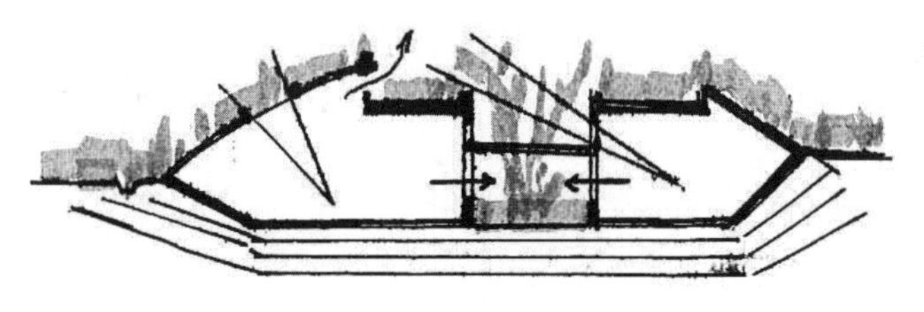

自然包孕建筑，建筑嵌入自然

建筑与环境关系

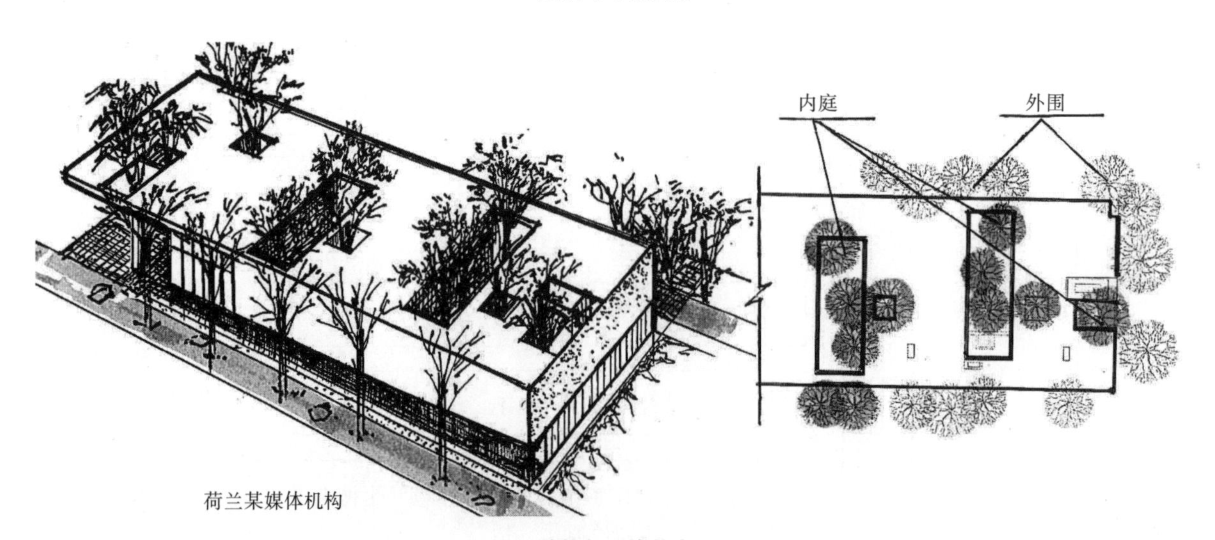
内庭
外围

荷兰某媒体机构

建筑与环境共生

小巷通往村中心广场

共生是自然之境，是生态之基因，是人与环境和谐共生之根本

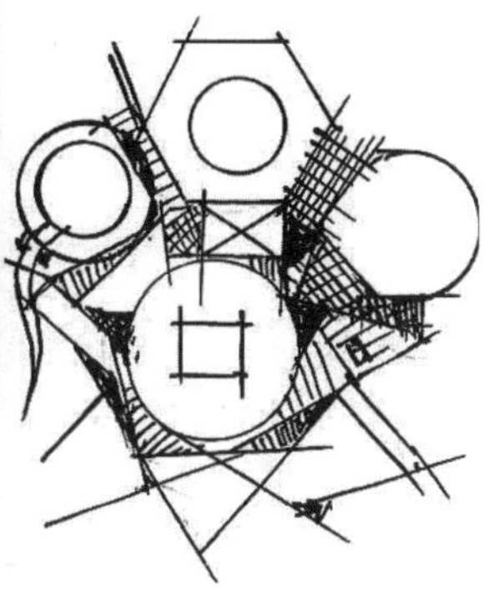

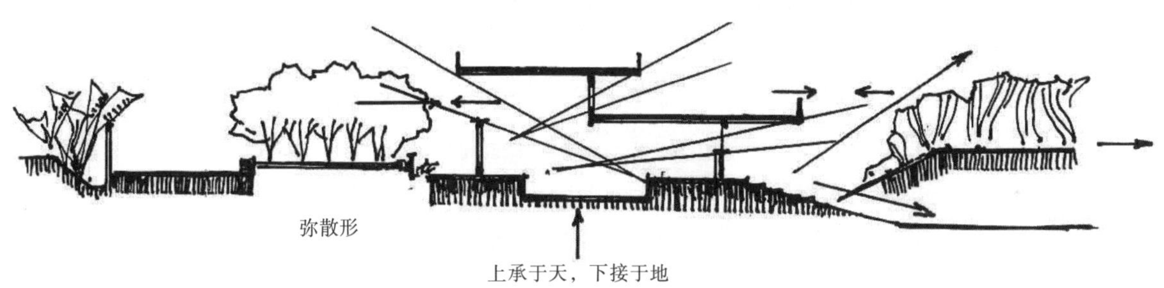
弥散形

上承于天，下接于地

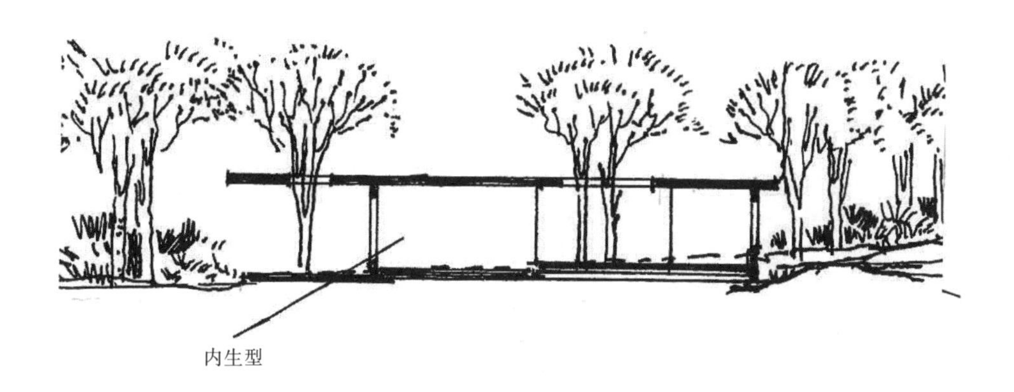
内生型

恒基碧翠锦华住区景观

在本体之外附加廊架、悬挑构件，增加空间层次，形成内伸外延，制造边界的融合共生，拉近人与自然的关系，丰富空间层次，形成灰空间

共生之筑

（二）凸显自然本色

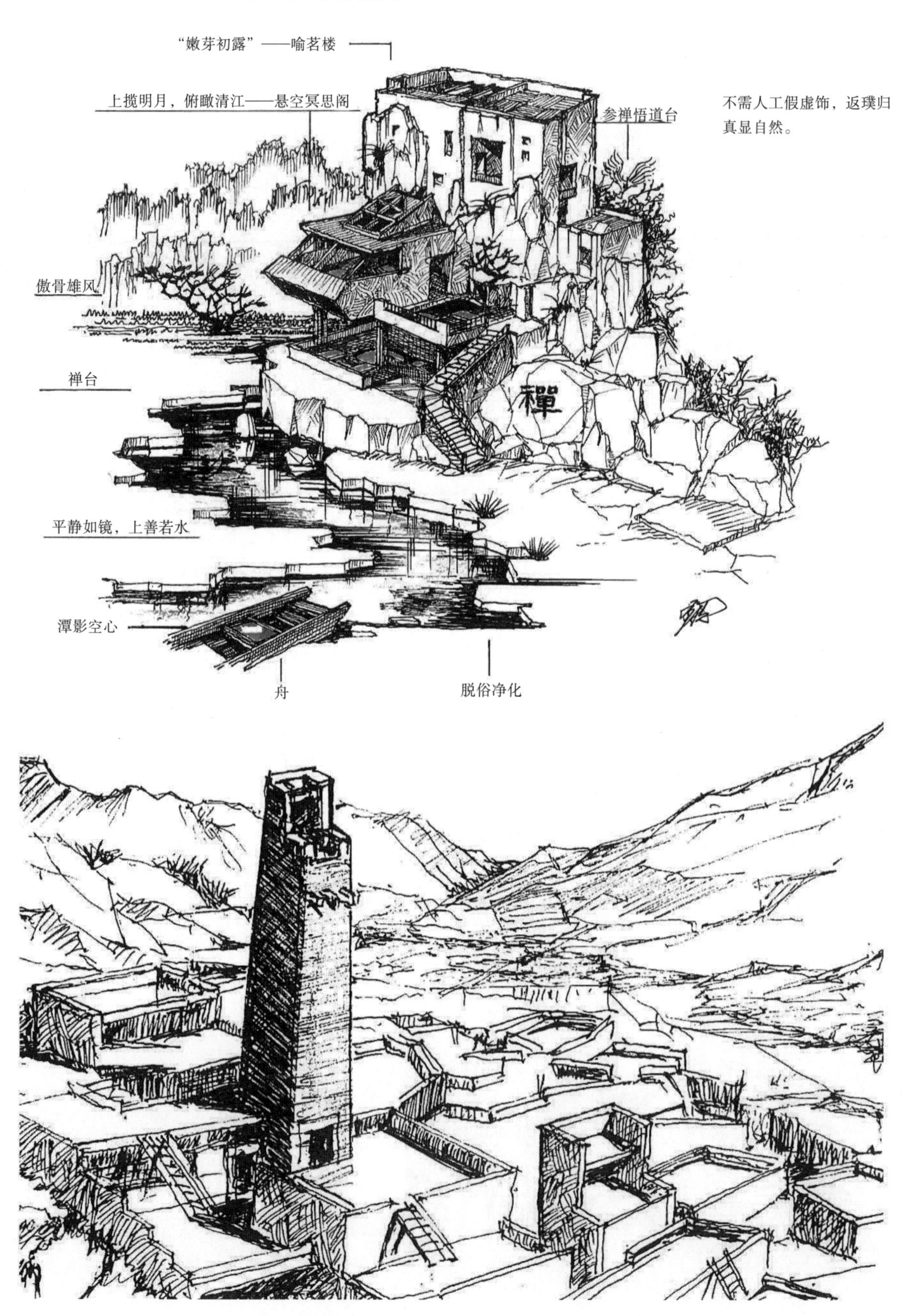
“嫩芽初露”——喻茗楼
上揽明月，俯瞰清江——悬空冥思阁
参禅悟道台
傲骨雄风
禅台
禪
平静如镜，上善若水
潭影空心
舟
脱俗净化

不需人工假虚饰，返璞归真显自然。

SPORT

建筑与周边环境共荣

虚实相生、错落有致、相互穿插、文野交织、自然得体

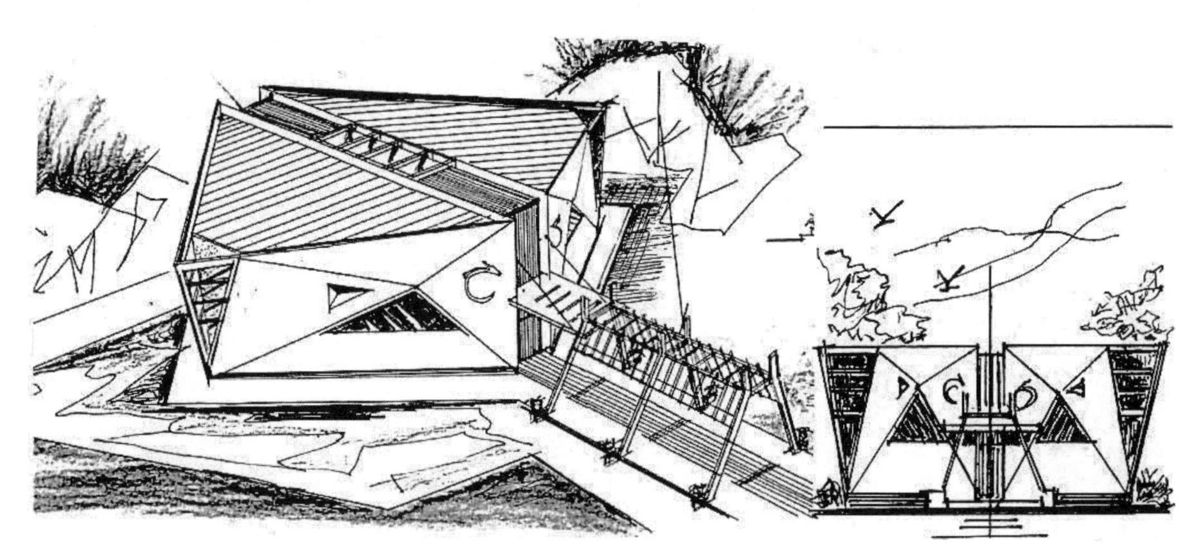

某接待厅透视

复杂地形的镶嵌式组合

建筑与周边环境共荣

二、实施策略

（一）边界出挑

边界是界面的交汇处，通过构架、廊桥，实现空间的衔接过渡。

体块叠落、梯廊交错
形体呼应、动感十足

廊架外挑、纵横交错、虚实相生、绿影低垂

界面的凹入、方圆互补、光影交映、简洁大方

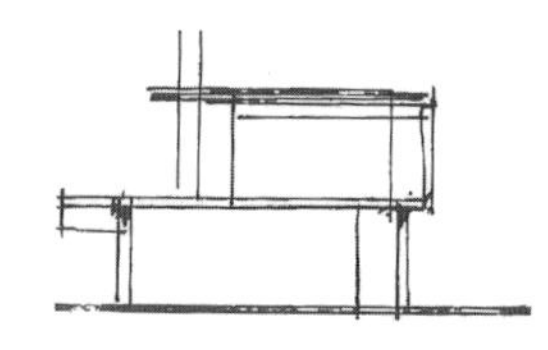

中海高尔夫花园

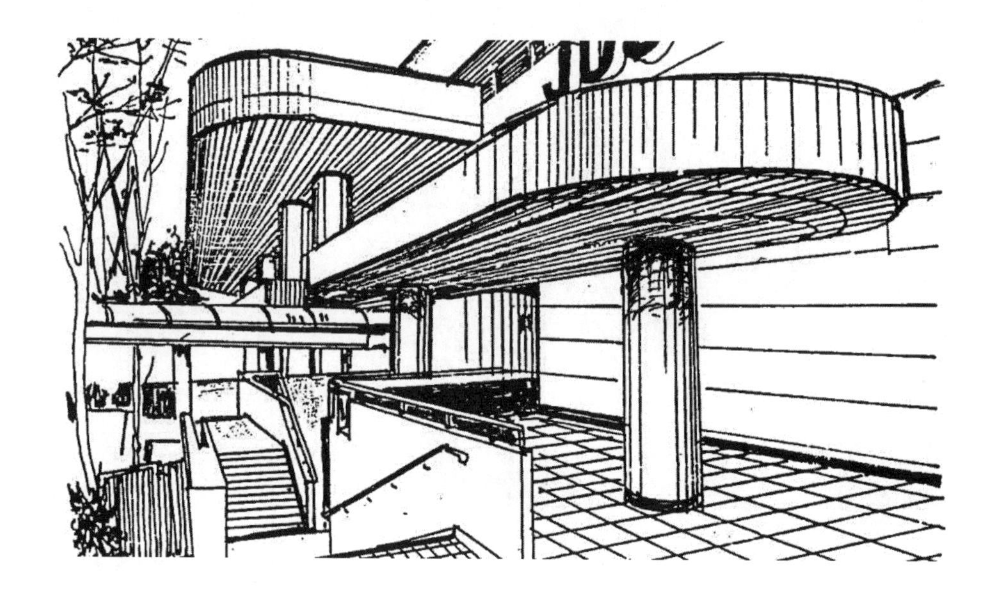

一颗立柱、一座挑檐、一部悬梯、都可以构成画龙点睛之笔，活化邻近的空间与形体，以小见大，与天地相通

边界出挑示例

悬挑桁架式观景平台

悬挑、垂帘等方式，充分利用了光影，模糊视野，造成扑朔迷离的神秘视觉效果

帘
坡绿

观景窗绿化坡面的抬升营造低空望景的场景

边界变化产生不同的视觉效果

（二）相拥相抱

通过旋转、悬挑、拥抱等变形手段，使建筑空间与环境发生咬合关系，使建筑伸向环境，环境嵌入建筑，二者共生共存。

建筑向环境伸展

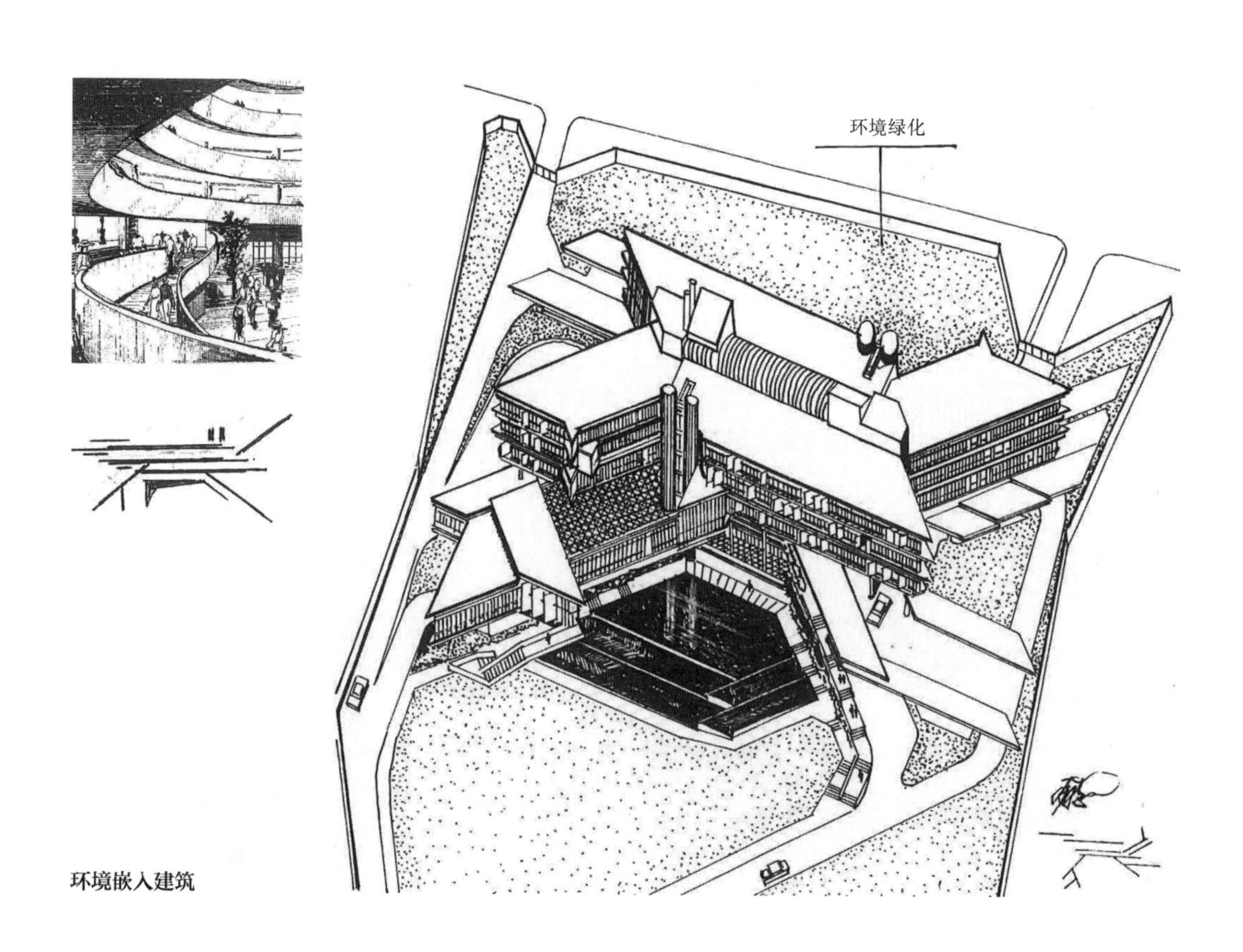
环境绿化

环境嵌入建筑

建筑与环境具有根与苗、母与子的关系

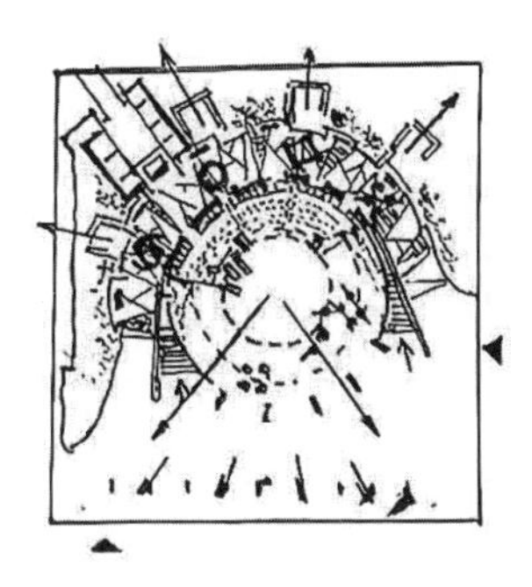

国外某住区建筑与环境，家与园共生共存

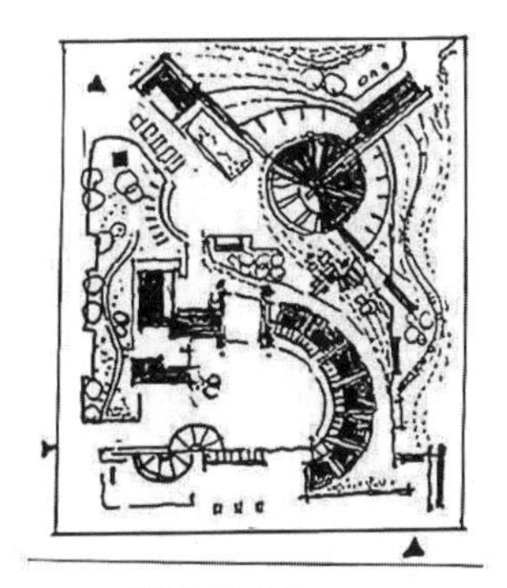

环境包围建筑
建筑拥抱环境

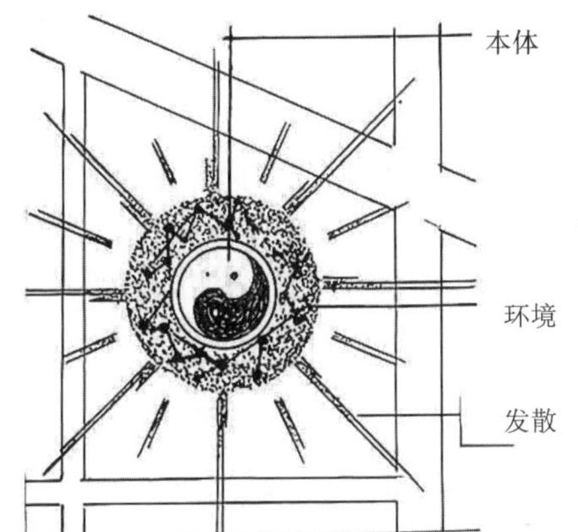
本体
环境
发散

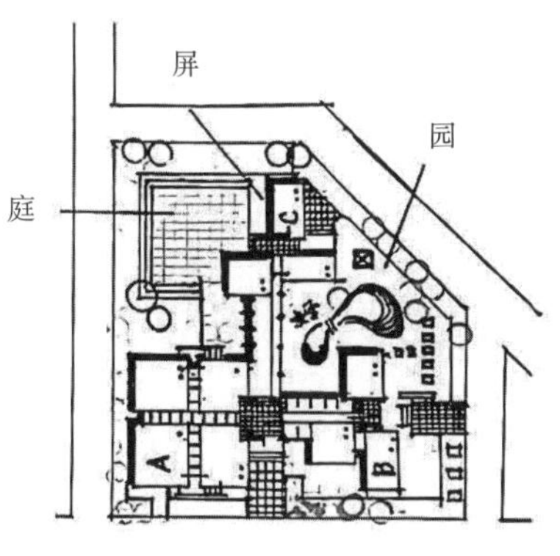
屏
园
庭
C
A
B

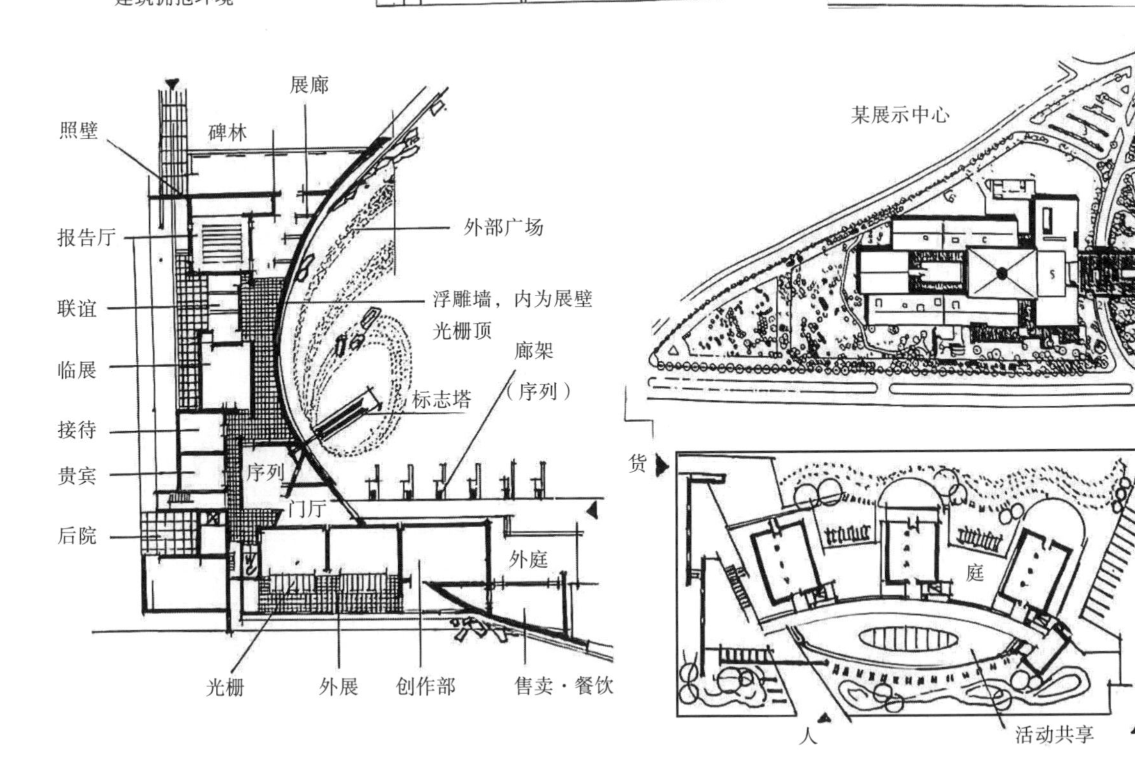
展廊
照壁
碑林
报告厅
外部广场
联谊
浮雕墙，内为展壁
光栅顶
廊架
（序列）
临展
标志塔
接待
贵宾
序列
门厅
后院
外庭
光栅
外展
创作部
售卖·餐饮
某展示中心
货
庭
人
活动共享
车

建筑与环境共生共存

相同尺度的建筑，由于基底之不同，而有不同的气势

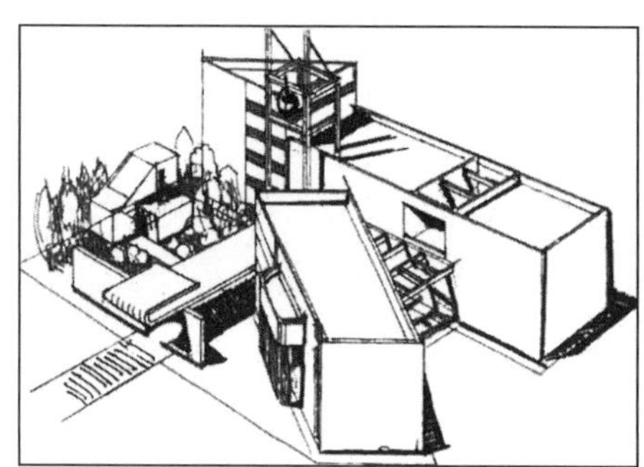

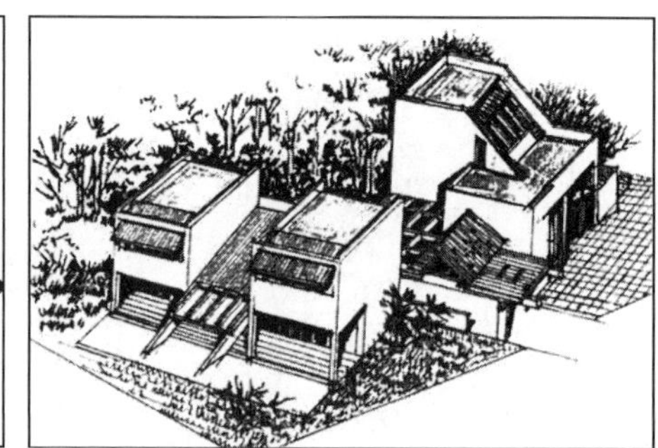

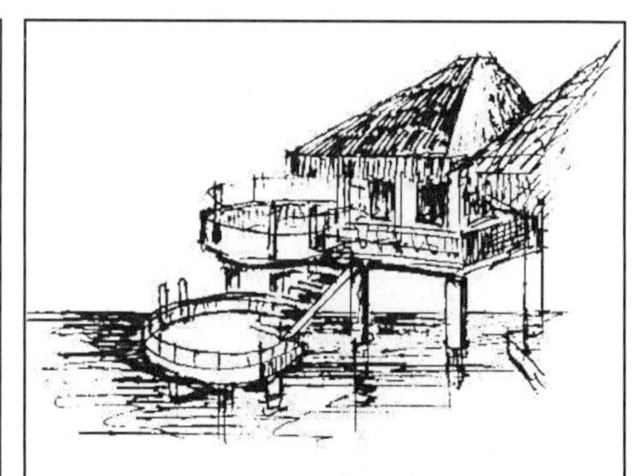

接地、地势、相拥、相抱

中国园林中常见的亭与舫

传统建筑智慧，主要体现在自然混成、精在体宜。亭台空间，四面开敞，人与清风美景直接沟通，故有我与清风同在，清风拂面人欣慰

遗貌取神

任何建筑都应该是扎根在土壤中的环境建筑，在建筑空间的围合与限定中，常常采用内外渗透、互相融合的方法，使建筑根植于母体环境中。

碉楼雄姿、横平竖直

衍生于自然哲学的辩证法，“相生又相克，相反又相成”，取之不尽，用之不竭

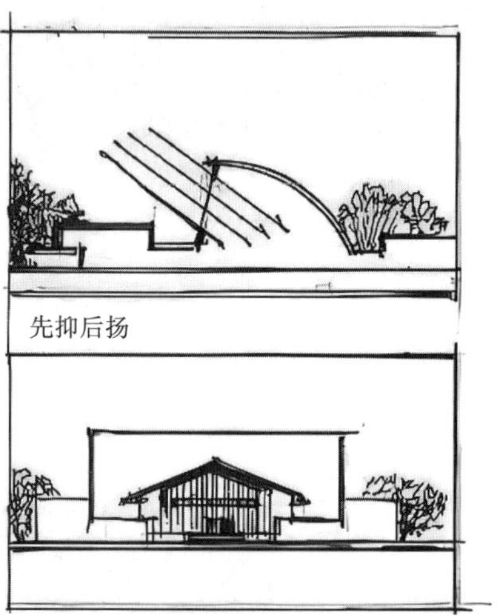

先抑后扬

有无相生

传统建筑智慧——辩证施治、灵活多变

刚柔相济

相互因借，天外有天

前后相随，序列展开

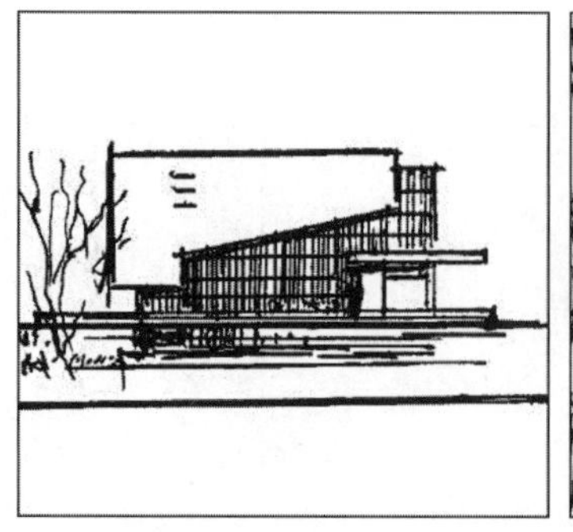

虚实相生

既藏又露

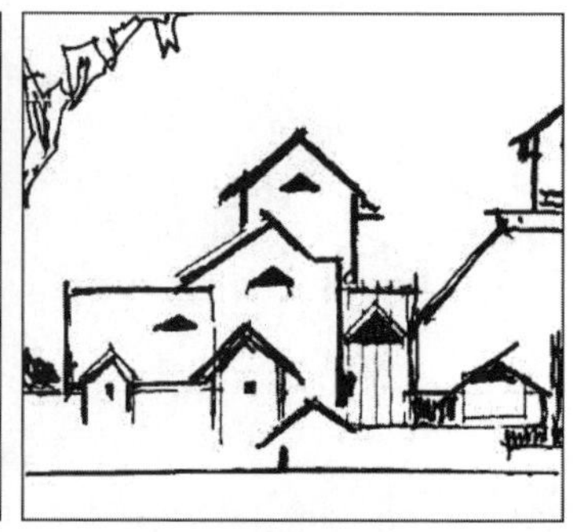

高低错落

建筑的实体、空间和边界

小空间、大宇宙
层层叠叠
高低错落

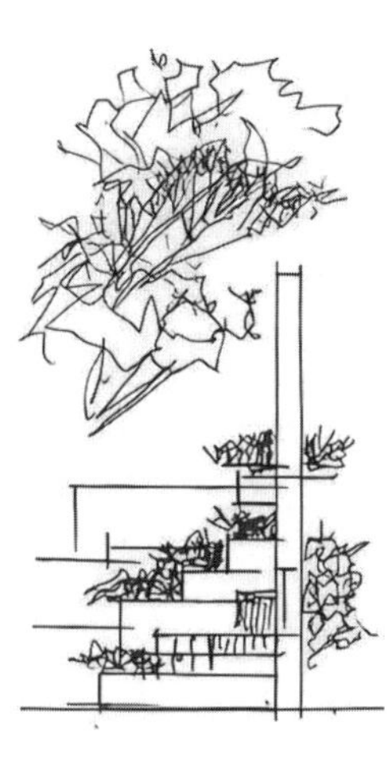

于细微处见精神
小巷深院
雅静幽深
层次错落

错落有致

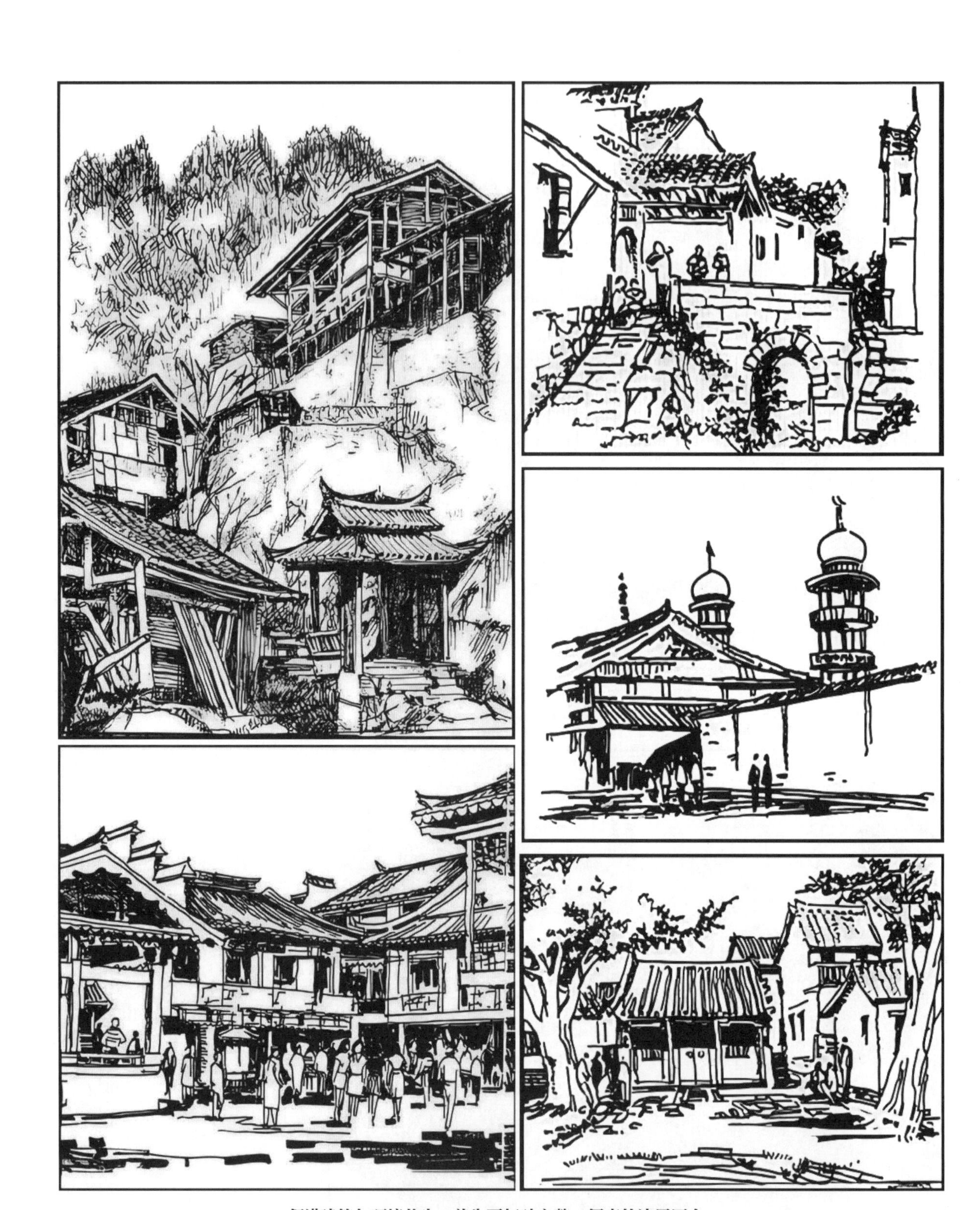

促进建筑与环境共生，首先要打破方整、僵直的边界围合

（三）滨水之筑

植根于地、浮于海、面朝天，在光与电中生长

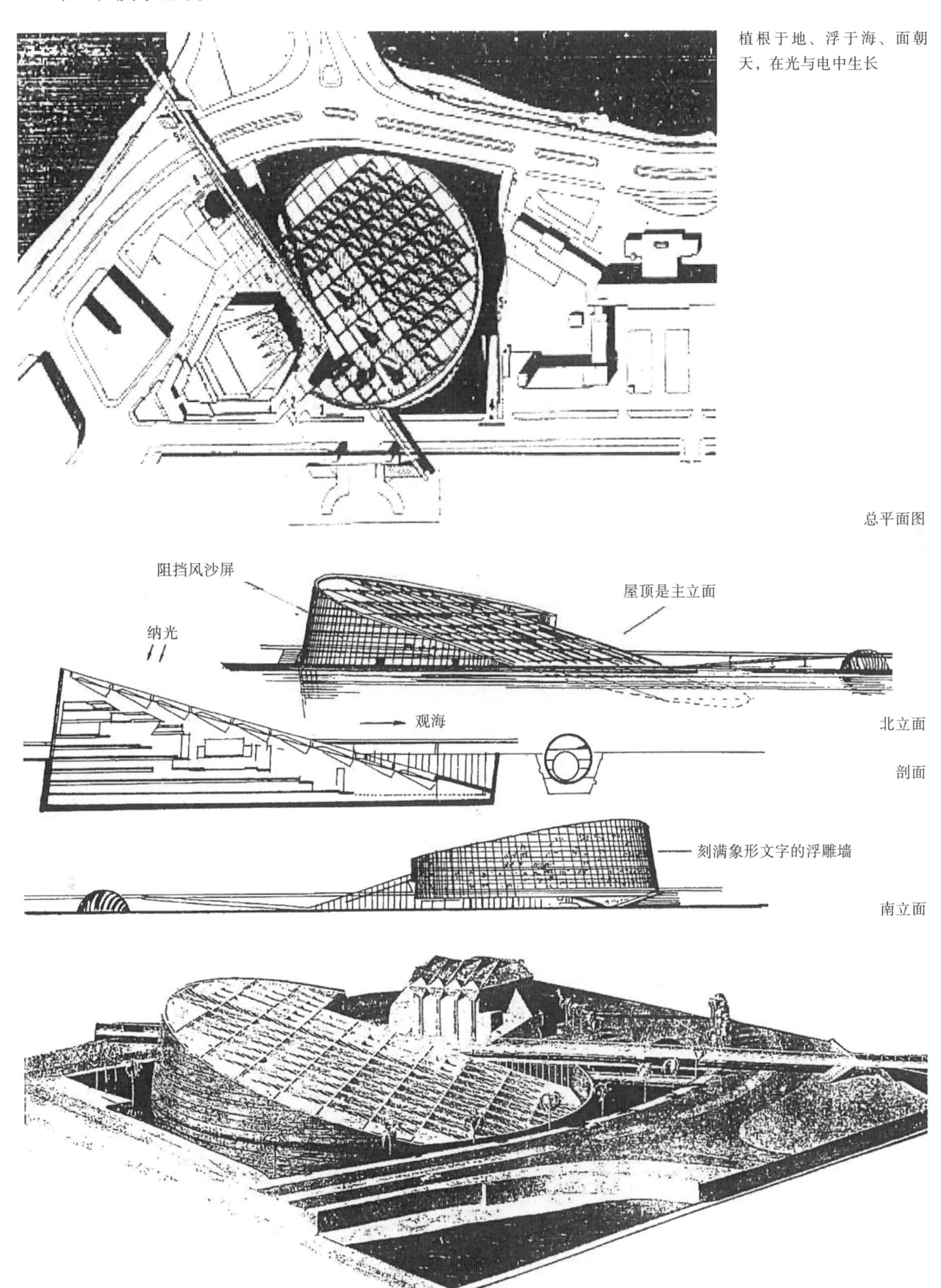
阻挡风沙屏
屋顶是主立面
纳光
观海
刻满象形文字的浮雕墙

总平面图

北立面

剖面

南立面

新亚历山大里亚图书馆（挪威斯努希塔风景建筑设计所）

建筑，从最早期作为人类的庇护所开始，到发展为根据堪舆学进行聚落选择，都体现出依山傍水、负阴抱阳、趋利避害的环境意识。

枕水而居

建筑与山体有机融合

建筑与周边环境充分融合共生：挪威奥斯陆歌剧院

坡屋面上直观峡湾

广场上人际活动与交流

利用水的灵动性，增强共生关系。

虚实相映，水光潋滟，山雨空濛，微波荡漾，水波如皱，浪花翻涌，天水一色，云演风清。

传统民居与水共生

扶廊当空舞，水上波影斜。江山美如色，恰似彩练当空舞

10 JAHRE

现代雕塑与水互动

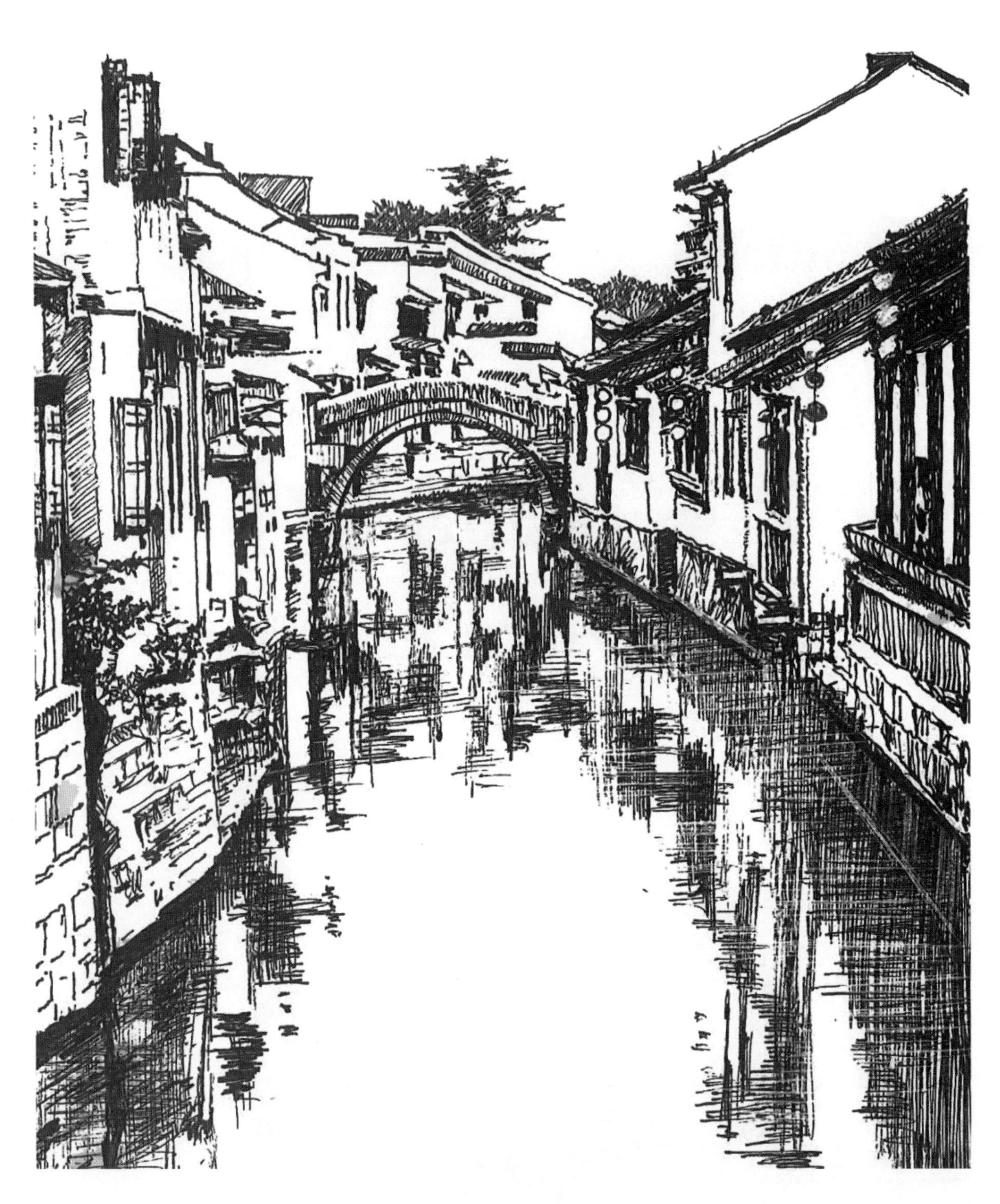

建筑与水共生

沧桑岁月，古韵悠长——断桥。这是一幅20世纪30年代的场景，展示了渔村古镇，临水靠山，天人合一

（四）流曲围合

简约合宜、变化有因、自然得体、天然成趣

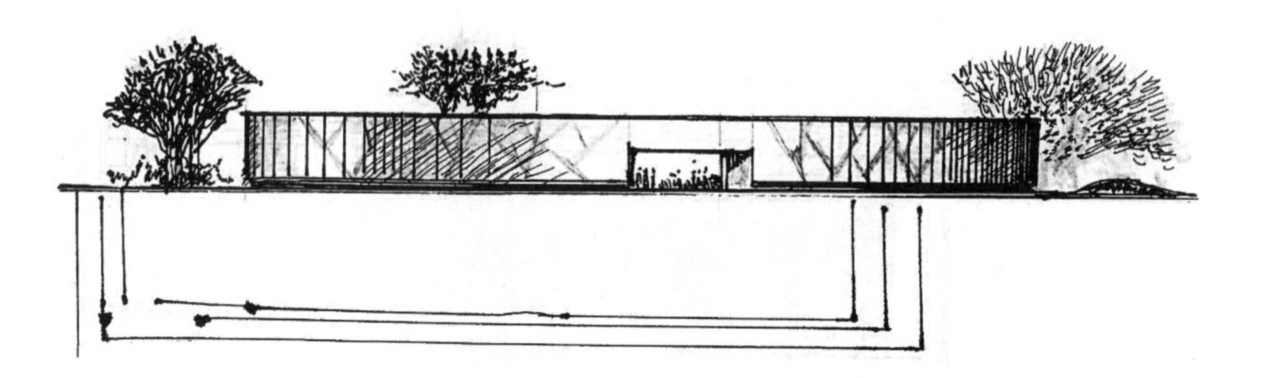

新与旧

文化长廊、彩练当空、外柔内刚

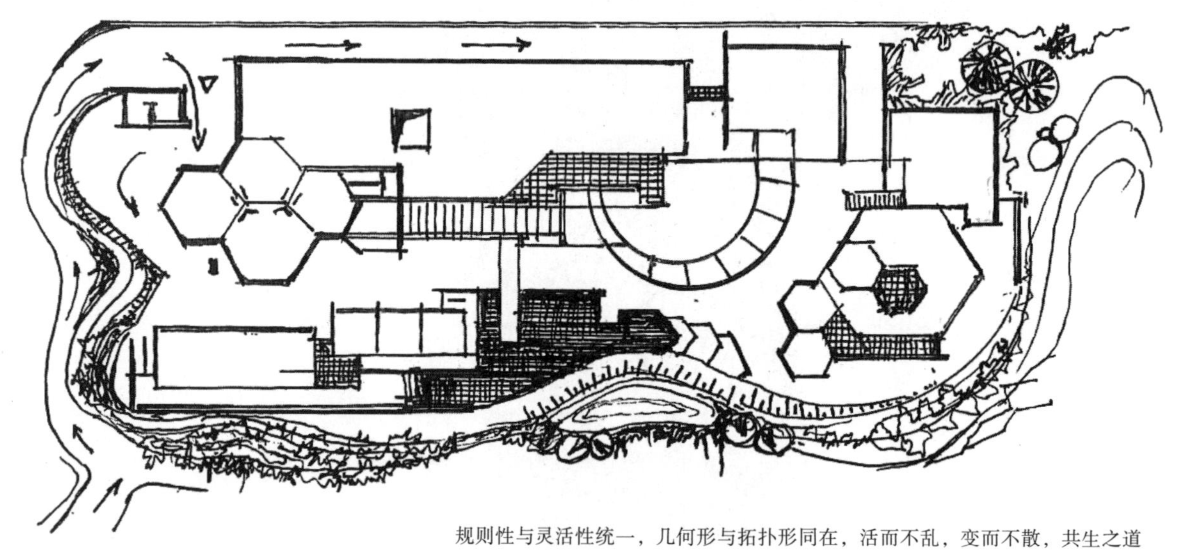

规则性与灵活性统一，几何形与拓扑形同在，活而不乱，变而不散，共生之道

山水园内庭

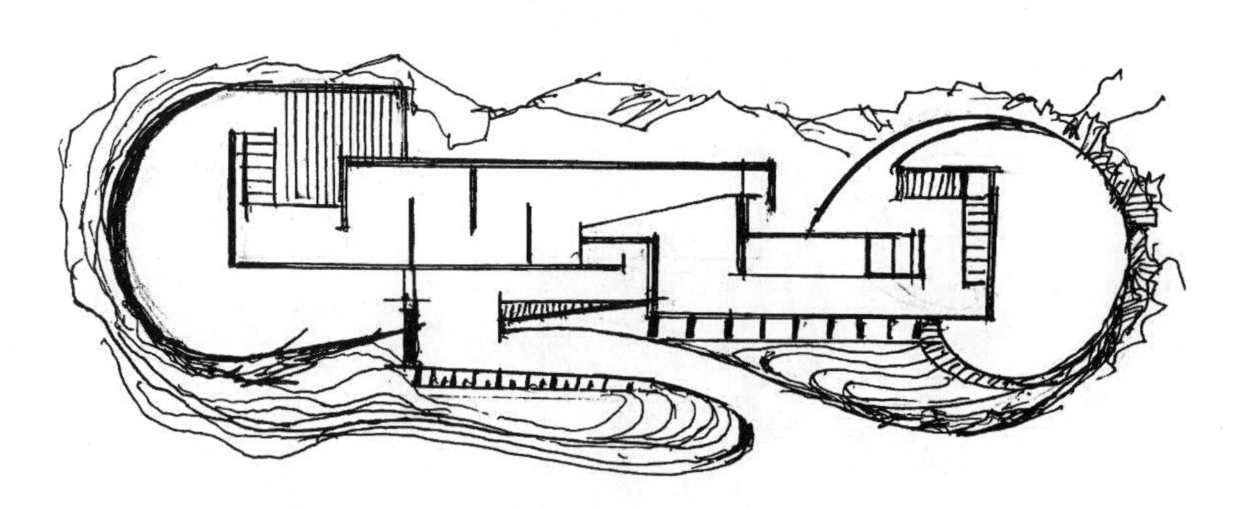

简约不简单

刚柔曲直、新旧并济、和谐共生

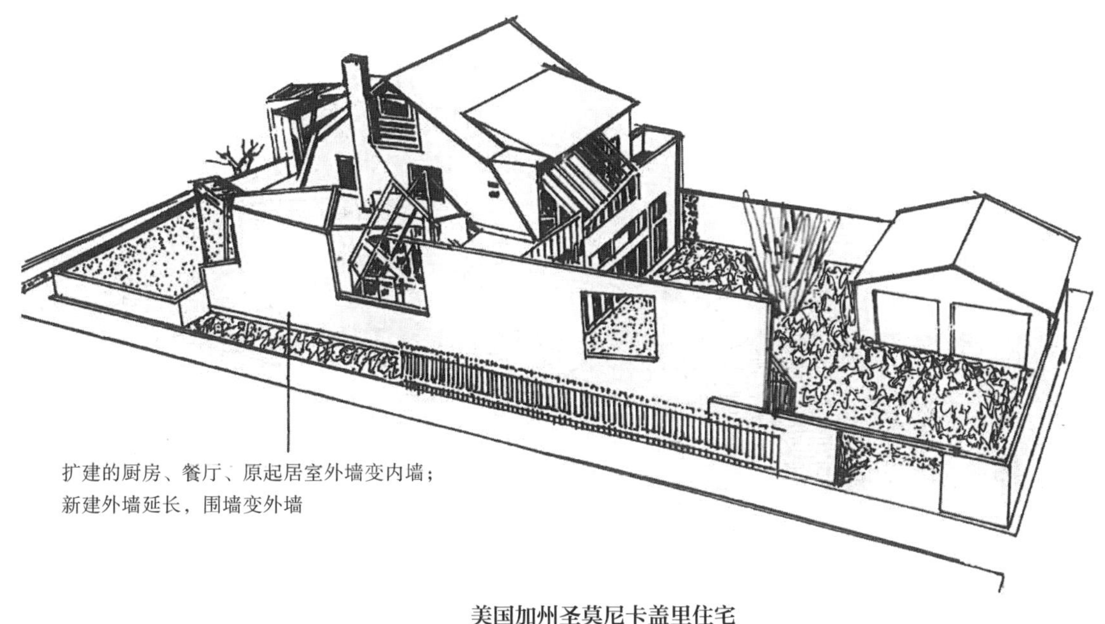
扩建的厨房、餐厅、原起居室外墙变内墙；
新建外墙延长，围墙变外墙

美国加州圣莫尼卡盖里住宅
（盖里）

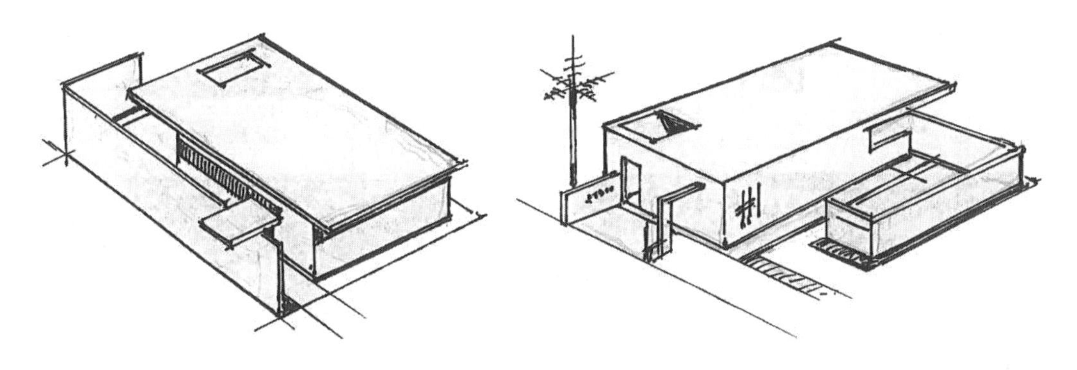

利用重层结构，产生环境的色容、隔离、夹层、过渡

墙分内外

（五）西北窑居——典型的共生体实例

干旱少雨，坚实厚重的黄土层，正适合挖土建窑，冬暖夏凉，经济宜居。即使在现代可以用科技改善居住条件，这也不失为可选择的居住方式。

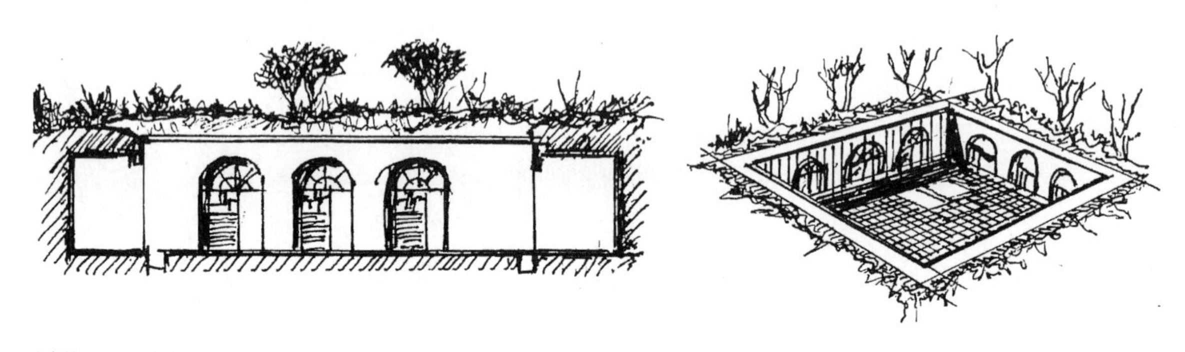

地下建筑，虽然并非权宜之计，但在世界已构成独立的分支。可以采用各种科学手段，使之精美与完善

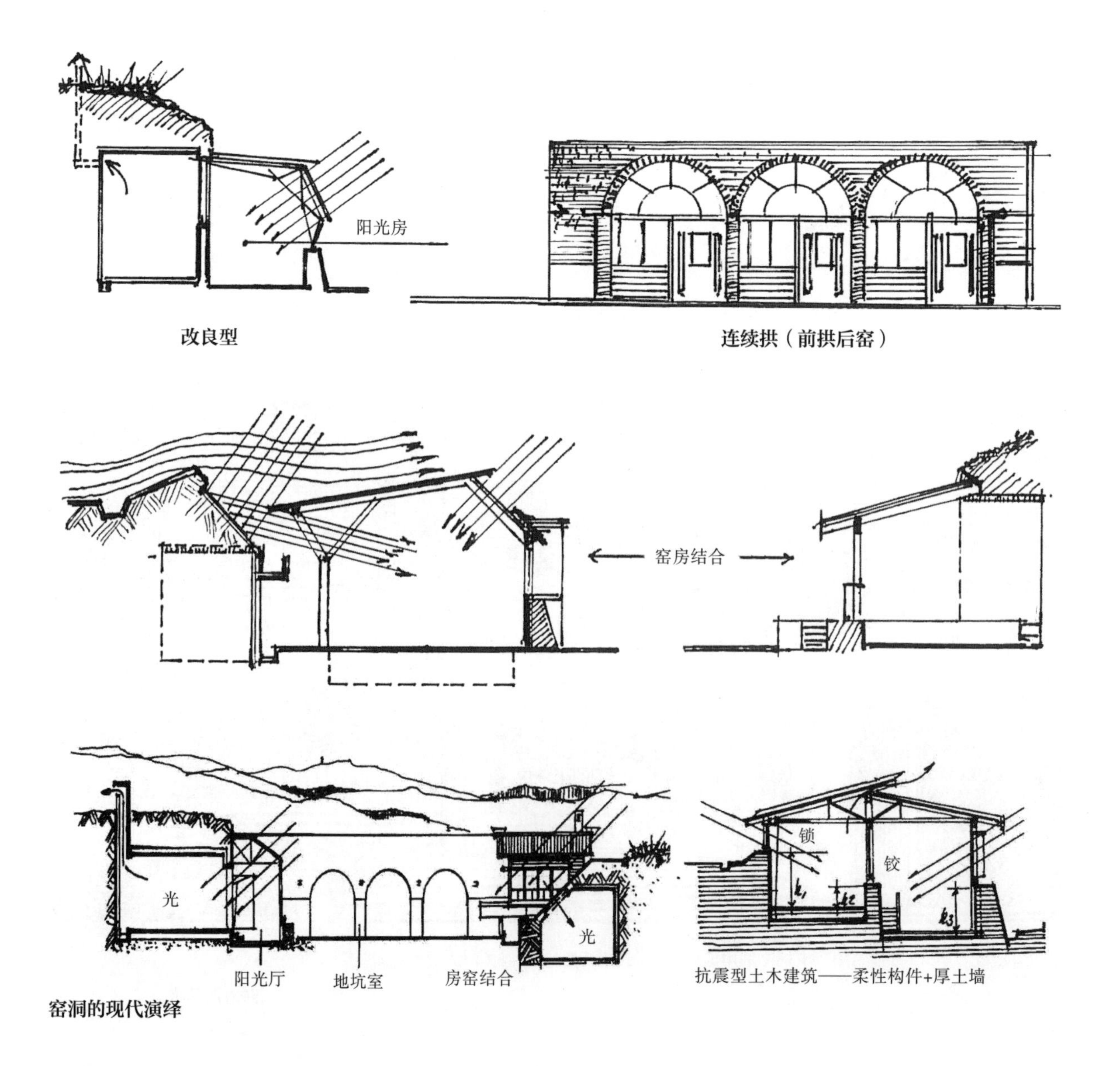
阳光房
窑房结合
光
阳光厅
地坑室
房窑结合
光
锁
铰

改良型

连续拱（前拱后窑）

抗震型土木建筑——柔性构件+厚土墙

窑洞的现代演绎

如前所述，空间是功能的载体，功能随时代进步而变，空间也应随之而变。空间是由相应的物质技术手段围合而成，而围护结构不仅关系到生态材质，还影响着室内外的渗透与融合，因此也应与时俱进。如采光用的玻璃，从普通平玻转化为光致变色玻璃，进一步发展出了能够发电的高智能化玻璃。不仅如此，支撑空间的承重结构也在更新换代。因此，建筑空间的未来发展，必然更加灵活和弹性化。空间的尺度、组合形式、围护的界面、室内外的分别都将随之而变。可以大胆地设想：可否利用光反射原理来解决朝向的限制；单元式组合空间，能否垂直升层，单元之间都有外部庭院，人们可以摆脱固定电梯的束缚，可以在水平廊桥上流动，直升机可以在天井中升降救护等，随着科学的发展，这一切都是可能的。

20世纪中叶就有国外建筑师，将建筑置于可旋转的底盘之上，跟随太阳旋转。但由于荷载较大、耗能较少，未能推行。然而，根据光反射原理，天井采光和对面反射并非技术上的难题，只在为与不为之间。

本篇结语

2018.2.24

醉翁亭·五级五阶·立体构成

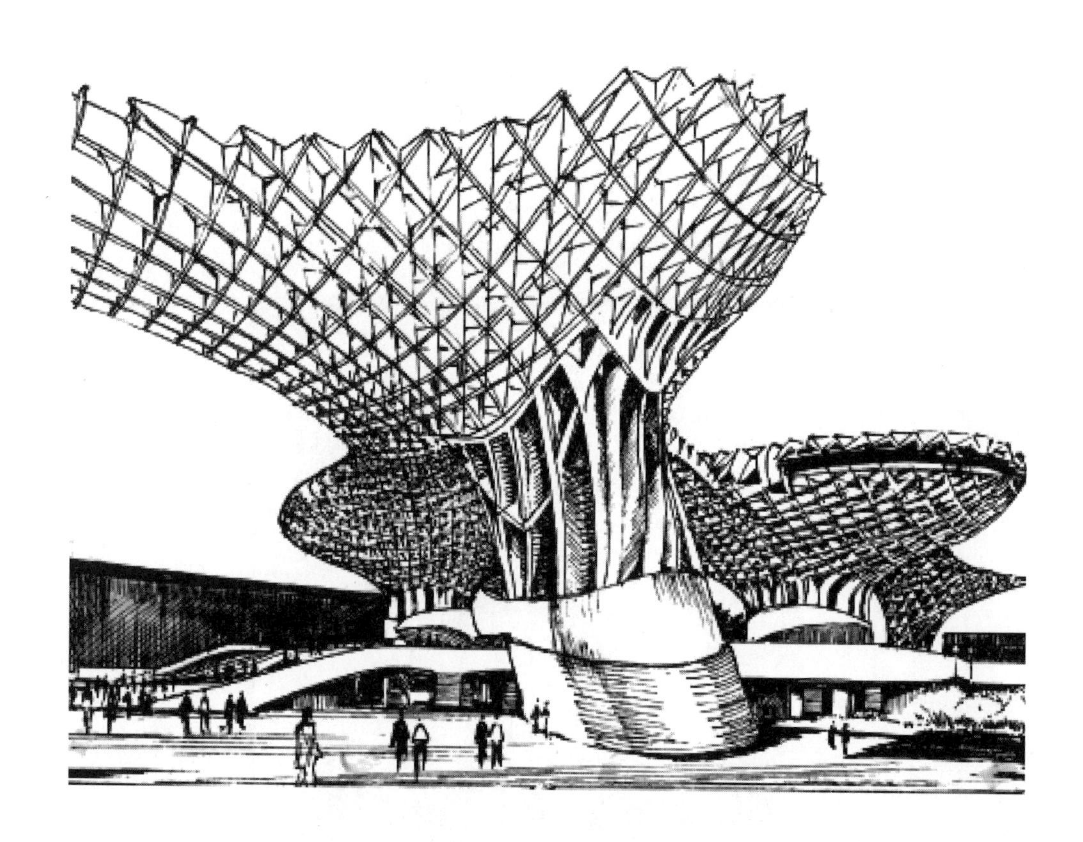

一花独放不是春，百花齐放春满园。

第三篇　城市园林创作的新历程

在几千年的历史发展进程中，中国人一直把家与园联系在一起。家指的是建筑，园指的是宅前宅后的庭院和绿化。进入现代城市发展阶段后，出现了一类面积更大的公共休憩游赏绿地——城市公园。随着城市进入更新阶段，生态优先、宜居、宜业、宜学、宜产、宜游的需求与提升品质的意识不断增强，一种由城市中的花园向花园城市转化的理念油然而生。

“花园城市”“田园都市”和“山水城市”，均属意向性名词，其实质都是出自以人为中心的理念，为最大限度地满足人民的需要，提升城市的品质。这还是一种精神、情感、意义、场所、社会交往、文化认同上的满足，是一种开放共享、就近就便的环境更新和品质提升，而非指物质和形式上的“花化”“彩化”“美化”“过度装饰化”与“几何拼贴化”。如何让花园城市真正走进人们的生活，在街巷中落地生根，是本篇所研究的核心内容。

“公园城市”中的“园”可以说是一种放大了的街区围合，其边界是一种充满生机活力的生态廊道，徜徉其中其乐融融、其情悠悠、其意舒畅。

因此，城市园林应走向开放，点、线、面相结合，直接面向广大市民，有层次地进行开发和建设，并按理念、方法、技巧相结合的模式，走进生活，落地生根。

理念源于对过去的经验总结，是对当前存在问题的梳理和对未来发展的憧憬，应抓住矛盾的主要方面，对目标进行准确的定向、定性与定位。所以它是奔向理想目标的舵和方向盘，更是创作之本。

就园林艺术而言，它已有数千年的发展历史，有许多宝贵经验值得借鉴。就公共空间的再开发而言，全国已有的实践历历在目，何去何从也逐渐明朗。就历史和他国经验来说，城市的发展必定永远行进在途中，永无休止符，故应以动态发展观来看待，既不能一蹴而就，也不能原地踏步、停滞不前，应在不断积累、不断创新中求发展。

一、城市环境的转化与走向

从短板走向完善，从残缺走向健全，从不足走向优化。我们正在面临的变革与使命如下：

由物质繁荣向精神文明方面转型。经过快速发展的城市化进程，物质财富的积累远远大于精神文明的建设，到处高楼林立，并不意味市民的幸福。

由车本位，向以人为中心转型。在交通方面，由单一平面式向复合式立体化方向转型。城市本质不是建筑（泛指物质层面），而是人。城市因人而建，因人而活。故城市的本质是人与人、社区与社区之间的相互联系。

在城市建设方面，由增量向存量的挖潜增效转型。大规模、高密度、高容积率、摊大饼式房屋开发模式已经难以为继。以建成环境的存量优化为主要开发模式已成为现实，并已开始进入城市改造的新常态，有韧性地可持续、动态发展将成为城市建设的必然趋势。

由集中修建的城市花园向开放式、散点布置的花园城市转型。花园城市，大致是在城市空间中按五百米见园的模式，在街区四周选边设点，使之成为居民休憩健身、聚会、社会交往的微型花园。

向城市公共空间本原和应有效益承载回归。城市公共空间，本属为城市居民提供休憩、健身、社会交往、增强社会凝聚力的行为场所，但在现实中却被硬质化、平直化的空闲场地和几何化、碎片化的构筑式装置所代替，失去了生态活力，故应反思其中的问题，使之成为多效共生的行为场所。

向缩小差别的友好型社会转化。现有城市，多属新旧并置，品质差别较大。为提升城市的服务职能，应着重建设儿童友好型、适老型、缓冲疲劳型的城市功能机制。

由片面追求现代流行向文脉和智慧传承转化。流行虽有一定的合理性，但非永恒之道。另外，一味求新、求异、求洋虽能迎合部分人的心理，但都缺少在地的支撑，无根无蒂，也与当地人的文化心态背道而驰。所以，如何正确地进行文脉传承，值得业内人士关注。

城市街道的公共空间日益朝开放的、多元的、活力的方向发展，这也是正处于转型期的中国城市正在经历的发展大趋势，责任在肩，重在砥砺前行。本书所倡导的“多效共生”，符合建筑、空间、城市、环境、生态、人性、城市所承载的以人为中心的母题。

城市的更新改造，一是立足于“微”，微更新、微改造；二是对效益低微的地段，拆除违建后进行改造，以创求活、以改求新，用活化因子孵化新意象。

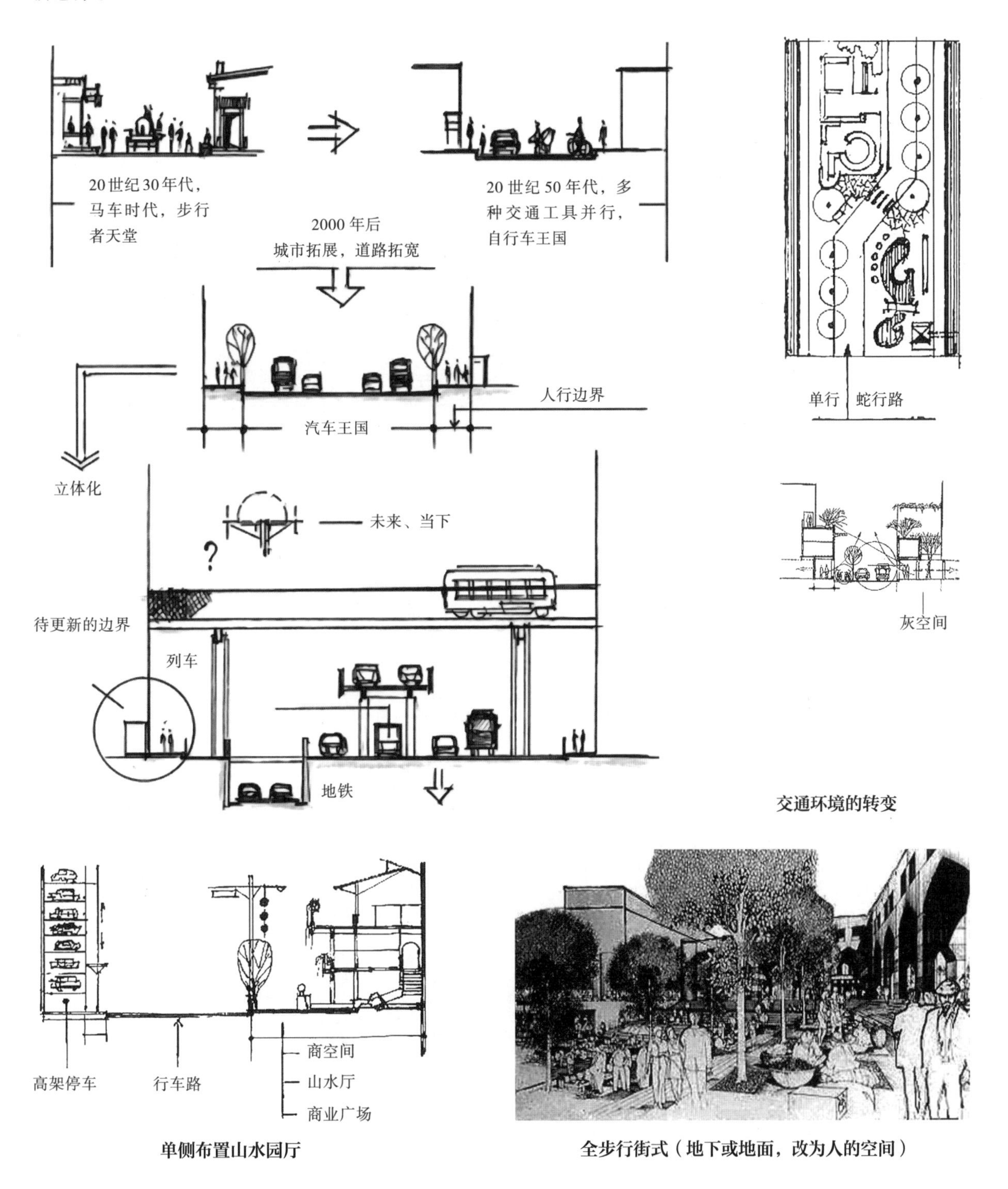

20世纪30年代，
马车时代，步行
者天堂
20世纪50年代，多
种交通工具并行，
自行车王国
2000年后
城市拓展，道路拓宽
人行边界
汽车王国
立体化
未来、当下
待更新的边界
列车
地铁
单行
蛇行路
灰空间
高架停车
行车路
商空间
山水厅
商业广场

交通环境的转变

单侧布置山水园厅

全步行街式（地下或地面，改为人的空间）

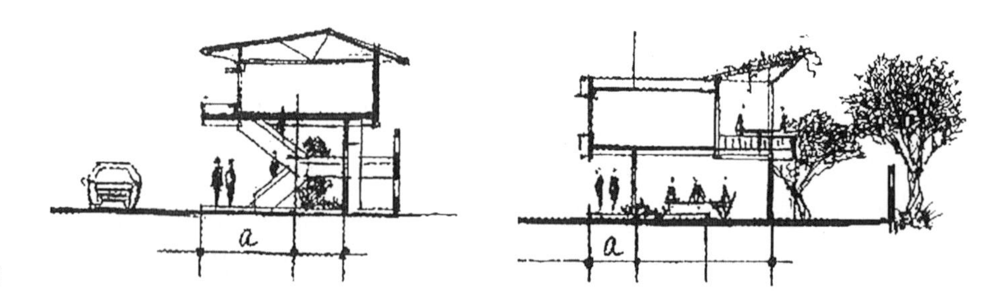

底层架空作为休闲康乐空间

叠层式花园酒楼

植入式地段更新，打破街道界面的单调

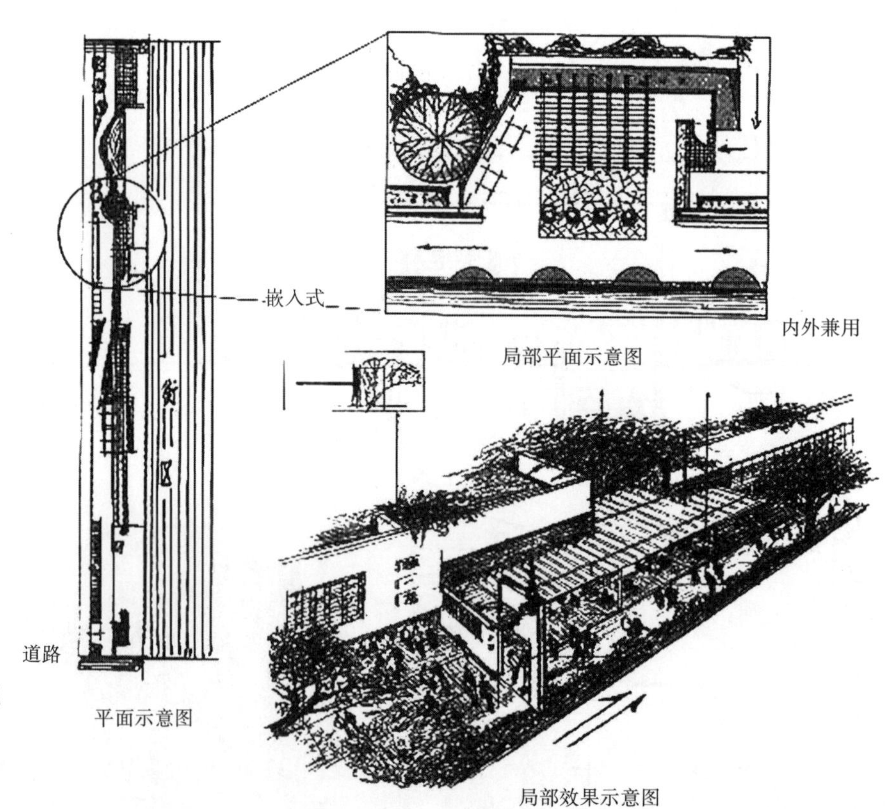
嵌入式
内外兼用
道路

局部平面示意图

平面示意图

局部效果示意图

某街区边界空间不定性处理

公共空间再开发创新性，
一石激起千层浪，
万绿丛中一点红

微更新、微改造

二、城市意象的积淀与建构

藏在市民内心中的记忆，包含对城市的认知、归属感、理想、期待、热爱程度。这种记忆促使从业者思考城市应具有的品格与建构方向。

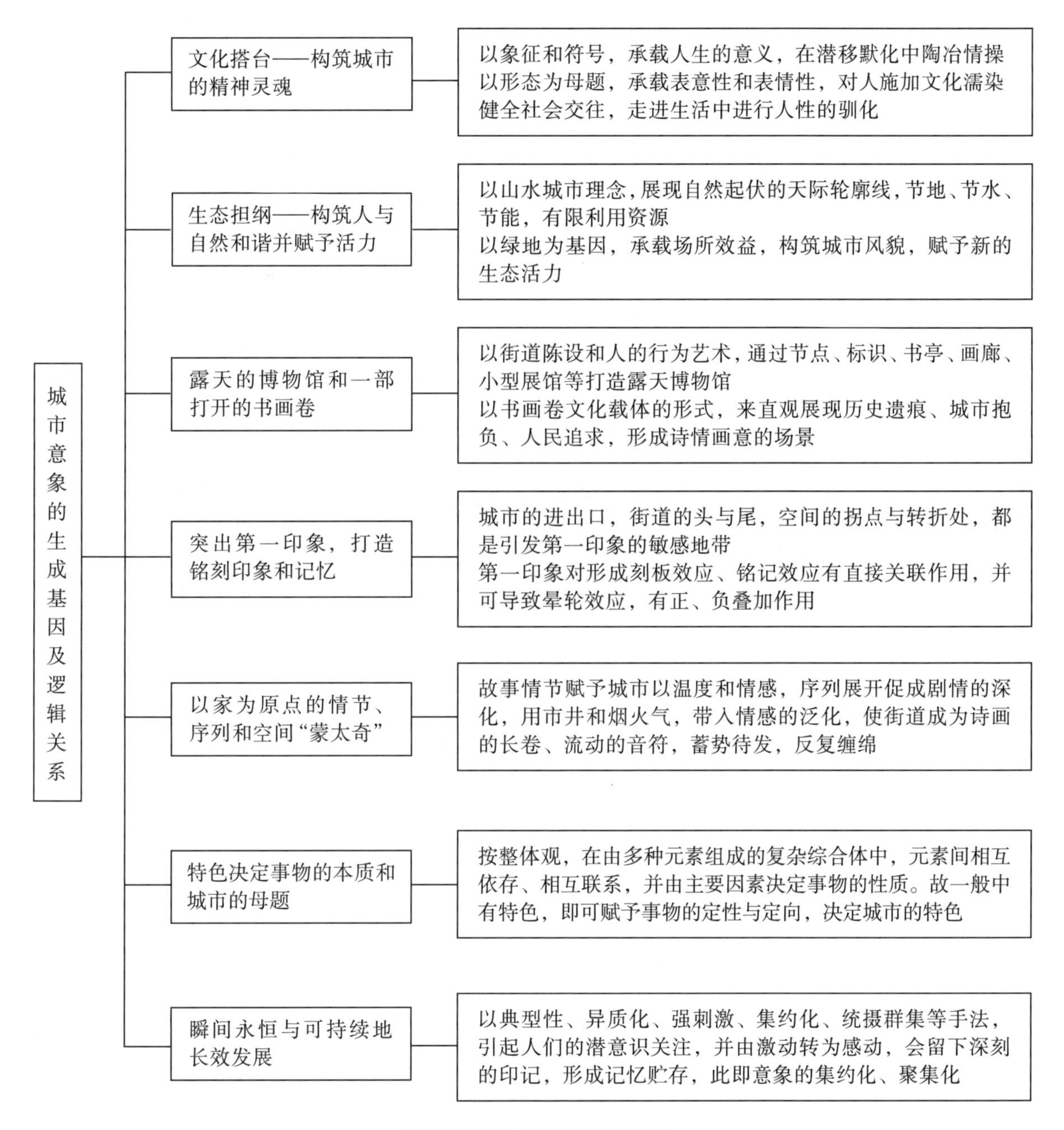

城市意象的生成基因及逻辑关系
文化搭台——构筑城市的精神灵魂
以象征和符号，承载人生的意义，在潜移默化中陶冶情操
以形态为母题，承载表意性和表情性，对人施加文化濡染
健全社会交往，走进生活中进行人性的驯化
生态担纲——构筑人与自然和谐并赋予活力
以山水城市理念，展现自然起伏的天际轮廓线，节地、节水、节能，有限利用资源
以绿地为基因，承载场所效益，构筑城市风貌，赋予新的生态活力
露天的博物馆和一部打开的书画卷
以街道陈设和人的行为艺术，通过节点、标识、书亭、画廊、小型展馆等打造露天博物馆
以书画卷文化载体的形式，来直观展现历史遗痕、城市抱负、人民追求，形成诗情画意的场景
突出第一印象，打造铭刻印象和记忆
城市的进出口，街道的头与尾，空间的拐点与转折处，都是引发第一印象的敏感地带
第一印象对形成刻板效应、铭记效应有直接关联作用，并可导致晕轮效应，有正、负叠加作用
以家为原点的情节、序列和空间“蒙太奇”
故事情节赋予城市以温度和情感，序列展开促成剧情的深化，用市井和烟火气，带入情感的泛化，使街道成为诗画的长卷、流动的音符，蓄势待发，反复缠绵
特色决定事物的本质和城市的母题
按整体观，在由多种元素组成的复杂综合体中，元素间相互依存、相互联系，并由主要因素决定事物的性质。故一般中有特色，即可赋予事物的定性与定向，决定城市的特色
瞬间永恒与可持续地长效发展
以典型性、异质化、强刺激、集约化、统摄群集等手法，引起人们的潜意识关注，并由激动转为感动，会留下深刻的印记，形成记忆贮存，此即意象的集约化、聚集化

城市意象的生成基因及逻辑关系

三、城市公共空间的再开发

公共空间是人与人、人与城市、人与日常生活需求的行为场所，是体现多种效应的功能载体，而不同的空间层次则有不同的效应。再开发，是指对城市公共空间缺陷的弥补与完善，是对缺失部分的增添与创新。

现代城市的第一次大规模开发主要以房地产为主，长期以来建房不建市，故只见其城，不见其市，市中无景，而再开发的宗旨则是还城于民。

（一）由街区围合的公共空间

在开放式公共中心，公共交通走外部环路，内部空间以人的活动为主，人车完全分流，自然生态绿地分布于环外边缘，整体体现文化、场所、景观、社会交往及文化多效应。

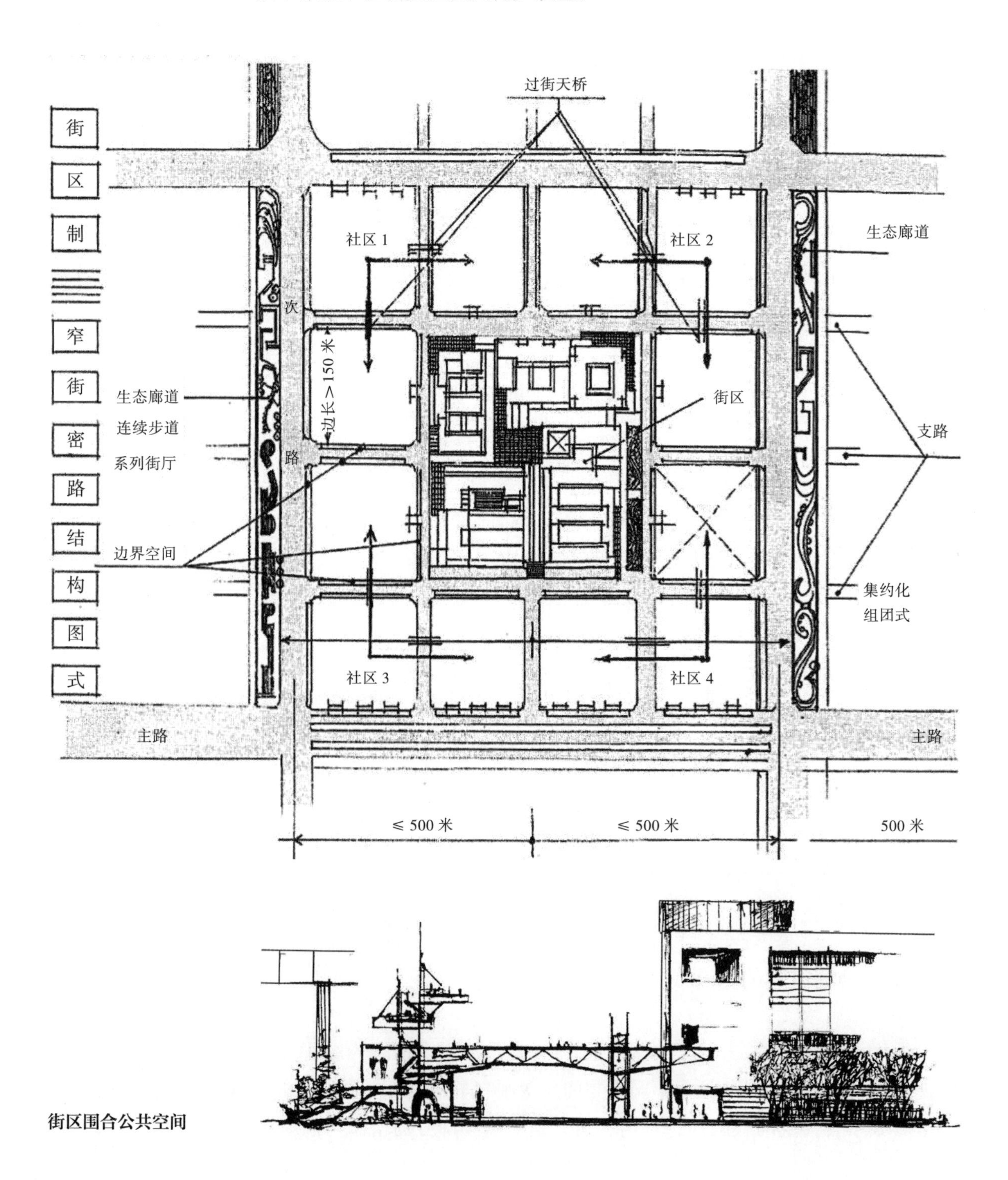

街
区
制
窄
街
密
路
结
构
图
式
过街天桥
社区 1
社区 2
社区 3
社区 4
生态廊道
次
路
边长＞150 米
街区
生态廊道
连续步道
系列街厅
边界空间
支路
集约化
组团式
主路
主路
≤ 500 米
≤ 500 米
500 米

街区围合公共空间

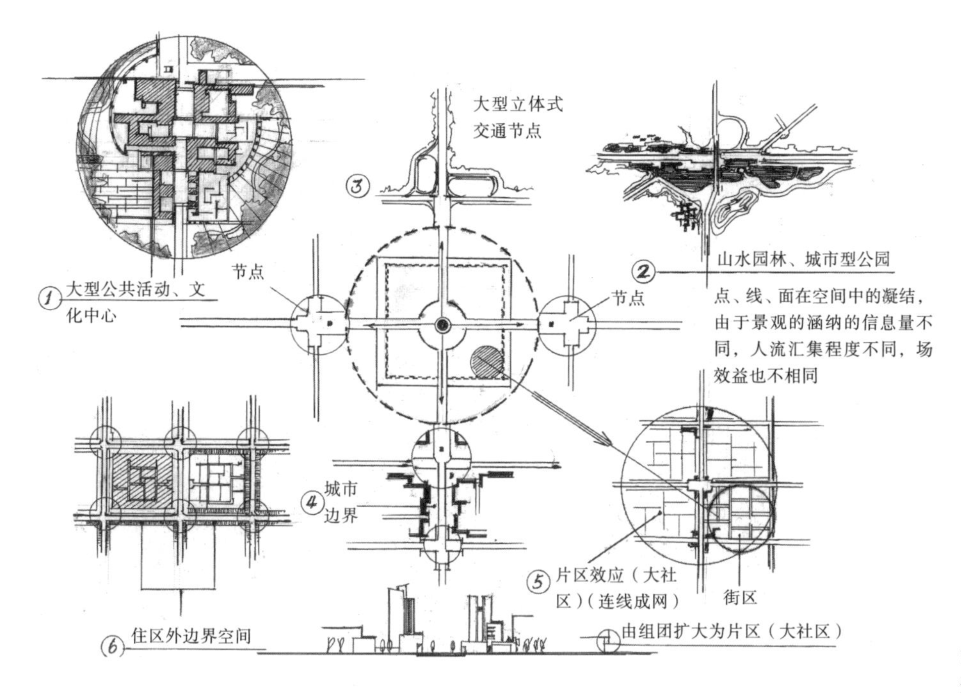
大型立体式
交通节点
③
山水园林、城市型公园
②
点、线、面在空间中的凝结，
由于景观的涵纳的信息量不
同，人流汇集程度不同，场
效益也不相同
节点
节点
①大型公共活动、文
化中心
④城市
边界
⑤片区效应（大社
区）（连线成网）
街区
⑥住区外边界空间
由组团扩大为片区（大社区）

开放共享公共空间类型及效应

（二）由生态廊道围合的生活单元

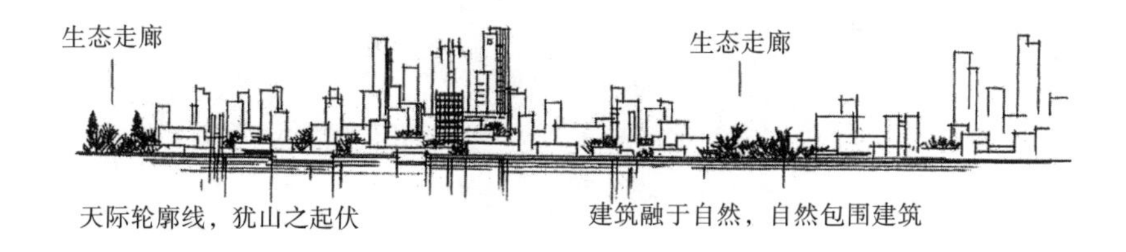
生态走廊
生态走廊
天际轮廓线，犹山之起伏
建筑融于自然，自然包围建筑

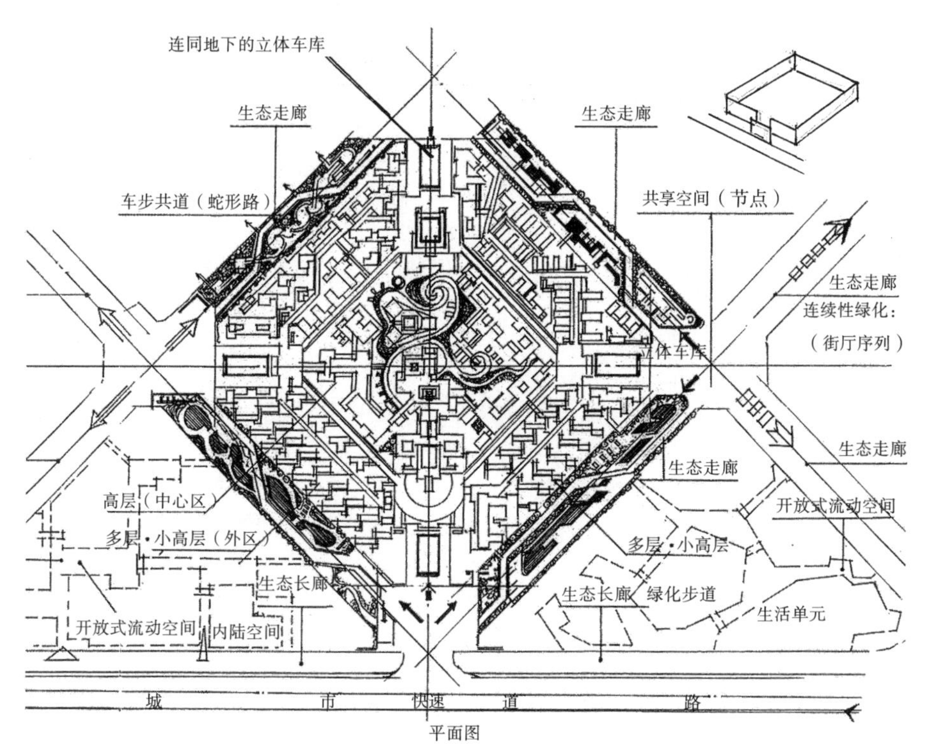
连同地下的立体车库
生态走廊
生态走廊
车步共道（蛇形路）
共享空间（节点）
生态走廊
连续性绿化：
（街厅序列）
立体车库
生态走廊
生态走廊
开放式流动空间
高层（中心区）
多层·小高层（外区）
多层·小高层
生态长廊
生态长廊
绿化步道
生活单元
开放式流动空间
内陆空间
城市快速道路
平面图

生态街区方案构想

受青海庄廓建筑影响，绘制于西宁城市风格改造方案评审会后

（三）开辟内向空间

人车水平分流，有利于改善人居环境生态条件，主要措施有安全便捷地组织带状线性公园，以及加宽高层建筑退红线距离以改善光环境等。

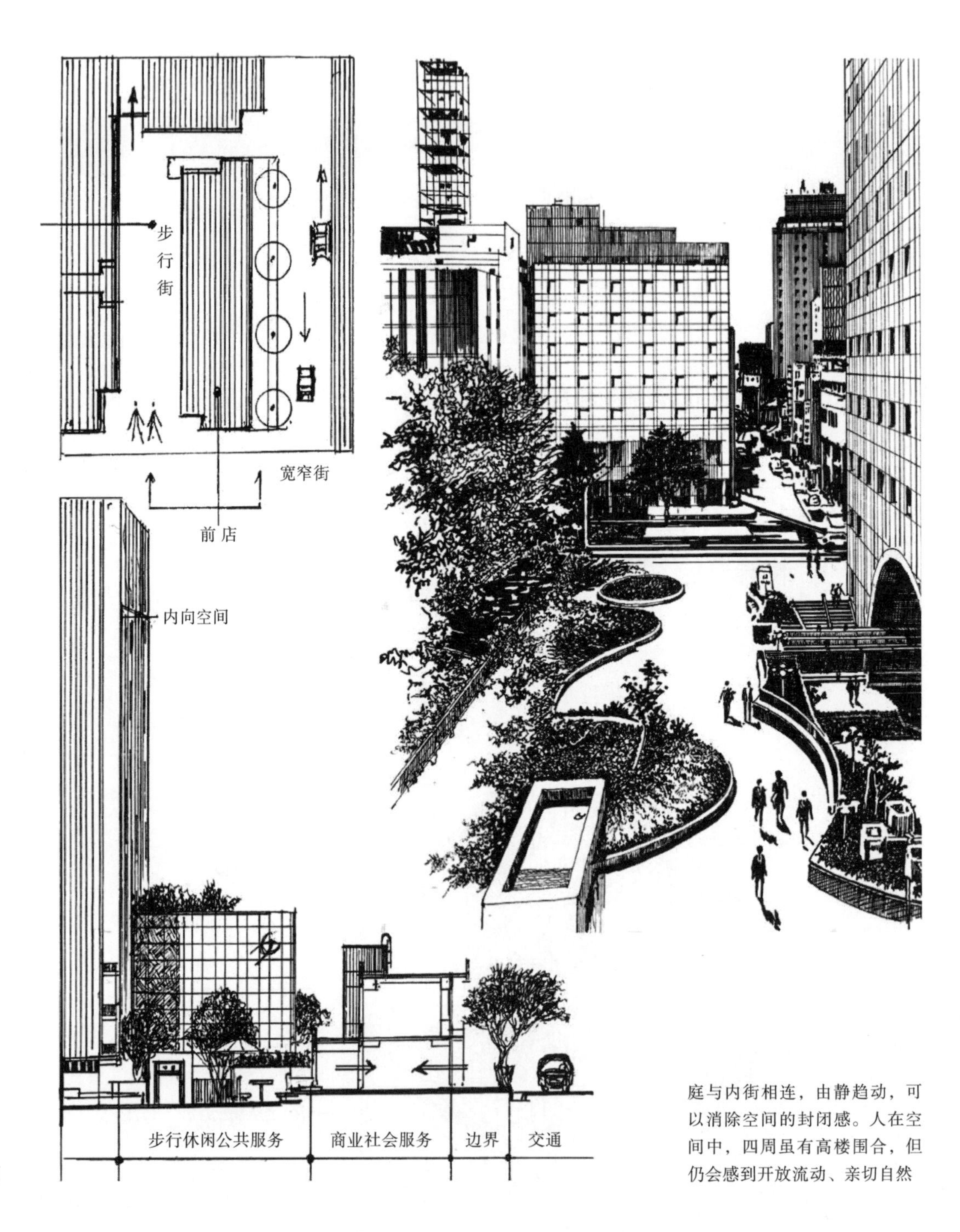

步
行
街
宽窄街
前店
内向空间
步行休闲公共服务
商业社会服务
边界
交通

内向空间

庭与内街相连，由静趋动，可以消除空间的封闭感。人在空间中，四周虽有高楼围合，但仍会感到开放流动、亲切自然

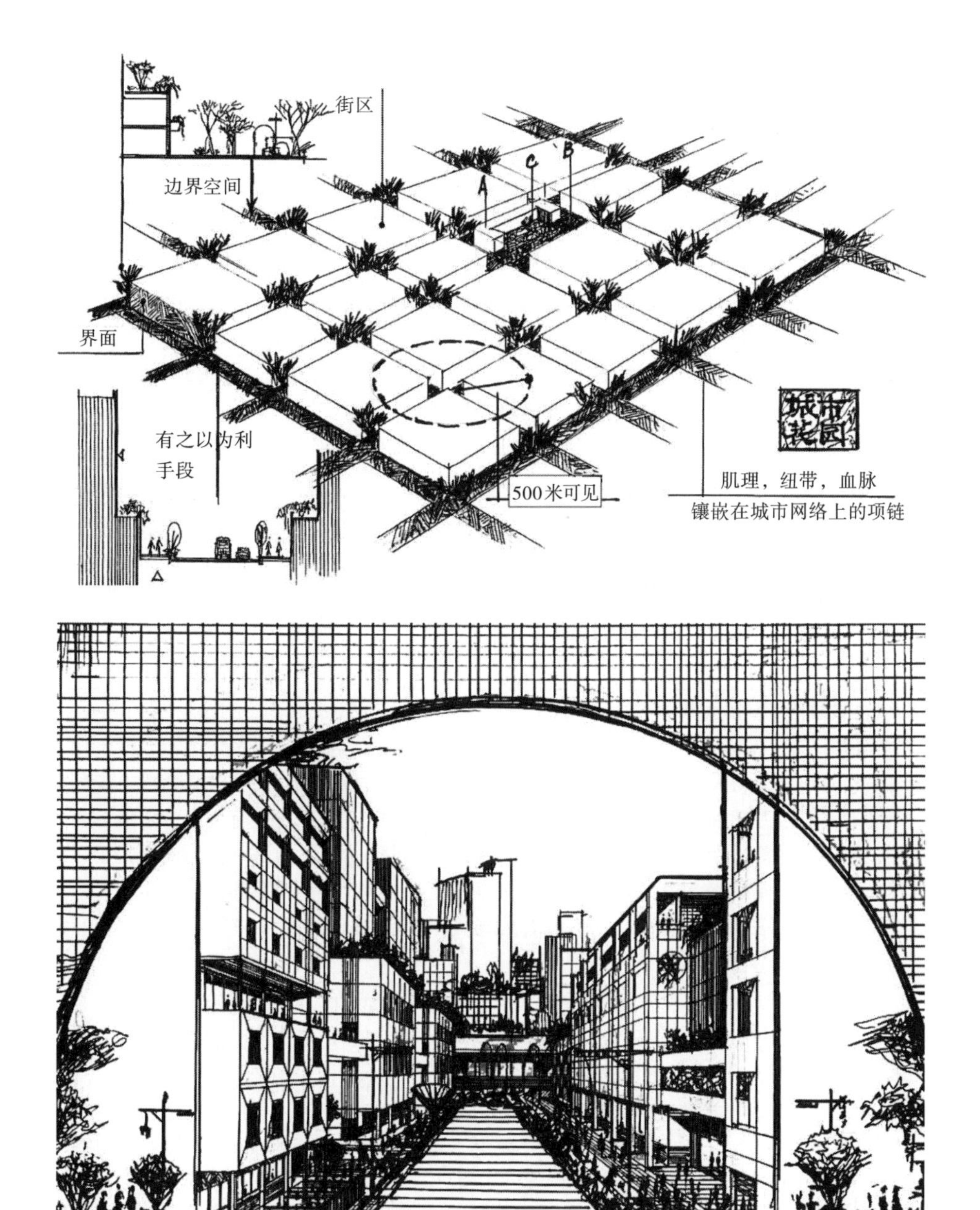
街区
边界空间
A
B
C
界面
有之以为利
手段
500米可见
肌理，纽带，血脉
镶嵌在城市网络上的项链

街区——穿在城市项链上的珍珠

四、儒、道、禅是中式园林的理论支撑

中国人对家与园的热爱秉承着自身文明特有的文化心态、审美意义与价值观念，而儒、道、禅正是这份热爱的支撑，它们赋予了中国人特有的精神享受，畅神以愉悦、宁静以致远、淡泊以明志。

儒、道、禅不仅是中国传统文化的三大支柱，也是中式园林的理论支撑。本篇将三者在美学观念、哲学内涵、艺术表现等方面作出较细致的比较。

理论	儒	道	禅
美学观念	·政治伦理美学观 强调官能、情感的正常满足和抒发，审美与社会秩序的一致。“物我同格”“心物不二”。主张人格化的自然，例如将水和玉所具有的优良品格与人自身道德相比拟——君子比德观。“仁者乐山，智者乐水”，强调致用、和谐、畅神、形神兼备等美学原则。	·自然生态美学观 强调自然无为，返璞归真；自然之美乃为大美。主张道为一切之本，道是自然本原，无须人为修饰，道法自然，天然混成，人与外物存在“同德”关系。故美的创造可以遵循“法天地，师造化，道法自然”的原则，按自然法则变化。重直觉、重情感、重自然，得到精神解脱，达到自然之境，才是美的本质。	·心理美学观 强调主体的精神作用，境由心生。“境缘无好丑，好丑起于心，心若不强名，妄情从何起。”❶主张心为万物之本，美是由心产生的幻象，明心见性，由心感受到的美才是美。尊重宇宙万物本性的自然流露，以形显现万物之本，心有灵犀一点通，由直观获得特殊的愉悦，重视心灵的领悟。
哲学内涵	以仁为核心，以礼为内涵。仁是最高的政治原则和道德准则。讲究“仁者爱人”，强调自我修养、纲常伦理、道德规范、长幼有序、情景合一。一切景语皆情语。	以气为基本概念，讲究“三一为宗”，即天、地、人三者合一，统一于气，“精、气、神混同”。道与气又存在不解之缘，大气浑成、气韵生动。	“反观自心”。禅，由梵语禅那（dhyāna）音译而成，意译为“思维修养”“弃恶”“静虑”。心为一境，正审思虑，即“安静而止息杂虑”，静心养性、气定神闲、专注一境、心无旁骛。
艺术表现	追求中正、对称、等级差、秩序，“阴阳之枢纽，人伦之轨模”。规划布局左祖右社，四方设天、地、日、月四坛，中轴对称、等级分明、层层展开、多级多进、尊卑有别、典雅庄重、威严肃穆。追求象征与等级秩序，典雅高贵。	追求远离世俗，归隐山林。建筑有“观”“台”“宫”“庙”“塔”，上与天接，下与山合。追求世外桃源、人间仙境。巧妙利用地形地势，修建亭、台、楼、阁、廊、榭。常以林木掩其幽，以曲径展其深。在意境上追求虚实、有无、动静、有限与无限，与自然相和谐。	主张用直觉去感悟虚、灵、空、透，利用素淡和行为轨迹产生顿悟与联想，感受观空如色、观色如空、无中生有、简中求境。庭园常以不对称、不均衡、偏于一隅、崇尚奇数和变化，用不完形进行组景，一勺代水、一石代山，留出空白，增强联想。
时空观念与造园特点	负阴抱阳，以山水、万物赋予人格化的品格。注意和谐统一、中规中矩、周而复始、循环往复。中轴对位、多级多进、层峦叠嶂、山重水复、秩序井然、序列展开。象征与隐喻、含蓄与包容。	随坡就势，得景随形；小中见大、咫尺天涯。庄子说：“物无非彼，物无非是”❷，道通为一。一室之小，可与宇宙之大相提并论，即有“壶中天地”之说。只要把握住“视之不见、听之不闻、搏之不得”❸的“道”，就领会了重点。 崇尚自由创造精神，水以山为形、山以水为势，一池三山，水中建岛。在园林组景中，其“相在静，意在动”，有无相生，难易相成，长短相形，高下相盈，音声相和，前后相随。辨证施治，精在体宜，乃道之所现。	禅空间，乃静空间，隐喻纯净是最高境界。即无欲的物化形式是一种空寂。 静空间，一是用小尺度、少元素累积成一种纯净的整体；二是以层次性引起视觉的深度追踪，形成深远之境；三是以高度的有机序列，导致视觉的流动推移（曲径通幽处，禅房花木深）；四是以素淡色彩与华贵色彩相搭配，形成强烈的对比，突出主题。 禅宗美学重意蕴、心性，重直觉感悟、遗貌取神、遐想心悟。
相互融合与渗透	① 和谐，即与社会、自然、心灵取得和谐共生、共存。避免对抗，追求自我完善与发展。 ② 重情景合一、心物同格、知行合一、以和为贵，讲究天时、地利、人和。 ③ 重内省、感悟、内守；重内涵之深邃及苍古之悠情，共同显示中华文明的博大精深。 ④ 不求张扬与繁杂，追求整体和谐与气韵生动，以少胜多，大道至简。		

注：❶ 出自《五灯会元》卷一，这是美学界的一派观点，强调主观意识在审美活动中的重要性，认为美与丑归根结底是主观精神的产物。

❷ 出自《内篇·齐物论》，指万物不分大小，都可等量齐观。

❸ 出自《道德经》第十四章。

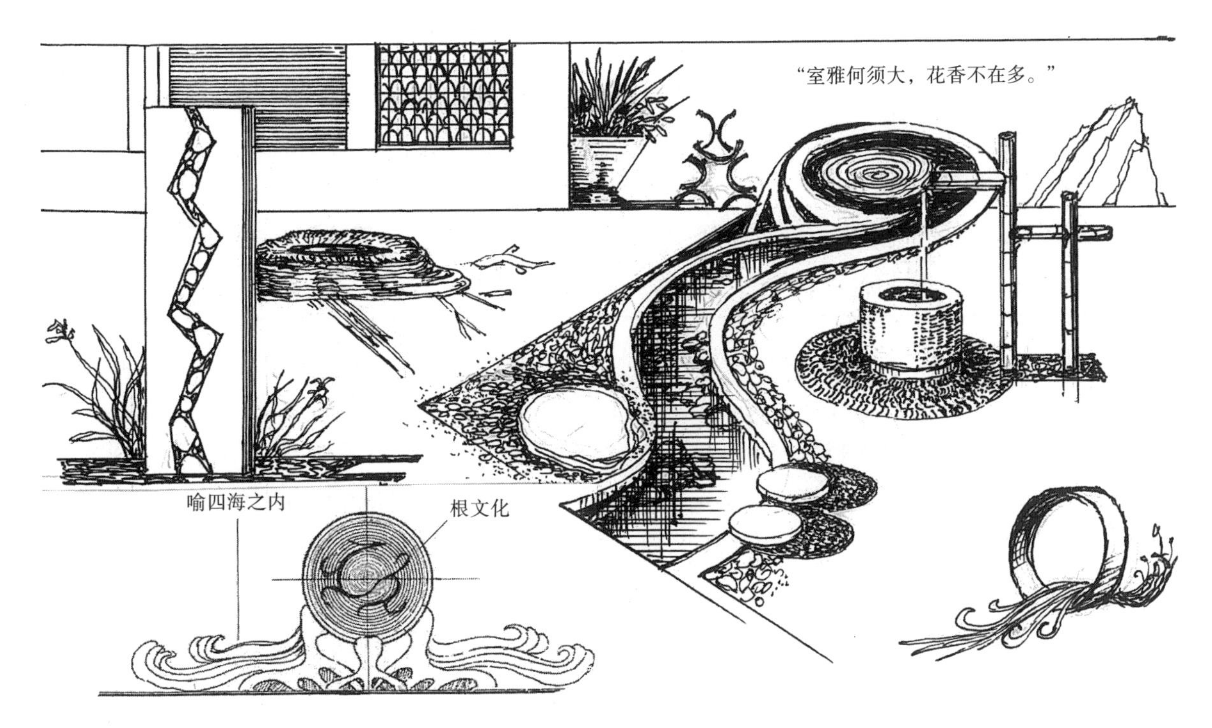

“室雅何须大，花香不在多。”
喻四海之内
根文化

禅文化造型语汇

五、智慧与文化的传承

传承不是简单地重复，而是推陈出新、承上启下，在过去—现在—未来中提升与转化。大道至简，“穷则变，变则通，通则久”。敢于做前人没有做的，想前人所没有想的，方可“为万世开太平”。

应本着“在传承中发展，在发展中传承”的精神，重视以创新作为原动力，赋予传统以新的活力。重视精神层面的生生不息，而不是停留在表面形式上的标新立异，另辟蹊径，从而脱离了事物的本原。譬如，在雕塑艺术中，不能总是停留在实体翻模的圆雕上，采用点塑、线雕、漏雕、片段、特写等手法，会更有时代感和较多的信息含量。

在文化传承方面，中国拥有五千年的文明发展史，无论是物质的还是非物质的，有待传承与发展的项目不胜枚举。建筑、风景园林在社会文化方面可传承的内容十分丰富，部分具有代表性的中国传统符号类型及文化内容参见下表和相关图例。

代表性传统符号及文化内容

符号类型	文化内容
中国人的精神图景	龙飞凤舞、龙骨梅魂、风鹏正举、大鹏展翅、风卷云舒、风驰电掣、太极循环、四方神兽、雄狮威武
形声与形意的纹样	回字纹、卫字纹、云形纹、松叶纹
传统手工艺	陶艺、木刻、剪纸、窗花、丝绣、编织、蜡染、影雕、版画、匾额、服饰、书法
简约的构筑实物	屏风、牌楼、门的寓意、牌坊、漏窗、漏景、栅栏

文化传承生生不息、世代传承、传宗接代；师古不泥古、承上而启下。传是保持基因不变，承是持续更新。世界万物，不进则退，没有新兴力量更替，总是近亲繁殖，必定退化衰败。在传承中发展，在发展中传承，按螺旋形上升轨迹，持续地有韧性地发展，而非定格定式的“刻舟求剑”。

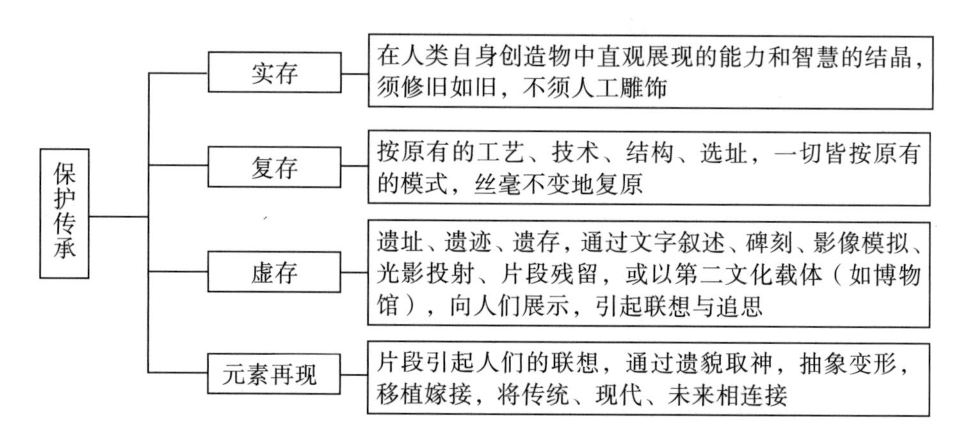
保护传承
实存
在人类自身创造物中直观展现的能力和智慧的结晶，须修旧如旧，不须人工雕饰
复存
按原有的工艺、技术、结构、选址，一切皆按原有的模式，丝毫不变地复原
虚存
遗址、遗迹、遗存，通过文字叙述、碑刻、影像模拟、光影投射、片段残留，或以第二文化载体（如博物馆），向人们展示，引起联想与追思
元素再现
片段引起人们的联想，通过遗貌取神，抽象变形，移植嫁接，将传统、现代、未来相连接

保护传承的方法

文脉的传承，不是简单地模仿与复制，不是单纯地重复历史，而是重在创新，并在汲取其精华后予以再现。因为历史总是向前的，人不可能两次踏进同一条河。因此，切勿将传统文化定格定式在某一具体形象上，否则就只能获得“刻舟求剑”和“守株待兔”般的结果。艺术的生命旨在创造，没有创造就进入不了艺术的行列，不具任何“品格”的效益。所以，创新方能弘扬与光大。

当然也不断有人在质疑，究竟是先有家具还是先有建筑？按考古发现六千多年前的仰韶文化和良渚文化，从玉器、陶器及后来的青铜器、瓷器都在造型和纹饰上采用了高超的技艺，让现代人都叹为观止。与之相比，建筑的发展则相形见绌。当前，许多文化传承人都在传承中加入了自己的智慧，既保留了原有的文化气质，又增添了现代的活力，值得建筑与园林艺术创造者效仿。

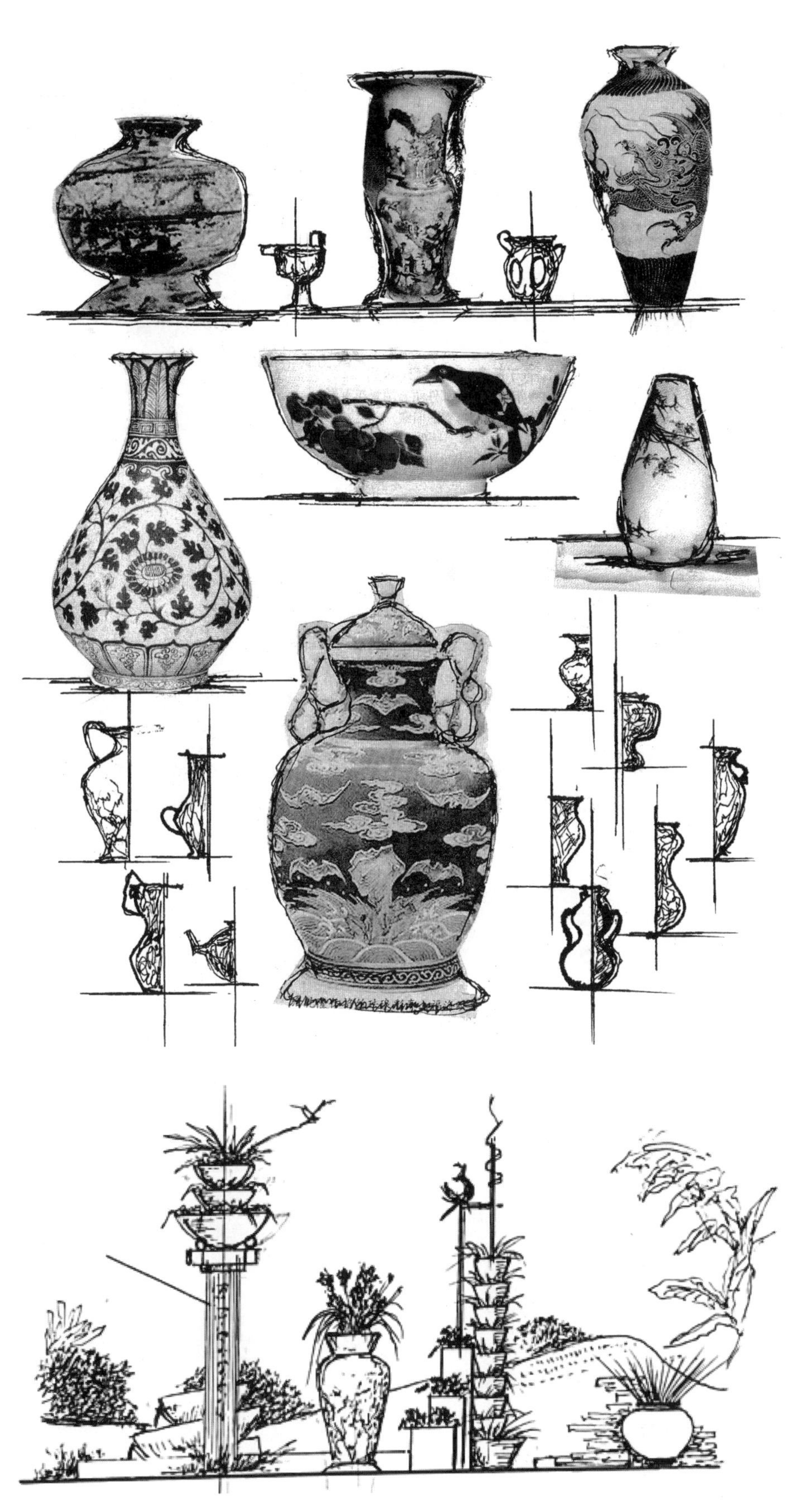

中国早在七千多年前就有成熟的制陶工艺，历史之久、形制之多、纹饰之美，居中华文明之最。陶瓷作为一种文化符号，理应成为中华文明之典范；陶瓷作为一种容器，可以用于栽植造景，重显生机。陶瓷不仅可以衬托植物，其特制的造型也为一景

埏埴以为器

常州世园会网片　　　　西安世园会荷兰馆　　　　德国黑默尔塔

编织成器

借鉴传统

漏窗

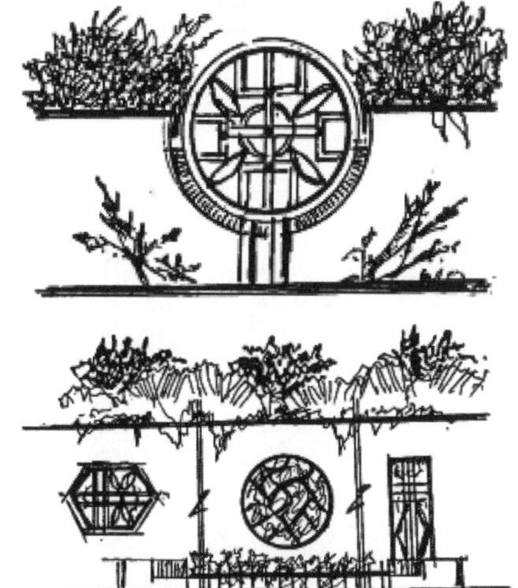

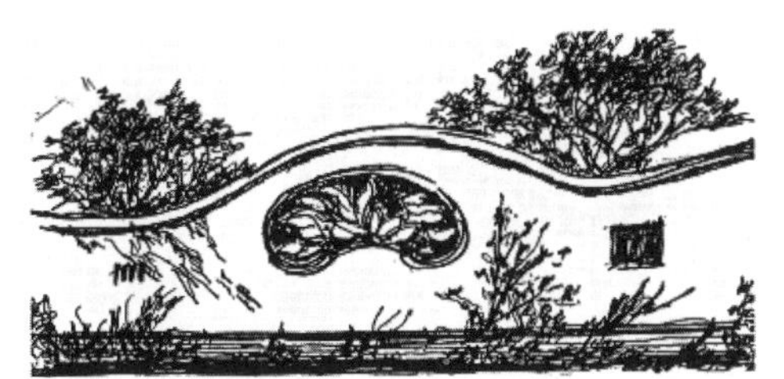

园景画屏

内外因借，人在街边走，犹在画中游
内外渗透，化实为虚，画龙点睛，植入文化，突显生态

矮墙与绿衬

传统符号再创作

墙本是一片空白，有了窗就有了生命，变实为虚，内外渗透

文化是所有人的智慧之源，在传统文化中，到处弥漫着文化的芬芳。它们并不是单纯用来观看的和作为装饰的，而是通达心灵之窗

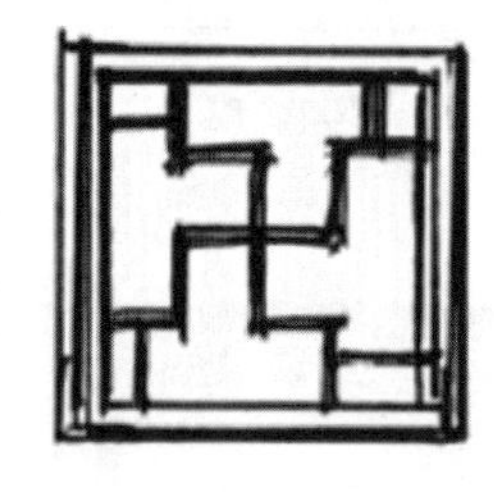

四面青山是四邻，
烟霞成伴草成茵。
年年洞口桃花发，
不记曾经迷几人。
——陆畅

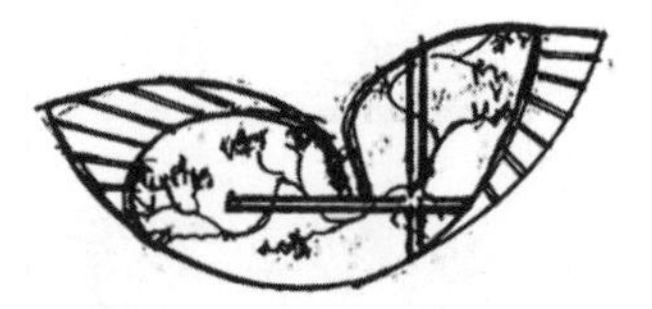

漏窗之现代构图形式

中国文化符号，融几何形与自然形于一体，地上走的、天上飞的、水中游的，无所不包，兼收并取，极富动态活力。有的中规中矩，有的风卷云舒，十分丰富。可以随意组合、不拘一格、不定一式，有广阔的创作空间。文化符号的运用，以垂直界面为载体，以中国文化为内涵，直接经变形处理促进文化信息的延伸

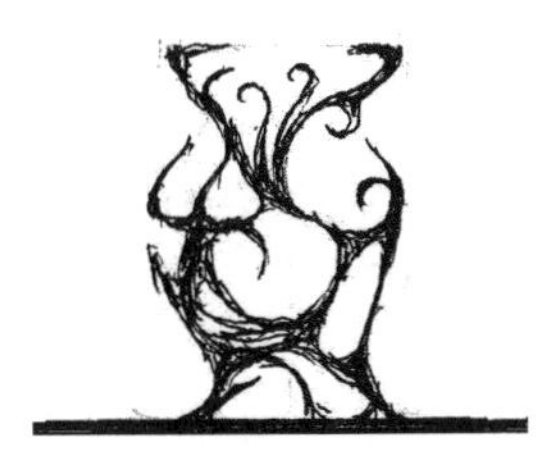

平（瓶）安如意

龙凤呈祥（青花）

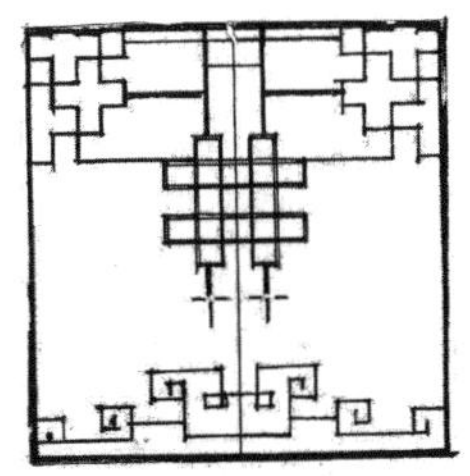

纹饰花格

剪纸艺术（影像）

家国情怀

拼搏奉献（漏雕）

吉祥、福寿、节庆、孝悌、祭祀、家园、姓氏、友爱、励志等文化元素皆可以符号形式予以表达

花桶（星光闪闪）

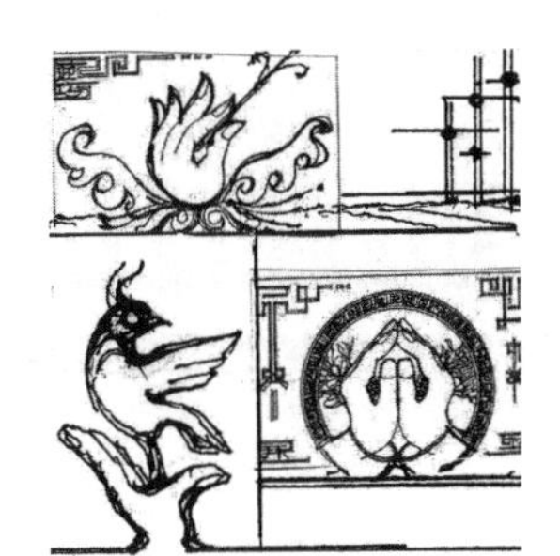

手语

编织

汉代画像砖表达的生活场景符号

一形多义、符号性表达，已是中国人的一种文化心态，也是多效共生的一种基因

符号·非语言表达的文化形象

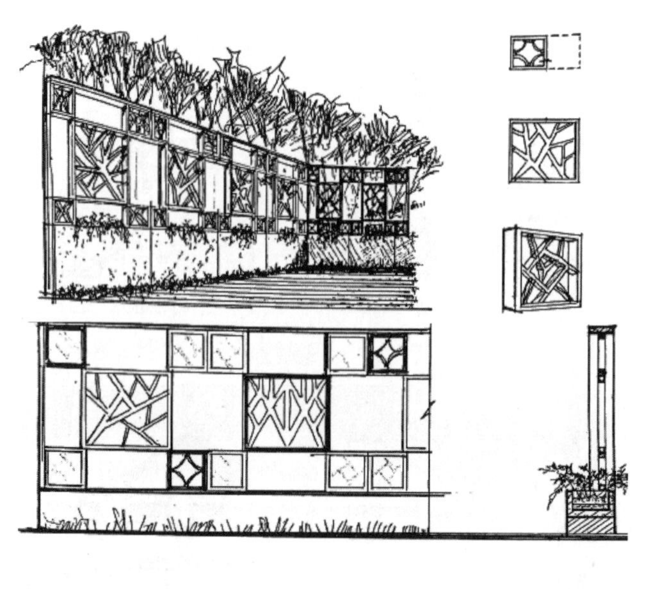

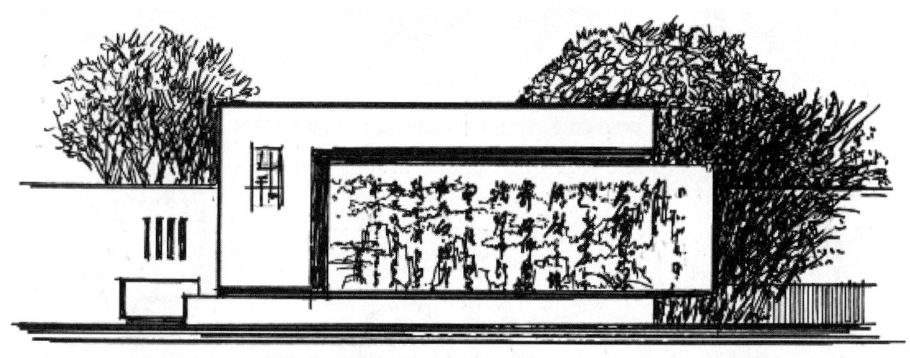

诗 画 载 体

空山新雨后，天气晚来秋。
明月松间照，清泉石上流。
竹喧归浣女，莲动下渔舟。
随意春芳歇，王孙自可留。
——王维

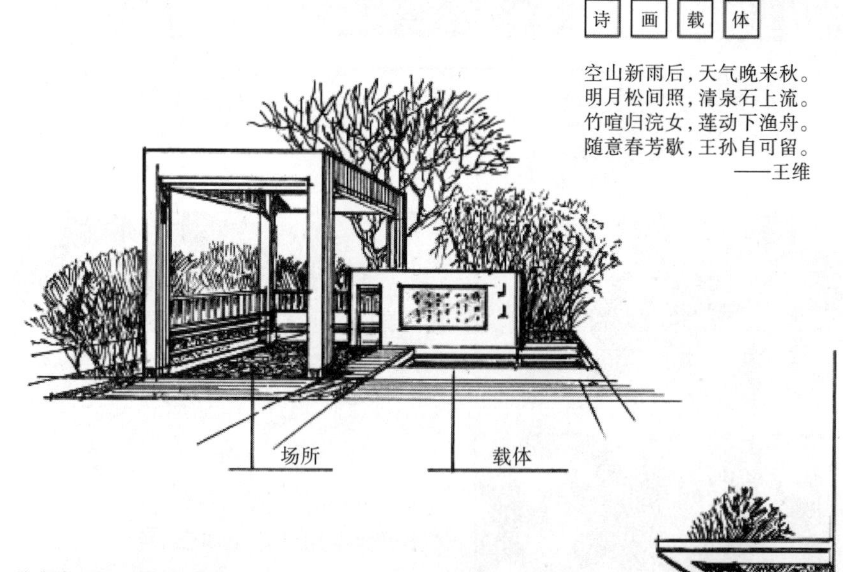
场所
载体

单车欲问边，属国过居延。
征蓬出汉塞，归雁入胡天。
大漠孤烟直，长河落日圆。
萧关逢候骑，都护在燕然。
——王维

空 间 分 隔

诗画载体

形乃意义的载体，意义是形的内涵，形义双全，乃成教化

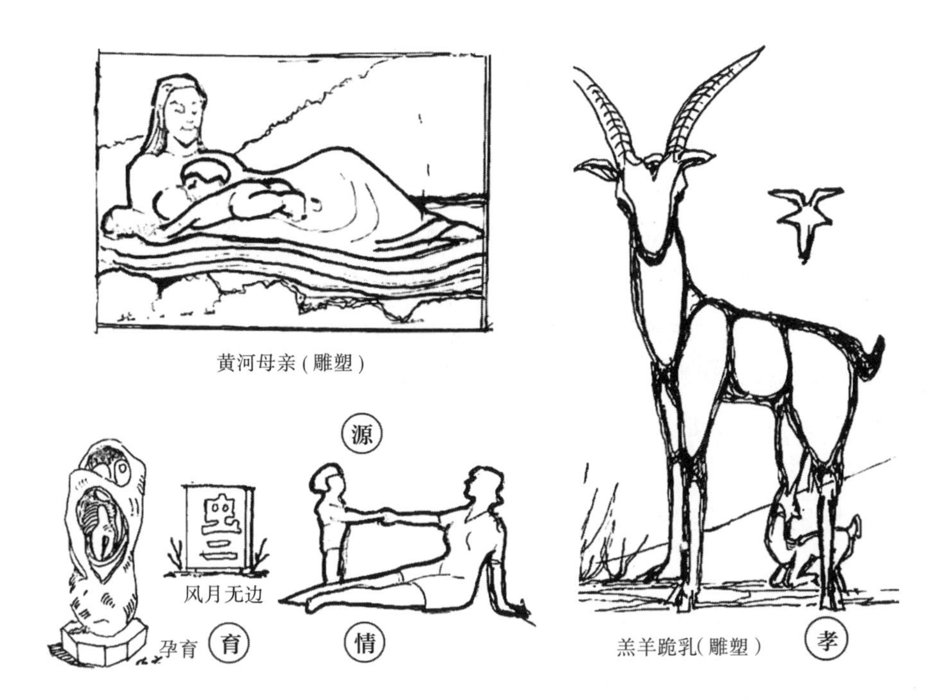
黄河母亲(雕塑)
源
风月无边
孕育
育
情
羔羊跪乳(雕塑)
孝

孟母三迁
择
育
慈母手中线
爱
财
殷墟出土的太极图循环不已
源
岳母
刺字

中国的诗词、成语、典故、文字、都蕴含丰富意义，连花草都可作为符号用于造型

以形表意

中国的文字，是中国文化最具有代表性的符号，一字多义，一字多音。既象形，又表意；既可单用、又可复合；既可组合成语、又可构成书法艺术。在设计的创意中，利用触发词法可以引发思维的扩展，亦可构成某种创作的主题。中国字具有的深邃性，同时也具有外延性。

《道德经》《孙子兵法》、四书五经、唐诗宋词等都以极少的文字讲述着天、地、人、才、军、哲、艺的大文章，也正是由于文字的凝练豁达，成为中华智慧的典范。这些文化瑰宝，也是世界上所仅有的。传承文明，就是坚守文脉，薪火相传，不耗散、不断裂、不走样、不扭曲、不放弃。

在现代景观构成中，如能巧妙运用中国文字组合中的对仗、回文、拆字等组合形式，则可以彰显中国文字之神奇，妙趣横生。例如前文提到在湖南省桃源县遇仙桥畔的诗碑，众人初读时不解，待读懂后则兴奋不已。

还有许多妙趣横生的回文联，据说乾隆游江南时见有天然居饭庄，吟出“客上天然屋，居然天上客”，纪晓岚针对上联对出了：“人过大佛寺，寺佛大过人”；北京老舍茶馆有对联：“前门大碗茶，茶碗大门前”“满座老舍客，客舍老座满”；此外还有“香山碧云寺云碧山香”“黄山落叶松叶落山黄”。皆显示中国文字的奥妙，如能将之运用于景观设计，则可让游客从中享受文化的盛宴。

由中国文字发展出的中国书法是一种独具特色的文化艺术，现已申遗成功，为世界所公认。在现代构景中，完全可以将书法形象地再造，纳入城市文化景观的组成部分。中国字是国之瑰宝、艺术源泉，既可利用触发词扩展思维，又可用作艺术构成。

人生活在由象征、符号编织的意义网络世界之中，中国的方块字既是符号又是象征，具有形、声、意三种品格。在成语中它是经验的积累，知识和智慧的结晶。用格律、对仗表达就是诗；如用于创意构思则可以触发许多灵感；用于构形它可以直接入画，可用于线雕塑形，或刻印墙面、屏障，甲骨文、篆、隶、草……

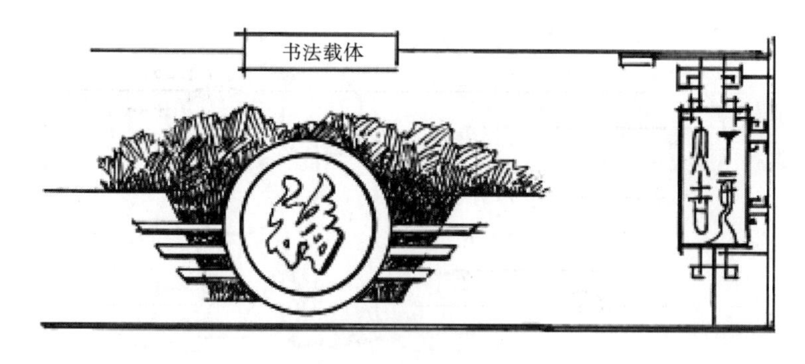
书法载体

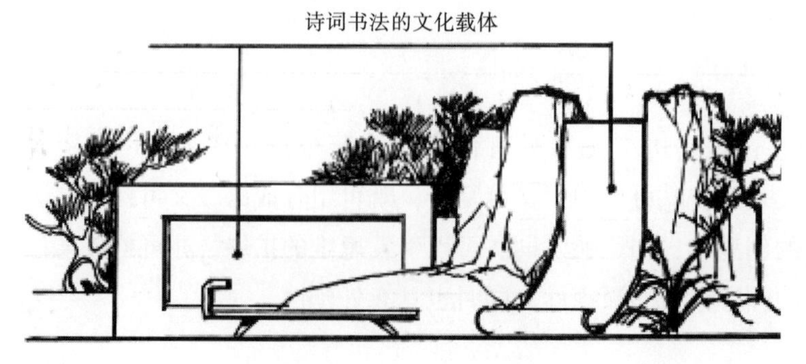
诗词书法的文化载体

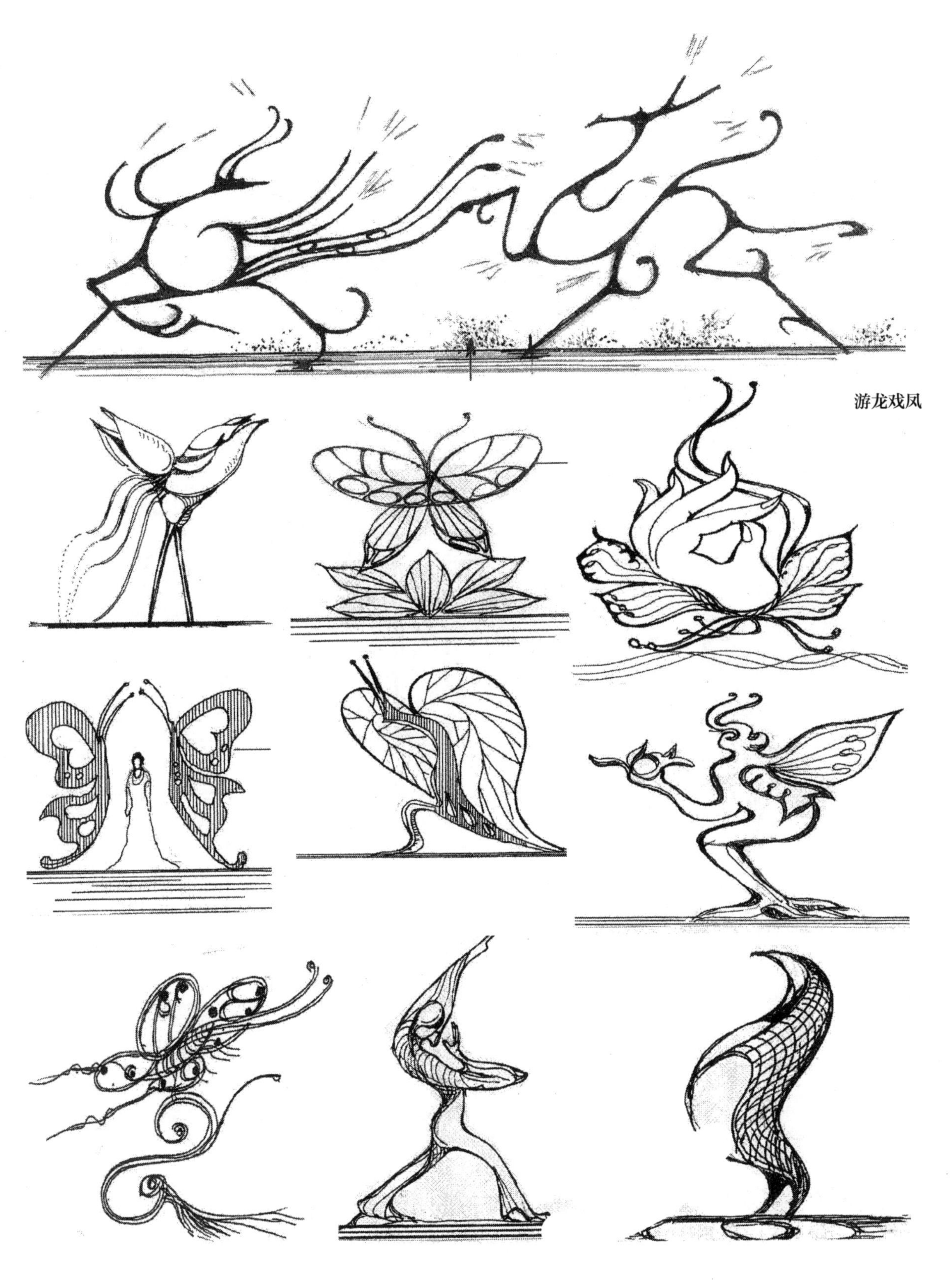

游龙戏凤

用线表达的趣味性雕塑小品创意

空透、简约、象形、似与不似、思而得之

点
塑
线
雕
飘
谐
趣
纹饰

形构与形变之例

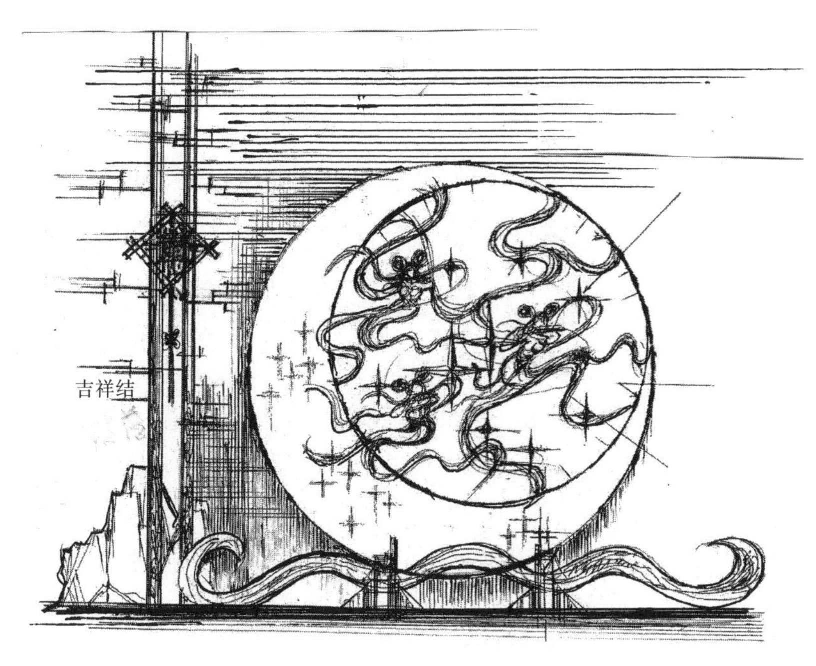
吉祥结

中国文化元素中的月亮情节及飞天元素

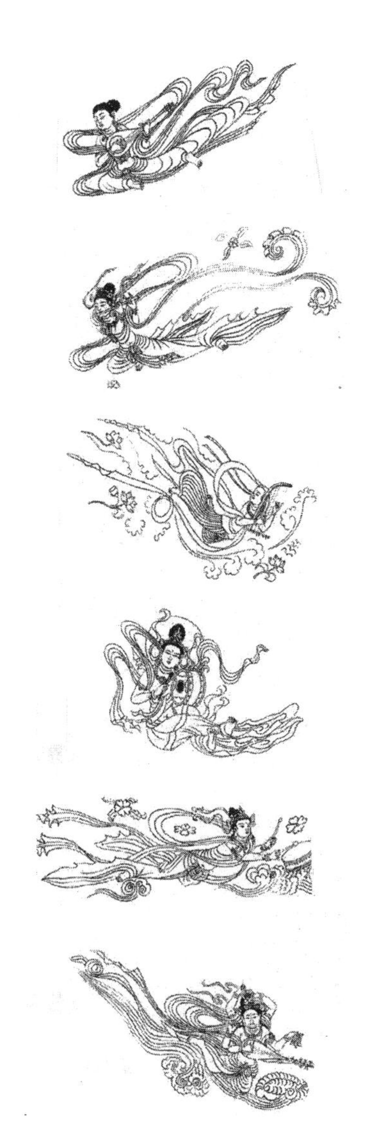

由法青修剪的趣味性走廊

白兔捣药秋复春，
嫦娥孤栖与谁邻。
今人不见古时月，
今月曾经照古人。
古人今人若流水，
共看明月皆如此。
唯愿当歌对酒时，
月光长照金樽里。
——李白

六、物质文化与非物质文化

“文化之都”需要以文化来承载。文化，是指由荒蛮、愚钝、兽性向智慧、聪敏、人性的演化，简称人类化。文化随时代一起发展，随历史步伐与时俱进。

文化具有物质与精神的双重内涵。在物质层面上表现为有形的器、物、手段、风貌等；在精神层面上表现为道、意、气度、志向、抱负、情感等。

城市的文化不言而喻，也有双重性。一是可见的建筑、道路、广场、街巷、水体、森林、装饰等；二是人与人、人与时空、人与自然、人与社会、人与城市，以及在需求与满足之间所产生的情感、心境、观念、识别、认同等诸多心理反馈。二者之间孰轻孰重，决定着城市的本质。

建筑，广义上泛指一切由人工构成的房屋、桥梁、构筑等设施，都是基于生产、学习、通行、运动、生活起居等需要而营建。正如老子所说："有之以为利，无之以为用。""有"是手段，"无"是目的。所以，建筑的本质在于它是"安身立命之场所"，是生活的舞台、角色的道具、行为的场所、情感的孵化器、情绪激活的发动机以及人生的副本。建筑形态构成不局限于自身丰富多彩，关键在于对人的精神反馈和文化认同，否则就是自在之物、自作多情、无效之物。建筑，虽然在形式上具有表情性、表意性和形态美的特征，但中国传统建筑的精华仍然是它所具有的"内在有机性""整体和谐性""环境共生性""气韵生动性"与"自然得体性"。正如林徽因所说，中国传统建筑，每一个构件都有自身存在的价值，都具有结构的作用，充分体现了建筑的内在有机性。东方以自然、直觉、情感为基础形成的生态哲学，将天、地、人视为一体，倡导天人合一、情景合一、知行合一，人与自然相和谐，自然之美为大美。这些不仅影响着建筑的创作，也在绘画、园林、书法、雕刻艺术中打下了深刻的烙印。综上所述，建筑的创作实际上是对"人与自然""既合目的性又合规律性""理性和浪漫的交织""时间与空间共存""情与理双轨运行"的研究，而绝不只限于屋顶和墙体的造型研究。

总之，文化是具有丰富的内涵的，它应进入人的生活和意义世界，能为人所感受和体验，从而产生认知上的反馈。

文化的表现，莫过于走进人们的生活。可以概括为物质上的"衣、食、住、行、医、乐、礼""琴、棋、书、画、诗、歌、酒""柴、米、油、盐、酱、醋、茶"，以及情感上的"喜、怒、哀、乐、爱、恶、欲"。通过这二十八字，走入人的生命意义世界，将人居环境打造成"宜业""宜学""宜行""宜居""开放共享""温馨自然""和谐友好"的城市公共空间。从而使城市有了跳动的脉搏、有了生动的品位、有了想象的空间、有了发展的弹性，成为一种富有生命活力的有机体。而不是冷漠、生硬、杂拼、碎片、猎奇、媚俗、远离生态、故意造作、千篇一律……

文化像是一条斩不断、挡不住的长河，从源头奔向大海，不分昼夜、川流不止。文化表现出一定的传承性、发展性、动态性。故其道、其宗、其根、其魂都是以"源""本"作为基础；而其表现形式、技术手段、创作技巧、表现方法则是完全可以变化的。"源""本"二者之间存在着源与流、本与末、因与果等关联，或称之为异形同构的关系，园无同格，但可同构。

中国的传统文化，可用"博、大、精、深"四字概括。"博"：以天地为纸，人生为墨，做"天、地、人"的大文章，吸天地之灵气，纳四时之

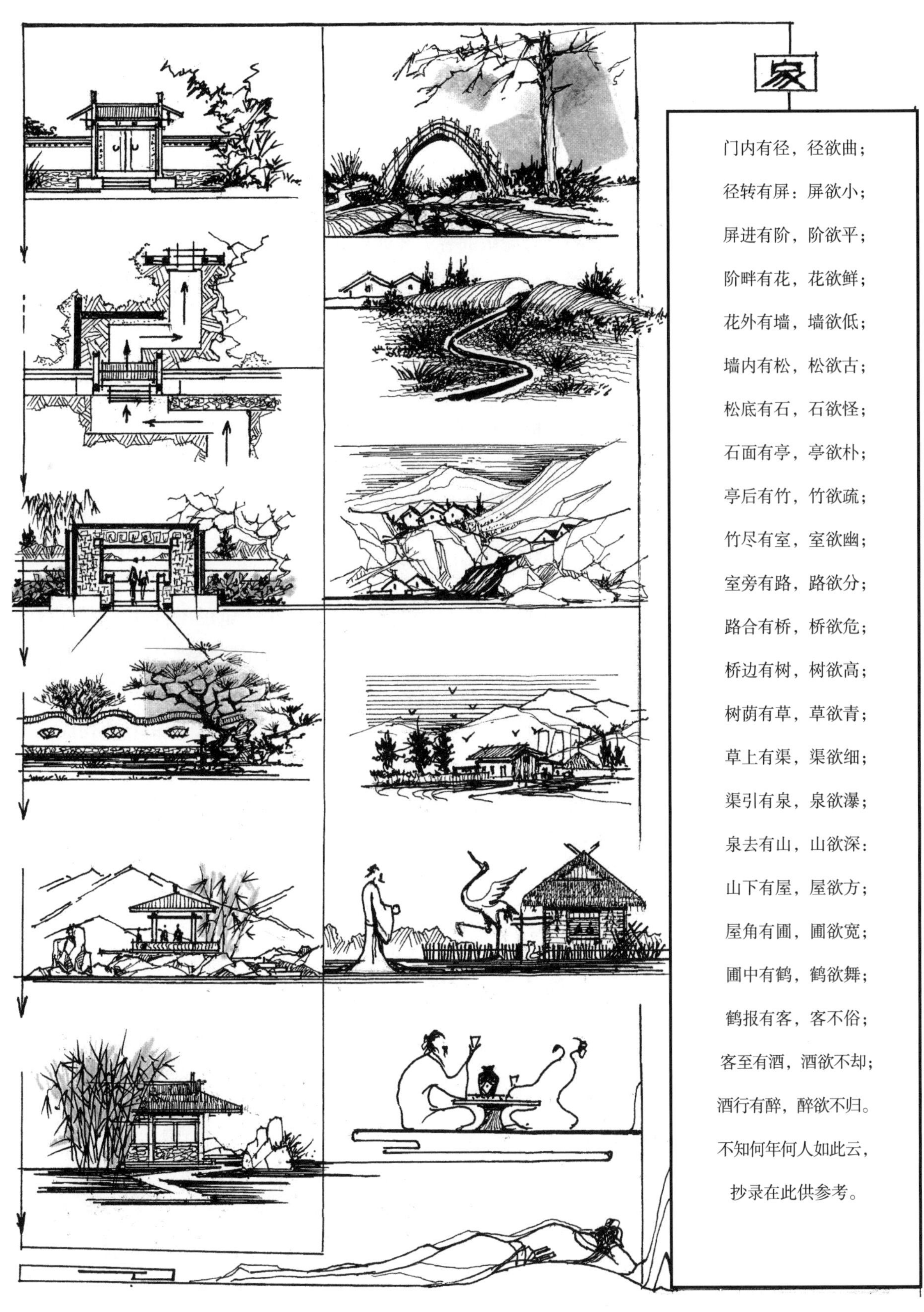
家
门内有径，径欲曲；
径转有屏：屏欲小；
屏进有阶，阶欲平；
阶畔有花，花欲鲜；
花外有墙，墙欲低；
墙内有松，松欲古；
松底有石，石欲怪；
石面有亭，亭欲朴；
亭后有竹，竹欲疏；
竹尽有室，室欲幽；
室旁有路，路欲分；
路合有桥，桥欲危；
桥边有树，树欲高；
树荫有草，草欲青；
草上有渠，渠欲细；
渠引有泉，泉欲瀑；
泉去有山，山欲深：
山下有屋，屋欲方；
屋角有圃，圃欲宽；
圃中有鹤，鹤欲舞；
鹤报有客，客不俗；
客至有酒，酒欲不却；
酒行有醉，醉欲不归。
不知何年何人如此云，
抄录在此供参考。

中国传统观念中关于“家”的概念

精华，象天法地，龙飞凤舞，广延四方；“大”：老子所说“天大地大、人亦大”；“精”：精义入神、鬼斧神工、精雕细刻；“深”：深奥莫测、智慧无穷、取之不竭、用之不尽、字字珠玑。

文化传承切忌表面模仿，应在精神内涵上下功夫，取其精华，弃其糟粕。特别是传统文化，其中不免含有封建、迷信、守旧的消极因素和与当前的社会文明不相匹配之处，应经过认真的认知过滤后进行重组与重构。

文化，究其内涵而言，包括知识、心智与素养三方面内容。其中智力的培养是很重要的，有聪敏的智力才能更好地驾驭知识，有了丰富的知识才能称得上文化素养。

七、场所精神——走进生活、落地生根

上述的一切目标、行为、事件都具体地发生在场所之中。场所既表现功能，又蕴涵着意义与情感；既真实存在，又蕴藏着空间的、时间的、文化的、情感的、生态的、社会的多种效应。

（一）场所的内涵与构成元素

行为场所，泛指一切事件和行为都发生在一定的空间中，既包括建筑，也涵盖城市的公共空间，二者均具有一定的功能承载，且有相应的空间容量和时空共存的特性。此外，还有序列构成、组合关系、环境氛围、领域归属、与自然相结合、与环境共生等特征。前篇已详述建筑的场所构成，本节侧重于城市公共空间中的行为场所。

中国的传统公共空间，主要存在于街头、巷尾、庙台、井台、戏台和树下。这些公共空间既是人流的集散地，也是信息的传播源，更是文化的播种

雕塑《三个和尚》

机。即便是不识字的文盲，也能从言传身教中获得文化的滋养。当前的城市人口密集、居民被水泥丛林包围、人与自然相隔离、人际交往淡漠，到处充满硬质化、几何化的物质空间，活力不足、效益单一。所以，为提升城市的文化品质和精神风貌，必须在更新改造中重赋空间活力，继而走向开放共享的新高地。

关于场所，格式塔心理学认为心理世界与物理世界存在异质同构关系，按异质同构原则可将“场”概念直接与物理世界中的电场、磁场、引力场相联系。同理，人的心理世界中也存在脑力场、心理场。

事实上，按东方哲学所强调的天、地、人合一，心物不二、情景合一、知行合一，以及刘勰在《文心雕龙》中所言：“物色之动，心亦摇焉”，心与物之间是相互感应的，大有异同。

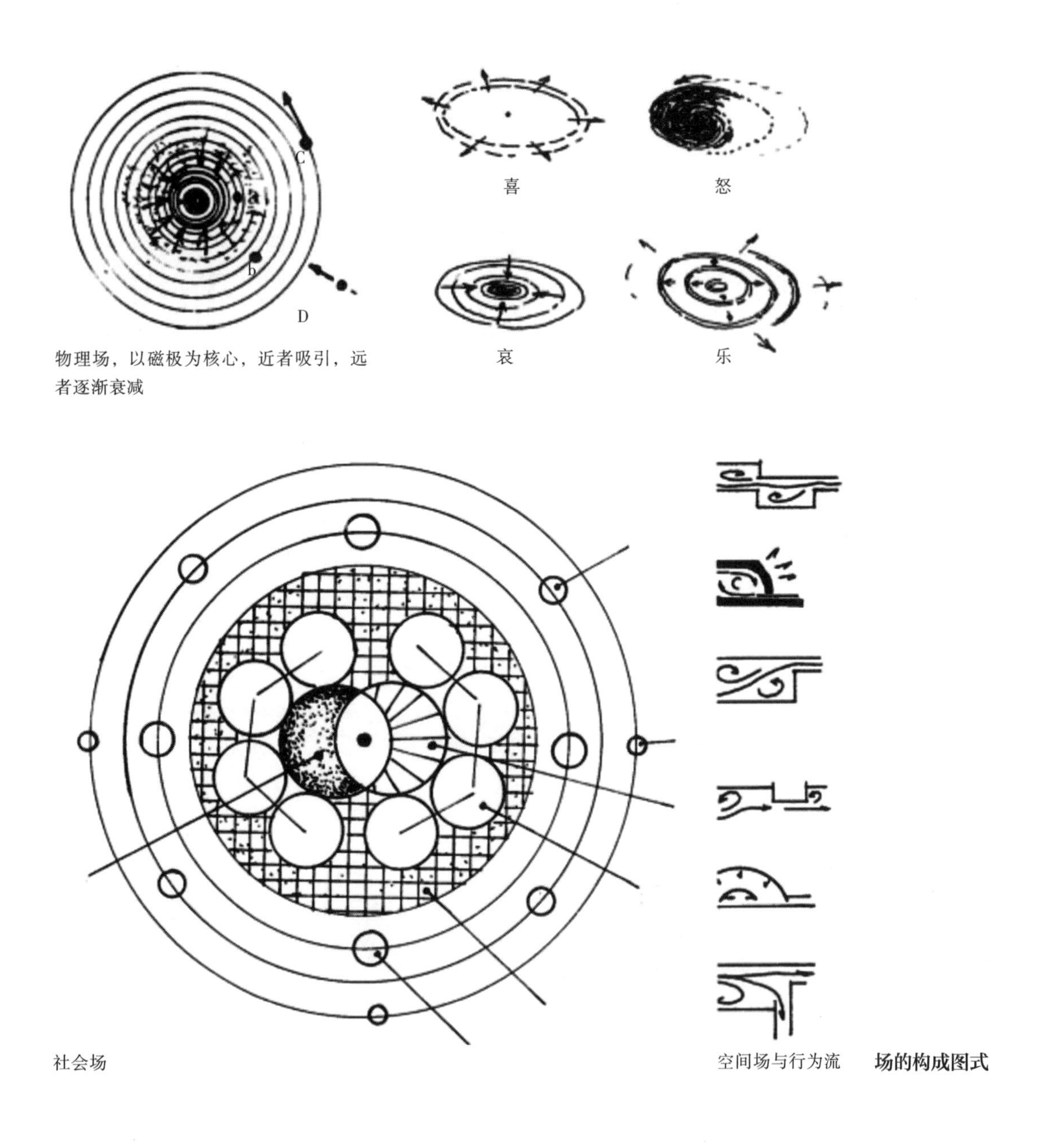

C
b
D
喜
怒
哀
乐

物理场，以磁极为核心，近者吸引，远者逐渐衰减

社会场

空间场与行为流

场的构成图式

在城市中为市民提供娱乐活动场所、为旅游者提供观光停歇场所，都需要像建筑空间一样，有相应的围合、构成、精神氛围、时空序列和多效共生。综上所述，功能性、容量、可持续时间、集散方便、可滞留、有环境和器具的依托，便是好的场所应具备的条件。

1．场所的围合与限定

场所是有范式的，若在喧闹空泛的城市空间中，人们就无法安静且心无旁骛地滞留其中。邻里休闲交往空间由滞留区、静态观赏区、活动区、依靠设施、照明及标志、场围合、外部景观七部分构成。

2．滞留

为了满足人际交往，按照静态的行为心理布置座椅，安排观赏景物。人在场所中存在看与被看的关系，在设计中要符合人眼观六路、耳听八方的习惯。因此要注意空间的形态与布置。

3．灵活多变的场所布置

人在场所中，有的独处，有的社会交往，有的公共活动，有静有动各不相同。因此，要采用多种形式进行场所布置。

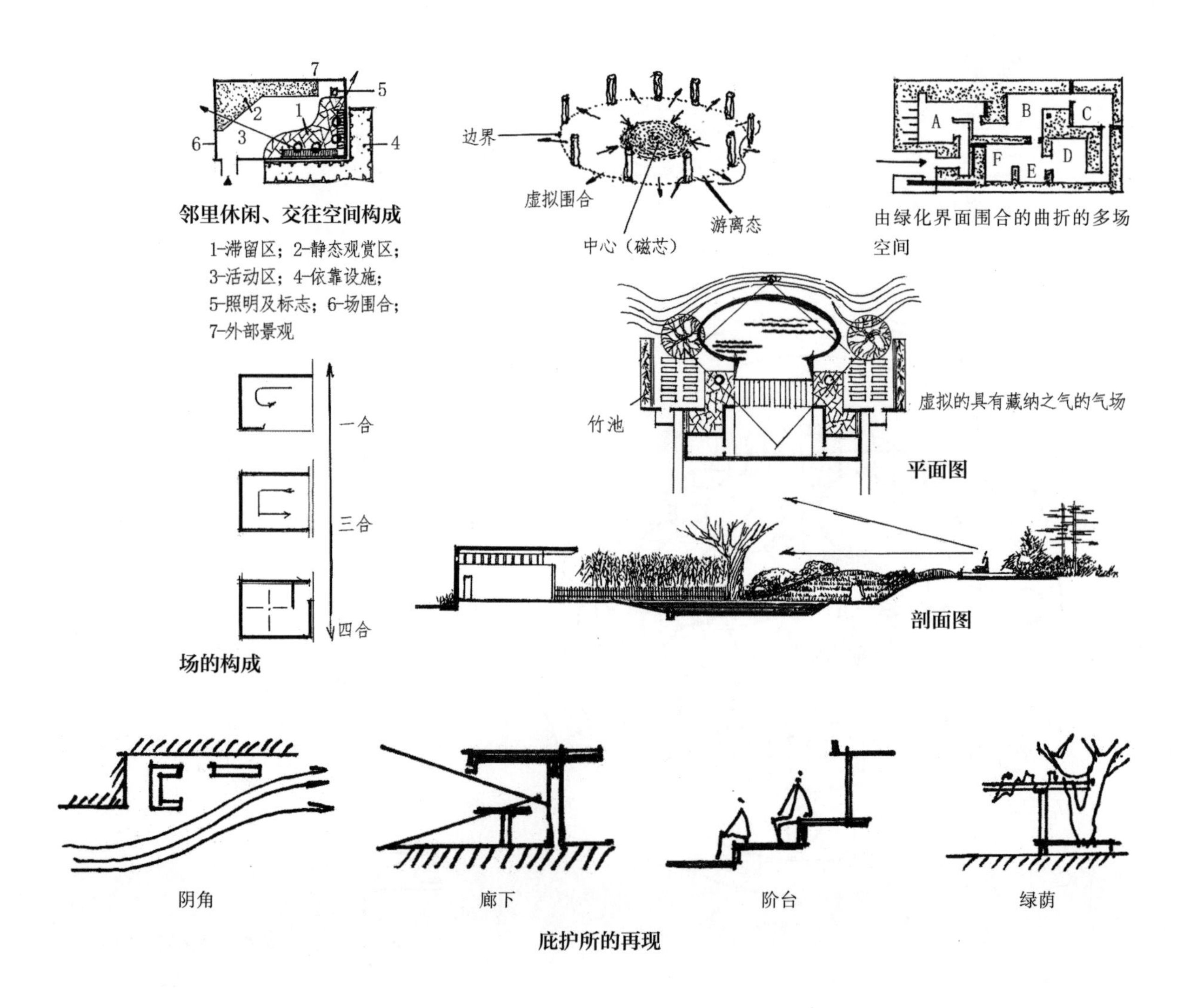

7
5
2
1
6
3
4
边界
虚拟围合
游离态
中心（磁芯）
A
B
C
D
F
E
由绿化界面围合的曲折的多场空间
竹池
虚拟的具有藏纳之气的气场
平面图
剖面图
一合
三合
四合
阴角
廊下
阶台
绿荫

邻里休闲、交往空间构成

1-滞留区；2-静态观赏区；3-活动区；4-依靠设施；5-照明及标志；6-场围合；7-外部景观

场的构成

庇护所的再现

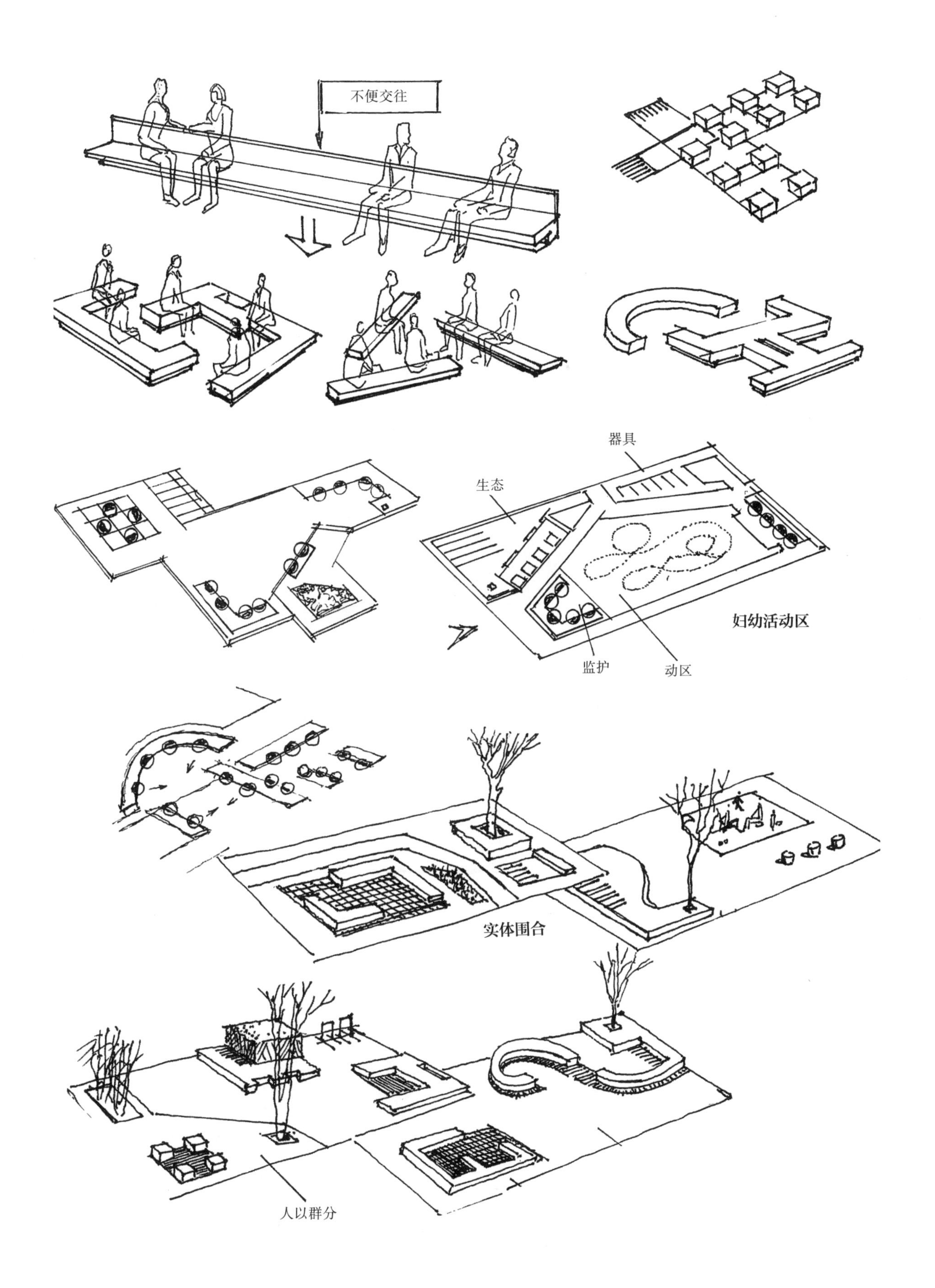
不便交往
器具
生态
妇幼活动区
监护
动区
实体围合
人以群分

场的多样性

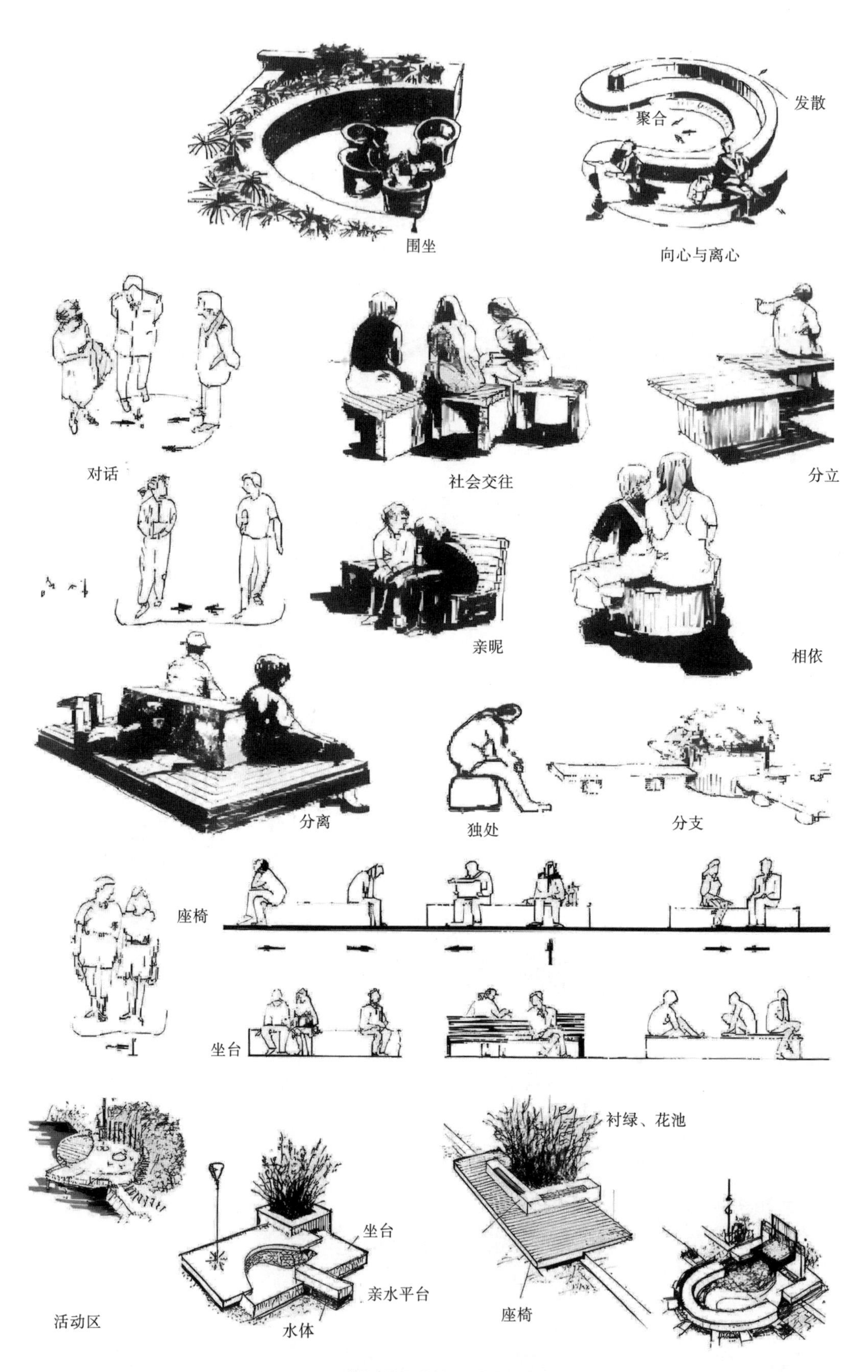
发散
聚合
围坐
向心与离心
对话
社会交往
分立
亲昵
相依
分离
独处
分支
座椅
坐台
衬绿、花池
坐台
亲水平台
活动区
水体
座椅

场所的依靠性，增强居留感

场效应

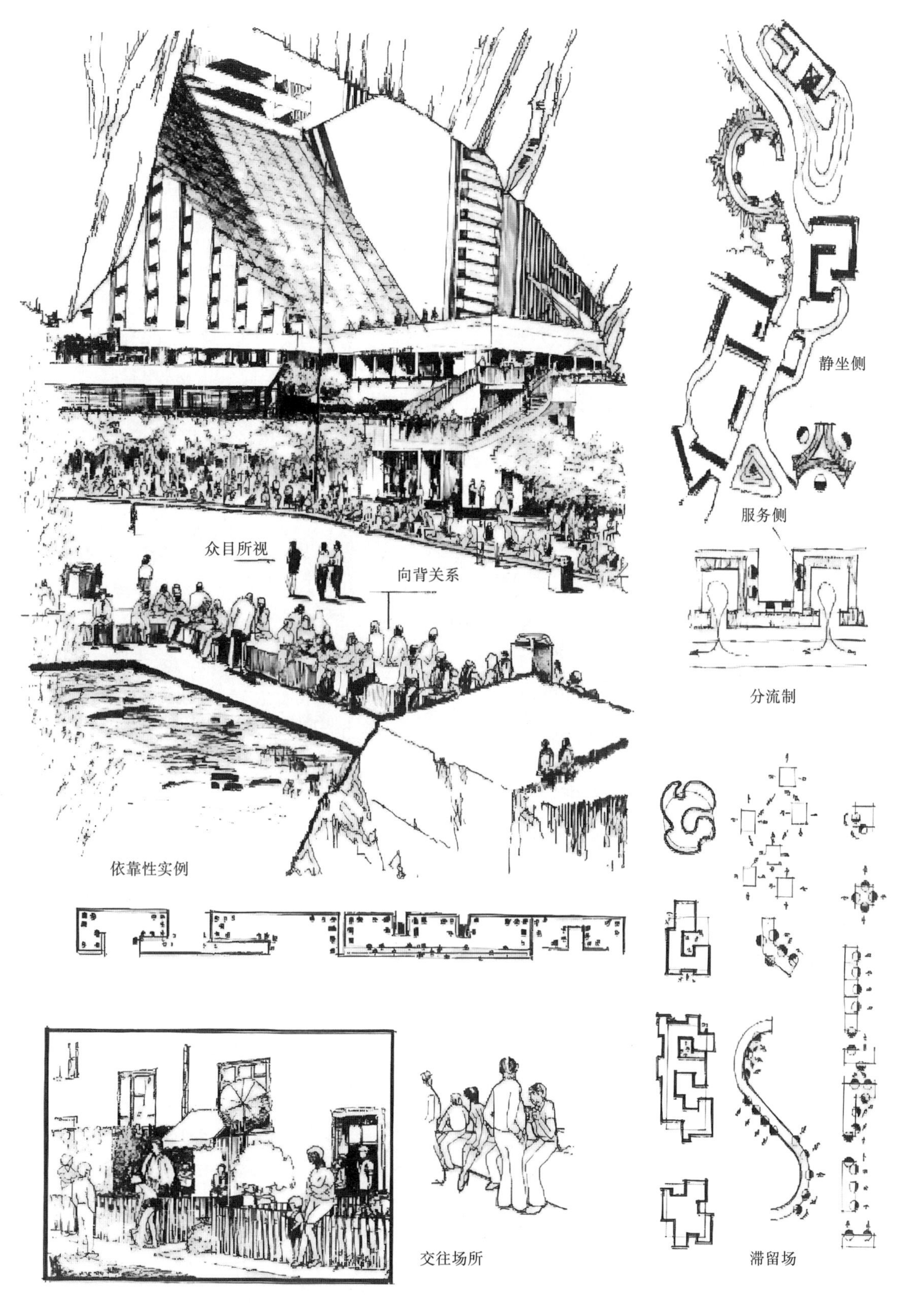
静坐侧
服务侧
分流制
众目所视
向背关系
依靠性实例
交往场所
滞留场

场所的依靠性其二

场效应

垂直景观
倾斜的台阶，后衬层叠的绿化，形成自然的垂直景观

斜坡式下沉庭院
台阶、错落的花池、水面、石凳，创造出一个宁静的交往空间

高台低场公共场所

场环境

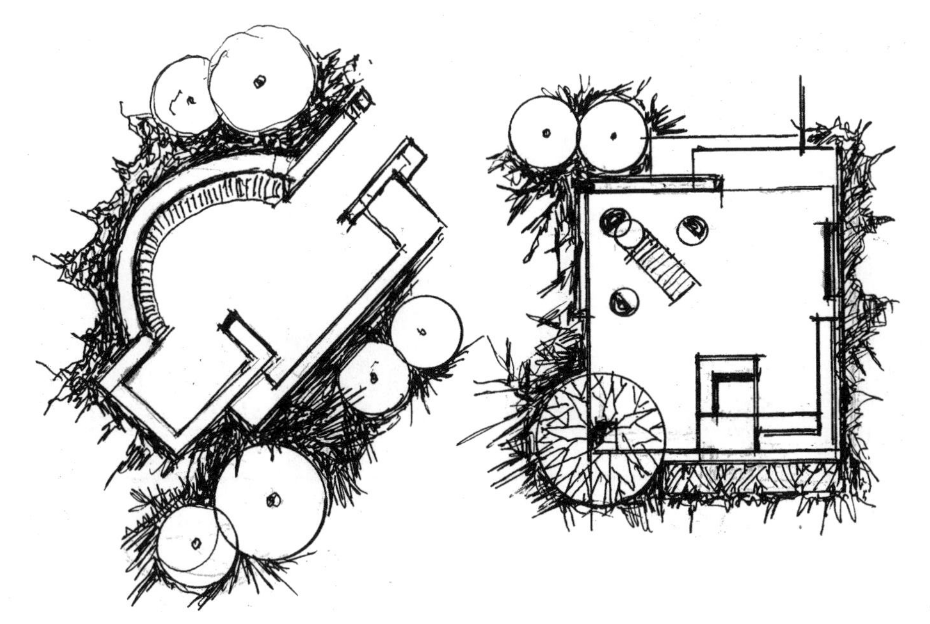

场无定型，随形就势

半亩塘

半亩方塘一鉴开，
天光云影共徘徊。
问渠那得清如许？
为有源头活水来。

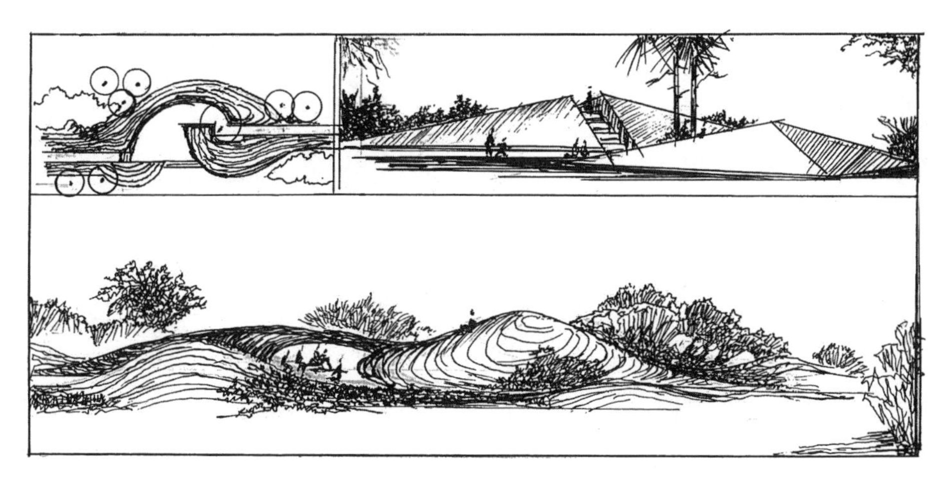

起伏的场所

场环境

在原有绿植基础上营造场所

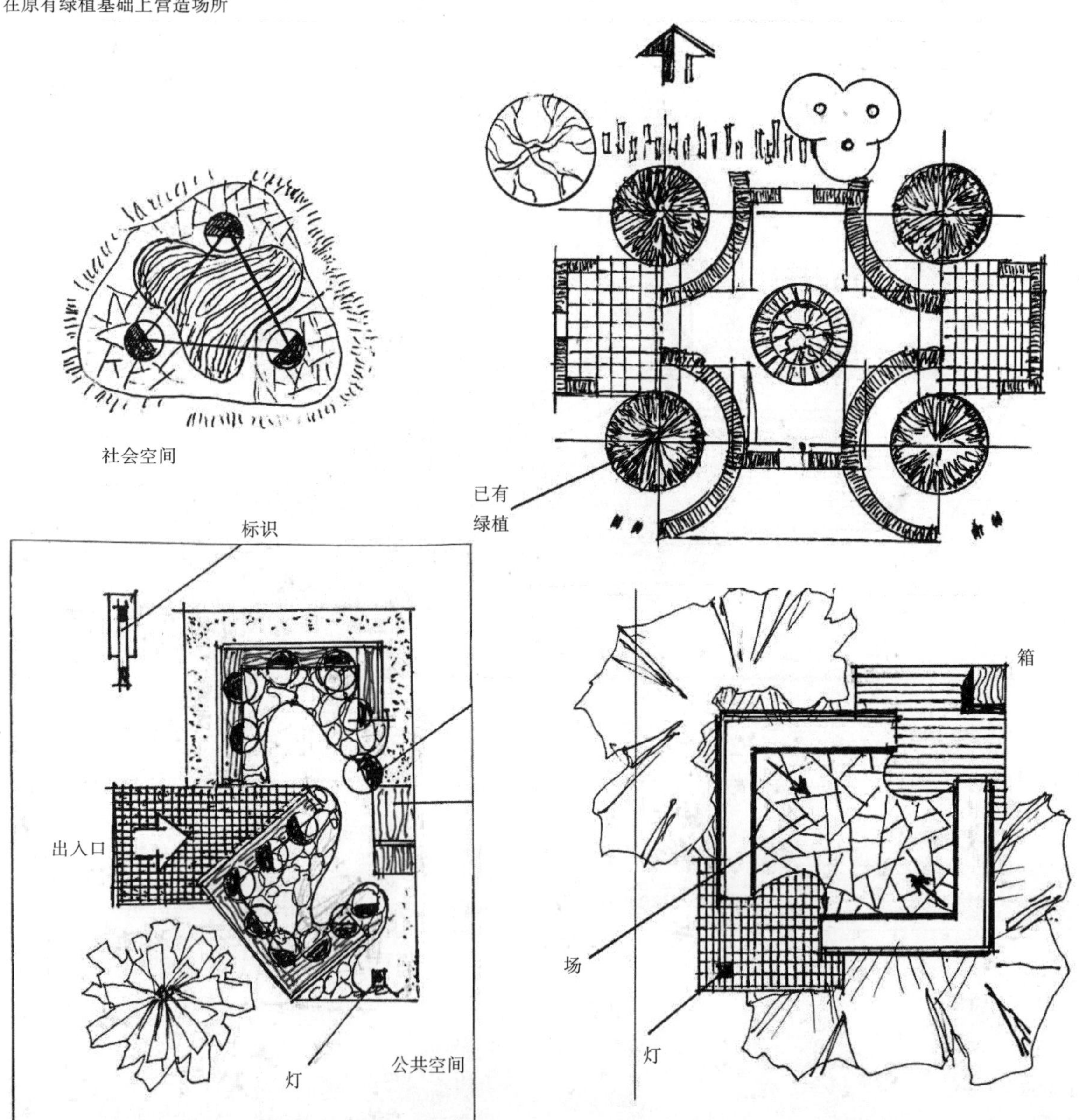
社会空间
已有
绿植
标识
出入口
灯
公共空间
箱
场
灯

场营造

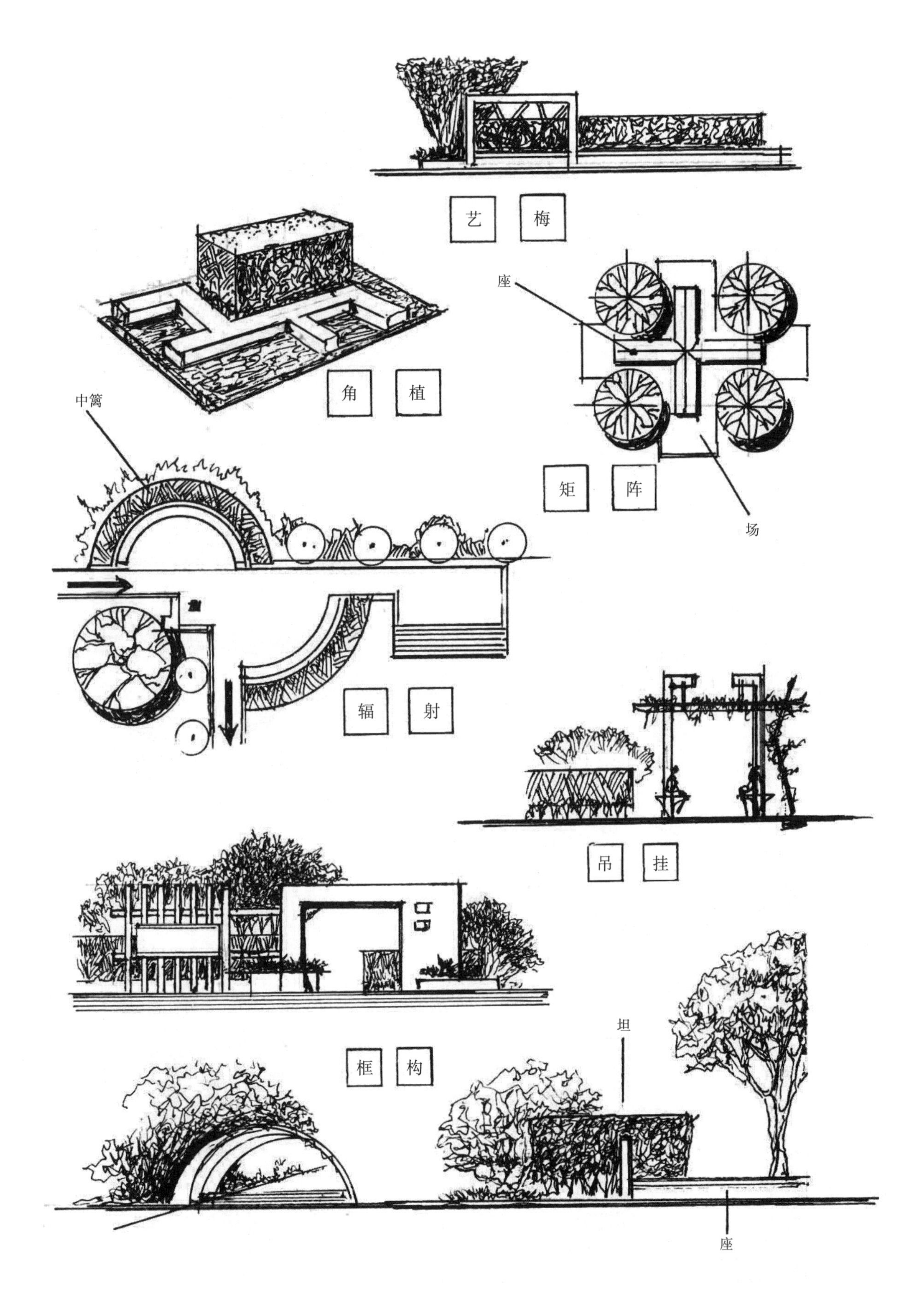
艺 梅
座
角 植
中篱
矩 阵
场
辐 射
吊 挂
框 构
坦
座

绿植隔离与围合示意

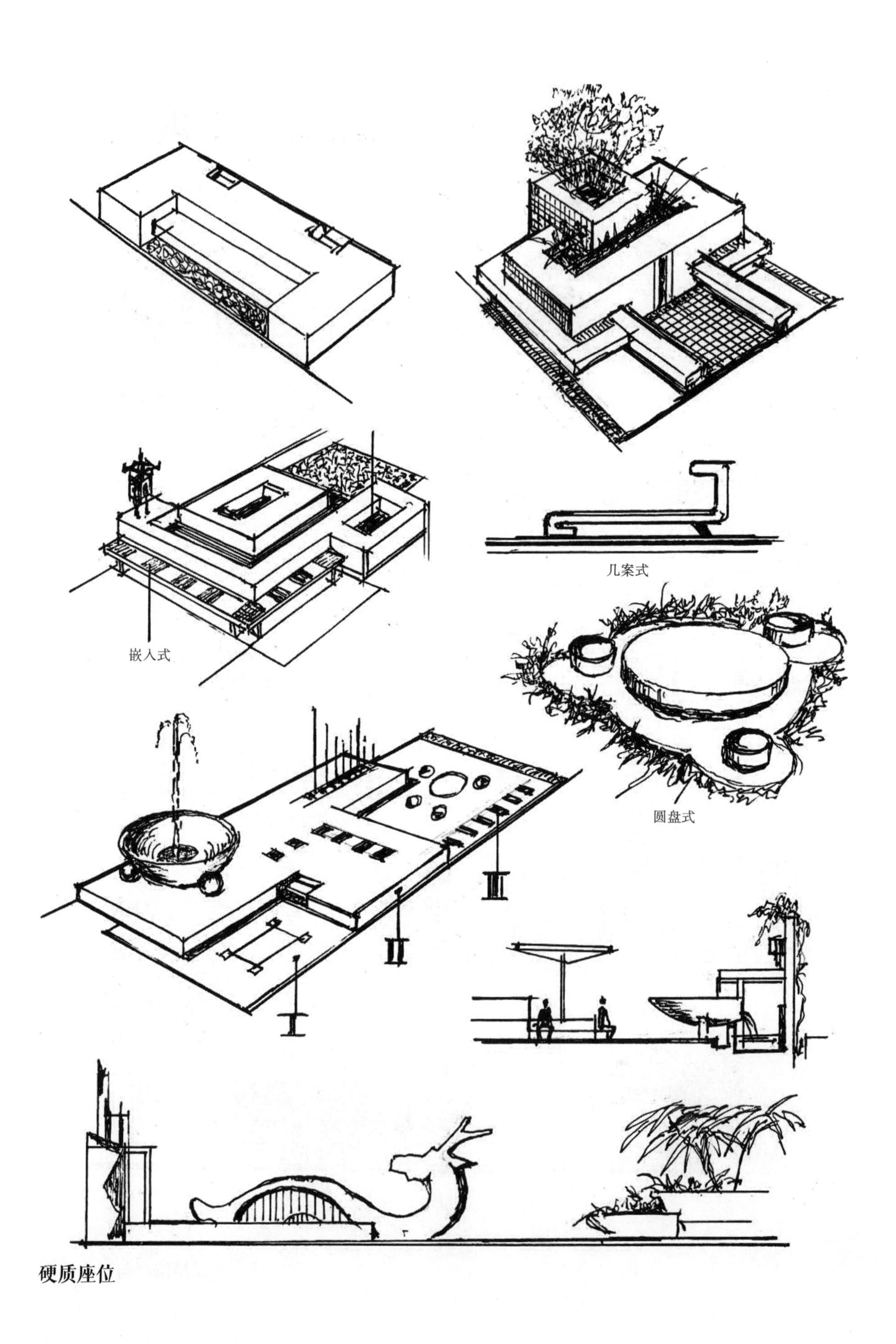
几案式
嵌入式
圆盘式

硬质座位

（二）场的多效共生

文化赋予人以意义与情感，场所赋予人休憩，生态赋予人健康与活力，艺术的构成赋予人美的享受，多效共生自然生成。

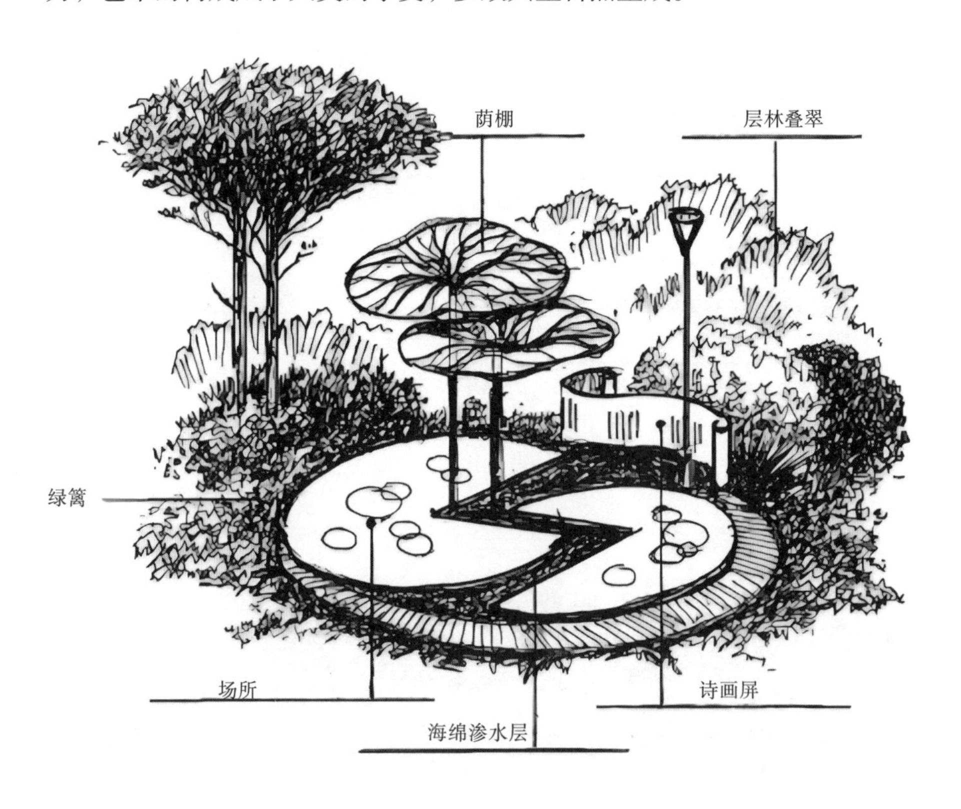
荫棚
层林叠翠
绿篱
场所
诗画屏
海绵渗水层

喷射
苇蒲
场所
浅地低围

清浅白石滩，
绿蒲向堪把。
家住水东西，
浣纱明月下。
——王维

王维《白石滩》诗句构成的景观，传递乡野情趣的同时，使生活在水泥丛林中的人，产生向自然回归的情意，感受诗意地栖居

场的多效共生

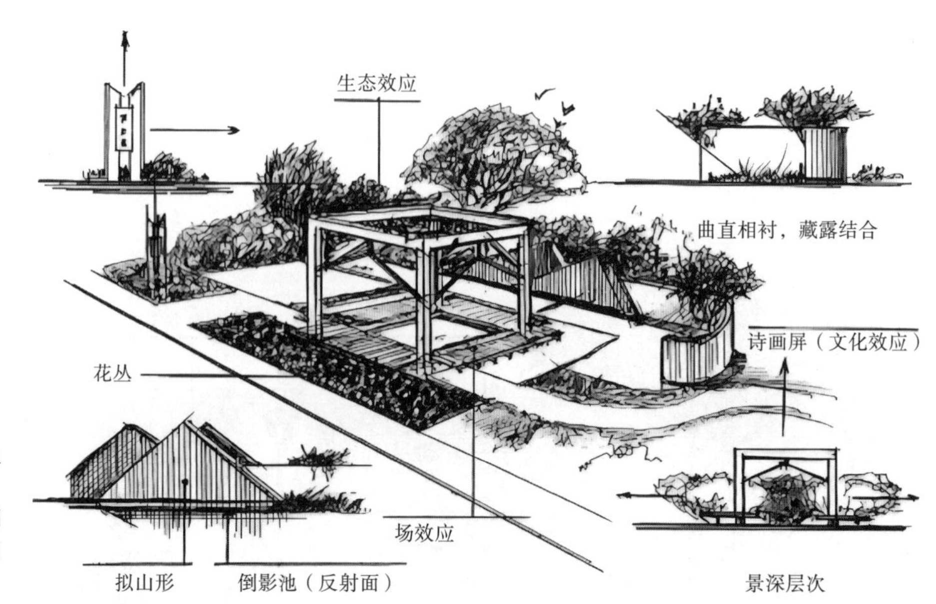
生态效应
曲直相衬，藏露结合
诗画屏（文化效应）
花丛
场效应
拟山形
倒影池（反射面）
景深层次

科技介入景园构成意象解析(多效共生示例)

景为人所设，设计者要时刻想到人，预则立之，不预则废之，多效亦是如此

绿树阴浓夏日长，
楼台倒影入池塘。
水晶帘动微风起，
满架蔷薇一院香。
——高骈

方圆广场、动静分区、厅廊结合

一场多效

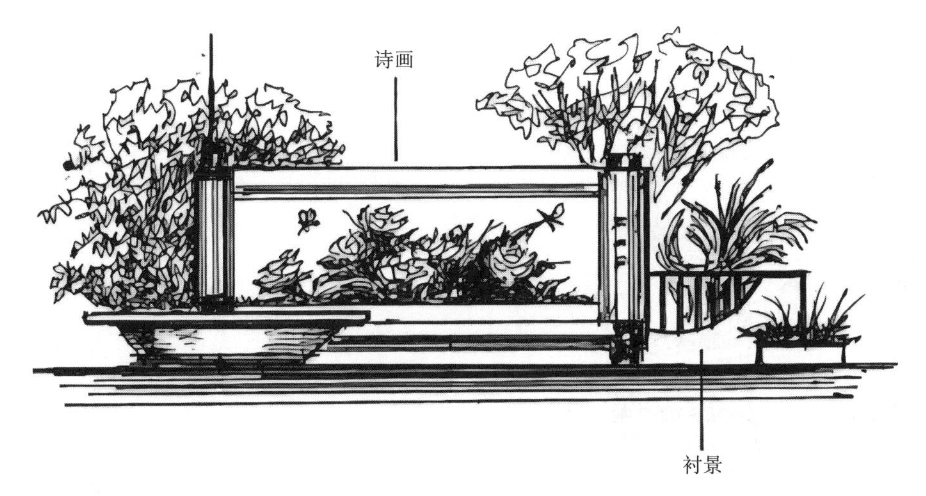
诗画
衬景

场所·诗画·生态·社会·艺术

春风小市画桥横，
桥北桥南次第行。
绝景惟诗号勍敌，
闲愁赖酒作长城。
楼台到处灵和柳，
帘幙谁家子晋笙？
薄暮归来渔火闹，
放翁自笑欲忘情。
——陆游

复式休闲空间

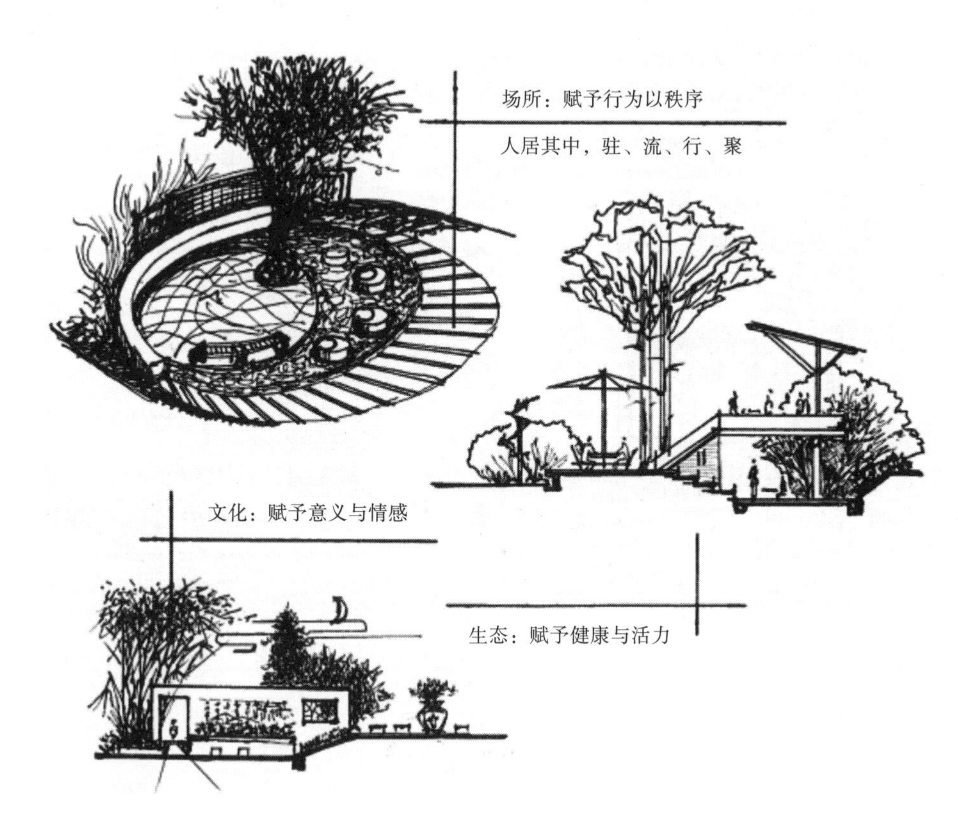
场所：赋予行为以秩序
人居其中，驻、流、行、聚
文化：赋予意义与情感
生态：赋予健康与活力

场所精神

一场多效

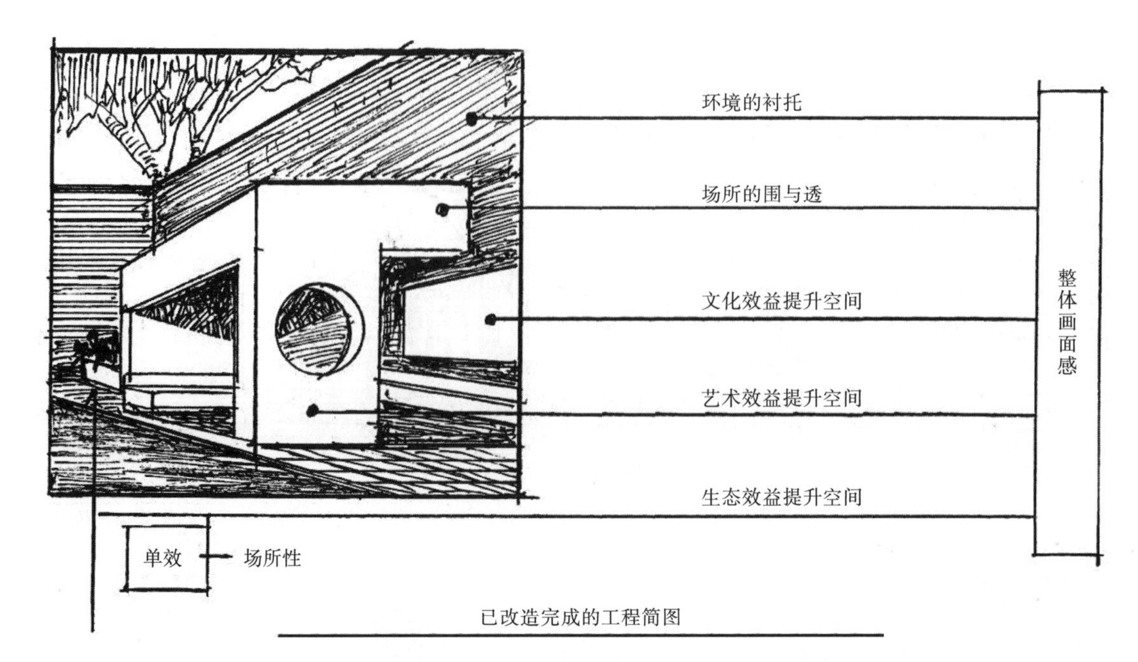
环境的衬托
场所的围与透
文化效益提升空间
艺术效益提升空间
生态效益提升空间
整体画面感
单效
场所性
已改造完成的工程简图

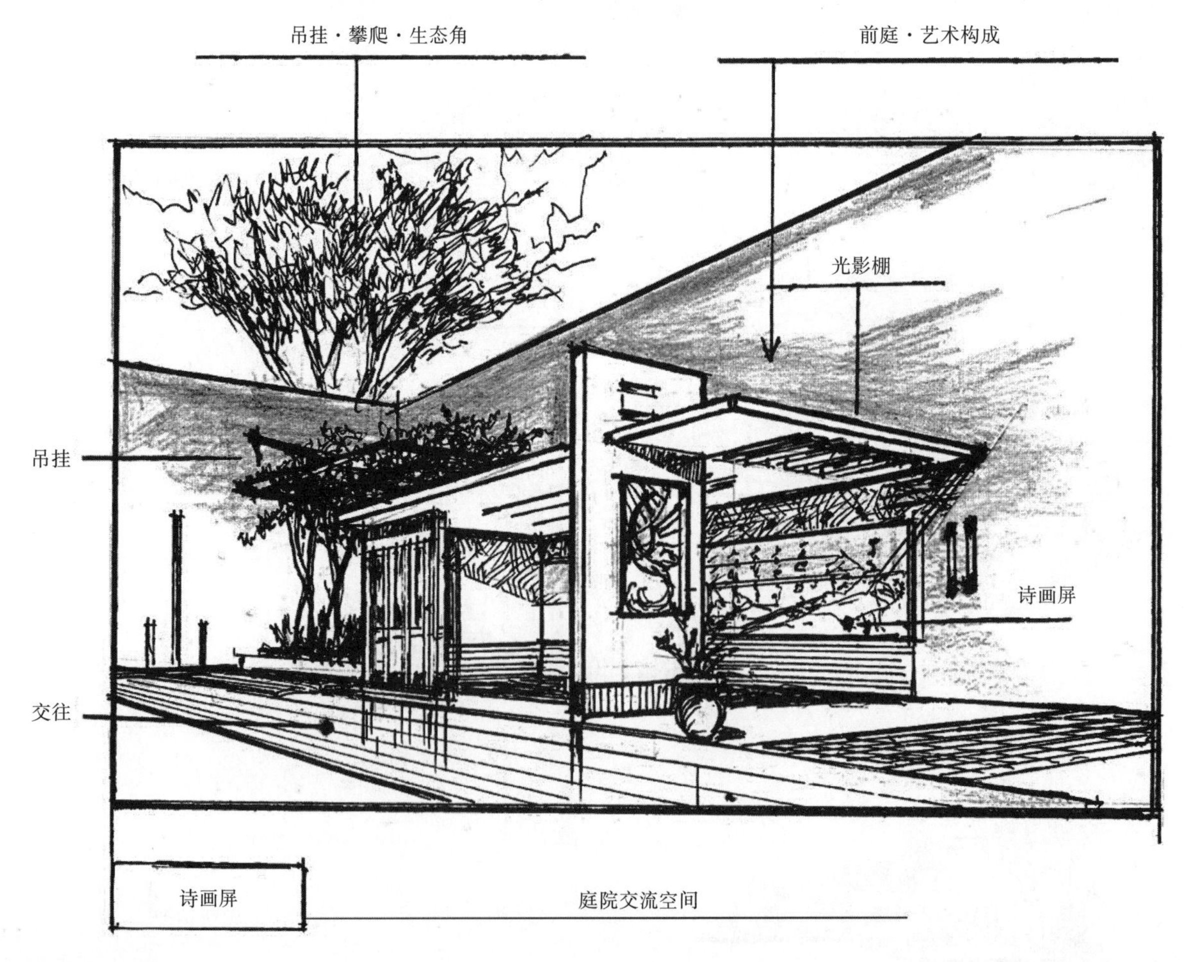
吊挂·攀爬·生态角
前庭·艺术构成
光影棚
吊挂
诗画屏
交往
诗画屏
庭院交流空间

多效共生示例

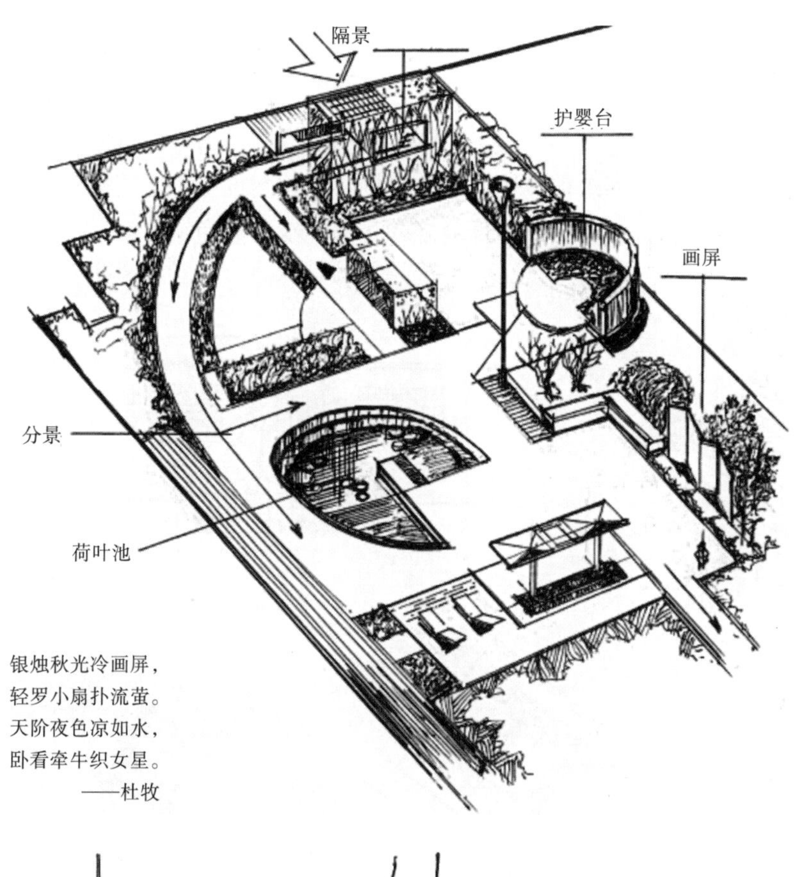
隔景
护婴台
画屏
分景
荷叶池

银烛秋光冷画屏，
轻罗小扇扑流萤。
天阶夜色凉如水，
卧看牵牛织女星。
——杜牧

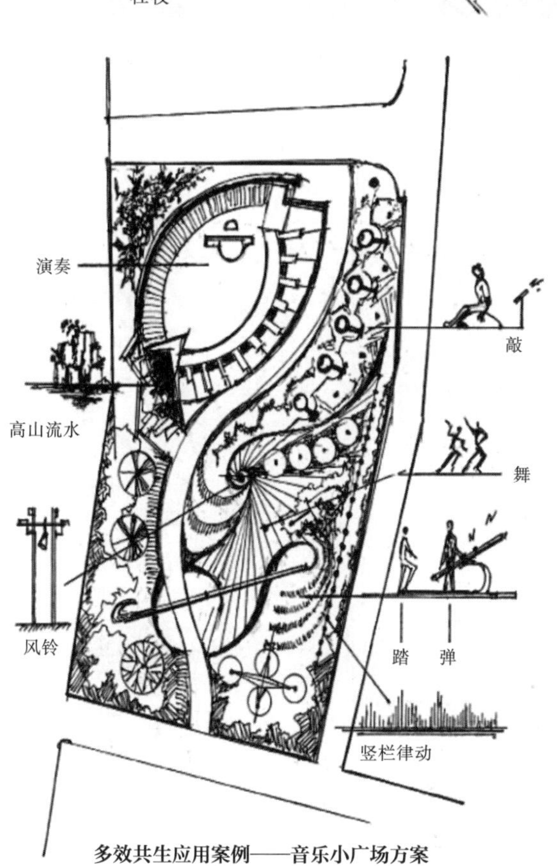
演奏
敲
高山流水
舞
风铃
踏
弹
竖栏律动

多效共生应用案例——音乐小广场方案

时间的艺术、流动的音符、
跳动的舞姿、飘动的铃声、
起伏的韵律

多效共生场所（峰丛式）

多效共生场所（厅堂式）

一场多效，诗画同一

空间场

拓展阴角、创造场所、开辟洞口、增强层次、延长景深

多
效

天、地、人和谐共生

和而不同、相异相融、和谐共生
一切效益，皆由人的体验而生成

多效共生示例

（三）园林的基本单元

园域设计不论大小，最基本的工作就是对场地按活动内容进行分区。在园域内，按不同活动内容进行环境艺术的组构，在园林设计中使用最基本的功能单元，进行场所构成。整个园林景观就是点、线、面的组合。

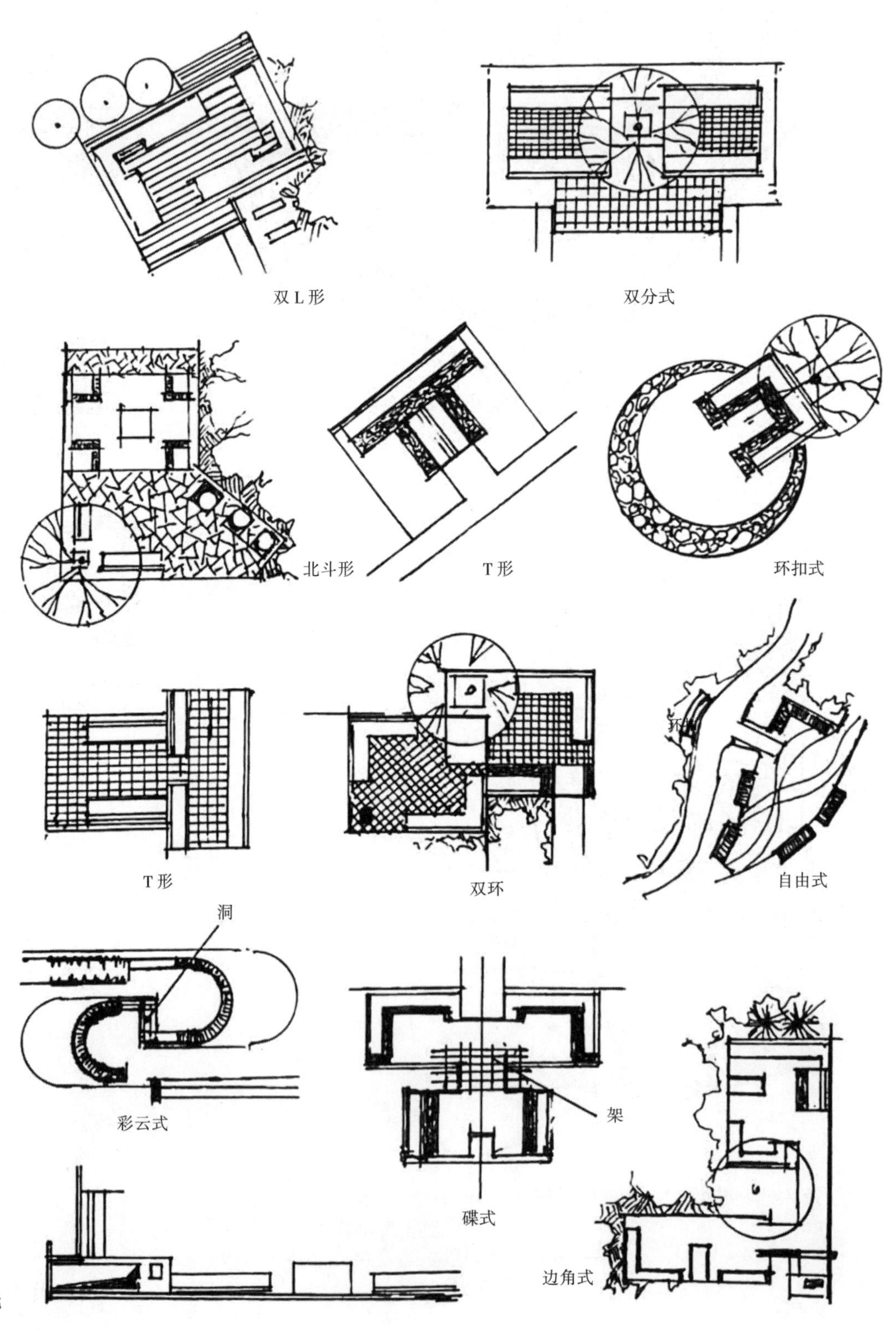
双L形
双分式
北斗形
T形
环扣式
T形
双环
自由式
洞
彩云式
架
碟式
边角式

园的基本单元

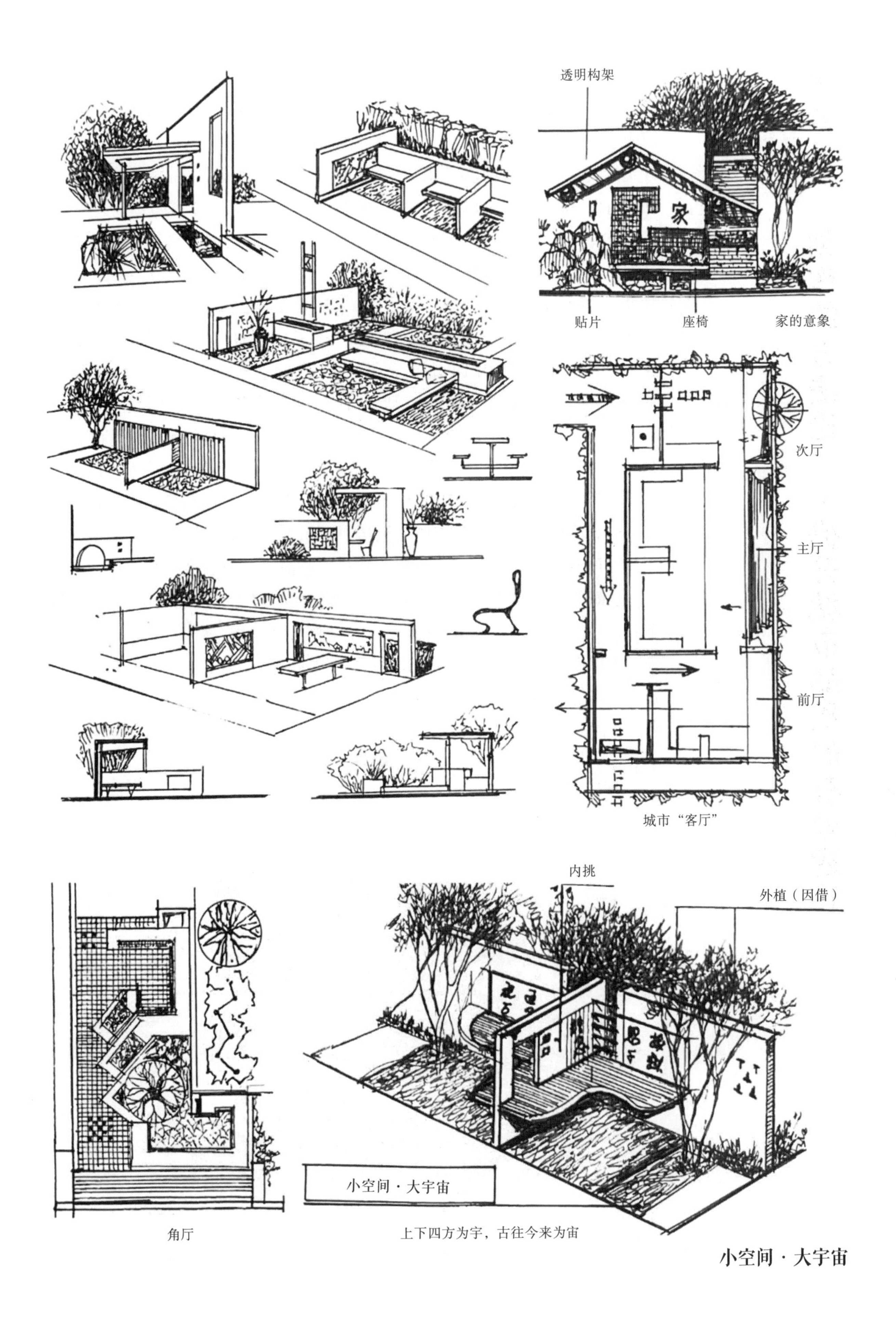
透明构架
家
贴片
座椅
家的意象
次厅
主厅
前厅
城市“客厅”
内挑
外植（因借）
小空间 · 大宇宙
角厅
上下四方为宇，古往今来为宙

小空间 · 大宇宙

第八章

创作的方法论——提升城市品质的有效途径

《道德经》中说道："朴散则为器"，即原木成器必须经过刀、斧、锯、凿的方法进行加工。工欲善其事，必先利其器，器是加工机器，是达到目的的手段和方法。

方法是路——地上本没有路，走的人多了，也便成了路。路是多种多样的，所谓"条条大路通罗马""殊途同归"，皆指万物回归于本原。

方法是桥——桥有多种，平的、拱的、悬索的，甚至独木的，不拘于一种形式。因而古人说："法无定法，定法非法，无法之法乃为至法，非法法也"。全信法，不如无法。法是人根据一定目标、人为建立的，只有在扬弃之中才能不断发展。在宋代，曾有"为古法所不易"和"弃古法而自创新法"的两种倾向，皆因走向极端而无建树。因此，经验和方法都只是一种奠基石，可以作为创作的原型、启迪和借鉴，以此避免茫然，少走弯路。

伟大的文学家、诗人苏轼在《书鄢陵王主簿所画折枝》论及诗画创作时曾说过："论画以形似，见与儿童邻。赋诗必此诗，定非知诗人。诗画本一律，天工与清新"。具体到构园造景，为了适应城市更新发展，避免千街万巷到处雷同，也必须提倡匠心独运，突出特色。灵活应用传统的造园技法，因地制宜，才能使城市环境有特色、有故事、有温度、有活力、有情感，从而使城市环境有水平、有高度。所以，应遵循"园无定格"——定格则导致一律；遵循"法无定法"——定法则导致死板。要"一园一主题"，力求"以多样求统一，统一中求变化"，追求环境景观有韧性地不断发展与变化，将智慧融入构园创作之中。

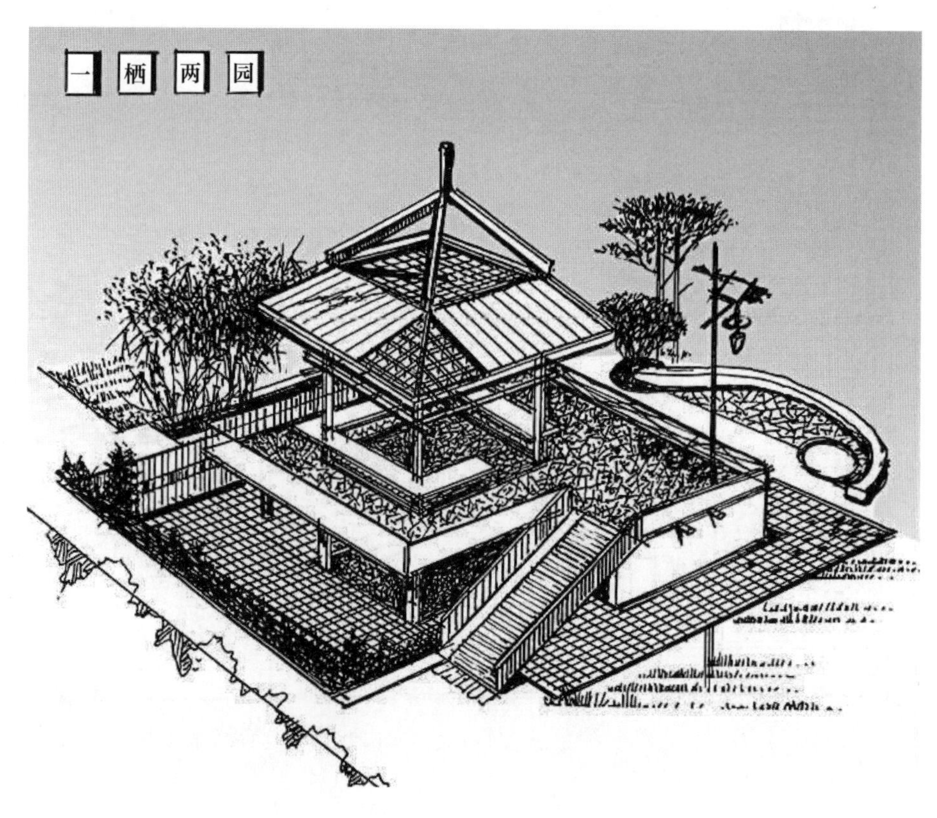
一 栖 两 园

一栖两园

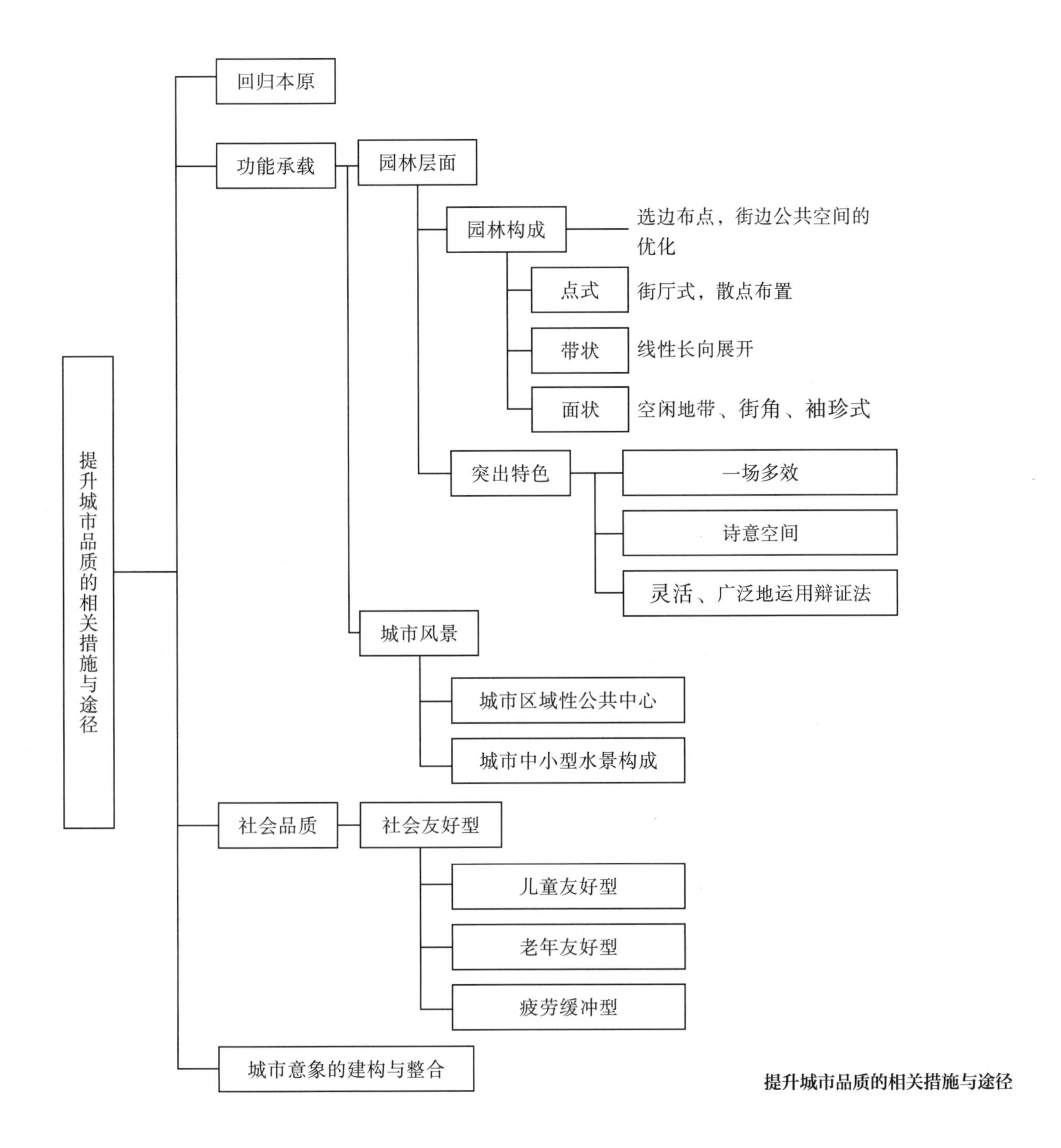

提升城市品质的相关措施与途径
回归本原
功能承载
园林层面
园林构成
选边布点，街边公共空间的优化
点式
街厅式，散点布置
带状
线性长向展开
面状
空闲地带、街角、袖珍式
突出特色
一场多效
诗意空间
灵活、广泛地运用辩证法
城市风景
城市区域性公共中心
城市中小型水景构成
社会品质
社会友好型
儿童友好型
老年友好型
疲劳缓冲型
城市意象的建构与整合

提升城市品质的相关措施与途径

一、辩证法是开启智慧之门的金钥匙

辩证法，是中国人特有的智慧，是以自然、直觉、情感为内涵的东方生态哲学，衍生出相辅相成、相生相克的事物发生之道。它渗透于各种事物发展演变之中，尤其是在文学、绘画、建筑、园林、书法中，更是屡见不鲜的通用法则。世界万物的静止只是相对的，变化才是永恒的。而关于如何变，先哲们已经总结出一整套的变化哲理，可以从各种典故、成语、诗词、谚语中俯拾皆是（参见第一篇第二章及本篇第一章中所述的儒、道、禅的文化内涵）。

变化在造园组景中可以说是无处不有，诸如：

抑扬顿挫、起承转合、开合启闭、一张一弛；

疏密相间、高低起伏、收放有度、衔接过渡；

有无相生、虚实相成、高下相盈、音声相合；

长短相形、前后相随、首尾相顾、形断意联；

计白当黑、形神兼备、刚柔相济、既藏又露；

藏头露尾、跌宕起伏、遗貌取神、大道至简；

阴阳相推、气韵生动、咫尺天涯、小中见大；

借对有因、随坡就势、得景随形、精在体宜；

少则得，多则惑，欲取之必先予之，塞翁失马焉知非福；

不屈不伸、不塞不流、不止不行，流水不腐户枢不蠹，等等……

在构园造景创作实践中如能善用这些思想，即可从单纯的形式模仿中脱离出来，摆脱头脑之僵化、就形式论形式。从而脑洞大开，面对再难的问题也会想出解决之道，所谓化繁为简、以简通繁。所以，中国哲学是打开构园造景的金钥匙，它可以导演出千万种变化。

中国哲学取之不尽、用之不竭。人的一切行为都是受既定目标所支配，没有动机的行为是不存在的，一切生长变化都是为了实现更高的目的而采取的一种手段。从抬手投足到实现阶段性目标，直至实现终极目标，构成了一整套的行为链。

从下列几幅图例即可看出辩证的魅力：

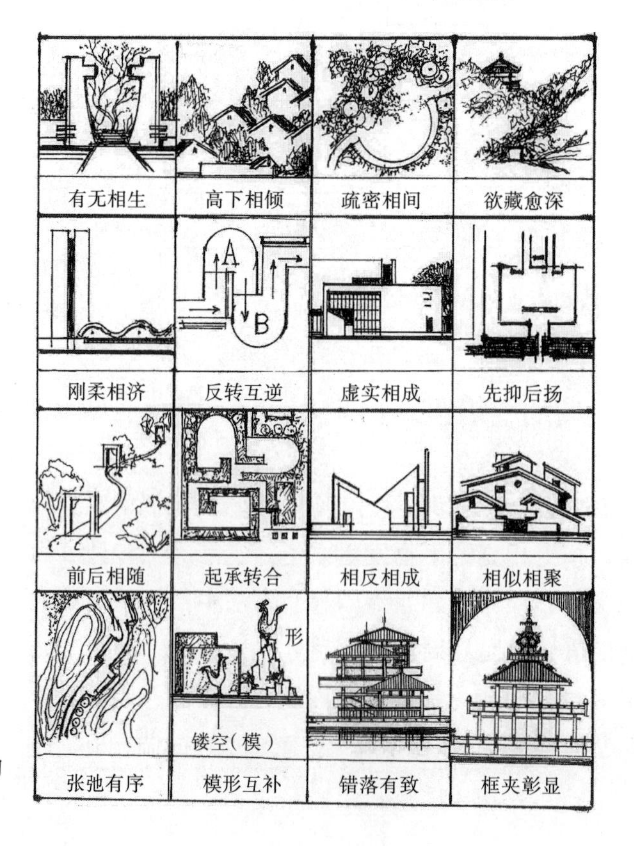
有无相生
高下相倾
疏密相间
欲藏愈深
A
B
刚柔相济
反转互逆
虚实相成
先抑后扬
前后相随
起承转合
相反相成
相似相聚
形
镂空(模)
张弛有序
模形互补
错落有致
框夹彰显

辩证法是开启智慧之门的金钥匙

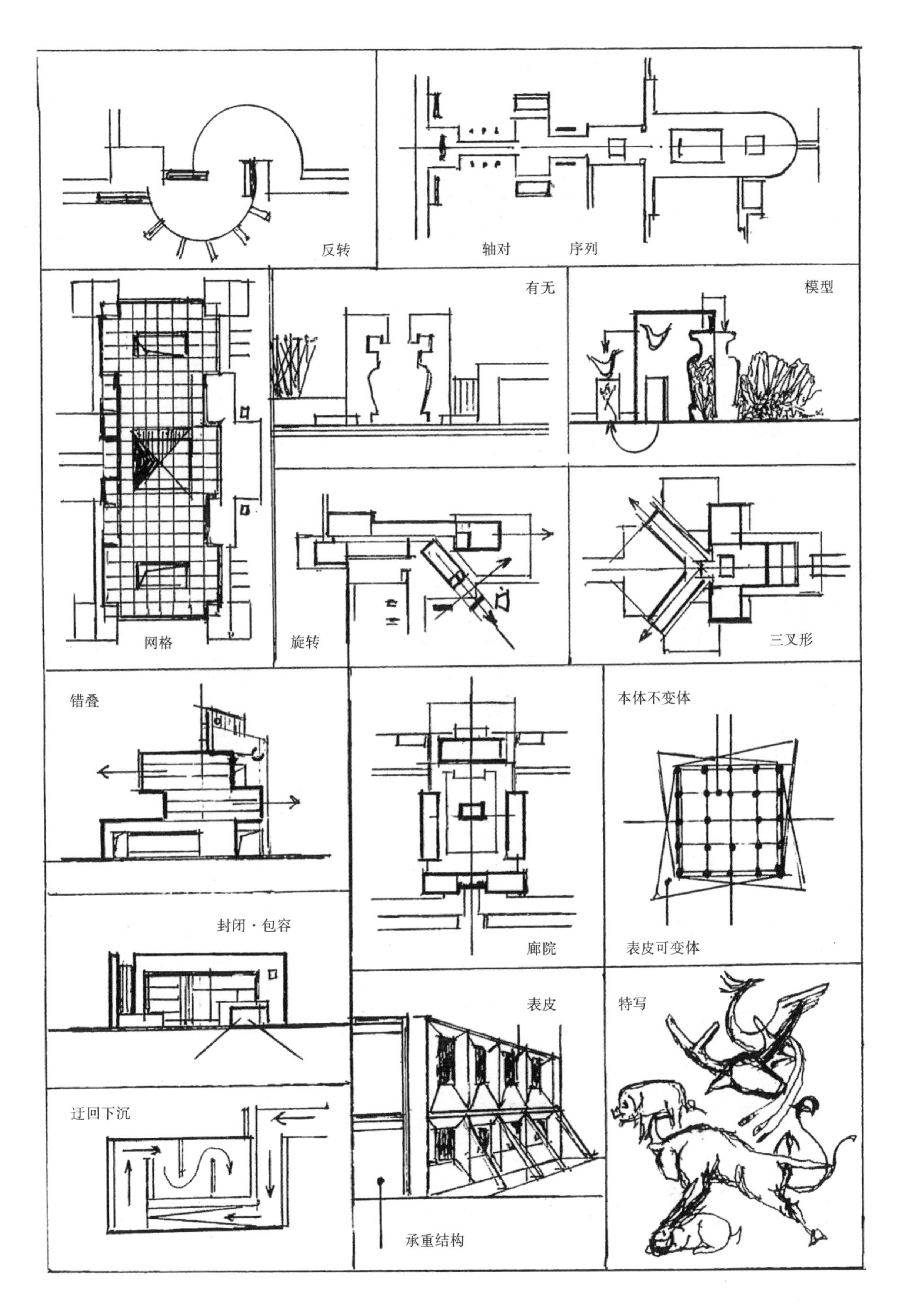
反转
轴对
序列
有无
模型
网格
旋转
三叉形
错叠
本体不变体
封闭·包容
廊院
表皮可变体
表皮
特写
迂回下沉
承重结构

形构与形变的方法启迪

依山傍水·随坡就势

庭院深深·帘幕重重

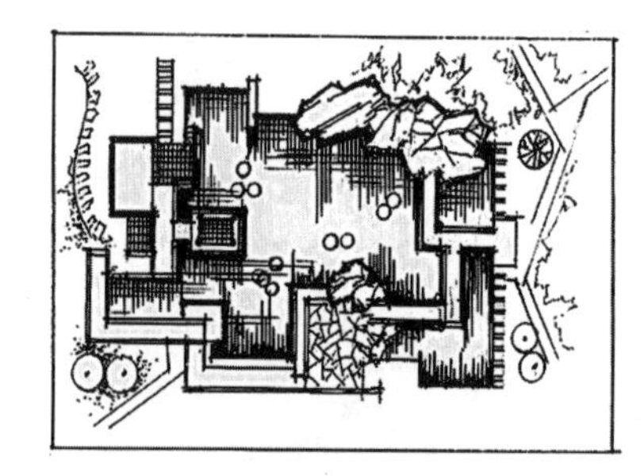

望而不即·碧水垂影

远借近取·形影并用

半藏半露·高下相倾

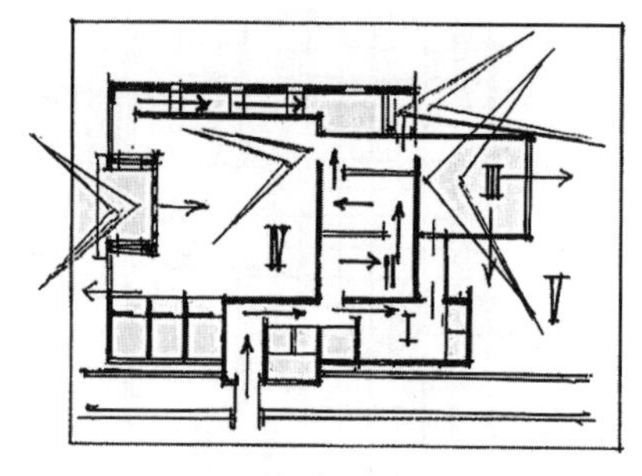

预放先收·相互对比

曲折幽深·峰回路转

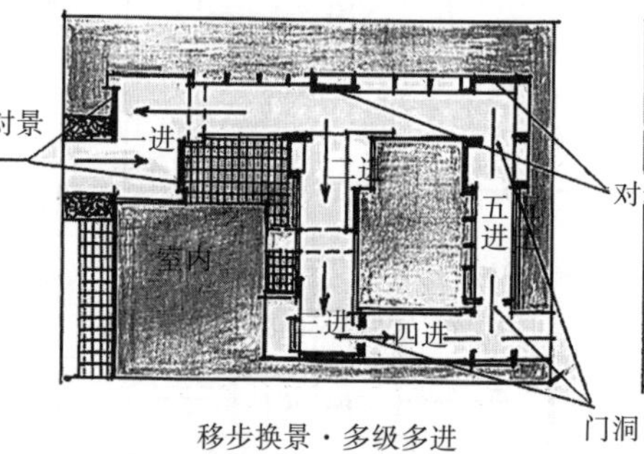
对景
一进
二进
室内
三进
四进
五进
对景
门洞

移步换景·多级多进

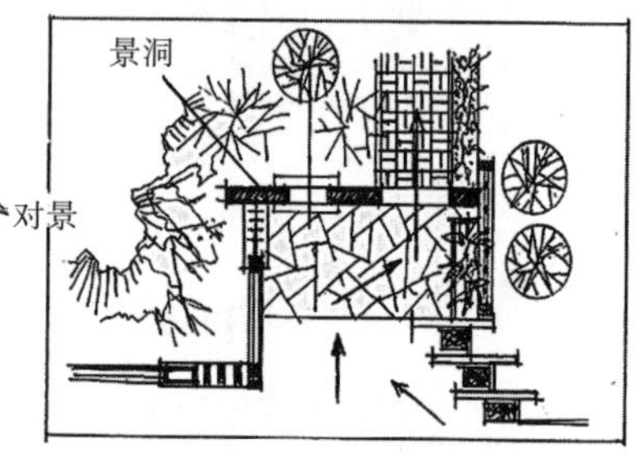
景洞

导景·隔景·漏景·对景

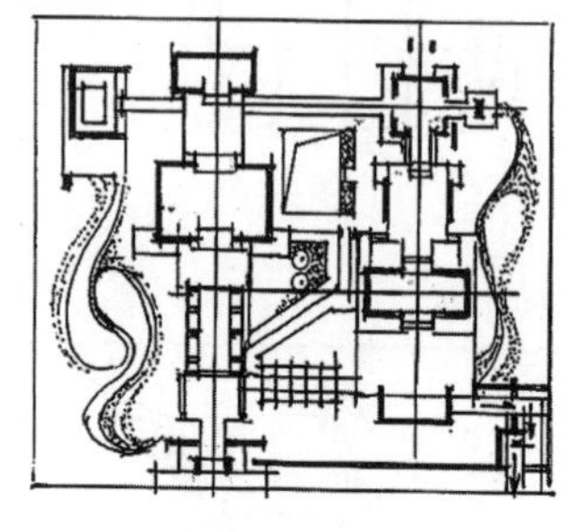

起承转合·序列诱导

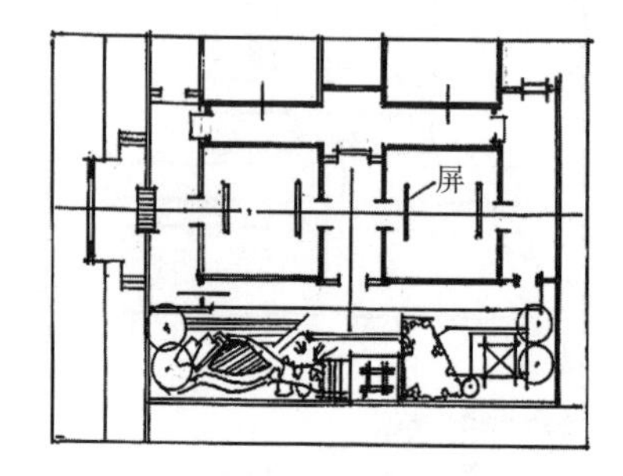
屏

院中有院·重层组构

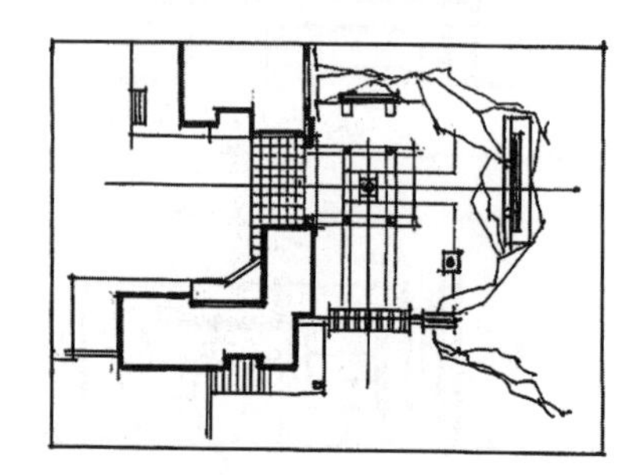

转折借对·围合造场

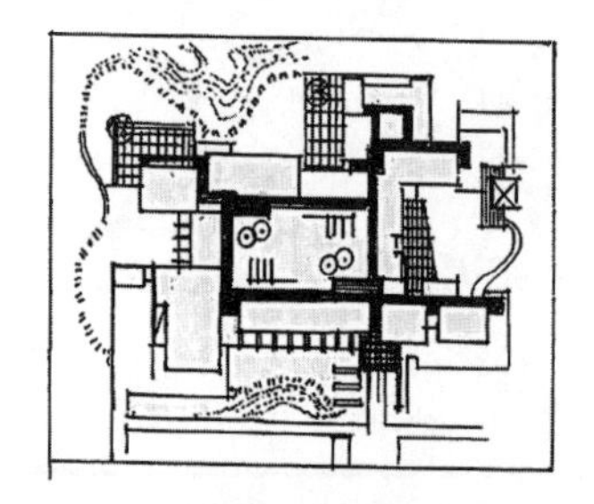

小院回廊·庭廊串组

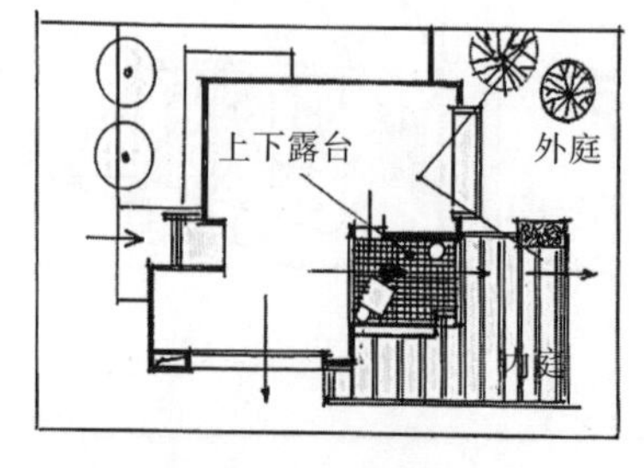
上下露台
外庭
内庭

边界融合·相互渗透

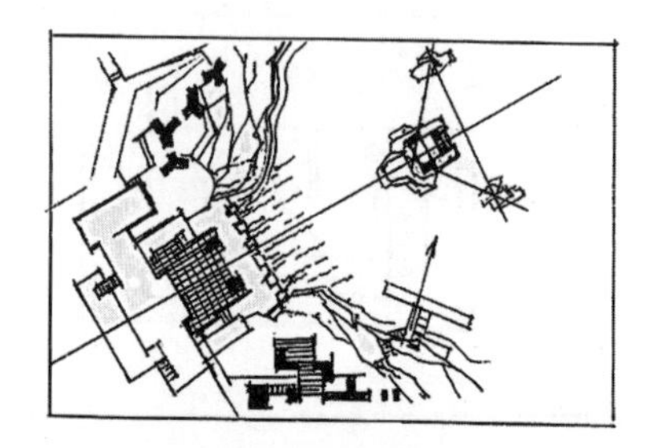

湾岛相拥·形断意联

构园造景的大智慧图解

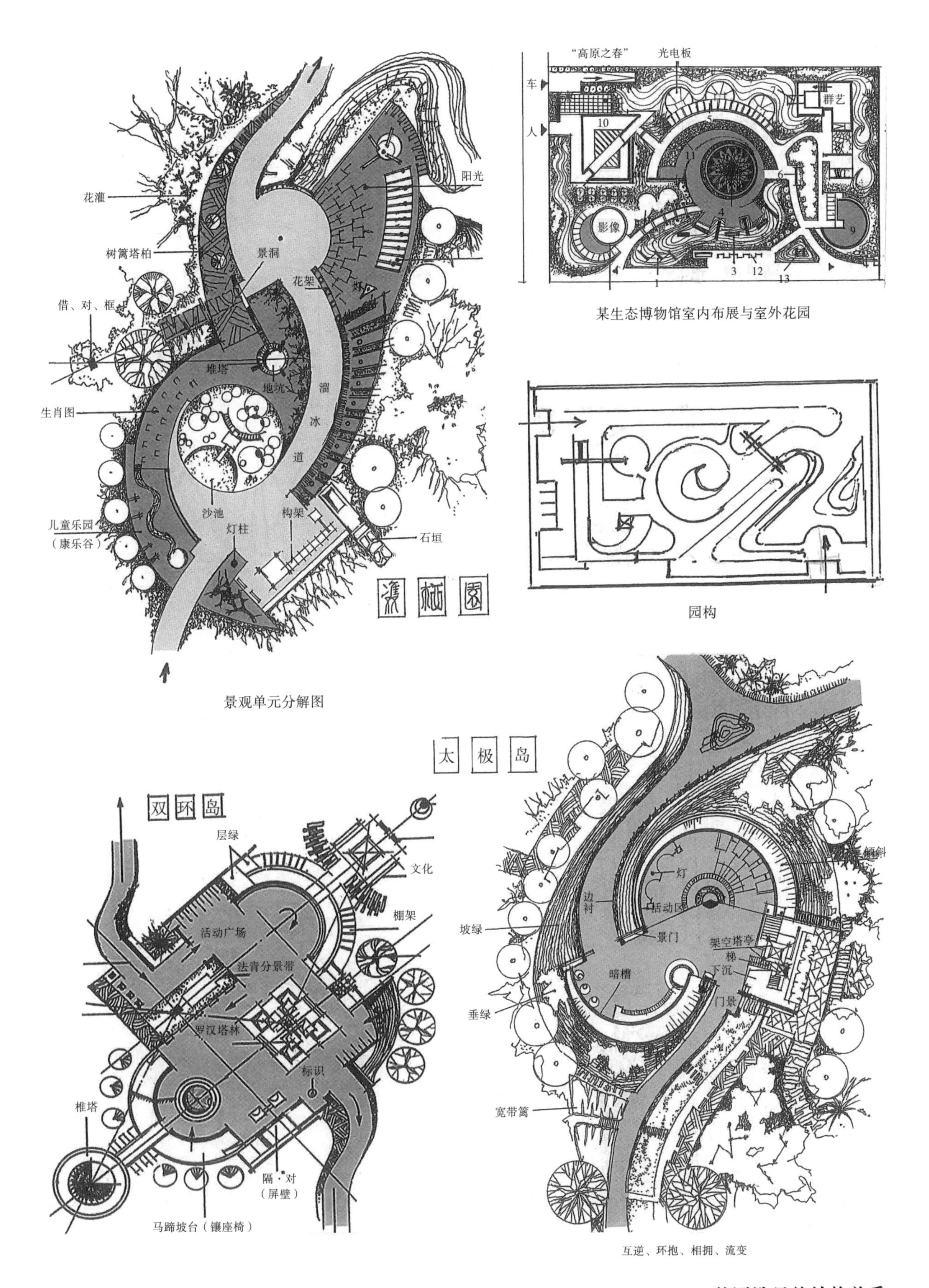
花灌
树篱塔柏
借、对、框
生肖图
儿童乐园
（康乐谷）
景洞
花架
阳光
堆塔
地坑
溜
冰
道
沙池
构架
灯柱
石垣
澹栖园
"高原之春"
光电板
车
人
群艺
影像
园构
太极岛
双环岛
层绿
文化
棚架
活动广场
法青分景带
罗汉塔林
标识
椎塔
隔·对
（屏壁）
马蹄坡台（镶座椅）
灯
边衬
活动区
景门
坡绿
暗槽
架空塔亭
梯
下沉
门景
垂绿
宽带篱

景观单元分解图

某生态博物馆室内布展与室外花园

园构

互逆、环抱、相拥、流变

构园造景的结构关系

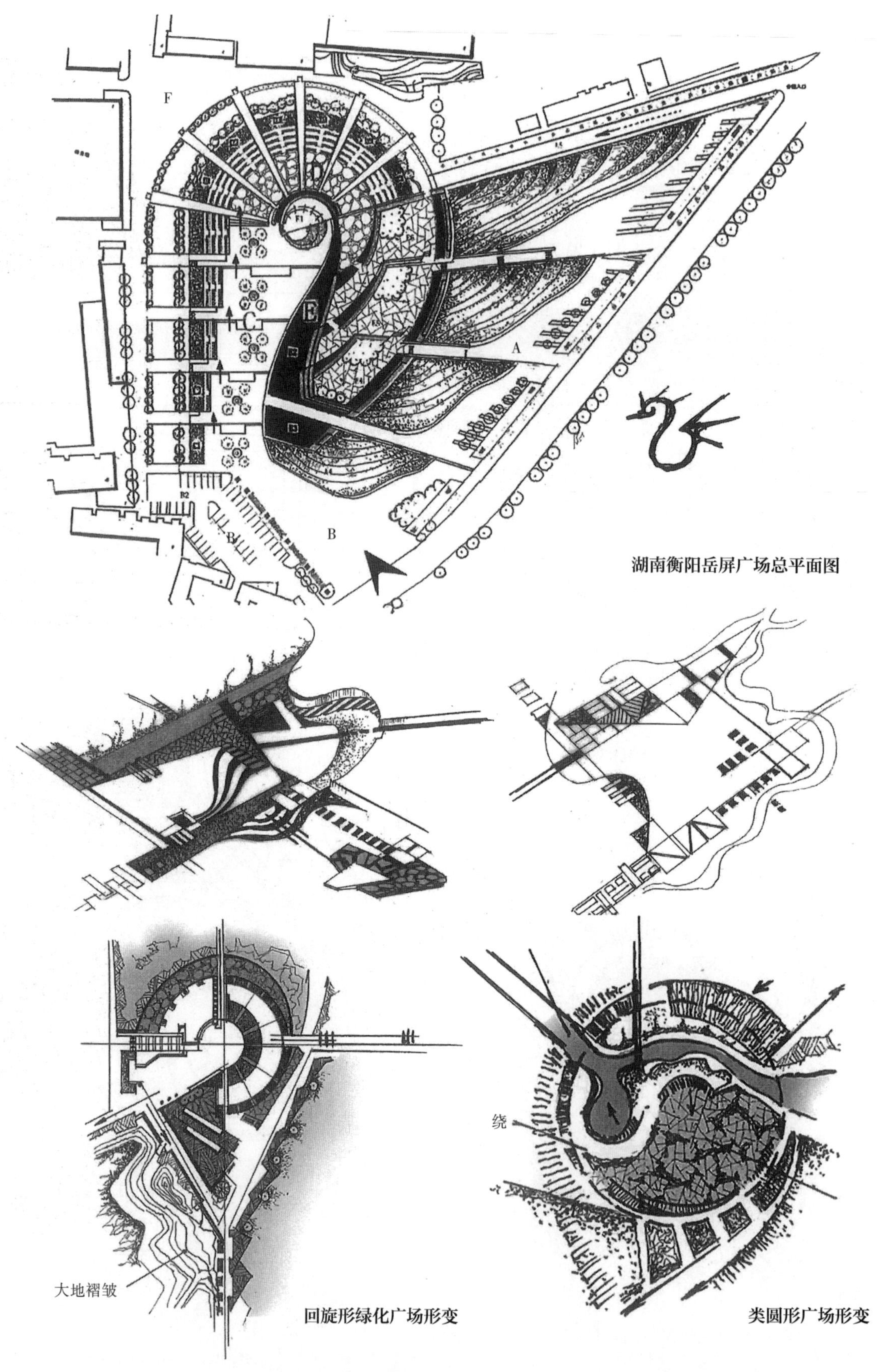
F
C
E
A
B
大地褶皱
绕

湖南衡阳岳屏广场总平面图

回旋形绿化广场形变

类圆形广场形变

园林空间分区之间的相互融合、交流、过渡

仿生造型

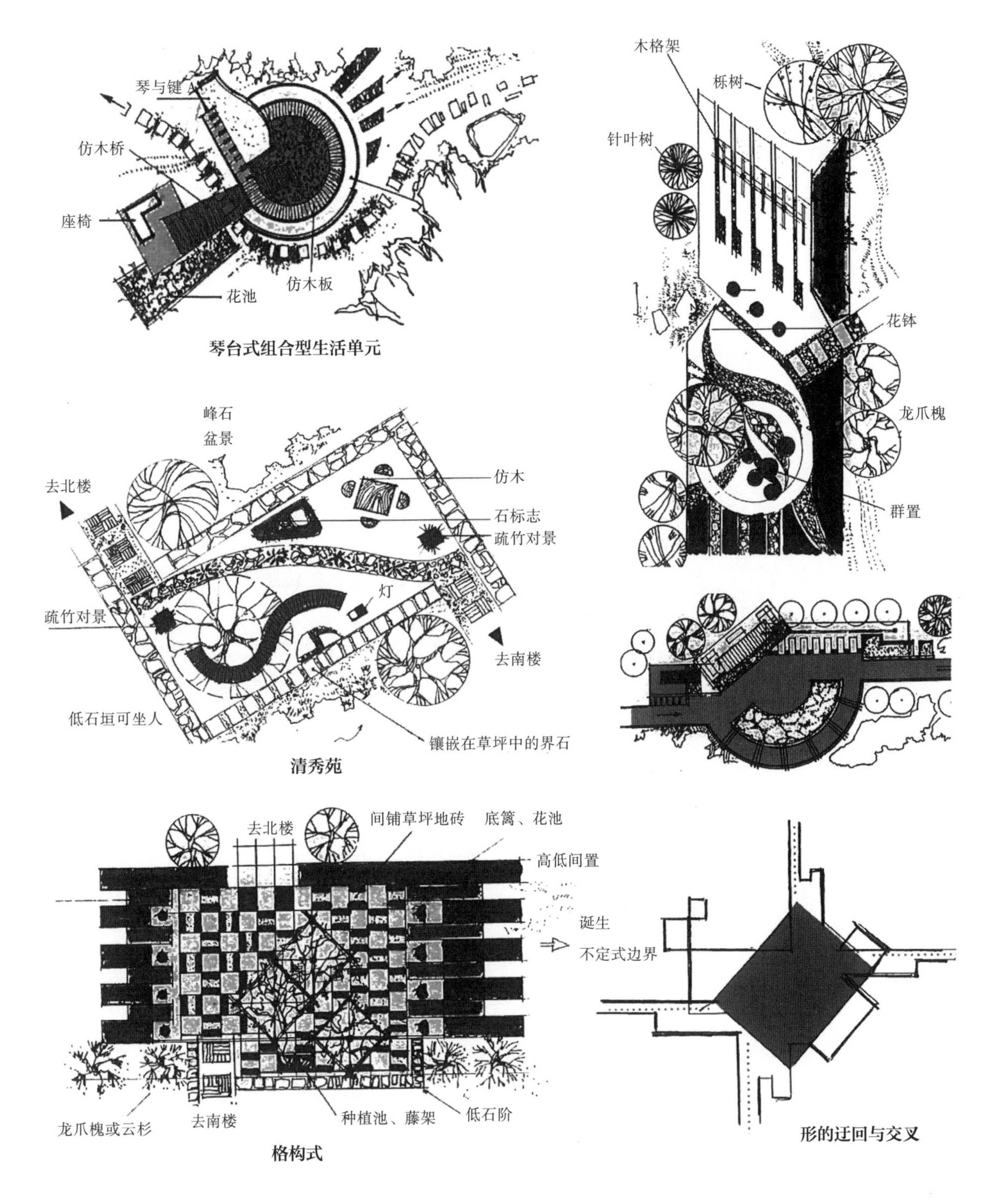
琴与键
仿木桥
座椅
花池
仿木板
琴台式组合型生活单元
木格架
栎树
针叶树
花钵
龙爪槐
群置
峰石
盆景
去北楼
仿木
石标志
疏竹对景
灯
疏竹对景
去南楼
低石垣可坐人
镶嵌在草坪中的界石
清秀苑
去北楼
间铺草坪地砖
底篱、花池
高低间置
诞生
不定式边界
龙爪槐或云杉
去南楼
种植池、藤架
低石阶
格构式
形的迂回与交叉

二、构园艺术创作中的几种关系

（一）形

——自然生长之形，按生态平衡法则，物竞天择，优胜劣汰；

——人为之形，偏于几何的、表情的、表意的、生活适用的；

——受自然之力影响形成与人为扭曲的拓扑之形；

——“格式塔”之形；

——视觉感知之形；

——来自直观内心感受的景色、景象、景致、景观。

（二）景

——明显的对应性：因人、因地、因时而异，即使同一人、同一地、同一时，反应也不同；

——明显的地域性、民族性、时代性的特征；

——明显的载体层次性；

第一载体：景物处于原生状态时直接进行的信息传递，人与景物本身发生心灵和情感的融合、交汇、共鸣。

第二载体：诗词、绘画、雕塑等艺术作品，通过渲染、再现、表现等手段间接传递情感信息，使人为之感动。不同载体形成不同的信息刺激，也会产生不同的感受。

——景之效应，在于“观”，即欣赏主体的情感介入与审美能力，境由心生，景自心成；

——多层次与多样性：跳动的音符、撞击的火花、点燃的希望、潜移默化的濡染、激荡的波涛、时代的强音、忘我的情怀、沉静的思考、郁闷的排遣、紧张的松弛、高昂的愤慨、会心的幽默……

——自然属性：如形的性状、尺度、肌理、色泽、比例等；

——社会属性：由人主观意识赋予景观的属性，如形所具有的神、情、理、趣、韵等内涵。

（三）境

——境界：情境（主体承载的心境、境界）、物境（容器所具有的领域、性状）；

——客观形态表现的雄、奇、险、秀、幽、幻、旷、奥等特征；

——主体关联表现的有我之境与无我之境；

——生境：自然美与生活美的融合，艺术渗透进生活，“木欣欣以向荣；泉涓涓而始流”“悦亲戚之情话，乐琴书以消忧”（陶渊明）“自成天然之趣；不烦人事之功”（计成）。有自然之理得自然之趣，虽种竹引泉，亦不伤穿凿。古人云：“天然图画四字，正恐非其地而强其为地，非其山而强为山，即百般精巧，终不相宜”。故造园强调精在体宜，贵在得体；

——画境：以神入画，对自然美的浓缩、扩展、化裁、取舍、入框、重构、夸张、变形、概括、提炼、简约、抽象、再现，将生境美上升为艺术美；

——意境：由生境、画境，进入意境，物境与意境的水乳交融。触景生情，景物打动了情思，不由自主地百感交集。

（四）情

感知于外，发自于心，触景生情，油然而生。情与景也是密不可分、直接关联、相互依存的。正如王夫之所说：“景者情之景，情者景之情也”“名为二，实为一”，即主张“情景合一”。

“以情写景意境生，无情写景意境亡。”故可用景—情—境来表示，境是基础，景是诱因，情是反应。应强调以意领形、赋形授意、感物抒怀。明代书法家祝允明强调：“身与事接而境生，境与身接而情生”，说明情与境，都是源自体验生成的内在心理感悟。然而景物并不以数量论高低，有时只是“触目横斜千万朵，赏心只有两三枝”（李方膺），或“室雅何须大，花香不在多”（郑燮）。

以情写景，景才能含情。然而，景物是客观存在的，其本身难以用言语述说，也不直接表现为情感，但可以借助一些中介，赋予它情感。正如：“山之精神写不出，以烟霞写之；春之精神写不出，以草树写之。故诗无气象，则精神亦无所寓矣”（刘熙载）。

“情中景，景中情”是指情景共鸣、共融，景含有能唤起人们情感反应之景，是人情感所需求之景，而非自然之景。

（五）原型与艺术的关系

原型，乃是艺术创作的母题，客观存在的外物形象。虽然原型及其衍生存在着比例、尺度、色、光、声、形等客观条件的变化，但人在体验中总是由感觉器官直观感受，从而生成喜、怒、哀、乐、爱、恶、欲。其中的美无须用头脑去思索和判断。“情人眼里出西施”，人心不一，各有所好。因此，造园组景时首先要注意第一印象所产生的效果，以及导致该效果所应具备的内涵。

艺术，是对“美”应具备的风韵（表之于外）、气韵（隐之于内）、神韵（内外兼有）的创造，讲究的是格调与品位，适应大多数人的雅俗共赏。一切的艺术造型都不应仅是装饰与陈设，而是供人欣赏，起到赏心悦目、畅神愉悦的作用。因此，苏珊朗格提出“艺术是情感的符号”，要真正地走进生活，“源于生活，高于生活”。艺术不仅能被看得懂，还要“秀色可餐”，让人“一饱眼福”，成为人们精神的食粮、情感的孵化器。在创作中，既不应追求高深莫测、曲高和寡，也不应陷于低劣媚俗、司空见惯，而应力求达到雅俗共赏、喜闻乐见。

（六）城市公园与街边景园的关系

在集中式的大型公园中，是以分区的形式涵纳各种活动功能。而敷设在街区边界的景园则以分散的形式，侧重于承载日常行为需求，内容相对单一，是一种灵活布置。二者之间有大小、多少、远近等区别，但仍同属一类性质，故二者之间属于“异形而同构”“集中与分散”的关系。因此，不应以小而舍弃“园”之本能，同样要以构园手法营造“园”之氛围，有景、有境、有情，麻雀虽小，五脏俱全。故微缩景园在精、气、神方面的设计要求及难度反而更高。

三、诗意空间的营造

诗言志，诗缘情，诗为城市造血、铸魂；从物质家园，走向生态家园，进而向诗意的精神家园提升。因此，引入诗词作为文化创造之魂，串联起城市的文化记忆，成为孵化场所情志的来源，是值得推行的。

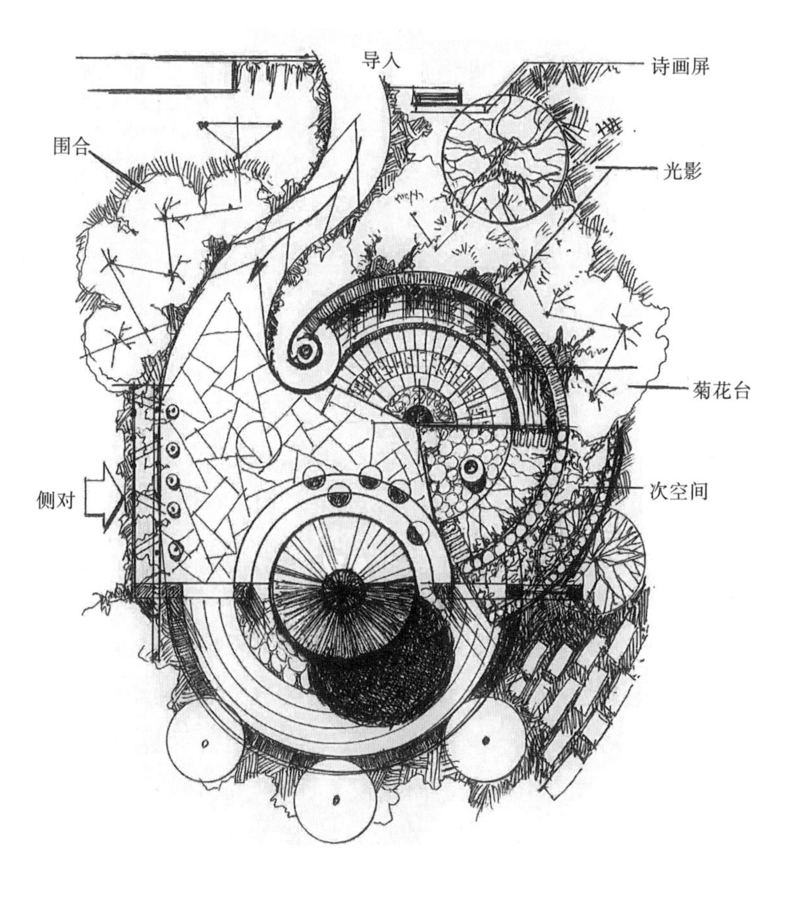
导入
诗画屏
围合
光影
菊花台
侧对
次空间

诗境
情景与物境的统一

（一）打造情感序列

比起一般的活动场所，诗意场所更要创造一定的环境氛围以及一定的情感序列，将体验者由喧嚣的城市环境中引导至诗意的情境中。

在喧嚣的城市环境中，人们的思绪、注意力、视觉注意中心很容易被干扰，难以收心定情、心无旁骛。因此，诗意的空间要做相应的时空剥离，将人们的注意力、视焦点汇聚在园林空间场所中。

“上有青冥之长天，下有渌水之波澜”（李白），在相对静态的环境中，一缕掠过枝杈的阳光，甚至是滴答的水声，都能使人沉浸在孤寂的冥想

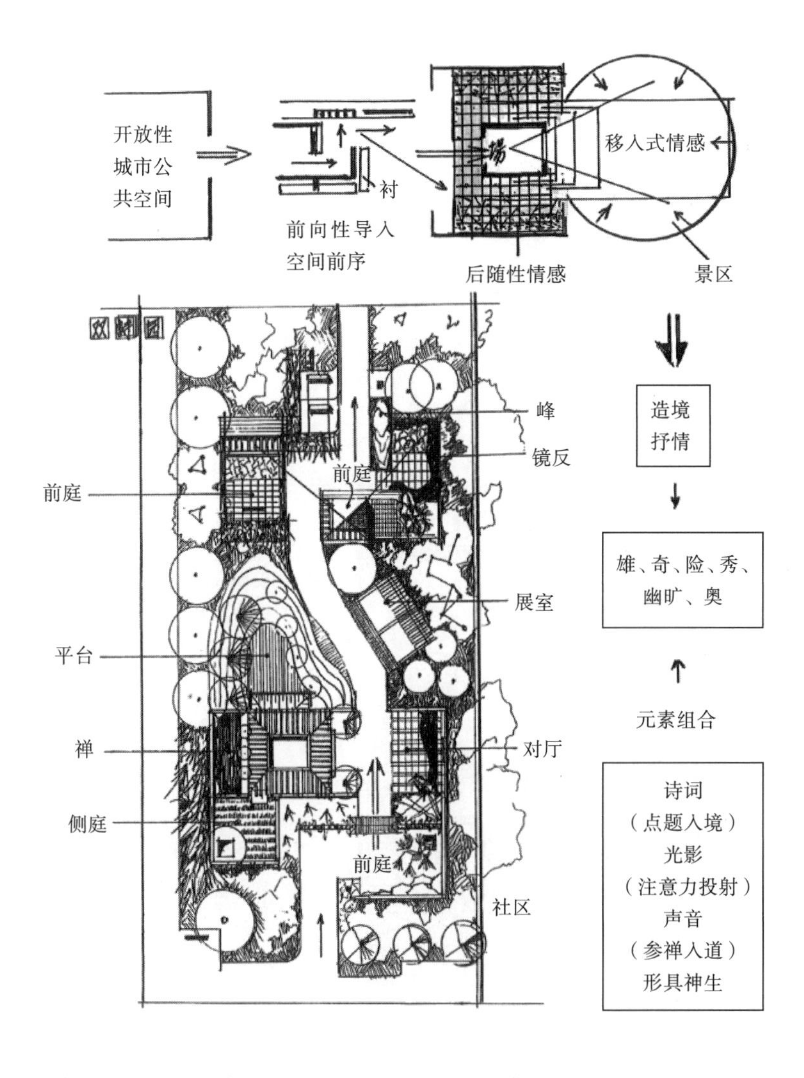
开放性
城市公
共空间
衬
前向性导入
空间前序
场
移入式情感
后随性情感
景区
峰
镜反
前庭
前庭
展室
平台
禅
对厅
侧庭
前庭
社区
造境
抒情
雄、奇、险、秀、
幽旷、奥
元素组合
诗词
（点题入境）
光影
（注意力投射）
声音
（参禅入道）
形具神生

诗意空间结果图式

中，只有在寂静的环境中才能沁人心扉，一花一世界，一壶一乾坤。因此“庭院深深深几许”全靠“帘幕无重数”（欧阳修），而“小院回廊春寂寂”（王安石）靠的是回廊之曲。诗意空间的营造，重在利用相应的造园技法，再现古典园林中的小中见大、层次递进、层林叠翠、形断意连……将诗意空间超越城市环境空间。

郑燮形容自己的宅院为：“十笏茅斋，一方天井”，园圃不大、投资不多，但可收获“日中月中有影，风中雨中有声，诗中酒中有情，闲中闷中有伴”的奇效，但其实质皆因“修竹数竿，石笋数尺”产生。时至科学高度发展的当下，无论是借形、借声、借影、借镜还是借气雾蒸腾、借极光散射、借线性流动……都可以付诸实现，关键只在为与不为。

诗意的空间，时空的交错。在喧嚣开放的城市环境空间中，通过场所精神与诗境空间的熏陶，便可将人的情感聚焦在设定的序列空间之中，产生人、情、意的联合互动。诗境，不是神秘幽远的宗教场所，而是近在咫尺的日常生活场景，是物境与情境交融的诗意空间。“身与事接而境生，身与境接而情生”，通过环境氛围的氤氲和场所符号的提示，即可产生相应的情景对话和场所效应。

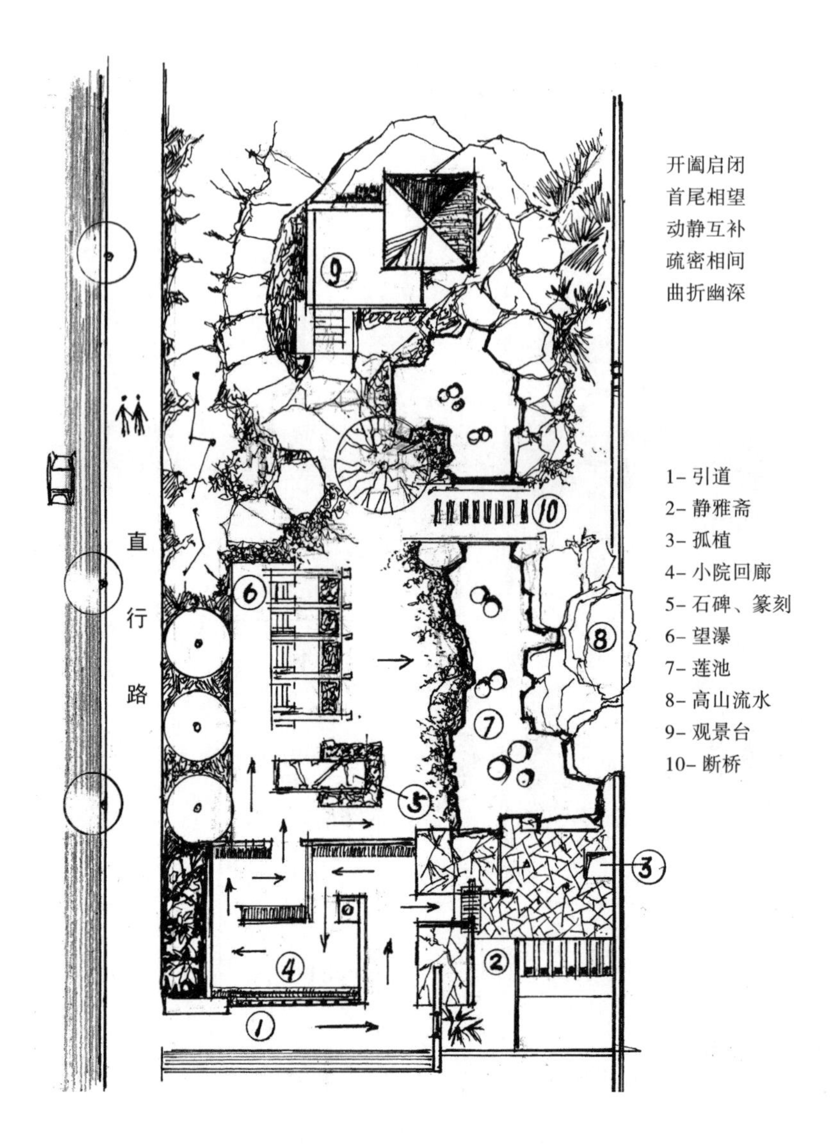
直
行
路
1
2
3
4
5
6
7
8
9
10

开阖启闭
首尾相望
动静互补
疏密相间
曲折幽深

1- 引道
2- 静雅斋
3- 孤植
4- 小院回廊
5- 石碑、篆刻
6- 望瀑
7- 莲池
8- 高山流水
9- 观景台
10- 断桥

诗魂

闹中求静
静中求幽
幽中求雅

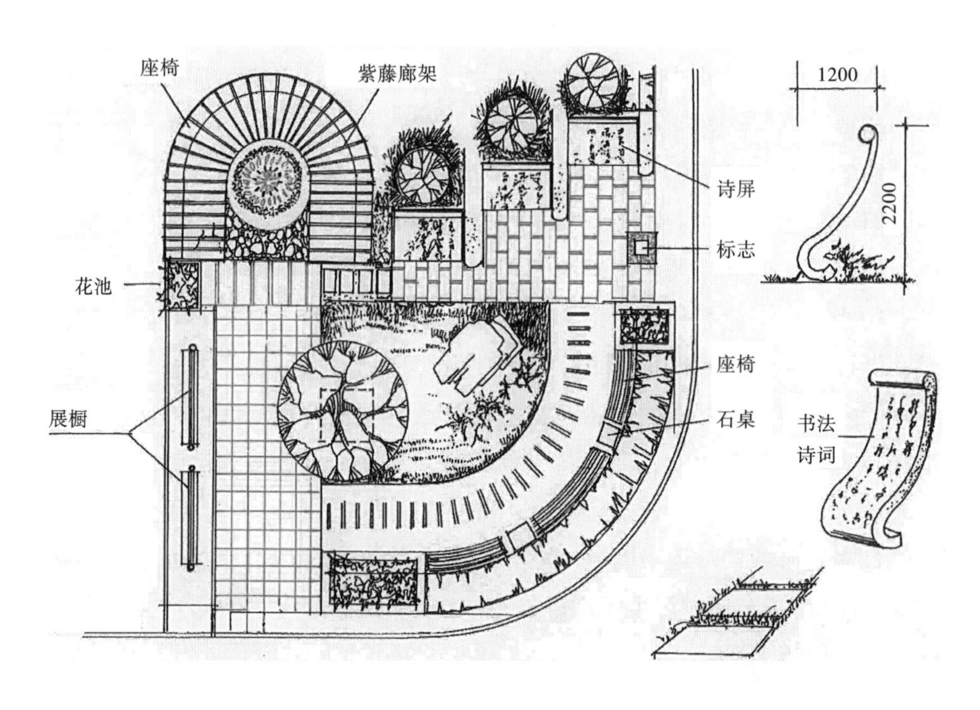
座椅
紫藤廊架
诗屏
标志
花池
座椅
石桌
展橱
书法
诗词
1200
2200

诗画广场（诗林画羽）

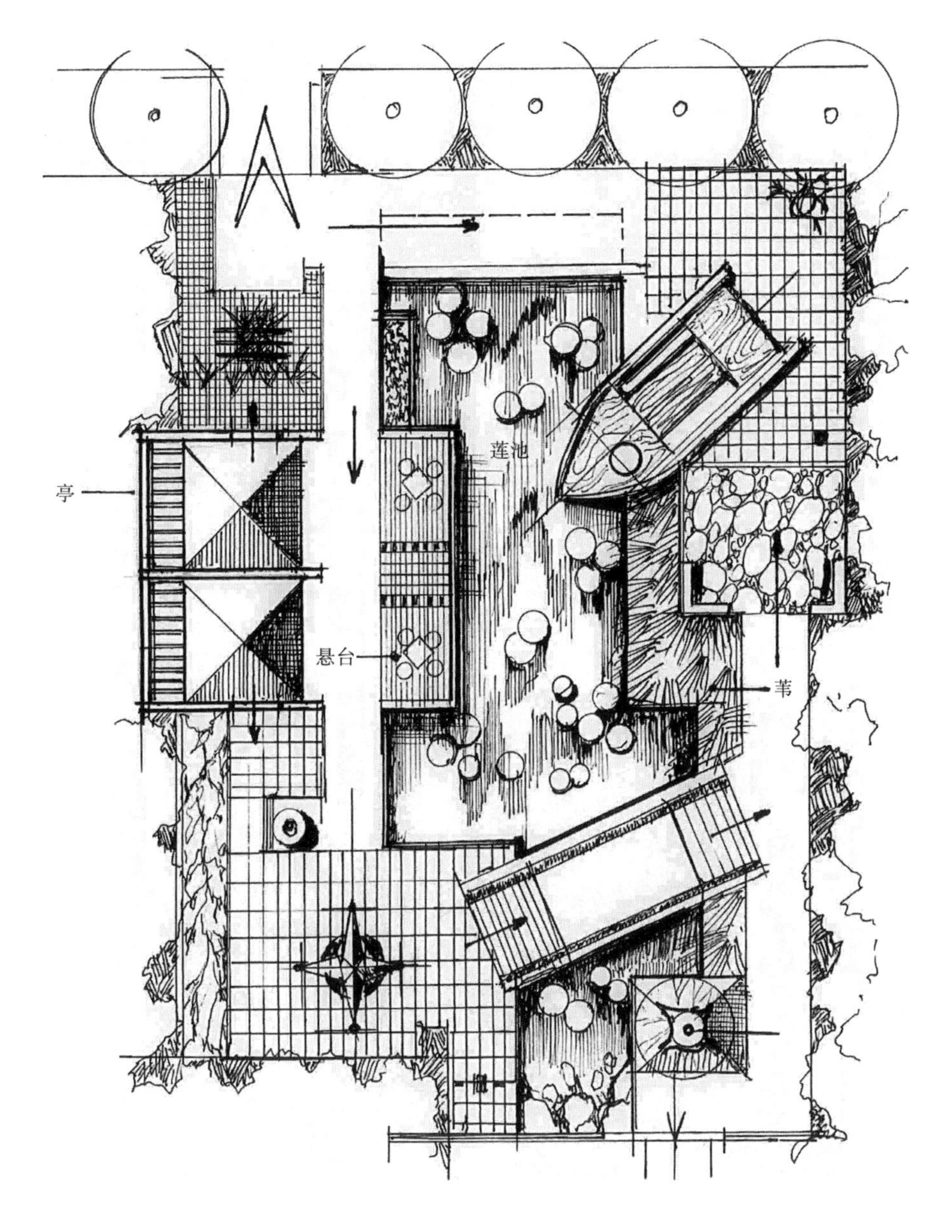
亭
莲池
悬台
苇

野芳发而幽香，
佳木秀而繁阴，
风霜高洁，
水落而石出者，
山间之四时也。
——欧阳修

亭、船、桥组景
空间转折，引导至佳境

作者依以上理念构思了多种创意，以展示其可行性。在实际诗意空间营造中还需要按当地的实际环境和区位特征进行精准的定位，达到情景交融与诱发效应。

（二）诗论与诗境

诗言志，忆往昔，苍茫大地，谁主沉浮？看今朝，民族振兴，何人立志？风华年少，舍我其谁！

诗缘情、亲情、友情、家国情；观山则情满于山，观海则意溢于海；清风明月本无价，万水千山总是情！

诗是一轮明月，举杯相邀把酒问天，皓月当空，光照人间！

诗如一朵花，一花一世界，一草一木栖神明；我与自然同在，生态伴我同行！

诗中有画，画中有诗，诗画本同一，笔下生辉，形神兼备！

诗是生活，源于生活，高于生活。上善若水，大爱无疆！从生活中来，到生活中去！处处留心皆学问，关爱生活，诗意自在！

“银烛秋光冷画屏，轻罗小扇扑流萤。”“疏影横斜水清浅，暗香浮动月黄昏。”

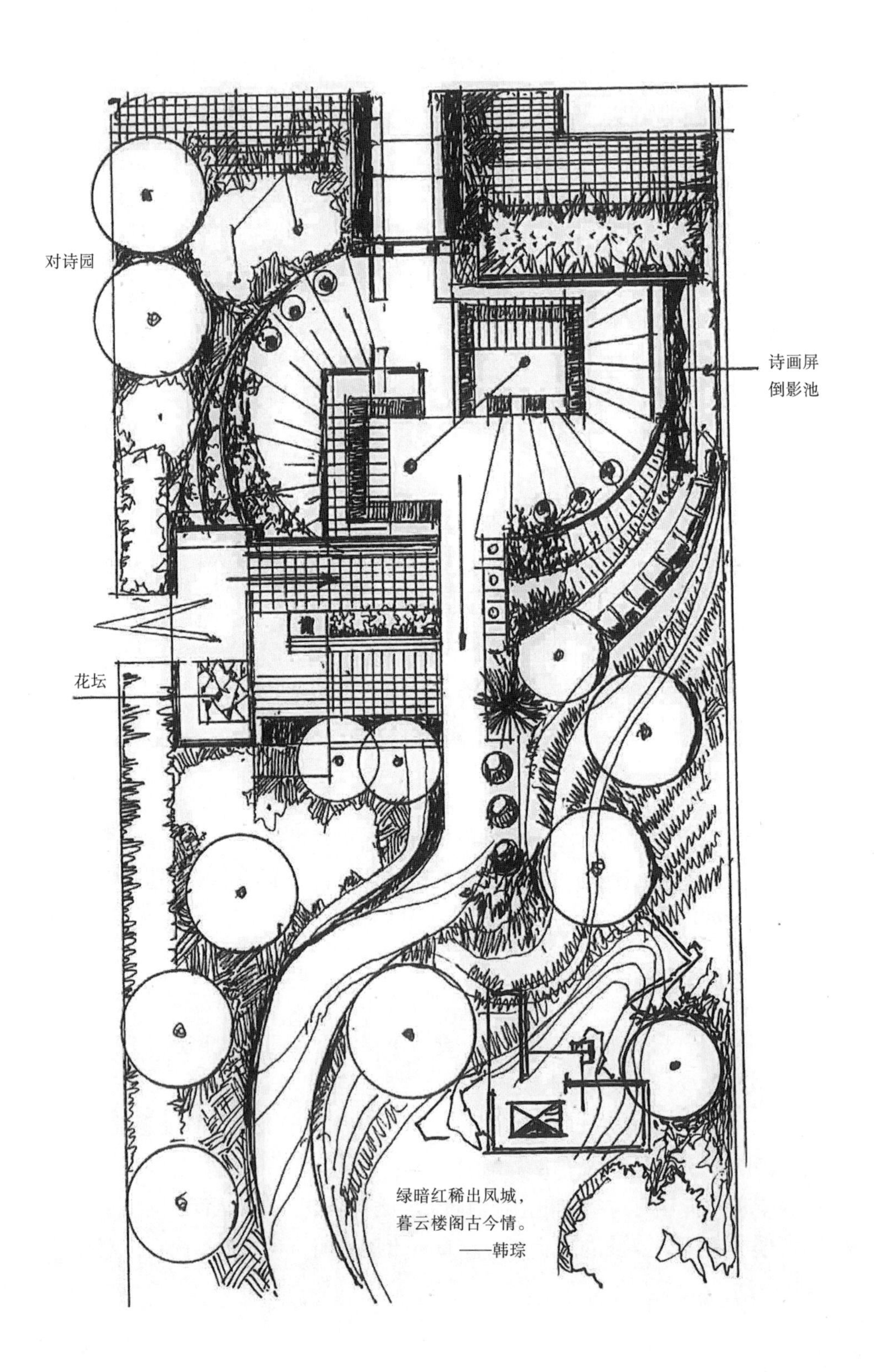
对诗园
诗画屏
倒影池
花坛
绿暗红稀出凤城，
暮云楼阁古今情。
——韩琮

诗境谐

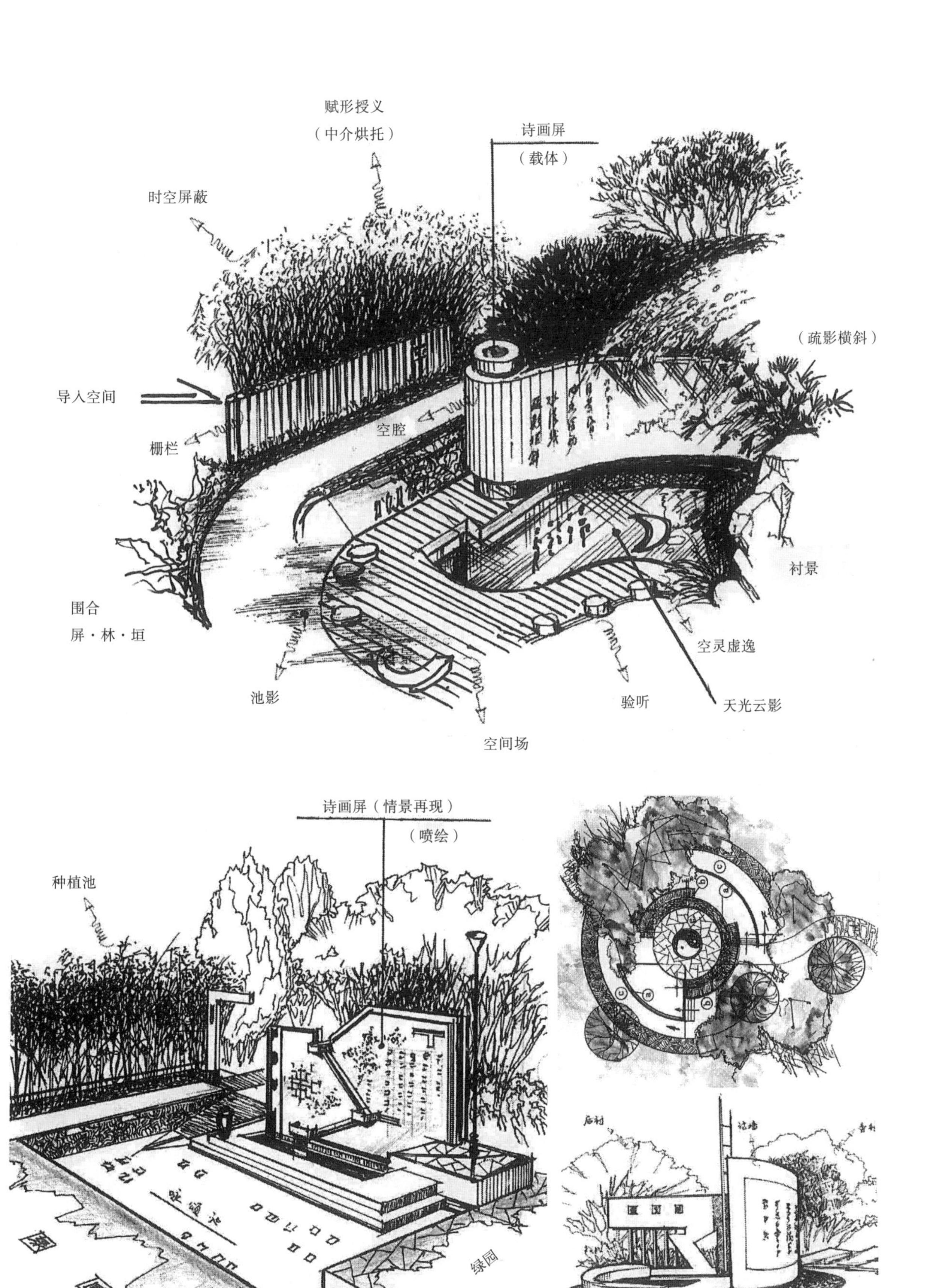
赋形授义
（中介烘托）
诗画屏
（载体）
时空屏蔽
（疏影横斜）
导入空间
空腔
栅栏
衬景
围合
屏·林·垣
空灵虚逸
池影
验听
天光云影
空间场
诗画屏（情景再现）
（喷绘）
种植池
绿园

诗论与诗境

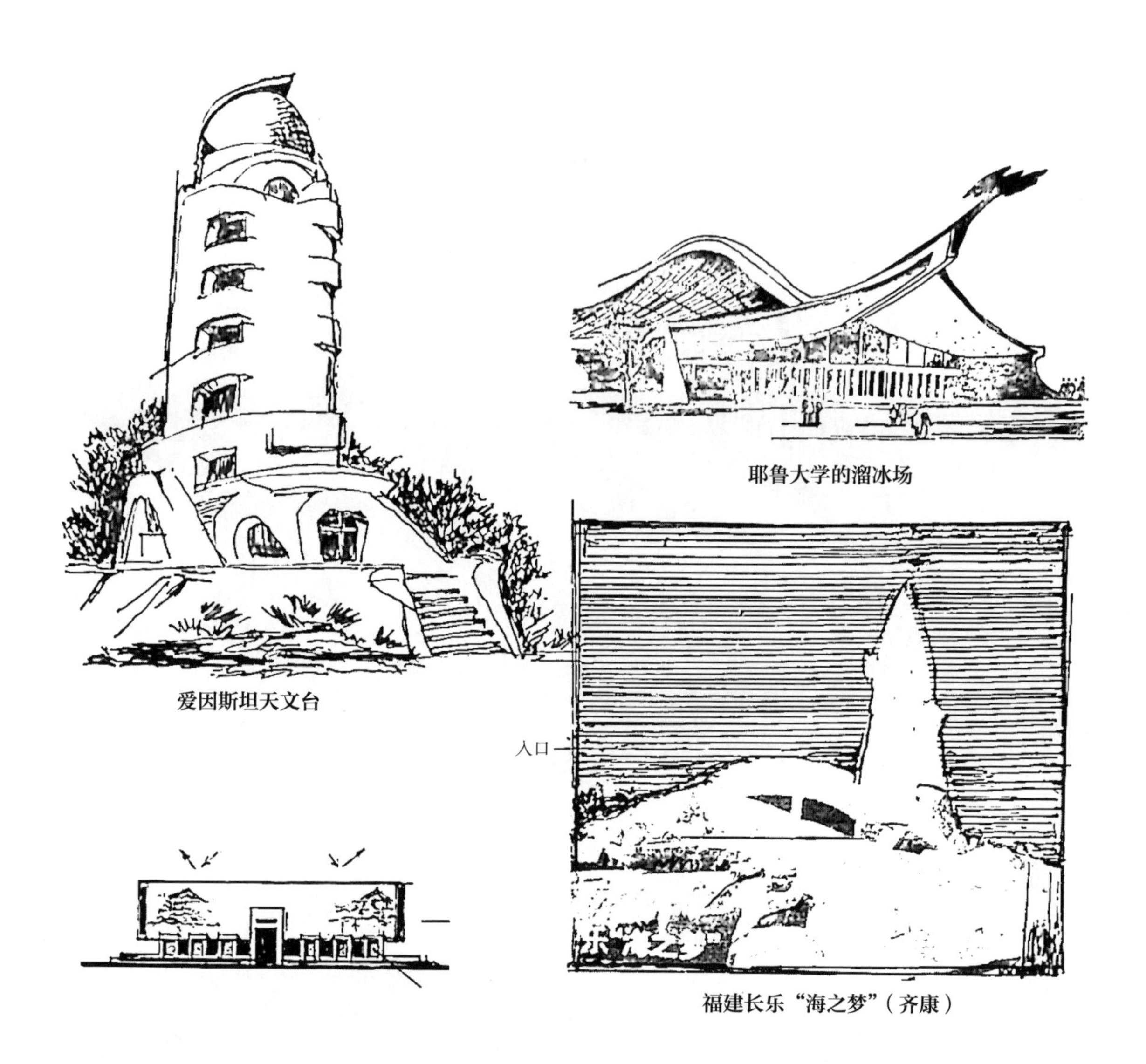
入口

耶鲁大学的溜冰场

爱因斯坦天文台

福建长乐“海之梦”（齐康）

祭江亭

角色的道具

星环

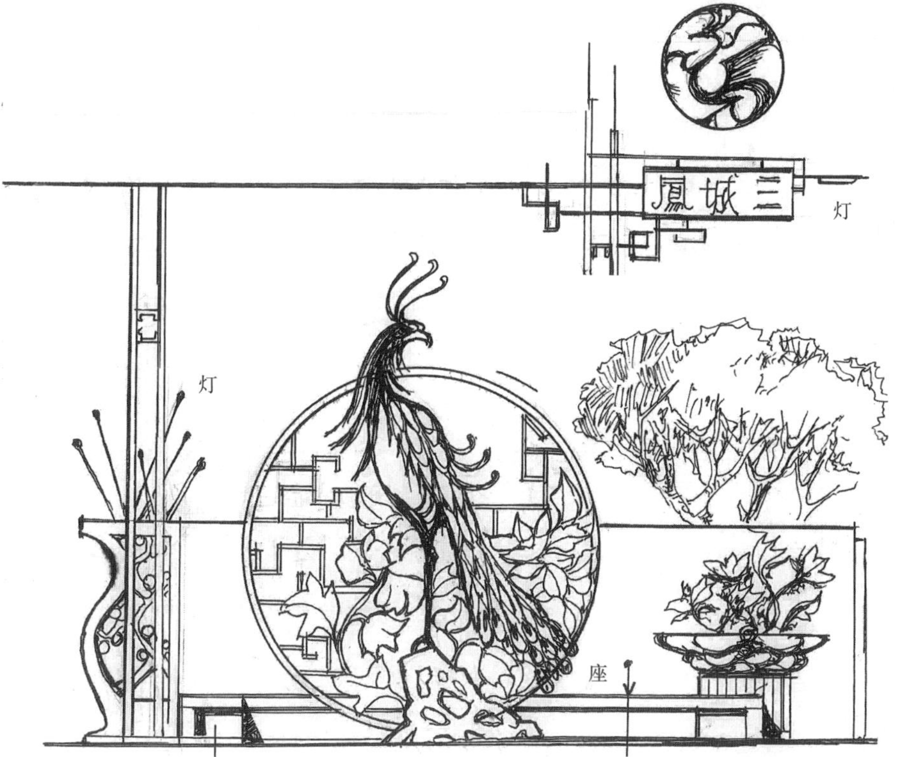
灯
灯
座

凤凰台

场所精神营构，诗意地表达

中国韵

龙凤在中国文化中是吉祥如意的象征。龙飞凤舞、生动灵活、造型优美，如能与光影相配，则可以为城市增添无限光彩。

采用线雕加彩绘，更能显示灵动、辉煌、飘逸的艺术魅力。而且造型多样，可以灵活创造。

韵是形的内涵，例如西安曾有名为“凤城”，现未央区二环路以北的东西向道路均以“凤城”命名，以龙凤展现城市风貌是在情理之中。用线雕呈现龙凤的形象，龙凤仪态万千可随意构形。

凤
城
五
光点

凤城线雕

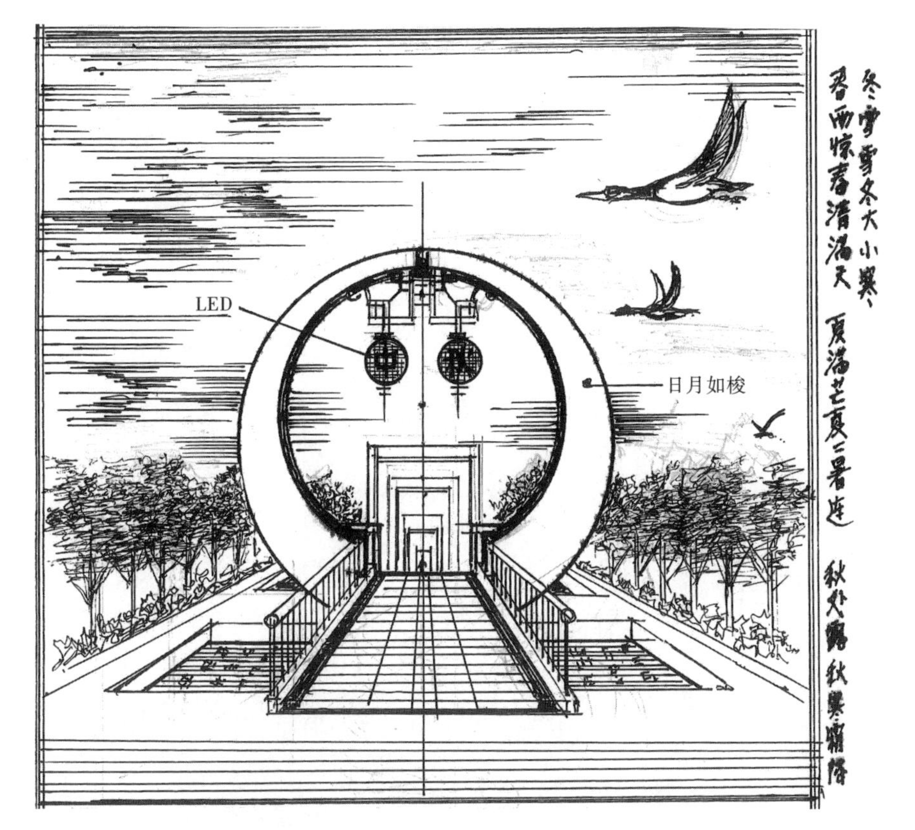
LED
日月如梭
冬雪雪冬大小寒
春雨惊春清谷天
夏满芒夏二暑连
秋处露秋寒霜降

月门主题景观设计

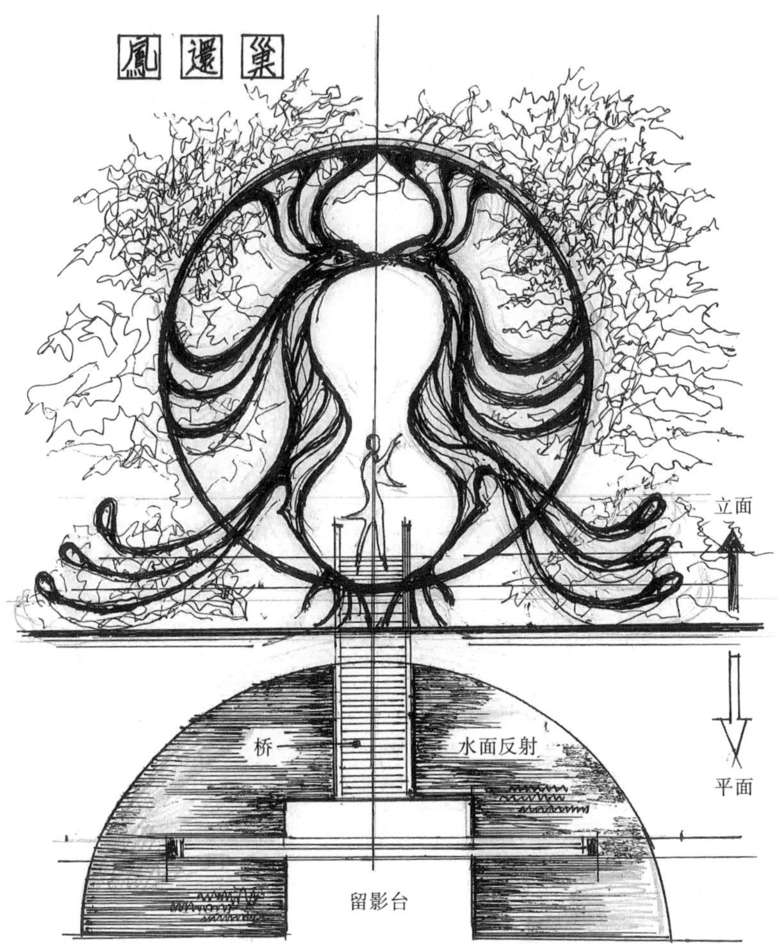
鳳還巢
立面
平面
桥
水面反射
留影台

凤凰主题景观设计

中国韵

独怜幽草涧边生，
上有黄鹂深树鸣。
春潮带雨晚来急，
野渡无人舟自横。
——韦应物

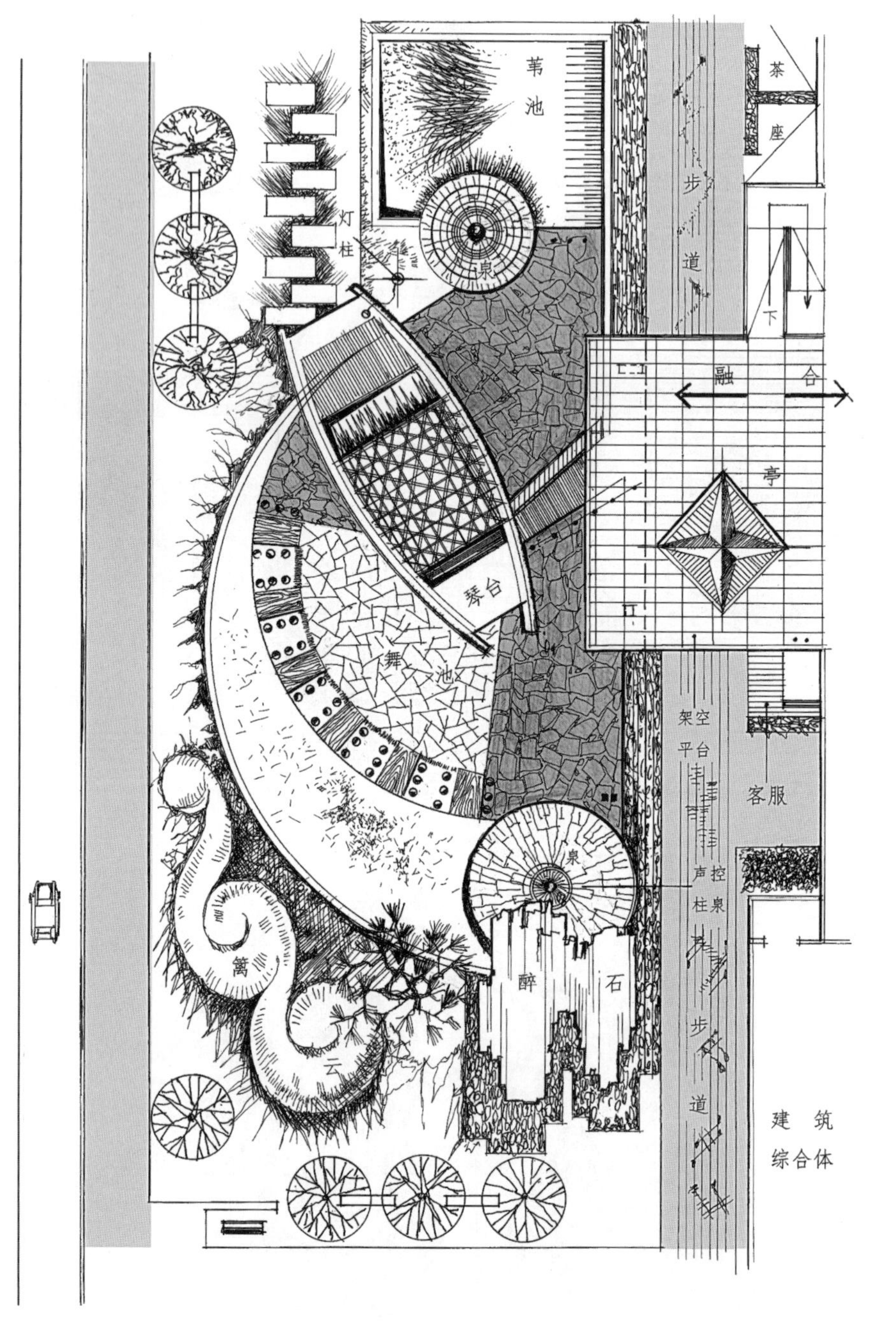

苇池
灯柱
泉
茶座
步道
融
合
亭
琴台
舞池
架空平台
客服
泉
声控柱泉
篱
云
醉
石
步道
建筑综合体

音乐文化广场

（三）一诗一意境，一园一主题

城市中拥有成千上万条街巷，公共空间纵横漫布。近年来每年都有大量的城市街道更新、口袋公园的建设项目，而多数均属快餐式设计，翻版复制现象极为普遍。这导致在花园城市的践行陷于同质化、雷同化的怪圈。

然而，如以诗词为主题，可选择的范围相当广阔，仅长安之诗就有上万首。不同的诗作表达了不同的主题、展现了不同的风景、体现了不同的情感，以诗词为主题即可避免过多的重复。

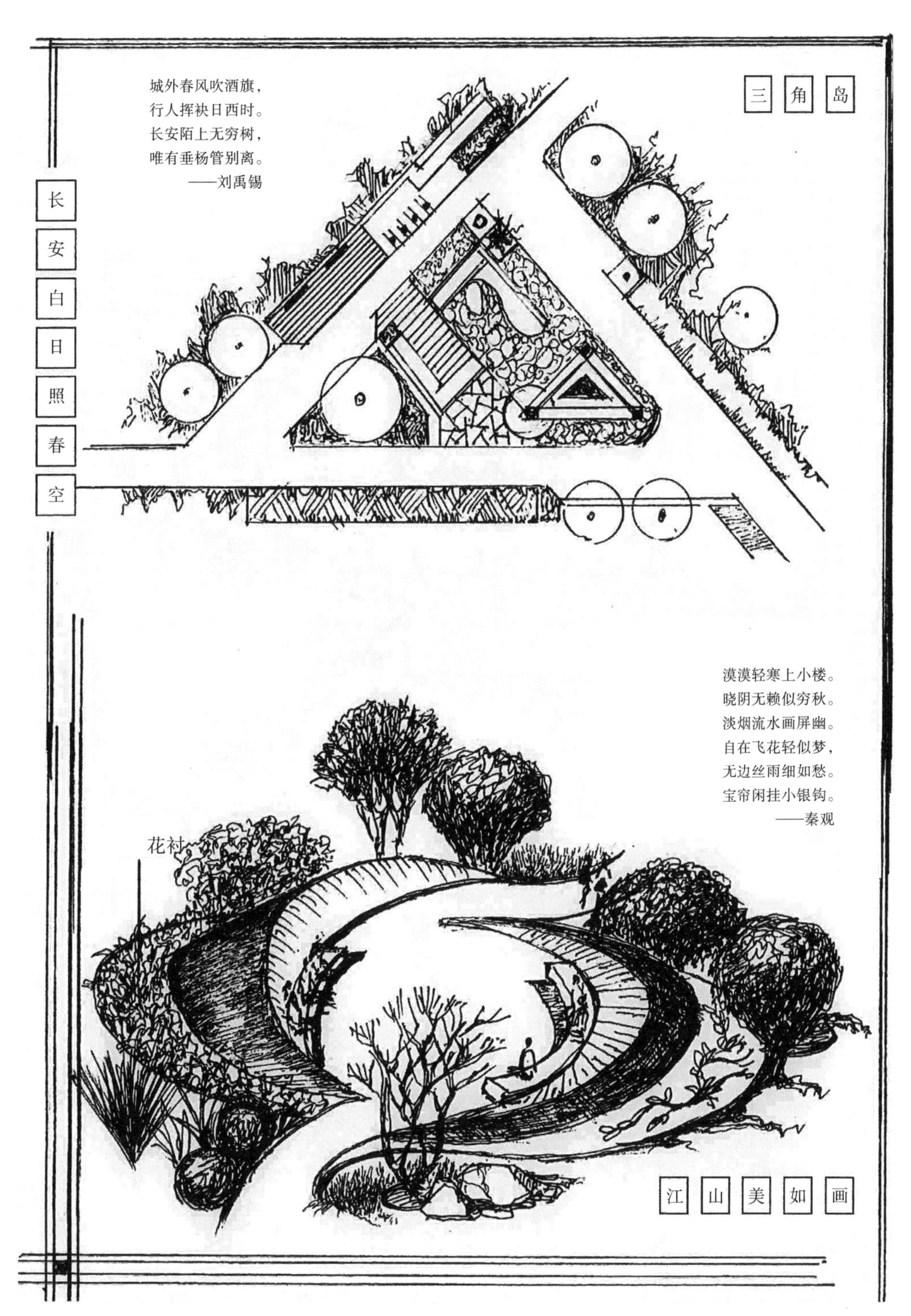

城外春风吹酒旗，
行人挥袂日西时。
长安陌上无穷树，
唯有垂杨管别离。
——刘禹锡
三角岛
长安白日照春空
漠漠轻寒上小楼。
晓阴无赖似穷秋。
淡烟流水画屏幽。
自在飞花轻似梦，
无边丝雨细如愁。
宝帘闲挂小银钩。
——秦观
花衬
江山美如画

一诗一意境

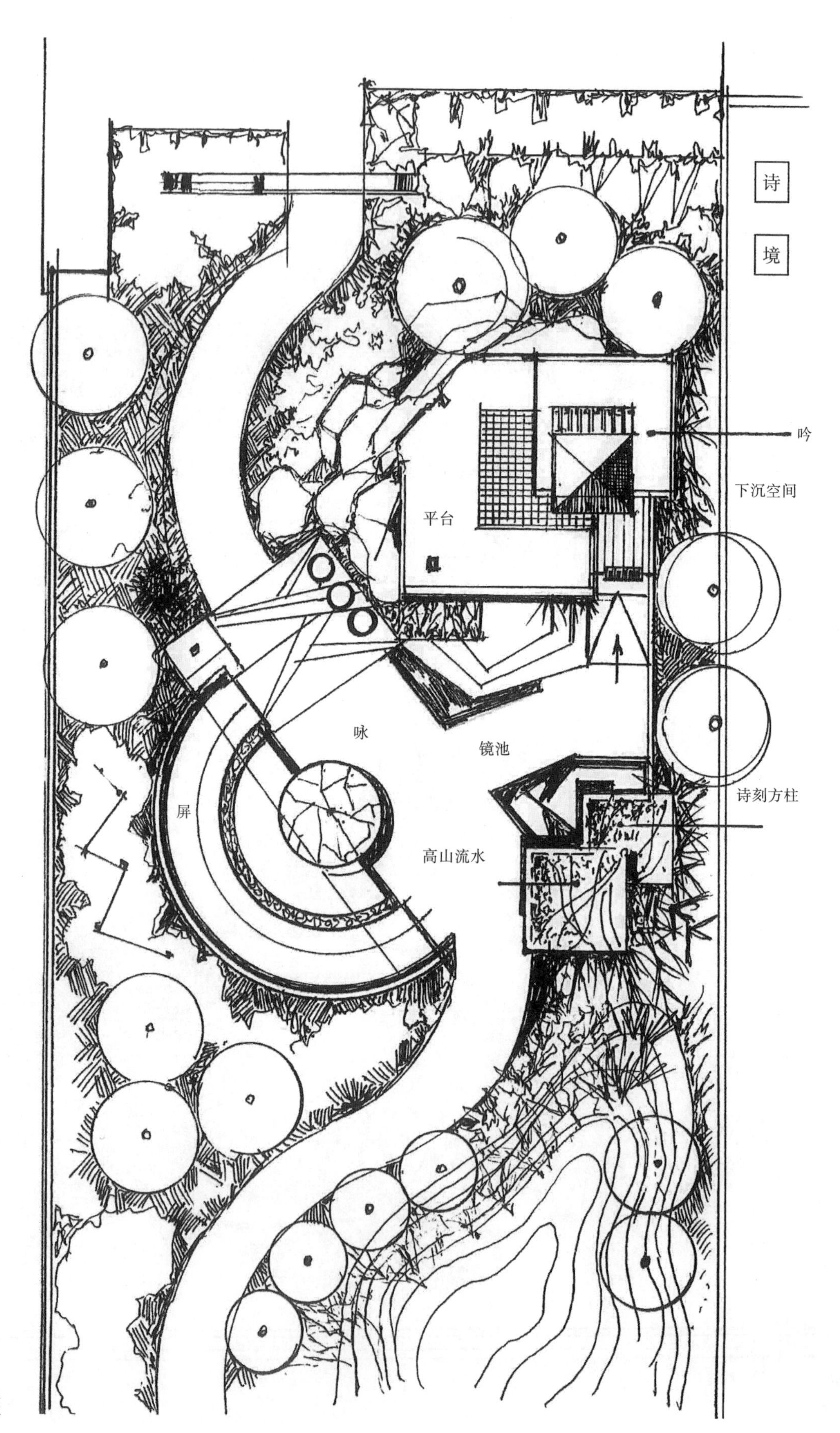
诗
境
吟
下沉空间
平台
咏
镜池
屏
诗刻方柱
高山流水

口袋公园设计

一园一主题

一园一主题

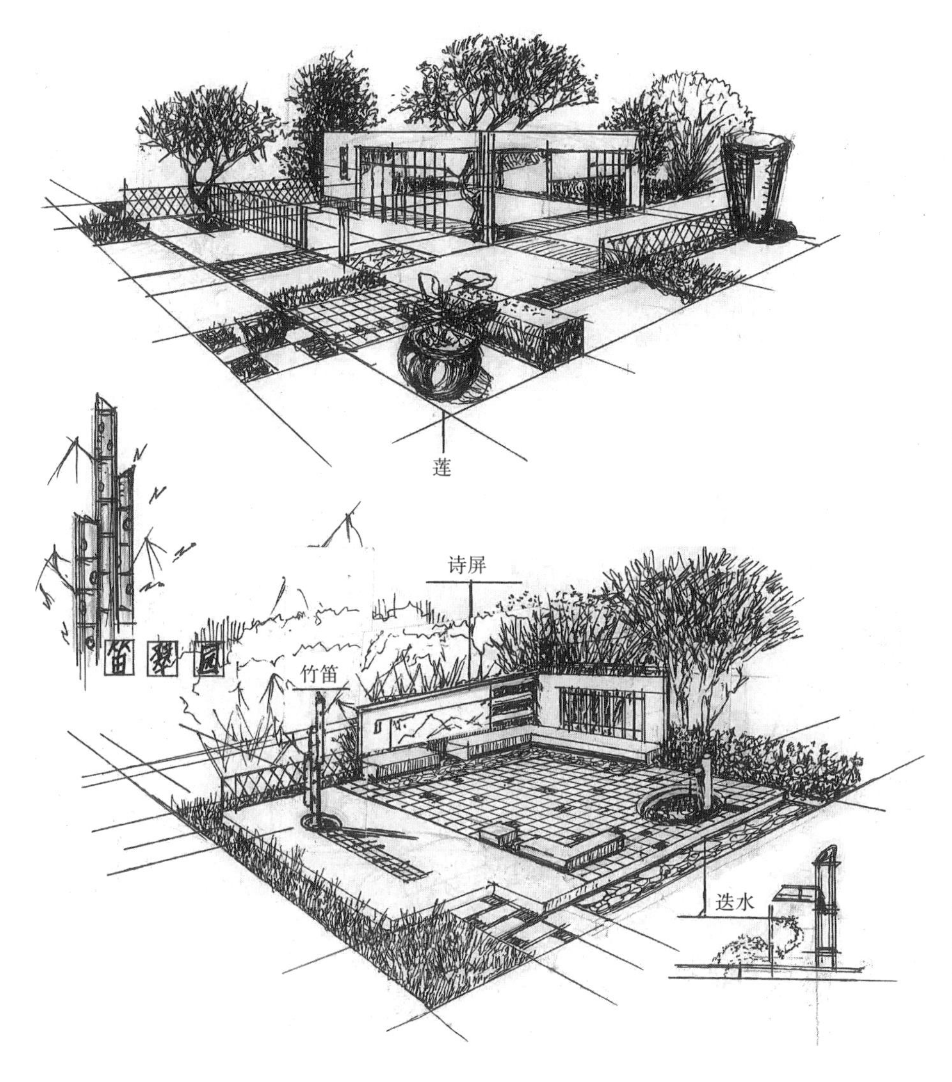
莲
诗屏
竹笛
迭水

云想衣裳花想容，
春风拂槛露华浓。
若非群玉山头见，
会向瑶台月下逢。
——李白

楼前相望不相知，
陌上相逢讵相识？
借问吹箫向紫烟，
曾经学舞度芳年。
——卢照邻

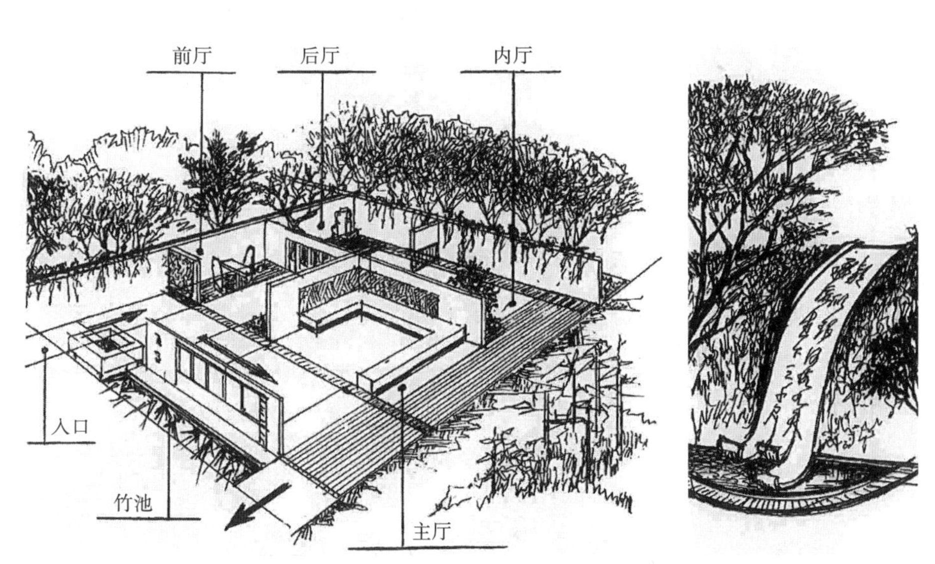
前厅
后厅
内厅
入口
竹池
主厅

口袋公园设计

一园一主题

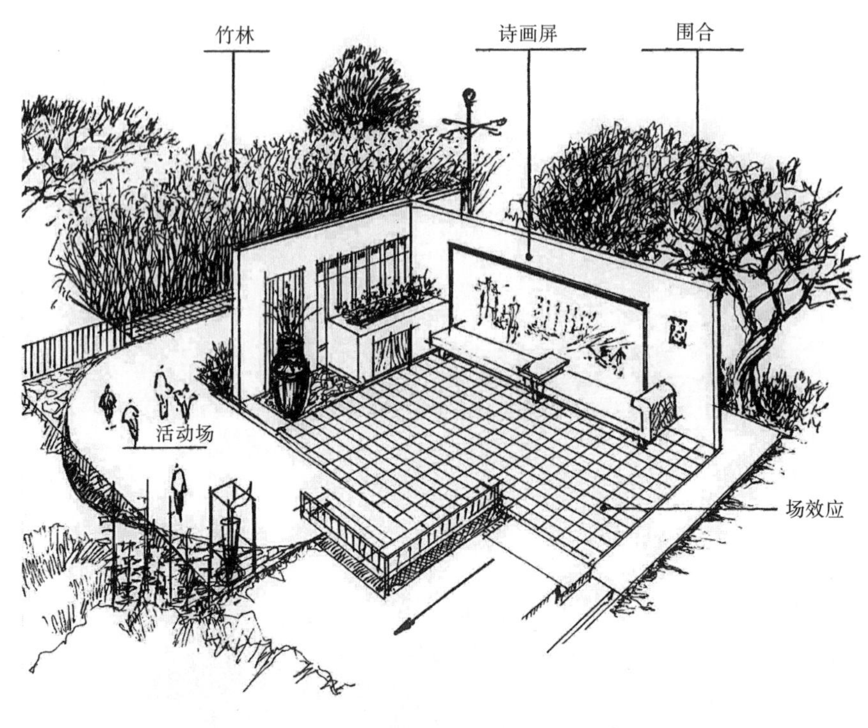

竹林
诗画屏
围合
活动场
场效应

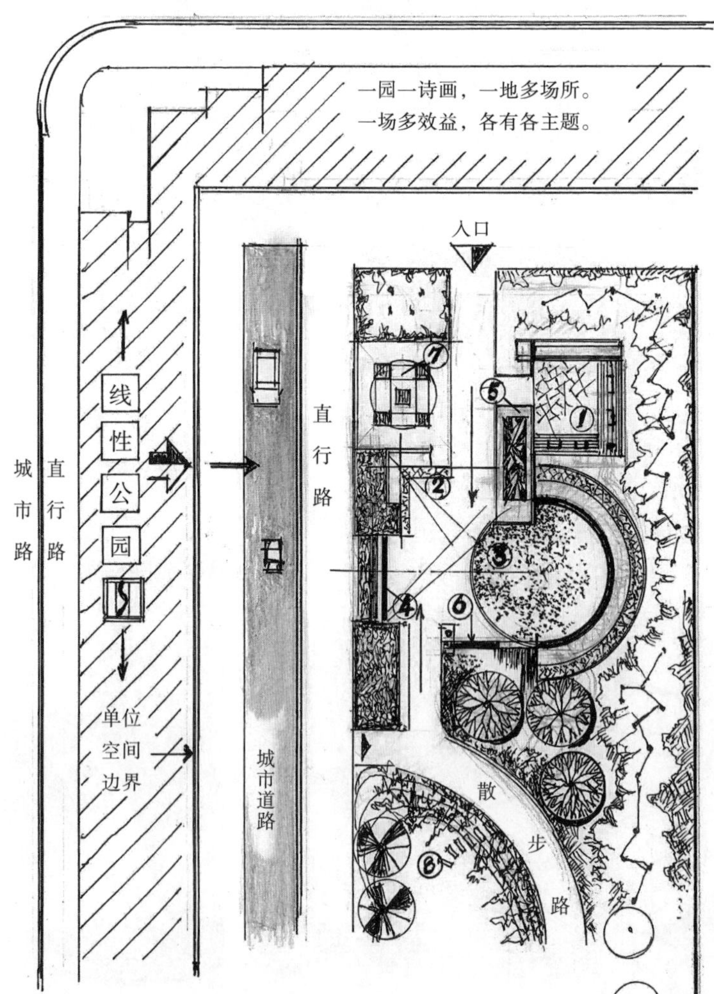

一园一诗画，一地多场所。
一场多效益，各有各主题。
入口
线性公园
城市路
直行路
直行路
单位空间边界
城市道路
散步路

植入式片段

附注：

1- 健身；2- 角座；3- 星光场；4- 诗画屏；5- 竹池；6- 灯柱对景艺构；7- 方阵（开放式起景）；8- 漫丘

一场多效益

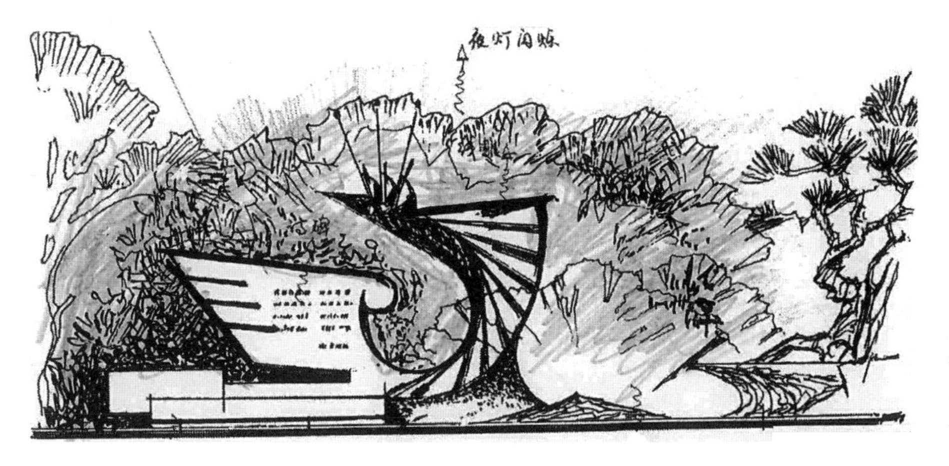
夜灯闪烁

凤城烟雨歇，万象含佳气。
酒后人倒狂，花时天似醉。
三春车马客，一代繁华地。
何事独伤怀，少年曾得意。
——刘禹锡

诗座

霭霭四月初，新树叶成阴。
动摇风景丽，盖覆庭院深。
下有无事人，竟日此幽寻。
岂惟玩时物，亦可开烦襟。
时与道人语，或听诗客吟。
度春足芳色，入夜多鸣禽。
偶得幽闲境，遂忘尘俗心。
始知真隐者，不必在山林。
——白居易

峰回路转，有亭翼然临于泉上者，
醉翁亭也。
——欧阳修

传神写照

“樱花坊”设计

取清纯淡雅之境，
入淡泊清闲之情

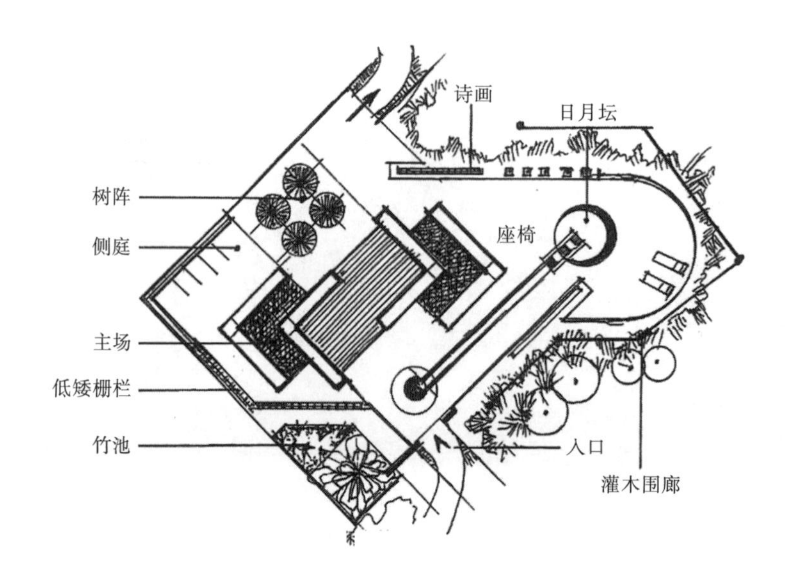
诗画
日月坛
树阵
侧庭
座椅
主场
低矮栅栏
竹池
入口
灌木围廊

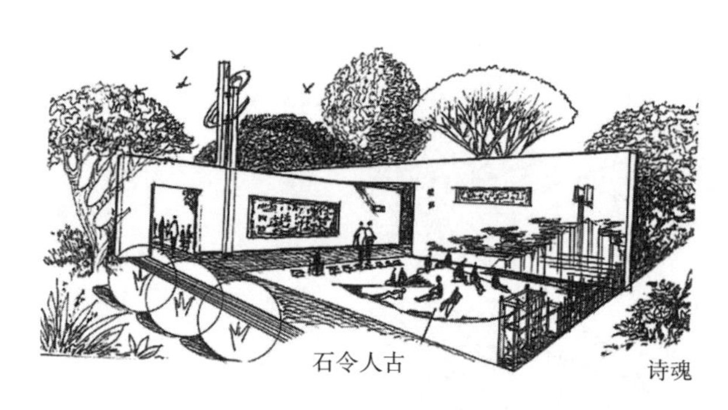
石令人古
诗魂

尺蠖之曲，以求信也

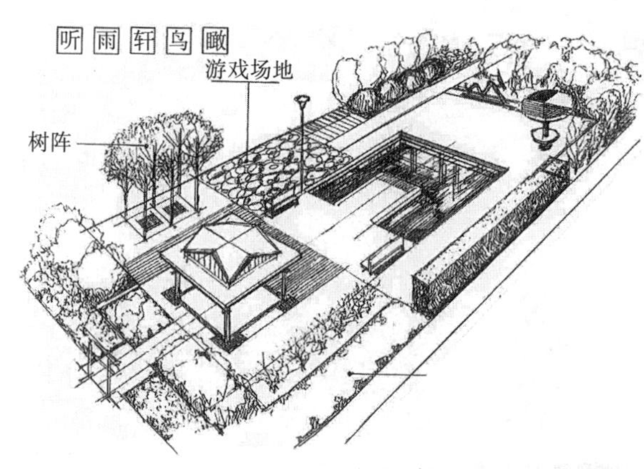
听雨轩鸟瞰
游戏场地
树阵

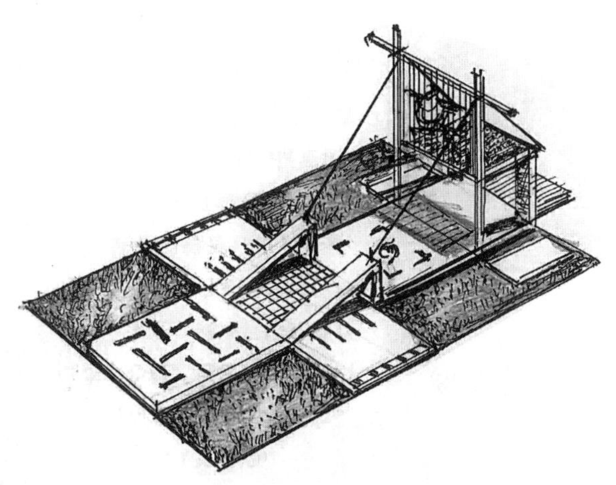

旷
奥
长短
相形

传神写照

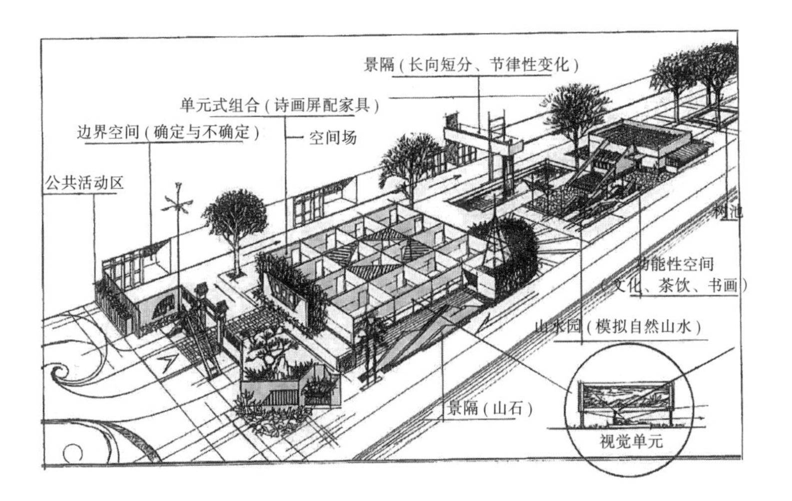
景隔（长向短分、节律性变化）
单元式组合（诗画屏配家具）
边界空间（确定与不确定）
空间场
公共活动区
树池
功能性空间
（文化、茶饮、书画）
山水园（模拟自然山水）
景隔（山石）
视觉单元

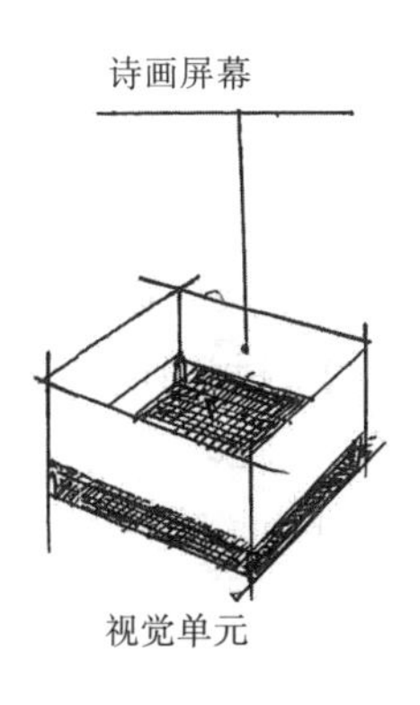
诗画屏幕
视觉单元

开放式带状公园

游动在诗画的迷宫中，诗街画坊

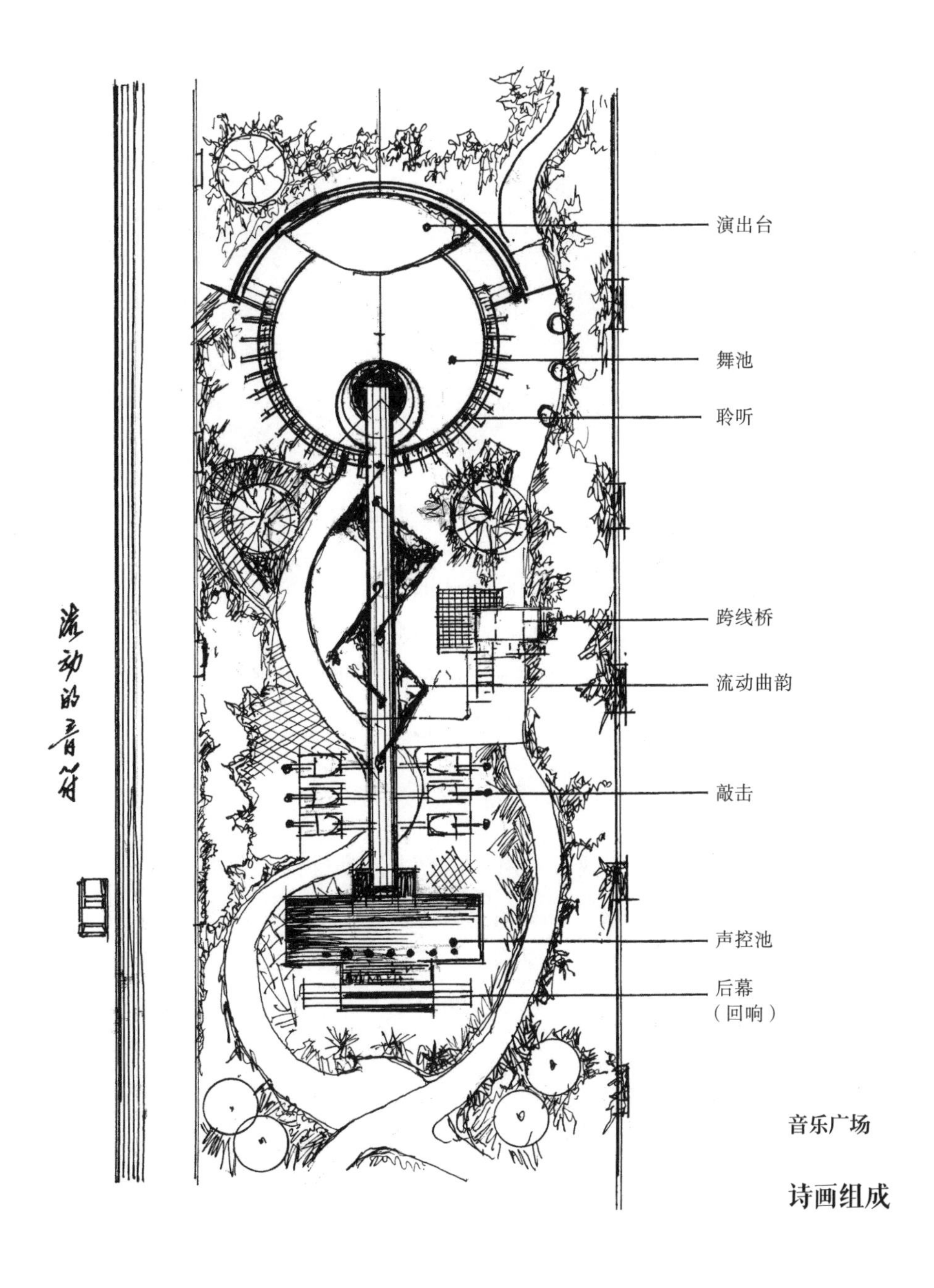
演出台
舞池
聆听
跨线桥
流动曲韵
敲击
声控池
后幕
（回响）

音乐广场

诗画组成

四、街边景园创作

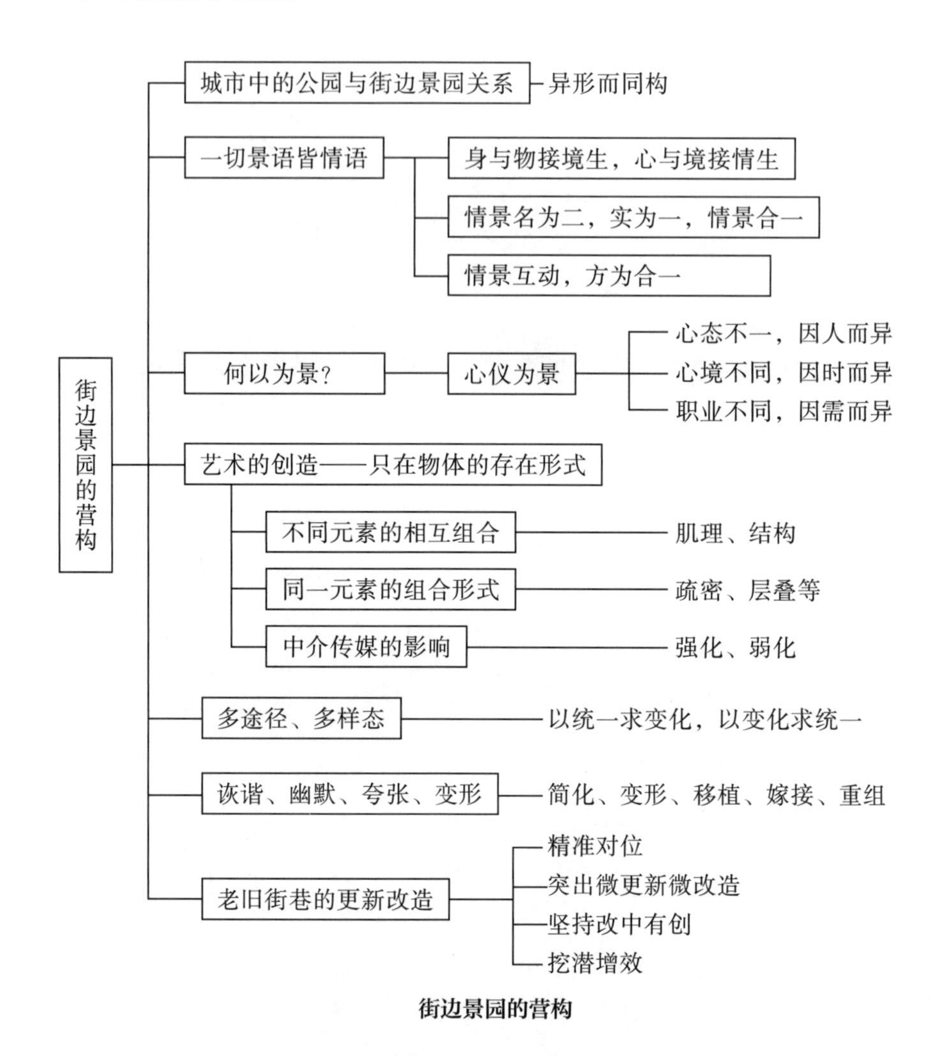
街边景园的营构
城市中的公园与街边景园关系
异形而同构
一切景语皆情语
身与物接境生，心与境接情生
情景名为二，实为一，情景合一
情景互动，方为合一
何以为景？
心仪为景
心态不一，因人而异
心境不同，因时而异
职业不同，因需而异
艺术的创造——只在物体的存在形式
不同元素的相互组合
肌理、结构
同一元素的组合形式
疏密、层叠等
中介传媒的影响
强化、弱化
多途径、多样态
以统一求变化，以变化求统一
诙谐、幽默、夸张、变形
简化、变形、移植、嫁接、重组
老旧街巷的更新改造
精准对位
突出微更新微改造
坚持改中有创
挖潜增效

街边景园的营构

结合当前实际，对于老旧社区内的窄街，由于水平界面狭窄，主要以微更新、微改造的原则，进行垂直界面的活化、整合、有机更新与艺术处理。对于以水平界面为主的街厅、线性带状公园和较集中的街边景园进行艺术处理，体现情景的双向互动。

（一）窄街垂直界面的微更新

目前，各城市的街区边界大多都是按“两拆一增”（拆违建、拆围墙、增绿地）的精神，增加边界空间的通透性与生态活力，以此来体现开放共享。但是由于历史原因，在老城区仍有大量的实体围墙难以拆除，甚至拆了又建，反而越建越实。另外有一些商铺也存在碎片化现象。如何对街道加以创造性地微更微改，并走向新市井，服务广大市民是需要探索的一项新课题。根据各地的研究与实践，要不破不立、辩证实治、因陋就简、化裁而变，在羊皮纸上一样可以创作出多样美丽的图画和文章。

从政策层面看，应强调易实施、易管理，按统一的规划细则进行统

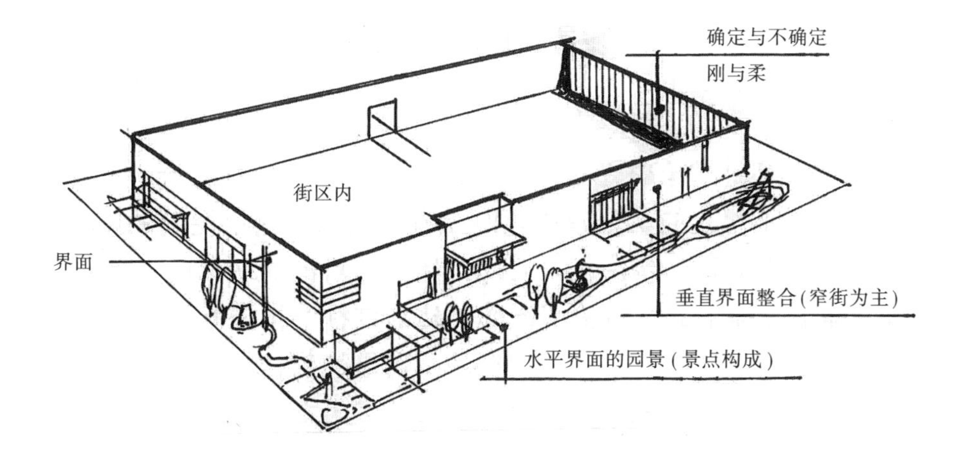
确定与不确定
刚与柔
街区内
界面
垂直界面整合(窄街为主)
水平界面的园景(景点构成)

由碎片化、
零散式、破
旧型向整体、
有机转化

由物质的向生态的、精神的和诗意的转化，从而整合充满生机活力的城市意象，情景合一

物质家园

实用性为主，绿化点缀其中

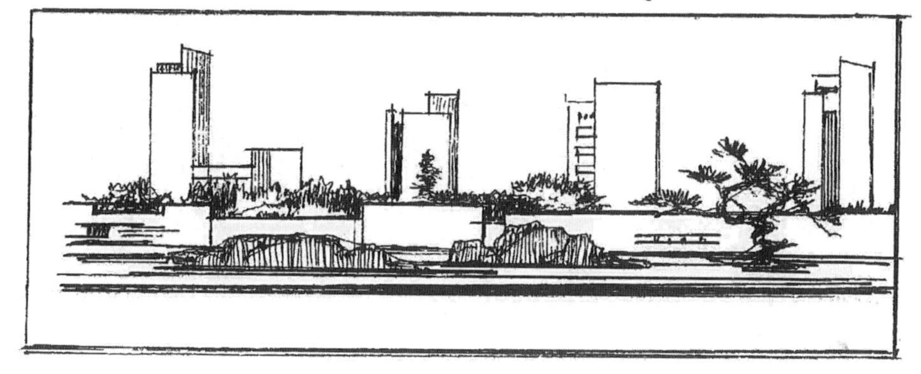

诗意栖居

蓝天白云、山清水秀、淡雅清纯、幽邃静雅

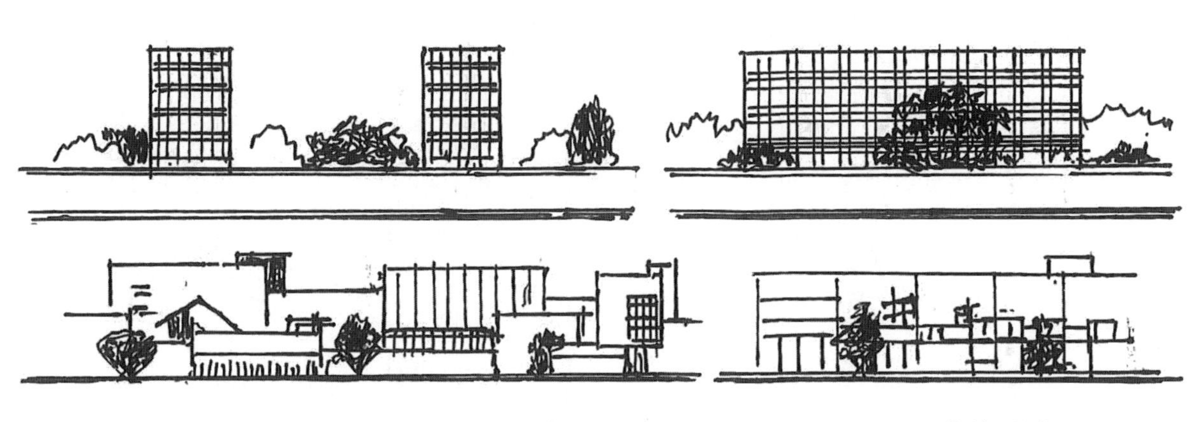

街边景园

筹，但要按不同的验收标准因地制宜。在快速城镇化时期内，每座城市完成了大量的改造任务，体现了快、整、统，但以更新和改造的尺度来衡量，从艺术创作视角来看，还有相当的距离。许多项目完成后并没能真正走进生活、实现城市品质的提升和落实生态优先的目标。因为窄街所缺少的正是多效和生态，所以从长效来看应采取以下策略：

实者虚之、无者补之、碎者整之、内外渗透、集零为整、衔接过渡、有机整合、局部植入、见缝插针、首尾相顾、辩证施治。

按以上设想，作者绘制了以下多幅图例，以供思维的发散和技巧的启迪。

街边景园，是指在街区外边界空间中，以需求为导向，就近就便，择边而设，园尽其利，地尽其用，满足效益最大化。以类园式构景手法，创作的点状（独立的街厅）、线状（由路径串联街厅）、面状（由各个街厅组成的微型公园）的一类园林的统称。

街厅——由单元式的休憩单元，独立成点；

线性公共空间——由路径串联多个休憩单元而成；

面状微型公园——由域面较大且具有纵横向扩展领域内的多处休憩单元，通过迂回曲折的路径连接构成。

点状、线状、面状，只是一种抽象的概念和布局形式，其核心都是休憩场所承载着的功能。三者之间皆以场所为核心，构成空间场与空间流，即场所与路径的结合、场所和场所精神的结合。故在设计中，基本创作方向皆聚焦在场所的组构方面。

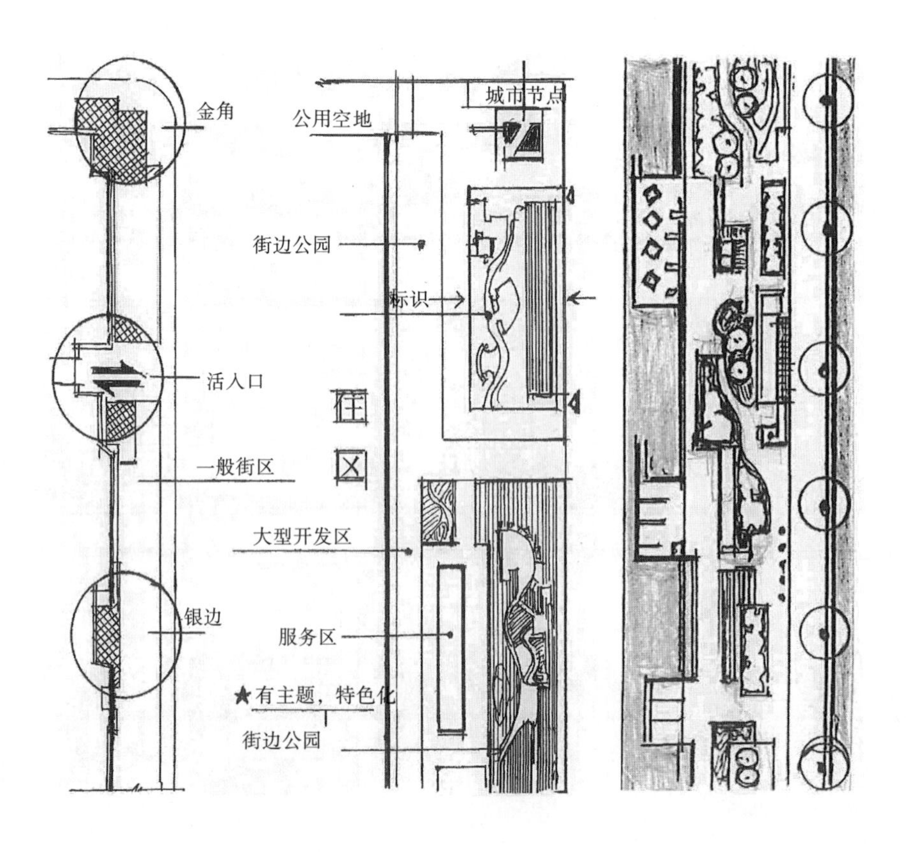
金角
活入口
一般街区
银边
公用空地
城市节点
街边公园
标识
住
区
大型开发区
服务区
★有主题，特色化
街边公园

线性景园

在由城市中的花园向花园城市转型中，由于城市肌理和街区构成所限，在城市的一些边角地带中，可以按兴建口袋公园、袖珍公园等休憩园地，即“金角”（位于街巷口）“银边”（位于道路旁）。在创作理念上，城市公园与微型景园是相似的。

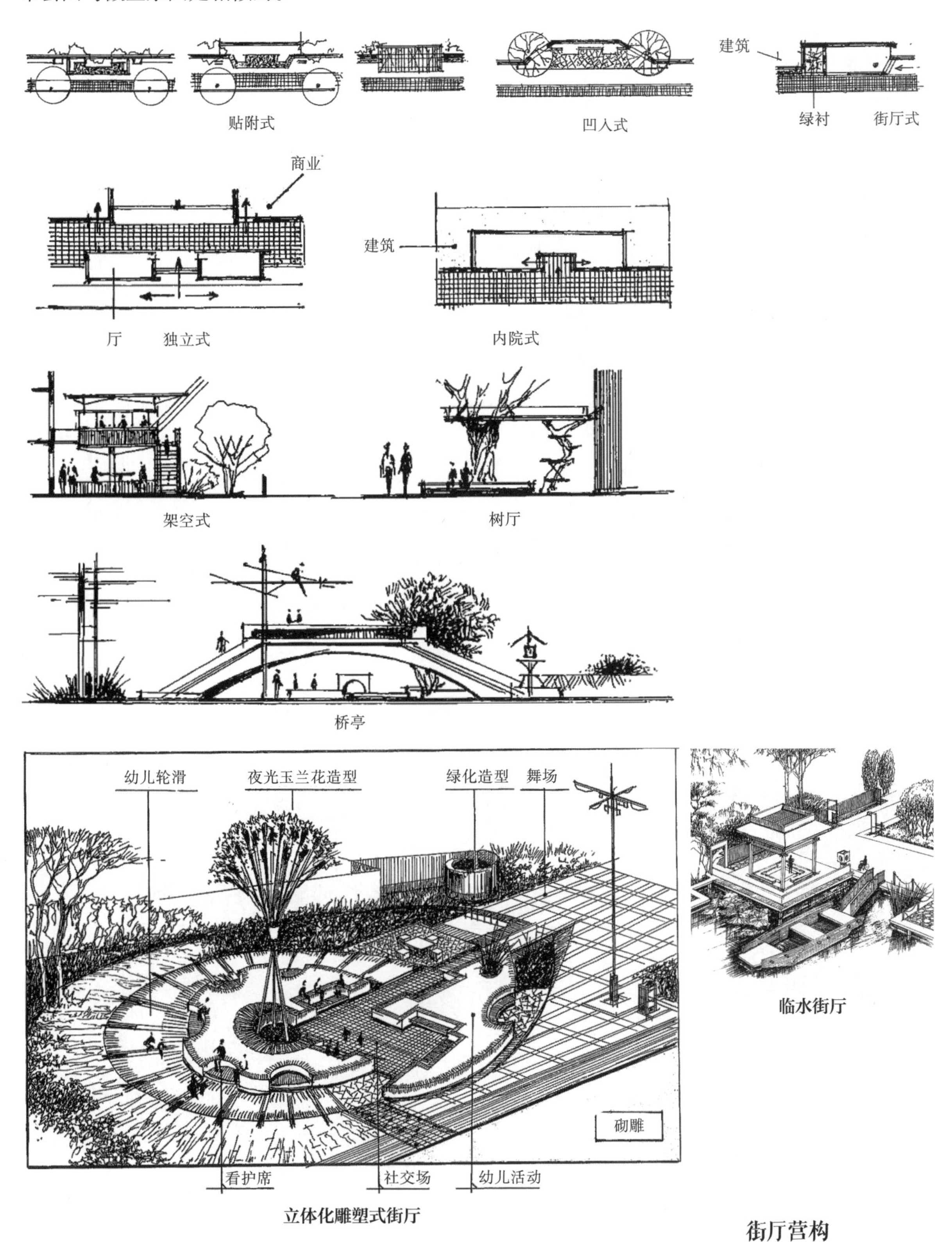
贴附式
凹入式
建筑
绿衬
街厅式
商业
建筑
厅
独立式
内院式
架空式
树厅
桥亭
幼儿轮滑
夜光玉兰花造型
绿化造型
舞场
砌雕
看护席
社交场
幼儿活动
立体化雕塑式街厅
临水街厅

街厅营构

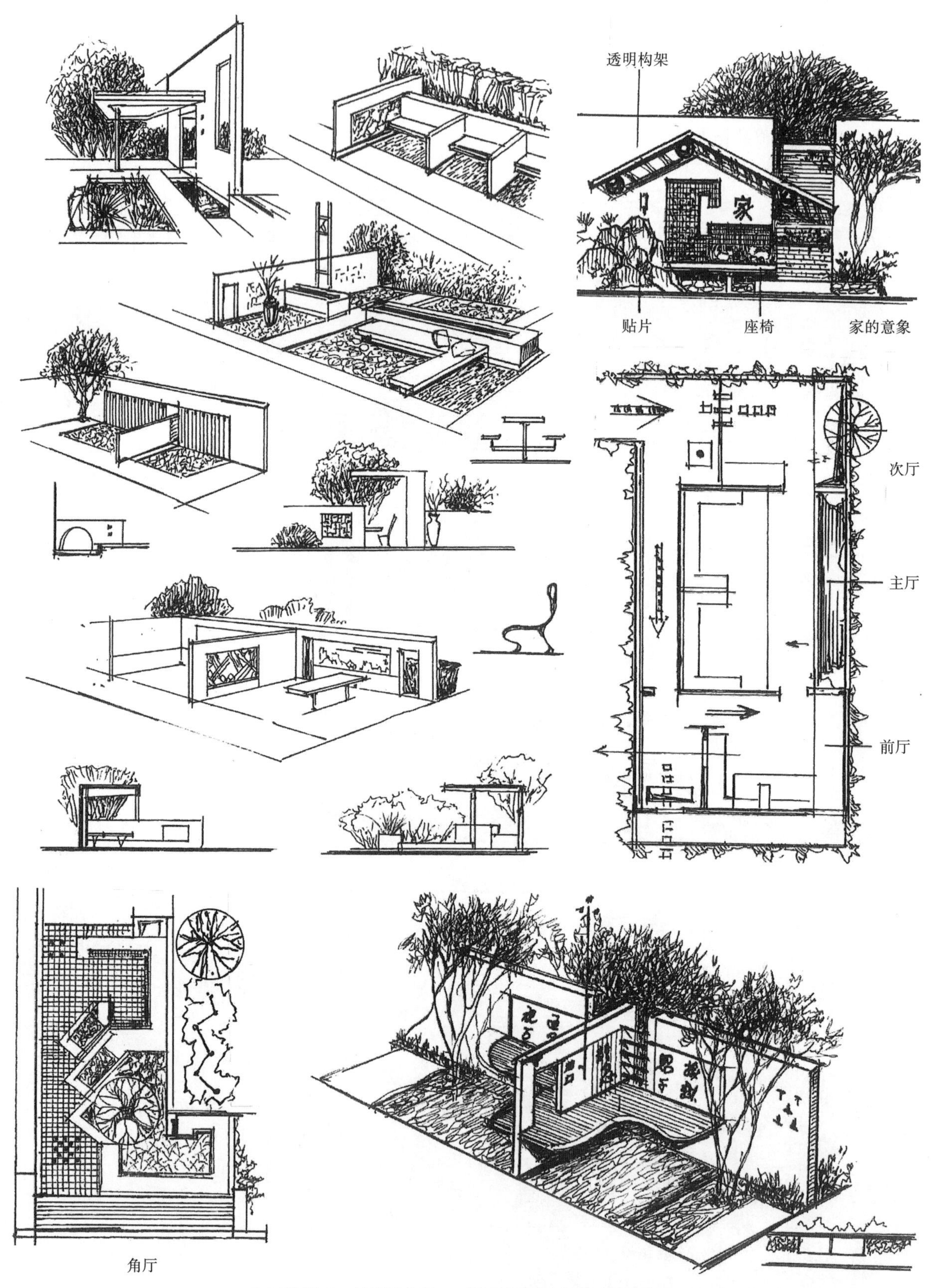
透明构架
家
贴片
座椅
家的意象
次厅
主厅
前厅
角厅

久居樊篱下，复得返自然——从喧嚣的城市中开辟院落

街厅营构

1. 街厅

园域不论大小，最基本的就是对场地按活动内容进行分区，在区域内，按不同活动内容进行环境艺术的组构。在边界景园中最基本的功能单元，就是场所（或通称为街厅）的构成。

街厅作为面向街道的开放型公共空间，与室内客厅同格异构，属于点状结构布局，内外渗透，灵活多变。

多元素组构的街边景园：罗汉塔、罗汉松、藤萝架、半环形绿待屏、环椅、姿态多样的绿植、花丛、陶艺、艺术铺地、儿童轮滑场、雪花灯柱等。

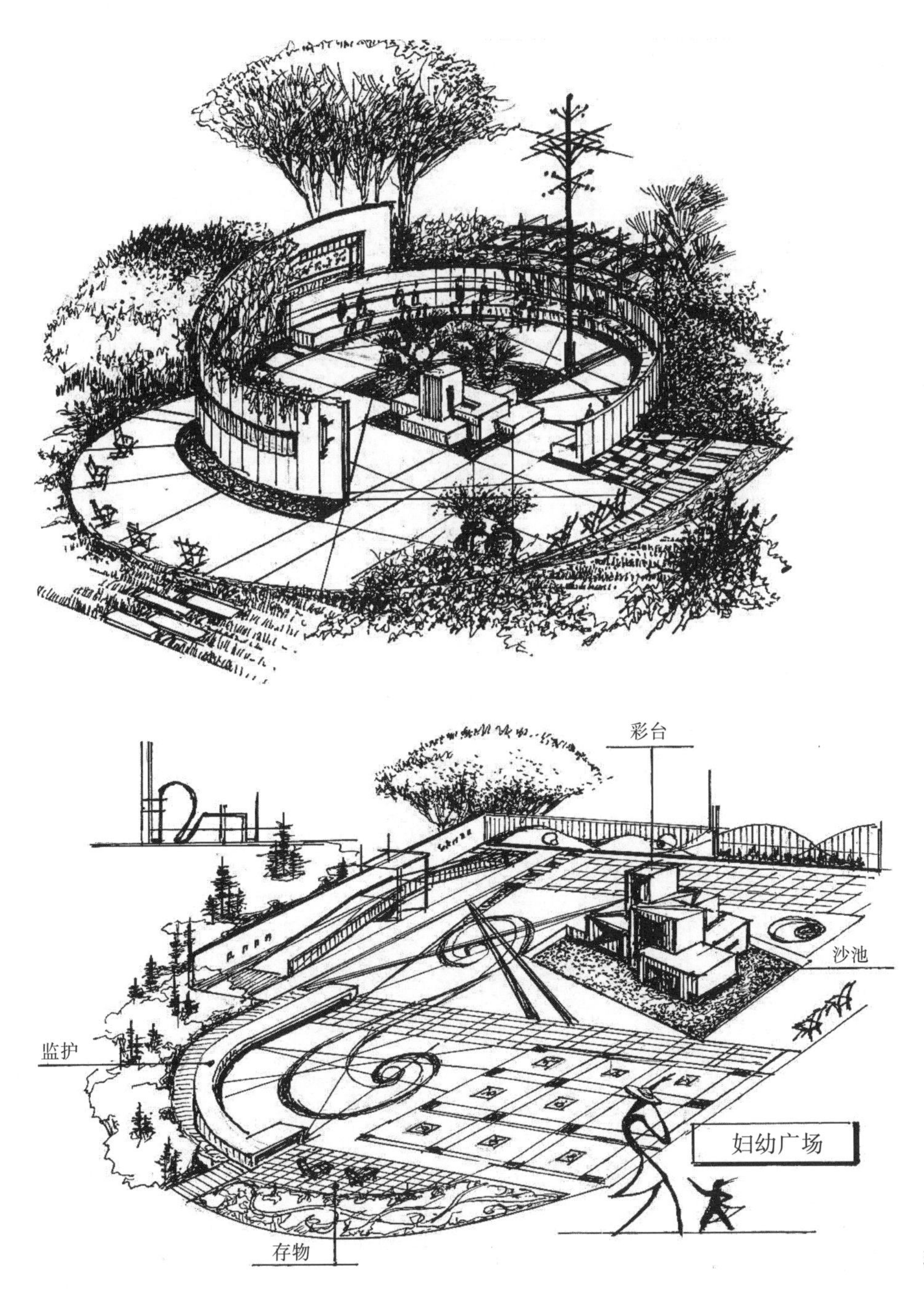
彩台
沙池
监护
妇幼广场
存物

环抱式景园创意图

开放与限定的辩证统一

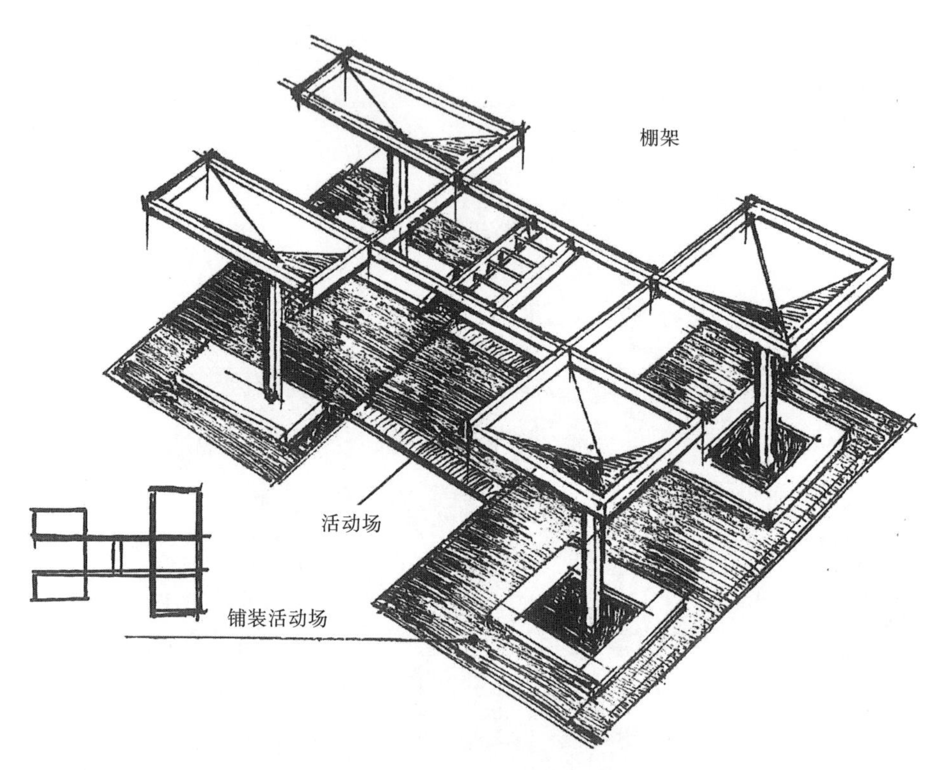
棚架
活动场
铺装活动场

既是装置又是艺术

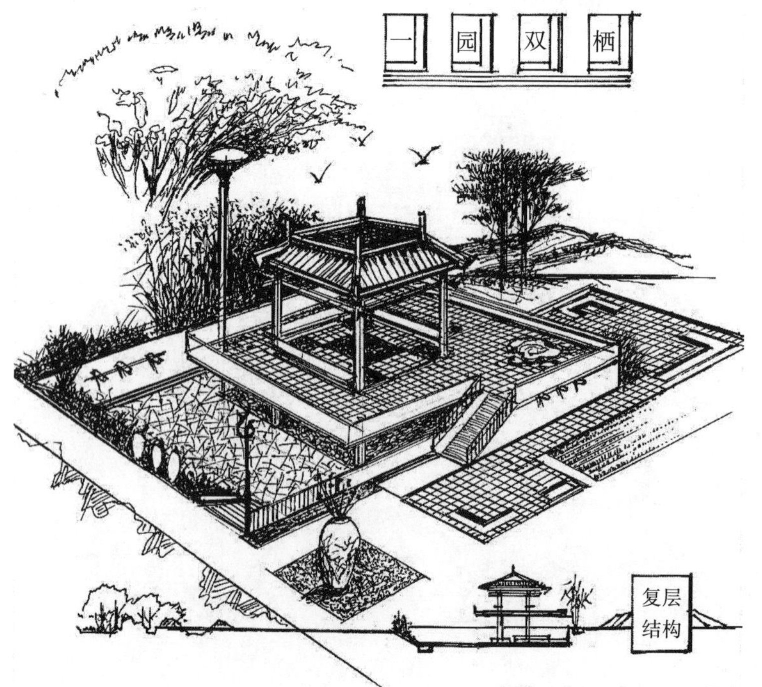
一
园
双
栖
复层
结构

双层结构的街厅

街厅构成

出诗入画
消解
绿坡
植入

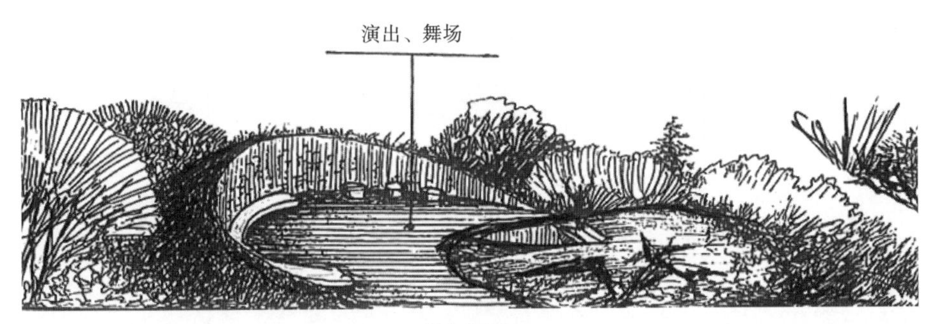
演出、舞场

形的多样性

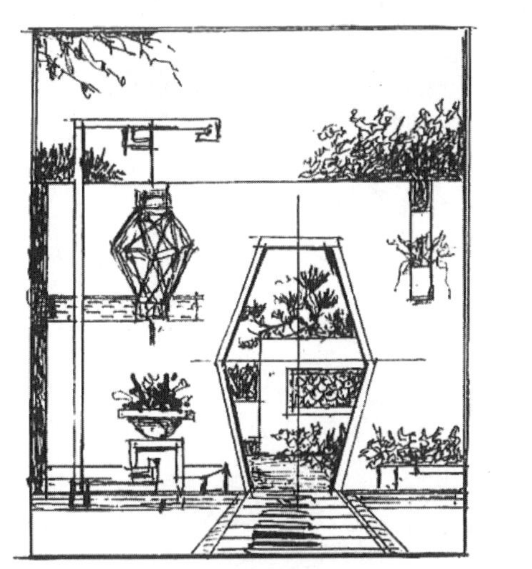

街厅构成

烛光
树屋
景屏
界屏
坡道
下沉庭院

乡野情趣

2．线性带状街边景园构园策略

线是以点的连续运动、连线延续而成。按相似性思维，可以将它看作是线性带状结构，有如顺藤结瓜一般，具有分节秩序，沿纵深展开。其中休憩场所是结在藤上的瓜，流动的路径是曲折迂回的藤蔓。点与线的有机合构成了一种生长秩序，体现出整体性、运动性、节奏性、生长性。节律性变化，就体现出了结构的整体性；按长向短分的方法，则可以避免冗长感，形成一种节奏性。线性空间的分隔，可以采用障、断、隔、藏等造景手法，体现统一与变化，张弛有度、曲折幽深、气韵生动。

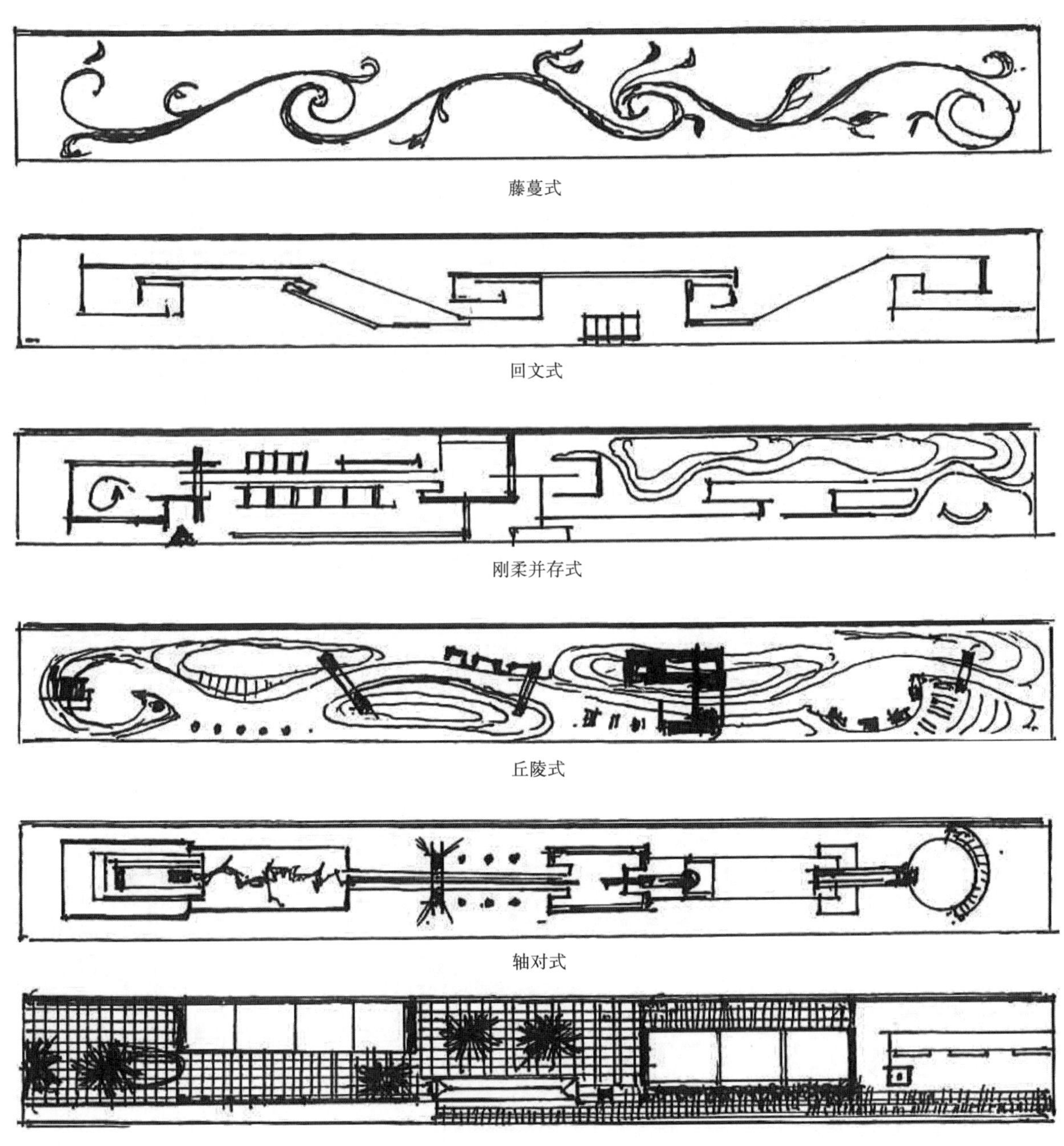
藤蔓式
回文式
刚柔并存式
丘陵式
轴对式

线性带状公园空间结构形式简图

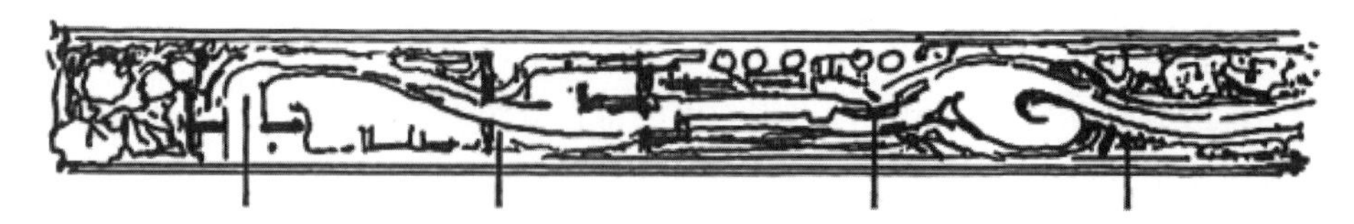

隔景，隔而不死、既隔又透。它是一扇门，分清内外；它是一处峰回路转；它是一座桥，断在胜处；它是一扇屏，画在框中，画龙点睛处，半遮半掩；情景互动，不可或缺

高下相倾——高山流水式（造坡）

虚实相生

高低相倾

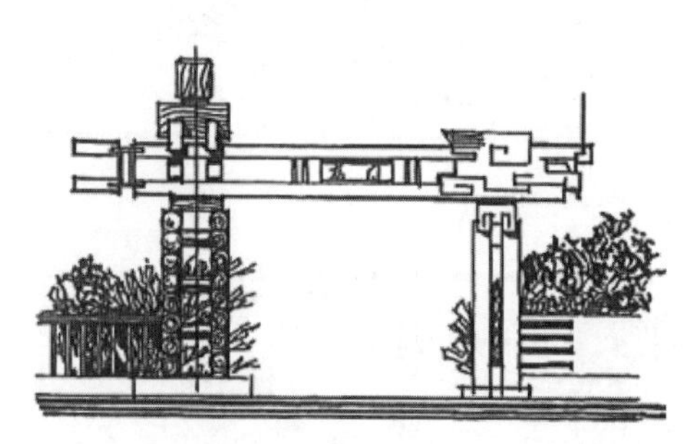

龙门

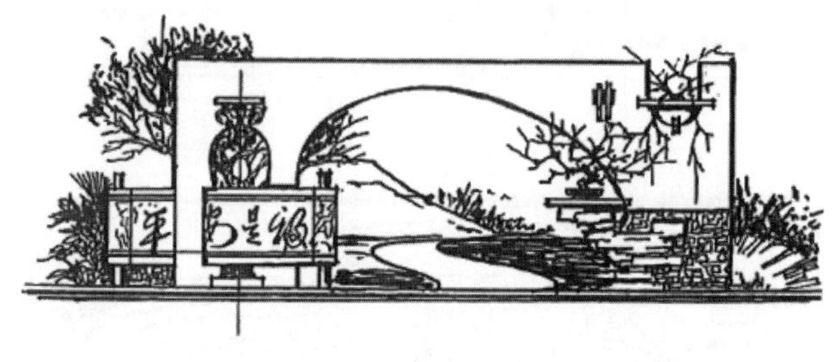

画屏

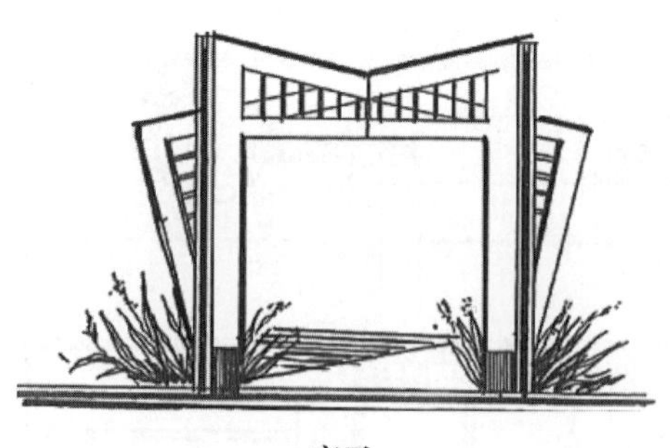

交叉

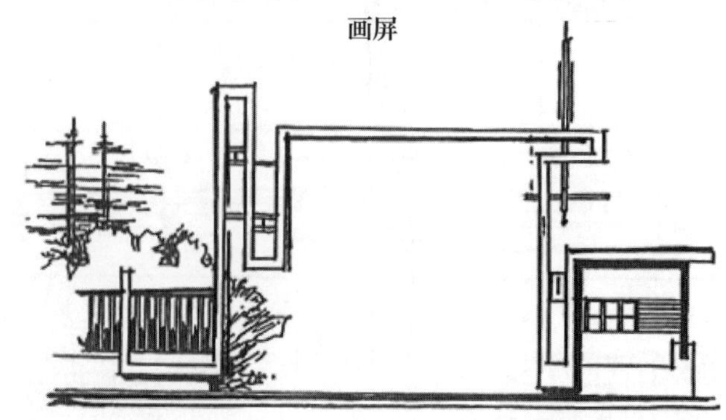

回纹展开

隔景

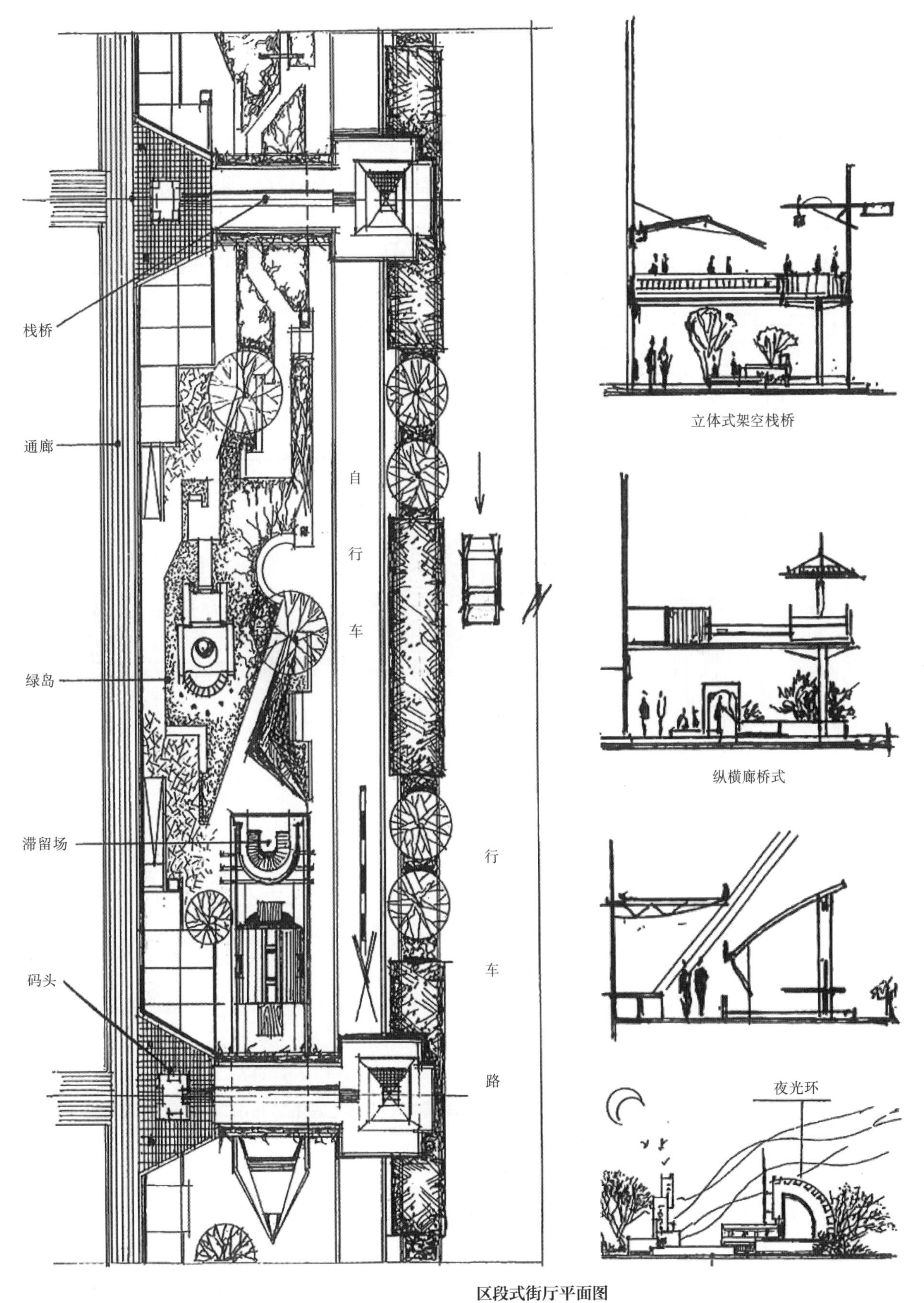
栈桥
通廊
绿岛
滞留场
码头
自
行
车
行
车
路
立体式架空栈桥
纵横廊桥式
夜光环

区段式街厅平面图

街厅立体构成模式

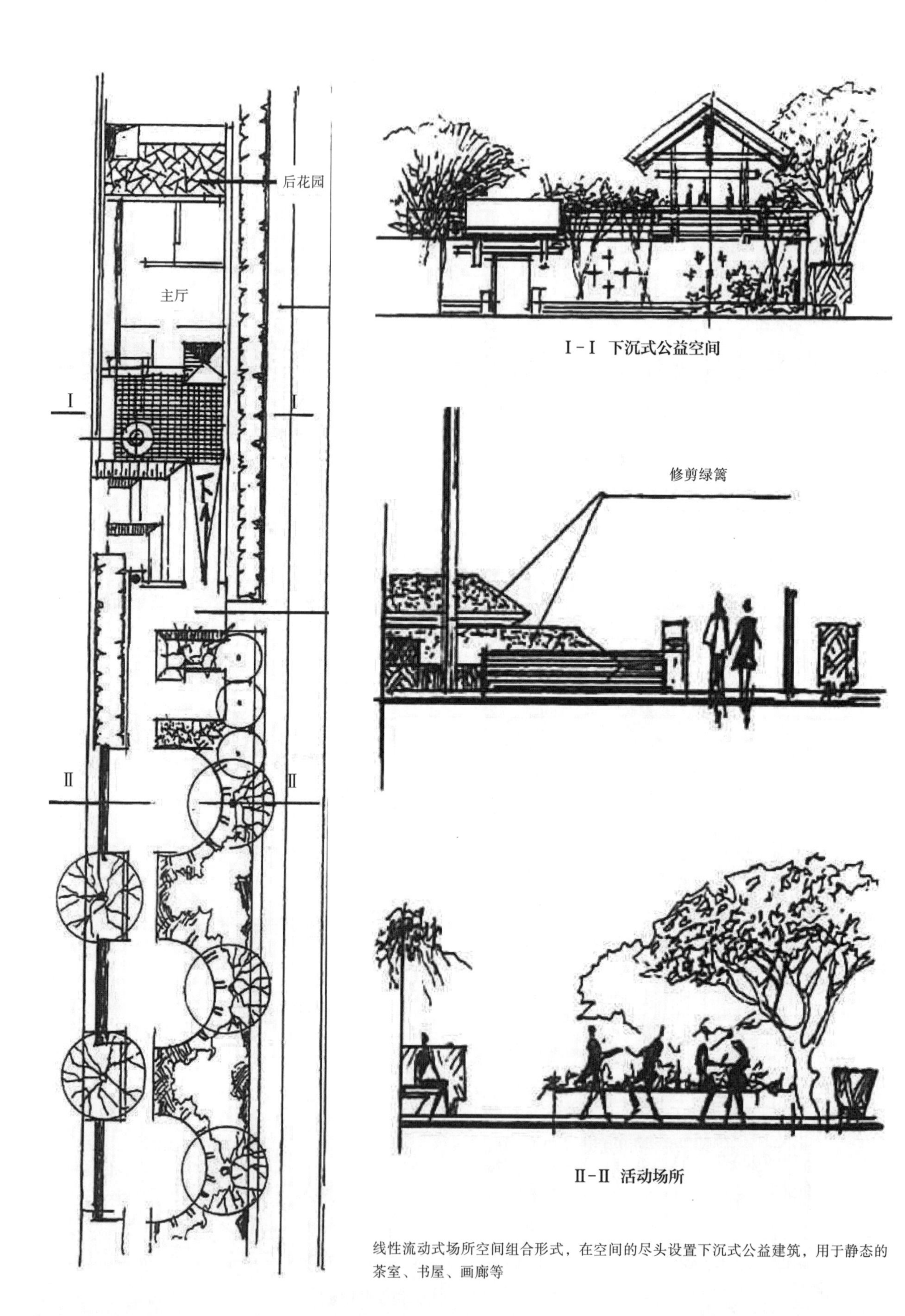
后花园
主厅
Ⅰ
Ⅰ
Ⅱ
Ⅱ
修剪绿篱

Ⅰ-Ⅰ 下沉式公益空间

Ⅱ-Ⅱ 活动场所

线性流动式场所空间组合形式，在空间的尽头设置下沉式公益建筑，用于静态的茶室、书屋、画廊等

线性流动式街厅

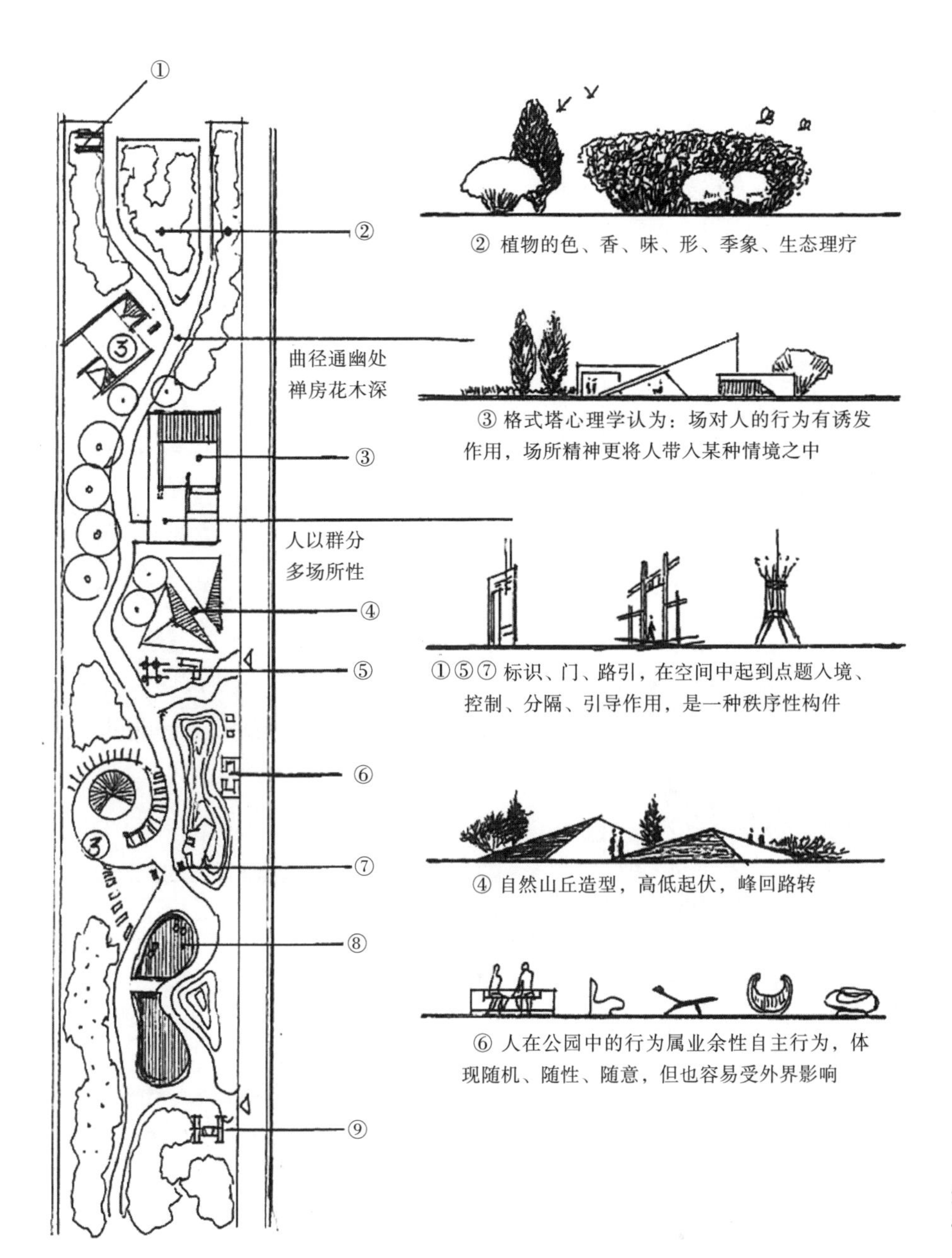
①
②
曲径通幽处
禅房花木深
③
人以群分
多场所性
④
⑤
⑥
⑦
⑧
⑨
② 植物的色、香、味、形、季象、生态理疗
③ 格式塔心理学认为：场对人的行为有诱发作用，场所精神更将人带入某种情境之中
①⑤⑦ 标识、门、路引，在空间中起到点题入境、控制、分隔、引导作用，是一种秩序性构件
④ 自然山丘造型，高低起伏，峰回路转
⑥ 人在公园中的行为属业余性自主行为，体现随机、随性、随意，但也容易受外界影响

线性公园的可塑性、多彩性、诱发性解析

仿传统造园手法，层层跌落，植物选取松、竹、梅，配早春樱花，园景高低错落、相互咬合、虚实相间、相互借对，在喧闹的市井中打造一处世外桃源。景园中设有四处相对独立的场所，可供打牌、下棋、聊天、纳凉、观景、约会、阅读、展示等，亦可闹中求静。空间场与空间流完全按序列展开，多级多进，形断意联、目无虚视，亦有小中见大的层次感。

3．微缩天地，畅神抒怀

中国的山水园、山水诗与山水画同根同源，皆吸纳天地之灵气、四时之精华，并融生活之情感，将写实与写意相结合，在中华文化宝库中可以称得是一朵奇葩。不论是文人园、诗人园，还是退隐士大夫的私家园林，

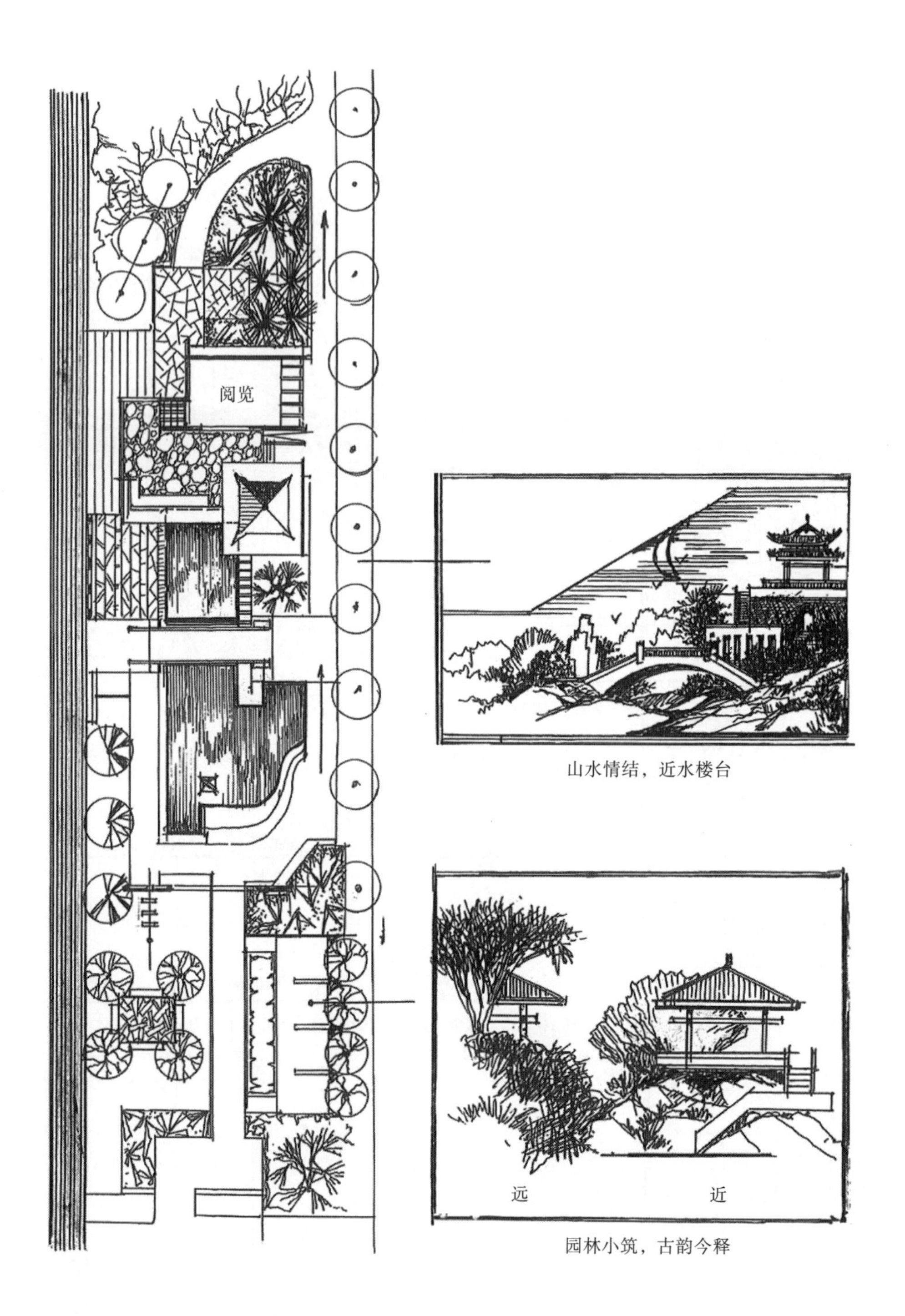
阅览
远
近

山水情结，近水楼台

园林小筑，古韵今释

主题公园

小桥流水人家，
杏花春南江南。
突出静雅、幽深之意境

均“园无同格”。然而虽园有各异，但均属同构，均强调对自然山水的模拟与缩扩，采用的造园技法都强调神、情、理、趣、韵的结合，并将楼、台、亭、榭置入园中形成骨架和序列。在造园技法的运用方面，更是百花齐放，诸如：蔽、隔、漏、借、框、夹、降、断、绕、叠、旷、奥、半、对……

所以，城市中的街边景园，不是无源之水、无本之木，不变则已、变则无穷。

景在园中，人与景相关联，可观、可游、可戏、可玩。

造景重在造境，有无境界是衡量品质高低的重要标准，街边景园的建

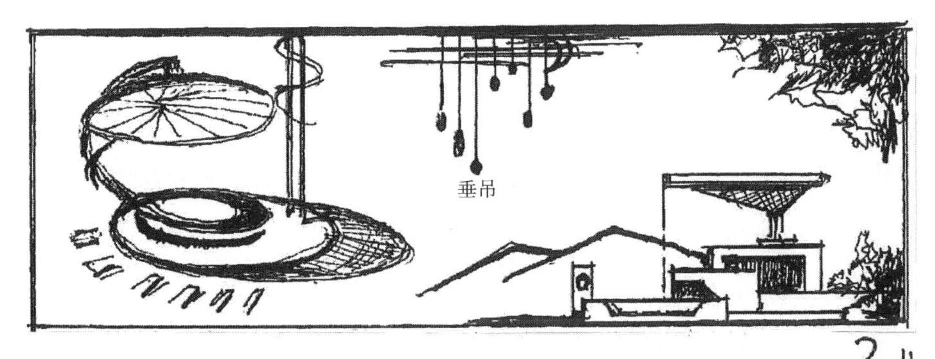
垂吊

半遮
借
障景
曲径通幽

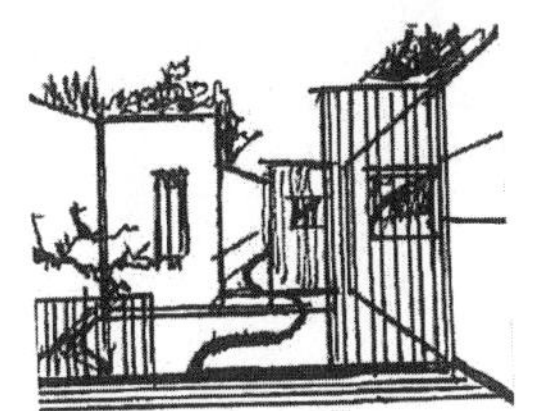

隔而不死，形断意联

亭

空间场
镜影

景—园—景

生态
文教
场效
景观

景在园中

园无同格

构，也是以有无境界来论其高下的。其景、其境源自其形、其象，而其形、其象皆源自心领神会，故景自心成、境由心生。“境生于象外”（刘禹锡）实指外象内部所包含的意蕴，是形式所承载的神、情、理、趣、韵；是景观所蕴含的意义情结；是人与景在意义与情感方面的交流与互动。所谓“醉翁之意不在酒，在乎山水之间也”（欧阳修）。

因此，街边景园的营造要汲取传统园林的造园手法。

“蓄势待发，瞬间永恒”——势来自于动、力、神、威、态等趋向性运动；

“移步换景，步移景异”——要张弛有度、收放有序，有节奏的生长运动。注意空间的转折、过渡，“横看成岭侧成峰，远近高低各不同。不识庐山真面目，只缘身在此山中”（苏轼），客体要具有万千变化，才能引起人们的好奇和追踪；

“分清园区的内涵、边界、外延”——人在游览赏景时，时而处于景内，时而置于景外，不断在“江流天地外，山色有无中”（王维）的内外转换中，信息的含量也不断增加和变换着。

在街边景园的处理上，更须转变平直、单调的平铺直叙。当然，变化得体是非常重要的，应避免捉襟见肘和繁杂冗赘。

赋形以授意，以意来表情。园之品格，系形与意的视觉传达。形不在大与多，而在深与专，体现所表达的主题。

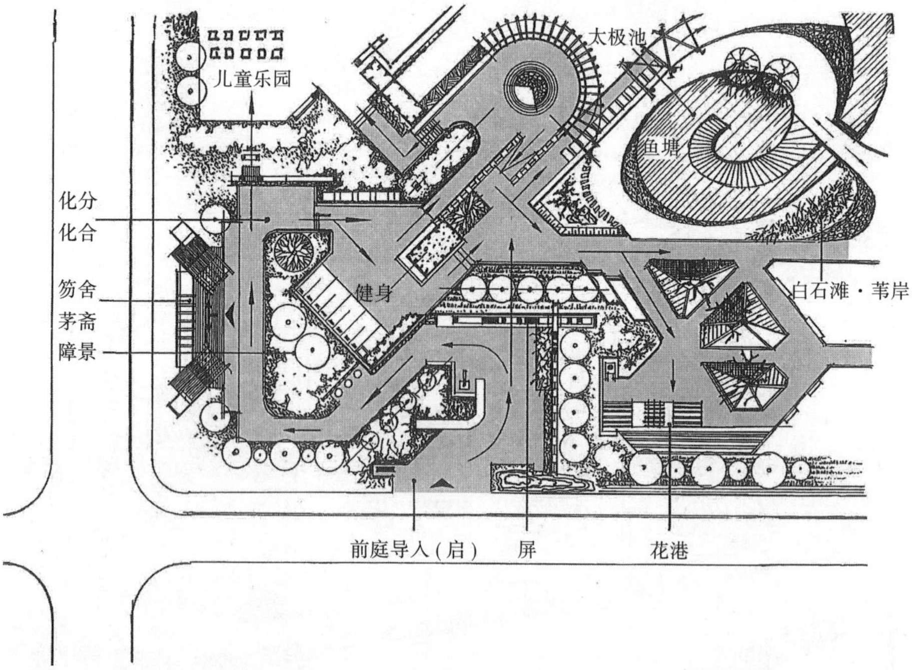

太极池
儿童乐园
鱼塘
化分
化合
筠舍
茅斋
障景
健身
白石滩・苇岸
前庭导入（启）
屏
花港

袖珍公园

“山重水复疑无路，柳暗花明又一村”；曲折幽深，多级多进；移步换景，步移景异；形断意联，相互因借；可游、可驻、可观、可戏

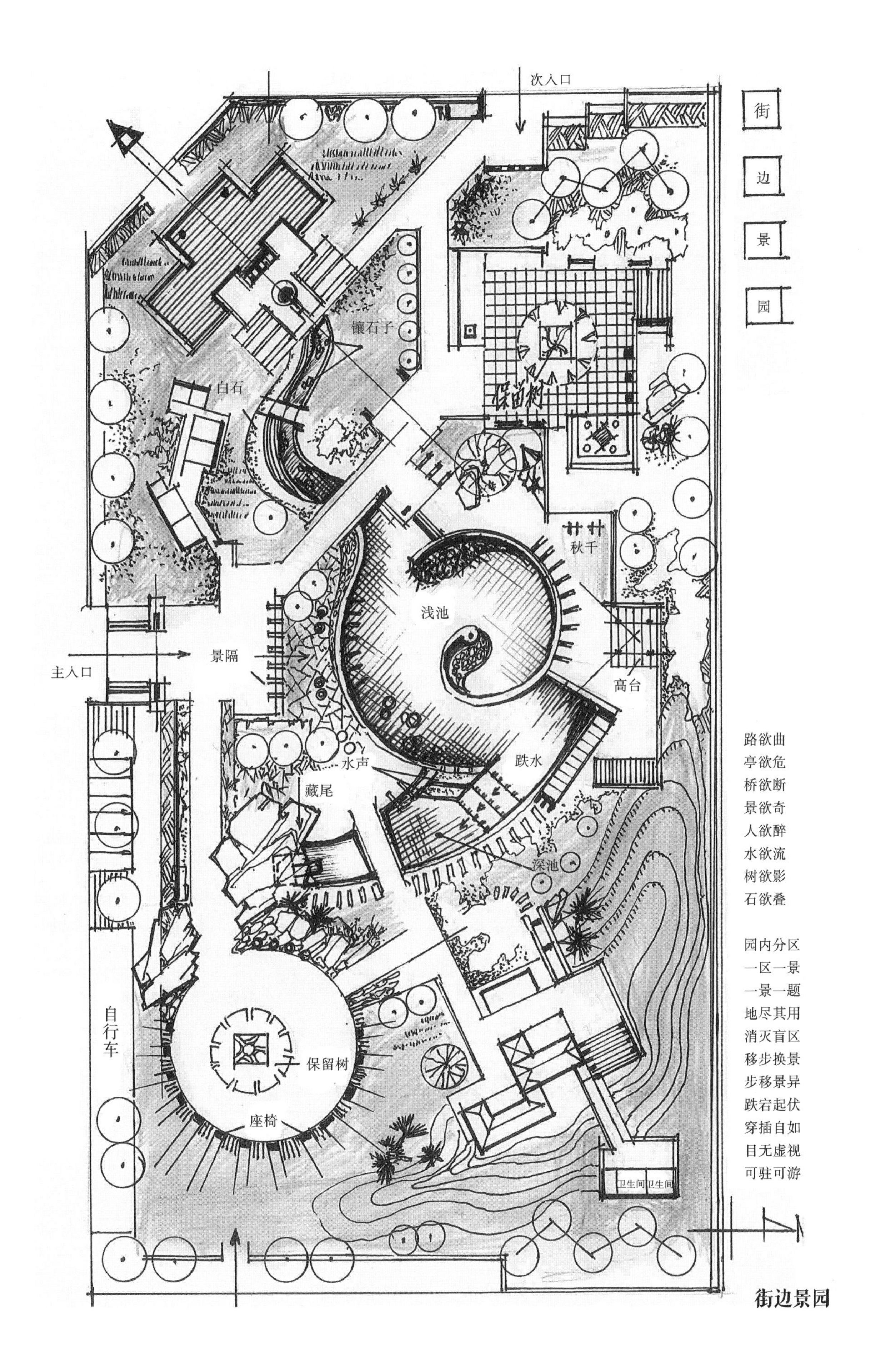
次入口
街
边
景
园
镶石子
白石
保留树
秋千
浅池
主入口
景隔
高台
水声
跌水
藏尾
深池
路欲曲
亭欲危
桥欲断
景欲奇
人欲醉
水欲流
树欲影
石欲叠
园内分区
一区一景
一景一题
地尽其用
消灭盲区
移步换景
步移景异
跌宕起伏
穿插自如
目无虚视
可驻可游
自行车
保留树
座椅
卫生间
卫生间

街边景园

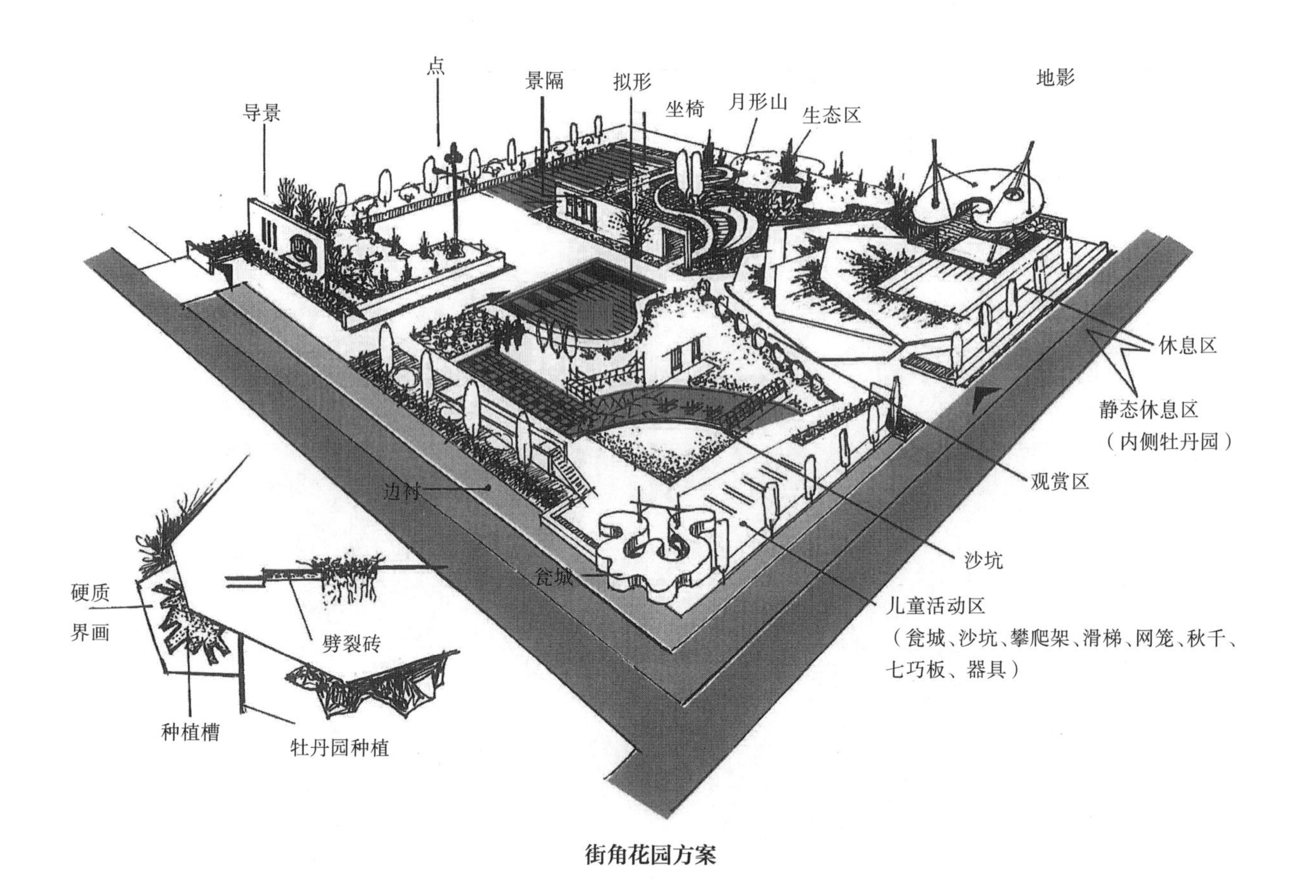
点
景隔
拟形
导景
坐椅
月形山
生态区
地影
休息区
静态休息区
（内侧牡丹园）
观赏区
边衬
沙坑
瓮城
儿童活动区
（瓮城、沙坑、攀爬架、滑梯、网笼、秋千、
七巧板、器具）
硬质
界画
劈裂砖
种植槽
牡丹园种植

街角花园方案

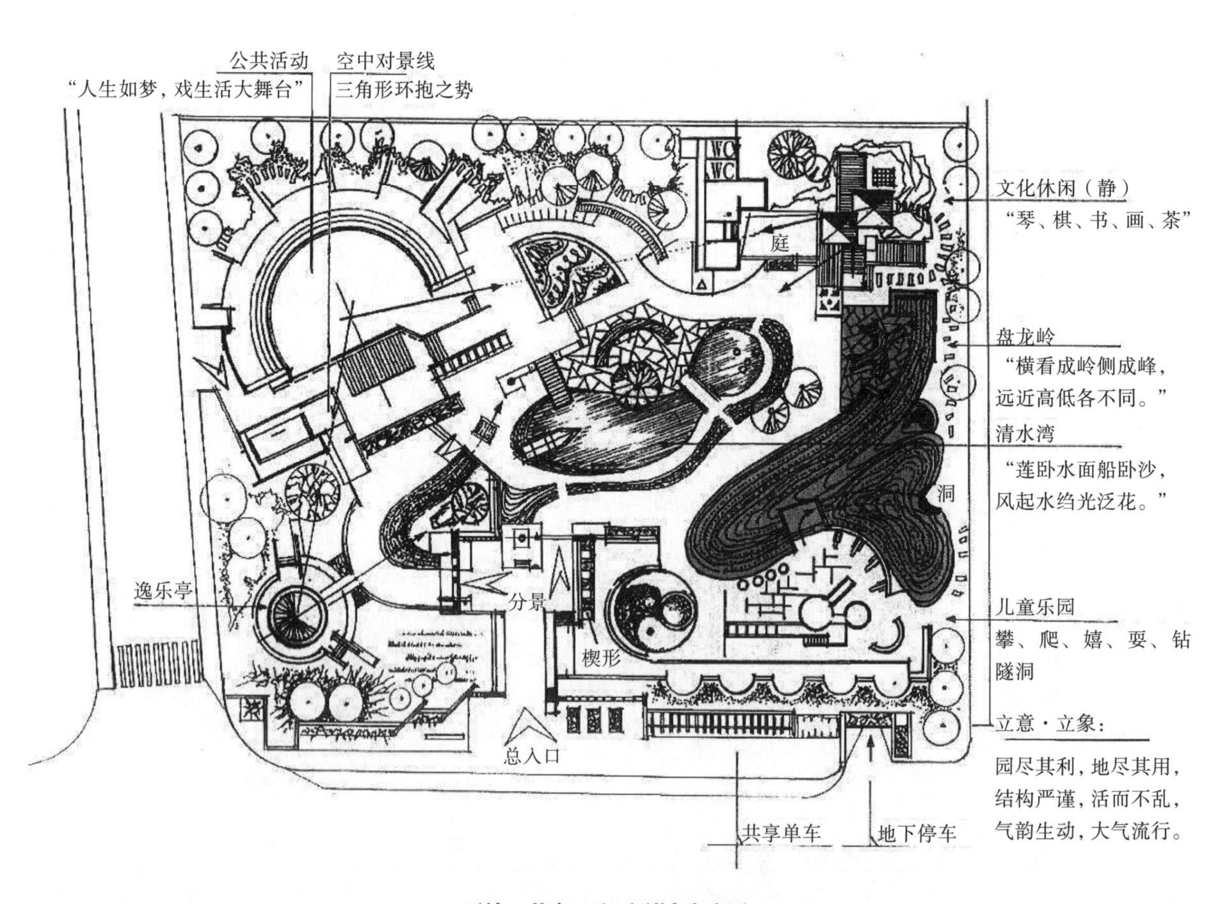
公共活动
"人生如梦，戏生活大舞台"
空中对景线
三角形环抱之势
WC
WC
庭
文化休闲（静）
"琴、棋、书、画、茶"
盘龙岭
"横看成岭侧成峰，
远近高低各不同。"
清水湾
"莲卧水面船卧沙，
风起水绉光泛花。"
洞
逸乐亭
分景
楔形
儿童乐园
攀、爬、嬉、耍、钻
隧洞
立意・立象：
园尽其利，地尽其用，
结构严谨，活而不乱，
气韵生动，大气流行。
总入口
共享单车
地下停车

开放、共享、聚乐型袖珍公园

转角街厅

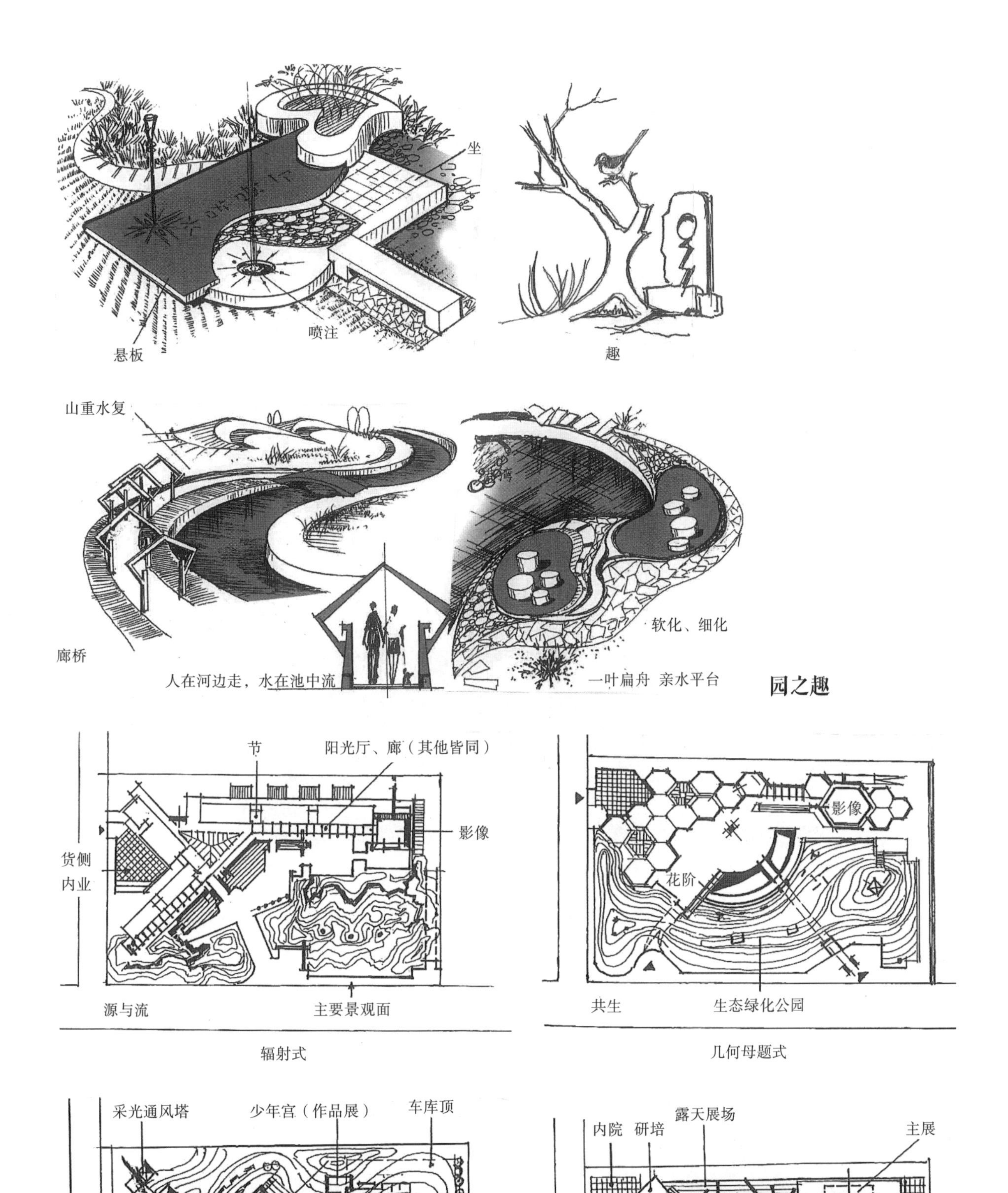

坐
悬板
喷注
趣
山重水复
廊桥
人在河边走，水在池中流
软化、细化
一叶扁舟 亲水平台
园之趣
节
阳光厅、廊（其他皆同）
影像
货侧
内业
源与流
主要景观面
辐射式
影像
花阶
共生
生态绿化公园
几何母题式
采光通风塔
少年宫（作品展）
车库顶
地下
展廊
时空长廊
穹
植入（负空间）
内院 研培
露天展场
主展
寻根 根与魂
源
地图（园地）

景园空间结构图例

景园空间

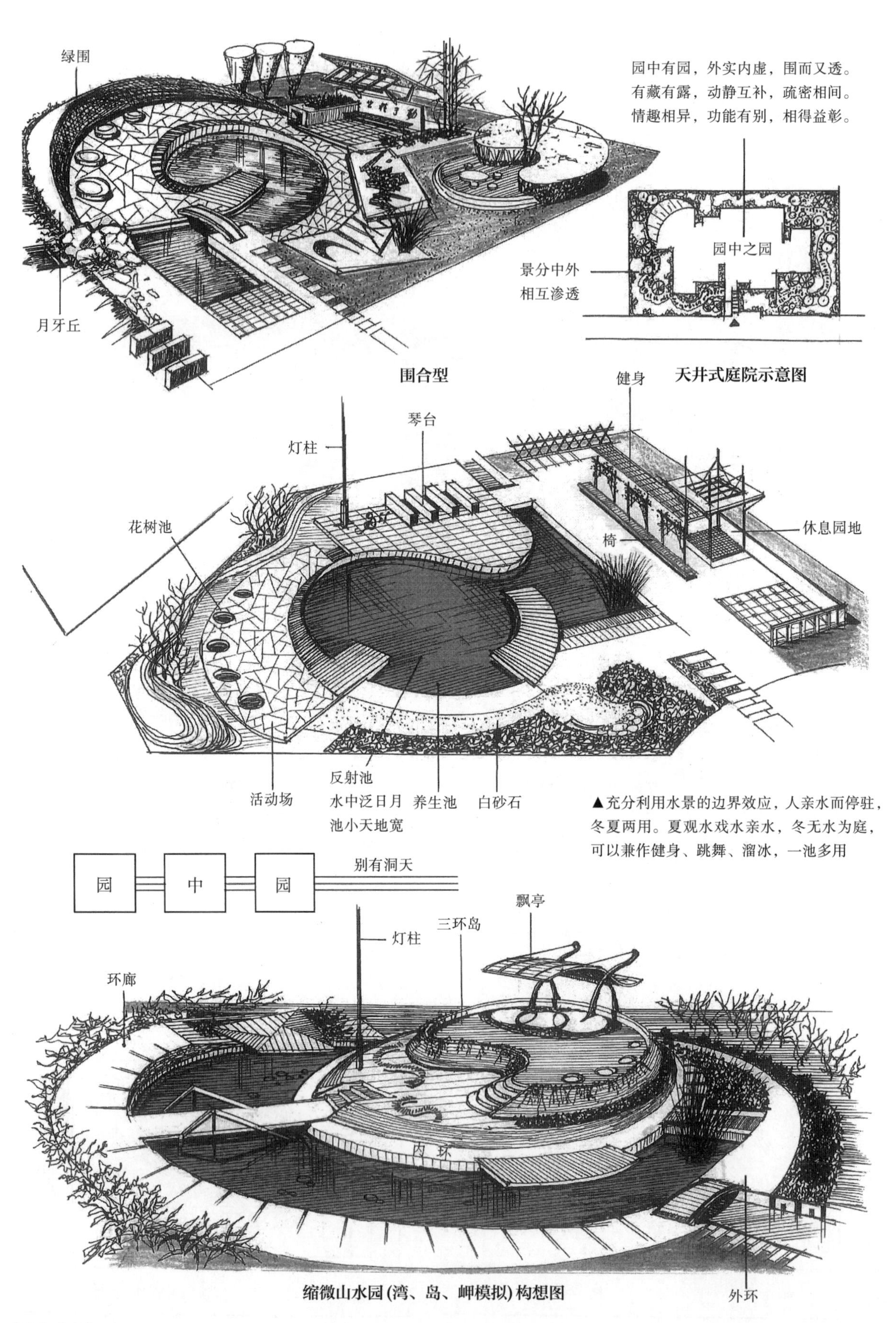
绿围
月牙丘
园中有园，外实内虚，围而又透。
有藏有露，动静互补，疏密相间。
情趣相异，功能有别，相得益彰。
园中之园
景分中外
相互渗透
健身
琴台
灯柱
花树池
椅
休息园地
活动场
反射池
水中泛日月
池小天地宽
养生池
白砂石
园
中
园
别有洞天
灯柱
三环岛
飘亭
环廊
内环
外环

围合型

天井式庭院示意图

▲充分利用水景的边界效应，人亲水而停驻，冬夏两用。夏观水戏水亲水，冬无水为庭，可以兼作健身、跳舞、溜冰，一池多用

缩微山水园(湾、岛、岬模拟)构想图

园中之园

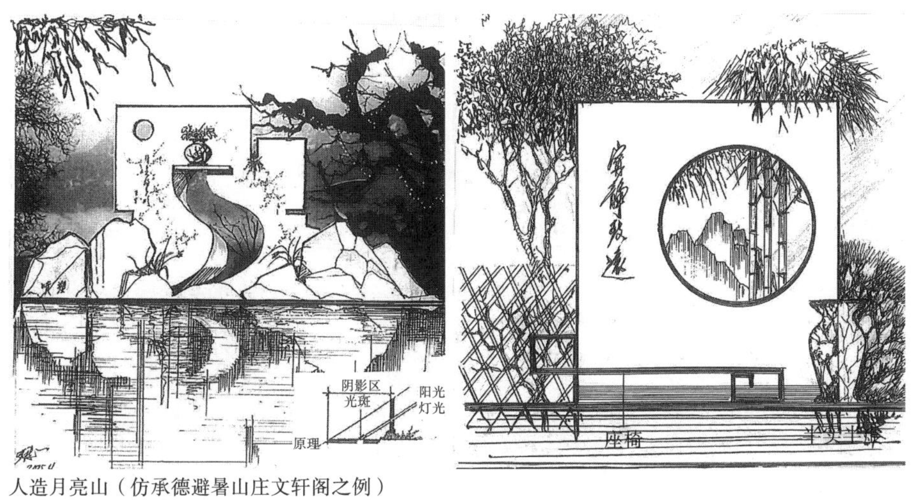
阴影区
光斑
阳光
灯光
原理
座椅

人造月亮山（仿承德避暑山庄文轩阁之例）

明月几时有，把酒问青天

云山海上出，人物镜中来；天清远峰山，水落寒山登

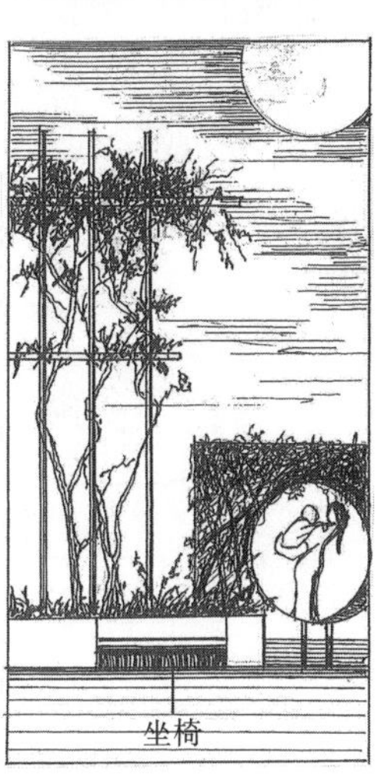
坐椅

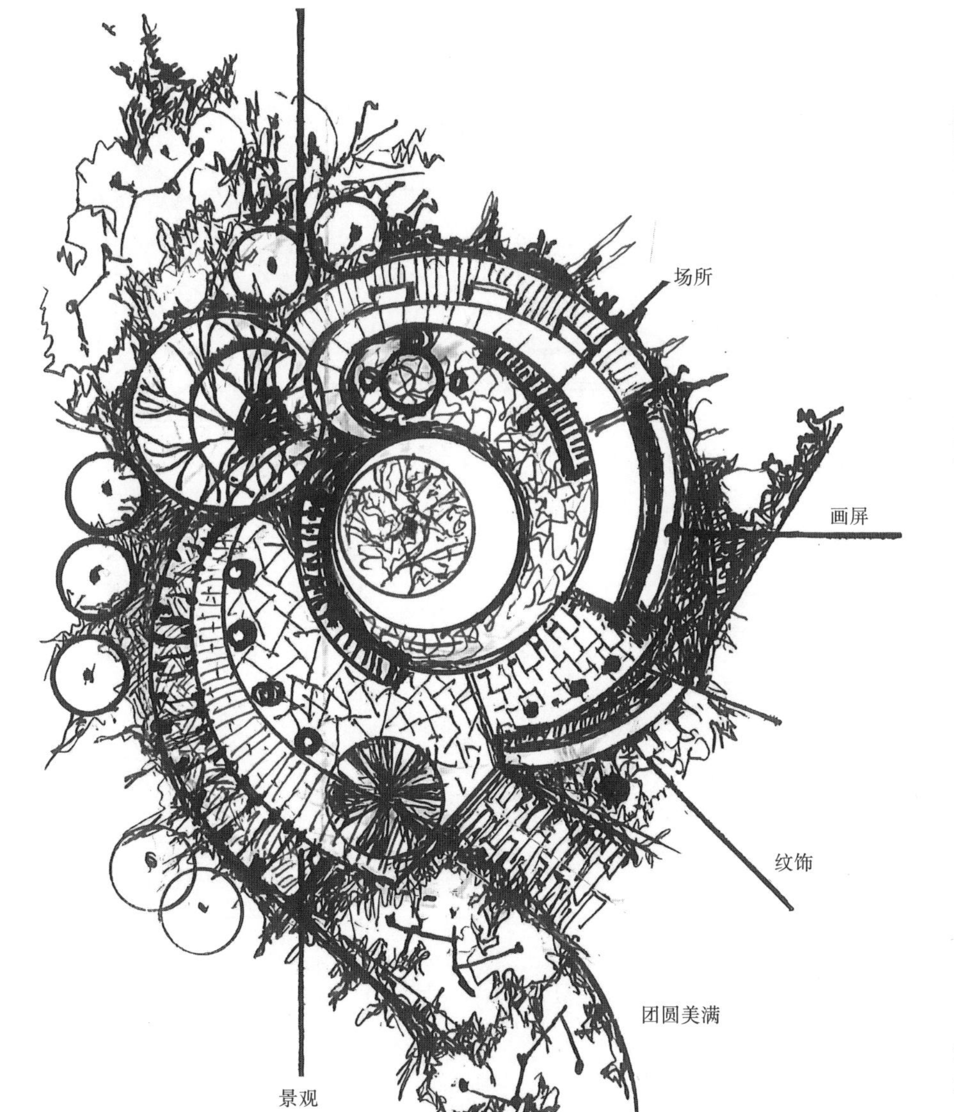
生态
场所
画屏
纹饰
团圆美满
景观

形乃生之舍，神乃形之君，
形俱则神生，生之则有效

景屏

金鸡唱晓
日月同辉
文房四宝
牧童游春
平（瓶）安幸福
雪山晚照
层林叠翠
奋进

景屏——承载文化与生活

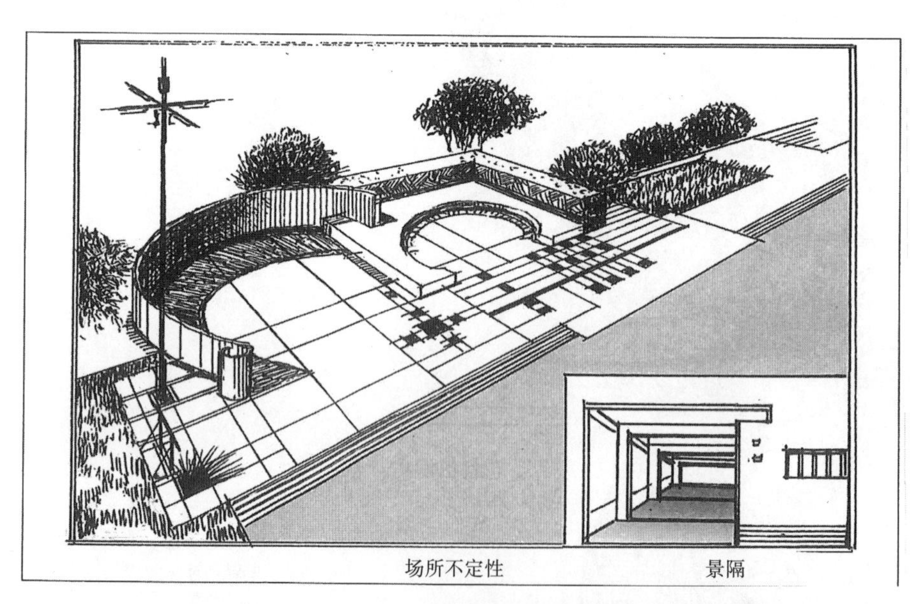
场所不定性
景隔

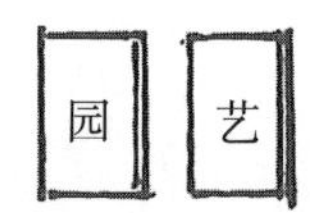
园
艺

景屏承载着留白和调动参与的功能

景屏

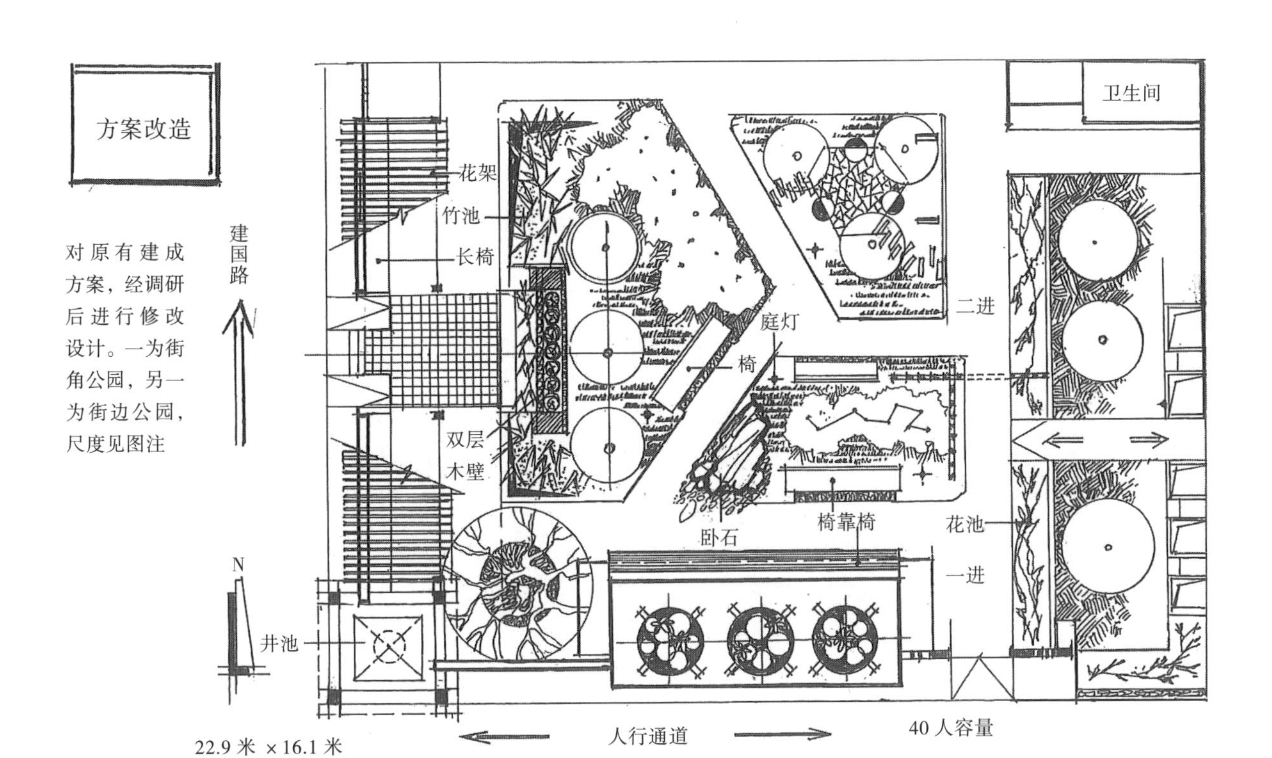
方案改造
对原有建成方案，经调研后进行修改设计。一为街角公园，另一为街边公园，尺度见图注
建国路
N
花架
竹池
长椅
双层
木壁
井池
卫生间
庭灯
椅
二进
卧石
椅靠椅
花池
一进
人行通道
40人容量
22.9米 ×16.1米

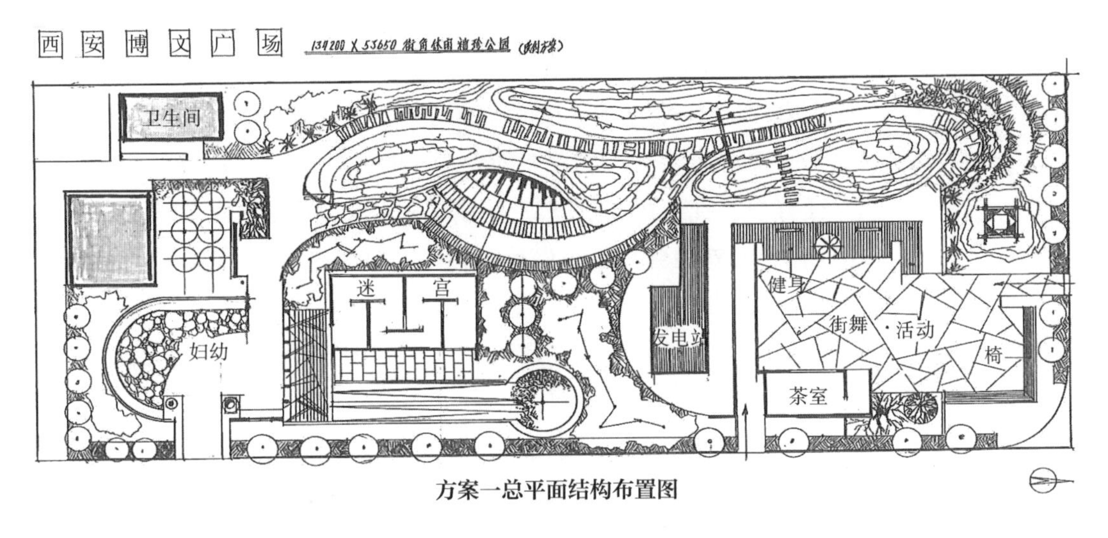
西安博文广场
卫生间
迷
宫
妇幼
发电站
健身
街舞
活动
椅
茶室

方案一总平面结构布置图

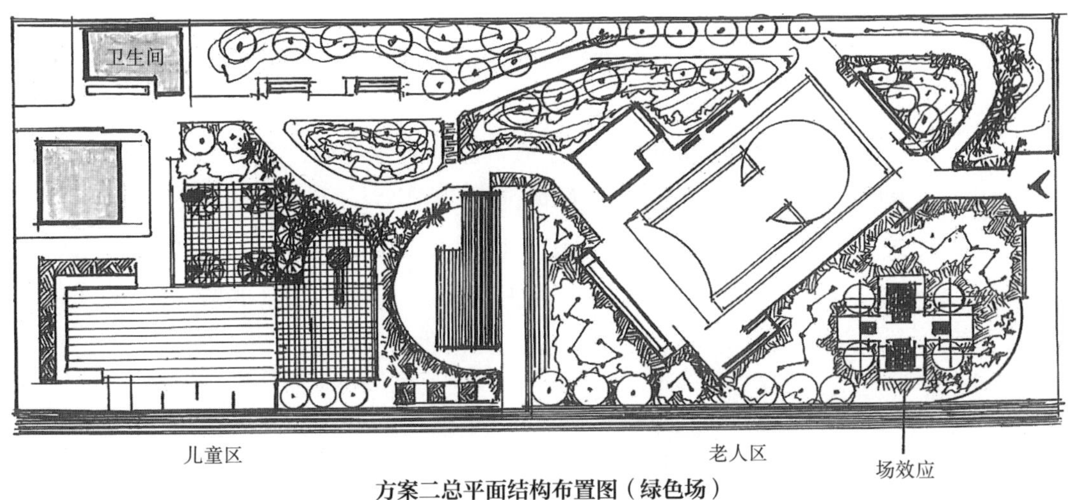
卫生间
儿童区
老人区
场效应

方案二总平面结构布置图（绿色场）

景园改造示例

五、精准践行——源于树立正确的价值观和方法论

街边景园的多效共生与城市意象的建构是智慧传承与辩证的应用，也是提升街巷的文化承载、城市风貌、精神内涵具有概略性陈述。但由于城市更新改造的对象千差万别、条件各异，故不能按数理逻辑整齐划一地参照规范对号入座。关键要树立明确的目标，建立正确的行为导向，方能做到各具特色、殊途而同归。鉴于此，作者在综合考虑各地所制定的各种规程和实施细则后，结合自身的调研与思考，提出以下十条行为导则。

① 确立动态发展观。城市更新改造一直行进在路上，持续地发展，永无固定的终点。所以应本着持续性、有韧性的弹性发展。

② 城市因人的聚居而兴建，城市品质的提升必须建立在人的需求与满足基础之上。所以从建设、使用、维护、更新的全过程皆有人民参加，而不能将管与治完全分离。诸如社区花园菜园的建设，无共建共治则难以应用。

③ 缩小差异，向均好性进行品质提升。各自发挥其所长，改进其所短，最大限度地挖潜增效。无论尺度上、品质上、各有短长，应以不同方式普遍地进行提升。

④ 克服片面形式化，向内涵式方向开发。内涵式包括生态的、文化的、情感的、社会交往的、意义与意象表达的多效共生。

⑤ 打破平、直、宽、整齐划一的思维定式，提倡边界的不定性、柔化、模糊化、内外融合、互相渗透。总体上拉动内需，创造慢生活、新市井，活化边界条件，实现地尽其利、物尽其用。

⑥ 立体化组织边界空间，借以扩大空间的容量，满足全天候利用的效果。

⑦ 创造城市新意象，美化街景，改变天际轮廓线，强化人与街巷的交往，提升信息含量，使街景成为城市意象的孵化器和播种机。

⑧ 提倡园无定格，一园一主题，克服千街一面、到处雷同。

⑨ 推行“诗画”走进街边公园，促进城市走向世界新高地，向特色化提升。

⑩ 组织设计和创意团队，提高整体艺术造诣，实现政府、社会团体、创作团队、民间志愿者、社区居民、共同协力，并向智能化方向发展。

社区菜园：集休闲、娱乐、种植、观赏于一体，既是社区一景，又是社会交往的场所，春华、秋实、冬天晒太阳，居民共建、共管、共享，也有利于儿童增长农业知识，接触农业。无共建则不可施。

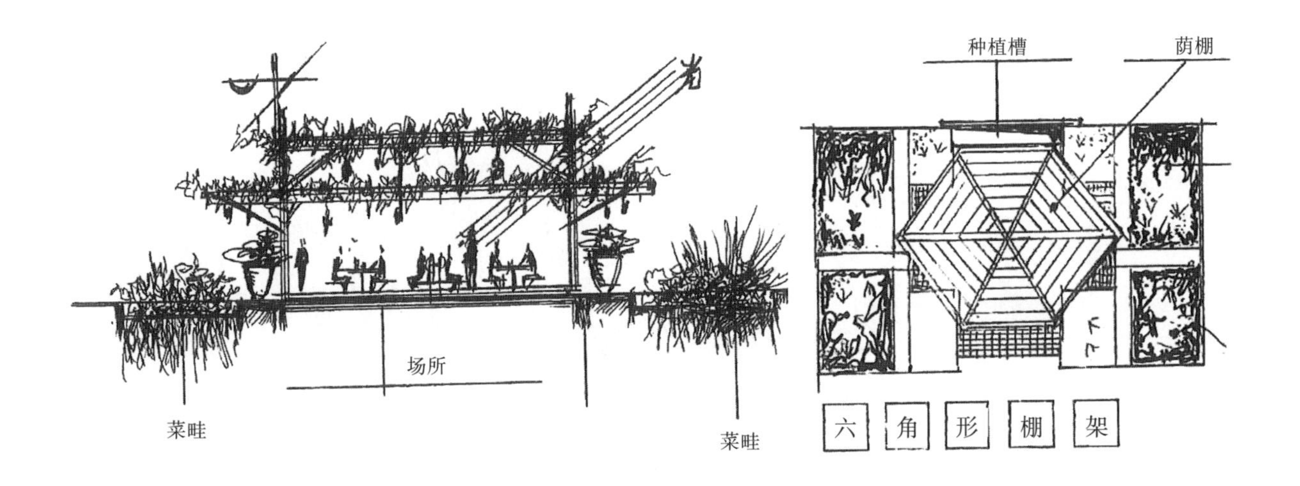
场所
菜畦
菜畦
种植槽
荫棚
六 角 形 棚 架

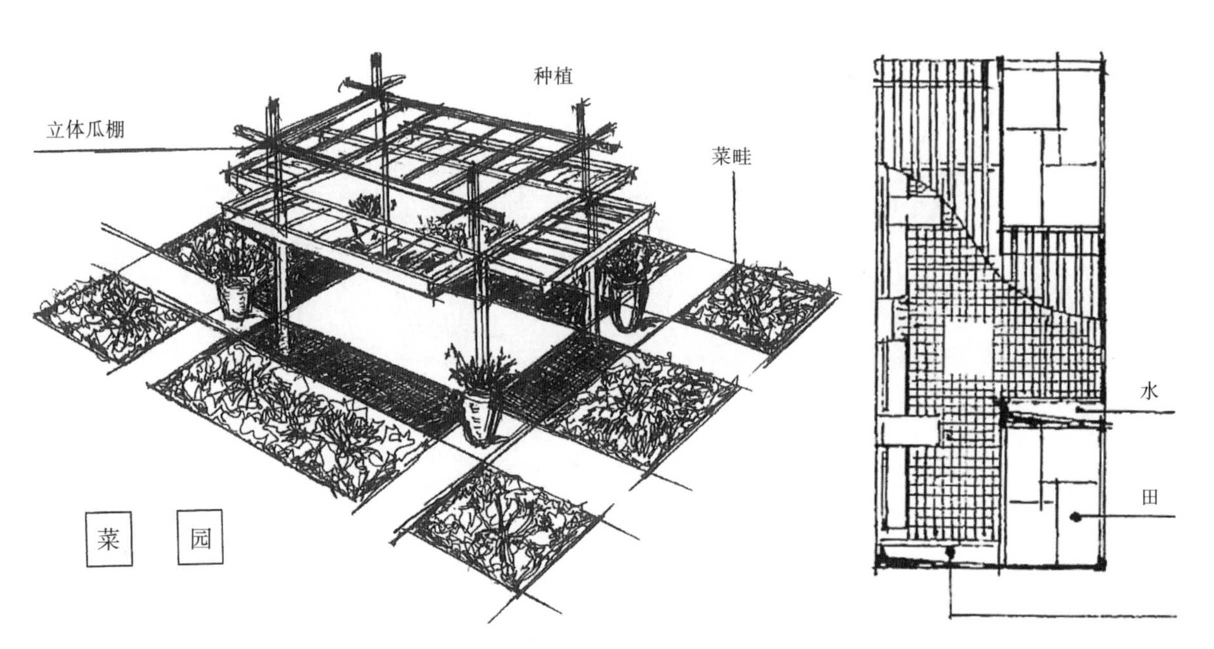
种植
立体瓜棚
菜畦
菜 园
水
田

既是菜园，也是艺园、花园、景园

可有不同的平面构成，立体式布置，花费不多，效益颇高

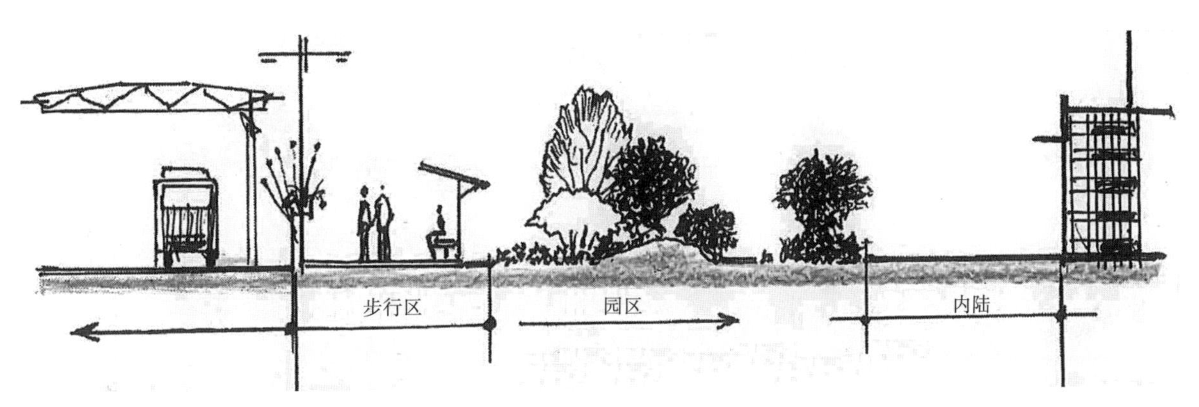
步行区
园区
内陆

宽边界之景园层次

景园构成

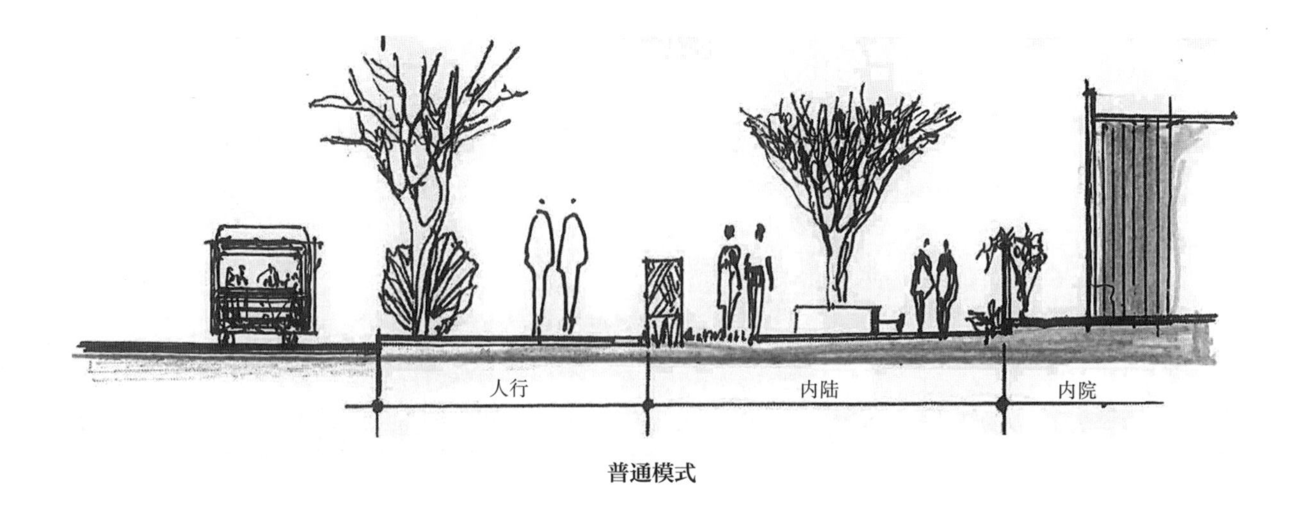
人行
内陆
内院

普通模式

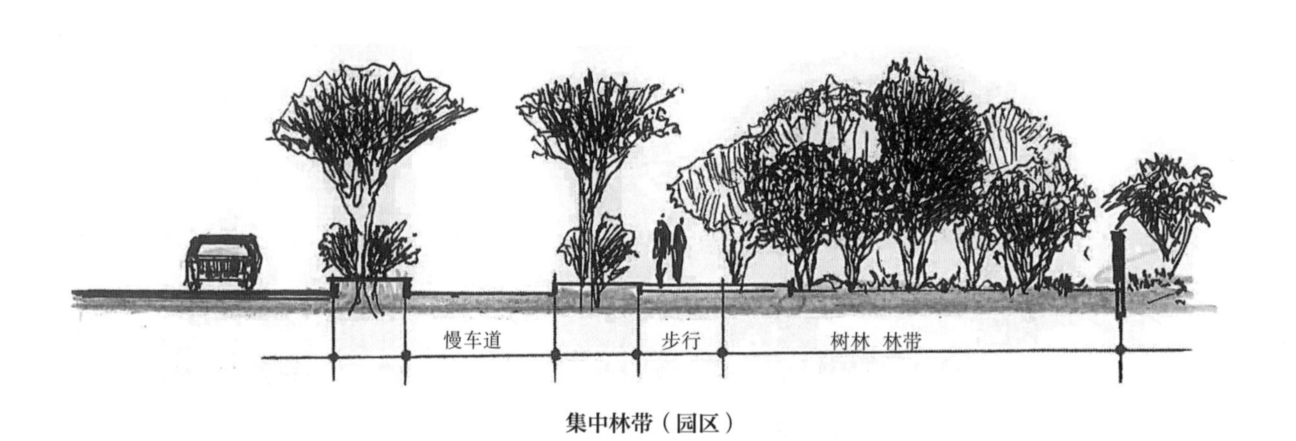
慢车道
步行
树林 林带

集中林带（园区）

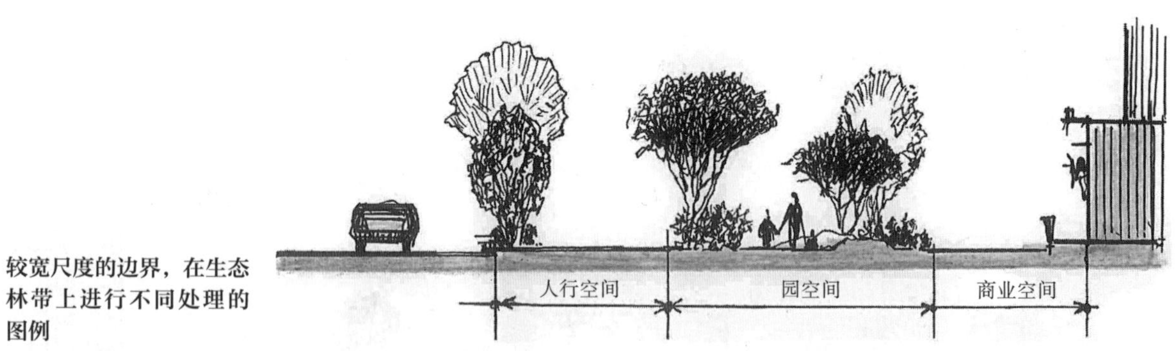
人行空间
园空间
商业空间

较宽尺度的边界，在生态林带上进行不同处理的图例

景园构成

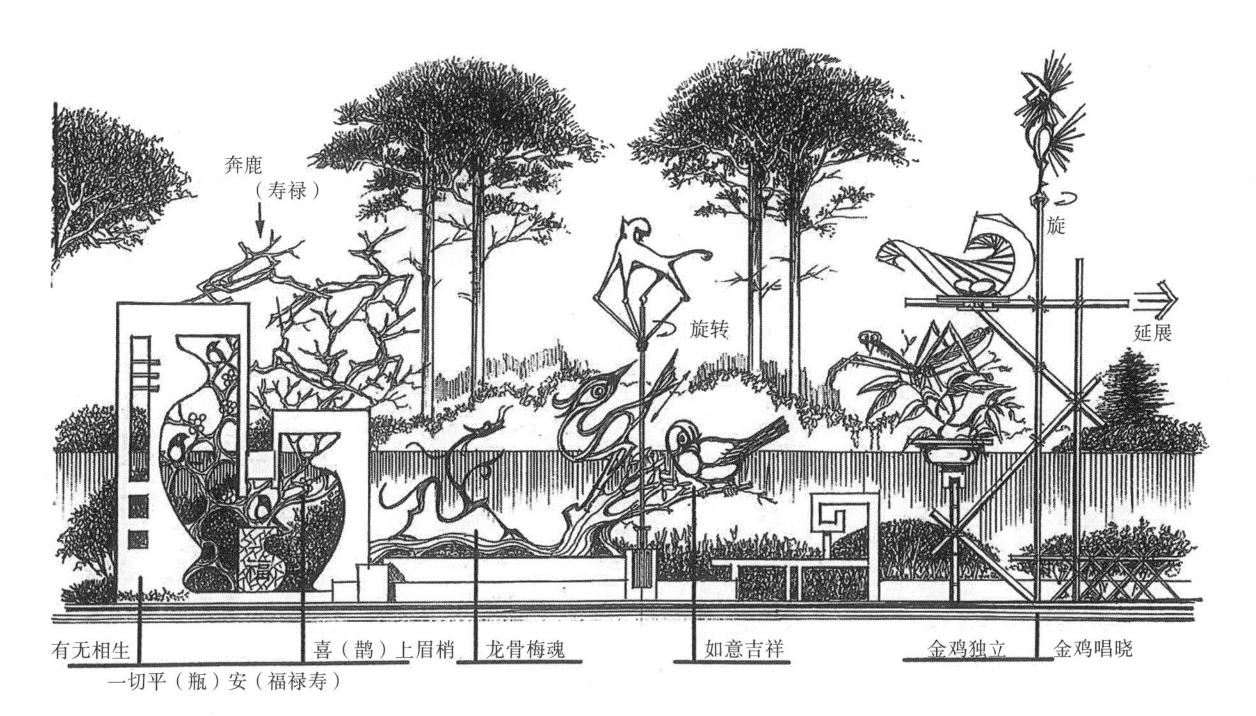
奔鹿
（寿禄）
旋转
旋
延展
有无相生
一切平（瓶）安（福禄寿）
喜（鹊）上眉梢
龙骨梅魂
如意吉祥
金鸡独立
金鸡唱晓

光与形的闪烁

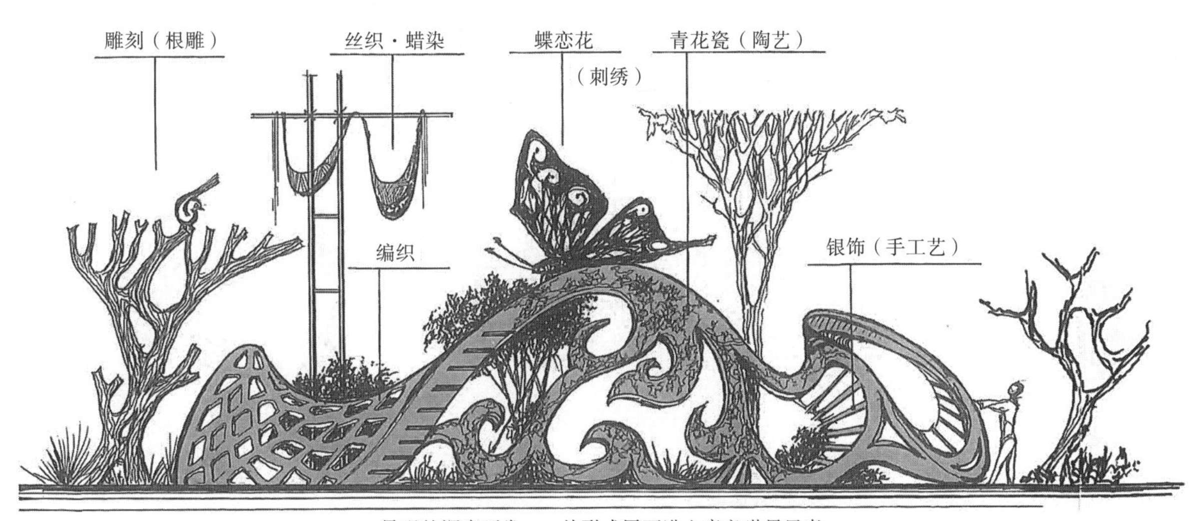
雕刻（根雕）
丝织·蜡染
蝶恋花
（刺绣）
青花瓷（陶艺）
编织
银饰（手工艺）

景观的深度开发——从形式层面进入意义世界思考

传统元素的现代运用（景泰蓝造型中的多元素）

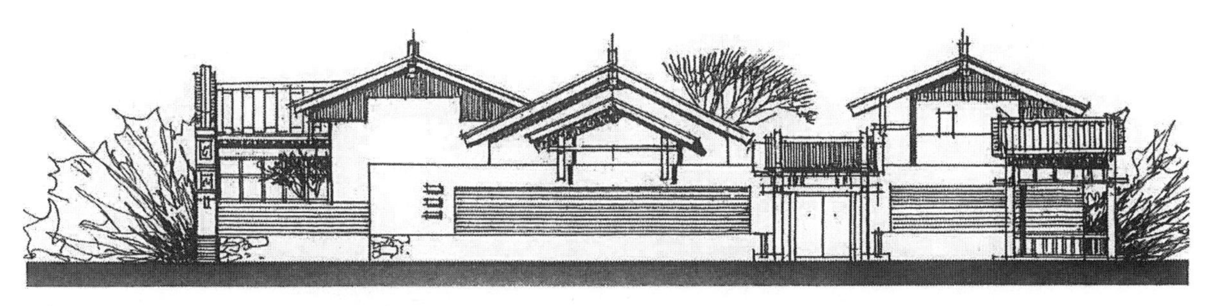

短进深立面造景（意料之外，情理之中，无景中有景、幕墙化）

增强城市意象的街景处理系列

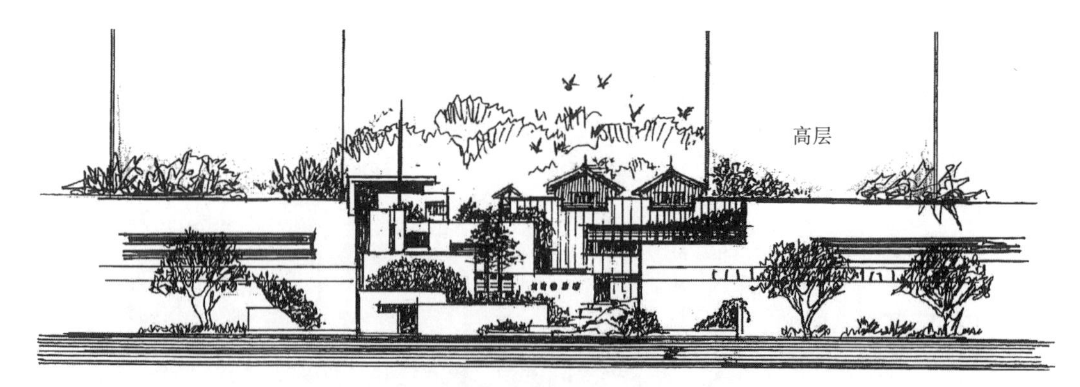
高层

植入层叠式山林空间增加突变（模拟苏州实例）

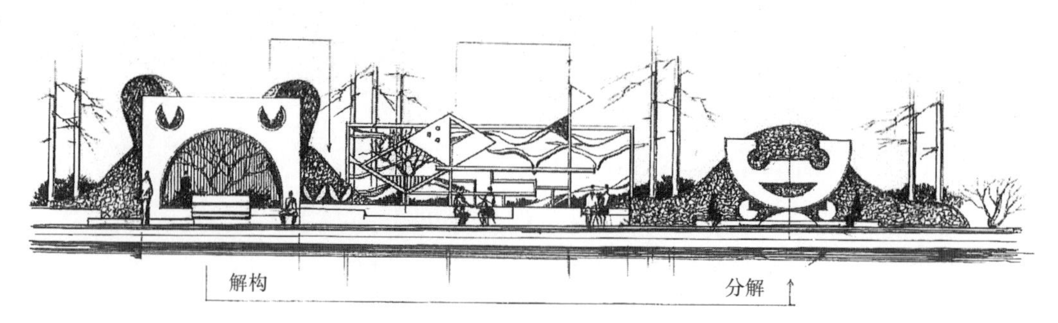
解构
分解

解构变形——异质性引起人们关注

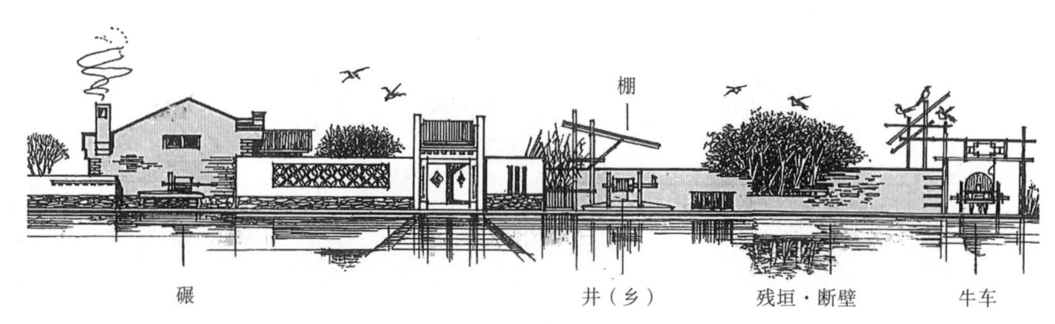
棚
碾
井（乡）
残垣·断壁
牛车

记住乡愁，农耕文明的缩影

由特异性的造型形成特殊意向——龙门安居坊

增强城市意象的街景处理系列

跌宕起伏、虚实相生
横看成林侧成峰，
远近高低各不同

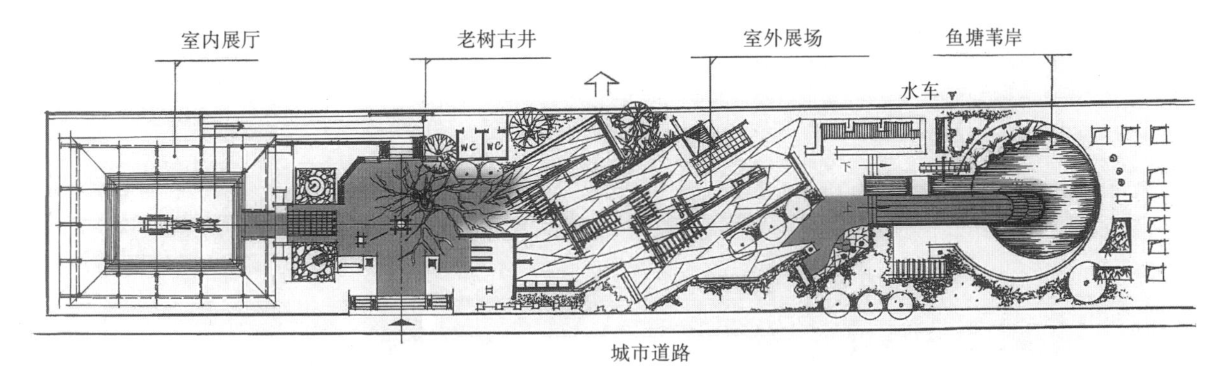
室内展厅
老树古井
室外展场
鱼塘苇岸
水车
WC
WC
城市道路

耕 织 文 化 馆 青少年教育基地·记住乡愁

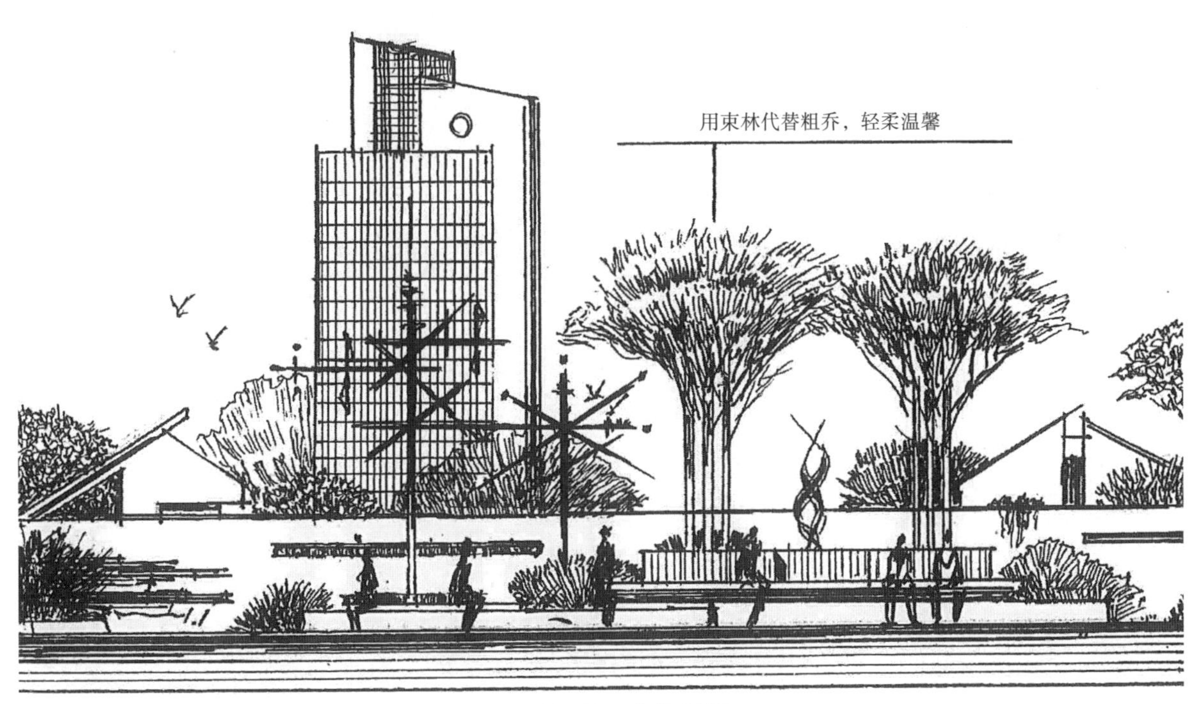
用束林代替粗乔，轻柔温馨

模拟已有展馆，改进型创作

立面剪影、远借近取、变静为动、刚柔相推、分清层次、横平竖直、疏密相间、清新自然、避免拥塞。生态并非指林木之茂盛，也包括景观之生机活力。

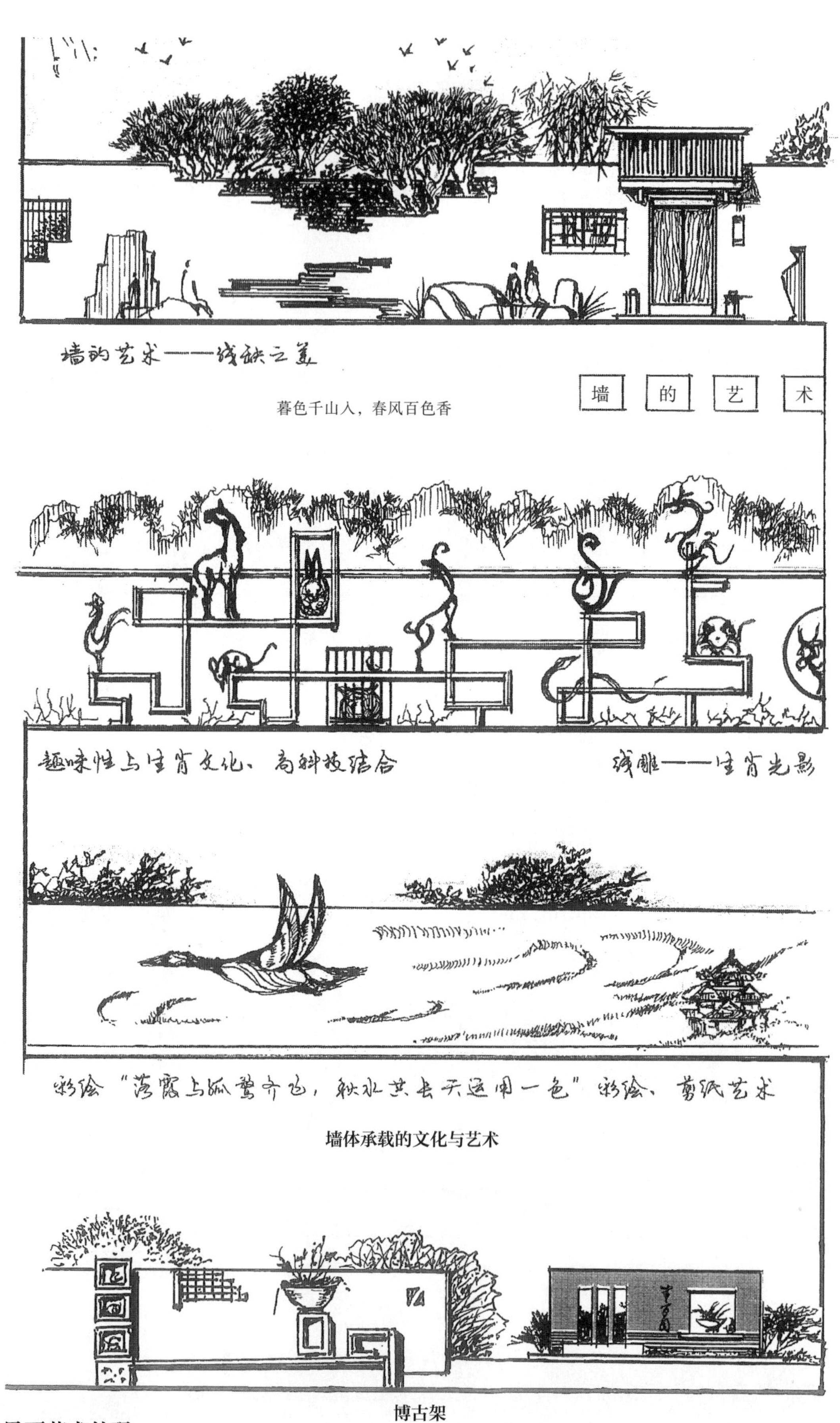
墙的艺术——线缺之美
墙 的 艺 术
趣味性与生肖文化、高科技结合
线雕——生肖光影
彩绘“落霞与孤鹜齐飞，秋水共长天一色”彩绘、剪纸艺术

暮色千山入，春风百色香

墙体承载的文化与艺术

博古架

垂直界面艺术处理

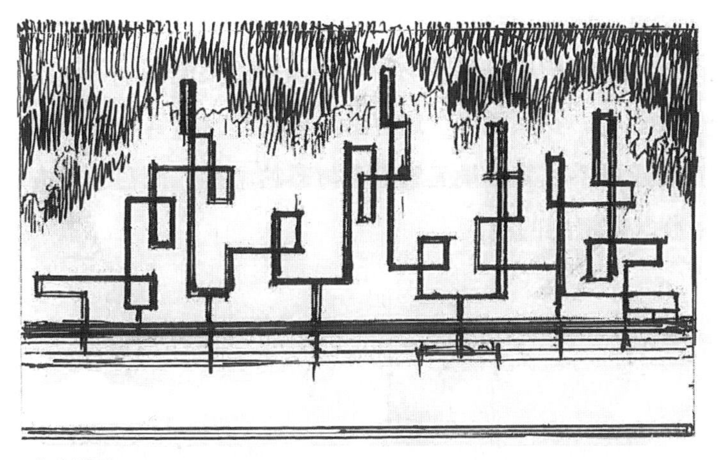

夜光塔林

步步高，欣欣向荣，连绵不断。中国为图，绿色为底，夜间为亮（夜光曲）

明月松间照，清泉石上流

线雕《万马奔腾》

跋山涉水，日夜兼程，披星戴月，奋斗不息，众志成城

线构

网线、皮影、线构、戏剧性影雕白日观形，夜晚看光

信義

影雕：行为艺术、迎客、街标、仿剪纸、皮影艺术

垂直界面的艺术处理

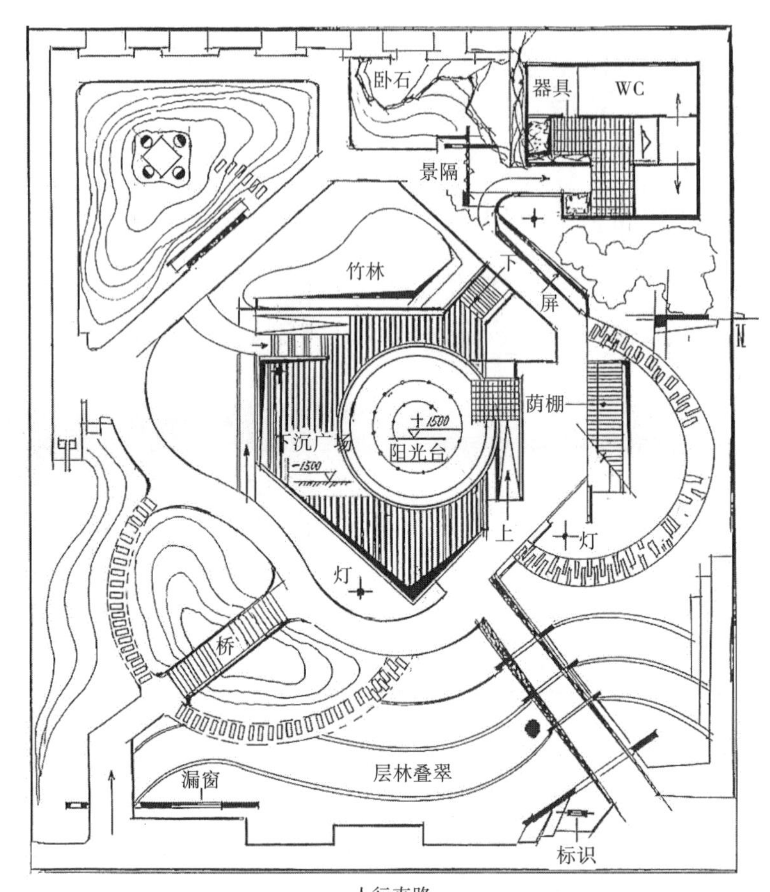
卧石
器具
WC
景隔
竹林
下
屏
荫棚
±1500
阳光台
下沉广场
-1500
上
灯
灯
桥
层林叠翠
漏窗
标识

人行直路

空间结构平面图

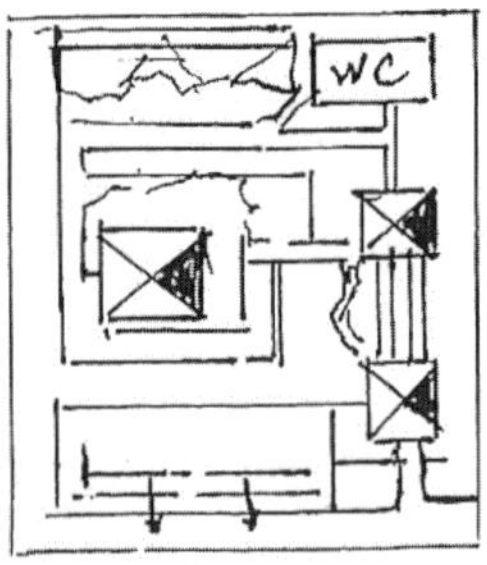

原方案简图

三座古典式廊亭，一座古典式直廊，双排座椅

原方案之弊图

堆满建筑园何在?
场无容量难为场!
冬日全无阳光照!
只在亭外寻暖阳

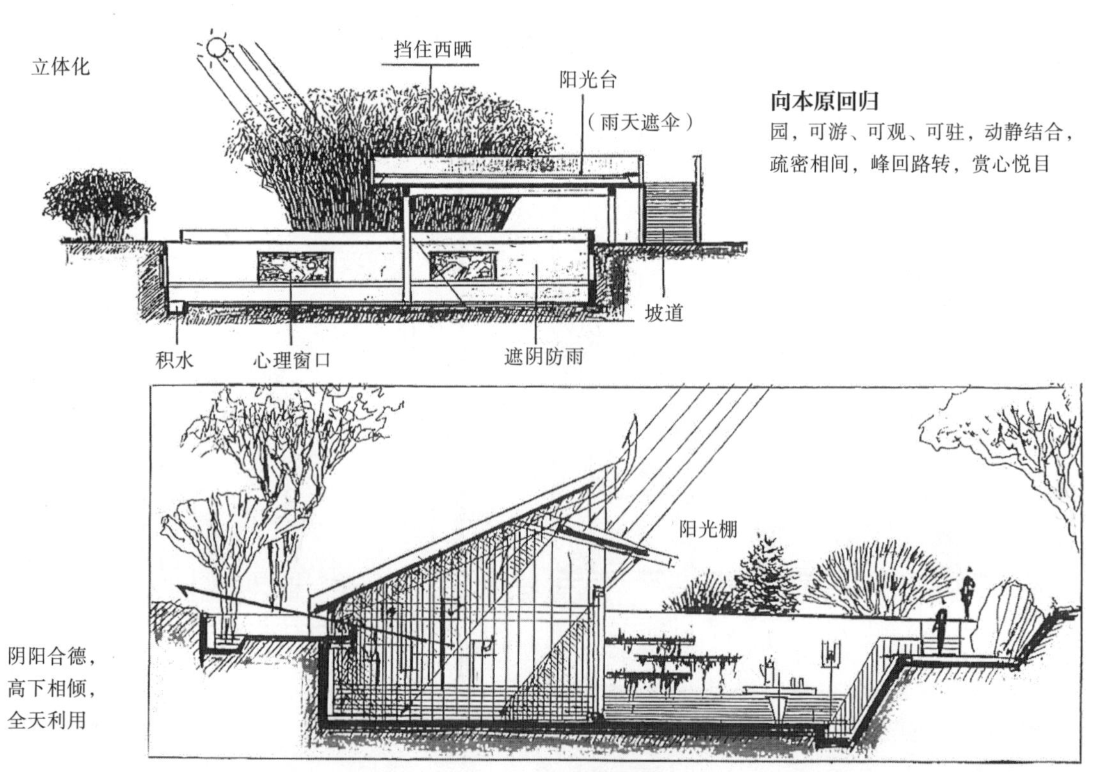
立体化
挡住西晒
阳光台
（雨天遮伞）
坡道
积水
心理窗口
遮阴防雨
阳光棚
阴阳合德，
高下相倾，
全天利用

向本原回归

园，可游、可观、可驻，动静结合，疏密相间，峰回路转，赏心悦目

下沉庭园

改进方案设想

六、城市水景的营造

水是生命之源，自古以来，聚落选址的依据多是依山傍水。在建筑空间组织中，视水为财，讲究“四水归堂”。枕水而居。对于内陆城市而言，更是水贵如油。在传统园林中，叠山理水是重要的创作手法，无水不成园。在现代城市环境中若能创造条件，有效地利用水资源，使人与水之间产生目入—身入—心入—神入的效果，尽情尽兴，将是对城市环境莫大的贡献。

水景的营造，在于与人亲近，而不在水面大小。应发挥边界效应，以岸线、桥梁、码头、船体为媒介创造参与效应，使人与水直接发生体验效应，以下所引实例可供城市水景构景参考。

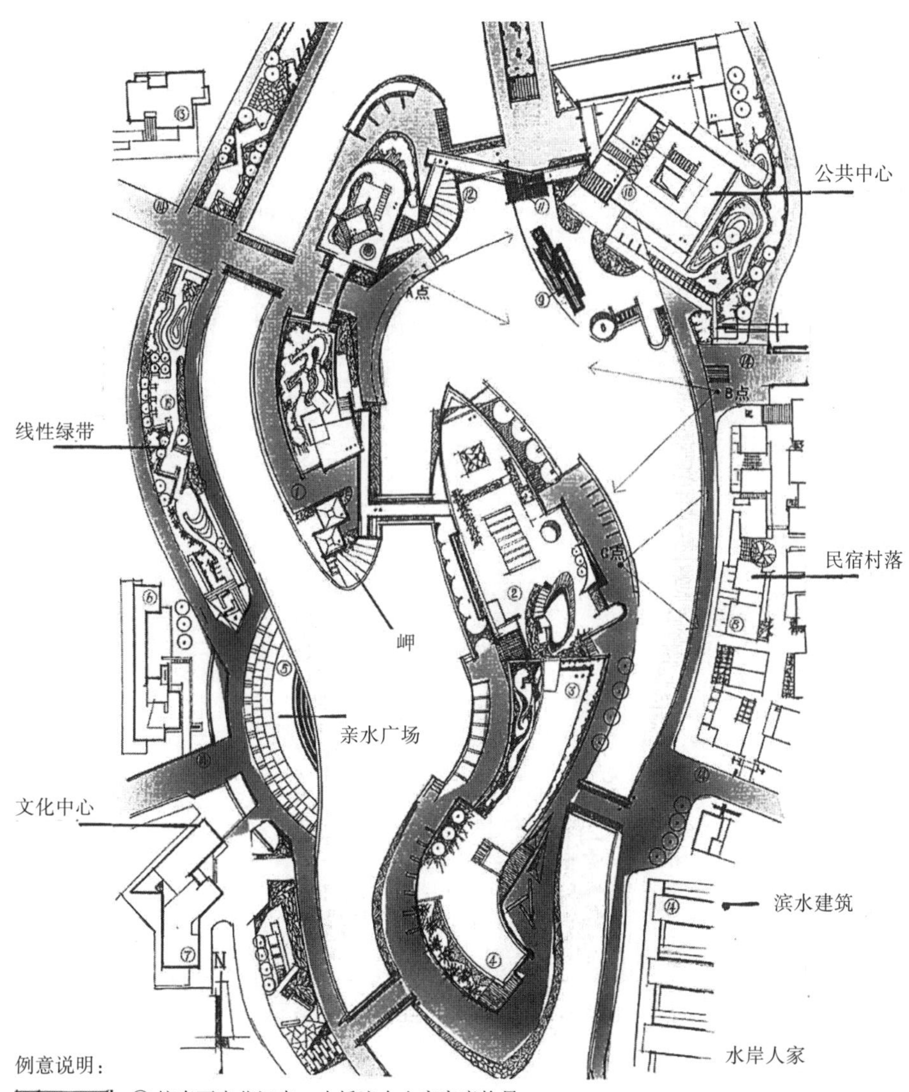
公共中心
线性绿带
民宿村落
岬
亲水广场
文化中心
滨水建筑
水岸人家

水景营造图示

例意说明：

① 按春雨杏花江南，小桥流水人家寓意构景；
② 按水随山转、山重水复意象组景；
③“水不在深，有龙则灵”，水中之岛犹如蛟龙环抱；
④ 水中建筑犹如邮轮航行水中，为游客提供娱乐；
⑤ 整体布局形成相拥相抱之势，周边光彩粼粼，构成天光云影共徘徊之秀丽风光，为环境平添几分灵动之美

人与水的结合，重在岸线组织，岸线是承载水与人相互交往的边界，构建水景园时应增加边界为手段。

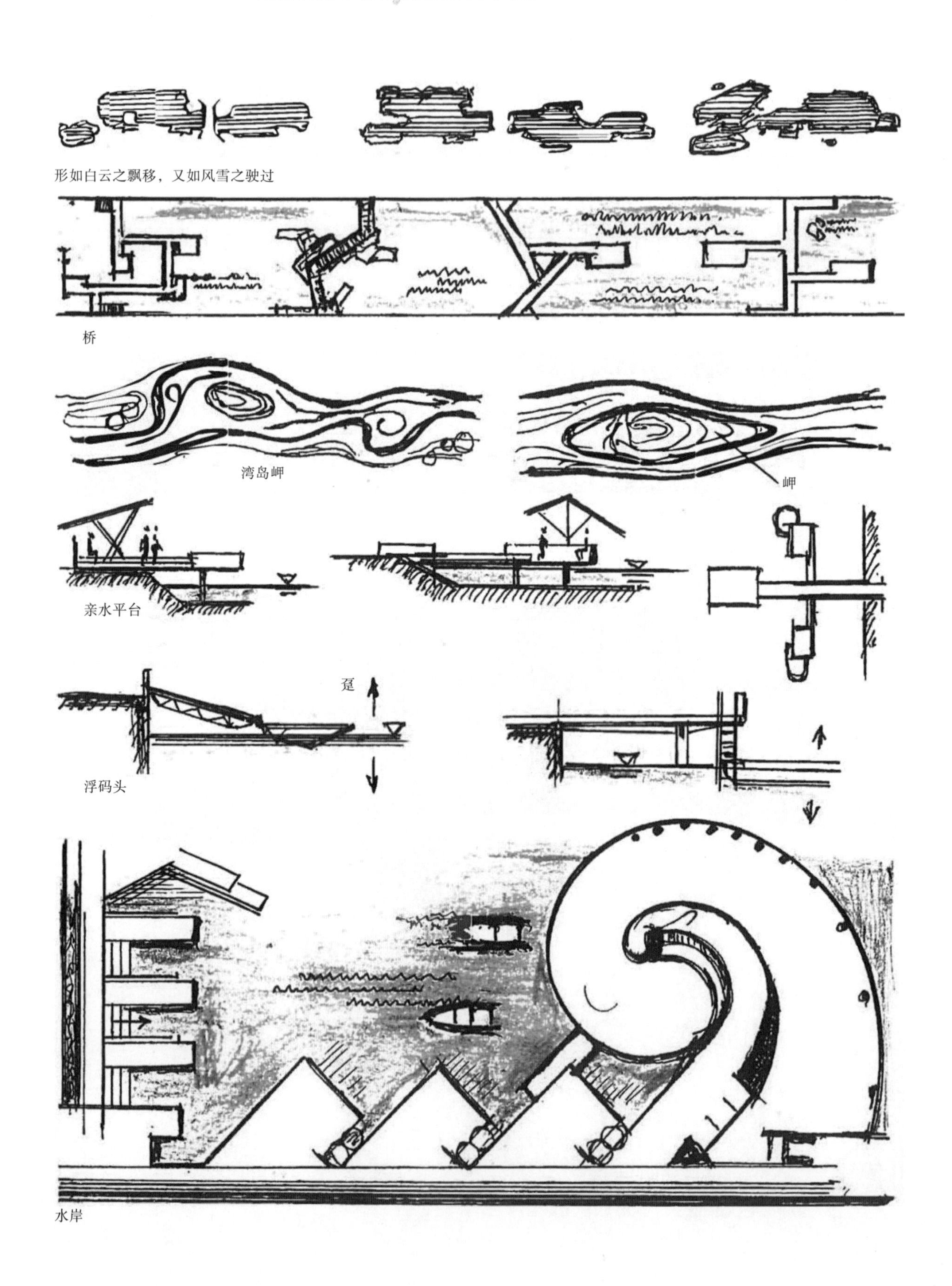
形如白云之飘移，又如风雪之驶过
桥
湾岛岬
岬
亲水平台
浮码头
趸
水岸

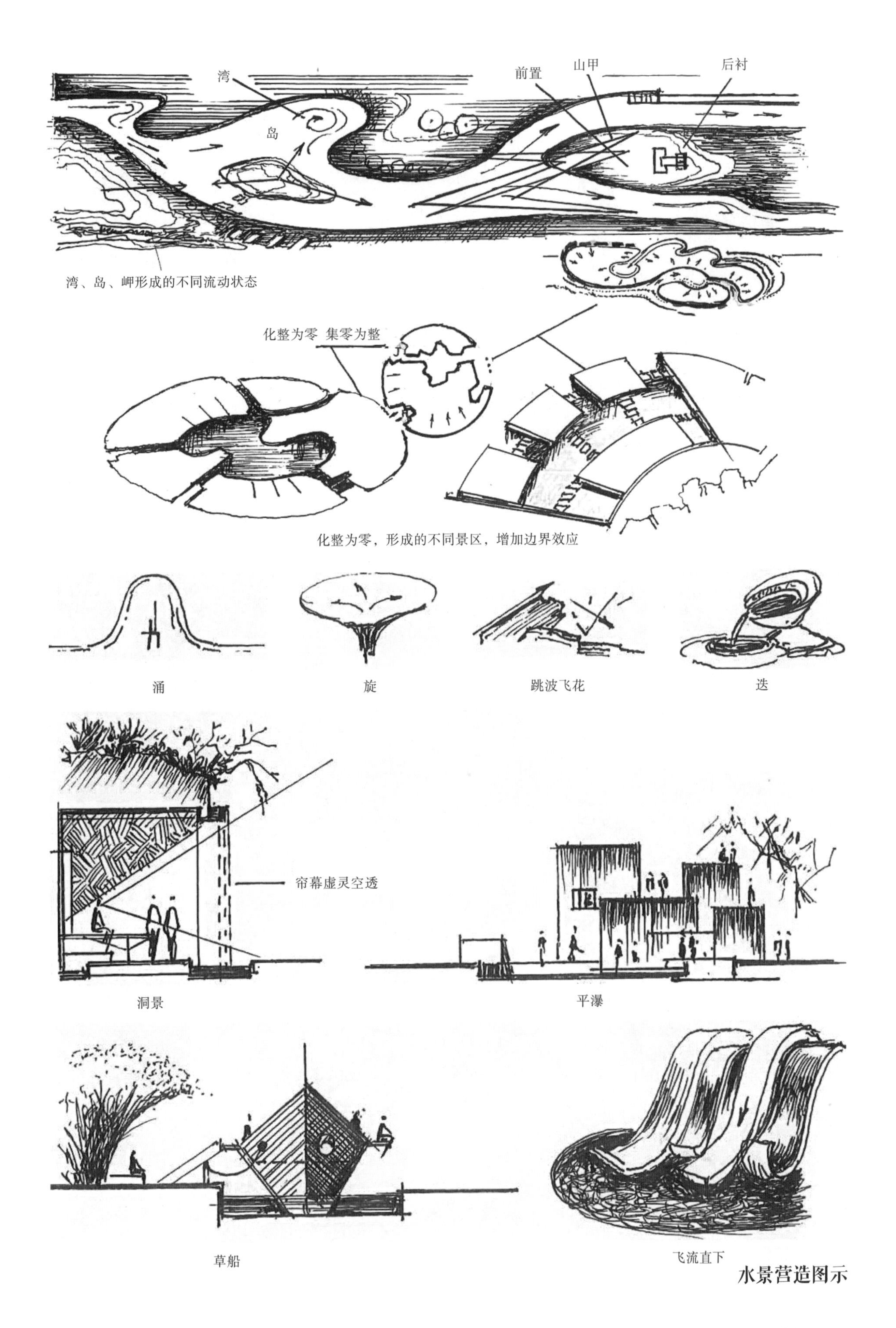
湾
岛
前置
山甲
后衬
湾、岛、岬形成的不同流动状态
化整为零 集零为整
化整为零，形成的不同景区，增加边界效应
涌
旋
跳波飞花
迭
帘幕虚灵空透
洞景
平瀑
草船
飞流直下

水景营造图示

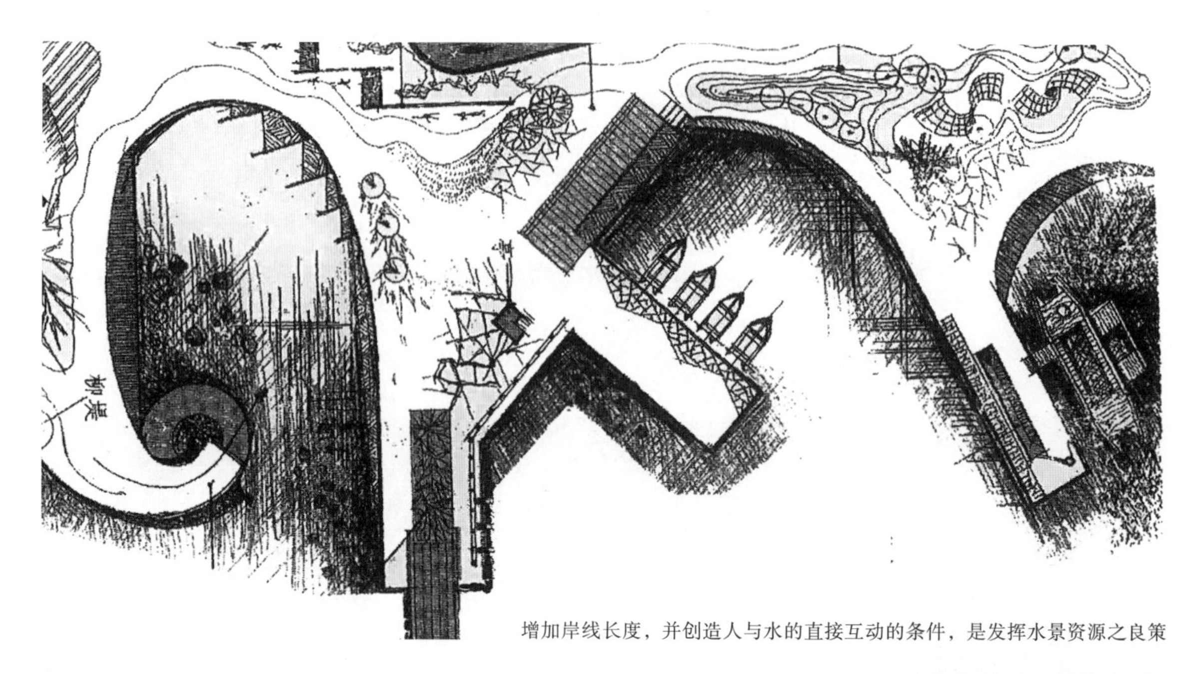
柳堤

增加岸线长度，并创造人与水的直接互动的条件，是发挥水景资源之良策

Cafe

一湾清水，活化一条街市

水景营造图示

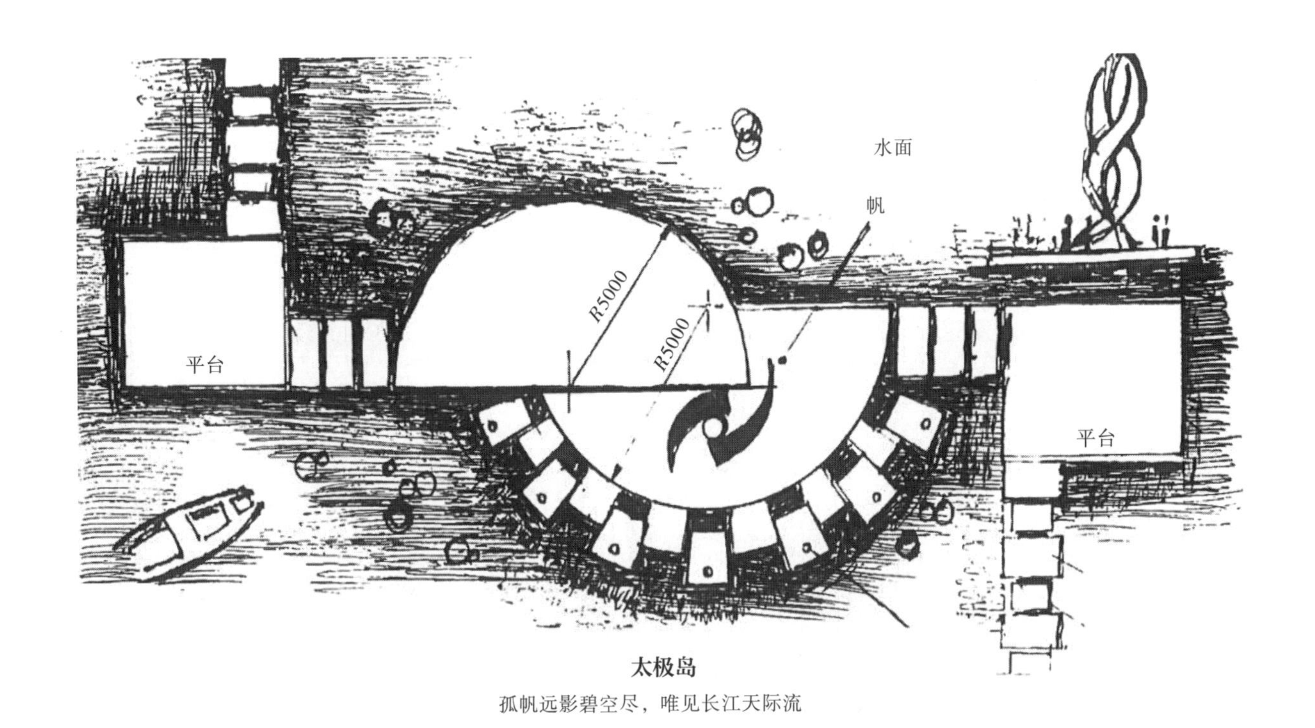
水面
帆
R5000
R5000
平台
平台

太极岛

孤帆远影碧空尽，唯见长江天际流

城市中水景

曲水流觞

栈桥

边界的可塑性

水景营造图示

水本无形，随遇而安，经人工疏导，可以仰俯。入诗入画、以点带面、以少胜多、小中见大，水景按立体式三维展开，与池面上下呼应。

藏头露尾
曲直相间
刚柔并济

水的魅力在空透流淌，唯此方显其本性

三跌

洞瀑

半池，围水而坐，周边设场

潺潺细流

多界面、多方位、与水相戏

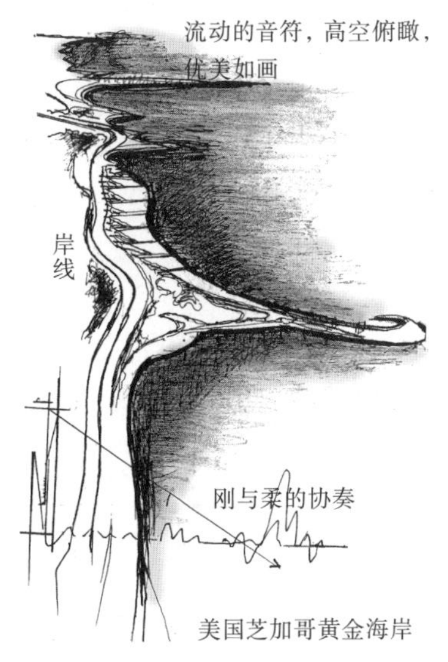
岸线
刚与柔的协奏

流动的音符，高空俯瞰，优美如画

美国芝加哥黄金海岸

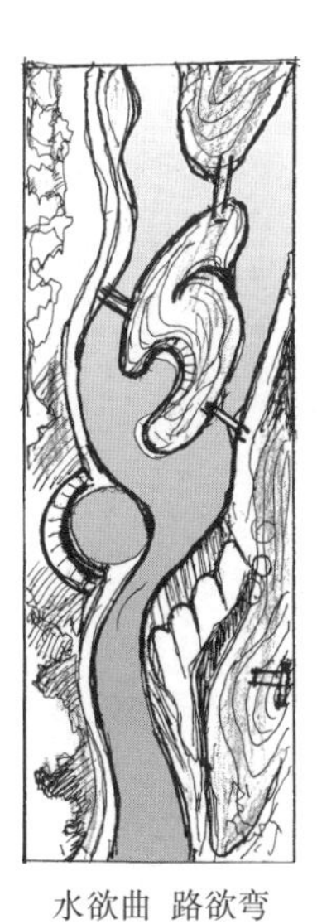

水欲曲 路欲弯

亲水岸线，以凹凸为佳，人可在岸边远观，并以滩地辅之

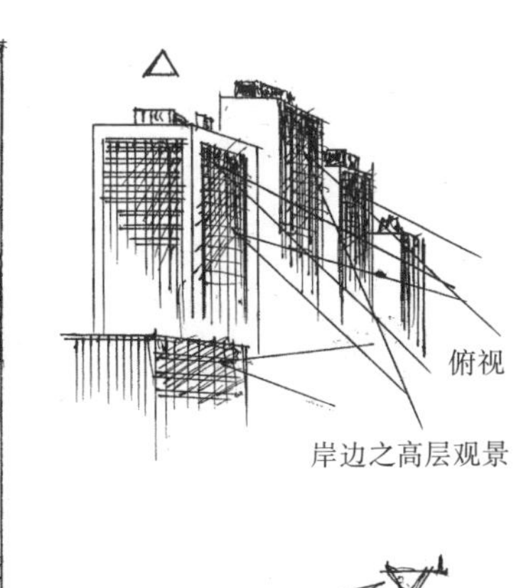
俯视

岸边之高层观景

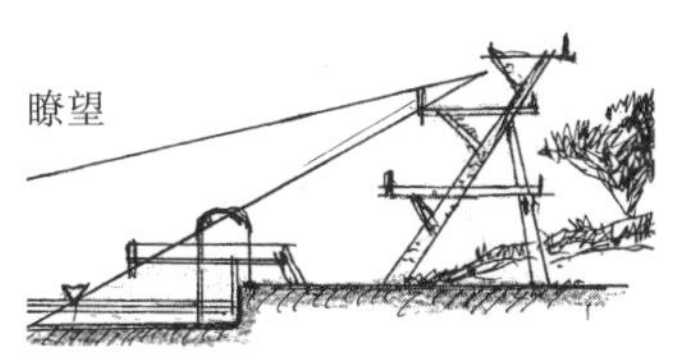

瞭望

台湾高雄莲池潭春秋阁

多层建筑，上高以接天，下空以纳四时之景。层层有环廊，远眺四方之风光，“秋水共长天一色”“欲穷千里目，更上一层楼”，正是古人对此情此景之体验

重影跌瀑

简约、方整、活力、质朴

七、促进儿童友好型空间

自从丹麦首先提出建设儿童友好型社会后，近年来国内也不断地在进行相应的研究。所谓友好型，是一种社会的特殊关注。儿童是国家未来发展的希望，少年强则国强，优生和优育已受到全社会广泛的关注。另外，我国已进入老年社会，65周岁以上的老人逐年增加。老人是社会的弱势群体，如何体现社会、家庭、抱团养老，也是不容忽视的。除以上两种社会人群外，正在一线奋斗的职场人员，由于长期处于高负荷、快节奏、高压力的情绪下，自律性丧失、亚健康的忧患也十分普遍。如何缓解疲劳，保持旺盛的奉献精神，也关系民族兴旺的大局。

据统计，以上三类人群约占城市居民总量的85%左右，他们每天走行在城市公共空间之中，与城市发生千丝万缕的联系，不能不予以特殊重视，限于篇幅，本书只对儿童友好型空间作些描述，对于其他两种类型原则性地提出一些期盼。城市公共空间应具有较宽松的、全方位、无死角和盲区的开放共享，力求全天候来满足各阶层的户外活动，让街巷有更多的功能承载。

城市不是一具没有生命活力的物质躯壳，向人性复归，向自然生态复归，向市井化、慢生活倾斜，是人民的需求，也是城市向本原回归的正确途径。

“儿童不仅是我们的未来，也是我们的现在，是时候认真倾听他们的需求了”卡罗尔·贝拉米（Carol Bellamy）。

“用孩子的眼光去寻找城市的问题，会将城市看得特别敏锐。如果能倾听孩子的思想、孩子的需求，那么这个规划师一定是最聪明的规划师。城

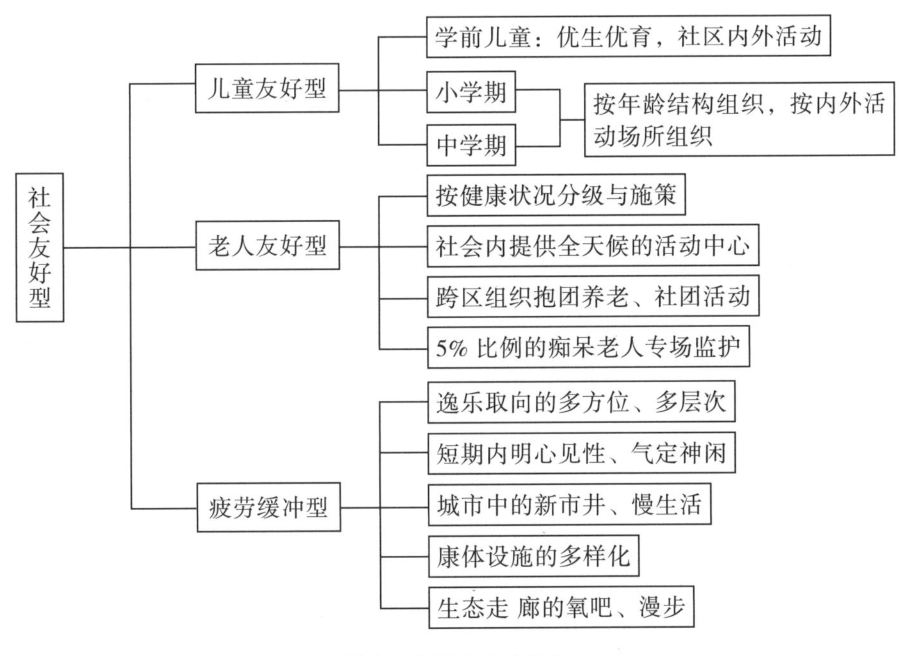

社会友好型
儿童友好型
学前儿童：优生优育，社区内外活动
小学期
中学期
按年龄结构组织，按内外活动场所组织
老人友好型
按健康状况分级与施策
社会内提供全天候的活动中心
跨区组织抱团养老、社团活动
5% 比例的痴呆老人专场监护
疲劳缓冲型
逸乐取向的多方位、多层次
短期内明心见性、气定神闲
城市中的新市井、慢生活
康体设施的多样化
生态走 廊的氧吧、漫步

社会友好型分类及内容

市明天的主人就是今天的孩子，城市战略规划实际上就是为了今天的孩子和明天的生活”（吴志强）。

儿童，是一个国家的希望和未来，将城市建设成为满足儿童乃至青少年健康成长需要的美好环境也是我们的责任。人是社会性动物，社会环境的熏陶是不容忽视的，整个社会环境都是儿童的学习课堂，而不仅是局限于家庭、学校、培训班。

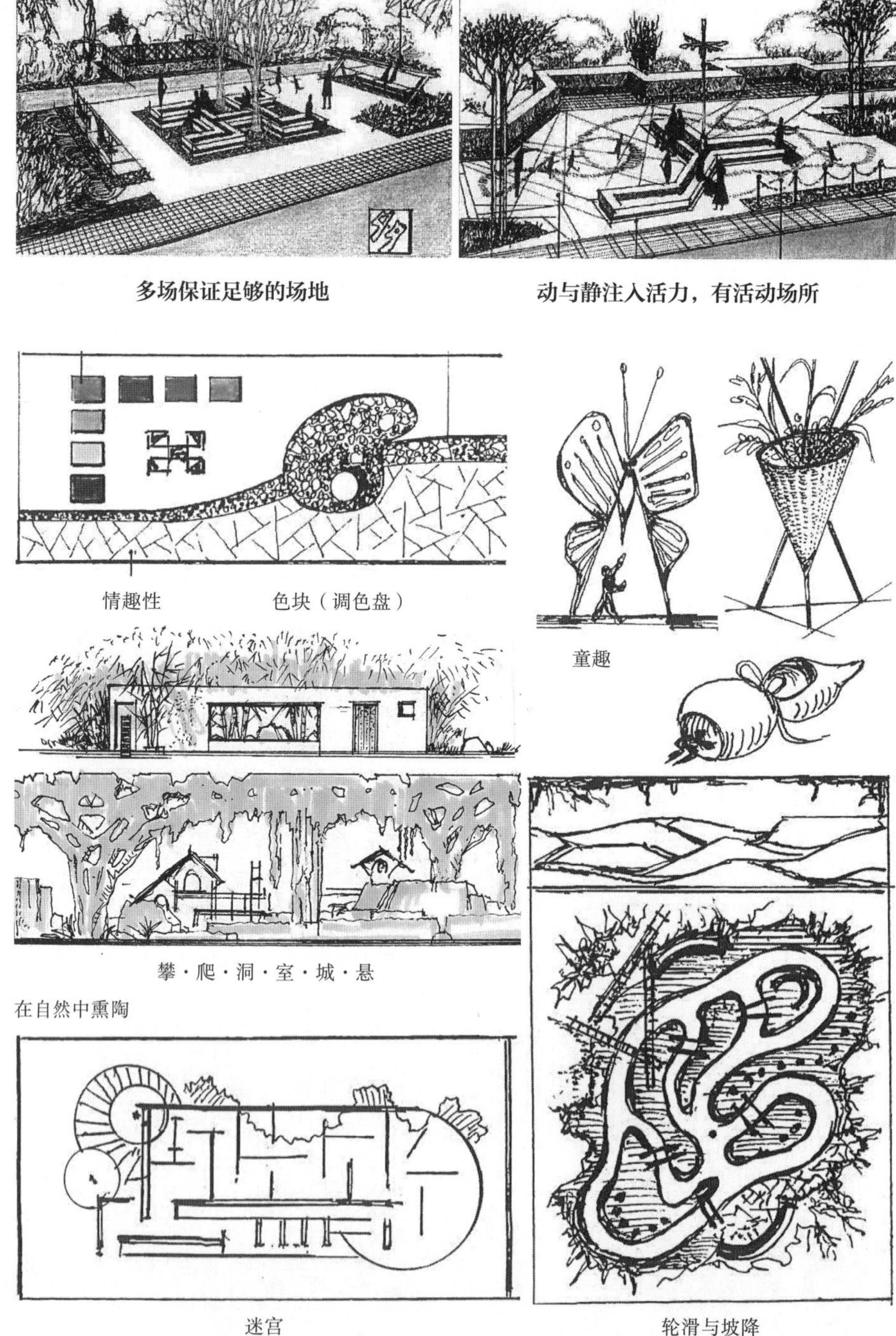
多场保证足够的场地
动与静注入活力，有活动场所
情趣性
色块（调色盘）
童趣
攀·爬·洞·室·城·悬
在自然中熏陶
迷宫
轮滑与坡降

儿童活动场地

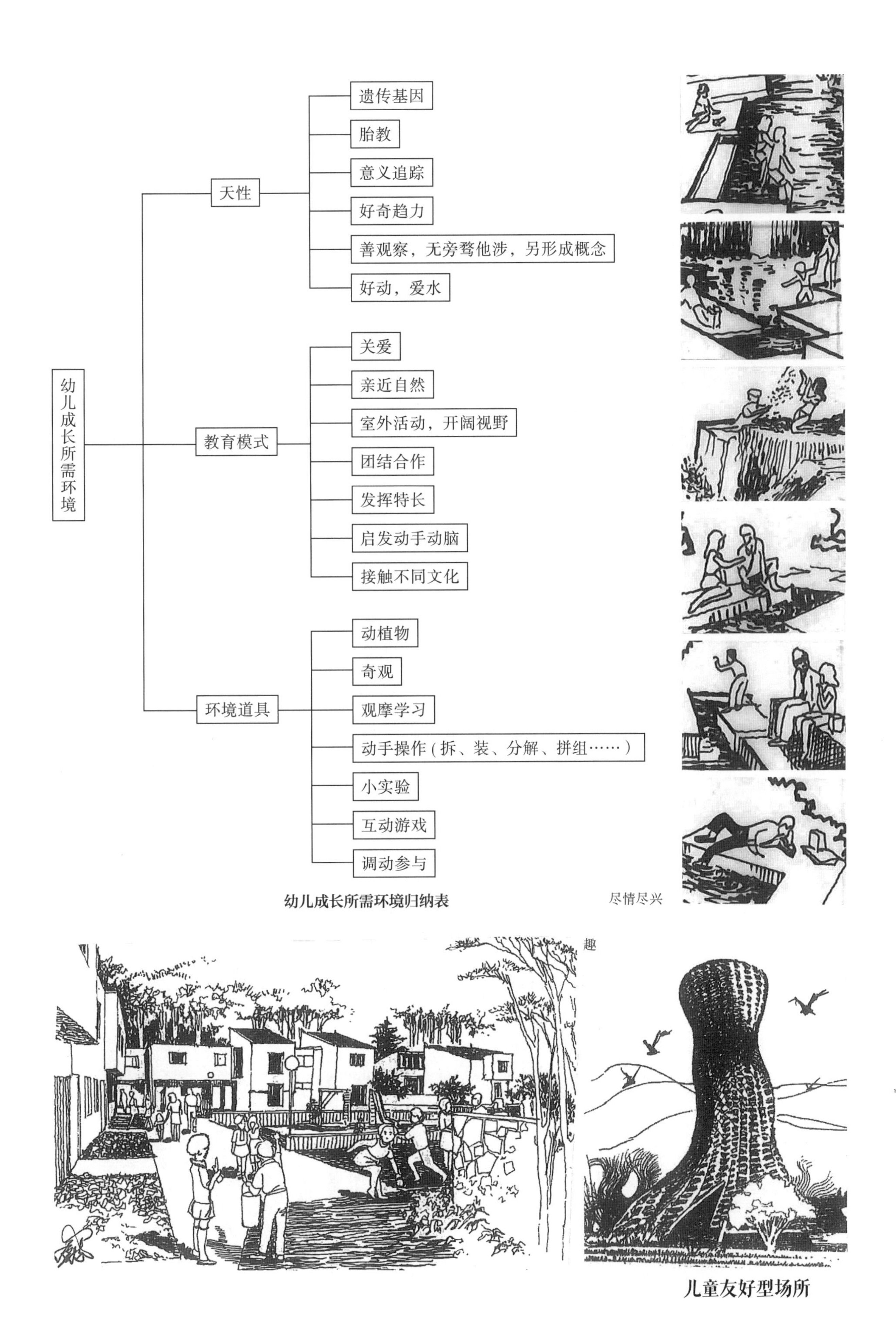
幼儿成长所需环境
天性
遗传基因
胎教
意义追踪
好奇趋力
善观察，无旁骛他涉，另形成概念
好动，爱水
教育模式
关爱
亲近自然
室外活动，开阔视野
团结合作
发挥特长
启发动手动脑
接触不同文化
环境道具
动植物
奇观
观摩学习
动手操作（拆、装、分解、拼组……）
小实验
互动游戏
调动参与
尽情尽兴
趣

幼儿成长所需环境归纳表

儿童友好型场所

儿童活动空间，应充满德、智、体、美、劳全面发展需求，立足于动，动手、动脑、动身、动情，爱群、爱科学、爱家乡，好奇、好问、好学、好探索。环境组景要兼顾多样统一、灵活多变，避免单一，投其所好、开发智力。

丹麦是首先提出儿童友好型国家，在活动场地建设上，保证遍布在每个街区，都有厚重而安全的立体式实要构架，以满足攀、爬、藏、戏、钻、滑、耍……充分体现生态与活力。借鉴日本经验，除场地设置外，还以试验场馆，让儿童了解交通、防灾、安全防护、体能训练方面的常识和体验。

中国儿童中心副主任李忠明代表中国儿童中心提出了以下倡议：城市的建设和发展理念要以儿童为本，尊重儿童的权利，鼓励儿童参与；要充分探索和挖掘城市现有环境和场所，对儿童的教育和服务功能，让更多儿童享受到符合儿童特点的优质环境设施和场所。儿童在参与活动的过程中，人与实践目标接触，发挥自己的创造才能，可以少几分功利，多几分创意。规划学界对城市儿童户外活动空间规划、布局的理论与方法进行探讨。

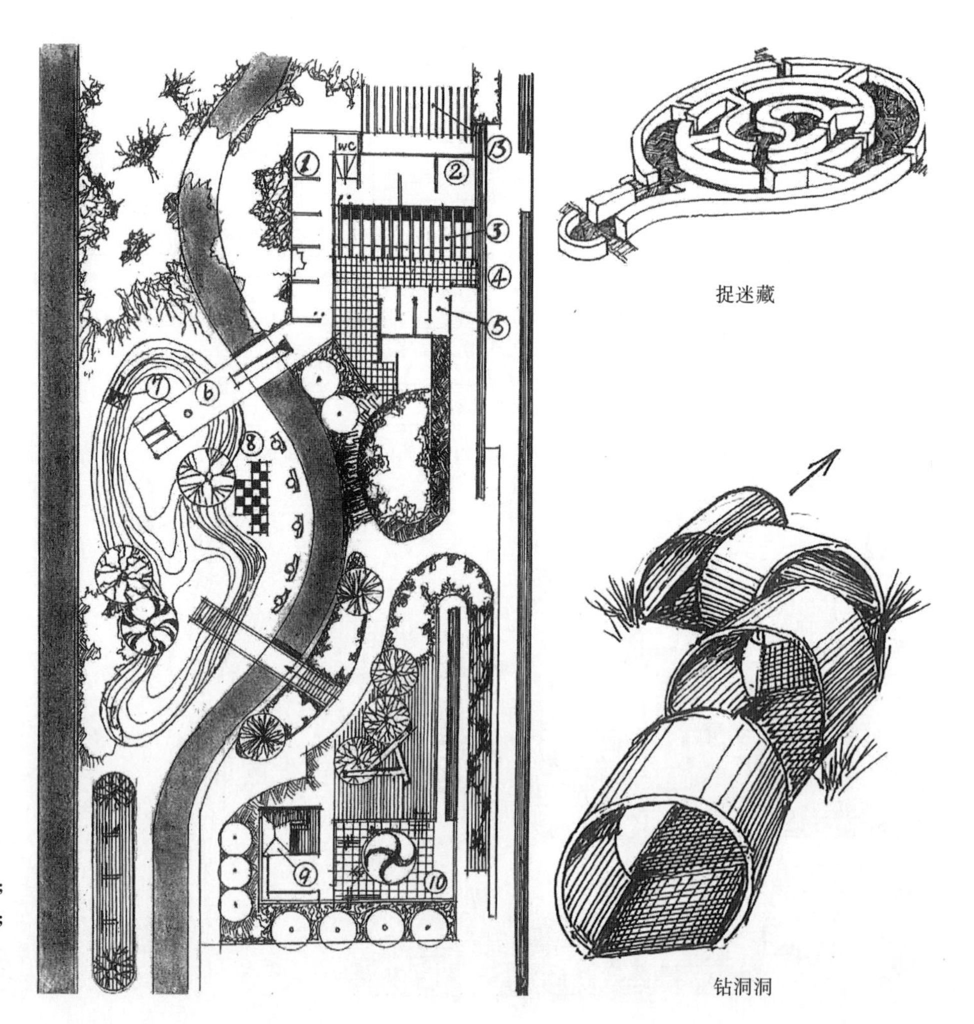
WC

捉迷藏

钻洞洞

儿童德智培育园

1- 展示；2- 画廊；3- 作业场；4- 外庭；5- 外展；6- 天桥；7- 亭；8- 方格；9- 储藏；10- 操作场

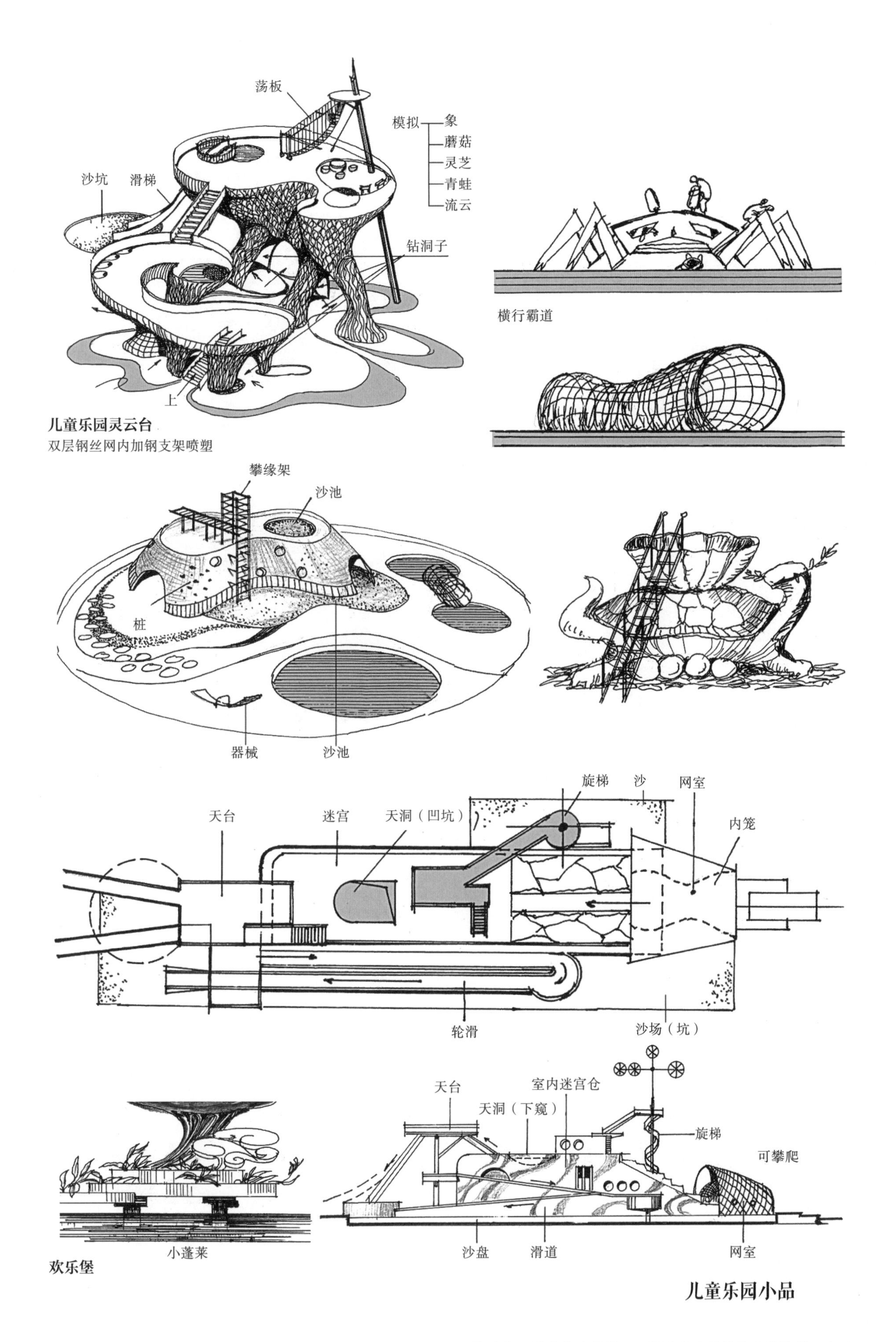
荡板
模拟
象
蘑菇
灵芝
青蛙
流云
沙坑
滑梯
钻洞子
上
横行霸道
攀缘架
沙池
桩
器械
沙池
旋梯
沙
网室
天台
迷宫
天洞（凹坑）
内笼
轮滑
沙场（坑）
天台
室内迷宫仓
天洞（下窥）
旋梯
可攀爬
小蓬莱
沙盘
滑道
网室

儿童乐园灵云台

双层钢丝网内加钢支架喷塑

欢乐堡

儿童乐园小品

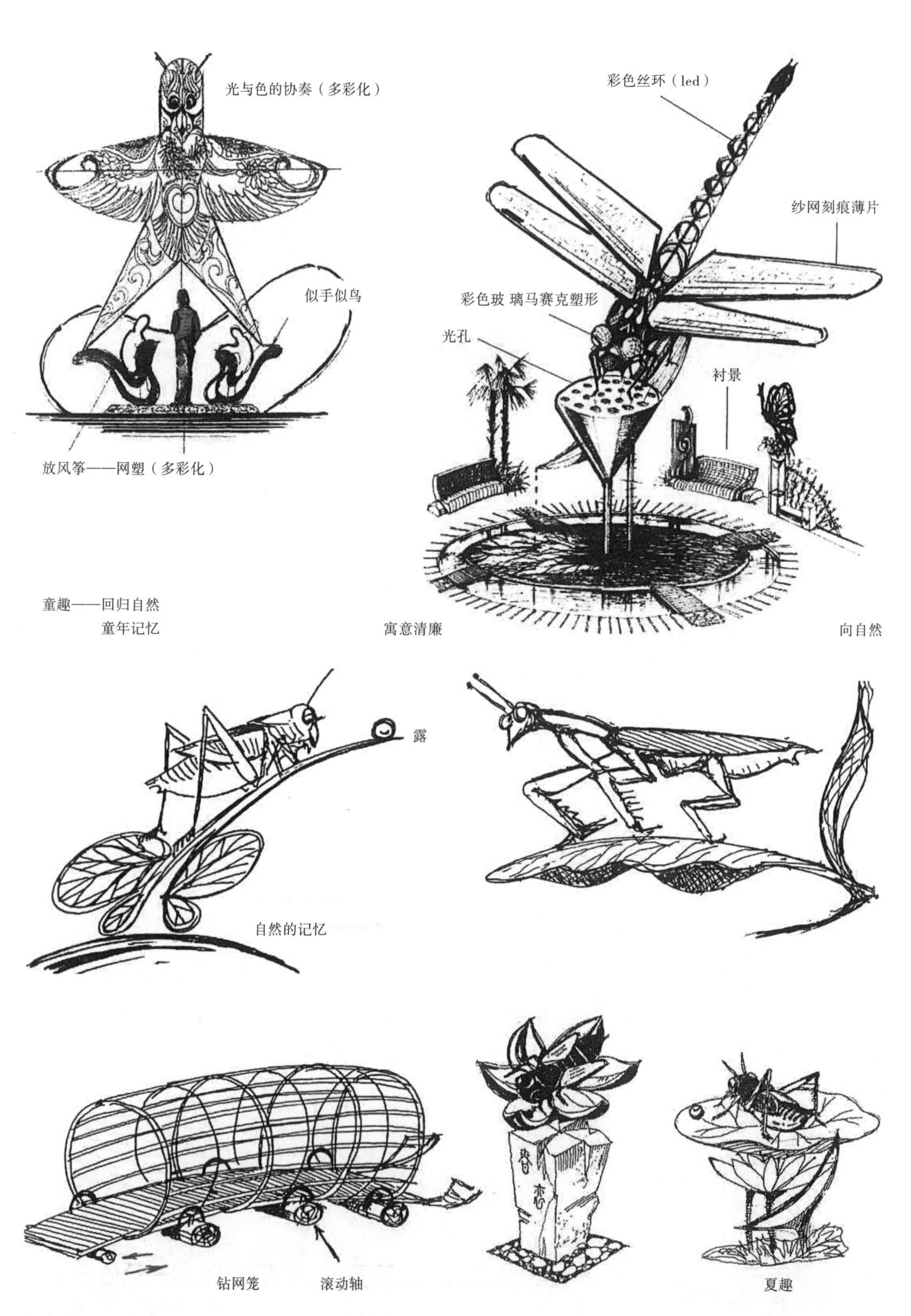
光与色的协奏（多彩化）
似手似鸟
放风筝——网塑（多彩化）
童趣——回归自然
童年记忆
彩色丝环（led）
纱网刻痕薄片
彩色玻 璃马赛克塑形
光孔
衬景
寓意清廉
向自然
露
自然的记忆
钻网笼
滚动轴
夏趣

儿童乐园小品

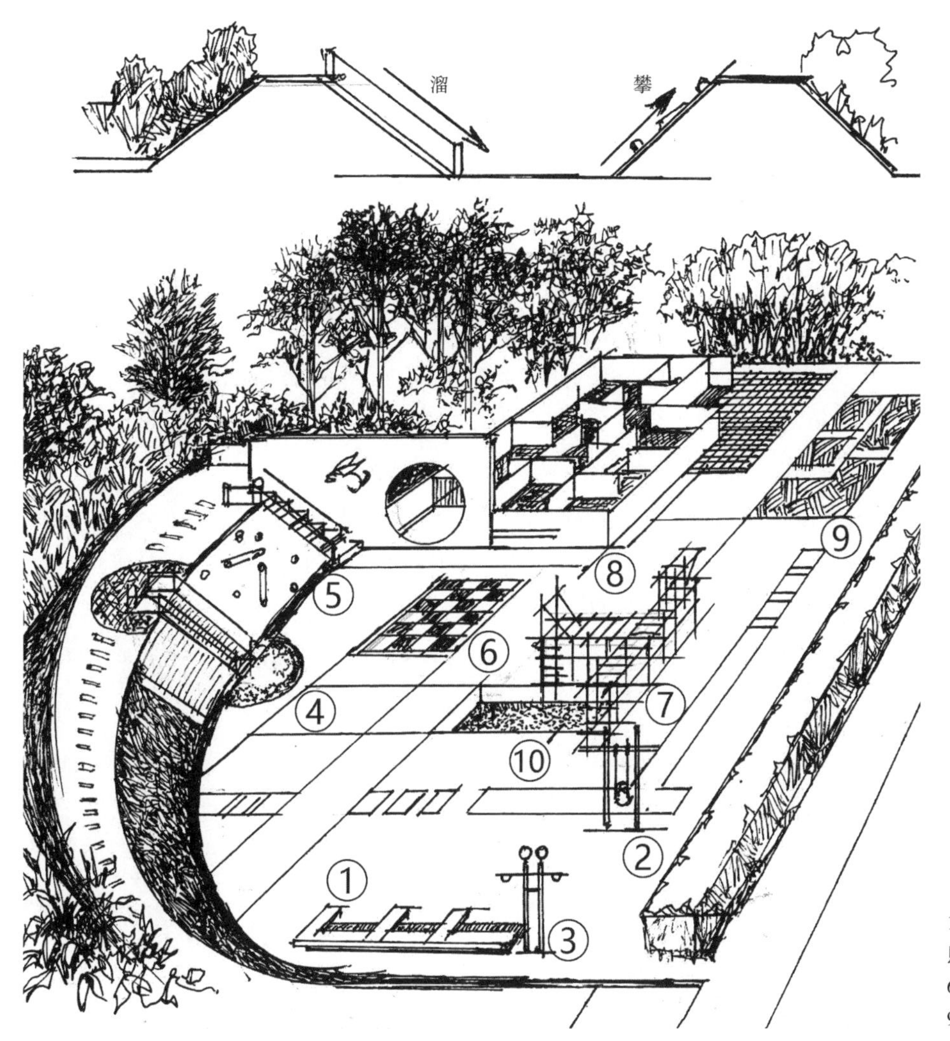
溜
攀
1
2
3
4
5
6
7
8
9
10

1- 看护；2- 秋千；3- 标识、照明；4- 滑梯；5- 攀缘；6- 花格；7- 支架；8- 迷宫；9- 种植；10- 沙坑

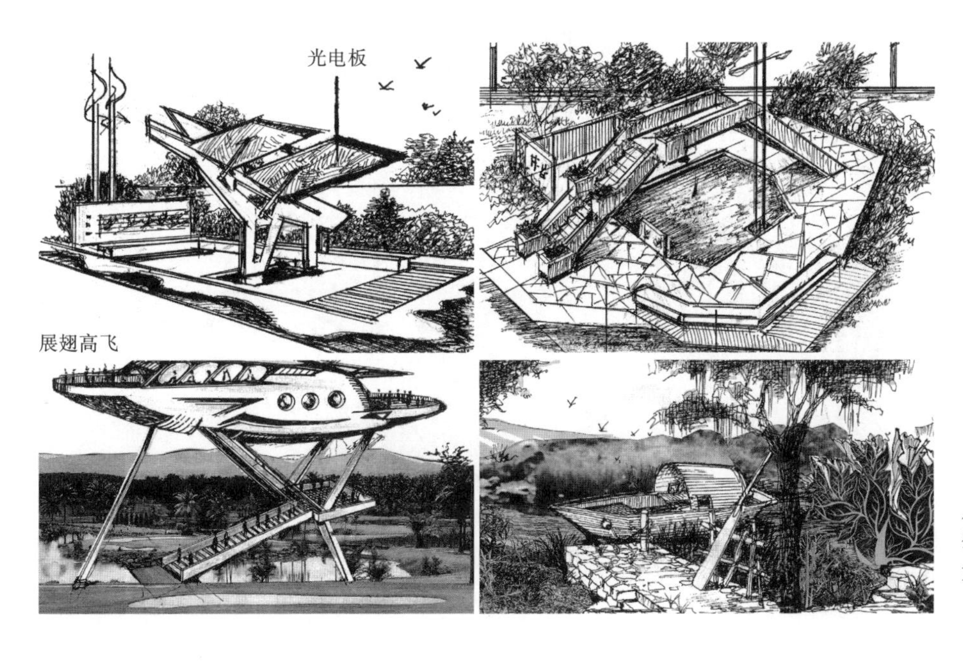
光电板
展翅高飞

儿童乐园

登高壮观天地间，
大江茫茫去不还。
——李白

先哲们在造园艺术中，通过自己的实践，为我们留下了无穷的智慧，从观念、方法到技巧都有取之不尽用之不竭的经验。时至今日，随着物质文化水平的不断提高，各种制作工艺几乎能支持任何创意想法的实现，为我们提供了更加广阔的创作空间。然而，当下的造园却陷入翻版复刻、定格定式、到处重复，甚至连何以为景的简单道理都懒于思考，将许多宝贵的精神资源置于无用之地。造景不知何为景，造境不知何为境，只是停留在形式上的有无。所以，要强调艺术乃是对美的创造，而美是发自内心的感悟，"美自心成""境由心生""一切景语皆情语""形态乃艺术创作的母体""源于生活，高于生活"，园林创作需要强调原真性、唯一性，匠心独运是非常必要的，至少要明确何以为景。技巧的运用也不应是形式的堆砌，形、景、境、情的统一，应是必须的文化认同。

中国园林，上至皇家的苑囿，下到文人士大夫的花园，乃至寻常百姓家，无一不放眼于宇宙万物，取其人生意义的象征，融入于诗情画意之中，与山、石、水、绿、日、月、星、辰、风、云、鸟、兽等结下不解之缘。在造园技法上，如山水画、山水诗一样，行云流水、气势磅礴、气韵

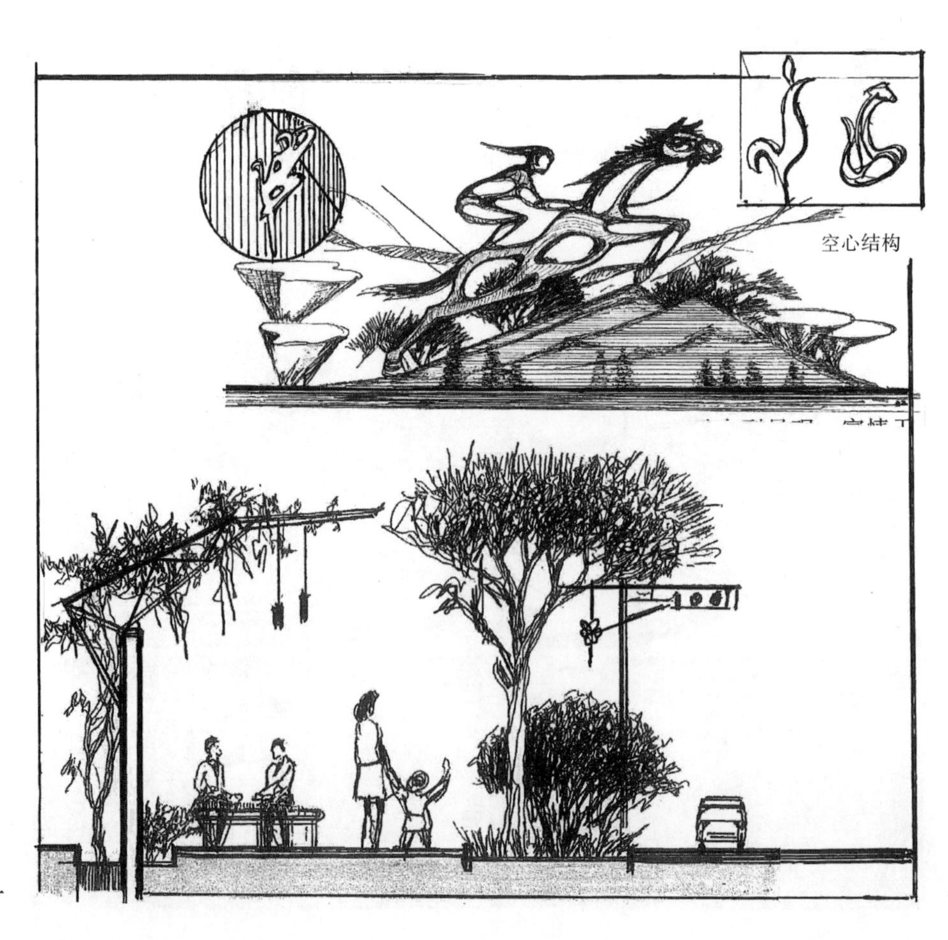
空心结构

街景设计

生动，既有飞鹏展翅之豪迈，又有缠绵悱恻之幽深。咫尺可见天涯，盆景悟道乾坤，移步可以换景，转眼可以移情。中国园林处处表现的是人生的哲理与情感的寄托。然而，园林和其他事物一样，也需要与时俱进。传承不是翻版复制，也需要更新改造，汲取其内涵之精华、化简提纯，方能在传承中发展，在发展中传承才具有真正的意义与价值。

园之为园，皆因有景可观、可亲、可逛、可入心怡情。而景之为景，并非一切形皆为景，景自心成、心仪为景、有感而发、触景生情。

一般认为，人凭直觉感应喜欢的景色才够得上美景。它能够从背景中跃出，吸引人的眼球。所以，景观不仅需要外表的形式美，还必须具有结构的完整性、趣味性、可参与性、表意性。故可概括为“神、情、理、趣”四种条件，此外还应是自然的、和谐的、有意蕴的，在可拥有的条件下，保持适当心理距离，才称得上是景为人设、人与景互动。

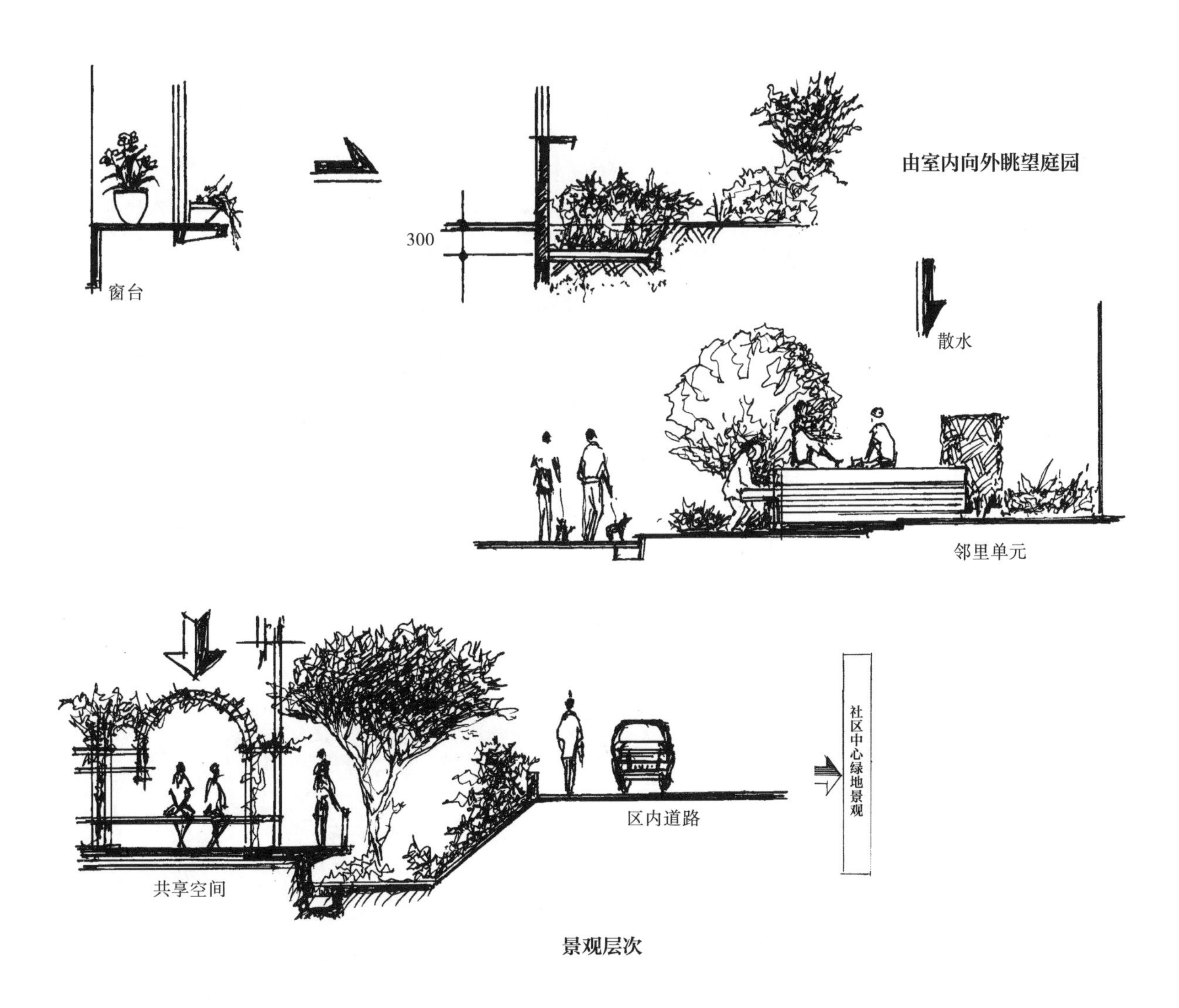
由室内向外眺望庭园
窗台
300
散水
邻里单元
社区中心绿地景观
区内道路
共享空间

景观层次

路欲曲不曲不深。
小园配小景，
小景各不同

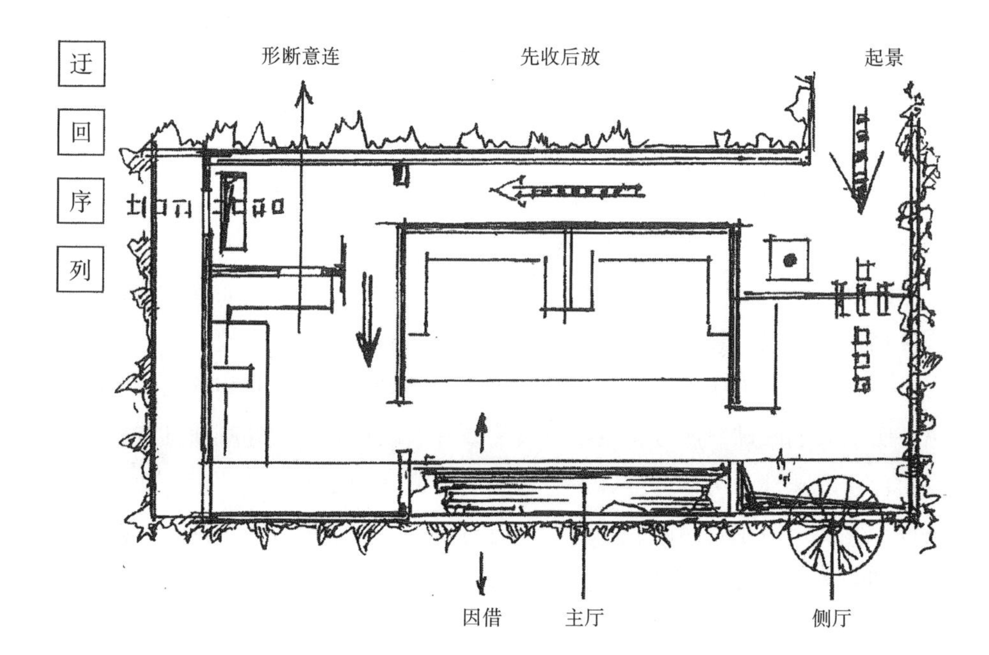
迂
回
序
列
形断意连
先收后放
起景
因借
主厅
侧厅

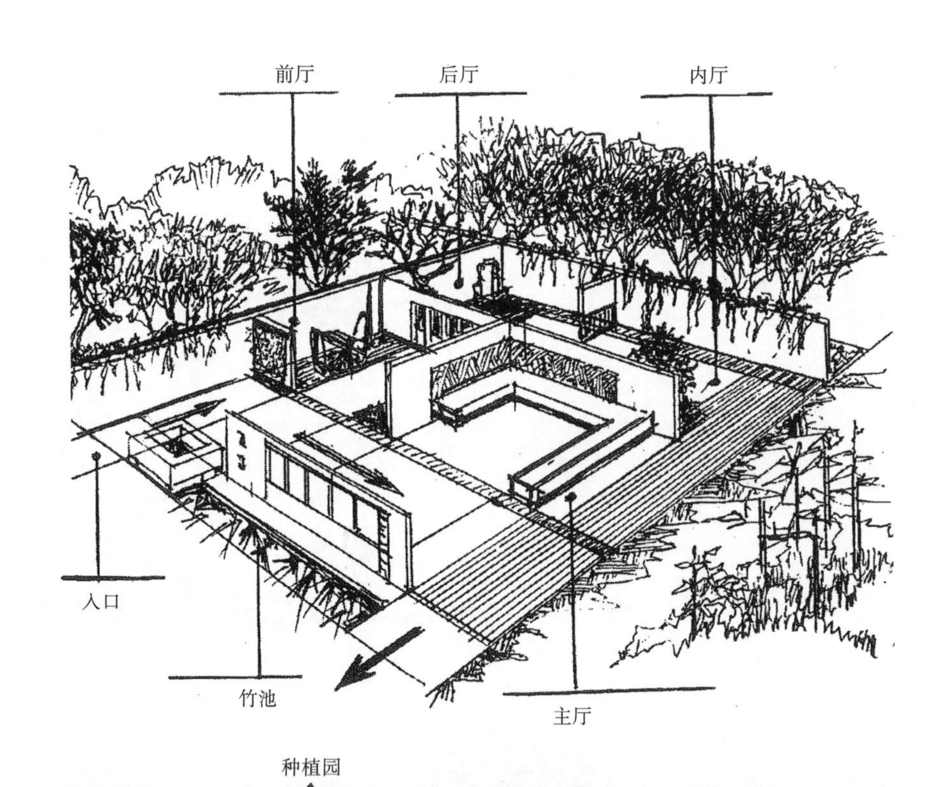
前厅
后厅
内厅
入口
竹池
主厅

种植园

小中见大
望而不及
既隔又透
迂回幽深
峰回路转

生态休闲园总平面图

迂回序列

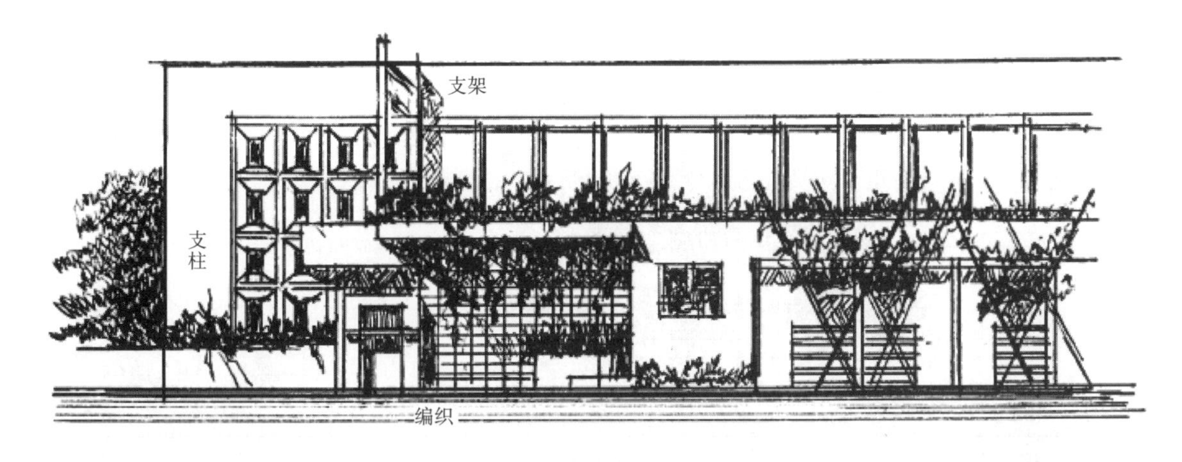
支架
支柱
编织

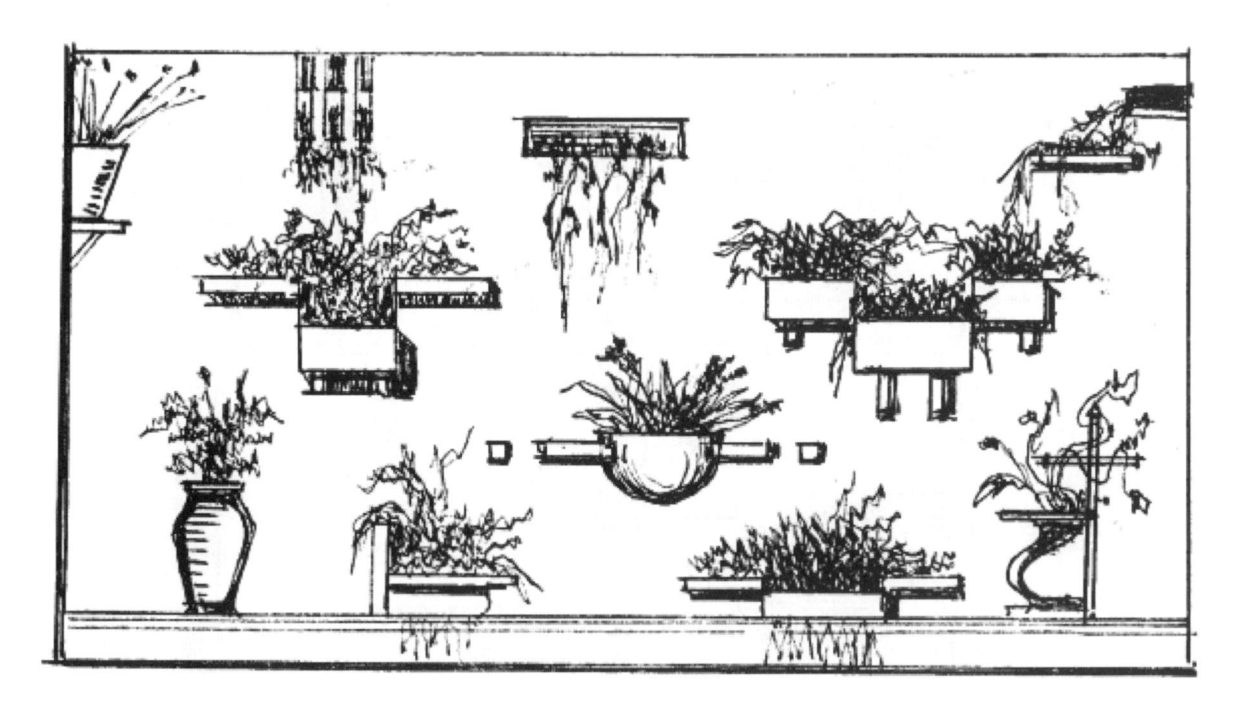

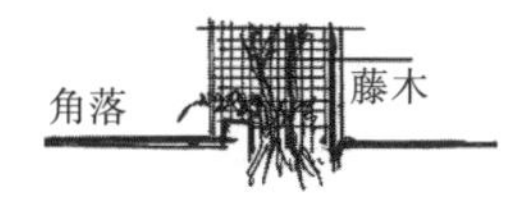
角落
藤木

用绿植进行建筑点缀
——体现街巷活力

一切有机生命体，如欲取得旺盛的生长，必须根植于母体环境中，获得滋补与营养，否则就是无本之木。

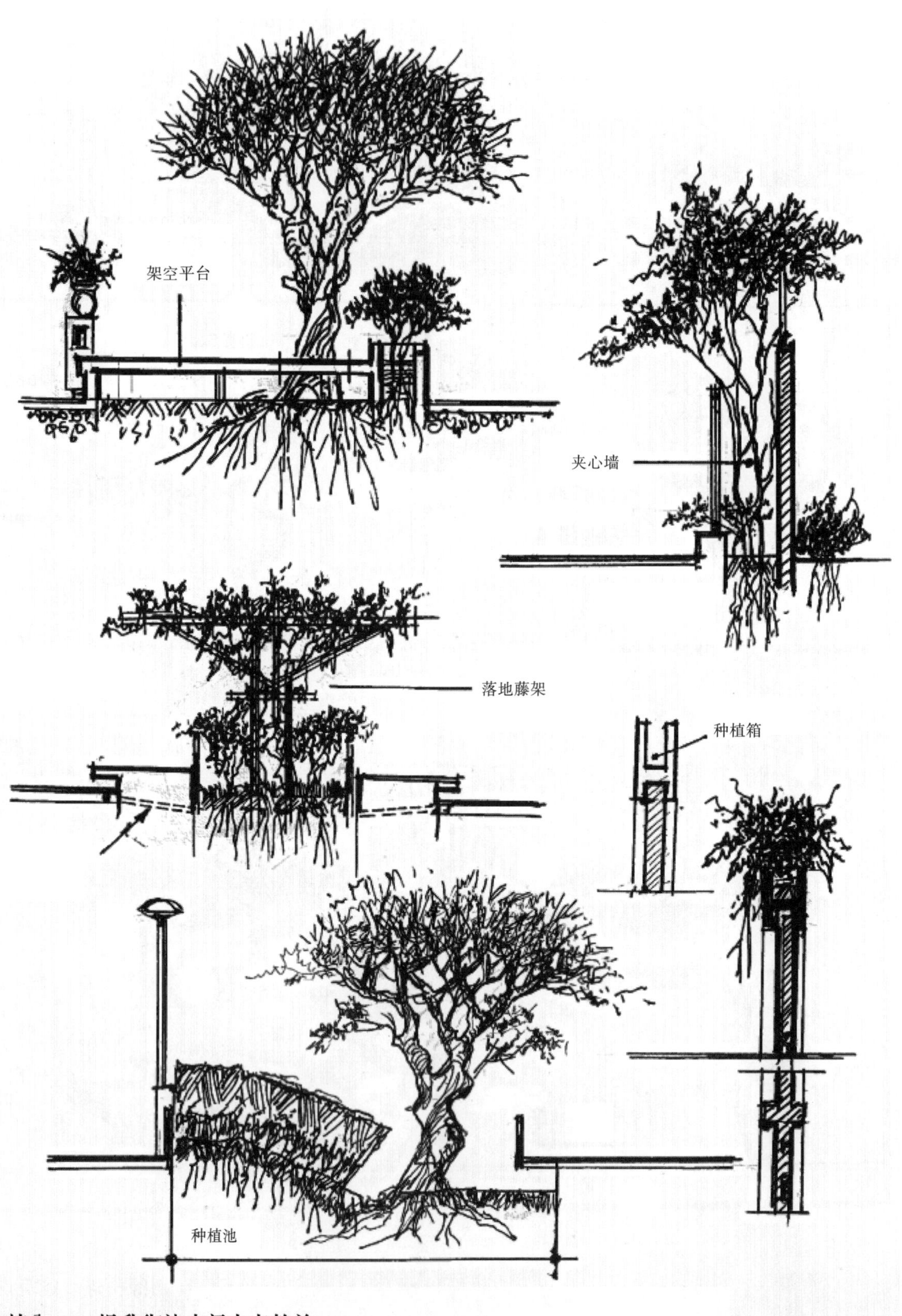
架空平台
夹心墙
落地藤架
种植箱
种植池

绿化植入——提升街边空间生态效益

实体墙壁的艺术再处理方法，可以利用多种手法，增添纹理打破僵硬的实体，增强画面感。

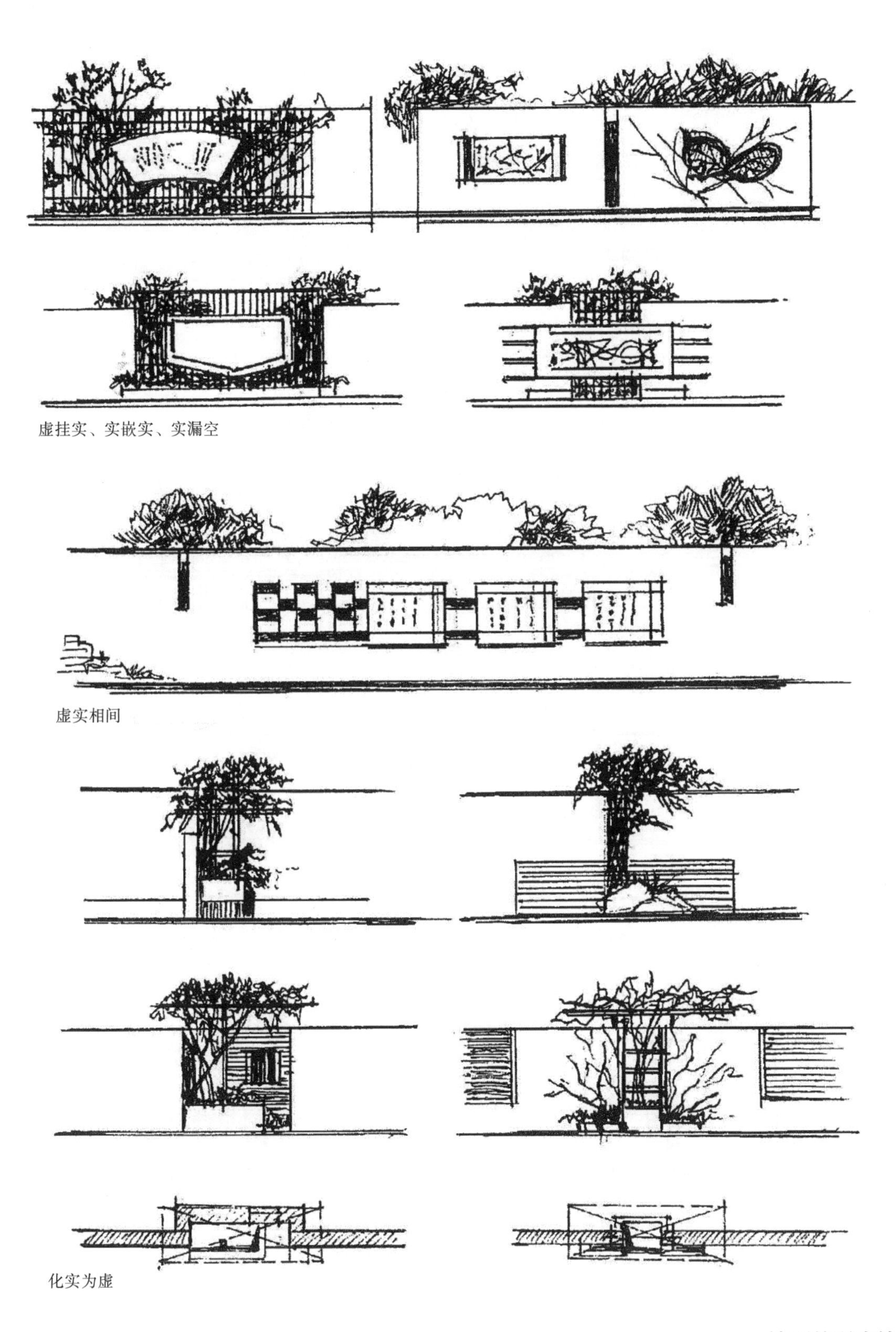

虚挂实、实嵌实、实漏空

虚实相间

化实为虚

墙面处理方法

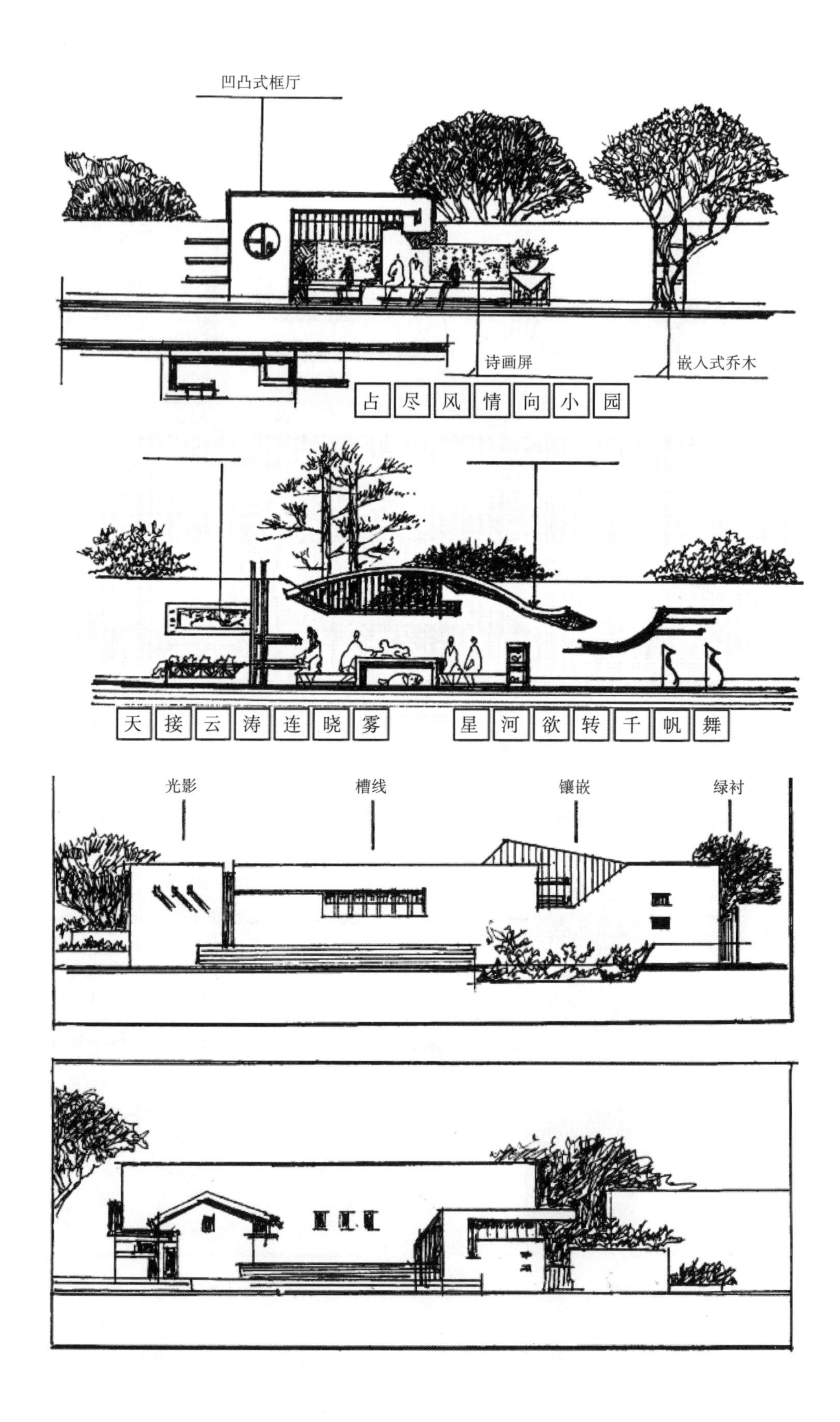
凹凸式框厅
诗画屏
嵌入式乔木
占尽风情向小园
天接云涛连晓雾
星河欲转千帆舞
光影
槽线
镶嵌
绿衬

墙面设计

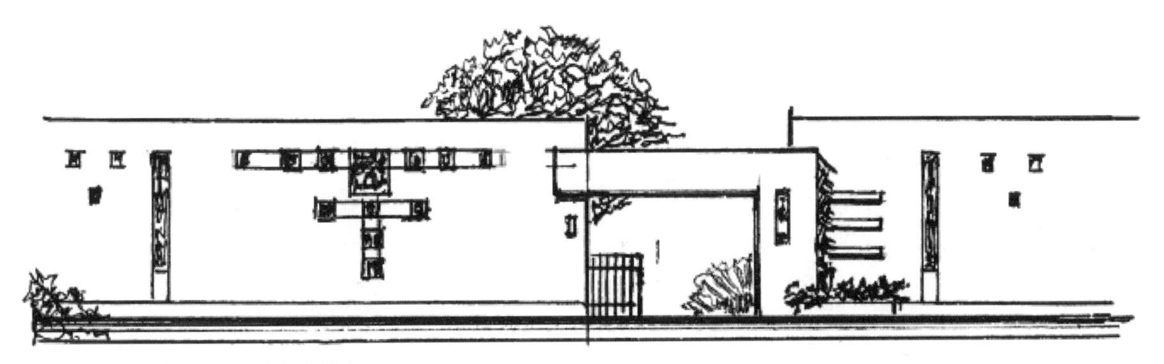

街区入口处的艺术处理，形成门式节点

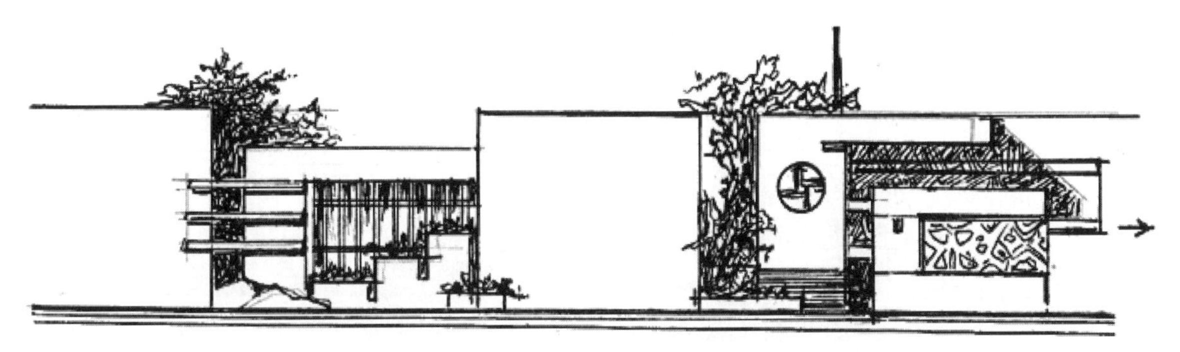

虚实结合，形成亭空间

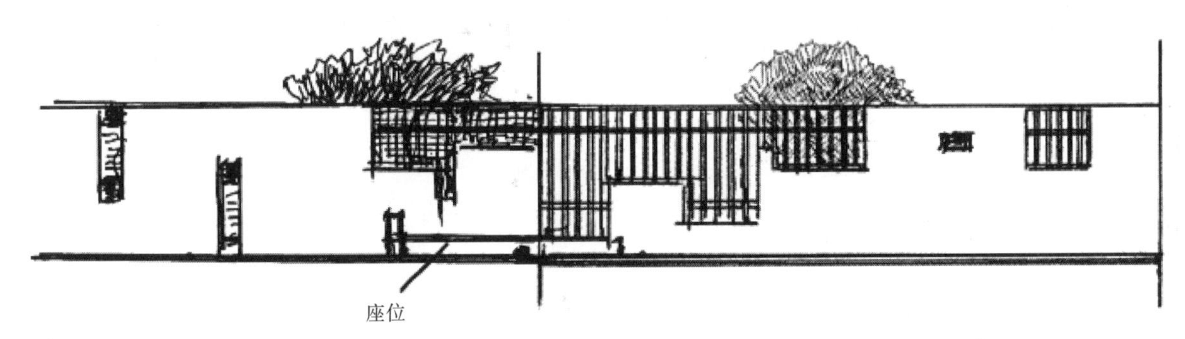
座位

虚实过渡对于分散式形体在节点处增加连接点

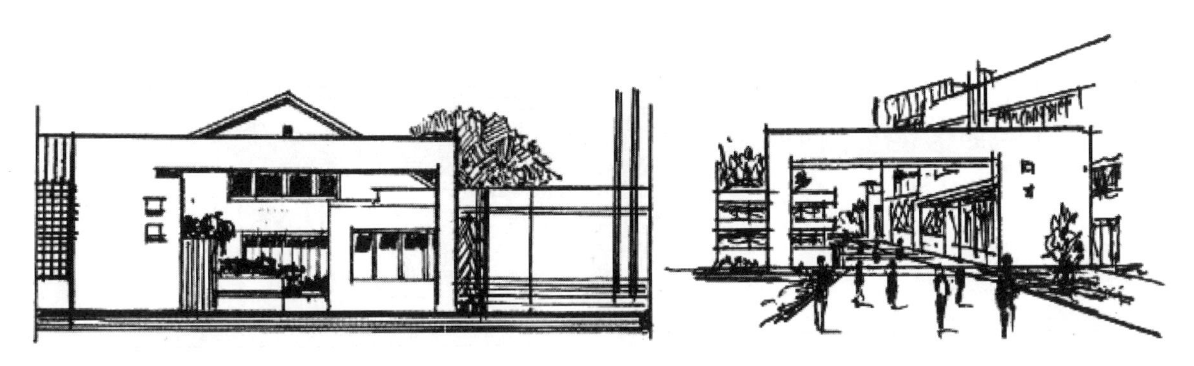

利用封闭法则，营造框结构

墙面设计

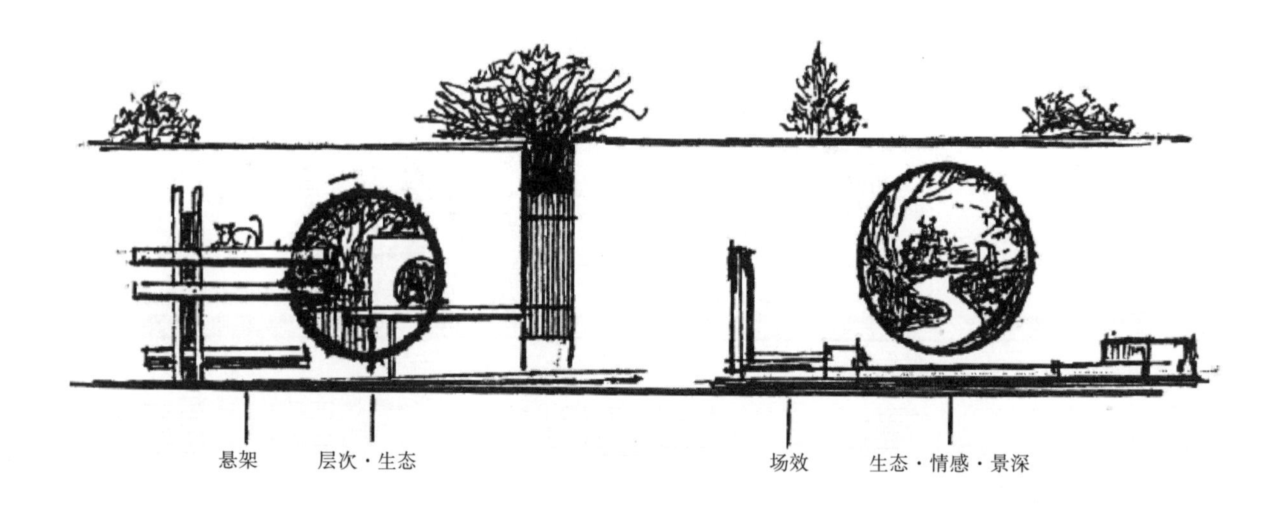
悬架
层次·生态
场效
生态·情感·景深

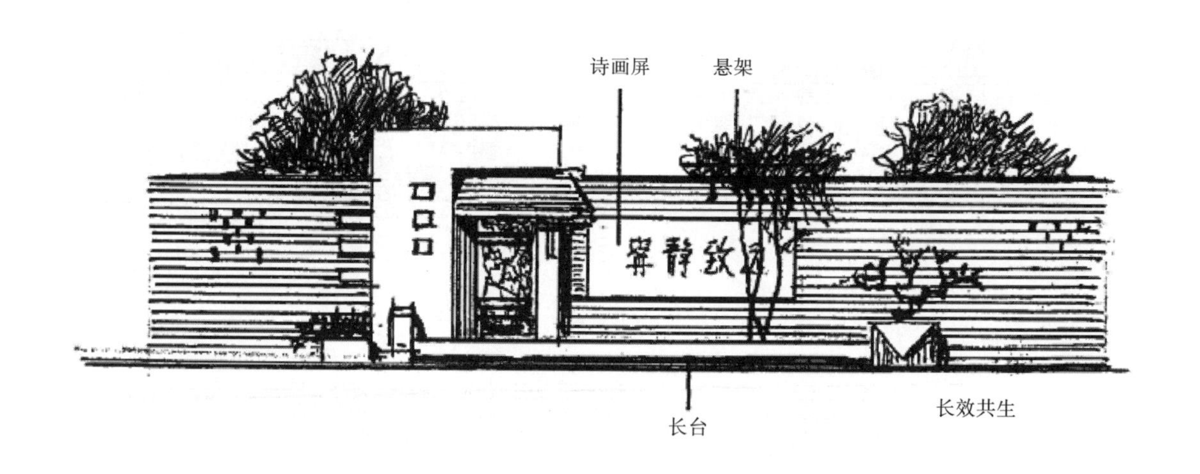
诗画屏
悬架
长台
长效共生

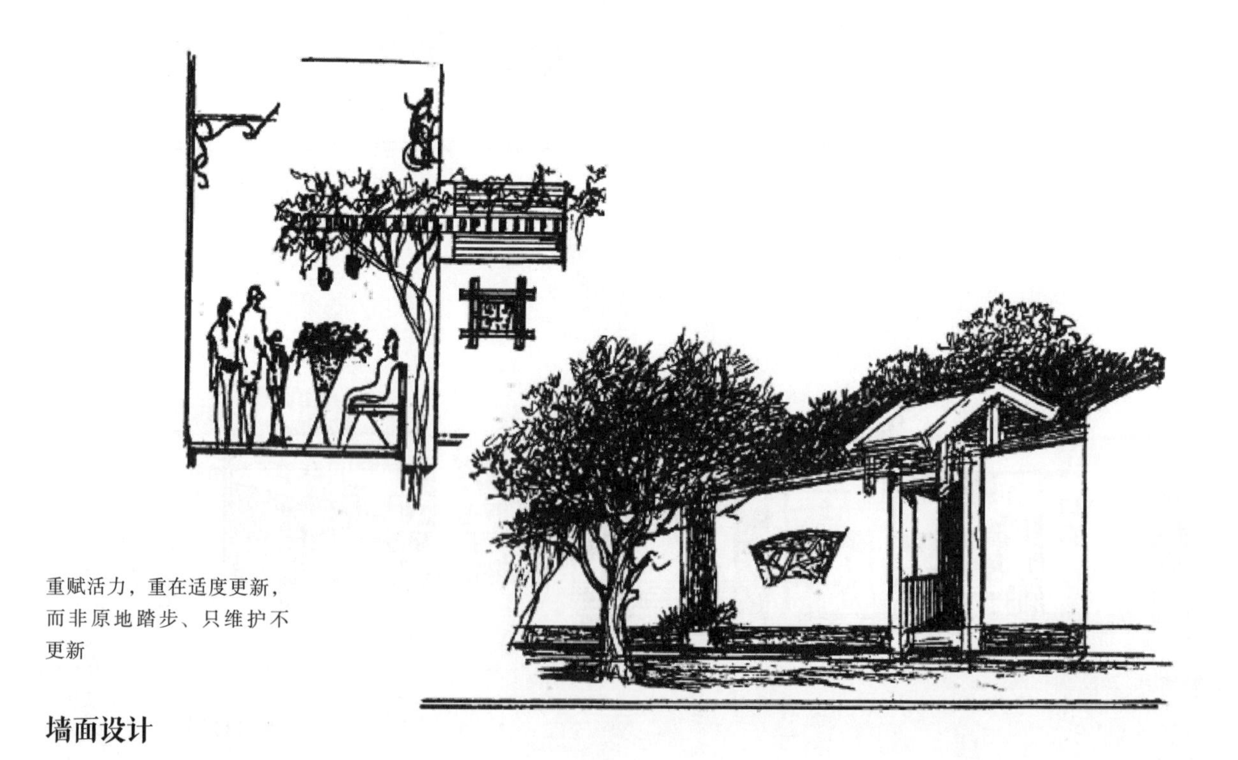

重赋活力，重在适度更新，而非原地踏步、只维护不更新

墙面设计

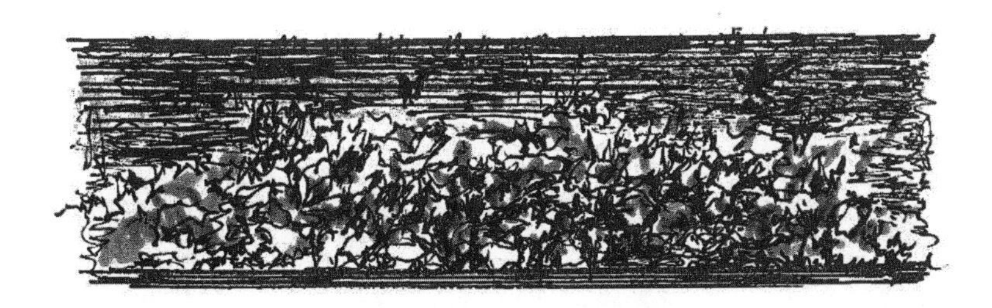

墙 画

平添几分春色

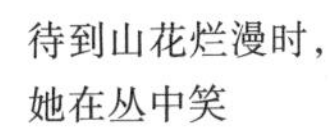

待到山花烂漫时，
她在丛中笑

大漠驼铃

红砖粉饰山水

远山近水皆有情

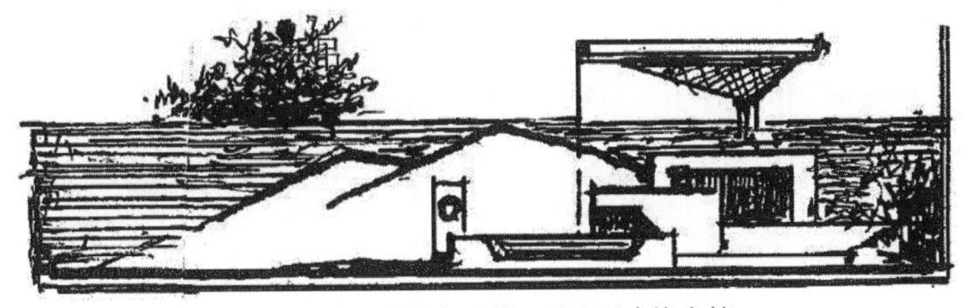

清风明月本无价，远山近水皆有情

建
祭

历史典故

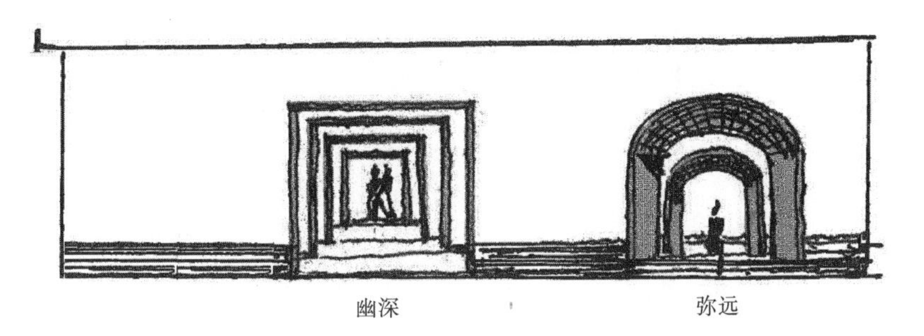

幽深　　弥远

墙画的色彩与温度

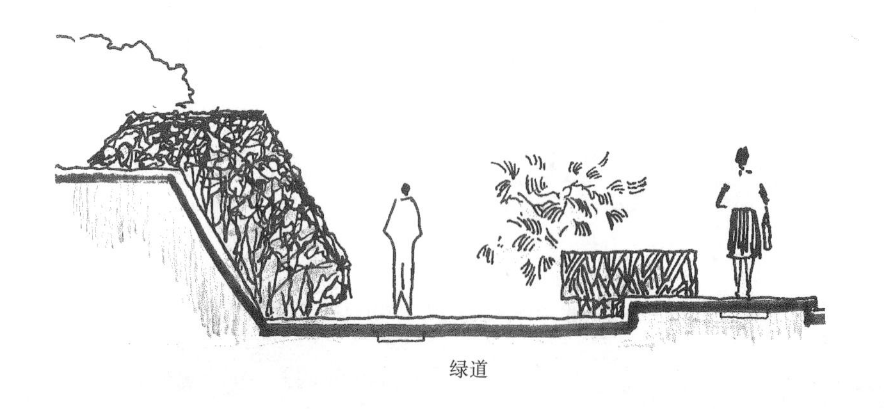

绿道

高山仰止

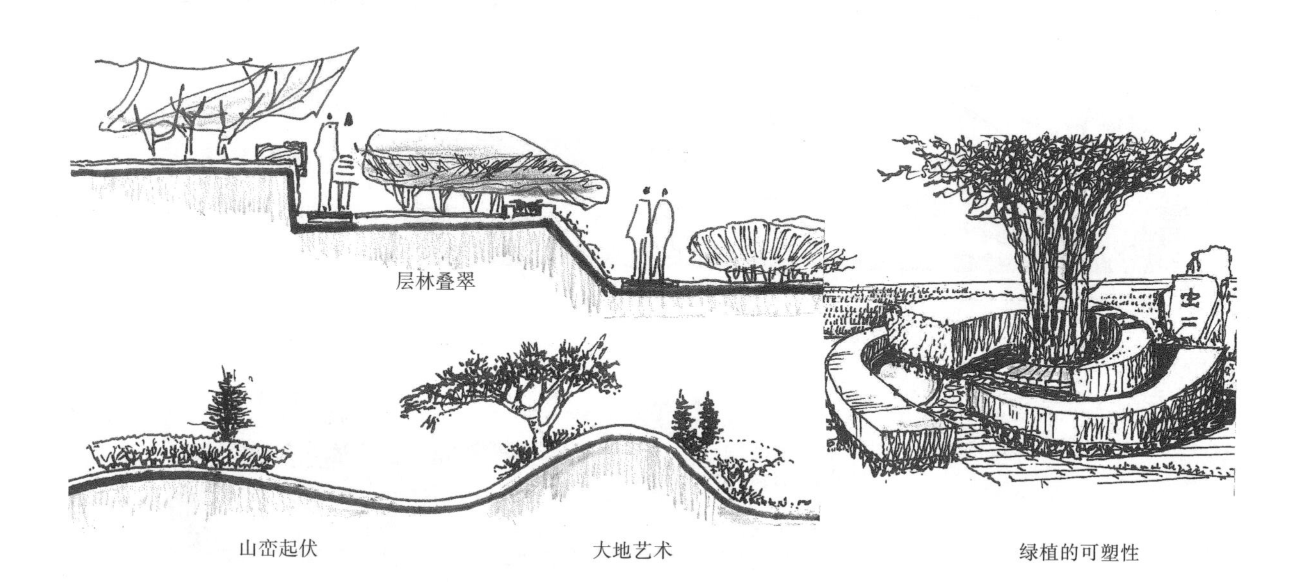

层林叠翠

山峦起伏　　大地艺术

绿植的可塑性

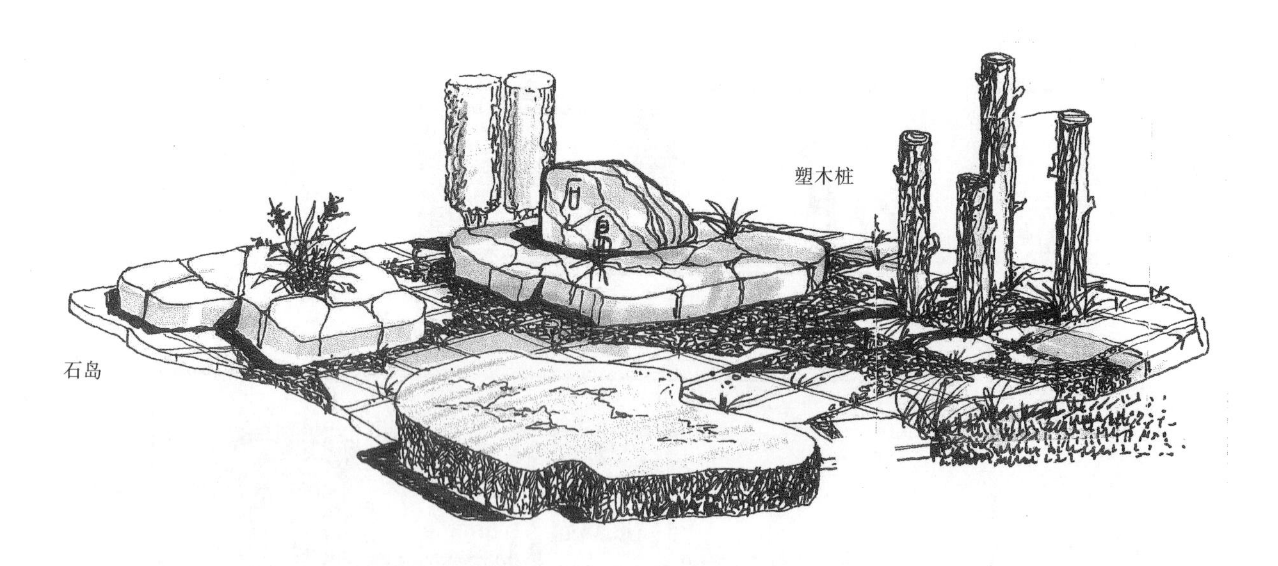

塑木桩

石岛

绿化造景

绿化造景

镶嵌

边衬、后托

中灌
后衬高乔
花
低
主景

软硬结合、有无相间

绿化造景

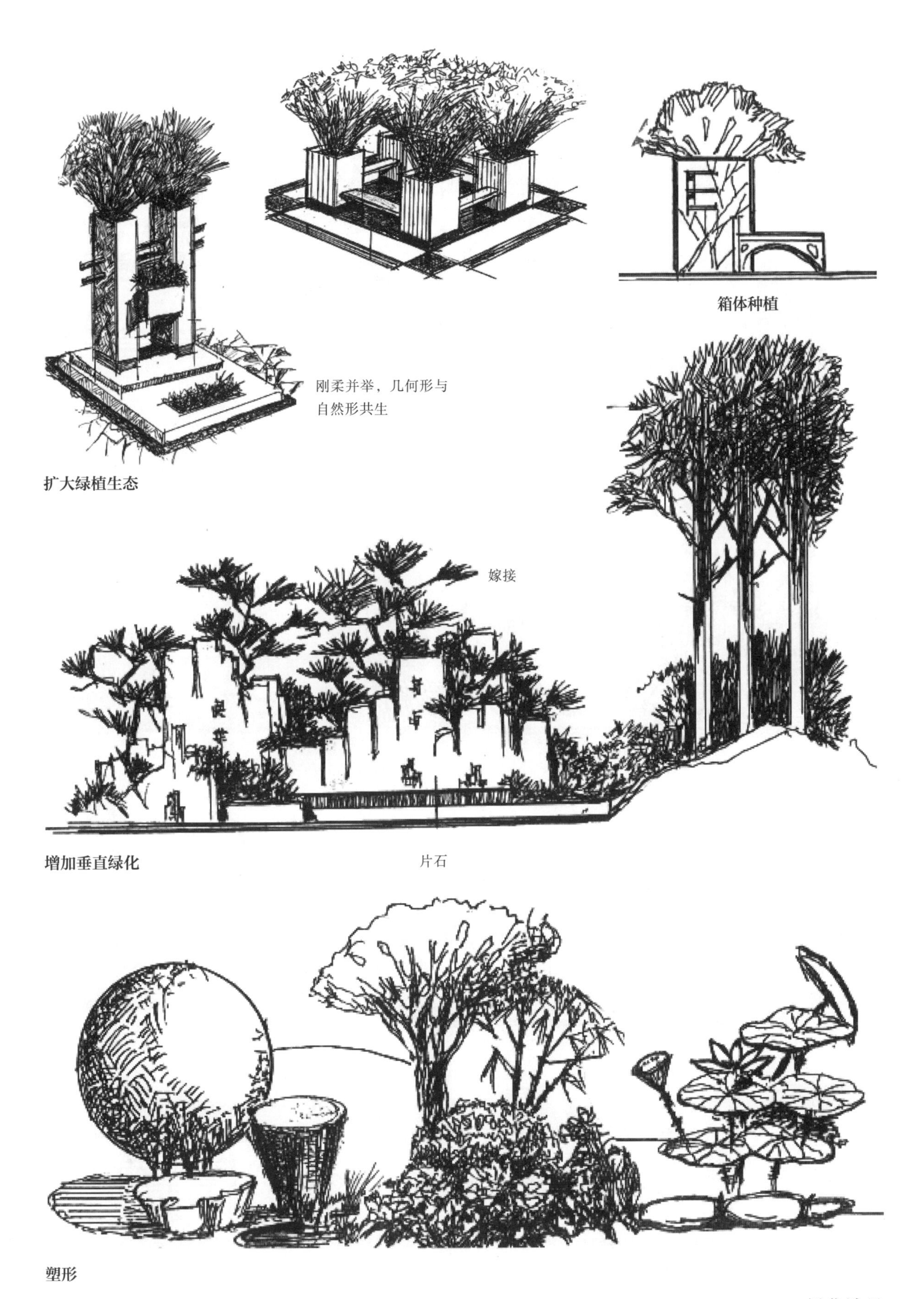
箱体种植
刚柔并举，几何形与
自然形共生
扩大绿植生态
嫁接
增加垂直绿化
片石
塑形

绿化造景

石榴
顾盼
似隔千山万水
两地相思相望

模与形

守望

母与子

卧石

背石

以石造景

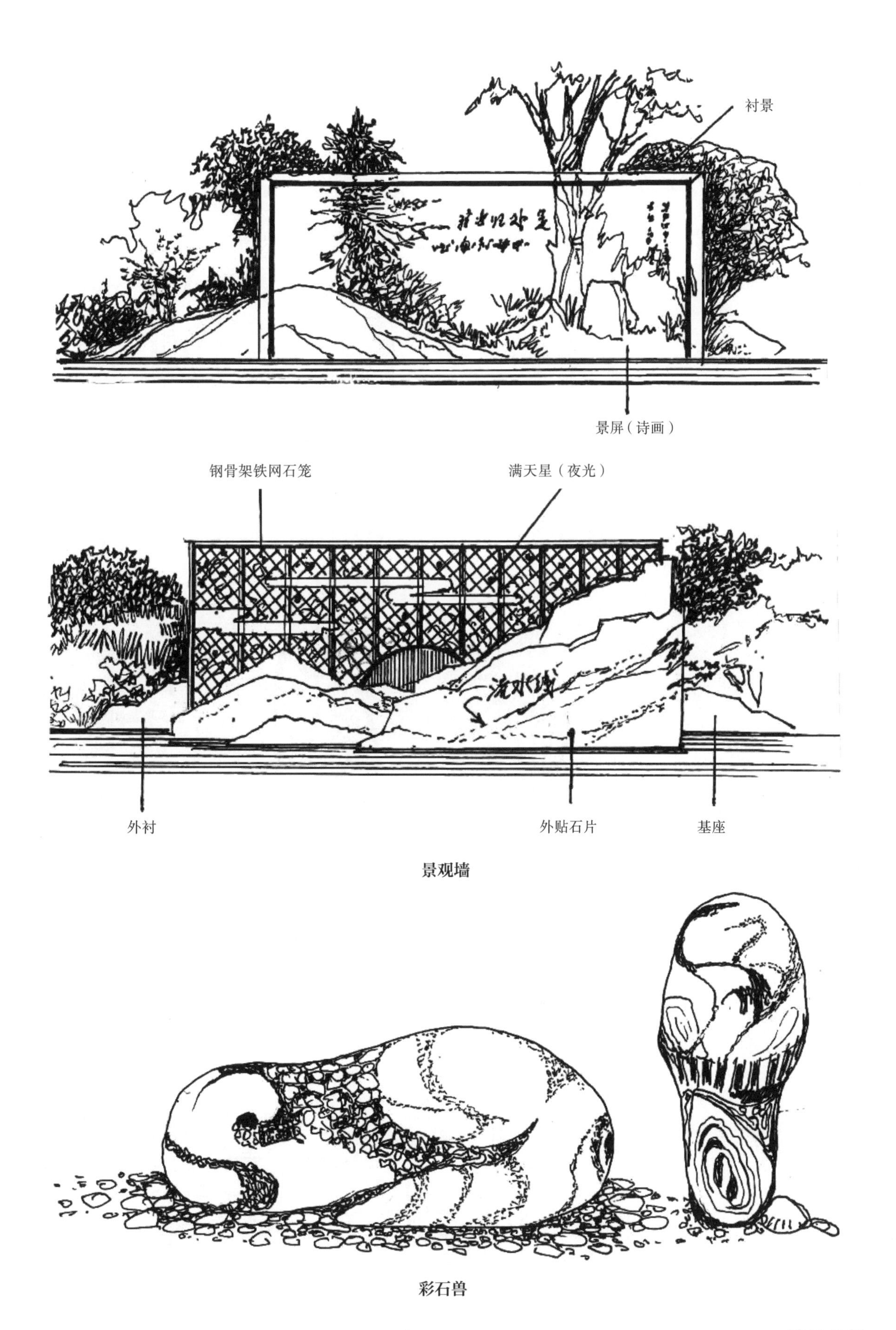
衬景
景屏（诗画）
钢骨架铁网石笼
满天星（夜光）
外衬
外贴石片
基座

景观墙

彩石兽

造景示例

3. 符号造景

符号是传递某种意义的信息载体，对于景观空间有画龙点睛的作用，可以用于地标、市标、商标、街标。

造型灵活、取材广泛、配以光影，亦可借助色、声、味、花草、丰富街景

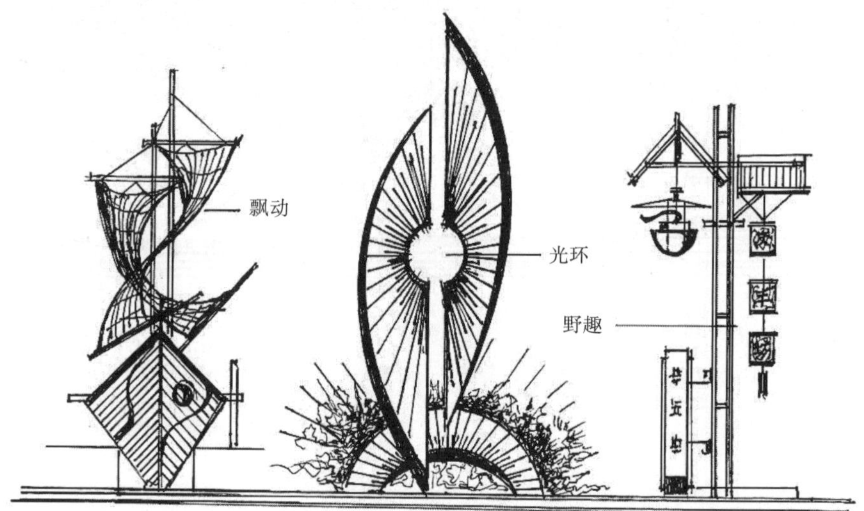
飘动
光环
野趣

标识系列图示

理性与浪漫交织，静与动互补，利用现代科技演绎时空变换

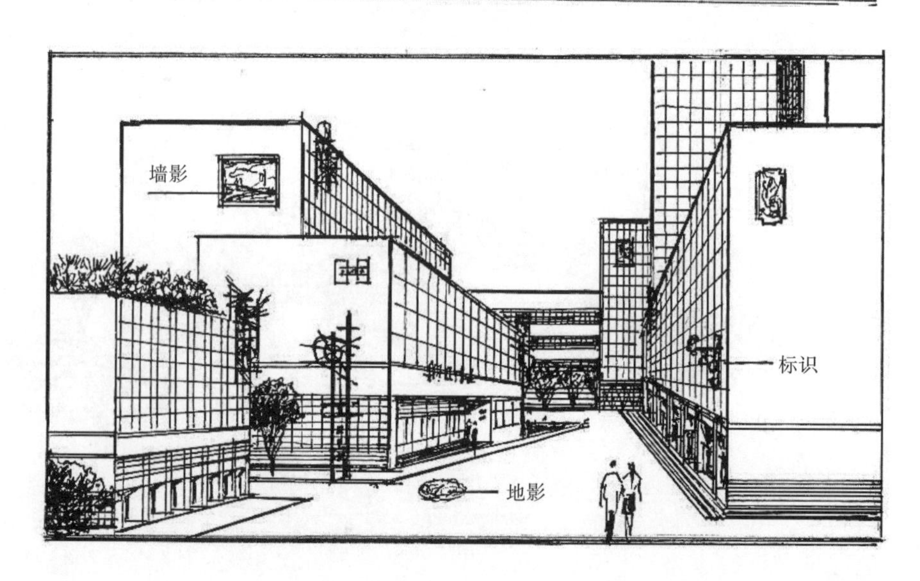
墙影
标识
地影

标识、符号传达的时空、文化、商娱、社会、交通等的意义与情感为街道注入了活力。其设计要领是应满足可识别性、醒目、诱目、易读、易记等特征，往往也成为街厅的组成部分。所用元素可以是地标、街标、区域位置、商标、趣味雕塑、历史纪念、社区性质、城市节点、交通站点……

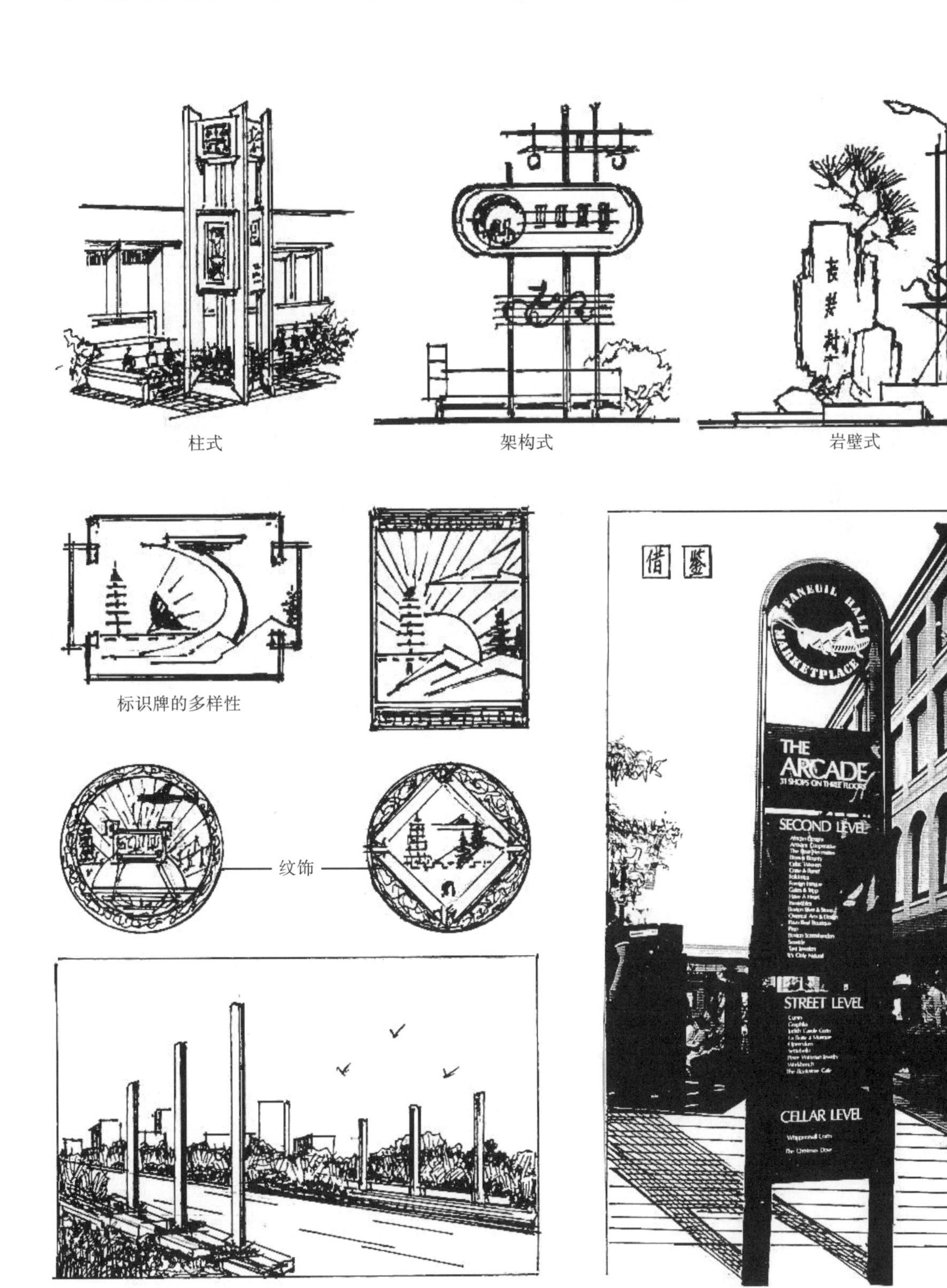
借 鉴
FANEUIL HALL
MARKETPLACE
THE
ARCADE
31 SHOPS ON THREE FLOORS
SECOND LEVEL
STREET LEVEL
CELLAR LEVEL

柱式　　架构式　　岩壁式

标识牌的多样性

纹饰

行列式

可以用于表意、叙事的标志屏

罗马尼亚中央公园雕塑

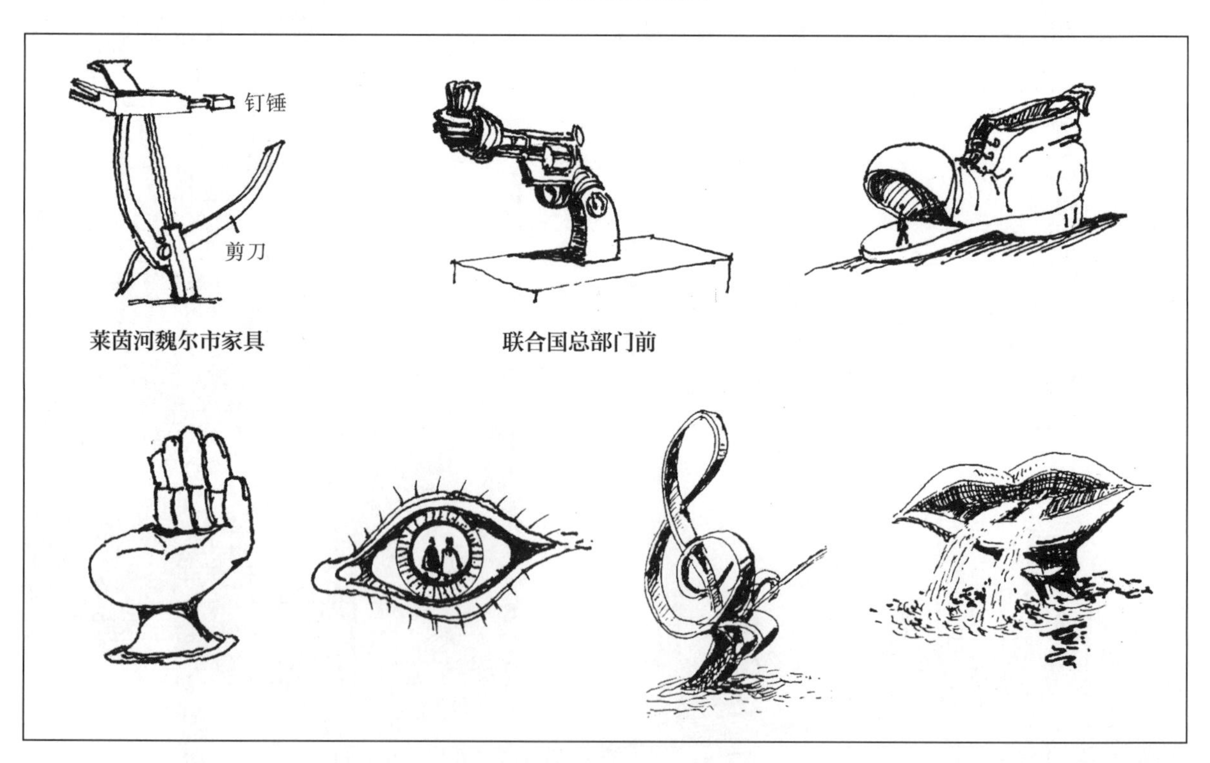
钉锤
剪刀
莱茵河魏尔市家具
联合国总部门前

夸张变形、源于生活、高于生活

符号造景

球面
球肋

线雕鹰

线雕触摸春天

神龙

似鸟非鸟

顶球

蜕变

横行霸道
仿动物形象、空壳结构、下铺细砂、耙出纹理

占杉为王

独占鳌头、刚柔并济

晶体叠合“傲” 由四角锥构成艺术装置

高山流水

造景中的特异性

十里蛙声出山泉

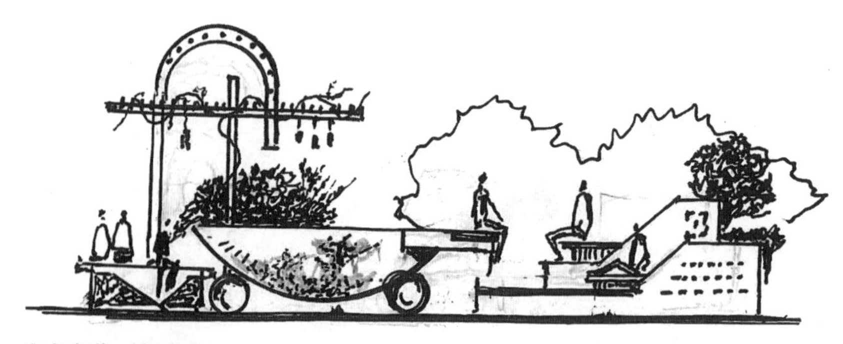

生态廊道，诗画同一

传统与现代统一，抽象与具象并重

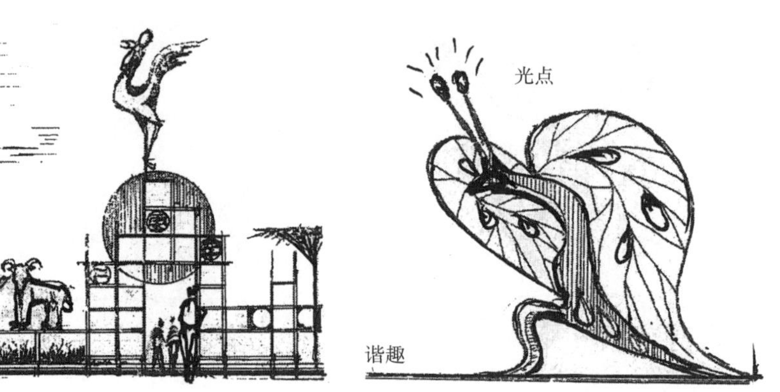
光点
谐趣

格构

以格架为底衬，上置艺术小品，随时置换

谁说蝴蝶只现春夏里，满目绿叶都是玉蝴蝶

光点
繁与简
龙柱

木雕

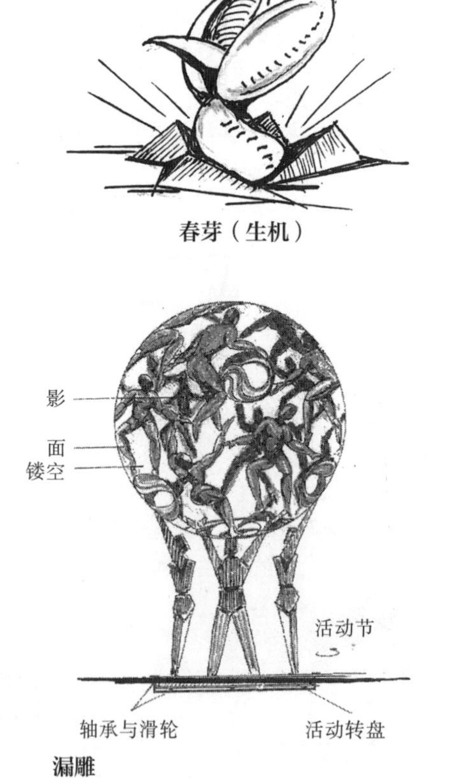
影
面
镂空
活动节

春芽（生机）

光点

莲荫

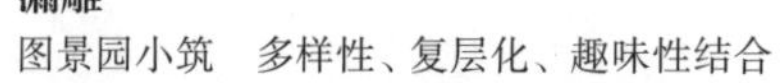
轴承与滑轮
活动转盘

漏雕

图景园小筑　多样性、复层化、趣味性结合

适用性与艺术性结合

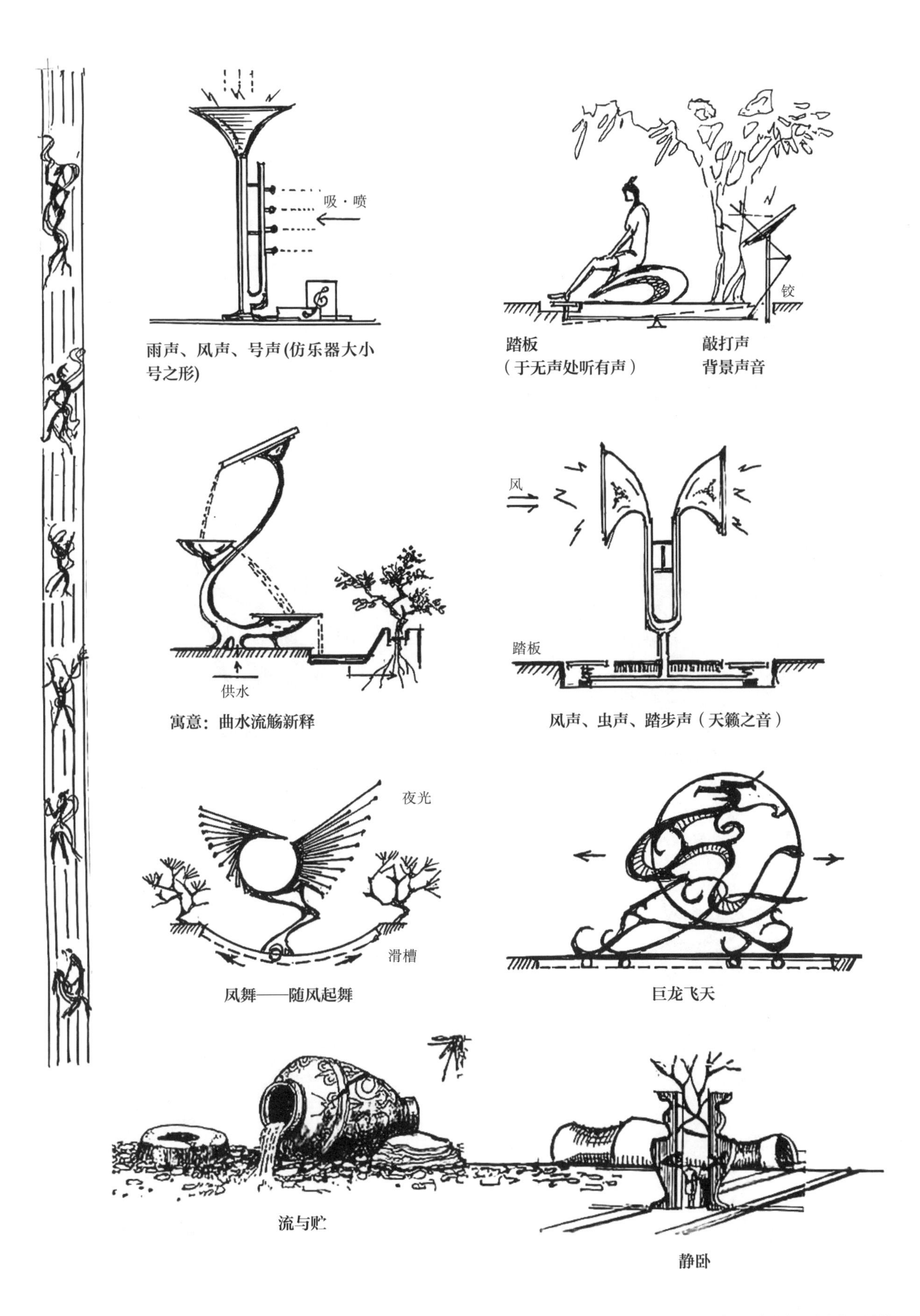
吸·喷
雨声、风声、号声(仿乐器大小号之形)
铰
踏板
(于无声处听有声)
敲打声
背景声音
风
踏板
供水
寓意：曲水流觞新释
风声、虫声、踏步声（天籁之音）
夜光
滑槽
凤舞——随风起舞
巨龙飞天
流与贮
静卧

源于生活·取之不尽·高于生活·创意无限

景观雕塑开放

编织、镂空、剪影、线刻、彩绘……可以塑造很多趣味性艺术小品。然而，各种形都来源于生活中的原型，经过艺术加工拓变而成

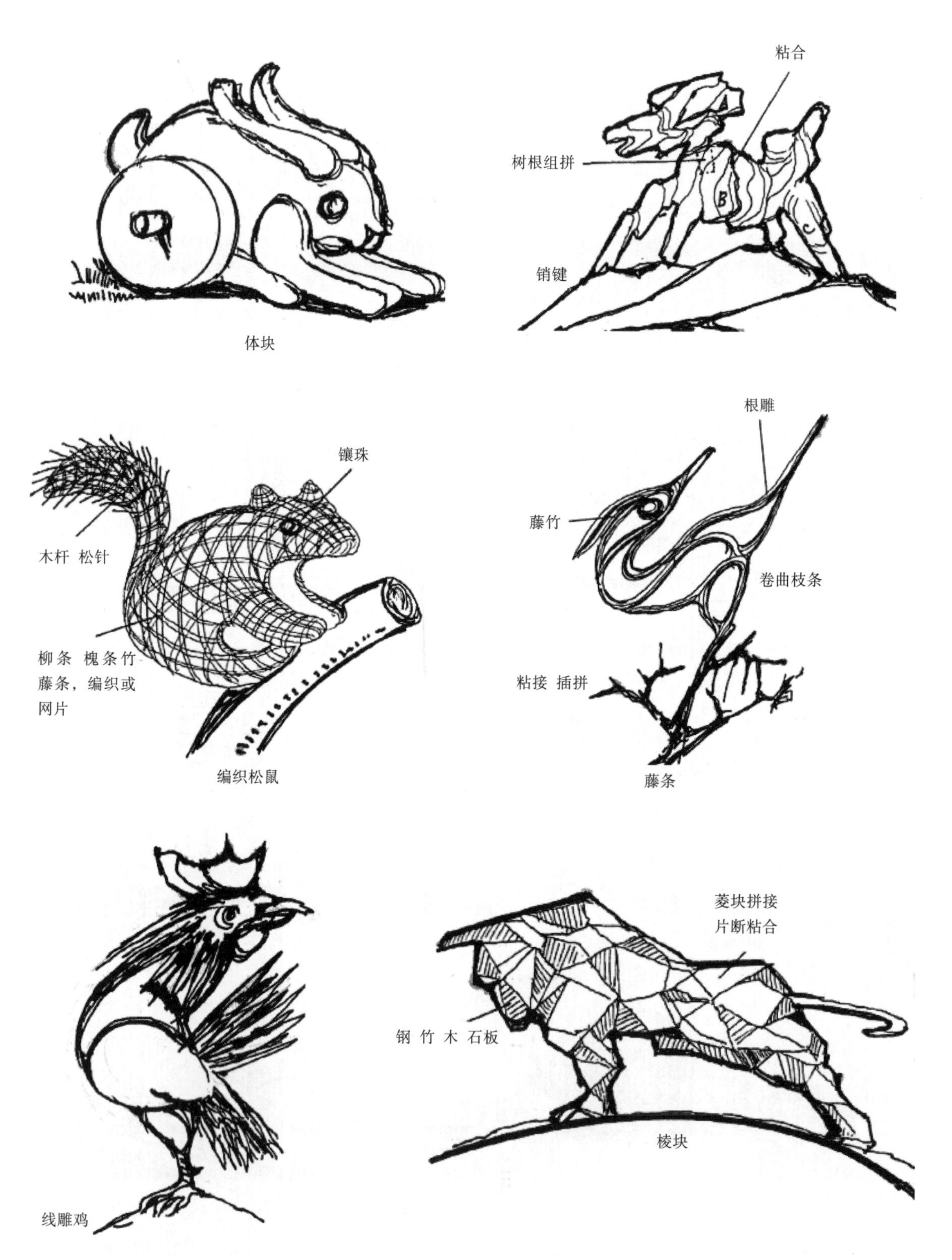

粘合
树根组拼
销键
体块
镶珠
木杆 松针
柳条 槐条竹
藤条，编织或
网片
编织松鼠
根雕
藤竹
卷曲枝条
粘接 插拼
藤条
菱块拼接
片断粘合
钢 竹 木 石板
棱块
线雕鸡

园之趣

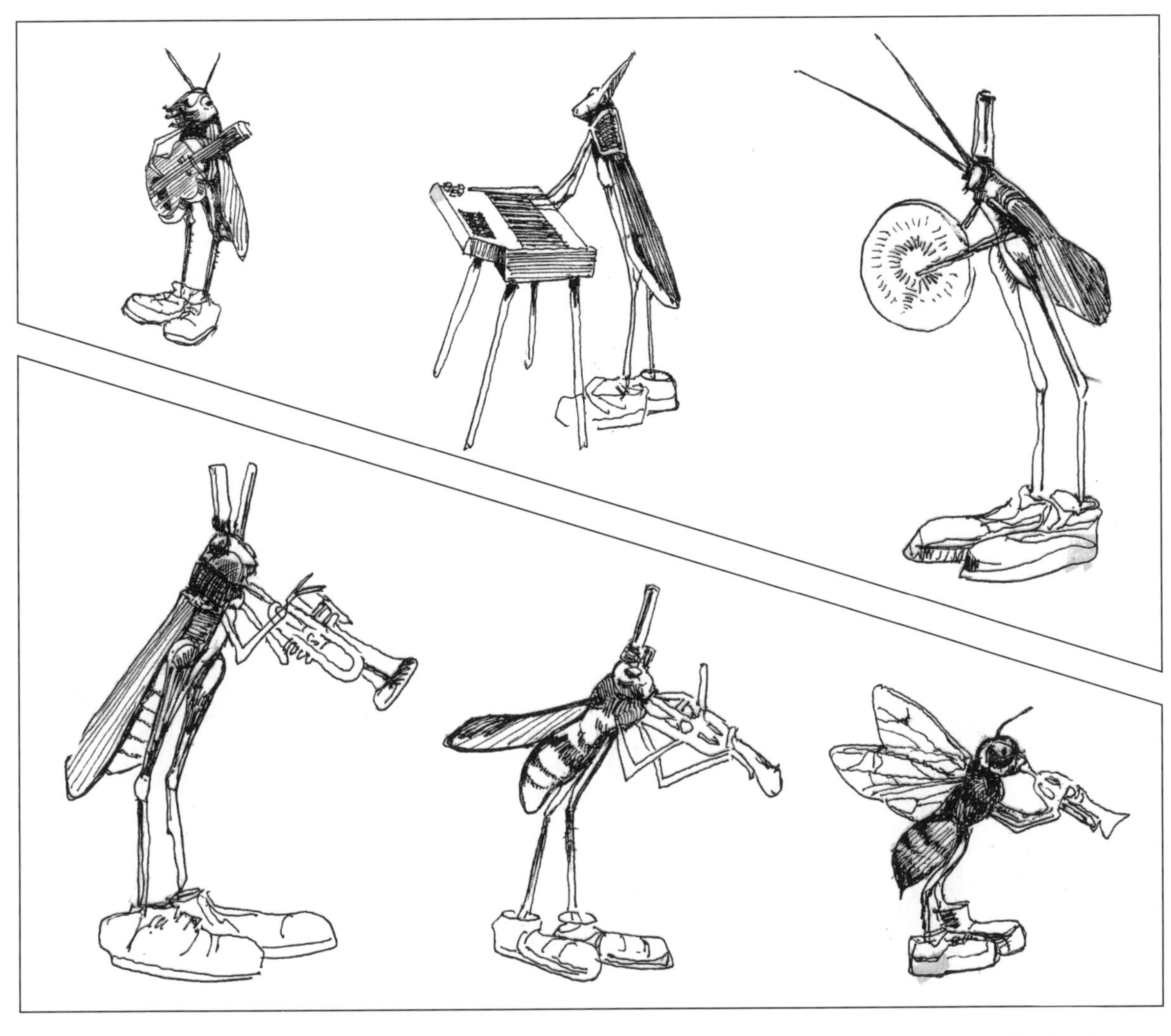

对城市中难觅的小昆虫予以艺术的再现，重新唤起人们的记忆

以月为主题

作者根据法国摄影师洛朗拉夫德作品《戏月》改绘为线雕

中国人的历史留下了一种“雁过留声，人过留名”的习惯。从正效应来说，是为了铭刻记忆，不枉一生曾到此一游，作为一种纪念。其负效应则容易乱写乱画，破坏景区环境。为了因势利导，在景园中可以采用景洞、景框、留位等措施，满足人们的需求，调动参与，也体现了情景互动，以期达到尽情尽兴。

坚持人与景之间，要注重身临其境，直接体验。而是要尽量做到眼入、身入、心入和神入，不能隔岸观景，望洋兴叹。方能“观山则情满于山，观海则意溢于海”。所以，强调直接体验，是最基本的条件，也就是要亲临其境、身在其中，才可产生情景交融。

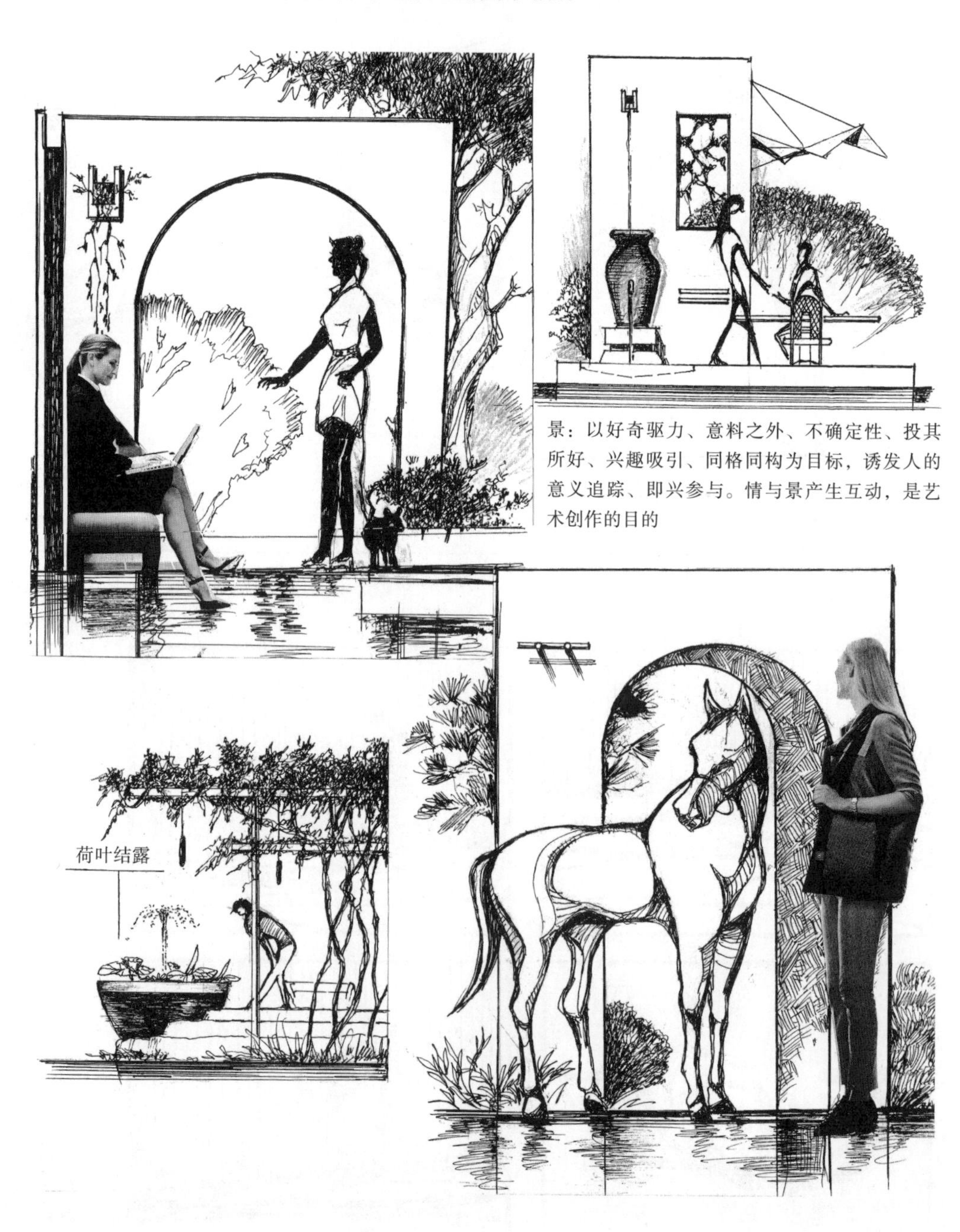
荷叶结露

景：以好奇驱力、意料之外、不确定性、投其所好、兴趣吸引、同格同构为目标，诱发人的意义追踪、即兴参与。情与景产生互动，是艺术创作的目的

造景中的留白，为人的审美和体验，予以想象和参与的空间

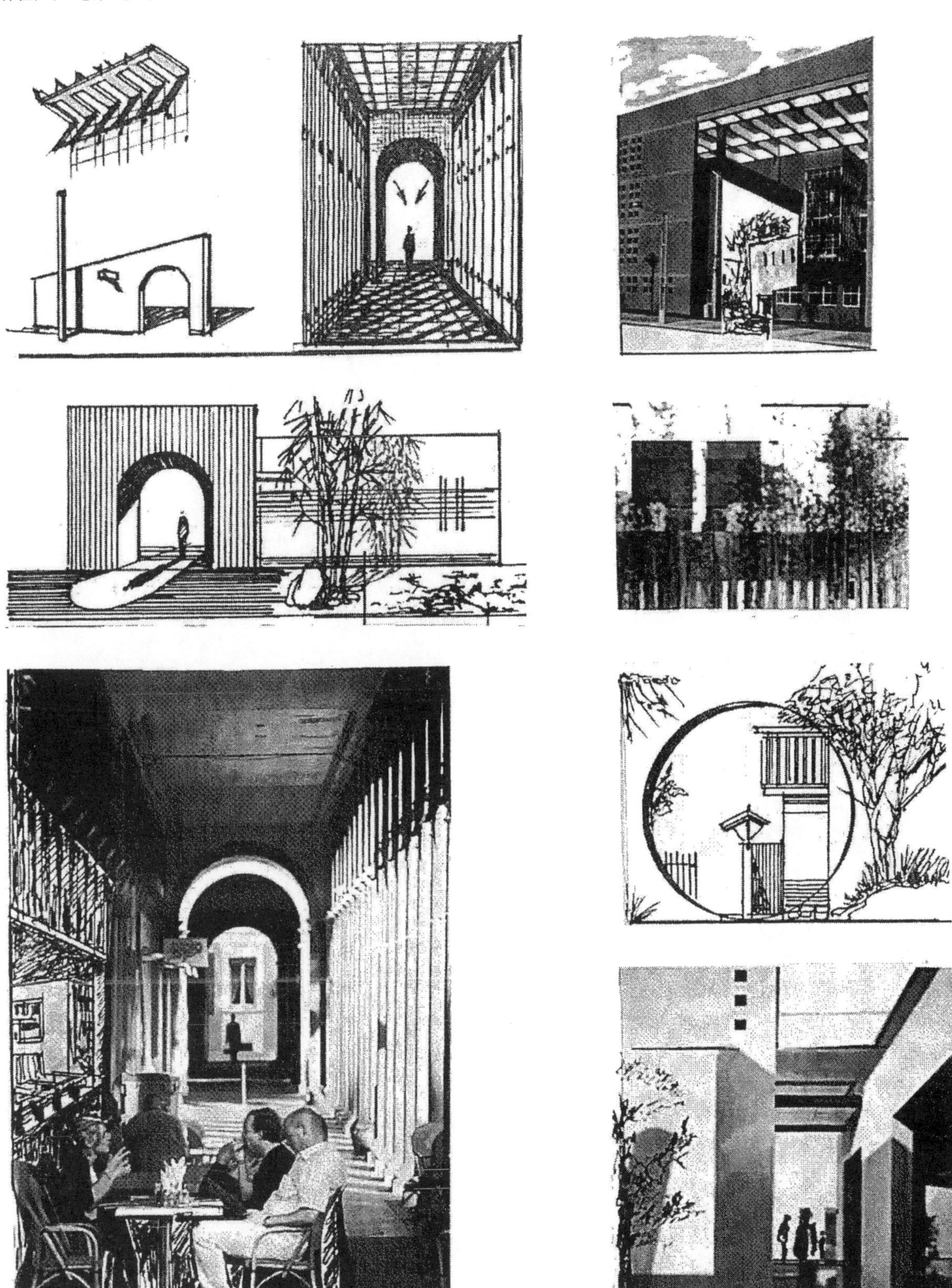

洞景光影

五光十色　　缤纷世界　　葵花门

宝莲灯　　珠光闪烁

镜面反射

倒影

光影艺术，是园林构景不可或缺的造景元素，依托于结构

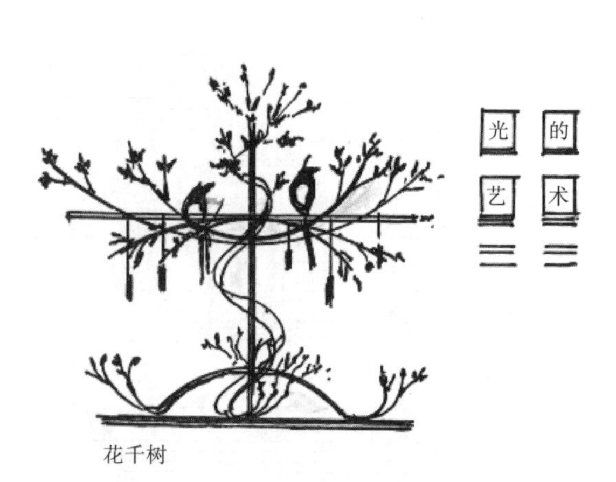
光
的
艺
术

花千树

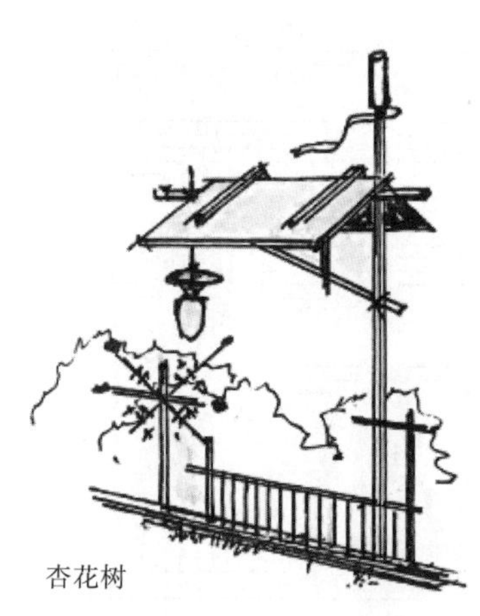

杏花树

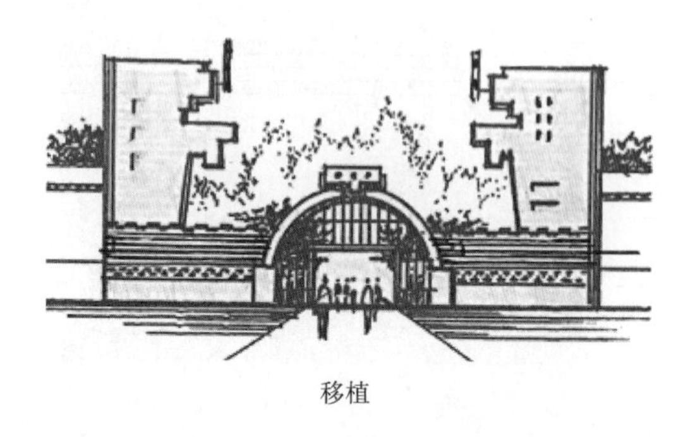

移植

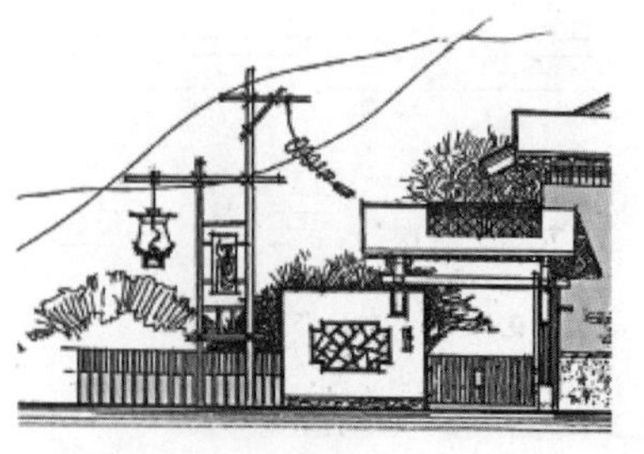

光的艺术

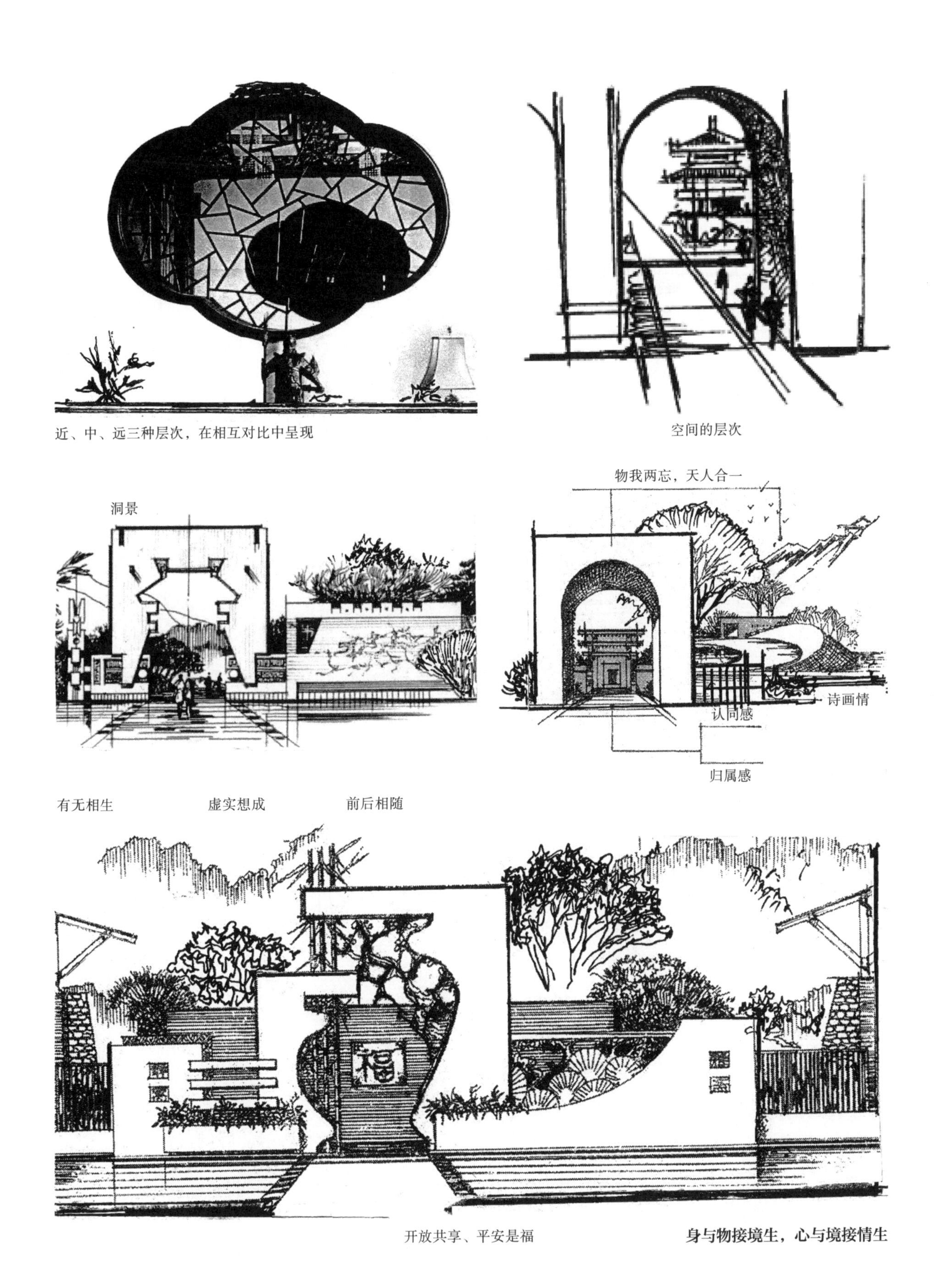

洞景
物我两忘，天人合一
诗画情
认同感
归属感

近、中、远三种层次，在相互对比中呈现

空间的层次

有无相生　　虚实想成　　前后相随

开放共享、平安是福

身与物接境生，心与境接情生

远、中、近——延伸景深的基本途径之一

文化和艺术创作中有许多盲区与盲点值得关注

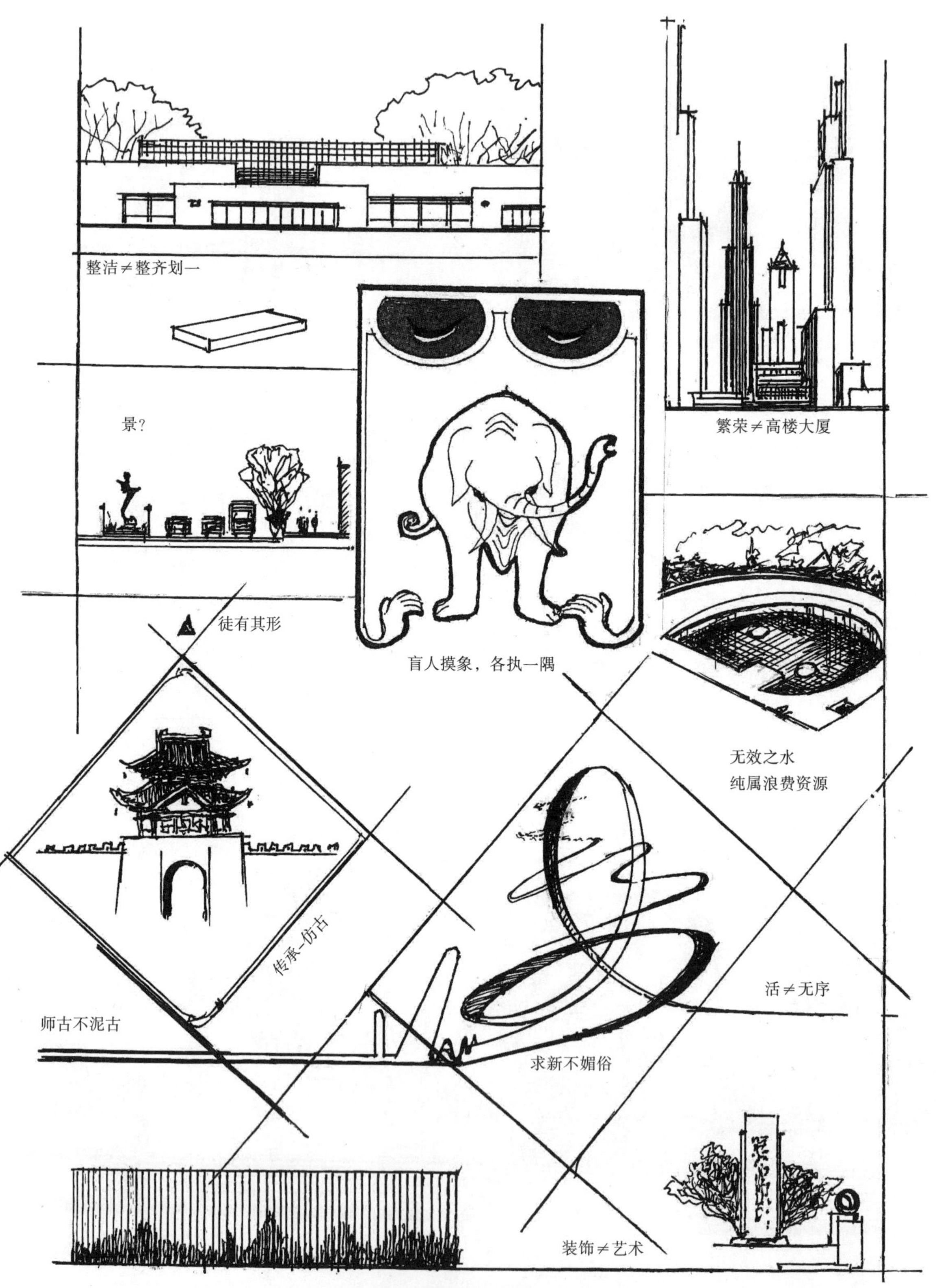

整洁≠整齐划一
景？
繁荣≠高楼大厦
徒有其形
盲人摸象，各执一隅
无效之水
纯属浪费资源
传承-仿古
师古不泥古
活≠无序
求新不媚俗
装饰≠艺术

过度装饰·相形见绌·远离艺术

盲点·盲区

光栅
重廊

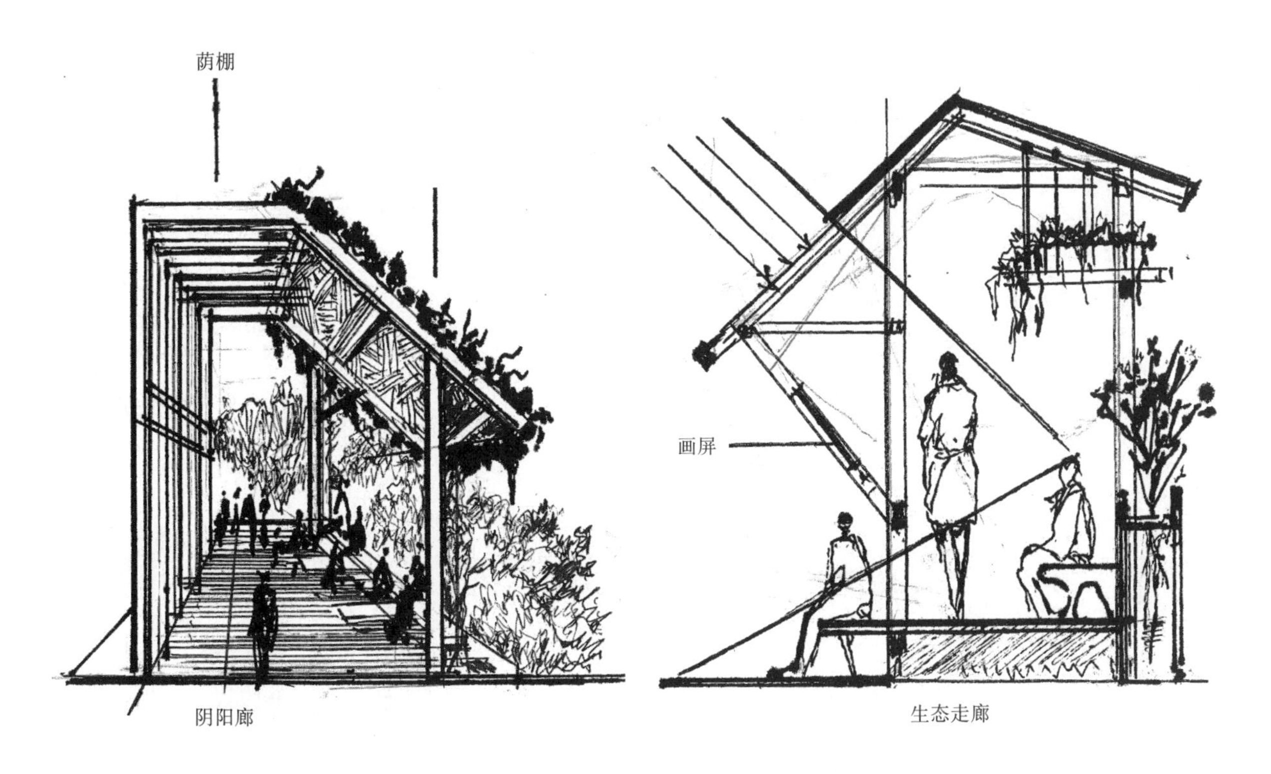
荫棚
阴阳廊
画屏
生态走廊

光——戏剧性的导演

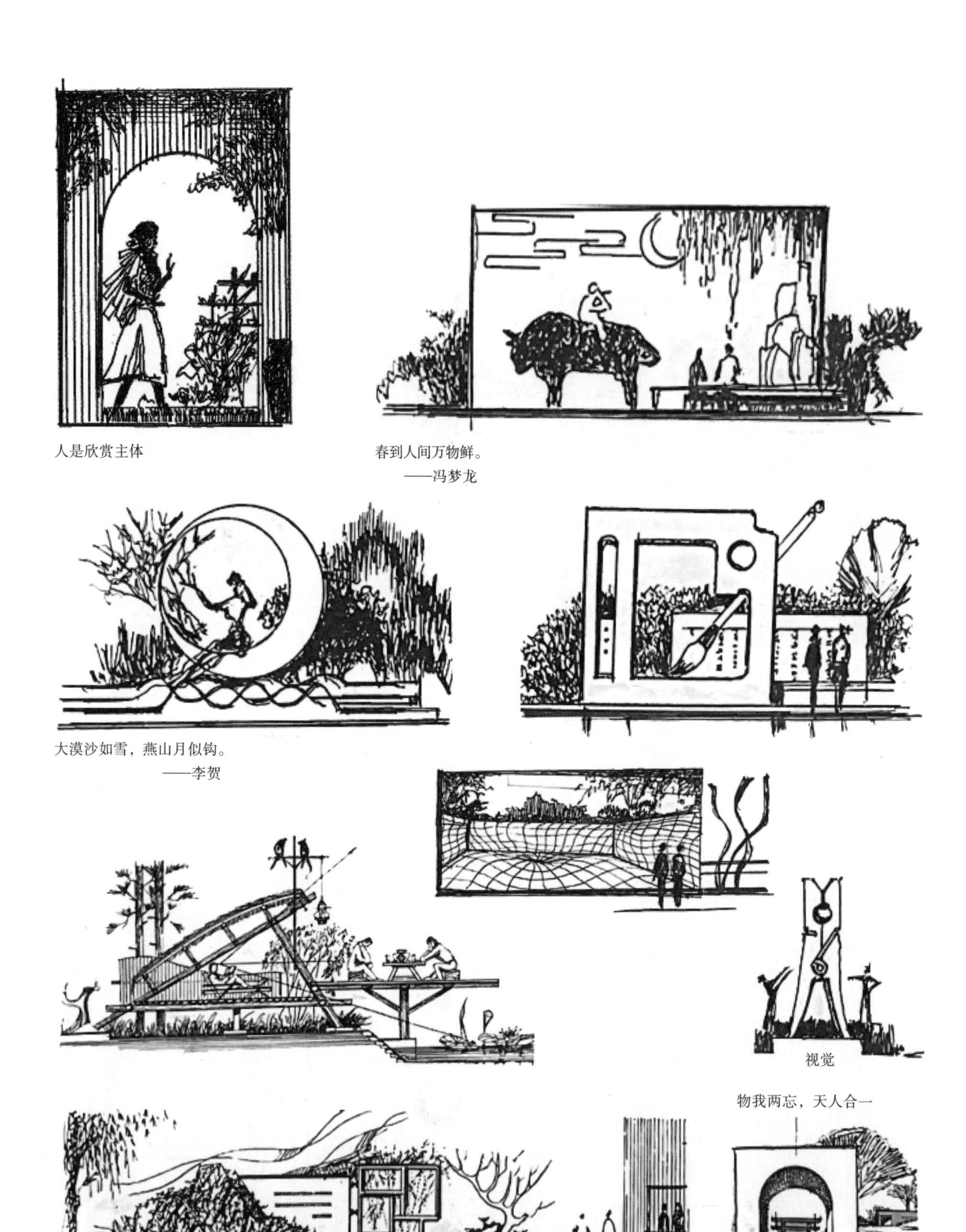

人是欣赏主体

春到人间万物鲜。
——冯梦龙

大漠沙如雪，燕山月似钩。
——李贺

视觉

物我两忘，天人合一

半景园——半山坡绿、半壁诗、半漏竹影半露

造景与造境

树干平台

采用筒形结构和曲线流变激活空间

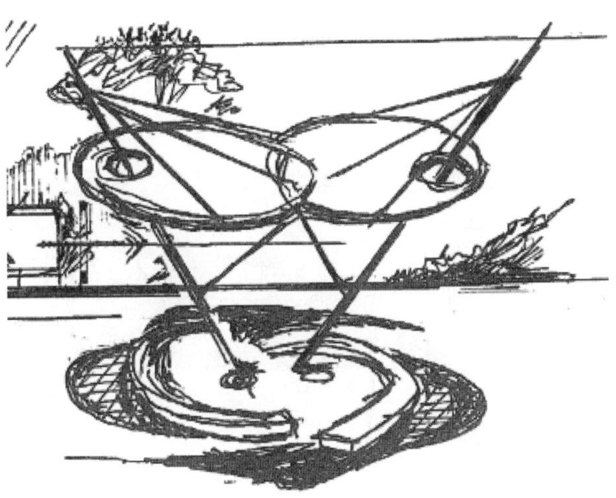

荫棚简图

夏日凉台

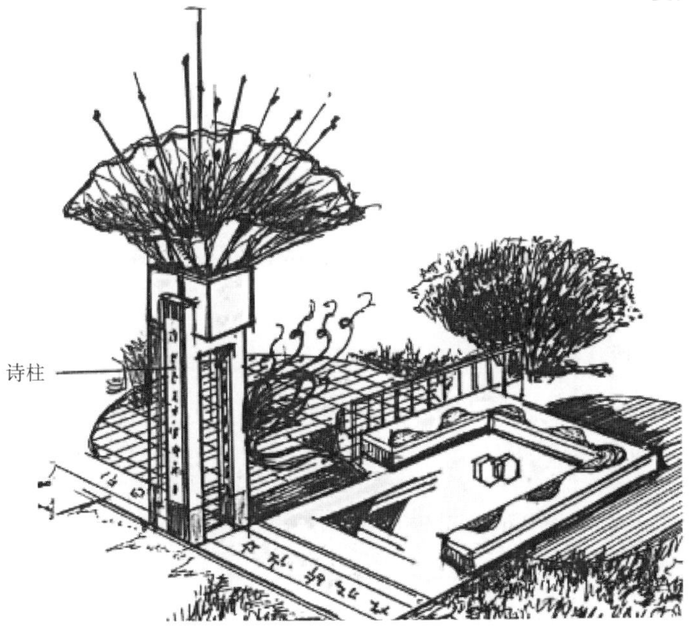
诗柱

暮色千山入，
春风百草香。
——苏轼

天接云涛连晓雾，
星河欲转千帆舞。
——李清照

小园清风舞

造景与造境

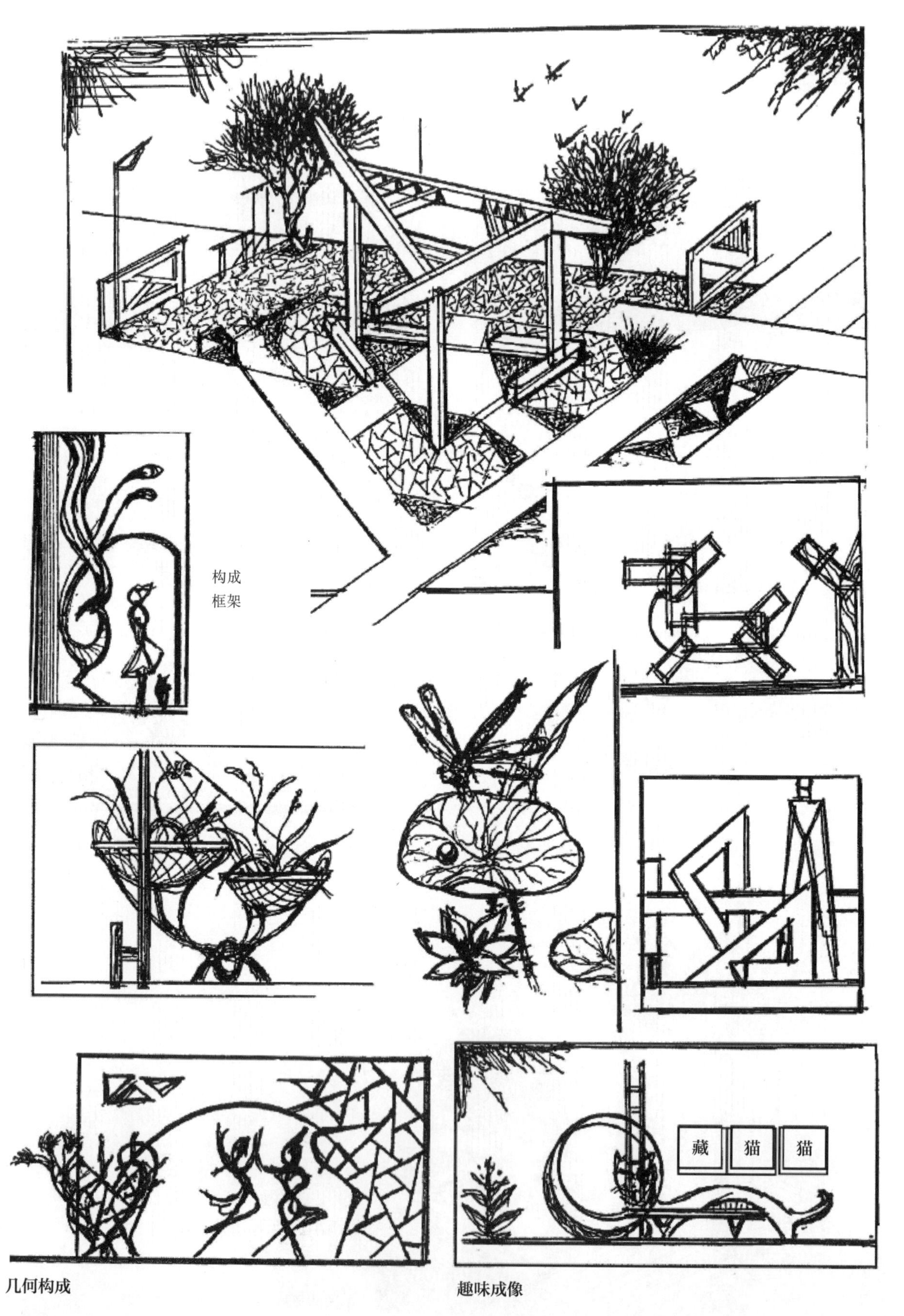
构成
框架
藏
猫
猫

几何构成

趣味成像

造景与造境

形的简约

管中窥豹，环中显秀，洞中天地，以小观大

利用框景、聚景、漏景、断景，可以产生以小观大、增强透视、加强景深，体现特殊效果

“跳”龙门(组拼)

瓶？榴？人？

神、情、理、趣、韵是造景的目标追求；新、奇、特、异、巧是手段

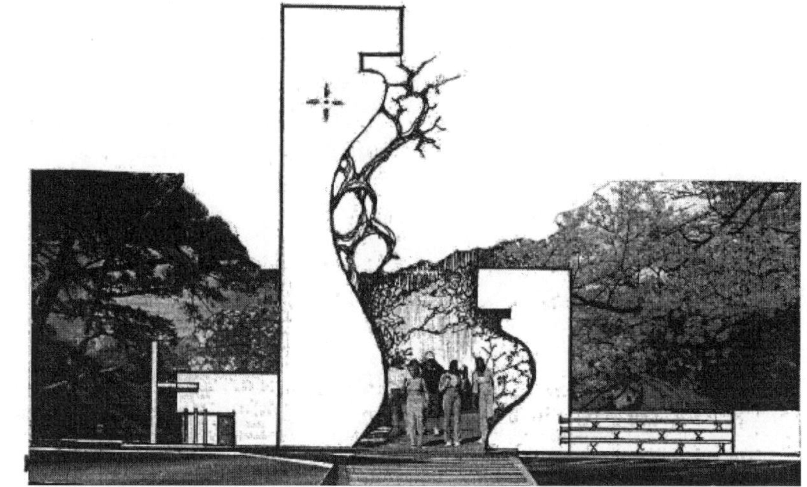

龙骨梅魂中国韵，有无相生平安门

高下相盈，虚实相成；片断生联想，谐趣诱真情。喻示平安

趣味式漏影

形的抽象与造景

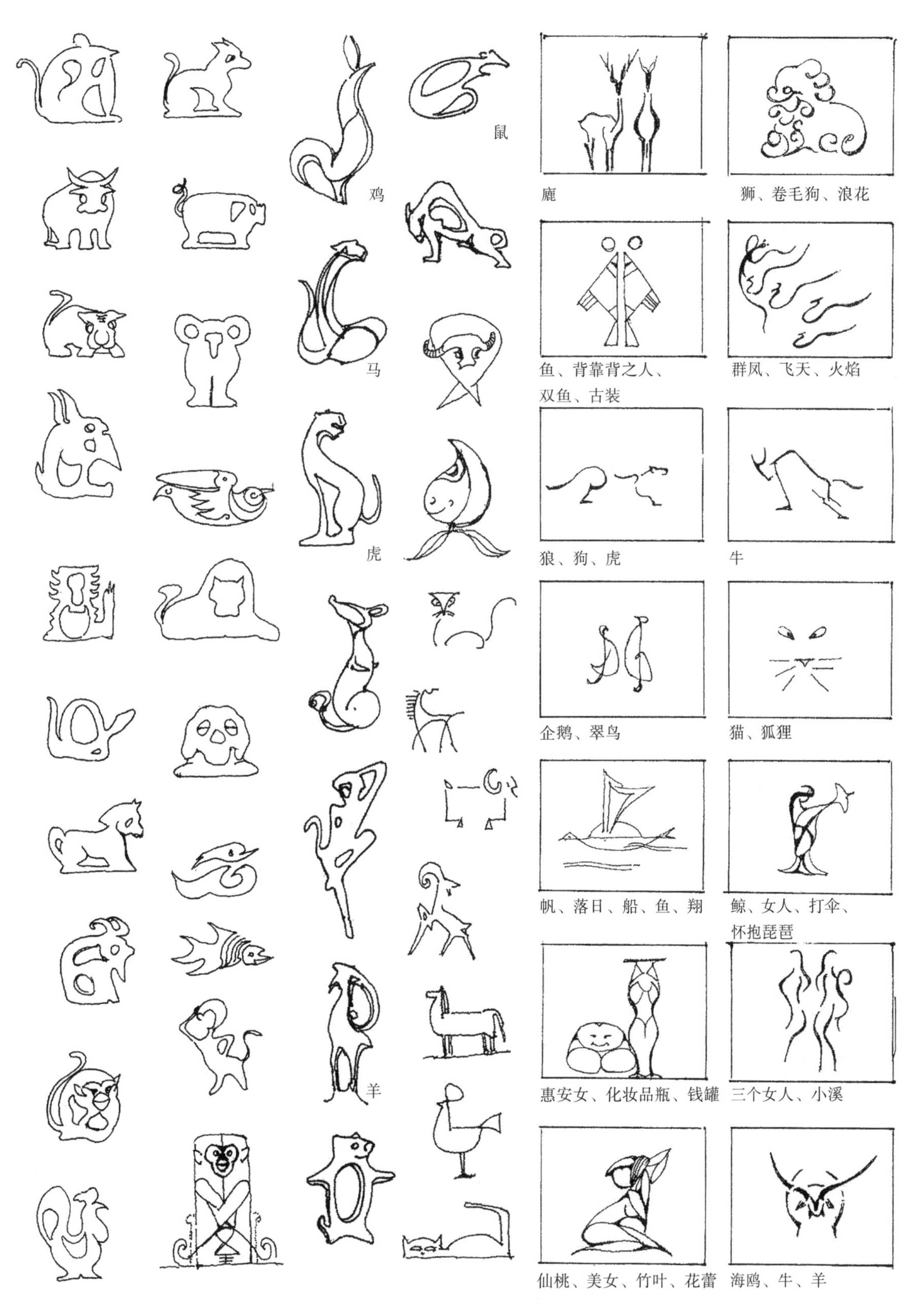
鼠
鸡
马
虎
羊
麋
狮、卷毛狗、浪花
鱼、背靠背之人、
双鱼、古装
群凤、飞天、火焰
狼、狗、虎
牛
企鹅、翠鸟
猫、狐狸
帆、落日、船、鱼、翔
鲸、女人、打伞、
怀抱琵琶
惠安女、化妆品瓶、钱罐
三个女人、小溪
仙桃、美女、竹叶、花蕾
海鸥、牛、羊

形的不确定性

虽物有恒姿，形有常态，但艺术的造型要抽其灵魂加以形变与形构

形的抽象与造景

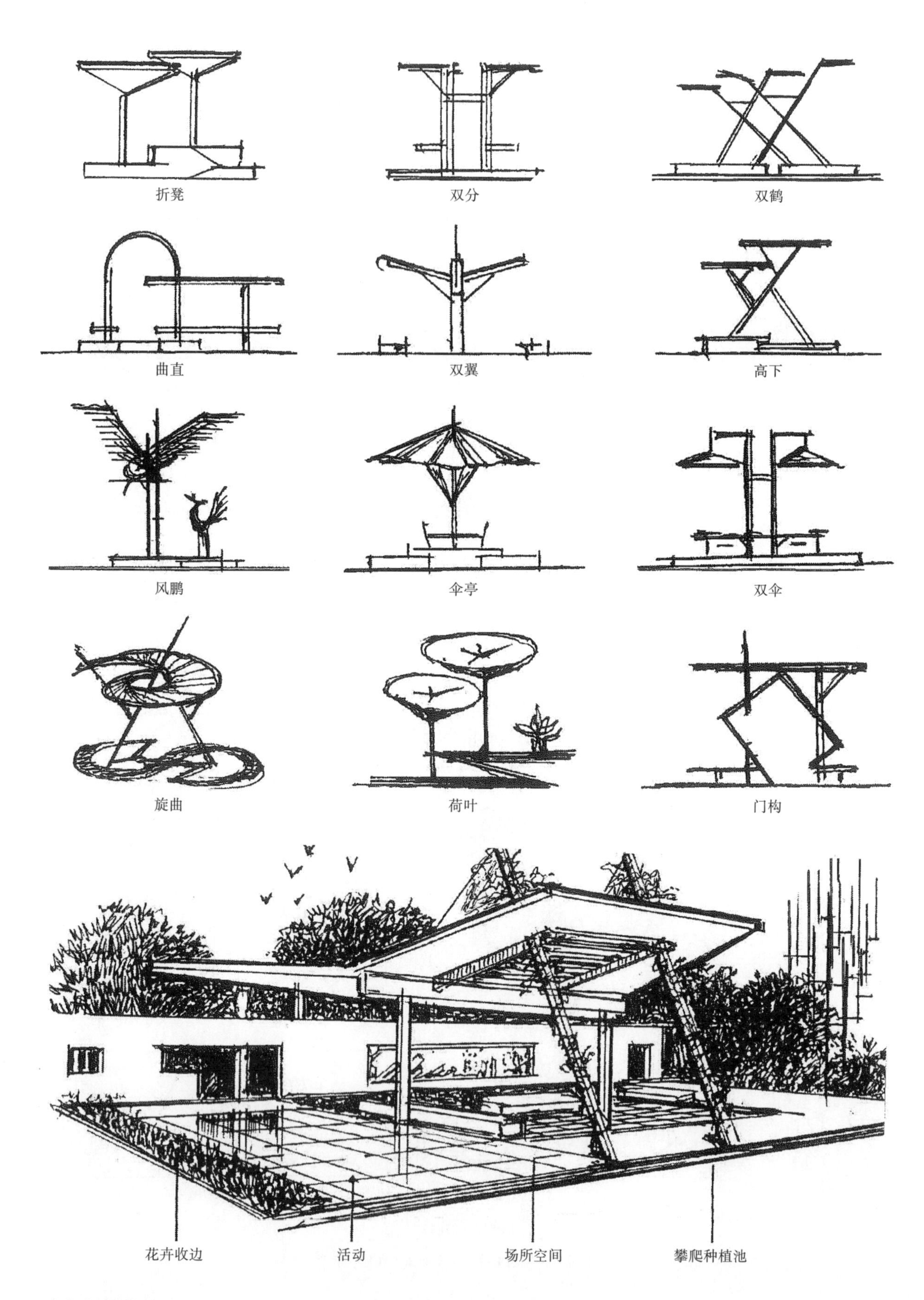
折凳
双分
双鹤
曲直
双翼
高下
风鹏
伞亭
双伞
旋曲
荷叶
门构
花卉收边
活动
场所空间
攀爬种植池

亭与场所构成

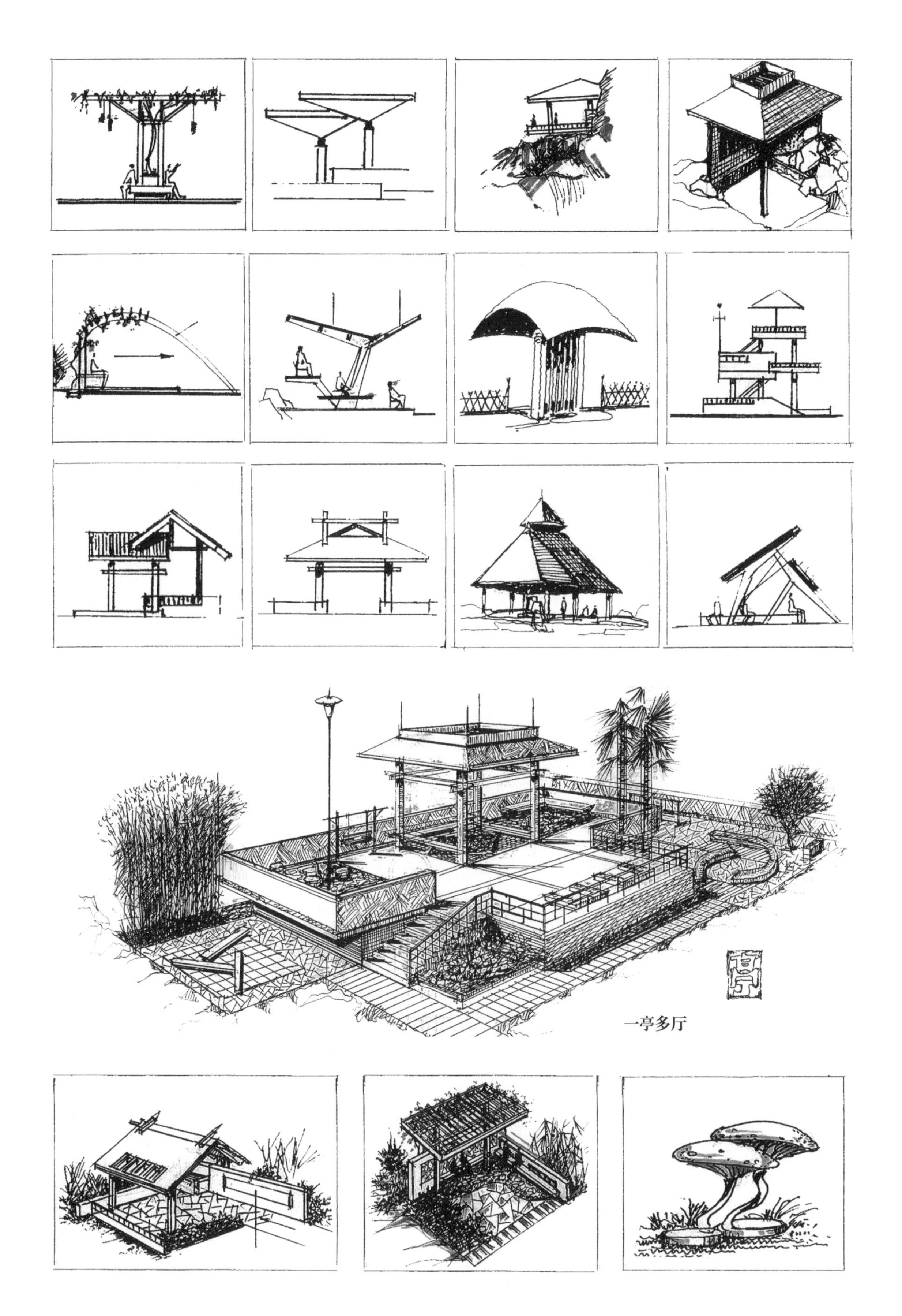
一亭多厅

亭与场所构成

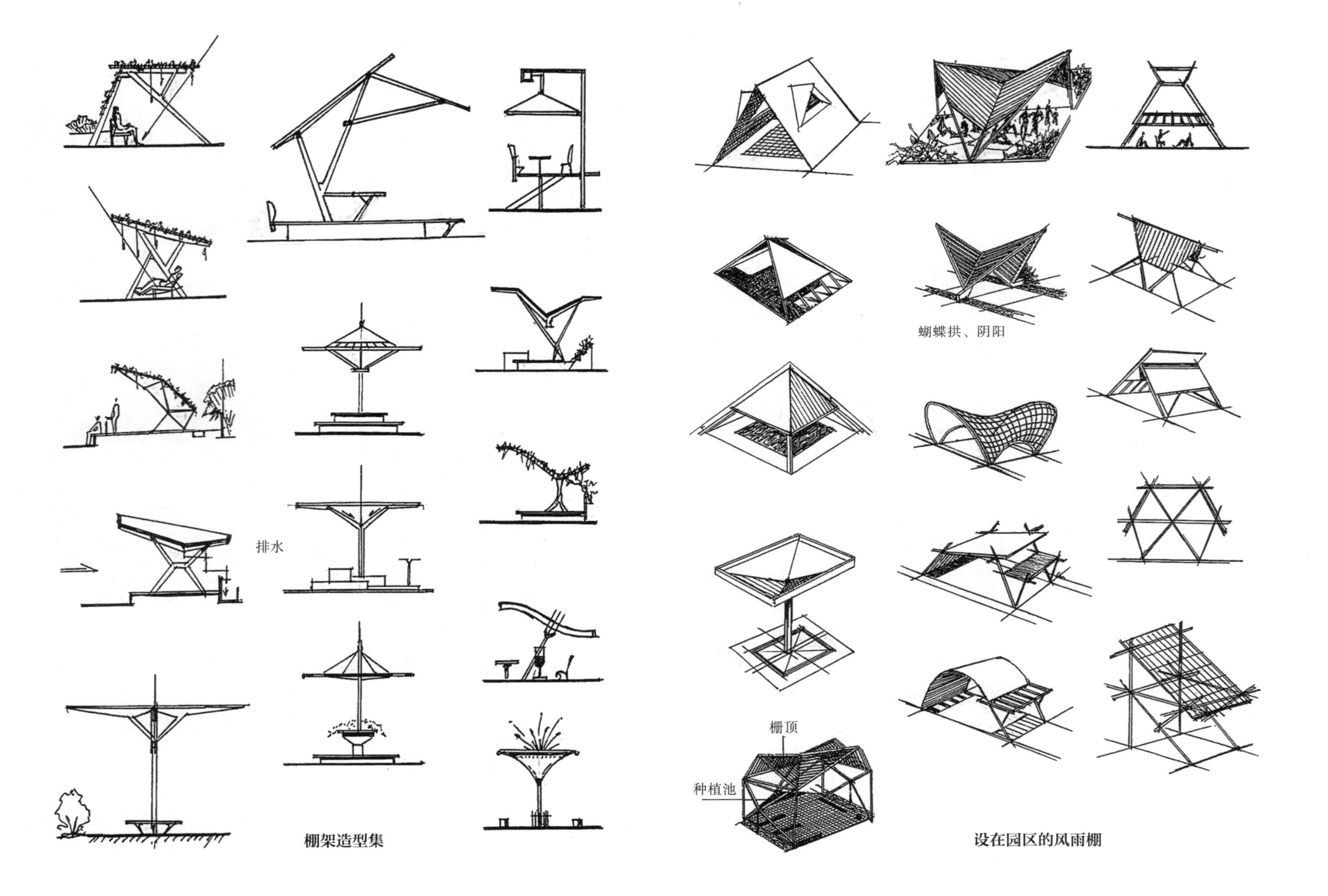
排水
蝴蝶拱、阴阳
棚顶
种植池

棚架造型集

设在园区的风雨棚

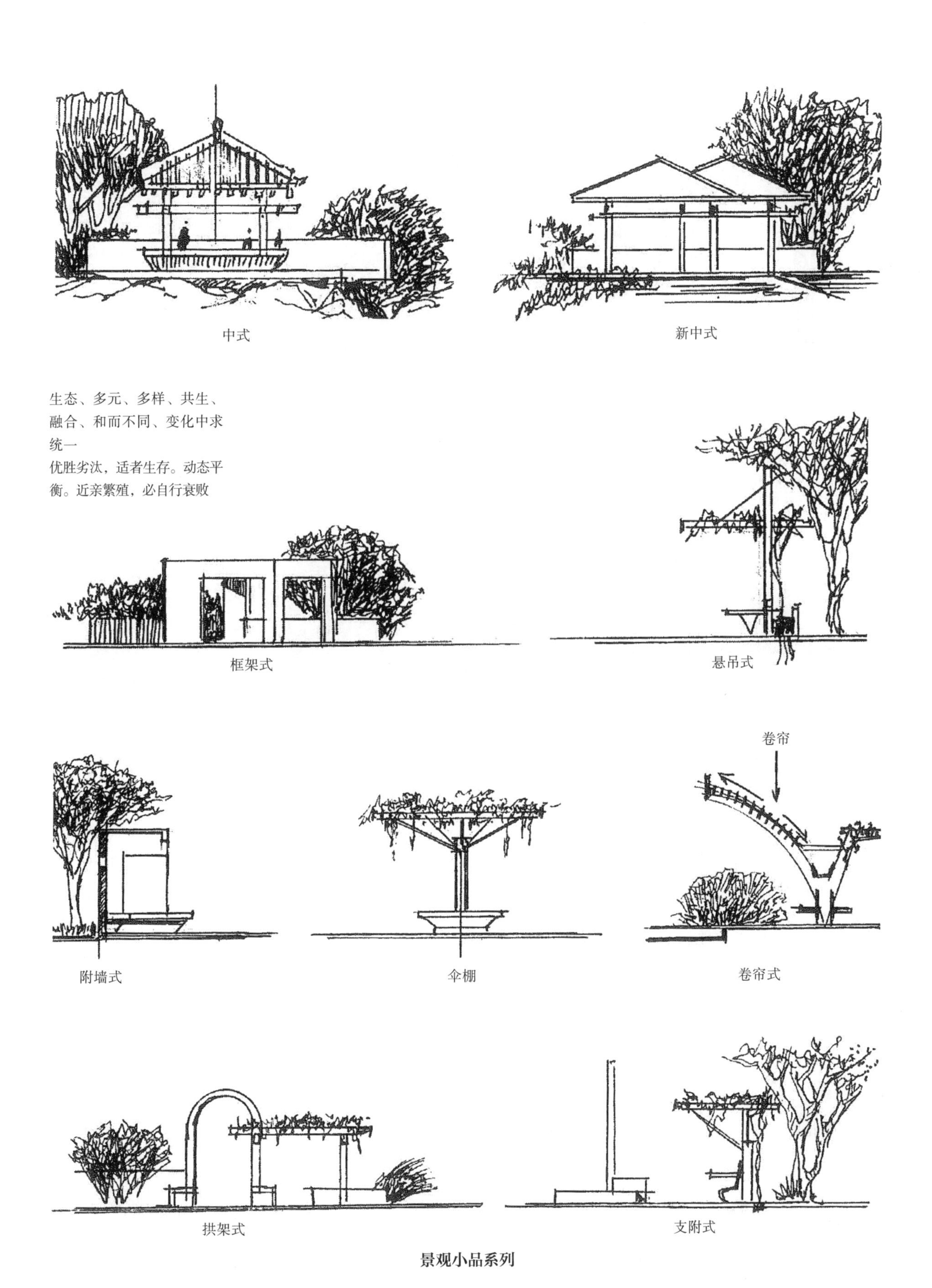
中式
新中式
生态、多元、多样、共生、
融合、和而不同、变化中求
统一
优胜劣汰，适者生存。动态平
衡。近亲繁殖，必自行衰败
框架式
悬吊式
卷帘
附墙式
伞棚
卷帘式
拱架式
支附式

景观小品系列

文化与生态

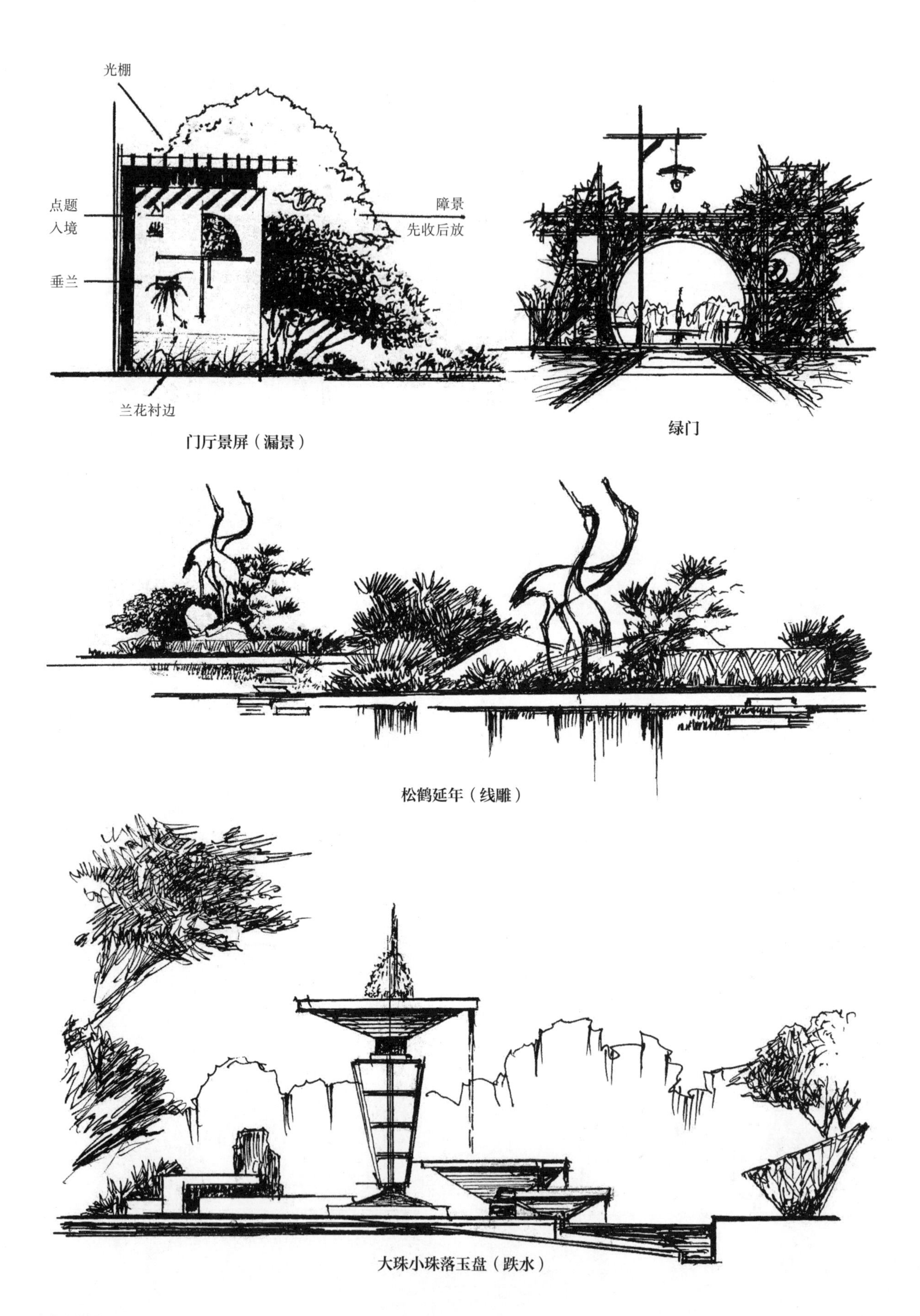
光棚
点题
入境
垂兰
兰花衬边
障景
先收后放
门厅景屏（漏景）

绿门

松鹤延年（线雕）

大珠小珠落玉盘（跌水）

庭园组景

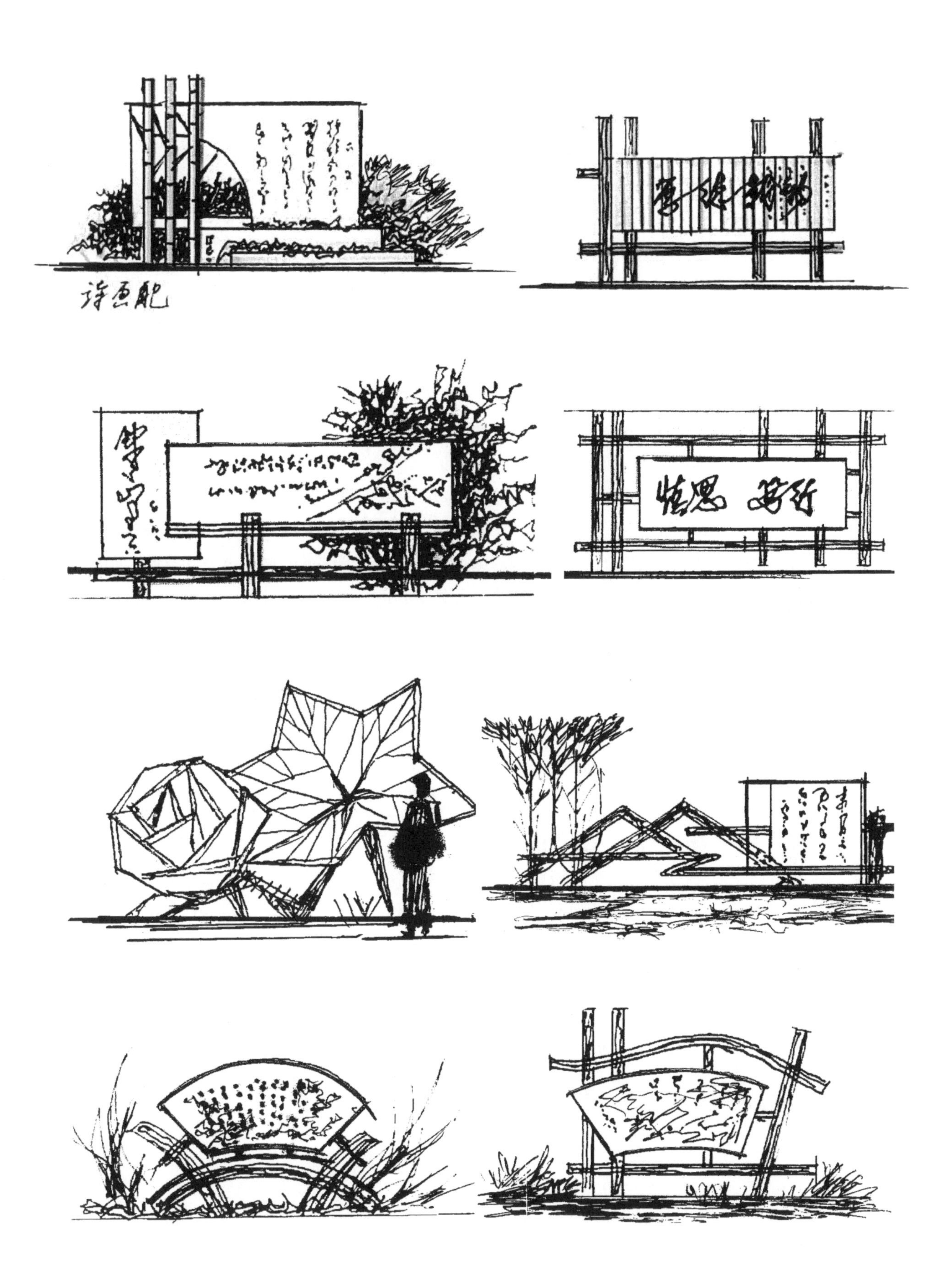
诗画舫

小型诗画屏

本篇结语

本篇可用大趋势、再开发、新使命三个关键词来加以概括。

● 大趋势

我国当前的城市建设与管理，已处在全面转型与更新改造常态化的大趋势中：由物质繁荣向精神文明转型；由车本位向以人为中心转型；由建筑的增量向存量优化转型；由集中式花园建设向分散式花园化城市转型；由城市公共空间的“虚名化”，向多效承载的“实名化”转型；由片面追求现代流行，向城市意象建构转型；由城市街区边界空间刚性化，向柔性化、市井化、绿地化转型；由单向城市管理，向全民共建、共治方向转型。因此，城市品质会越变越快、越变越好，这已经成为不可逆转的大趋势。

● 再开发

在过去城镇化的快速发展进程中，“只建房却不建城与市”的现象突出，留下了千城一面、处处雷同、孤岛式、碎片化、追求表面形式等“城市病”。现在面对市民对城市品质提升的需求，需要对城市公共空间，包括街区、社区、区域中心和城市公共中心进行再开发。

● 新使命

鉴于以上两种情况，应该向历史的传承复归，向人与自然和谐复归，向人性化复归，重赋街巷以活力。城市因人而建、因人而活，要满足人的“幸福感”“获得感”“归属感”，以及“宜居、宜业、宜学、宜产、宜游”的功能需求。为此，应首推“花园城市”这一媒介，以此进行催化、孵化，使之走进生活，落地生根。

推行“花园城市”，不是简单地栽花、种草，规范城市公共设施，只顾表面整洁，而是要从理念、方法、技巧上统一协调，按法无定法、形无定式、园无定格精准践行，方能有所建树。在传承中创新，在创新中传承，正是本篇的着眼点与落脚处。以形态作为母题，还需以形态的创作来求解。故本篇着重以形象语言，为应对“大趋势”与“再开发”的需要，进行有的放矢的方案试创。

后记

中国是以农耕和手工业技艺为经济基础发展起来的文明古国，所以一直强调“耕读传家，子承父业”“耕有其田，居有其屋”“安家方能立业”。在“城”与“市”的关系中，将“城”视为安邦立国的防卫堡垒，把“市”看作是养民兴业的领地。在家与园的关系中，把“家”视为安身立命、起居活动的行为场所，把“园”视为起居室外延的休憩、养殖、聚会、娱乐的围合空间。在文化精神传承方面，讲究生生不息，世代传承。正如恩斯特·卡希尔在《人论》中所形容的那样，在尊祖、崇祖方面，不仅在先辈活着时候，就是离世以后，灵魂也继续受到尊重。在社会关系中，具有较强的社会凝聚力，众志成城，所谓“国家兴亡，匹夫有责”。在社区邻里关系中，互帮互学，素有“远亲不如近邻”的美誉。按“五户为邻，互邻为里”的关系，并以街巷串组的形式，构成“胡同”“里弄”“肆坊”的文化。在人际关系中，由家庭中的血缘、姻缘，到社区中的友缘、地缘、情缘，以及社会中的业缘、族缘、机缘，构成了社会凝聚力，充分体现了人生的社会价值和生命的意义。总之，中国人自古到今，都具有鲜明的价值观、人生观和世界观，以及良好的文化心态。以上这些优良的传统，理应代代传承，生生不息，与时俱进地持续发展。

“凡事预则立，不预则废”。反观当今的社会，随着科技的进步，信息的发达，人口的密集，城市化进程的迅速加快，由开发集团承担的房屋开发，使城市的规模按平面、摊大饼式的无限扩展，为了片面地追求出房率而大肆炒作、只图建“房”，不管建“城”与建“市”。虽然，高楼大厦栉比林立，呈现出一片物质繁华的景象，却为精神文明带来许多明显的短板。诸如：人与自然相隔离，城市天际线轮廓线消失，孤岛式、碎片化、交通拥堵，建筑与地面的硬质化，形态构成的几何化和过度装饰化，公共空间被虚名化，虚拟经济代替了实体经济，人际间的社会交往淡漠，快餐式、程式化、翻版式、表面形式化、片面追求整洁划一的市政管理，致使千城一面，失去了特色与活力……所以，为了重赋活力，强化城市所应具有的以人为中心的品质，增强公共空间的效益承载（含文化的、生态的、社会交往的、情感体验的、场所滞留的、特色突显的、服务项目齐全的、开放共享的、就近就便的、序列展开的、连点成线成网的……），对转型期的城市更新、改造，提出了诸多新的机遇与挑战。

为了完成时代赋予的新的使命，我们应在理念、方法、技巧上全面提升创新的能力，分辩守旧与创新、传承、发展与利用的关系，进行思维的扩展与开发，增强审美与形态构成的创作能力，摒弃表现自我的局限，群策群力才能事半功倍，绽放异彩纷呈。

本书的文字表述与图例创绘，虽然是有的放矢，试图体现既合目的性又合规律性，但由于水平有限，其不足之处和谬误在所难免，故请读者不吝批评赐教。

参加本书图文整编的有：李丽教授、吴迪、刘娟、宋嘉欣、武琪、王华梓老师、乔甄规划师、沈迪、王庆军、张锦榜、张玉叶、宋元、杜亦凡、秦鸿飞、张雨凡、徐艺雷、夏银浩、李厚泽、古浩然、庞金、李畅、刘曼、昌茂松、丹少璞、甄世明等，在此一并表示感谢。